Deep Mind

Deepen Your Mind

04 初識生成對抗網路

05 生成對抗網路的數學原理

06 卷積生成對抗網路

07 條件生成對抗網路

08 迴圈一致性

09 改進生成對抗網路

10 漸近增強式生成對抗網路

11 GAN 進行特徵學習

12 GAN 在 NLP 中的運用

Chapter

01

優雅 Python

本書選擇 Python 作為主要的開發語言，原因其實很簡單，首先，Python 的語法結構比較簡單，即使讀者沒有接觸過 Python，只要有其他程式語言的開發經驗也非常容易上手 Python。其次，Python 是目前機器學習的主流語言，大多數知名的機器學習框架都支援 Python 語言。本書後面涉及深度學習與生成對抗網路的內容，都會使用 TensorFlow 框架來建構對應的神經網路結構，而 TensorFlow 對 Python 來說是具有良好支援的框架。基於以上原因，我們選擇 Python 作為本書主要的開發語言。

雖然 Python 具有許多優點，但其有個明顯的缺點就是運行速度慢，這是因為通常深度學習會涉及大量的運算，所以，為了揚長避短，大多數機器學習框架底層都是用 C/C++等語言開發的，然後在這些底層邏輯之上使用 Python 進行封裝，實現好用與快速運行這兩個優點。

為了讓讀者方便了解本書後面的內容，本章先簡單地介紹一下 Python。

1.1 Anaconda

首先 Python 有兩個系列的版本，分別是 Python 2 與 Python 3。兩個系列版本是相互不相容的，造成這個現象的歷史原因不多提及，讀者只需知道透過 Python 3 編寫的程式並不一定能透過 Python 2 運行，反之亦然。Python

2 的最新版本是 Python 2.7，官方會對其維護到 2020 年，隨後便不再支援。本書使用 Python 3 作為開發語言，具體的版本為 Python 3.6.7。

為了方便後面的開發，這裡透過 Anaconda 的方式來安裝 Python。Anaconda 是 Python 的免費加值開放原始碼發行版本，它直接為我們安裝好了各種用於科學計算的依賴函數庫。如果我們直接地安裝 Python 3，那麼這些第三方依賴函數庫還需自己手動去下載。在下載安裝使用的過程中可能還會遇到依賴衝突等問題。為了避免這些問題帶來的困擾，應直接下載並安裝 Anaconda。Anaconda 同樣分為以 Python 2 為基礎的版本與以 Python 3 為基礎的版本，這裡推薦直接下載並安裝以 Python 3 為基礎的版本。

Anaconda 除了幫助我們預先安裝了各種常用的科學計算的依賴函數庫外，還提供了套件管理和部署工具 conda。我們可以透過 conda 來創建一個專門用於開發深度學習專案的 Python 虛擬環境。

首先來聊一下所謂的 Python 虛擬環境，通常使用 Python 開發時，為了提高開發效率，都會使用各種第三方函數庫，如科學計算函數庫 numpy、scipy，影像處理函數庫 pillow、opencv 等。隨著編寫專案的增加，就會在本地環境中安裝各種各樣的工具，此時就會顯得混亂，難以管理。一個常見的情況就是，在開發專案 A 時使用了 1.0 版 B 函數庫，此時開發一個新的專案也要使用 B 函數庫，但版本要求是 2.0。如果升級 B 函數庫，此前開發的專案 A 就可能會出現問題。如果不升級，新專案開發就遇到阻礙。為了避免這種情況，最好的做法就是單獨創建不同的 Python 虛擬環境。每個虛擬環境都是一個獨立的不會影響系統原本 Python 環境的空間，在這個空間中編寫程式和安裝依賴函數庫都不會影響系統本身的 Python 環境以及其他 Python 虛擬環境，這樣不僅方便管理，也避免了很多套件衝突的問題。

下面使用 conda 來創建一個名為 tfpy36 的虛擬環境。

```
conda create -n tfpy36 python=3.6
```

這樣 conda 就會為我們自動創建一個 Python 3.6 的虛擬環境，名為 tfpy36。如果無法直接使用 conda 命令，則需要對系統的環境變數進行對應的修改。

等待創建完成後，就可以進入該虛擬環境操作了。

❑ Mac/Linux 進入方式

```
#進入虛擬環境
source activate tfpy36
#退出虛擬環境
source deactivate
```

❑ Windows 進入方式

```
#進入虛擬環境
activate tfpy36
#退出虛擬環境
deactivate tfpy26
```

進入虛擬環境後，就可以在該虛擬環境中安裝各種依賴函數庫，以及使用該虛擬環境進行模型的開發了，這裡直接透過 pip 來安裝 TensorFlow，方便後面直接使用。

```
# 安裝僅 CPU 版
pip install tensorflow==1.9
# 安裝 GPU 版
pip install tensorflow-gpu==1.9
```

TensorFlow 疊代速度較快，在編寫本書時，TensorFlow 版本為 1.9，所以這裡推薦安裝 1.9 版本的 TensorFlow，不同的系統在 TensorFlow 的安裝上會有一些差異，可以參考官方提供的安裝文件。

安裝完成後，可以簡單測試使用一下，首先透過 pip 安裝增強式 Python 互動環境 IPython，pip install ipython，然後在命令列中輸入 ipython 進入增強式 Python 互動環境，匯入 TensorFlow 並進行一個簡單的測試，以檢查 TensorFlow 是否安裝成功，具體程式如下。

```
In [1]: import tensorflow as tf
```

```
In [2]: a = tf.constant(1.0, tf.float32)
In [3]: b = tf.constant(2.0)
In [4]: sess = tf.Session()
2018-08-12 09:43:53.060073: I tensorflow/core/platform/
cpu_feature_guard.cc:141] Your CPU supports instructions that this
TensorFlow binary was not compiled to use: AVX2 FMA
In [5]: print(a,b)
Tensor("Const:0", shape=(), dtype=float32) Tensor("Const_1:0", shape=(),
dtype=float32)
In [6]: print(sess.run([a,b]))
[1.0, 2.0]
```

當開發比較複雜的專案時，通常會使用對應的 IDE 進行開發，這裡推薦使用 PyCharm 作為 Python 的開發工具，下載安裝後新建一個名為 tfgan 的專案，新建專案時 PyCharm 本身支持為該專案創建獨立的 Python 虛擬環境，這裡直接匯入此前創建好的 Python 虛擬環境即可。如果每個專案都創建一個單獨的虛擬環境，個人覺得太多餘與繁雜了。如果每個專案都創建一個虛擬環境，那麼在每個專案都要重複安裝常用依賴函數庫的過程，比較好的做法是同類型專案使用同一個虛擬環境，如圖 1.1 所示。

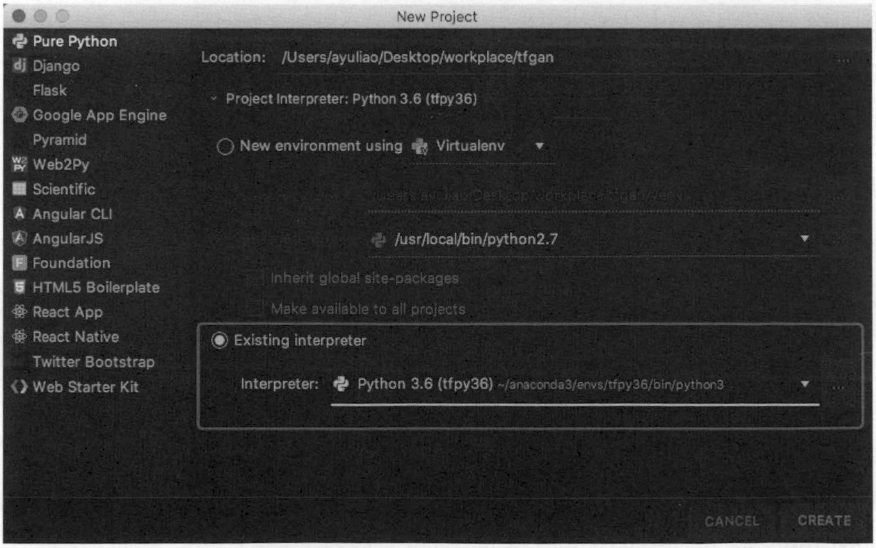

圖 1.1 PyCharm 創建專案

如果是已經存在的專案，要使用 conda 創建的虛擬環境，則需要打開 PyCharm 的設定面板，進行圖 1.2 所示的選擇。

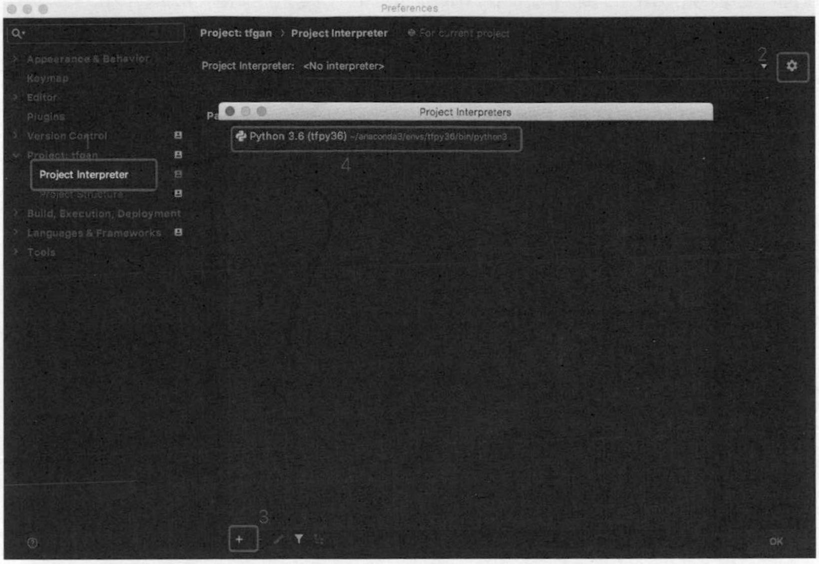

圖 1.2 PyCharm 選擇虛擬環境

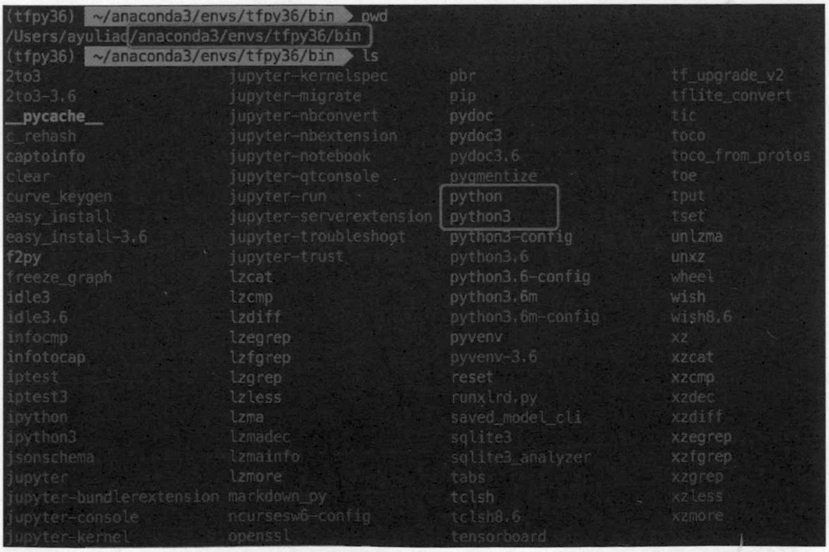

圖 1.3 bin 目錄

值得一提的是，Anaconda 通常將不同的虛擬環境都放置在根目錄的 envs 資料夾下，所以在使用 conda 創建的虛擬環境時，匯入 envs 目錄不同 Python 虛擬環境 bin 目錄下的 python 即可，具體如圖 1.3 所示。

1.2 Python 基礎

Python 語言是一種動態語言，也是一種強類型語言。本節先簡單地介紹一下 Python 常用的資料類型、流程控制與函數定義。只要學會了這些，你就可以開始編寫程式了。

1.2.1 常用資料類型

Python 支援的基本類型有 int、float、bool、str 等，同時也提供幾種標準資料，包括 list、tuple、dict、set。

首先來使用以下基本類型。

```
In:
a = 1
b = 1.
c = True
d = 'python'
print(type(a), type(b), type(c), type(d))

Out:
<class 'int'><class 'float'><class 'bool'><class 'str'>
```

其中 1.表示 float 類型，它其實是 1.0 的縮寫。這裡不再多介紹 int、float 與 bool 類型，但需要說明 str（字串）類型。Python 對字串有非常強大的支援，讓我們可以很輕鬆地使用字串，在 Python 中一個字串可以看成是由多個字元組成的陣列，我們可以使用索引以及切片的方式來操作字串。

```
In:
print(d[0])
print(d[0:4])#切片
```

```
Out:
'p'
'pyth'
```

標準資料也是 Python 中常用的類型，從 list（串列）開始介紹，list 是一種有序的容器，該容器中的物件都是可變物件，我們可以對存入 list 中的元素進行增、刪、改、查等操作。

```
In:
l = [1,1,2,2,3,4,5]
print(l[0])
print(l[0:4])
l.append(6)
l.remove(4)
print(l)

Out:
1
[1, 1, 2, 2]
[1, 1, 2, 2, 3, 5, 6]
```

從上面的操作程式可以看出，list 同樣支援索引與切片設定值的操作。在 list 中，可以存入重複的資料，其使用 append()方法存入資料，透過 remove()方法刪除資料。

雖然 tuple（元組）與 list 類似，但是兩者仍有較大的區別：一方面，list 用中括號表示，tuple 用小括號表示；另一方面，tuple 中的元素是不可變的，即無法修改。

```
In:
t = (1,1,2,2,3,4,5)
print( t[0])
t[0:4]
t[0]=6

Out:
1
(1, 1, 2, 2)
```

```
-------------------------------------------------------------------------
TypeError                                 Traceback (most recent call last)
<ipython-input-18-d83209c3a892> in <module>
----> 1 t[0]=6
TypeError: 'tuple' object does not support item assignment
```

從上面的操作程式可以看出，tuple 同樣支援索引與切片操作，但 tuple 不支援增、刪、改操作。

dict（字典）類型是 Python 中除 list 外最靈活的標準資料類型。list 是有序的容器，而 dict 是無序的容器，dict 透過 key 來獲得對應的 value。

```
In:
d = {'name':'ayu','like':'python'}
d.get('name','')  #查詢
d['age']=28       #增加
print(d)
print(d.keys())   # 獲取所有的 key
print(d.values()) #獲取所有的 values

Out:
'ayu'
{'name': 'ayu', 'like': 'python', 'age': 28}
dict_keys(['name', 'like', 'age'])
dict_values(['ayu', 'python', 28])
```

可以看出，dict 同樣支持增、刪、改、查操作，只是 dict 透過 key 來操作，而 list 透過索引來進行。

set 類型是無序且不重複的容器，通常可以使用 set 對資料進行去重操作，其基本操作如下。

```
In:
s = {1,1,2,2,3,4,5}
print(type(s))
print(s)
s.add(6) #增加
s.discard(1) #刪除
print(s)
```

```
Out:
set
{1, 2, 3, 4, 5}
{1, 2, 3, 4, 5, 6}
{2, 3, 4, 5, 6}
```

至此，Python 中關於資料類型的操作就介紹完了，這些都是 Python 中最基礎的內容，更深入的內容請讀者自行了解。

1.2.2 流程控制

非常簡單地介紹完 Python 資料類型後，接著來介紹一下 Python 中的流程控制。流程控制主要分兩類：一類是判斷，另一類是迴圈。理論上而言，憑藉判斷與迴圈就可以編寫任何程式了。

這裡先從判斷開始，在 Python 中主要使用 if 來實現判斷（Python 中沒有 switch/case 結構），使用方式如下。

```
num = 6
if num == 1:
    #do some thing
    print(num)
elif num > 10:
    # do some thing
    print(num)
else:
    # do some thing
    print(num)
```

Python 的語法糖與其他語言有比較大的差別，很多語言都使用{}將一個區塊括起來，而 Python 中使用相同個數的空格縮排表示一個區塊。舉例來說，if 判斷下的敘述都需要相對於 if 判斷敘述本身多縮排 4 個空格，表示其下的敘述是 if 判斷的區塊。

上述 Python 程式就是常見的 if 判斷程式，if 關鍵字或 elif 關鍵字後連接具體的判斷條件。如果滿足判斷條件，則只需執行該條件下的程式邏輯。

Python 中的迴圈語法結構也類似，在 Python 中可以使用 for 關鍵字與 while 關鍵字來實現迴圈，兩者效果是類似的。

```
mylist = [1,2,3,4,5]
# for 疊代
for i in mylist:
      # do some thing
      print(i)
i = 1
# while 迴圈
while i <= 5:
      # do some thing
      print(i)
      i += 1
```

在 Python 中雖然兩者都可以實現迴圈，但還是有差異的。對 for 關鍵字而言，它執行的是疊代（iterate）操作，即按某種順序一個一個存取容器中的每一項的行為；而對 while 關鍵字而言，它執行的就是我們常說的迴圈（loop），即滿足一定條件時，重複執行同一段程式的行為。

1.2.3 函數定義

當編寫程式時，如果遇到一些需要重複使用的邏輯，就可以將其封裝成一個函數，在需要使用的地方呼叫該函數即可，從而降低了程式的容錯度。

在 Python 中使用 def 關鍵字來定義函數，常見方式如下。

```
def add(x,y):
     return x+y
print(add(1,2))
```

上述程式中定義了名為 add()的函數方法，該函數的作用就是返回兩個參數的累加值，有時我們會給參數指定預設的值。

```
def add(x,y=10):
     return x+y
print(add(1))
```

有時為了考慮通用性，不一定會傳入 2 個值，還有傳入 3 個或 4 個值等各種可能。這種不知道具體會傳什麼參數的方式可以使用*args 關鍵字與**kwargs 關鍵字，程式如下。

```
def add(*args, **kwargs):
    sum = 0
    for i in args:
        sum += i
    #迴圈獲得 dict 中的值
    for k,v in kwargs.items():
        sum += kwargs.get(k,0)
    return sum
print(add(1,1,x=1,y=1))
```

從上述程式中可以看出，*args 會接收所有沒有指定參數名稱的值，如一開始的兩個 1，而**kwargs 會接收指定參數名稱的所有值。其中 args 其實是 list 類型，而 kwargs 則是 dict 類型，此時使用 for 迴圈取出 args 物件與 kwargs 物件中的值並累加，最後返回累加值。

1.3 Python 進階

前面關於 Python 基礎內容的講解較為簡單，接下來介紹 Python 中比較常用的進階技巧，這些技巧在後面編寫神經網路模型時都會使用到，在此做個鋪陳。

1.3.1 生成式

Python 中串列與字典都可以透過生成式的方式來生成。

```
In:
l = [i for i in range(10) if i%2 == 0] #串列生成器
print(l)
print(type(l))
d = {k:v for (k,v) in [('a',1),('b',2)]} #字典生成器
print(d)
```

```
print(type(d))

Out:
[0, 2, 4, 6, 8]
list
{'a': 1, 'b': 2}
Dict
```

可以發現，生成式的寫法就是將使用 for 迴圈創建 list 或 dict 的邏輯程式縮短成一行。

1.3.2 可疊代物件與疊代器

為了加深對 for 關鍵字的了解，需要討論一下 Python 中關鍵的概念——可疊代物件與疊代器。

在 Python 中，任意物件只要定義了__iter__方法或定義了可以支援索引索引的__getitem__方法，它就是一個可疊代物件。可以透過內建的 dir()方法來查看某個物件是否定義了這兩個方法中的，從而判斷該物件是否為可疊代物件。其中 list 與 str 就是可疊代物件，在 Python 中還有很多可疊代物件，例如檔案流 files、網路流 sockets 等。

任何物件只要定義了__iter__方法和__next__方法，它就是一個疊代器。由此可知，疊代器一定是可疊代物件。因為疊代器需要定義__iter__方法，而只要定義了__iter__方法，就可以認為該物件是可疊代物件。以 list 為例，透過 dir()方法查看 list 串列物件定義時，可以發現 list 定義了__iter__，則 list 就是一個可疊代物件。而疊代器相對於可疊代物件通常多定義了一個__next__方法，當然也有例外的情況（如可疊代物件沒有定義__iter__方法，只定義了__getitem__方法的情況）。由於 list 中沒有__next__方法，可知 list 不是一個疊代器，只是一個可疊代物件，當透過 next()方法呼叫 list 時，會因該 list 不是疊代器而顯示出錯。

```
In:
l = [1,2,3,4,5]
next(l)
```

```
Out:
---------------------------------------------------------------------------
TypeError                                 Traceback (most recent call last)
<ipython-input-4-101c36968c6d> in <module>()
----> 1 next(l)
TypeError: 'list' object is not an iterator
```

接著我們來定義一個疊代器，只需在自訂物件中定義__iter__方法和__next__方法即可。

```
from itertools import islice
class Fib:
    ''
獲得費氏數列
    '''
    def __init__(self):
        self.prev = 0
        self.curr = 1
    def __iter__(self):
        return self
    def __next__(self):
        value = self.curr
        self.curr += self.prev
        self.prev = value
        return value
f = Fib()
print(list(islice(f, 0, 20)))
```

一般而言，在定義疊代器時，會希望透過疊代器物件本身來取得其中的值，所以__iter__方法只需返回疊代器自身。上述程式中定義了 Fib 類別，該類別實例化的物件是一個疊代器，透過該疊代器可以獲得一個無限的費氏數列，這裡使用了 islice 方法限制其只獲取前 20 個數，其輸出如下。

```
[1, 1, 2, 3, 5, 8, 13, 21, 34, 55, 89, 144, 233, 377, 610, 987, 1597, 2584,
4181, 6765]
```

每次運行 next()方法獲取疊代器中下一次的值時，next()方法主要做了兩件事：一是返回此次呼叫 next()方法生成的返回結果，二是為下一次呼叫

next()方法修改狀態。當然實現一個費氏數列根本不需要動用疊代器，設計一下，用一個簡單迴圈就可以了。那麼為何還要有疊代器呢？因為使用疊代器省記憶體。如果你需要列印前 1000 萬個費氏數，單純地使用迴圈，就需要將這 1000 萬個值都存到記憶體中，這會消耗大量的記憶體。如果使用疊代器，就不會出現大量消耗記憶體的情況。疊代器很懶、很健忘，只有在需要某值的時候才執行函數內的邏輯，返回對應的值，然後就將它忘了，這樣就幾乎不消耗記憶體了。當你需要讀取大量資料對模型進行訓練時，就可以透過這種方式減少記憶體的佔用。

值得一提的是，for 相容了兩種機制：第一種就是上面提及的，對於有定義__iter__方法的可疊代物件，for 會透過__iter__方法來實現疊代；第二種就是一些指定了__getitem__方法的可疊代物件。對於第二種可疊代物件，for 沒有__iter__方法可以呼叫，那麼就會改用索引疊代的方式來實現疊代，一個具體的範例如下。

```
class myIterable(object):
    def __init__(self, mylist):
        self.mylist = mylist
    def __getitem__(self, item):
        return self.mylist[item]
l = myIterable([1,2,3])
for i in l:
    print(i)
```

上述程式可以輸出以下內容。

```
1
2
3
```

1.3.3 生成器

前面我們了解了 Python 中的可疊代物件與疊代器，這有益於我們了解 Python 的生成器。在 Python 中生成器的定義很簡單，就是用 yield 關鍵字的函數直接來定義一個生成器。

```
#生成器
def generator(n):
    for i in range(n):
        yield i+1
for i in generator(5):
    print(i)
```

在上述程式中，generator()方法就是一個生成器，一個明顯的特徵就是使用 yield 關鍵字替換常用的 return 關鍵字，其作用是返回 yield 關鍵字後面運算式的值，同時將程式中斷，並保存程式運行到當前這一步的上下文。這一句話可能有點繞，拆分來看，yield 在這段程式中的作用就是返回 yield 關鍵字後面運算式的值，這裡返回 *i*+1 的值；中斷程式，將程式運行停止在這一步；保存程式運行到這一步的上下文；在程式恢復執行時期，使用此前保存好的上下文。需要注意的是，生成器中不允許使用 return 關鍵字。yield 關鍵字後面運算式的值不會在函數被呼叫時就立刻返回，而是當 next()方法被呼叫時才會返回。

使用生成器的明顯的優勢就是非常節省記憶體，它可以輕鬆地將十幾 GB 的檔案逐步讀取程式中進行處理，非常適合深度學習中模型訓練資料的讀取。可以說生成器就是疊代器的另一種更加優雅的實現方式，生成器利用 yield 關鍵字實現了疊代器的所有功能，同時讓程式變得更加簡明。下面透過生成器的方式實現費氏數列的計算。

```
def Fib(prev, curr,n):
    while curr<n:
        yield curr
prev,curr = curr, prev+curr

for f in Fib(0,1,20):
    print(f)
```

可見，相比於疊代器的實現方式，生成器的程式明顯簡化了很多。

1.3.4 裝飾器

裝飾器是 Python 中比較特殊的用法，裝飾器本質上就是一個利用閉包特性的 Python 函數，其作用是裝飾已存在的函數。善用 Python 的裝飾器可以極佳地最佳化程式的結構。

下面舉一個具體的例子——實現一個性能測試的裝飾器，其核心功能是列印函數運行前和運行後的時間差，具體程式如下。

```
def speed_time(func):
    def print_time(*args, **kwargs):
        func_name = func.__name__
        t0 = time.perf_counter()
        res = func(*args, **kwargs)
        t1 = time.perf_counter()
print('%s run time is (%s), the res is (%s)' % (func_name,t1-t0, res))
    return print_time
```

在上述程式中，speed_time()函數的參數其實也是一個函數，該函數也就是被裝飾的函數，speed_time()函數內部是 print_time()函數，該函數的邏輯就是列印被裝飾函數運行的時間差。簡單來看，speed_time()方法的作用就是將 func()被裝飾函數替換成 print_time()函數。

簡單使用一下，程式如下。

```
@speed_time
def for_10000():
    sum = 0
    for i in range(10000):
        sum += i
    return sum
for_10000()
```

可以獲得的結果如下。

```
for_10000 run time is (0.0012948440271429718), the res is (49995000)
```

一般而言，裝飾器是為了在不修改被裝飾函數的情況下給被裝飾函數增加一些新的功能，本質上是返回一個具有對應功能的新函數來代替被裝飾函數。對於裝飾器，不使用@關鍵字，直接使用 for_10000 = speed_time (for_10000)，效果是一樣的，但顯而易見的是使用@更加方便。

還需要注意的是裝飾器的執行時間，函數裝飾器會在匯入模組時就立即執行，而被裝飾的函數只有在明確呼叫時才會運行。在實際情況中，裝飾器通常都在一個模組中定義，然後應用到其他模組上，那麼在引用 import 時，裝飾器就已經被呼叫了。

除上面實現的簡單裝飾器外，還有帶有參數的裝飾器。帶有參數的裝飾器可以實現更加複雜的邏輯，例如可以在裝飾器中列印指定等級的記錄檔，程式如下。

```
def logger(level):
    def decorate(func):
        def wrapper(*args, **kwargs):
            if level == 'warn':
                   print('Warn Info')
            elif level == 'error':
                   print('error Info')
            return func(*args)
        return wrapper
    return decorate
@logger(level='error')
def myname(name='ayuliao'):
    print('My name is %s'%name)
myname()
```

輸出結果如下。

```
error Info
My name is ayuliao
```

可以發現，所謂帶有參數的裝飾器就是對原有裝飾器的函數封裝，並返回一個裝飾器。解譯器看到@logger(level='error')時，Python 能發現最外層封裝，它會將參數傳遞給內部裝飾器環境，@logger(level='error') 等於 @decorate。

實現裝飾器的方式不侷限於函數，類別同樣也可以實現一個裝飾器，而且類別裝飾器的靈活性、封裝性都比函數實現的裝飾器好。

先寫一個簡單的類別裝飾器，用於列印記錄檔，程式如下。

```
class Logger(object):
    def __init__(self, func):
        self._func = func
    def __call__(self):
        print(self._func.__name__ + ' is running')
self._func()
@Logger
def ayu():
    print('ayu')
ayu()
```

其運行結果如下。

```
ayu is running
ayu
```

從上述程式中可以看出，所謂的類別裝飾器，主要就是定義了__call__方法，當使用@呼叫類別裝飾器時，Python 解譯器就會呼叫該方法。

1.4 小結

本章簡單地介紹了 Anaconda 環境以及 Python 的相關內容，其中包括 Python 的基礎內容和進階內容。閱讀本章後，相信大家對 Python 有了一定的了解，這非常有益於大家了解後續章節的有關模型程式的編寫內容。因為本書不是專門討論 Python 的書籍，對於其中的很多細節並沒有提及，如果想要進一步了解 Python，可以參考其他優秀的 Python 書籍。

Chapter

02 優雅的數學

第 1 章簡單地介紹了 Anaconda 以及 Python，重點討論了 Python 的基本用法以及 Python 的一些進階語法特徵。在後面的內容中，我們會透過 Python 編寫與訓練各種神經網路模型，所以大家需要在一定程度上掌握 Python，但僅掌握 Python 是不夠的，還需要一定的數學知識才能明白模型建構與訓練的原理，所以本章會簡單討論神經網路中常用的一些數學理念。

這些數學理念的背後其實都具有非常優雅的推導過程，但限於篇幅，這裡不會討論得非常細緻，而是更加注重講解推導的結果。

2.1 向量與矩陣

向量與矩陣是線性代數中非常基礎的概念，同時也是深度學習中常見的概念。了解向量與矩陣中常見的數學規則及其背後的原理是深入了解深度學習的基礎。

2.1.1 向量的概念

在神經網路中，向量算是一個基本的資料單位。我們可以用向量表示一個詞，也可以用向量表示一個標籤。一個向量由一列數值組成，向量中數值的順序是有意義的，形式如下。

$$\vec{v} = \begin{bmatrix} x_1 \\ x_2 \\ \vdots \\ x_n \end{bmatrix}$$

我們可以從幾何的角度直觀地了解向量，如圖 2.1 所示。

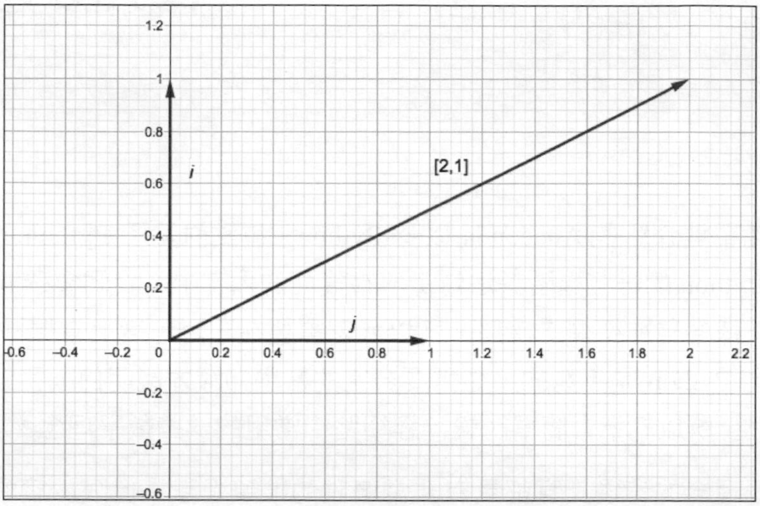

圖 2.1 向量

圖 2.1 中有 3 個向量，其中向量 $\vec{i}$ 與向量 $\vec{j}$ 為單位向量，它們也是當前座標系的基向量，向量 $\vec{i}$ 與向量 $\vec{j}$ 可以透過線性組合的方式組成當前座標系中所有其他的向量，如向量[2,1]就可以由 $2\vec{j} + 1\vec{i}$ 組成。

當我們使用某些數值來描述一個向量時，這個向量具體的含義取決於當前正在使用的基向量，向量是具有方向與大小的。

前面介紹了基向量透過線性組合就可以獲得當前座標系中的所有向量，那麼什麼是線性組合呢？所謂線性組合，就是一些向量各自與一個純量相乘後再相加，最終得到的結構依舊是一個向量。線性組合的名字很直觀，線性的多個向量組合在一起依舊是線性的向量，從中還可以引出一個名詞，即生成空間。假設現在有兩個向量 $\vec{v}$ 與 $\vec{w}$，則 $\vec{v}$ 和 $\vec{w}$ 所有線性組合組成的向量集合稱為生成空間，其本質是一個向量的集合。

可以看出，兩個向量組成的生成空間實際上就是這兩個向量透過加法與乘法的基本運算可以獲得的所有向量的集合。這個概念不失一般性，對於多個向量組成的生成空間，依舊這樣。

2.1.2 向量的基本運算

本節主要直觀地介紹向量的一些基本運算。一個向量由一組數值組成，透過向量的模來表示向量的大小，其計算方式為累加向量中所有元素的平方再開方，公式如下。

$$\|\vec{v}\| = \sqrt{x_1^2 + x_2^2 + \cdots + x_n^2}$$

向量的加法、減法以及純量乘法都是對向量中的每個元素操作。

- ❑ 向量加法

$$\vec{a} + \vec{b} = \begin{bmatrix} a_1 + b_1 \\ a_2 + b_2 \\ \vdots \\ a_n + b_n \end{bmatrix}$$

- ❑ 向量減法

$$\vec{a} - \vec{b} = \begin{bmatrix} a_1 - b_1 \\ a_2 - b_2 \\ \vdots \\ a_n - b_n \end{bmatrix}$$

- ❑ 純量乘法

$$c\,\vec{a} = \begin{bmatrix} c\,a_1 \\ c\,a_2 \\ \vdots \\ c\,a_n \end{bmatrix}$$

向量的點積也稱點乘，兩個向量進行點積操作後獲得的值是一個純量，公式如下。

$$\vec{a}\cdot\vec{b}=\begin{bmatrix}a_1\\a_2\\\vdots\\a_n\end{bmatrix}\cdot\begin{bmatrix}b_1\\b_2\\\vdots\\b_n\end{bmatrix}=\sum_{i=1}^{n}a_ib_i=a_1b_1+a_2b_2+\cdots+a_nb_n$$

因為點積是向量間的元素對應相乘的值累加，所以進行點積運算的向量的元素個數必須相等。向量的點積滿足乘法交換律、分配律以及結合律，除此之外，向量的點積還滿足柯西不等式。

（1）對兩個非 0 的線性無關向量$\vec{a},\vec{b}\in\mathbf{R}^n$，有$|\vec{a}\cdot\vec{b}|\leqslant\|\vec{a}\|\|\vec{b}\|$。

（2）當兩個向量線性相關時，即$\vec{a}=c\vec{b}$時，上述等式成立。

所謂線性相關，就是在多個向量組成的生成空間中，如果除去某個向量，該生成空間不會減小，那麼除去的這個向量與生成空間中的其他向量就是線性相關的。反之，如果生成空間減小了，那麼該向量與其他向量就是線性無關的，可以透過圖 2.2 來直觀了解。

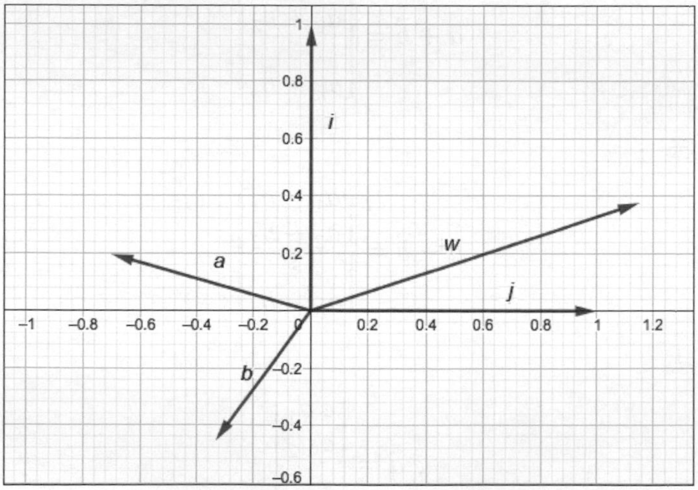

圖 2.2 生成空間與向量

從圖 2.2 中可以看出，向量$\vec{w}$、$\vec{a}$、$\vec{b}$都可以由基向量$\vec{i}$、$\vec{j}$透過線性變換的方式獲得，即除去向量$\vec{w}$、$\vec{a}$、$\vec{b}$，生成空間不會變換，説明向量$\vec{w}$、$\vec{a}$、$\vec{b}$是線性相關的。而如果除去向量$\vec{i}$或$\vec{j}$，生成空間就會從二維壓縮到一維，生成空間發生了變化，說明向量$\vec{i}$、$\vec{j}$是線性無關的。由此可以引出基向量的定義，即向量空間中的基向量是該生成空間的線性無關向量集。

從柯西不等式可以推導出三角不等式，如下。

$$\begin{aligned}\|\vec{a}+\vec{b}\|^2 &= (\vec{a}+\vec{b})\cdot(\vec{a}+\vec{b}) \\ &= \|\vec{a}\|^2 + 2\vec{a}\vec{b} + \|\vec{b}\|^2 \\ &\leqslant \|\vec{a}\|^2 + 2\|\vec{a}\|\|\vec{b}\| + \|\vec{b}\|^2\end{aligned}$$

即推導出：

$$\|\vec{a}+\vec{b}\|^2 \leqslant (\|\vec{a}\| + \|\vec{b}\|)^2$$

三角不等式為

$$\|\vec{a}+\vec{b}\| \leqslant \|\vec{a}\| + \|\vec{b}\|$$

從幾何角度講，向量$\vec{a}$與向量$\vec{b}$的點積其實就是向量$\vec{a}$在向量$\vec{b}$上的投影，公式如下。

$$\vec{a}\cdot\vec{b} = \|\vec{a}\vec{b}\|\cos\theta$$

2.1.3 矩陣的概念

在神經網路中，矩陣是一個基本的運算單位，神經網路模型訓練的過程其實就是在進行矩陣運算，我們可以透過矩陣來表示模型的讀取資料，透過矩陣來表示模型各節點參數等。矩陣的形式如下。

$$\begin{bmatrix} a_{11} & a_{12} & \cdots & a_{1n} \\ a_{21} & a_{22} & \cdots & a_{2n} \\ \vdots & \vdots & \ddots & \vdots \\ a_{m1} & a_{m2} & \cdots & a_{mn} \end{bmatrix}$$

在討論其他內容前，先來看一下方陣（squared matrix）這類特殊的矩陣。所謂方陣，其實就是行數與列數相等的矩陣，下面簡單介紹一下 3 種方陣。

- 單位矩陣（identity matrix）。方陣的對角線元素固定為 1，方陣中其餘元素等於 0，記為$\boldsymbol{I}_n$。

$$\boldsymbol{I}_n=\begin{bmatrix}1 & 0 & \cdots & 0\\ 0 & 1 & \cdots & 0\\ \vdots & \vdots & \ddots & \vdots\\ 0 & 0 & \cdots & 1\end{bmatrix}$$

- 對角矩陣（diagonal matrix）。方陣的對角線元素可以為任意值，方陣中其餘元素等於 0，單位矩陣是對角矩陣的一種特殊形式，記為 $\text{diag}(x_1,x_2,\cdots,x_n)$。

$$\text{diag}(x_1,x_2,\cdots,x_n)=\begin{bmatrix}x_1 & 0 & \cdots & 0\\ 0 & x_2 & \cdots & 0\\ \vdots & \vdots & \ddots & \vdots\\ 0 & 0 & \cdots & x_n\end{bmatrix}$$

- 三角矩陣（triangular matrix）。三角矩陣可以分為上三角矩陣和下三角矩陣。上三角矩陣就是方陣的對角線以及對角線以上的元素可以為任意值，方陣其餘元素等於 0，記為$\boldsymbol{U}$。而下三角矩陣與之相反，方陣的對角線以及對角線以下的元素可以為任意值，方陣其餘元素等於 0，記為$\boldsymbol{L}$。

  上三角矩陣：

$$\boldsymbol{U}=\begin{bmatrix}x_{11} & x_{12} & \cdots & x_{1n}\\ 0 & x_{22} & \cdots & x_{2n}\\ \vdots & \vdots & \ddots & \vdots\\ 0 & 0 & \cdots & x_{mn}\end{bmatrix}$$

  下三角矩陣：

$$\boldsymbol{L}=\begin{bmatrix}x_{11} & 0 & \cdots & 0\\ x_{21} & x_{22} & \cdots & 0\\ \vdots & \vdots & \ddots & \vdots\\ x_{m1} & x_{m2} & \cdots & x_{mn}\end{bmatrix}$$

從幾何角度來看，矩陣可以視為基向量線性變換的數值描述。對於一個向量而言，它的值取決於它所在的基。假設基向量為 $\vec{i}=[1,0]^{\mathrm{T}}$ 和 $\vec{j}=$

$[0,1]^{\mathrm{T}}$，則定義出一個新向量$\vec{x} = \vec{i} + \vec{j} = [1,1]^{\mathrm{T}}$，現在有個二維矩陣，其值如下。

$$\boldsymbol{A} = \begin{bmatrix} 1 & 2 \\ -3 & 0 \end{bmatrix}$$

那麼可以將該二維矩陣的第一列看作是透過線性變換後的$\vec{i} = [1,-3]^{\mathrm{T}}$，第二列看作是透過線性變換後的$\vec{j} = [2,0]^{\mathrm{T}}$。當矩陣$A$與向量$\vec{x}$相乘時，其實不必理會，因為向量$\vec{x}$的值是取決於它所在的基的，現在基向量改變了，向量$\vec{x}$的值自然改變了，其值依舊是向量$\vec{i}$與向量$\vec{j}$相加，即$\vec{x} = [3,-3]$，這也是向量與矩陣相乘的結果。這種情況具有一般性，所以可以認為矩陣是基向量線性變換的數值描述，將其整理一下，就可以獲得矩陣的乘法公式。

$$\vec{x} = \alpha\vec{i} + \beta\vec{j}$$

基向量$\vec{i}$與$\vec{j}$經過矩陣線性變換後，向量$\vec{x}$與基向量的關係並沒有改變，但基向量本身變了，所以由其組成的生成空間中所有向量的值也會發生對應的改變。

$$\vec{x} = \alpha\begin{bmatrix} a \\ c \end{bmatrix} + \beta\begin{bmatrix} b \\ d \end{bmatrix}$$

2.1.4 矩陣的運算

矩陣的運算大多比較直觀，這裡簡單介紹一下。

❑ 矩陣的加減法

兩個矩陣中的所有元素分別做運算，要求兩個矩陣行數和列數相等，公式如下。

$$\boldsymbol{X} \pm \boldsymbol{Y} = \begin{bmatrix} x_{11} \pm y_{11} & x_{12} \pm y_{12} & \cdots & x_{1n} \pm y_{1n} \\ x_{21} \pm y_{21} & x_{22} \pm y_{22} & \cdots & x_{2n} \pm y_{1n} \\ \vdots & \vdots & \ddots & \vdots \\ x_{m1} \pm y_{m1} & x_{m2} \pm y_{m2} & \cdots & x_{mn} \pm y_{mn} \end{bmatrix}$$

❑ 矩陣乘法

矩陣乘法要求第一個矩陣的列數與第二個矩陣的行數相等，這是因為矩陣相乘其實就是第一個矩陣的行元素與第二個矩陣的列元素乘積之和，具體如下。

$$\boldsymbol{X}\times\boldsymbol{Y}=\begin{bmatrix}x_{11} & x_{12} & x_{13}\\ x_{21} & x_{22} & x_{23}\end{bmatrix}\begin{bmatrix}y_{11}\\ y_{21}\\ y_{31}\end{bmatrix}=\begin{bmatrix}x_{11}\,y_{11}+x_{12}\,y_{21}+x_{13}\,y_{31}\\ x_{21}\,y_{11}+x_{22}\,y_{21}+x_{23}\,y_{31}\end{bmatrix}$$

從幾何角度來看，矩陣 X 可以看作變換後的基向量，矩陣 Y 可以看作向量 $\vec{y}$。向量$\vec{y}$原本的基向量為 $\vec{i}=[1,0,0]^{\mathrm{T}}$ 、 $\vec{j}=[0,1,0]^{\mathrm{T}}$ 、$\vec{z}=[0,0,1]^{\mathrm{T}}$ ，則 $\vec{y}=y_{11}\,\vec{i}+y_{21}\,\vec{j}+y_{31}\,\vec{z}$。而矩陣 X 是新變化後的基向量，即$\vec{i}=[x_{11},x_{21}]^{\mathrm{T}}$ 、 $\vec{j}=[x_{12},x_{22}]^{\mathrm{T}}$ 、$\vec{z}=[x_{13},x_{23}]^{\mathrm{T}}$。向量$\vec{y}$由線性變換的基向量表示，因此就獲得了矩陣相乘的結果。如果矩陣 Y 的列數大於 2，那麼可以將其看成由多個向量組成的矩陣，透過類似的方式，可以獲得矩陣間相乘的結果。

矩陣乘法並不滿足交換律，這個很好了解，因為交換了，基向量線性變換的結果就不相同了，那麼最後相乘獲得的結果當然也就不相同，但矩陣乘法滿足以下定律。

$$(\boldsymbol{AB})\boldsymbol{C}=\boldsymbol{A}(\boldsymbol{BC})$$

$$\alpha(\boldsymbol{AB})=\alpha(\boldsymbol{A})\boldsymbol{B}=\boldsymbol{A}(\alpha\boldsymbol{B})$$

$$\boldsymbol{A}(\boldsymbol{B}+\boldsymbol{C})=\boldsymbol{AB}+\boldsymbol{AC}$$

$$(\boldsymbol{B}+\boldsymbol{C})\boldsymbol{A}=\boldsymbol{BA}+\boldsymbol{CA}$$

除了這個角度，通常還可以透過方程式的方式來了解矩陣相乘。

❑ 矩陣轉置（transpose）

直觀而言，矩陣轉置就是將矩陣沿著它的對角線旋轉交換一下，假設現在有一個$n\times m$矩陣，那麼該矩陣轉置後，就會獲得一個$m\times n$矩陣，其具體公式如下。

$$\boldsymbol{A}=(a_{ij})$$

$$\boldsymbol{A}^{\mathrm{T}}=(a_{ji})$$

在上面的內容中，我們通常使用$[x_1, x_2, \cdots]^{\mathrm{T}}$來表示一個向量，因為這樣方便書面展示。

轉置矩陣幾個常用的公式如下。

$$\left(\boldsymbol{A}^{\mathrm{T}}\right)^{\mathrm{T}} = \boldsymbol{A}$$

$$(\boldsymbol{A}+\boldsymbol{B})^{\mathrm{T}} = \boldsymbol{A}^{\mathrm{T}} + \boldsymbol{B}^{\mathrm{T}}$$

$$(\alpha\boldsymbol{A})^{\mathrm{T}} = \alpha\boldsymbol{A}^{\mathrm{T}}$$

$$(\boldsymbol{AB})^{\mathrm{T}} = \boldsymbol{B}^{\mathrm{T}}\boldsymbol{A}^{\mathrm{T}}\text{（注意順序）}$$

$$(A_1 A_2 \cdots A_n)^{\mathrm{T}} = A_n^{\mathrm{T}} \cdots A_2^{\mathrm{T}} A_1^{\mathrm{T}}\text{（注意順序）}$$

❑ 反矩陣（inverse matrix）

要想將矩陣求逆，首先要求該矩陣是個方陣，即矩陣的行數與列數相等。如果存在一個$n \times n$的矩陣 $\boldsymbol{A}$ 和一個$n \times n$的矩陣 $\boldsymbol{B}$，矩陣 $\boldsymbol{B}$ 與矩陣 $\boldsymbol{A}$ 相乘的結果是$n \times n$的單位矩陣$\boldsymbol{I}_n$，那麼就稱矩陣 $\boldsymbol{B}$ 是矩陣 $\boldsymbol{A}$ 的反矩陣，公式如下。

$$\boldsymbol{AB} = \boldsymbol{BA} = \boldsymbol{I}_n$$

從數學上可以證明，如果一個矩陣存在反矩陣，那麼該反矩陣就是唯一的，例如存在一個$n \times n$的矩陣 $\boldsymbol{C}$，它與矩陣 $\boldsymbol{A}$ 相乘的結果也是$n \times n$的單位矩陣，那麼就可以推出

$$\boldsymbol{C} = \boldsymbol{B} = \boldsymbol{A}^{-1}$$

反矩陣的常用公式如下。

$$\left(\boldsymbol{A}^{\mathrm{T}}\right)^{-1} = (\boldsymbol{A}^{-1})^{\mathrm{T}}$$

$$(\boldsymbol{A}^{-1})^{-1} = \boldsymbol{A}$$

$$(\alpha\boldsymbol{A})^{-1} = \frac{1}{\alpha}\boldsymbol{A}^{-1}$$

$$(\boldsymbol{AB})^{-1} = \boldsymbol{B}^{-1}\boldsymbol{A}^{-1}$$

❑ 矩陣的秩

矩陣中不相關的向量的最大個數就是矩陣的秩。從幾何的角度來了解，一個矩陣中的每一列值都可以看成一個向量，這些向量中線性無關的個數就是矩陣的秩，也就是這些向量組成的生成空間的維度。這可能比較抽象，仔細回憶一下前文關於線性無關以及生成空間的內容比較好了解。舉個具體的例子，現在有一個矩陣 $\boldsymbol{A}$。

$$\boldsymbol{A} = \begin{bmatrix} 1 & 0 \\ 0 & 1 \end{bmatrix}$$

我們可以將矩陣 A 分為向量 $\vec{i} = [1,0]^{\mathrm{T}}$ 與向量 $\vec{j} = [0,1]^{\mathrm{T}}$，這兩個向量是線性無關的，它們可以組成一個二維的生成空間，則矩陣 A 的秩為 2。如果矩陣 A 的形式如下。

$$\boldsymbol{A} = \begin{bmatrix} 1 & -1 \\ 1 & -1 \end{bmatrix}$$

現在將矩陣 $\boldsymbol{A}$ 分為向量 $\vec{i} = [1,1]^{\mathrm{T}}$ 與向量 $\vec{j} = [-1,-1]^{\mathrm{T}}$，這兩個向量是線性相關的，即除去其中一個向量，組成的生成空間沒有什麼變化。如果向量組成的生成空間是一根一維的線，則此時矩陣 $\boldsymbol{A}$ 的秩為 1。如果矩陣 $\boldsymbol{A}$ 的形式如下。

$$\boldsymbol{A} = \begin{bmatrix} 0 & 0 \\ 0 & 0 \end{bmatrix}$$

將矩陣 $\boldsymbol{A}$ 的列拆分成向量後，組成的生成空間是一個點，即是 0 維的，則矩陣 $\boldsymbol{A}$ 的秩為 0。

這種了解方式並不完全嚴謹，上面將矩陣按列劃分成向量，組成的是列秩，對應的還有行秩。實際上，矩陣的秩=矩陣的列秩=矩陣的行秩。

❑ 矩陣的行列式

從幾何角度來了解，可以將矩陣的行列式了解成該矩陣對基向量進行線性變換後，該基向量組成空間的面積的縮放比例。舉個直觀的例子，現在有兩個基向量，分別是向量 $\vec{v} = [1,0]^{\mathrm{T}}$ 與向量 $\vec{u} = [0,1]^{\mathrm{T}}$，如圖 2.3 所示。

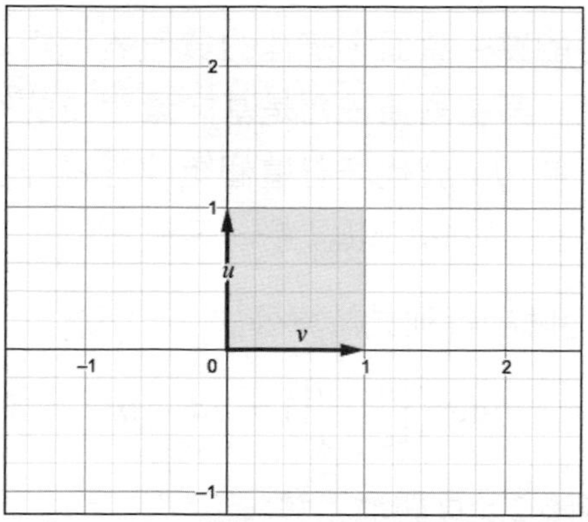

圖 2.3 基向量

這兩個向量組成的就是1×1的正方形，現在要計算矩陣 $\boldsymbol{A}$ 的行列式，具體 $\boldsymbol{A}$ 的值以及行列式計算如下。

矩陣 $\boldsymbol{A}$：

$$\boldsymbol{A} = \begin{bmatrix} 2 & 0 \\ 0 & 2 \end{bmatrix}$$

矩陣 $\boldsymbol{A}$ 的行列式：

$$\boldsymbol{A} = \det\left(\begin{bmatrix} 2 & 0 \\ 0 & 2 \end{bmatrix}\right) = 4$$

將矩陣 $\boldsymbol{A}$ 中的每一行看作線性變換後的基向量，新的基向量組成的面積也為 4，如圖 2.4 所示。

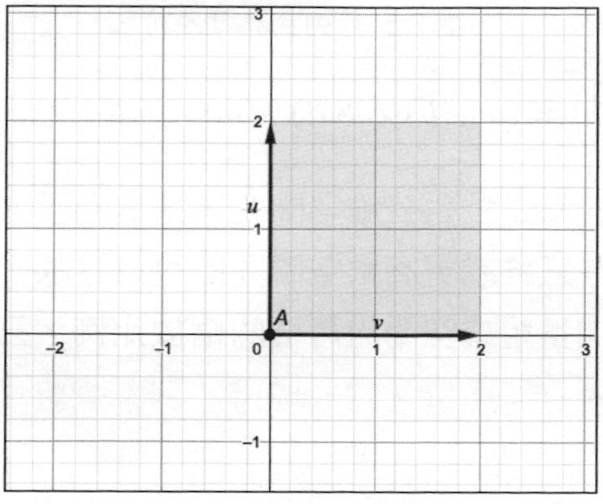

圖 2.4 改變基向量

當然，行列式計算可能獲得負值，這裡的負值表示矩陣線性變換後基向量的方向與變換前相反，其絕對值依舊是基向量組成的空間的面積的縮放比例。如果行列式的值為 0，就代表著這個矩陣經過線性變換後，生成空間被壓縮到更小的維度上，這點可以思考一下。

接著可以得到 2×2 矩陣的行列式計算公式。

$$\det\left(\begin{bmatrix} a & b \\ c & d \end{bmatrix}\right) = ad - bc$$

公式的來源可以透過圖 2.5 直觀地了解。

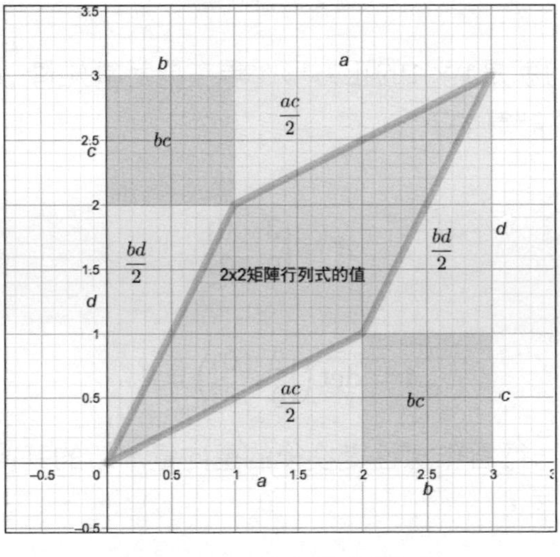

圖 2.5 行列式計算公式

$$\det\left(\begin{bmatrix} a & b \\ c & d \end{bmatrix}\right) = (a+b)(c+d) - ac - bd - 2bc = ad - bc$$

雖然上面討論的內容都是針對二維空間的，這是為了方便了解，但這些性質具有一般性，即在三維或更高維空間同樣可以這樣了解。在三維空間，矩陣行列式就是基向量組成空間的體積的縮放比例，三維的矩陣運算公式如下。

$$\det\left(\begin{bmatrix} a & b & c \\ d & e & f \\ g & h & i \end{bmatrix}\right) = a\det\left(\begin{bmatrix} e & f \\ h & i \end{bmatrix}\right) - b\det\left(\begin{bmatrix} d & f \\ g & i \end{bmatrix}\right) + c\det\left(\begin{bmatrix} d & e \\ g & h \end{bmatrix}\right)$$

矩陣的特徵向量與特徵值這兩個概念比較抽象但又比較重要。我們都知道可以將矩陣看成基向量的線性變換，而由基向量組成的生成空間中，向量也會發生對應的線性變換。所謂的特徵向量與特徵值，就是對於一個矩陣 $\boldsymbol{A}$ 而言，它作用在一個向量$\vec{v}$上，該矩陣對向量$\vec{v}$造成的線性變換可以找到一個純量λ代替，即純量λ可以對向量$\vec{v}$造成同樣的線性變換效果，那麼此時就可以說，對應矩陣 $\boldsymbol{A}$，我們找到了它的特徵向量（即向量$\vec{v}$）特徵值（即λ），透過公式簡單表示如下。

$$\boldsymbol{A}\vec{v} = \lambda\vec{v}$$

其中，$\boldsymbol{A}$ 為矩陣，λ為一個純量。這個公式有點麻煩，因為等號左邊是矩陣與向量相乘，等號右邊是純量與向量相乘。下面做個簡單的變化，讓公式兩邊的類型統一。我們可以將λ變換為一個對角矩陣，該對角矩陣與向量$\vec{v}$相乘的結果與純量與向量相乘的結果一致，通常會使用單位矩陣來表示。

$$\lambda \Rightarrow \begin{bmatrix} \lambda & 0 & \cdots & 0 \\ 0 & \lambda & \cdots & 0 \\ \vdots & \vdots & \ddots & \vdots \\ 0 & 0 & \cdots & \lambda \end{bmatrix} = \lambda \begin{bmatrix} 1 & 0 & \cdots & 0 \\ 0 & 1 & \cdots & 0 \\ \vdots & \vdots & \ddots & \vdots \\ 0 & 0 & \cdots & 1 \end{bmatrix} = \lambda\boldsymbol{I}$$

接著可以將最初的等式表示為

$$(\boldsymbol{A} - \lambda\boldsymbol{I})\vec{v} = \vec{0}$$

如果$\vec{v}$為非 0 向量，要讓該等式成立，則$(\boldsymbol{A} - \lambda\boldsymbol{I}) = \vec{0}$。簡單來說，$(\boldsymbol{A} - \lambda\boldsymbol{I})$矩陣與全零矩陣是相等的，那麼就有

$$\det(\boldsymbol{A} - \lambda\boldsymbol{I}) = 0$$

此時將矩陣 $\boldsymbol{A}$ 具體的值代入，就可以求解出特徵值λ。

那麼特徵向量呢？將求出的特徵值代入矩陣 $\boldsymbol{A}$ 可以求出特徵向量。舉個例子，現在求出特徵值等於 3，矩陣 $\boldsymbol{A}$ 為$[[4,0]^{\mathrm{T}}, [1,3]^{\mathrm{T}}]$，那麼特徵向量的計

算方式為

$$\left(\begin{bmatrix}4 & 1\\0 & 3\end{bmatrix} - 3\begin{bmatrix}1 & 0\\0 & 1\end{bmatrix}\right)\begin{bmatrix}x\\y\end{bmatrix} = \begin{bmatrix}0\\0\end{bmatrix}$$

你可以求解出多個$[x, y]$的值，你會發現這些值都分佈在$y = x$的直線上，此時具體的某個$[x, y]$值就是一個特徵向量，所有特徵向量組成的集合就是特徵空間，這裡$y = x$的直線就是特徵空間。

從另一個角度看，特徵向量$\vec{v}$就是那些經過矩陣 $\boldsymbol{A}$ 線性變換後依舊保持原來方向的向量，即$\boldsymbol{A}\vec{v}$與$\vec{v}$方向相同（共線）。當然對於一個矩陣而言，它不一定具有特徵向量。

2.2 微積分

在深度學習中，各種訓練最佳化演算法的背後其實都是求導，而求導是微積分中的基本概念，所以本節就嘗試簡單地討論一下微積分中一些常見的概念。

2.2.1 圓的面積

對於規則圖形的面積求解比較簡單，如正方形、長方形就是簡單的寬乘以高，但對於不規則圖形，該如何求解其面積呢？例如圓、帶曲面的圖形等。微積分可以解決不規則圖形面積求解的問題，下面我們從圓開始。

圓的面積怎麼求呢？很簡單，公式如下。

$$S = \pi r^2$$

接著的問題是，這個公式怎麼來的？怎麼證明圓的面積就等於這個公式計算的值呢？這裡我們先不使用該公式來求圓的面積，嘗試自己來解決這個問題。一個直觀的想法就是將圓切割成很多個環，即一個圓的面積由多個環的面積相加得到，抽出其中一個環，將其從中間用剪刀剪開，會獲得一個梯形，簡單的變化一下，就可以獲得一個長方形，如圖 2.6 所示。

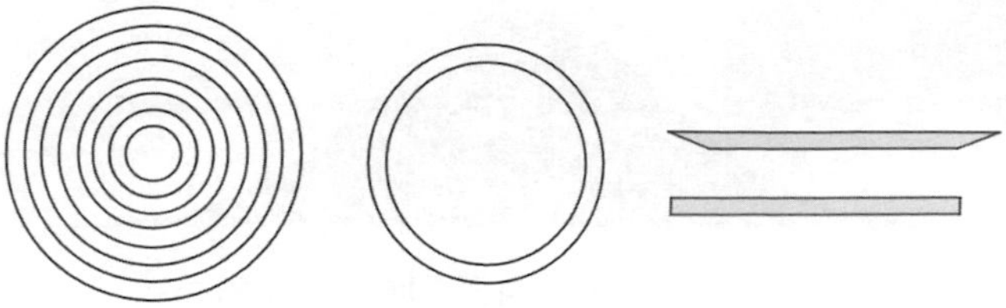

圖 2.6 圓的變換

這個長方形的面積是可以計算的，我們將長方形的高記為h，它的寬其實就是環的周長，將其記為w，那麼長方形的面積就為$w \cdot h$。而圓的面積就是多個這樣的長方形面積的組合，將這些長方形並排組合在一起，就可以拼湊成一個寬為圓的半徑r、高為圓的周長$2\pi r$的三角形。不難想像，當長方形分得越細時，長方形拼湊出來的三角形就越完整，最終這些長方形可以拼湊出一個完全準確的三角形，這個三角形的面積就是圓的面積。所以三角形的面積為

$$S = \frac{1}{2}r \cdot 2\pi r = \pi r^2$$

從而證明了一開始計算圓面積的公式是對的，其實在證明過程中我們就利用了微積分的核心思維，即將困難的問題轉化為一個容易解決的小問題並最小化困難問題轉成小問題時產生的誤差，然後再將小問題的結果累積起來獲得最初困難問題的結果。

2.2.2 古典微積分

在上面求圓面積的問題中，我們先將這個複雜問題化解為求一個個長方形面積的問題，再將這些長方形組合在一起，組成一個三角形，求得圓的面積，這就是微積分的思維。在求圓面積時，我們很幸運，最後獲得的是一個三角形，但如果最後組成的不是一個規則圖形呢？下面來討論一下這種情況。

假設我們現在要求函數$f(x)$與x軸之間的面積，$f(x)$繪製出來的是條曲線，其包裹的面積是一個不規則的圖形，如圖 2.7 所示。

圖 2.7 曲面面積

要求該圖形的面積，按照此前求圓面積的方法，將其用多個長方形來表示，如圖 2.8 所示。

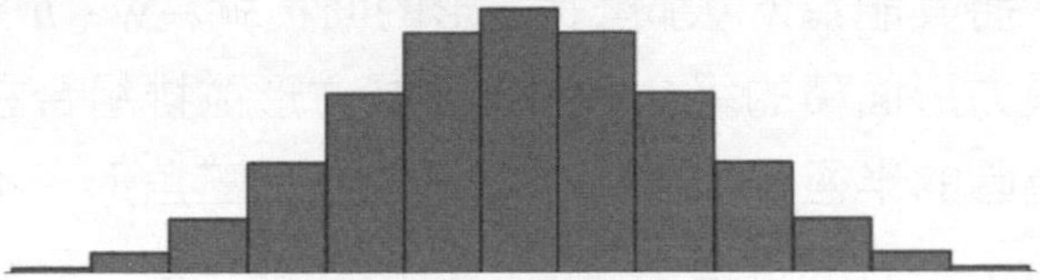

圖 2.8 計算曲面面積

當然，長方形越多越好，即長方形的寬越小越好，如圖 2.9 所示。

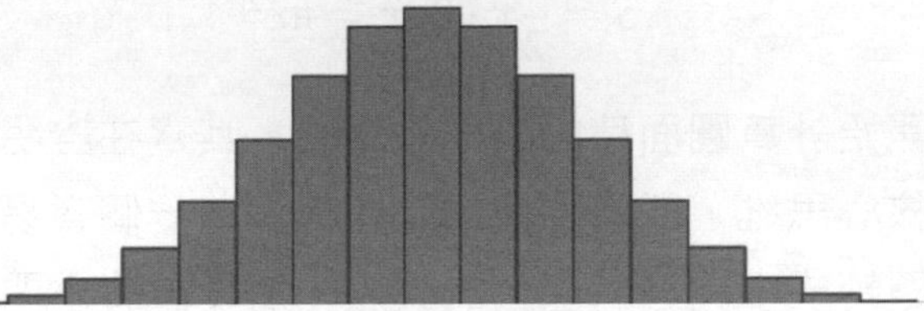

圖 2.9 計算曲面面積

我們將$f(x)$與 x 軸之間的不規則面積記為$A(x)$，將長方形的寬記為$\mathrm{d}x$，將與$\mathrm{d}x$對應的長方形的面積記為$\mathrm{d}A(x)$，表示 different Area，即如果增加了 x 軸的距離 $\mathrm{d}x$，那麼面積$A(x)$就會對應增加$\mathrm{d}A(x)$，如圖 2.10 所示。

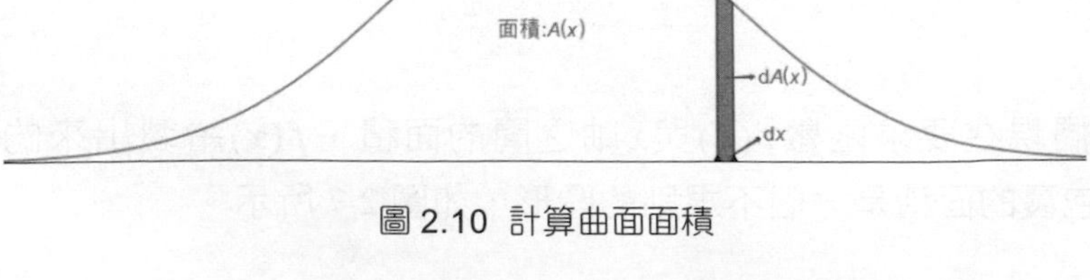

圖 2.10 計算曲面面積

不難得出：

$$\mathrm{d}A(x) \approx f(x)\mathrm{d}x$$

$A(x)$變動的面積約等於一個長方形面積，該長方形的面積就等於高$f(x)$乘以寬$\mathrm{d}x$，將其變化一下，就獲得了面積$A(x)$的導數。

$$f(x) \approx \frac{\mathrm{d}A(x)}{\mathrm{d}x}$$

當$\mathrm{d}x$越接近 0 時，$f(x)$與$\mathrm{d}A(x)/\mathrm{d}x$越相近。從該公式可以看出，函數$f(x)$本身就是面積函數$A(x)$的導數。

接著再來思考一下面積$A(x)$，其實很直觀，面積$A(x)$就是所有長方形面積的和。

$$A(x) \approx \sum_{i=a}^{b} \mathrm{d}A(x) = \sum_{i=a}^{b} f(x)\mathrm{d}x$$

當$\mathrm{d}x$越接近於 0，即長方形被劃分得越細、越多，計算出的值就與$A(x)$越接近，考慮這個條件，將其替換成積分的寫法。

$$A(x) = \int_{a}^{b} f(x)\mathrm{d}x$$

上述公式表示的意思是將 a 到 b 之間的$f(x)\mathrm{d}x$累加起來，這也是積分這個名稱的由來，它有將微小的變化積累累加的含義。

到這裡就可以看出，導數運算與積分運算是互逆的，可以相互推導，即面積函數$A(x)$的導數是組成該面積的函數$f(x)$，而$f(x)$的積分就是對應的面積函數$A(x)$。

下面舉個具體的例子來加深對微分、導數以及積分的直觀印象。假設我們要計算幾個值，分別是汽車行駛的距離l、汽車行駛的速度v，一個基本的公式是$l = vt$，即距離等於速度乘以時間。下面我們從微積分的角度來討論一下距離與速度之間的關係，首先隨意繪製出速度函數$v(t)$對應的曲線，其水平座標是時間t，表示行駛時間。垂直座標就是速度，即當前時間的速度，如圖 2.11 所示。

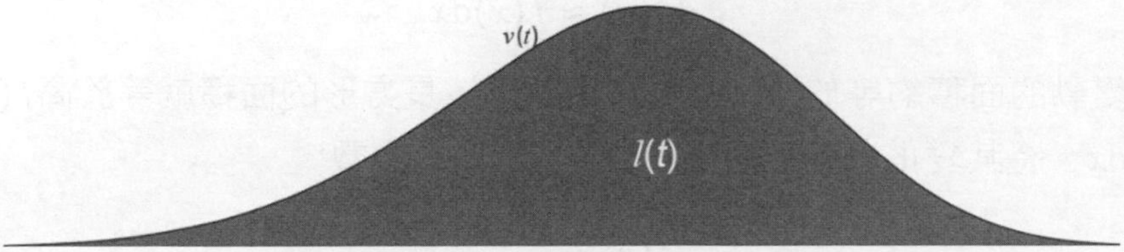

圖 2.11 速度與時間的關係

速度函數$v(t)$與橫軸間的面積就是距離，這點不難了解，其積分公式如下。

$$l(t) = \int_a^b v(t)\mathrm{d}t$$

即 a 時刻到 b 時刻，速度與時間乘積獲得的移動距離的累加值，也就是每次移動的距離累加的和就是整體距離$l(t)$。

那如何從距離$l(t)$獲得速度呢？其實就是求導，形式如下。

$$v(t) = l'(t) = \frac{\mathrm{d}l(t)}{\mathrm{d}t} = \frac{l(t+\Delta t) - l(t)}{\Delta t}$$

即這段時間移動的距離除以時間就獲得對應的速度。

當然上面的討論其實還不算特別嚴謹，它有幾個問題：首先，如果透過導數運算對函數$f(x) = x^2$求導，會有一些奇怪的現象。

$$\begin{aligned}
\frac{\mathrm{d}\big(f(x)\big)}{\mathrm{d}x} &= \frac{f(x+\mathrm{d}x) - f(x)}{\mathrm{d}x} \\
&= \frac{(x+\mathrm{d}x)^2 - x^2}{\mathrm{d}x} \\
&= \frac{x^2 + 2x\mathrm{d}x + (\mathrm{d}x)^2 - x^2}{\mathrm{d}x} \\
&= \frac{2x\mathrm{d}x + (\mathrm{d}x)^2}{\mathrm{d}x} \\
&= 2x + \mathrm{d}x \\
&= 2x
\end{aligned}$$

在求導過程中，一開始$\mathrm{d}x$為分母，這說明$\mathrm{d}x$不可以為 0，但求最終結果$2x + \mathrm{d}x$時卻將 $\mathrm{d}x$ 約去了，因為$\mathrm{d}x$越接近 0，值越接近真實值，那麼就將$\mathrm{d}x$看為 0 約去則可。這兩種解釋就發生了衝突，$\mathrm{d}x$一會兒為 0，一會兒為非 0，就像薛丁格的貓一樣，一會兒是死的，一會兒是活的。

其次，因為假設$\mathrm{d}x$是無限接近 0 的值，即$\mathrm{d}x$為無限小，計算出的值才與真實值接近，但無限小這個基本假設違反了阿基米德公理，這就造成了歷史上的第二次數學危機。

阿基米德公理：①列出任何一個數，都可以找到一個整數大於原來的數；②列出任何一個正數，都可以找到一個整數，該整數的倒數小於原來的數。

我們上面討論的其實都是古典微積分，它更多的是從直觀上進行推理，導致其理論並不嚴格。

2.2.3 重建微積分

古典微積分基於無限小這樣一個直觀的假設，這使得微積分很好了解，但讓其不夠嚴謹。為了解決這個問題，極限被提出，當下的微積分都是基於極限重新建立起來的。

極限繞過了無限小這個表述，換了一種說法，極限的嚴格定義為，函數$f(x)$在點x_0的某一去心鄰域內有定義，如果常數A對於任意的正數ϵ總存在正數δ，使得當x滿足不等式$0 < |x - x_0| < \delta$時，對於函數值$f(x)$滿足不等式$|f(x) - A| < \epsilon$，那麼常數A就叫作函數$f(x)$當$x \to x_0$時的極限，記作：

$$\lim_{x \to x_0} f(x) = A$$

簡單且直觀來講，極限依舊是用一個數值去逼近另外一個數值。使用極限來重新推導一下導數。

$$\frac{\mathrm{d}(f(x_0))}{\mathrm{d}x} = \lim_{\Delta x \to 0} \frac{f(x_0 + \Delta x) - f(x_0)}{\Delta x}$$

由極限重新定義的導數應當被看成一個整體，此時可以透過導數去求出微分。

$$\lim_{\Delta x \to 0} \frac{\Delta y}{\Delta x} = f'(x_0) \Rightarrow \lim_{\Delta x \to 0} \frac{\Delta y}{\Delta x} - f'(x_0) = 0$$

將式子變換一下：

$$\frac{\Delta y}{\Delta x} - f'(x_0) = a，\lim_{\Delta x \to 0} a = 0$$

$$\Delta y = f'(x_0)\Delta x + a\Delta x$$

可以看出，Δy由兩部分組成，其直觀形式如圖 2.12 所示。

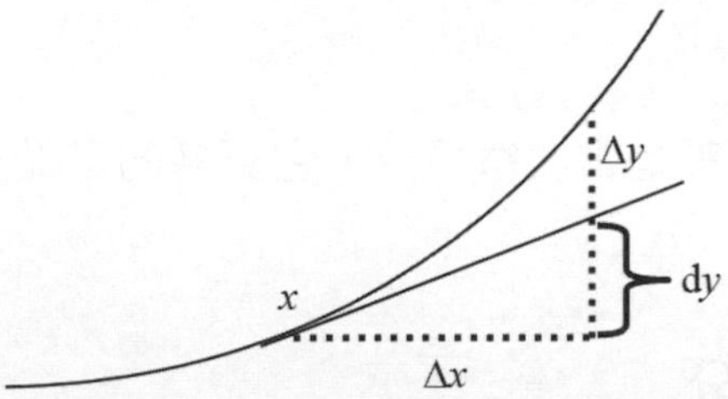

圖 2.12 Δy

圖 2.12 中的直線是x點的切線，對於曲線而言，橫軸增加了Δx，曲線對應增加了Δy，但對切線而言，橫軸增加了Δx，切線增加了$f'(x)\Delta x$，即切線的斜率$f'(x)$乘以橫軸變化的距離Δx，將$f'(x)\Delta x$記為$\mathrm{d}y$，即$\mathrm{d}y = f'(x)\Delta x$，這樣就得到$\mathrm{d}y$。此時$\mathrm{d}y$是一個函數，不是一個數。做一下簡單的變換，就可以從$\mathrm{d}y$獲得$\mathrm{d}x$，令$y = x$，那麼就有$\mathrm{d}y = 1\Delta x$，即$\mathrm{d}y = \Delta x$，這就獲得$\mathrm{d}x$的定義了。

在討論古典微積分時，我們先直觀地列出了$\mathrm{d}y$、$\mathrm{d}x$的定義，然後再推導求得導數，在古典微積分中導數是基於無限小假設定義的，其微分是一個無限小的值。與古典微積分不同的是，極限微積分的導數是基於極限定義，其微分是一個函數。導數通常用於描述函數在某一點的變化速率；微分通常用於描述函數從某一點到另一點的變化幅度，通常其極限為 0；積分通常用於描述微分造成函數變化的累積值。

2.2.4 常用的公式

對微積分中微分、導數以及積分的討論就到這裡，當下古典微積分已不再被使用，但我們依舊可以透過古典微積分的形式來了解微積分，從而進一步了解當下建構在極限之上的微積分。

在具體建構模型時，其實我們不會去在意微積分背後的這些數理邏輯，而是直接使用它，所以需要了解一些基本的常用公式，下面就列出一些簡單的公式。

❑ 導數公式

$$f(x) = x^n \Rightarrow f'(x) = \frac{\mathrm{d}(f(x))}{\mathrm{d}x} = nx^{n-1}$$

$$f(x) = \ln(x) \Rightarrow f'(x) = \frac{1}{x}$$

$$f(x) = n \Rightarrow f'(x) = 0$$

$$f(x) = n^x \Rightarrow f'(x) = n^x \ln(n)$$

$$f(x) = \mathrm{e}^x \Rightarrow f'(x) = \mathrm{e}^x$$

$$f(x) = \log_n x \Rightarrow f'(x) = \frac{1}{x\ln(n)}$$

$$f(x) = \sin x \Rightarrow f'(x) = \cos x$$

$$f(x) = \cos x \Rightarrow f'(x) = -\sin x$$

❑ 導數四則運算

$$(u \pm v)' = u' \pm v'$$

$$(uv)' = u'v + uv'$$

$$\left(\frac{u}{v}\right)' = \frac{u'v - uv'}{v^2}$$

❑ 積分公式

$$\int a\,\mathrm{d}x = ax + \mathrm{C}$$

$$\int x\,\mathrm{d}x = \frac{x^2}{2} + \mathrm{C}$$

$$\int x^2\,\mathrm{d}x = \frac{x^3}{3} + \mathrm{C}$$

$$\int \left(\frac{1}{x}\right)\mathrm{d}x = \ln|x| + \mathrm{C}$$

$$\int \mathrm{e}^x dx = \mathrm{e}^x + \mathrm{C}$$

$$\int a^x \mathrm{d}x = \frac{ax}{\ln(a)} + \mathrm{C}$$

$$\int \ln(x)\mathrm{d}x = x\ln(x) - x + \mathrm{C}$$

$$\int \cos x\,\mathrm{d}x = \sin x + \mathrm{C}$$

$$\int \sin x\,\mathrm{d}x = -\cos x + \mathrm{C}$$

❑ 積分四則運算

$$\int \mathrm{c}f(x)\mathrm{d}x = \mathrm{c}\int f(x)\,\mathrm{d}x$$

$$\int x^n\,\mathrm{d}x = \frac{x^{n+1}}{n+1} + \mathrm{C}$$

$$\int (f+g)\,\mathrm{d}x = \int f\,\mathrm{d}x + \int g\,\mathrm{d}x$$

$$\int (f-g)\,\mathrm{d}x = \int f\,\mathrm{d}x - \int g\,\mathrm{d}x$$

2.2.5 偏導數

前面討論的內容針對的是一元函數，即只有一個引數的函數。但現實生活中，我們經常會遇到多元函數，即函數擁有多個引數，那麼怎麼求多元函數的導數呢？

對於多元函數而言，它的每一個點會有無窮多條切線，要描述多元函數的導數比較困難，而偏導數就是選擇其中一條切線並求出它的斜率。具體而言，就是保留多元函數中的引數，並將其他引數看作是常數，再使用一元函數求導的方式求出保留的引數對於多元函數的導數。舉個具體的例子，現在有一個二元函數$f(x,y) = x^2 + xy + y^2$，對其求偏導。

固定y，只保留x作為引數，其偏導為

$$\frac{\partial f}{\partial x} = 2x + y$$

固定x，只保留y作為引數，其偏導為

$$\frac{\partial f}{\partial y} = x + 2y$$

此時將一個具體的點座標代入，例如代入點$c(1,2,3)$，就有

$$\frac{\partial f}{\partial x} = 4$$

$$\frac{\partial f}{\partial y} = 5$$

此時就稱函數f在點$c(1,2,3)$處關於x的偏導數是 4，關於 y 的偏導數是 5。

2.2.6 方向導數

在多元函數中，引數有多個時，偏導數會選擇一個引數而將其他引數當成常數來求導，其幾何意義就是某點在其他方向不變的情況下，求導的引數的變化率，但偏導數只能獲得沿座標軸方向的變化率。例如函數$f(x,y)$，求其偏導數，只能固定 y 引數求該函數 x 軸的偏導數，即該函數 x 軸方向的變化率；或固定 x 引數求該函數 y 軸的偏導數，即該函數 y 軸方向的變化率。但我們有時不只是要函數沿座標軸的變化率，而是要該函數任意方向的變化率，這就需要方向導數了。

下面以$z = f(x,y)$函數為例來討論方向導數。在$z = f(x,y)$函數上有一個點

(x_0, y_0)，那麼不難想像該點可以有無數條切線（因為$z = f(x, y)$是三維的）。這些切線其實都是共面的，即所有的這些切線都在一個面上，將這個面稱為切面，切面上所有的切線都可以在XOY平面上映射出一條射線，這條射線的方向就是方向向量的方向，映射出該射線的切線的斜率就是方向向量的大小，如圖 2.13 所示。

圖 2.13 中只繪製了該點的某一條切線，這條切線可以在XOY平面上映射出一條射線，該射線的方向就是方向向量的方向，這條切線的斜率就是方向導數的大小。因為該點有無數條切線，即一個切面；每個切線都可以映射出一條射線，即該點就擁有無數個方向向量，它們具有不同方向，如圖 2.14 所示。

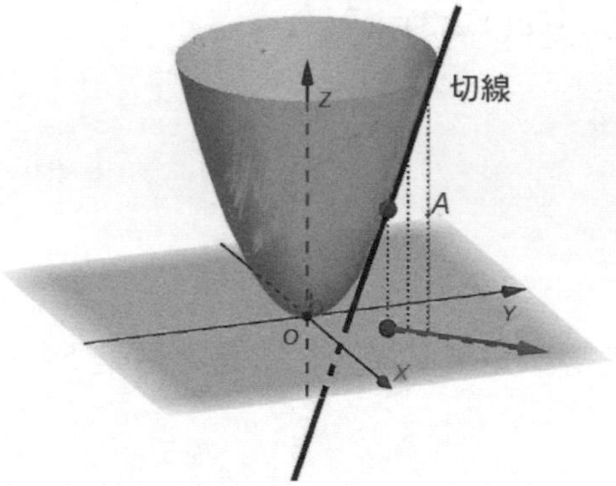

圖 2.13 切線與斜率

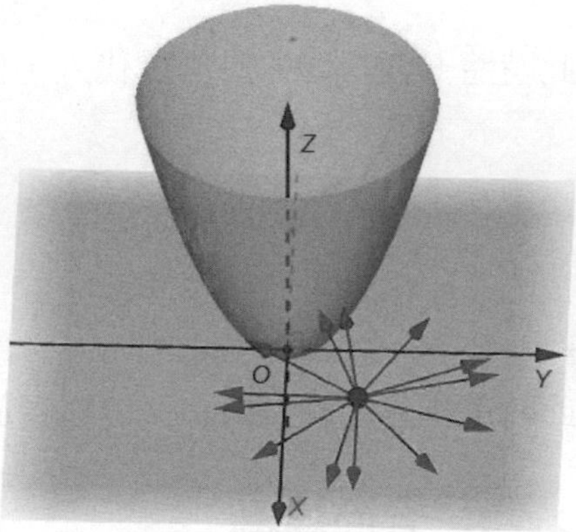

圖 2.14 方向向量

怎麼透過數學公式來表示呢？其實也簡單，在圖 2.14 中，我們將小數點的座標記為(x_0, y_0)，將射線看作方向向量，那麼方向向量就可以表示為$(x_0 + t\cos\theta, y_0 + t\sin\theta)$。之所以可以這樣表示，可以回憶一下向量的內容，如果有兩個基向量$\vec{i}$、$\vec{j}$，要表示任意方向的單位向量，其實就是$\vec{i}\cos\theta + \vec{j}\sin\theta$，方向向量的表示法與單位向量的表示法是相同的，其中，θ表示方向向量與x軸的夾角，t表示方向向量的大小，那麼點(x_0, y_0)在某個方向的方向導數可以表示為

$$\lim_{t\to 0}\frac{f(x_0+t\cos\theta\,,y_0+t\sin\theta)-f(x_0,y_0)}{t}$$

$$=f_x(x_0,y_0)\cos\theta+f_y(x_0,y_0)\sin\theta$$

$$=\Big(f_x(x_0,y_0),f_y(x_0,y_0)\Big)\cdot(\cos\theta\,,\sin\theta)$$

$$=\Big|\Big(f_x(x_0,y_0),f_y(x_0,y_0)\Big)\Big|\cdot|(\cos\theta\,,\sin\theta)|\cos\alpha$$

其中，α表示$f_x(x_0,y_0)$、$f_y(x_0,y_0)$與$(\cos\theta\,,\sin\theta)$之間的夾角，可以看出方向導數的公式其實就是對$(x_0,y_0)$求全導數。

全導數其實很好了解，它就是一元函數的導數在多元函數中換了一種說法，如現在有函數$z=f(x,y)$，其中$x=a(t)$，$y=b(t)$，那麼z關於t的導數就稱為全導數。不難看出，上面的方向導數就是函數z關於t的全導數，函數z具體為

$$\begin{cases}z=f(x,y)\\x=x_0+t\cos\theta\\y=y_0+t\sin\theta\end{cases}$$

神經網路中常用的梯度就是一個方向向量，某一個點的梯度就是該點方向導數最大的那個方向向量。上面的內容雖然都以$z=f(x,y)$為例，但具有一般性。

2.2.7 連鎖律

連鎖律是簡化函數求導的工具，舉例來說，現在要對$y=(x^2+1)^2$求導，很簡單，將該函數展開，然後對每個部分求導即可。

$$y=(x^2+1)^2=x^4+2x^2+1\Rightarrow\frac{\mathrm{d}y}{\mathrm{d}x}=4x^3+4x$$

但現在要求你對$y=(x^2+1)^{100}$求導，如果依舊使用上面的公式，那麼求導過程就會變得非常繁雜，這裡可以透過連鎖律來簡化該函數的求導。為了說明連結法則，依舊以$y=(x^2+1)^2$為例，將$y=(x^2+1)^2$拆成兩部

分，一部分為$y = u^2$，另一部分為$u = x^2 + 1$。將u代入公式中，重新組成函數y，$y = u^2$，此時的函數y稱為複合函數。複合函數的一般形式為，y是u的函數，u是x的函數，其函數表示為

$$y = f(u)\text{，}u = g(x)$$

複合函數為

$$y = f(g(x))$$

連鎖律為

$$\frac{\mathrm{d}y}{\mathrm{d}x} = \frac{\mathrm{d}y}{\mathrm{d}u} \cdot \frac{\mathrm{d}u}{\mathrm{d}x}$$

那麼對於函數$y = (x^2 + 1)^2 = u^2$，其連鎖律的形式為

$$\frac{\mathrm{d}y}{\mathrm{d}x} = \frac{\mathrm{d}y}{\mathrm{d}u} \cdot \frac{\mathrm{d}u}{\mathrm{d}x} = 2u2x = 2(x^2 + 1) \cdot 2x = 4x^3 + 4x$$

公式中的$\mathrm{d}u$是可以相互抵消的。上面的討論雖然針對函數$y = (x^2 + 1)^2$，但連鎖律具有一般性。

2.3 機率論

機率論是用於研究不確定性事件的數學分支，在深度學習中，機率的使用非常常見，因為深度學習經常處理具有隨機性的資料。下面就簡單地討論一下機率論中常見的一些概念。

2.3.1 隨機變數

首先來了解機率論中的基本概念——隨機變數，所謂隨機變數，就是一個隨機實驗結果的可能數值，即將隨機事件映射成為對應的數值，直觀了解如圖 2.15 所示。

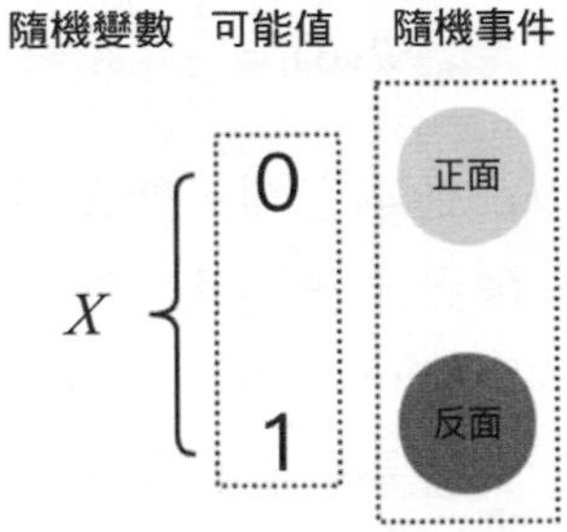

圖 2.15 隨機變數

現在我們來做個實驗，我們先給實驗中的每個事件指定對應的數值，這些數值的集合稱為隨機變數。與代數中的變數定義不同，隨機變數是一個數值集合，它可以隨機地取數值集合中的值。例如我們做一個拋硬幣的實驗，該實驗會產生兩個隨機事件，即拋出硬幣正面朝上的事件和拋出硬幣反面朝上的事件，分別給這兩個事件指派一個數值，硬幣正面朝上為 0，硬幣反面朝上為 1，由 0 和 1 這兩個數值組成的集合就是隨機變數 $X = \{0,1\}$，隨機變數 X 可以隨機取 0 或 1，每個值可以有不同的可能性，即不同的機率，對拋硬幣而言，0 與 1 的機率分別為 50%。

接著討論一下機率，所謂機率，就是一件事情發生的可能性。在現實生活中，很多事情難以準確地預測是否發生，機率可用於描述事情發生的可能性。例如拋硬幣，我們很難確定地說，這一次拋出去的硬幣一定是正面，但可以說拋出去硬幣是正面的機率為 50%。再如擲骰子，骰子有 6 個面，即擲出去的骰子可能有 6 個結果，每個結果的機率為$\frac{1}{6}$，將其進行以下公式化。

$$P(A) = \frac{A}{S}$$

其中，$P(A)$表示 A 事件發生的機率；A 表示 A 事件所包含的樣本點個數；S 表示樣本空間中的樣本點數。

例如擲骰子擲出 6 點的機率，擲出 6 點這個事件只有 1 個，而整個樣本空間為 6，那麼就有

$$P(6) = \frac{1}{6}$$

上面討論了實驗、樣本點以及樣本空間，簡單定義一下，所謂實驗，就是進行某些行為，這些行為會導致某些不確定的結果。這些不確定結果就稱為樣本點，而實驗所造成的所有可能的樣本點就組成了樣本空間。依舊以擲骰子為例，擲骰子這個行為就是一個實驗，它會產生不確定的結果，這個不確定結果就是一個樣本點，擲骰子這個實驗所有可能的樣本點有 6 個，即分別擲出 1 到 6 不同的點數，這些樣本點就組成了樣本空間，對於擲骰子而言，其樣本空間為{1,2,3,4,5,6}。

樣本點的概念可能會與事件的概念相混淆，樣本點是實驗的可能的結果，而事件是實驗的成果。例如擲骰子，假設骰子的 4 點是一個樣本點，骰子的 6 點也是一個樣本點，但是擲骰子拿到 4 點就是一個事件，擲骰子拿到 6 點也是一個事件，因為已經發生，結果確定了。事件也可以是多個單項結果的集合，又如，擲骰子拿到偶數的點數(2,4,6)也是一個事件。

隨機變數按設定值的不同，可以分為離散型隨機變數和連續型隨機變數。

（1）離散型隨機變數的設定值是離散的，直觀而言，就是只能取某些數值。以擲骰子為例，擲骰子只可能獲得 1、2、3、4、5、6 這 6 個值，而不可能取到 2.3 這個值。這 6 個數值組成的集合就是離散型隨機變數，透過機率分佈函數，可以將離散型隨機變數描述為$P(x_i) = p_i$。

（2）連續型隨機變數的設定值是連續的，直觀而言，就是可以獲取一個範圍內的任意值，例如它可以獲得 1～6 之間的任意值，即可以獲得 2.3、4.5 之類的值。舉例來說，人的身高可以是一個範圍內的任意值，透過機率分佈函數，可以將連續型隨機變數描述為

$$f_x(x) = \frac{\mathrm{d}}{\mathrm{d}x} P(-\infty \leqslant X \leqslant x)$$

在隨機變數的基礎上，有幾個常見的統計指標，分別是期望、方差與協方差，下面一個一個討論一下。

❑ 期望（expected value）：可以直觀地了解為隨機變數的加權平均值。其公式如下。

$$E(X) = \begin{cases} \sum_{i}^{n} p_i x, & X\text{是離散型隨機變數} \\ \int x\, f_x(x)\, \mathrm{d}x, & X\text{是連續型隨機變數} \end{cases}$$

舉個離散型隨機變數的例子，例如擲一個品質不均勻的骰子，其不同點的機率為$\{1: 0.1, 2: 0.4, 3: 0.1, 4: 0.1, 5: 0.1, 6: 0.2\}$，那麼它的期望就為點數的機率乘以點數。

$$E(X) = \sum pX = 0.1 + 0.8 + 0.3 + 0.4 + 0.5 + 1.2 = 3.3$$

擲一個品質不均勻的骰子的期望為 3.3。

❑ 方差（variance）：用於度量隨機變數的分散情況。其公式為

$$\mathrm{Var}(X) = E[X^2] - (E[X])^2$$

依舊以擲一個品質不均勻的骰子為例，其計算方差的公式為

$$\mathrm{Var}(X) = \sum x^2 p - \sum xp^{2}$$

即先把骰子每個數值的平方乘以對應的機率，獲得$x^2 p$，再將這些結果累加起來得$\sum x^2 p$，最後減去期望值的平方，品質不均勻骰子不同點的機率依舊為$\{1: 0.1, 2: 0.4, 3: 0.1, 4: 0.1, 5: 0.1, 6: 0.2\}$，計算結果為

$$\mathrm{Var}(X) = \sum x^2 p - \sum xp^{2} = 13.9 - 10.89 = 3.01$$

透過對方差開平方根可以獲得對應的標準差（standard deviation），公式為

$$\sigma = \sqrt{\mathrm{Var}(x)}$$

- 協方差（convariance）：用於度量兩個隨機變數整體變化幅度和它們之間的相關關係，隨機變數的方差是特殊的一種協方差，其公式如下。

$$\mathrm{Cov}(X,Y) = E(XY) - E(X)E(Y)$$

期望、方差、協方差之間有幾個常用的公式：

$$E(aX + bY) = aE(X) + bE(Y)$$

$$\mathrm{Cov}(X,X) = \mathrm{Var}(X)$$

$$\mathrm{Var}(aX + bY) = a^2\,\mathrm{Var}(X) + b^2\mathrm{Var}(Y) + 2ab\mathrm{Cov}(X,Y)$$

2.3.2 條件機率

事件可能是獨立的，即該事件發生的機率不受其他事件的影響；也可以是相關的，即該事件發生的機率受其他事件影響。以取盒子中的球為例，在一個不透明的盒子裡有顏色不同、其他都相同的球，共 5 個，其中白球 2 個，黑球 3 個。隨機從盒子中拿出一個球然後放回，再拿出一個球，依此類推，這是一種有放回的拿球方法。因此隨機拿到白球的機率是 2/5，因為是有放回的拿球，所以每一次拿球都是相互獨立的，即每一次都是一個獨立事件，事件發生的機率不受其他事件影響，隨機拿了一次白球後，再隨機拿一次白球，其機率依舊是 2/5。但如果每一次隨機從盒子中拿球不再放回，那上一次拿球就會影響到下一次拿球，如第一次拿到了白球，此前盒子中只有 4 個球，下一次還要再拿到白球，其機率為 1/4，這就是連結事件，每個事件都與上一次事件有連結。

我們可以透過樹圖的方式來描述相關事件，依舊以從不透明盒子中隨機取球為例，如圖 2.16 所示。

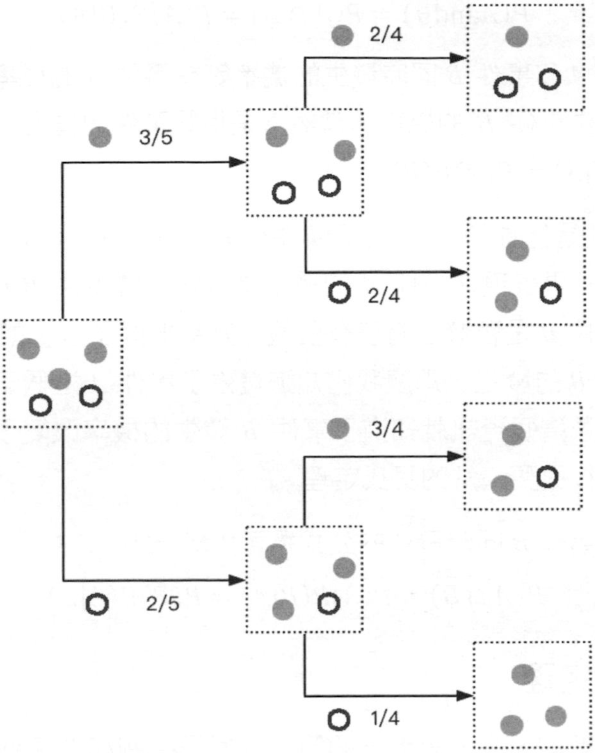

圖 2.16 不透明盒子隨機取球

第一次從盒子中取出白球的機率為 2/5，第二次還要取出白球的機率變成了 1/4。那現在的問題是，不放回地拿到兩個白球的機率是多少？從樹圖中可以很直觀地看出，不放回的從盒子中取兩次球，其顏色都是白色的機率為$\frac{2}{5}\times\frac{1}{4}=\frac{1}{10}$，即第一次拿到白球的機率乘以第二次拿到白球的機率。將這個過程用數學公式來表示，記事件 A 為第一次從盒子中抽到白球的事件，那麼$P(A)=\frac{2}{5}$。記事件 B 是第二次拿到白球的事件，從樹圖中可以看出，第二次拿到白球的概率有兩種：一種是第一次拿到白球，第二次也拿到白球，其機率為 1/4；另一種是第一次拿到黑球，第二次拿到白球，其機率為 2/4，這裡選擇第一種，可以透過 "|" 符號來表示在某事件發生的條件下發生另一個事件，那麼，在第一次拿到白球的情況下，第二次也拿到白球表示為$P(B|A)=\frac{1}{4}$，則兩次都拿到白球表示為

$$P(A\text{and}B) = P(A \cap B) = P(A)P(B|A)$$

上式說明事件 A 和事件 B 同時發生的機率等於事件 A 的機率乘以在事件 A 發生條件下發生事件 B 的機率，當然這是相關事件的情況。如果是獨立事件，那麼$P(A \cap B) = P(A)P(B)$。

其實 $P(B|A)$就是條件機率，觀察條件機率 $P(B|A)$與事件 B 原本的機率 $P(B)$，它們的差異表現在事件 A 的發生是否會影響事件 B，即發生事件 A 這筆資訊對事件 B 是否發生有沒有價值。其實很好了解，如果事件 A 的發生會影響事件 B 的發生，那麼我們知道發生了事件 A 這個資訊就是有價值的，因為知道了這個資訊就知道了事件 B 發生的機率改變了，了解了這一點，有助了解後面要講解的貝氏定理。

當然事件 A 與事件 B 同時發生的公式還可以變一下。

$$P(A \cap B) = P(A)P(B|A) = P(B)P(A|B)$$

2.3.3 貝氏定理

在討論貝氏定理前，先來思考一個簡單的例子。例如今天你想出門走走，但你發現早上的天氣是多雲，你已經知道 60%的雨天的早上都是多雲，但多雲並不是罕見的天氣，大約 30%的日子早上都是多雲，而且這個月是旱季，一個月裡只有 10%的機率會下雨，如果下雨的機率大，你就不出門了，那麼今天下雨的機率是多少？

透過前面簡單的描述，我們知道了幾點資訊，分別是今天早上是多雲的、雨天早上是多雲的機率是 60%（即$P(\text{雲}|\text{雨}) = 0.6$），早上多雲出現的機率為 30%（即$P(\text{雲}) = 0.3$），因為是旱季，這個月下雨的機率為 10%（即$P(\text{雨}) = 0.1$）。那麼，計算今天下雨的機率就是要計算在早上多雲的情況下，今天會下雨的機率，即$P(\text{雨}|\text{雲})$，簡單推導一下便可以透過已有的條件計算出$P(\text{雨}|\text{雲})$。

$$P(\text{雲} \cap \text{雨}) = P(\text{雨})P(\text{雲}|\text{雨}) = 0.1 \times 0.6 \Rightarrow$$

$$P(雨|雲) = \frac{P(雲\cap雨)}{P(雲)} = \frac{0.06}{0.3} = 0.2$$

這樣就獲得在早上多雲的情況下，今天會下雨的機率為 20%，可知今天可以出門。

將$P(雨|雲)$的推導一般化，就獲得了貝氏公式。

$$P(A|B) = \frac{P(A)P(B|A)}{P(B)}$$

變換一下貝氏公式：

$$P(A|B) = P(A)\frac{P(B|A)}{P(B)}$$

我們將$P(A)$稱為先驗機率，將 $\frac{P(B|A)}{P(B)}$ 稱為調整因數，將$P(A|B)$稱為後驗機率。其實很好了解，所謂先驗機率就是用機率表示我們的主觀想法，這些想法通常是一些常識，在獲得驗證之前，我們就主觀地認為它就是這樣；而調整因數就是我們獲得了一個新的資訊，該資訊會給原來的先驗機率帶來調整，調整後的機率就是後驗機率。

貝氏定理的核心思維：新資訊出現後，事件 A 發生的機率(後驗機率) = 事件 A 發生的機率(先驗機率)×新資訊帶來的調整(調整因數)。

通常我們會先定義出一個先驗機率，然後再加入新的資訊，該資訊會增強或削弱先驗機率，從而獲得更接近事實的後驗機率。回到上面今天下雨機率的問題，從貝氏定理的角度去思考，其實就是我們根據經驗先定義出在旱季這個月下雨的機率，即定義出先驗機率$P(雨)=0.1$，然後加入「今天早上多雲」這個新的資訊，獲得這個新資訊帶來的調整$P(雲|雨)/P(雲) = 2$，這個調整會增強先驗機率，獲得最終的後驗機率，即在知道今天早上多雲這個資訊的情況下，依舊下雨的機率$P(雨|雲)$。

最後提一下全機率，在樣本空間 S 中有 3 個部分，分別是事件 A、事件 B 以及事件 A'，它們的關係如圖 2.17 所示。

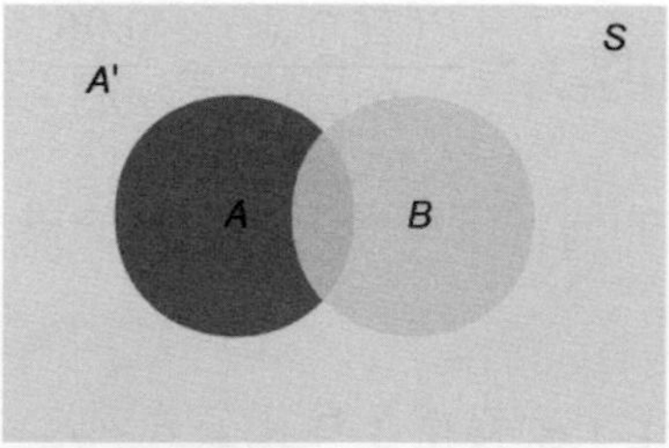

圖 2.17 機率

從圖 2.17 可以看出，$P(B)$由兩部分組成，即

$$P(B) = P(B \cap A) + P(B \cap A')$$

從條件機率的內容可知：

$$P(B \cap A) = P(B|A)P(A)$$

那麼$P(B)$可以用全機率公式來表示。

$$P(B) = P(B|A)P(A) + P(B|A')P(A')$$

在使用貝氏公式時，需要使用全機率來幫助運算。

2.3.4 常見的機率分佈

（1）離散型隨機變數的常見機率分佈

- 0-1 分佈：又稱伯努利分佈，是一種簡單的分佈。舉例來說，執行某個事件，將事件發生的機率記為 p，那麼不發生的機率就為 1−p。像這樣，任何一個只有兩種結果的隨機現象都服從 0-1 分佈，例如拋硬幣，其機率分佈函數為

$$f_x(x) = p^x(1-p)^{1-x} = \begin{cases} p, x = 1 \\ 1-p, x = 0 \end{cases}$$

0-1 分佈的期望值$E(X) = \sum_{i=0}^{1} x_i f_x(x) = 0 + p = p$，方差為

$$\mathrm{Var}(X) = \sum_{i=0}^{1} x_i - E(X)^2 f_x(x) = (0-p)^2(1-p) + (1-p)^2 p = pq$$

- 二項分佈：重複 n 次伯努利試驗，每次試驗間都是相互獨立的，並且每次試驗都只有兩種可能的結果，這兩種結果相互對立，即事件發生的機率為 p，那麼不發生的機率就為 1-p，重複 n 次這樣的獨立試驗，則事件發生 k 次的機率為

$$f(k;n,p) = P(X = k) = C_n^k p^k (1-p)^{n-k}$$

二項分佈的期望值$E(X) = np$，方差$\mathrm{Var}(X) = np(1-p)$。

- 幾何分佈：在 n 次伯努利試驗中，試驗 k 次才獲得第一次成功的機率，也就是說前$k-1$次都是失敗的，第 k 次成功的機率，其機率分佈函數為

$$P(X = K) = (1-P)^{k-1}p$$

幾何分佈的期望值$E(X) = \frac{1}{p}$，其方差$\mathrm{Var}(X) = \frac{1-p}{p^2}$。

- 卜松分佈：常用於描述單位時間內隨機事件發生的次數的機率分佈，其機率函數為

$$P(N(t) = n) = \frac{(\lambda t)^n \mathrm{e}^{-\lambda t}}{N!}$$

其中 P 表示機率；N 表示某種函數；t 表示時間；n 表示數量。

例如你架設了一個網站，經過一段時間的觀察，發現網站平均每分鐘有 3 次造訪，那麼可以利用卜松分佈求得該網站平均 2 分鐘沒有存取量的機率。因為平均每分鐘有 3 個存取，所以$\lambda = 3$，則：

$$P(N(2) = 0) = \frac{(3 \times 2)^0 \times \mathrm{e}^{-3\times 2}}{0!} \approx 0.0025$$

類似的方式，可以利用卜松分佈求接下來的 1 分鐘，網站存取量大於或等於 2 的機率。

$$P(N(1) \geqslant 2) = 1 - P(N(1) = 0) - P(N(1) = 1) \approx 0.8$$

（2）連續型隨機變數的常見機率分佈

- 均勻分佈：也稱矩形分佈，指在數軸上具有相同長度的間隔，其分佈機率是相等的，均勻分佈有兩個參數 a 與 b，分別表示數軸上的最小值和最大值，均勻分佈的機率密度函數為

$$f(x)=\begin{cases}\dfrac{1}{b-a}, a<x<b\\ 0, \quad 其他\end{cases}$$

- 正態分佈：又稱高斯分佈，在實際生活中，很多隨機變數大多服從正態分佈，因此正態分佈是應用非常廣泛的一種分佈。在我們建構模型時，通常也會假設模型中的隨機擾動服從正態分佈。若隨機變數 X 符合一個數學期望為u、方差為σ^2的正態分佈，就將其記為$N(u,\sigma^2)$，其中參數 u 決定正態分佈機率密度曲線的中心位置，而方差σ^2決定正態分佈機率密度曲線的平坦程度，方差越大，機率密度曲線越平緩，如圖 2.18 所示。

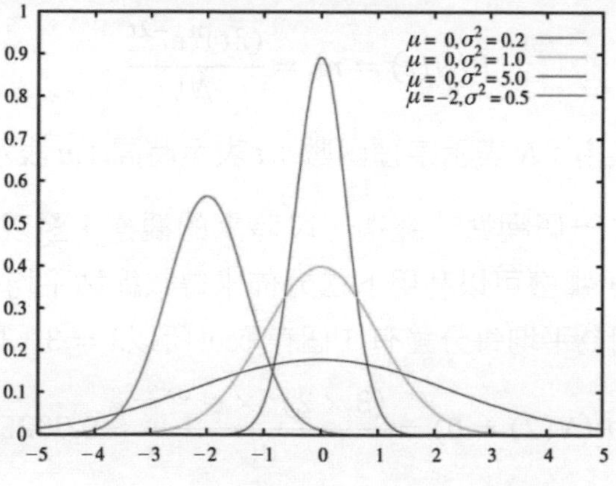

圖 2.18 機率密度曲線

正態分佈機率密度函數為

$$f(x)=\frac{1}{\sqrt{2\pi}\sigma}\exp\left(-\frac{(x-u)^2}{2\sigma^2}\right)$$

2.4 資訊理論

資訊理論研究的核心物件就是資訊，那麼，資訊是什麼？簡單了解，資訊就是消除某件事情不確定的量。在深度學習中，資訊理論被廣泛運用，如常見的交叉熵損失就是資訊理論中的內容，下面簡單討論一下資訊理論相關內容。

2.4.1 資訊熵

什麼是資訊？我們生活在所謂的資訊時代，但很多人卻不知道資訊是什麼？資訊如何度量？這個問題被我們忽略了很久，因為資訊就像氧氣一樣難以察覺，直到 1948 年香農在 *A Mathematic Theory of Communication* 論文中提出了資訊熵（Entropy）的概念，我們才弄明白了資訊是什麼，以及資訊如何度量等問題。

假設某一天，你的朋友跟你說：「明天太陽會從東邊升起。」你聽到這句話應該會一臉平淡，因為太陽每天都會從東邊升起，這已經是一個常識，而朋友再跟你說一遍，其實沒有什麼意義，因為這句話裡沒有什麼資訊。但如果朋友哪一天跑過來跟你說：「明天的彩券買 142857 這個號碼一定會中大獎。」這句話就有很大的意義了，因為哪個彩券號碼可以中大獎是具有很大不確定性的，而朋友說的這句話將這些不確定性都消除了，即這句話中充滿了資訊，讓你聽了這句話，接收到話語中的資訊後，消除了買彩券這件事情的不確定性，如圖 2.19 所示。

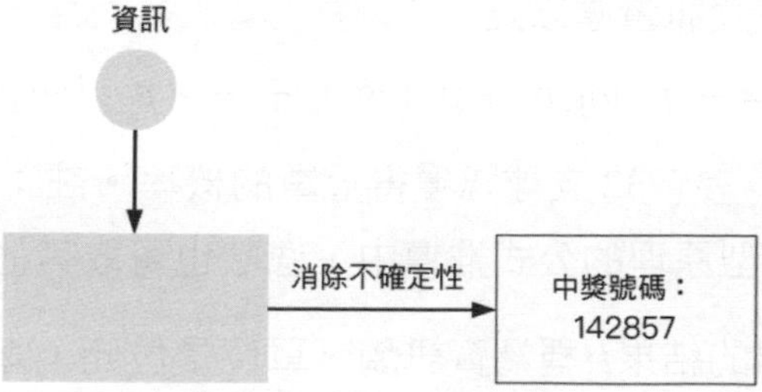

圖 2.19 消除不確定性

從上面兩個小例子可以看出，資訊就是用於消除事物不確定性的，一筆資訊所具有的資訊量與其不確定性具有直接的聯繫。當我們對某件事情很了解時，例如我們知道太陽每天都從東邊升起，此時得知一筆描述太陽從東邊升起的資訊對我們而言是沒有資訊量的。如果我們想要弄明白某件非常不確定的事情，例如明天彩券開獎的號碼，此時就需要巨大的資訊量。如果得知一筆描述明天彩券中獎號碼的資訊，則這筆資訊對我們而言資訊量是巨大的。那麼怎麼度量資訊量這個「量」呢？資訊有沒有像距離、品質那樣有米、公斤等單位呢？

這就需要引出資訊熵了，我們通常使用資訊熵來度量一筆資訊的資訊量。舉例來說，你沒看過 2018 年的世界盃，你想知道哪支球隊是世界盃冠軍，你去問你的球迷朋友，你朋友不願意直接告訴你，叫你猜猜看，每猜錯一次罰一元。你知道每屆世界盃都有 32 支球隊參賽，利用二分法的思維，你最多只要猜 5 次，就可以知道哪支球隊是冠軍，那麼從不知道哪支球隊是冠軍這個不確定事件到確定某支球隊是冠軍這個確定性事件最多只要罰 5 元，即某支球隊是冠軍這筆資訊值 5 元。在資訊理論中，用位元作為單位來代替元，即某支球隊是冠軍這筆資訊值 5 位元，資訊量的位元數和所有可能情況的對數函數相關，如 32 支球隊的資訊量為$\log_2 32 = 5$ 位元。

但如果你是個球迷，那麼你肯定知道哪些球隊很有希望獲得冠軍，此時可能不用猜 5 次，在第 3 或第 4 次就能猜出冠軍球隊了。因為每支球隊獲得冠軍的機率是不相同的，此時某支球隊是冠軍的資訊量就比 5 位元少，香農指出，它的準確資訊量應該是

$$H = -(p_1 \log p_1 + p_2 \log p_2 + \cdots + p_{32} \log p_{32})$$

其中，$p_1, p_2, \cdots, p_{32}$表示32 支球隊獲得冠軍的機率。註：本書 log 函數的底數預設為 2，在模型原理的公式推導中，底數也可取其他。

香農將公式運算出的結果H稱為資訊熵，單位是位元，當 32 支球隊奪冠機率相同時，H就為 5 位元，將該公式一般化，就獲得計算資訊熵的公式。

$$H(x) = -\sum_{x \in X} P(x) \log P(x) = \sum_{x \in X} P(x) \log \frac{1}{P(x)}$$

當變數的不確定越大時，其資訊熵也就越大，因為要弄清楚一件不確定性很大的事情，需要的資訊量也就越大。

當然，並不是說知道了某件事情的一些資訊就完全消除了這件事情的不確定性。例如你朋友只告訴你明天彩券中獎的其中幾個號碼$1 * 28 **$，那麼這筆資訊會消除部分不確定性，而要使不確定的事情變得完全確定，就需要資訊 I 大於事件中的不確信 U 才行，而當I小於U時，資訊 I 只能消除一部分不確定性，即$U' = U - I$，此時將 U'看為新的不確定性。

2.4.2 條件熵

透過前面的討論已經知道，資訊的作用就是消除事件的不確定性，它的資訊量是可以透過資訊熵來度量的。但這些資訊不一定直接作用在某件事情上，例如對應明天彩券中獎號碼的事情，你朋友並沒有直接告訴你中獎號碼，而是告訴了其他一些與之相關的事情，例如明天中獎彩券號碼的開獎人是誰等，獲取了這些相關資訊，同樣可以幫助我們了解所關注的物件。另外舉一個直觀的例子，設想在古時候的西域，一個人騎著一匹白馬，你會認為他是白馬王子還是唐三藏？如果我們無法獲得直接的資訊（例如有人告訴我，他就是唐三藏），我們還可以透過一些相關資訊來消除這件事的不確定性，例如我們看他穿著袈裟，周圍還跟著孫悟空、豬八戒、沙和尚，透過這些相關資訊，我們就可以消除這件事的部分不確定性。

為了描述相關資訊也可以消除物件不確定性的現象，引出了條件熵（Conditional Probability）。假設有 X、Y 兩個隨機變數，其中 X 是我們想要了解的，知道了 X 的隨機分佈，透過資訊熵公式，就可以獲得 X 的資訊熵。

$$H(x) = -\sum_{x \in X} P(x) \log P(x)$$

但它的不確定性太大了，假設我們除了知道 X 的機率分佈，還知道 Y 的一些資訊，包括 Y 與 X 同時出現的機率（即聯合機率）和 Y 取不同值時 X 的機率分佈（即條件機率），獲取了這些資訊，就可以得到 Y 條件下的條件熵。

$$H(X|Y) = -\sum_{x \in X, y \in Y} P(x,y) \log P(x|y)$$

Y 的相關資訊確定後，就可以降低 X 的不確定性。當然，相關資訊可能不止一個，可以是多個。

$$H(X|Y) = -\sum_{x \in X, y \in Y} P(x,y,z) \log P(x|y,z)$$

2.4.3 相互資訊

在條件熵中討論時，相關資訊可以幫助我們降低物件的不確定性，但這個相關描述過於模糊，那麼，怎麼樣才算相關？是否可以量化相關資訊的相關性？例如要猜某支球隊能否獲勝，當我們得知該球隊的教練是誰，以及隊員有誰，根據常識判斷，這些似乎是該支球隊能否獲勝的相關資訊。為了量化這些資訊的相關性，需要引出相互資訊（Mutual Information）概念，它可以量化兩個隨機事件間的相關性。現在有兩個隨機事件 X 和 Y，它們的相互資訊可以透過下面的公式來描述。

兩個隨機事件 X 和 Y 是相互獨立的：

$$I(X;Y) = \sum_{x \in X, y \in Y} P(x,y) \log \frac{P(x,y)}{P(x)P(y)}$$

如果是連續隨機變數的情況，那麼相互資訊的公式為

$$I(X;Y) = \int_y \int_x P(x,y) \log(\frac{P(x,y)}{P(x)P(y)})$$

透過數學上的推導，可以將相互資訊 $I(X;Y)$ 簡化成下面的形式。

$$I(X;Y) = H(X) - H(X|Y)$$

從公式可知，所謂相互資訊就是事件 X 的資訊熵減去在事件 Y 條件下發生事件 X 的條件熵，即在了解事件 Y 資訊的前提下，對消除事件 X 不確定性所提供的資訊量。

透過數學上的推導，相互資訊還可以相等表示為

$$\begin{aligned} I(X;Y) &= H(X) - H(X|Y) \\ &= H(Y) - H(Y|X) \\ &= H(X) + H(Y) - H(X,Y) \\ &= H(X,Y) - H(X|Y) - H(Y|X) \end{aligned}$$

2.4.4 相對熵（KL 散度）

除相互資訊外，還可以透過相對熵〔Relative Entropy，也稱 KL 散度 (Kullback-Leibler Divergence)〕來衡量相關性。但與相互資訊不同之處在於，相對熵用來衡量兩個設定值為正數的函數的相關性，其衡量物件是兩個函數，其定義如下。

$$\mathrm{KL}(f(x)||g(x)) = \sum_{x \in X} f(x) \log \frac{f(x)}{g(x)}$$

上式是離散的隨機變數下相對熵的公式，而在連續的隨機變數下，其公式為

$$\mathrm{KL}(f(x)||g(x)) = \int f(x) \log \frac{f(x)}{g(x)} \mathrm{d}x$$

透過相對熵（KL 散度）公式可以推導出下面幾個結論（推導的具體過程不展示）。

（1）對於兩個完全相同的函數，$\mathrm{KL} = 0$。

（2）KL 值越大，兩個函數之間的差異就越大。反之越小。

（3）對於機率分佈或機率密度函數而言，如果這些函數設定值均大於 0，那麼可以透過 KL 值來度量兩個隨機分佈之間的差異性。

需要注意的是，KL 散度是不對稱的。

$$\mathrm{KL}(f(x)||g(x)) \neq \mathrm{KL}(g(x)||f(x))$$

因為 KL 散度的不對稱性讓它使用起來很不方便，為了方便實現（即讓它對稱），提出了一種新的相對熵計算方法。將上面的不等式兩邊分別取平均，就獲得了對稱的形式：

$$JS(f(x)||g(x)) = \frac{1}{2}[\mathrm{KL}(f(x)||g(x)) + \mathrm{KL}(g(x)||f(x))]$$

2.4.5 交叉熵

在相對熵中曾提到，如果是機率分佈或機率密度函數且這些函數的設定值均大於 0，那麼相對熵可以用來衡量兩個隨機分佈的差異性。除此之外，還可以使用交叉熵來衡量，交叉熵（Cross Entropy）主要用於衡量兩個獨立機率分佈的差異性，其公式為

$$H(p,q) = \sum_i p(i)\frac{1}{\log q(i)} = -\sum_i p(i)\log q(i)$$

上式是離散的隨機變數下交叉熵的公式，而在連續的隨機變數下，其公式為

$$H(P,Q) = -\int_x P(x)\log Q(x)\,\mathrm{d}r(x) = E_p[-\log Q]$$

簡單了解一下交叉熵的公式，假設有兩個不同的機率分佈 p 與 q，其中 p 是真實分佈，q 是非真實分佈，那麼透過真實分佈 p 來辨識一個樣本的資訊量，即辨識該樣本所需的最小編碼長度為

$$H(p) = -\sum_i p(i)\log p(i)$$

但如果我們採用錯誤的分佈來衡量一個樣本的資訊量，即透過非真實分佈 q 來辨識該樣本，則需要的最小編碼長度為

$$H(p,q) = \sum_i p(i)\log\frac{1}{q(i)}$$

此時將$H(p,q)$稱為交叉熵，簡單變化可以發現，交叉熵減去資訊熵獲得的容錯資訊量，其形式就是兩個隨機分佈的 KL 散度，即相對熵。

$$H(p,q) - H(p) = \sum_i p(i)\log\frac{1}{q(i)} - \sum_i p(i)\log\frac{1}{p(i)} = \sum_i p(i)\log\frac{p(i)}{q(i)}$$
$$= D_{\mathrm{KL}}(p \parallel q)$$

變化一下有

$$H(p,q) = H(p) + D_{\mathrm{KL}}(p \parallel q)$$

即交叉熵 = 資訊熵 + 相對熵（KL 散度）。

在架設神經網路模型時，交叉熵經常用作模型的損失。常見的做法就是使用 softmax 函數將神經網路最後一個隱藏層輸出的結果轉為機率分佈，獲得模型輸出的機率分佈後，可以使用交叉熵損失來估算模型輸出的機率分佈與真實機率分佈的「距離」，即常說的損失。

透過上面對交叉熵的描述，可知$H(p,q) \geqslant H(p)$，透過吉布斯不等式可以證明，當$x > 0$時，$\ln x \leqslant x - 1$，從而可以推導出：

$$\sum_i p\log\frac{q}{p} = -\sum_i p\log\frac{q}{p} \geqslant \sum_i p\left(\log\frac{q}{p} - 1\right) = 0$$

當且僅當隨機分佈p與q完全一致時成立，即$p_i = q_i$。

吉布斯不等式：若$\sum_{i=1}^{n} p_i = \sum_{i=1}^{n} q_i = 1$，且$p_i, q_i \in (0,1]$，則有$-\sum_{i=1}^{n} p_i \log p_i \leqslant -\sum_{i=1}^{n} p_i \log q_i$，當且僅當$p_i = q_i \forall i$時，$-\sum_{i=1}^{n} p_i \log p_i \leqslant -\sum_{i=1}^{n} p_i \log q_i$中的等號成立。該不等式由約西亞· 吉布斯在 19 世紀提出。

2.5 小結

本章跟大家討論了一些數學理念，數學是美麗的，通常可以使用一個簡潔的公式解決現實生活中的大難題，此時你會感歎數學的簡潔之美。在本章只跟大家簡單地討論神經網路建模過程中所需要的數學知識，方便大家閱讀了解後面的內容，如果想深入地掌握、感受數學，這些是遠遠不夠的，還需要多研究、多思考。

下一章會簡單地討論一下神經網路，了解神經網路中最重要的也是最常見的幾個概念，這些知識對於我們了解生成對抗網路會顯得很有幫助。

Chapter

03

初識神經網路

透過前面兩章的討論，相信你已經學會了 Python 的一些技巧和對應的數學知識。這些知識會讓你更容易了解神經網路，雖然本書的核心內容是生成對抗網路，但如果沒有神經網路方面的基礎知識，直接去討論生成對抗網路會顯得突兀。本章的主要內容是討論神經網路的一些核心理念，如啟動函數、損失函數、正則化、梯度下降演算法、反向傳播演算法等。在本書後面的章節中，我們會嘗試建構生成對抗網路以及它的多種變形，這就需要使用對應的框架。本書主要使用 TensorFlow 框架，所以本章還會講解 TensorFlow 的核心概念，同時為了加深了解，會帶領大家編寫一個深度學習框架 TensorPy。

3.1 什麼是神經網路

類神經網路（Aritificial Neural Network）常簡稱為神經網路（Neural Network，NN），它是一種透過數學模型來模擬生物大腦神經網路以及生物大腦功能的技術。神經網路技術並不是近幾年才出現的，早在 20 世紀，就已經有大批科學家研究和使用神經網路了。

下面我們從歷史角度來初步了解神經網路，並討論一下相較於傳統的機器學習方法，神經網路具有哪些優勢。

3.1.1 神經網路的歷史

早在 1943 年，心理學家麥卡洛克（McCulloch）和數學家皮特斯（Pitts）就提出了 MP 模型。該模型將一個生物神經元的結構抽象簡化成數學模型，給神經網路打下了基礎，圖 3.1 展示了生物神經元與 MP 模型。

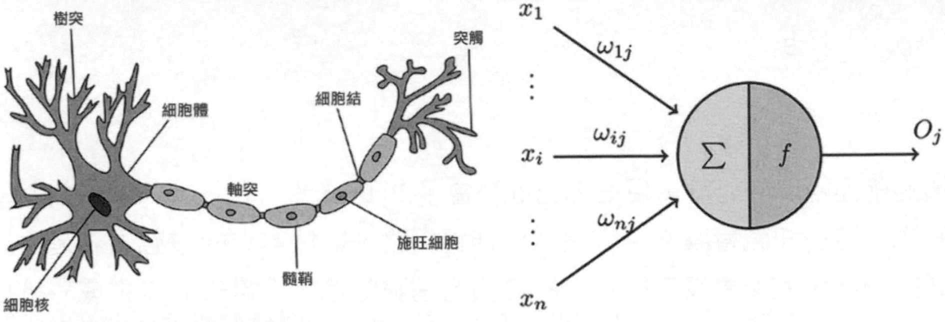

（a）生物神經元　　（b）MP 模型

圖 3.1 生物神經元與 MP 模型

圖 3.1（a）所示為高中生物課介紹過的生物神經元，它由細胞體、樹突、軸突、突觸等組成。細胞體作為神經元的主體，可以透過細胞膜來控制細胞液中離子的濃度，從而讓細胞內與細胞外的離子濃度不同，產生內負外正的靜息電位。當細胞體接收到從樹突傳來的訊號時，可以透過細胞膜控制細胞內離子濃度的形式來產生新的處理訊號，這些訊號會沿著軸突傳遞，一直傳遞到該神經元的突觸上，從而將新的訊號傳遞給下一個神經元的樹突。

圖 3.1（b）所示的 MP 模型也一樣，它會收到其他模型傳遞過來的訊號 $x_1, \cdots, x_i, \cdots, x_n$，這些訊號會與對應的權重$w_{1j}, \cdots, w_{ij}, \cdots, w_{nj}$相乘，相乘後的訊號加和後一起傳給模型的「細胞體」。模型的細胞體就是一個函數，透過該函數計算後，生成一個新的訊號O_j，接著將該訊號傳遞給下一個模型。我們可以將多個 MP 模型按一定的方式組織起來，組成具有邏輯功能的神經網路。單一 MP 模型可以用下面公式表達。

$$O_j = f\left(\sum_{i=1}^{n} w_{ij}x_i\right)$$

我們一般將細胞體代表的函數稱為啟動函數，啟動函數有很多種，目前常見的有 sigmoid 函數、Tanh 函數、ReLU 函數、Leaky ReLU 函數等，簡單認識一下這幾個函數。

❑ sigmoid 函數

sigmoid 函數運算式如下。

$$y = \frac{1}{1 + \mathrm{e}^{-x}}$$

看上去有點複雜，將該函數繪製出來，就會發現這是一個很簡單的函數，透過下面的 Python 程式繪製 sigmoid 函數圖型，見圖 3.2。

```
import numpy as np
import matplotlib.pyplot as plt
# jupyter 內顯示圖片
%matplotlib inline

x = np.linspace(-5,5)
y_sigmoid = 1/(1+np.exp(-x))
plt.plot(x,y_sigmoid)
plt.grid(True)
```

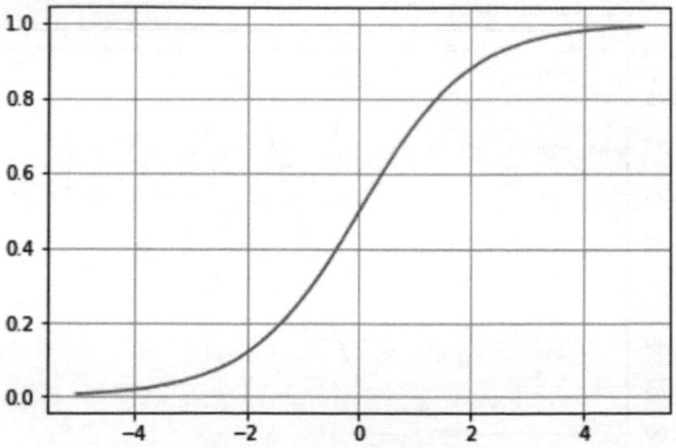

圖 3.2 sigmoid 函數

sigmoid 函數的作用是將輸入該函數的值壓縮到 0～1，如果輸入的是特別大的正數，它就會輸出 1；如果輸入的是非常大的負數，它會輸出 0。這是 sigmoid 函數的特性，也是它的缺點。首先，如果輸入的值非常大或非常小，透過 sigmoid 輸出後，神經元的梯度接近於 0（目前先將梯度了解為曲線的斜率），從而導致神經元處於梯度消失的狀態。如果大部分神經元都處於梯度消失狀態，該神經網路將很難收斂。其次，sigmoid 函數的輸出值在 0～1，導致輸出的平均值不是 0，這會對梯度計算產生影響。最後，sigmoid 要進行冪運算，比較耗費運算資源。

因為 sigmoid 有梯度消失、輸出平均值非 0 且計算耗費資源等問題，所以 sigmoid 函數已經較少作為複雜神經網路中隱藏層的啟動函數了。

❑ Tanh 函數

Tanh 函數運算式如下。

$$y = \frac{e^x - e^{-x}}{e^x + e^{-x}}$$

同樣透過 Python 程式繪製 Tanh 函數圖型，見圖 3.3。

```
x = np.linspace(-5,5)
y_tanh = (np.exp(x) - np.exp(-x))/(np.exp(x)+np.exp(-x))
plt.plot(x,y_tanh)
plt.grid(True)
```

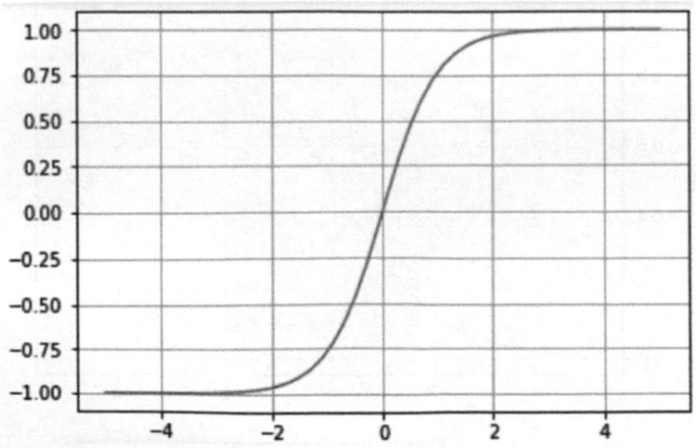

圖 3.3 Tanh 函數

Tanh 函數的結構與 sigmoid 函數類似，因此 Tanh 函數具有與 sigmoid 函數同樣的問題，輸入特別大的正數或特別大的負數容易讓梯度過小，而且存在冪運算，更耗費運算資源。但 Tanh 函數的輸出範圍是-1～1，輸出平均值為 0，所以略微比 sigmoid 函數優秀，但也較少作為啟動函數使用在複雜神經網路的隱藏層中。

❑ ReLU 函數

ReLU 函數算是當下使用較多的啟動函數，它逐漸取代了 sigmoid 函數與 Tanh 函數的位置，其運算式如下。

$$y = \begin{cases} x, & x \geqslant 0 \\ 0, & x < 0 \end{cases}$$

ReLU 函數非常簡單，輸入大於 0，就返回數值本身；輸入小於 0 則返回 0。其函數圖型如圖 3.4 所示。

```
x = np.linspace(-5,5)
y_relu = np.array([0 if item<0 else item for item in x])
plt.plot(x,y_relu)
plt.grid(True)
```

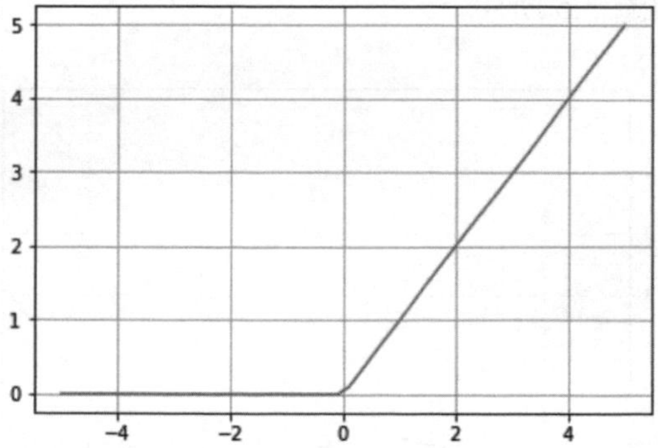

圖 3.4 ReLU 函數

可以看出，ReLU 函數計算複雜度低，沒有冪運算，使用 ReLU 作為啟動函數可以加快神經網路的訓練速度，讓網路更快地收斂。當輸入的值大於 0 時，無論輸入的是多大的正數，其梯度都不會衰減，從而緩解了梯度消失的問題。但在訓練過程中，輸入資料小於 0，就會落入 ReLU 函數飽和區（ReLU 函數負半軸）。梯度為 0，則會導致權重無法更新。這就是著名的 Dead ReLU Problem，也稱神經元死亡問題。

造成神經元死亡問題的原因一般有，該神經網路的參數初始化不合理或學習率（Learing Rate）太高，導致網路在訓練過程中參數更新幅度太大，進入 ReLU 函數飽和區。那麼對應的解決方法就是：①神經網路使用 MSRA 初始化；②設定合理的學習率。

ReLU 函數右邊是線性的，不會對資料進行壓縮。當神經網路層數較大、網路較複雜時，資料的幅度會隨著層數的增加而不斷增加，給網路訓練帶來了阻力。

為了解決 ReLU 函數負半軸飽和的問題，提出了 Leaky ReLU 函數，它是 ReLU 函數的改進版。簡單地說，就是給負半軸加上固定的斜率，從而讓負半軸不恒為 0，其公式如下。

$$f(x_i)=\begin{cases}x_i, & x_i \geqslant 0\\ a_i x_i, & x_i < 0\end{cases}$$

對應的函數圖型如圖 3.5 所示。

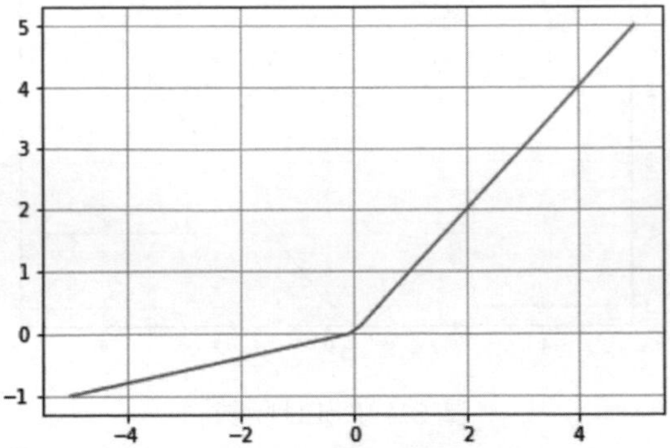

圖 3.5 Leaky ReLU 函數

```
x = np.linspace(-5,5)
y_leaky_relu = np.array([0.2*item if item<0 else item for item in x])
```

```
plt.plot(x,y_leaky_relu)
plt.grid(True)
plt.show()
```

MP 模型雖然被提出來了，但由於當時運算資源有限，無法測試和使用 MP 模型。除此之外，MP 模型還缺乏對學習機制的描述，只是進行了簡單的資訊處理與傳導。1940 年，心理學家 Donald Hebb 在其著作 *The Organization of Behavior* 中解釋了大腦的學習過程，Hebb 認為學習知識的過程會讓大腦中神經元間的突觸產生變化。例如你學習程式設計時，大腦中的兩個神經元總是相互放電、相互作用，此時在這兩個神經元之間就會發生一些代謝變化，導致這兩個神經元之間的連接增強，在你下次學習程式設計時，兩個神經元之間相互放電的頻率更高。如果兩個神經元之間長時間沒有相互作用，這兩個神經元之間的連接就會逐漸變弱，直到消失。人們稱這種思維為赫布法則。

MP 模型極佳地抽象、簡化了生物神經元，但無法透過一定的學習機制來調整模型上的參數，赫布法則的出現剛好彌補了這一缺陷。現在，赫布法則常被作為無監督神經網路的學習規則，廣泛用於自我組織神經網路、競爭網路中。

接著我們從數學角度簡單討論一下赫布法則是如何作用的。赫布法則更新模型權重參數的公式如下。

$$\Delta W_i = \eta f\left(W_j^{\mathrm{T}} X\right) X$$

其中，W表示模型的權重參數；η表示模型的學習率，它是一個常數；T 表示啟動閾值，只有輸入的數值大於啟動閾值，模型才會繼續傳遞訊號；ΔW表示模型權重要更新的權值向量。

假設閾值 T=0，學習率η=1，權重初值$W^0 = (1,2,3,4)^{\mathrm{T}}$，輸入樣本$X = (2,0,-1,1)$，啟動函數 f 使用 ReLU 函數，使用赫布法則訓練 MP 模型，具體操作計算如下。

先計算輸入樣本，要更新的權重向量為：

$$\Delta W_1 = \eta \cdot \mathrm{ReLU}\big(W^{0\mathrm{T}} X^{\mathrm{T}}\big) X^{\mathrm{T}} = 1 \cdot \mathrm{ReLU}\left((1,2,3,4) \cdot \begin{pmatrix} 2 \\ 0 \\ -1 \\ 1 \end{pmatrix} \right) \cdot \begin{pmatrix} 2 \\ 0 \\ -1 \\ 1 \end{pmatrix}$$

$$\Delta W_1 = 1 \cdot \mathrm{ReLU}(3) \cdot \begin{pmatrix} 2 \\ 0 \\ -1 \\ 1 \end{pmatrix} = (6,0,-3,3)^{\mathrm{T}}$$

計算出要更新的權重向量後，直接相加，更新到舊的權重向量上。

$$W^1 = W^0 + \Delta W_1 = (7,2,0,7)^{\mathrm{T}}$$

受到赫布法則的啟發，1957 年，美國康乃爾大學太空實驗室的 Frank Rosenblatt 提出了感知器，這是一種簡單的單層前饋型神經網路。既然提到了前饋型神經網路，就先簡單討論一下神經網路的分類。我們通常按照資料資訊流向將神經網路分為前饋型神經網路與回饋型神經網路，如圖 3.6 所示。在前饋型神經網路中，資料資訊從輸入層到各隱藏層再到輸出層，資料逐層前進，同層之間沒有互連，各層之間也沒有回饋，它是一種簡單的網路結構。而在回饋型神經網路中，每個網路節點都可以處理資料資訊，並且每個節點都具有輸入與輸出功能，同層之間一般都有連接，甚至與前層節點連接，常見的有 Boltzmann 機、Hopfield 網路、RNN 等。

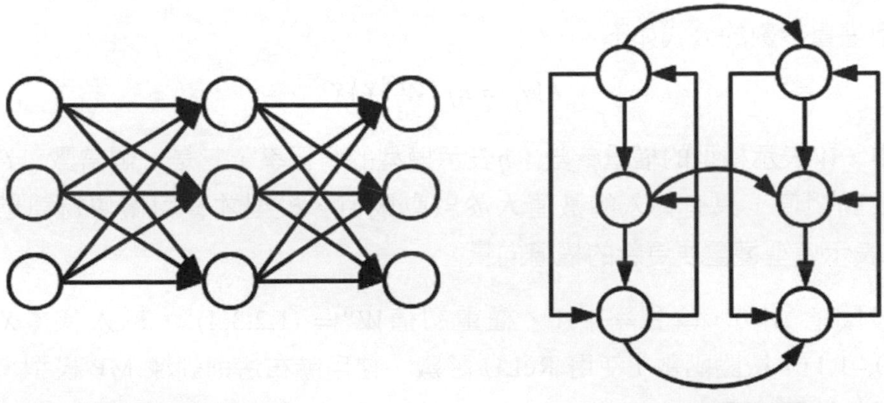

(a) 前饋型神經網路　　(b) 回饋型神經網路

圖 3.6 前饋型神經網路與回饋型神經網路

前饋型與回饋型兩種類型神經網路的主要區別如下。

（1）前饋型神經網路在同一層的神經元之間不會有連接，該層神經元只會接收上一層神經元傳遞的資料，處理後就傳遞給下一層，資料是逐層向後流動的。對於回饋型神經網路而言，各層之間神經元連接的關係比較複雜，除不同層神經元可以相互連接外，同層神經元之間也可相互連接，資料可以在同層之間流動，甚至反向向前流動。

（2）回饋型神經網路需要考慮時間這個維度，如 RNN、LSTM 等網路，其前一時間刻度的節點數值會影響當前時間刻度的節點數值，需要用動態方程式來描述系統的模型。

（3）前饋型神經網路主要使用誤差反向傳播演算法來更新網路節點的參數，計算過程比較繁雜，收斂速度較慢；而回饋型神經網路主要採用赫布法則，直接求解公式，一般情況下收斂速度快。

感知器屬於前饋型神經網路，資料資訊的輸入、輸出均是離散值，感知器中的神經元對輸入數值進行加權運算後，再由啟動函數進行非線性變換並將其最終結果輸出。感知器將其神經元的輸出與實際應有的輸出做比較，獲得兩者的差作為學習資訊，透過學習資訊去更新模型參數，直到感知器的輸出等於或接近期望輸出。

因為感知器只有一層，導致它只能解決線性可分的資料。1969 年，Minsky 和 Papert 發表了 *Perceptron*，他們從理論上證明了單層感知器無法解決互斥問題，從而合理地推導出單層感知器無法解決線性不可分的問題。這對感知器是一個重大的打擊，因為大部分問題都是線性不可分的，同時傳統機器學習演算法的崛起讓神經網路進入低潮。

感知器只有單隱藏層，它可以解決線性可分問題，如二分類問題，但無法解決線性不可分問題。

單隱藏層感知器可以解決線性可分問題，如圖 3.7 所示。

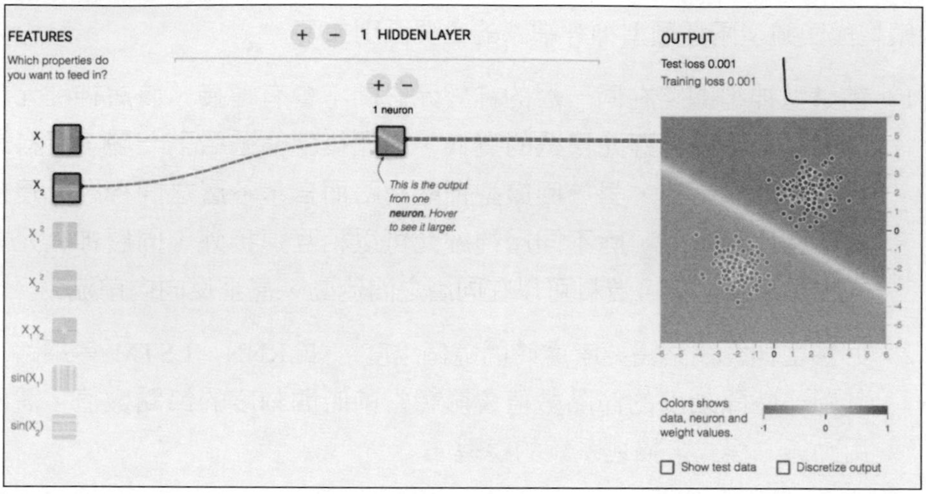

圖 3.7 線性可分

單隱藏層感知器無法解決線性不可分問題，如圖 3.8 所示。

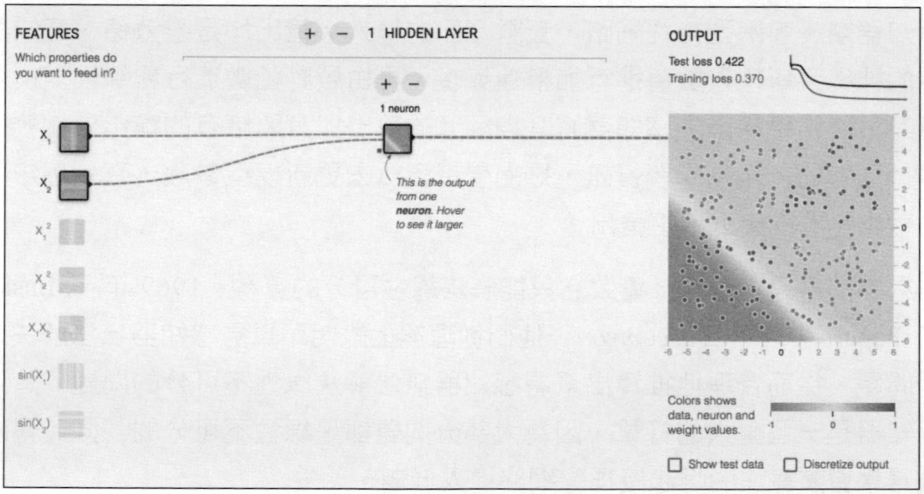

圖 3.8 線性不可分

直到 20 世紀 80 年代，隨著 Hopfiled 網路、Boltzamnn 機等神經網路的提出，神經網路才逐漸回到人們的視野。1986 年，Rumellhart 等人提出了用於訓練多層神經網路的反向傳播演算法，對神經網路的發展造成了很大的推進作用。到目前為止，反向傳播演算法依舊是神經網路中非常重要且常用的演算法。進入 21 世紀，隨著資料量呈指數級增大、資料結構更加複雜，使得很多情景下，淺層神經網路已經無法勝任對應的任務。2006 年，Jeffery Hinton 提出了 Deep Learing（深度學習）的概念，深層、複雜的神經網路結構開始步入歷史舞台，在資料與算力充足的當下發揮著巨大作用。

3.1.2 神經網路的優勢

透過上面對神經網路歷史發展的回顧，相信你已經了解了神經網路是什麼，以及它是如何發展起來的，但你可能還有疑惑，例如神經網路相比於傳統的機器學習演算法有什麼優勢？這其實是一個值得討論的問題。

傳統機器學習演算法，如支援向量機、隨機森林等都是非常優秀的演算法，它們的推導過程是清晰的。使用傳統機器學習演算法進行模型訓練，它的訓練過程是透明的，你可以比較清楚地了解訓練過程中發生了什麼，以及為什麼會造成這樣的結果，這點是當前神經網路所不具有的，即神經網路在訓練過程中是不透明的。將複雜神經網路結構拆解成一個個的神經元，可以非常簡單地了解這個神經元會對輸入資料進行什麼樣的操作，但當幾萬個、幾百萬個甚至上千萬個神經元連接成一個複雜的系統時，要了解它就沒有那麼容易了。換句話説，使用一個神經網路訓練某些資料，最終獲得了比較好的結果，但使用者本身也不知道為什麼好。

簡單來説，神經網路只是將許多線性變換和非線性變換疊加在一起。那麼為什麼不使用透明度高、可解釋性好的傳統機器學習演算法呢？一個核心的原因就是傳統機器學習演算法很難實現學習資料集中的特徵。

解決一個機器學習問題的一般步驟：透過資料前置處理從資料集中提取出對應的特徵集，再將提取出的特徵集餵給對應的機器學習演算法，訓練，然後問題解決。很完美！但在現實中，很多任務面對的問題是我們不知道怎麼做資料前置處理，也不知道應該從資料集中提取哪些特徵的。這些問題是嚴重的，因為整個電腦科學對資料特徵表示都有較強的依賴，同樣的機器學習演算法，面對不同的特質表示，可能訓練出兩個準確率與性能有巨大差別的模型。這並不奇怪，而且在生活中，很多資料具有非常多的「變差因素」。例如老人和小孩説一句同樣的話，雖然對我們人類而言這是相同的一句話，但對電腦而言，這兩份資料有巨大的不同。如果不提取出這兩份資料的共有特徵，訓練效果就會變得很差。因為傳統機器學習演算法面臨資料特徵難以獲得的問題，所以很多問題無法直接使用傳統機器學習演算法解決。

但對神經網路而言，因為它可以疊加無限多的線性變換和非線性變換，所以理論上神經網路可以擬合任何函數。利用這個特性，再透過對應的最佳化演算法進行訓練，神經網路就可以採擷出資料集中隱含的特徵，解決資料集特徵表示困難的巨大問題。通常我們將使用模型本身來採擷資料的方法稱為表示學習。對於一些簡單的任務，表示學習在幾分鐘內就可以採擷出資料集的特徵表示；對於複雜任務，可能花上幾小時或幾個月，但相對於人工設計特徵集要花費幾年時間而言，已經是巨大的進步了。

3.2 神經網路中常見的概念

大致了解神經網路及其發展歷程後，下面討論神經網路中常見的概念，無論是對於了解本書後面的內容還是以後繼續研究神經網路，了解這些概念都是必要的。本節主要討論前向傳播演算法、損失函數、梯度下降與反向傳播等內容，同時還會聊聊過擬合、欠擬合、正則化等在神經網路訓練中扮演的角色。

3.2.1 前向傳播演算法

前向傳播演算法是前饋型神經網路中基本的演算法，負責將神經網路中輸入層的輸入逐層加權運算傳遞到輸出層。簡單來講，前向傳播演算法就是用啟動函數變化輸入矩陣與權重矩陣的相乘結果，並將變化結果作為本層的輸出傳遞給下一層。

以一個簡單的神經網路來解釋前向傳播演算法，該神經網路結構如圖 3.9 所示。

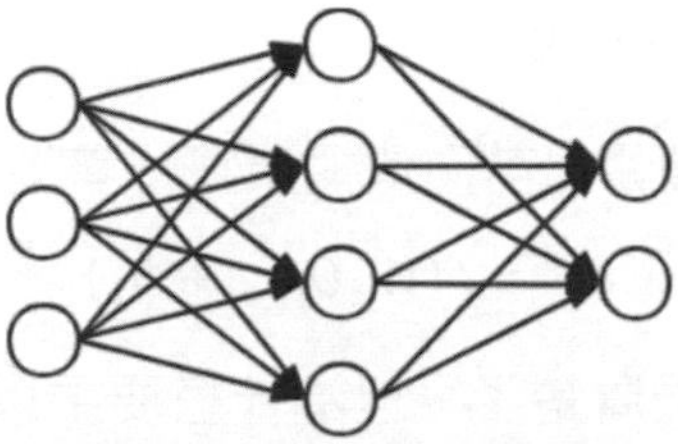

圖 3.9 簡單神經網路

從圖 3.9 中可以看出，該神經網路具有一個輸入層，它由 3 個神經元組成；有一個隱藏層，它由 4 個神經元組成；最後就是輸出層，它由 2 個神經元組成。

首先，輸入層會接收輸入神經網路的資料，前置處理，使輸入資料成為三維的列向量，其原因是輸入層只有 3 個神經元。

$$O_o = f(x)$$

其中，$f(x)$表示輸入層的資料前置處理函數；O_o表示輸入層前置處理後得到的三維列向量。

隨後，O_o會與權重矩陣相乘，並與偏置項相加，其結果將傳遞給對應的啟動函數。

$$O_1 = f(\boldsymbol{W}_1\ O_o + \boldsymbol{b}_1)$$

其中，f函數表示隱藏層的啟動函數；O_o表示輸入層的輸出資料，此處作為隱藏層的輸入資料傳入；$\boldsymbol{W}_1$表示隱藏層的權重矩陣；$\boldsymbol{b}_1$表示對應的偏置項；O_1表示隱藏層的輸出。

從圖 3.9 所示的神經網路結構可以看出，權重矩陣$\boldsymbol{W}_1$是一個 4×3 的矩陣，偏置項$\boldsymbol{b}_1$是一個 4×1 的矩陣。

最後，O_1作為輸出層的輸入，經過類似的運算，獲得該神經網路的最終輸出結果O_2。

$$O_2 = f(\boldsymbol{W}_2 O_1 + \boldsymbol{b}_2)$$

$\boldsymbol{W}_2$為輸出層的權重矩陣，從圖 3.9 可以看出，它是一個 2×4 的矩陣，而對應的偏置項$\boldsymbol{b}_2$就是 2×1 的矩陣。

透過上面的討論，可以複習出前向傳播演算法普遍公式。

$$O_i = f(\boldsymbol{W}_i O_{i-1} + \boldsymbol{b}_i)$$

至此，前向傳播的公式弄清楚了，但為什麼要乘以權重矩陣？為什麼要與偏置項相加？為什麼要經過啟動函數呢？

在前向傳播演算法中，使用上一層的輸出O_{i-1}乘以權重矩陣$\boldsymbol{W}_i$再加上偏置$\boldsymbol{b}_i$，其中權重矩陣$\boldsymbol{W}_i$和偏置$\boldsymbol{b}_i$都是線性的，那麼我們可以將其轉換一下。

$$\boldsymbol{W}_i O_{i-1} + \boldsymbol{b}_i \Rightarrow y = ax + b$$

$y = ax + b$就是簡單的一元線性函數。回憶一下神經網路的訓練目的，就是學習不同的資料分佈，擬合各種函數。為了擬合各種函數，神經網路需要具有變化為各種函數的能力，那麼 a 的作用就是讓一元線性函數實現各種基於原點的線性變換，此時線性變換受限於原點，所以加上 b，讓它可以移動，從而脫離原點的束縛。換言之，權重矩陣的作用就是讓神經網路實現基於原點的線性變換，而偏置項 b 則是讓神經網路的線性變換脫離原點的束縛。但只實現任意的線性變換，還無法擬合非線性函數，所以加上非線性的啟動函數，最終讓神經網路擁有擬合任意線性函數和非線性函數的能力。

3.2.2 損失函數

當神經網路使用前向傳播演算法將輸入層的資料逐層加權運算到輸出層，獲得最終輸出結果後，下一步要做的就是獲得學習資訊，然後透過學習資訊來更新神經網路中的參數，通常我們透過損失函數來獲得學習資訊。損失函數一般是非負實值函數，主要用來量化模型輸出層輸出的預測值與真實值之間的差距，訓練神經網路的目的就是減少模型的預測值與真實值之間的差距（最小化損失函數）。預測值與真實值之間的差距越小，說明模型預測的效果越真實，模型性能越好。

損失函數有很多種，下面介紹常見的幾種。

損失函數中的符號約定：X表示神經網路的輸入值集合$x_1, x_2, \cdots, x_i$，其中x_i表示某個具體的輸入值；$f(X)$表示神經網路輸出的預測值集合，其中$f(x_i)$表示某個具體的預測值；Y 表示真實值集合$y_1, y_2, \cdots, y_i$；L 表示損失函數。

❑ 0-1 損失函數

0-1 損失函數是最簡單的損失函數，如果神經網路輸出的預測值與真實值完全相等，則認為沒有損失（損失值為 0），否則就認為是完全損失（損失值為 1）。

$$L(Y, f(X)) = \begin{cases} 1, & Y \neq f(X) \\ 0, & Y = f(X) \end{cases}$$

0-1 損失函數的要求過於嚴格，對於一個比較好的神經網路模型而言，其預測值已經非常接近真實值。如果使用 0-1 損失函數，也會被判斷為完全損失。因為沒有完全相等，一般在使用 0-1 損失函數時不會那麼嚴格，而是會設定一個閾值，只要預測值與真實值的差小於這個閾值，就認為沒有損失。

❑ 平方損失函數

平方損失函數的損失就是真實值與預測值結果差值的平方和，兩者差值越小，神經網路效果越好。

$$L(Y, f(X)) = \sum_{i=1}^{n} (Y - f(X))^2$$

使用平方損失函數可以讓每個樣本的損失都為正，這樣進行累加操作時，損失之間不會相互抵消。而且因為平方的性質，對於大誤差而言，損失會比小誤差更大，從而導致大誤差時，懲罰力度更大，模型參數更新更快，而且平方比較好計算，求一次導就成一元函數了。

但一般不會直接使用平方損失函數，而是將其轉化為均方差（Mean Squared Error, MSE），MSE 損失函數公式如下。

$$L(Y, f(X)) = \frac{1}{n}\sum_{i=1}^{n}(f(X) - Y)^2$$

❑ 對數損失函數

對數損失函數是以機率的方式來表示神經網路的損失，其公式如下。

$$L(Y, P(Y|X)) = -\log P(Y|X)$$

對數損失函數用了最大似然函數的思維，最大似然函數會在 5.1.1 節講解，這裡簡單了解一下，在已知真實樣本分佈 Y 的情況下，找到最有可能導致 Y 這種分佈的參數 X。換句話說，就是使用什麼樣的參數 X，才能使分佈 Y 出現的可能性最高，目標就是最大化$P(Y|X)$，因為 log 函數是單調遞增的，所以目標就是最大化$\log P(Y|X)$，當$\log P(Y|X)$是最大值時，模型的損失就是最小的，所有$\log P(Y|X)$前都要加負號。

❑ 交叉熵損失函數

交叉熵的概念在 2.4.5 節介紹過，其本質是一種不確定性。不確定越小，損失越小，模型效果就越好；反之模型效果越差。在二分類情況下，其公式如下。

$$L\big(Y, f(X)\big) = -\frac{1}{n}\sum_{i=1}^{n}\Big[y_i \log\big(f(x_i)\big) + (1 - y_i)\log\big(1 - f(x_i)\big)\Big]$$

二分類情況下，模型最後需要預測的結果只有兩種情況，對於不同的類型，預測得到的機率分佈為$f(x_i)$和$1 - f(x_i)$。

將二分類的情況擴充一下，獲得多分類的交叉熵損失函數。

$$L(Y, f(X)) = -\sum_{i=1}^{n} y_i \log(f(x_i))$$

❑ 指數損失函數

指數損失函數常用在個體學習器間有強依賴的整合學習演算法中，如 AdaBoosting，其公式如下。

$$L(Y, f(X)) = \mathrm{e}^{-Yf(x)}$$

3.2.3 梯度下降演算法

我們獲得了損失函數量化預測值與真實值之間的差距後，該如何最小化這個損失函數呢？最常用的方法就是梯度下降演算法。所謂梯度下降演算法，簡單而言，就是對於某個點找到一個具體的「方向」，該「方向」相對於其他「方向」具有最大的梯度，梯度下降就是讓這個點往這個方向移動一小段距離。

那麼所謂的「方向」究竟是什麼？梯度又是什麼？具體怎麼移動？解決了這幾個問題，就了解了梯度下降演算法的核心思維，下面再多作說明。

首先明確一下梯度下降演算法的作用，梯度下降演算法是一種最佳化演算法，其主要功能就是逐步逼近某個函數的最佳值或局部最佳值。為了簡單了解，現在假設我們要使用梯度下降演算法來最佳化一個簡單的一元函數 $y = x^2$，其實我們都知道該函數的最小值是 0，即點在(0,0)的位置，那麼，使用梯度下降演算法怎麼計算出點在(0,0)位置時，$y = x^2$函數值最小呢？

流程很簡單，具體如下。

（1）隨機選擇一個落在$y = x^2$上的點，如點(4,2)。

（2）計算該點切線的斜率，其實就是對$y = x^2$求導，然後將水平座標x代入即可。

（3）沿斜率的反方向移動一部分距離。

（4）重複第 2、3 步驟，直到斜率為 0。

透過上面的流程，梯度下降演算法經過多次疊代後，就會找到斜率最小的點。對於$y = x^2$函數而言，斜率最小的點就是(0,0)。對於一元函數而言，可以認為函數的導數就是梯度下降演算法中的梯度（導數即切線的斜率）。

透過上面的簡單例子，梯度下降演算法的核心思維也就明確了，隨機找一個點，然後計算它的斜率，最後沿斜率的反方向移動這個點。

但在現實生活中，很多問題不是簡單的一元函數，而是比較複雜的多元函數，對於多元函數，需要求其偏導數和方向導數。簡單回顧一下偏導數與方向導數求解方法，所謂偏導數，就是對多元函數中的引數求導，將其他引數看成是常數項，這樣就可以獲得該函數關於這個引數的偏導數。從幾何角度上看，就是將高維空間壓縮成一維空間求曲線的斜率，而方向導數就是高維空間中某點切線的斜率。對高維空間而言，該點所有的切線組成一個切平面，每條切線的斜率就是方向導數，因為平面上可以有無數條切線，那麼也就對應著任意方向的方向導數。而梯度就是方向導數中最大的方向向量，了解了上一章的內容，梯度其實就很好了解了。梯度也是一個向量，具有方向和大小。

下面提一下梯度在數學上的定義，假設函數$f(x,y)$在平面區域 D 內具有一階連續偏導數，則對於任意點$P(x_0,y_0) \in D$，都可以定義出一個向量$f_x(x_0,y_0)\vec{i} + f_y(x_0,y_0)\vec{j}$，稱為$f(x,y)$在 P 點處的梯度，記為$\nabla f(x_0,y_0)$。

弄明白梯度與方向後，接著就要了解怎麼移動了。所謂移動，其實就是做減法運算，具體而言，先計算出多元函數的梯度，然後將梯度與學習率相乘，獲得參數要更新的值。

下面使用梯度下降演算法最佳化一個多元函數，以加深了解。這裡直接使用平方損失函數作為要被最佳化的函數，來體會一下具體的數學運算過程，平方損失函數的公式如下。

$$L\big(Y,f(X)\big)=\frac{1}{n}\sum_{i=1}^{n}\big(f(X)-Y\big)^2$$

該公式針對的是整個預測結果集和真實結果集，為了方便了解，下面的推導取某個具體的預測結果和真實結果來計算平方損失，但公式不失一般性，簡化如下。

$$L\big(y,f(x)\big)=\frac{1}{2}\big(y-f(x)\big)^2$$

公式中多出一個$1/2$，其作用是在平方求導後會多出一個 2，此時將 2 約去，並不會影響公式的性質。接著計算損失函數L的梯度。

使用連鎖律將損失函數L的梯度拆分為兩部分。

$$\frac{\partial L}{\partial x}=\frac{\partial\left(\frac{1}{2}\big(y-f(x)\big)^2\right)}{\partial x}=\frac{\partial\left(\frac{1}{2}\big(y-f(x)\big)^2\right)}{\partial\big(f(x)\big)}\cdot\frac{\partial\big(f(x)\big)}{\partial x}$$

為了方便了解，使用變數替換一下，再進行導數求解。

$$\frac{\partial\left(\frac{1}{2}\big(y-f(x)\big)^2\right)}{\partial\big(f(x)\big)}=\frac{\partial\left(\frac{1}{2}(a-b)^2\right)}{\partial(b)}=f(x)-y$$

最終損失函數L的梯度轉為以下形式。

$$\frac{\partial L}{\partial x}=-\big(y-f(x)\big)\cdot\frac{\partial\big(f(x)\big)}{\partial x}$$

公式中之所以使用$-\big(y-f(x)\big)$，是為了表示梯度下降法下降的方向是梯度的反方向，即負梯度。

如果神經網路的輸出層使用了 sigmoid 函數作為啟動函數，那麼上式中的$f(x)$就是 sigmoid 函數，需要對 sigmoid 函數進行求導。

sigmoid 函數為

$$f(x)=\frac{1}{1+\mathrm{e}^{-x}}$$

使用連鎖律簡化 sigmoid 函數求導運算。

$$\frac{\partial\big(f(x)\big)}{\partial x}=\frac{\partial(1+\mathrm{e}^{-x})^{-1}}{\partial(1+\mathrm{e}^{-x})}\cdot\frac{\partial(1+\mathrm{e}^{-x})}{\partial\mathrm{e}^{-x}}\cdot\frac{\partial\mathrm{e}^{-x}}{\partial x}$$

連鎖律逐級求導後得：

$$\frac{\partial\big(f(x)\big)}{\partial x}=\frac{1}{1+\mathrm{e}^{-x}}\cdot\frac{1}{(1+\mathrm{e}^{-x})^2}=f(x)-f(x)^2=f(x)\big(1-f(x)\big)$$

最終求解出損失函數L的梯度。

$$\frac{\partial L}{\partial x}=-\big(y-f(x)\big)f(x)\big(1-f(x)\big)$$

當然梯度下降演算法也存在對應的問題，例如使用梯度下降演算法最佳化函數時，出現梯度為 0 的情況。出現這種情況可能有多種原因，此時可能已經找到函數的最小值了，這是最好的一種情況；但往往遇到的情況是，找到了局部最小值而非全域最小值，在複雜的高維函數中，這種情況發生的可能性非常大。透過程式視覺化複現一下這種情況，如圖 3.10 所示。

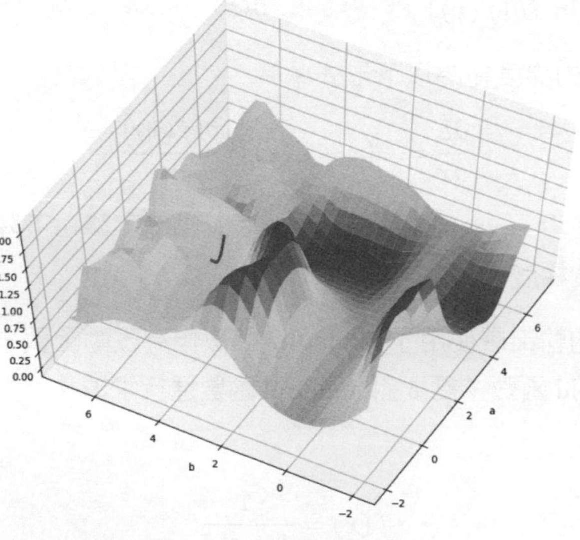

圖 3.10 局部最佳

根據梯度下降演算法來最小化圖 3.10 中模型所代表的函數，從圖 3.10 中可以看出，梯度下降演算法最佳化陷入了局部最小值，而真正的最小值在「山」的另一邊。造成陷入局部最小問題的原因可能是起始點沒有選擇好，導致梯度下降演算法一路向下奔，進入「死胡同」。如果調整一下起始點的位置，情況會不會好一些呢（見圖 3.11）？

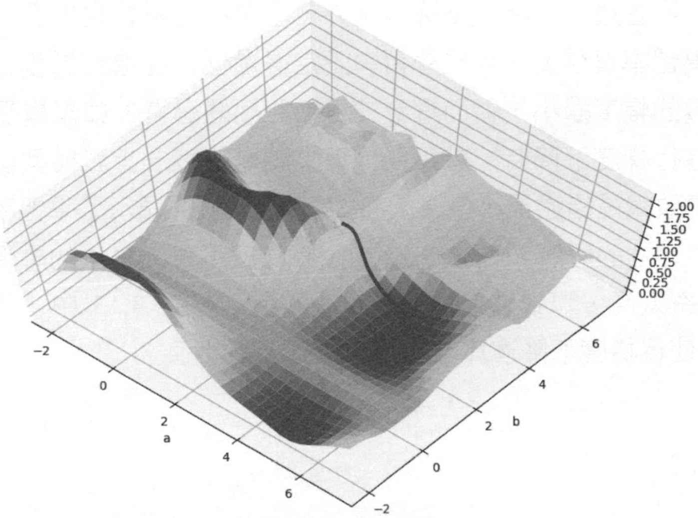

圖 3.11 不同起始點

在圖 3.11 中，我們將梯度下降的起始點調整到「山」的另一邊，同樣的訓練程式，同樣的訓練輪數，因為起始點不同，導致最佳化的結果不同，調整起始點後，使用梯度下降演算法找到了該函數的全域最佳。

在討論梯度下降時，「山」作為函數模型抽象的概念很常見，最佳化模型就是想從山上下到山底，而且要求最快地下到山底。為此你需要觀察相對於你當前所站的位置哪個方向是最陡峭的，然後你就往最陡峭的地方走，就可以最快地下山，但每次都走最陡峭的地方不一定會走到真正的山底，可能進入一個盆地（局部最佳）把自己困住。造成這個問題的核心原因是你無法觀察整個山，這座山通下山底的路可能比較緩和，而去盆地的路都很陡峭，那你根據之前的策略就會走到盆地，而無法到達山底。梯度下降演算法也是一樣，因為函數模型很複雜，你無法擁有全域角度，要解決走入盆地的問題，就只能從不同的地方開始下山，多走幾次，以最好的那次為基準。有時模型太複雜，神經網路中具有幾萬甚至幾十萬參數的結構並不少見，你可能很難走到山底，所以你走到盆地也沒有關係，只要這個局部最小值對應的損失函數值足夠小，該局部最小值就可以被接受。

除起始點會影響最終的梯度下降效果外，學習率的影響也很關鍵，設定一個合適的學習率很重要。如果學習率設定得過低，在進行梯度下降時，更新模型參數的幅度過小，從而導致神經網路訓練過慢。如果學習率設定得過高，在進行梯度下降時，就可能會發生震盪，每一步對模型參數的更新都太大，導致總是錯過最小值。圖 3.12 和圖 3.13 顯示了學習率對梯度學習率下降演算法的影響。在圖 3.12 中，將梯度下降演算法的學習率設定為 1，該學習率太高，導致它無法下降到最低點；在圖 3.13 中，將學習率調整為 0.1，使得梯度下降演算法成功地找到了最小值。

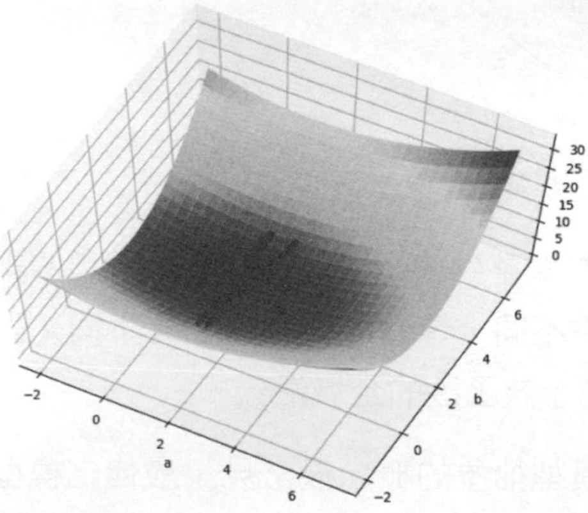

圖 3.12 學習率過高

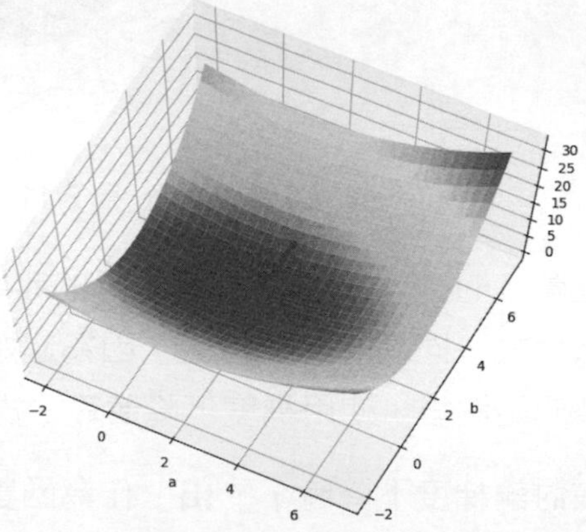

圖 3.13 合適的學習率

當然不是說學習率設定得不好，梯度下降演算法對任何模型都無法達到最小值，模型本身的結構、梯度下降的起始點與學習率之間是相互影響的。

3.2.4 各種梯度下降演算法

到目前為止，對梯度下降演算法的討論都是理論上的，很多實際任務中遇到的問題都沒有提及，例如常見的數值上溢和下溢、演算法運算效率等。這些問題也可以暫時不用考慮，因為當下知名的深度學習框架都已經考慮了這些問題，下面簡單介紹一下處理實際問題時會用到的梯度下降演算法。

簡單約定一下下面公式中的符號：$\nabla f(w_t)$表示目標函數計算出的梯度；w表示待最佳化參數；α表示學習率/步進值；t表示疊代訓練是第幾輪。

❑ 隨機梯度下降法（Stochastic Gradient Descent，SGD）

SGD 每次都隨機使用一個樣本進行梯度計算，並使用該梯度進行神經網路的參數更新。因為每次計算只針對一個樣本，所以它的運算速度很快，但可能在梯度下降的過程中發生震盪，如果訓練樣本較多，那麼 SGD 就要進行大量計算，並且 SGD 難以實現平行。整體來說，使用 SGD 雖然單次運算快了，但對於訓練一個網路而言，其效率反而較低，而且訓練時不怎麼穩定。由於 SGD 每次都只使用單一樣本進行訓練，喪失了全域資訊或局部資訊，這使得 SGD 進行梯度下降時，更難以獲得全域最小值。SGD 權重更新公式為

$$w_t = w_{t-1} - \alpha \nabla f(w_t, x_i, y_i)$$

❑ 小量梯度下降演算法（Mini-Batch Gradient Descent，MBGD）

MBGD 每次都會從訓練資料中取出一小部分資料作為樣本來計算梯度，並使用該梯度來更新神經網路參數。想要獲取全域最小值最好的方法就是獲得模型的全域資訊，從而知道模型哪個地方是低位，但要獲取模型全域資訊就需要選擇整個訓練集中的資料。當訓練集資料量比較大時，要獲得全域資訊，就需要消耗大量算力，令人難以接受，所以折中的方法就是使用局部資料，這樣既避免了像 SGD 使用單樣本來進行計算會遇到的問題，也避免了使用資料全集進行計算會遇到的問題。MBGD 的公式與 SGD 很相似，只是計算梯度時使用的資料量不同。

$$w_t = w_{t-1} - \alpha \nabla f(w_t, x_{i:i+n}, y_{i:i+n})$$

❑ 帶動量的隨機梯度下降演算法（SGD with Monentum，SGDM）

因為 SGD 在梯度下降過程中可能會發生震盪，導致 SGD 難以獲得全域最小值。為了解決這個問題引入了一階動量 Monentum，動量可以直觀地了解為梯度下降時某一時刻的慣性。在使用梯度下降演算法進行函數最佳化時，某個方向梯度較大，那麼更新模型參數時，更新幅度就可以大一些。直白點講，就是下山的時候遇到比較陡的坡，你可以利用慣性走快一些。SGDM 就是在 SGD 的基礎上引入了動量，使得梯度較大時，模型參數幅度更大。

要了解 SGDM，就要了解一階動量，將動量看作某一時刻的慣性只是為了方便了解，其實並不準確。一階動量準確而言應該是各個時刻梯度向量的指數移動平均值，一階動量公式如下。

$$m_t = \beta * m_{t-1} + (1 - \beta)\nabla f(w_t)$$

其中，m_t表示第t輪的一階動量；$\nabla f(w_t)$表示第t輪的梯度；β表示經驗值。

簡單來講，就是第t輪梯度下降的方向不僅由當前點的梯度方向來決定，還會受此前累積的梯度方向影響。如果β為 0.9，即經驗值為 0.9，就表明第t輪梯度下降的方向主要受此前累積的梯度方向影響，並稍微偏向當前第t輪所計算出的梯度方向。即此前累積梯度所代表的向量與當前梯度向量做加法，獲得的新向量，就是當前第t輪真正要走的梯度方向。SGDM 權重更新公式如下。

$$w_t = w_{t-1} - \alpha m_t$$

❑ AdaGrad 演算法

前面幾種梯度下降方法的學習率都是固定的，顯然這是不太合理的。在複雜神經網路中，因為節點非常多，所以包含著大量的參數，但這些節點參數不一定在每次訓練時都會使用到。對於網路中經常更新的參數，它已經累積大量的歷史資訊，所以不希望被某一次訓練影響太大，避免此前透過多次訓練累積起來的歷史資訊被某次訓練時參數更新給覆蓋，即學習率小一些。對於此前比較少更新的節點，這些節點上沒有什麼資訊，所以希望它們能從某些偶然出現的樣本上多學一點資訊，即對於這些節點，希望某些訓練時參數更新的幅度大一些，即學習率大一些。

為了實現這個需求，引入二階動量的概念，二階動量的出現代表著「自我調整學習率」最佳化演算法步入歷史舞台。在 AdaGrad 演算法中，二階動量表示某節點從訓練開始到現在所有梯度值的平方和，二階動量公式如下。

$$v_t = \sum_{\tau=1}^{t} \left(\nabla f(w_t)\right)_\tau^2$$

其中，t表示當前輪；$\sum_{\tau=1}^{t}$表示從第一輪到當前輪的總和。

AdaGrad 演算法的權重更新公式如下。

$$w_t = w_{t-1} - \frac{\alpha}{\sqrt{v_t + \gamma}}$$

其中，v表示二階動量；γ表示微小的正數。

❑ AdaDelta 演算法

在 AdaGrad 演算法中，二階動量累積了到目前為止所有梯度，而且 AdaGrad 是單調遞減的，這就會導致學習率變化過於激進，可能會造成梯度下降在找到最小值前訓練提前結束。解決方法也很直接，既然累積所有的梯度不行，那就只累積最近一個時間視窗的梯度就好，AdaDelta 演算法實現了這種修改，具體而言就是累積梯度的指數平均值，在 AdaDelta 演算法中，二階動量的公式為

$$v_t = \beta v_{t-1} + (1-\beta)\left(\nabla f(w_t)\right)_t^2$$

❑ Adam 演算法

Adam 演算法是當前用得較多的最佳化演算法，簡單而言，就是將前面的

方法綜合起來，同時使用一階動量與二階動量，Adam 權重更新公式如下。

$$w_t = w_{t-1} - \frac{\alpha m_t}{\sqrt{v_t + \gamma}}$$

其中，m表示一階動量；v表示二階動量。

使用 Adam 演算法可以在模型剛開始訓練時讓學習率比較大，因為我們認為模型剛開始訓練，梯度下降離最小值還有較遠的距離，為了加快模型收斂速度，可以使用較大的學習率。當訓練到一定程度時，就要調小學習率，因為此時認為梯度下降快要接近最小值了，小的學習率讓我們逐步去接近最小值，避免錯過。使用 Adam 演算法進行梯度下降，如圖 3.14 所示。

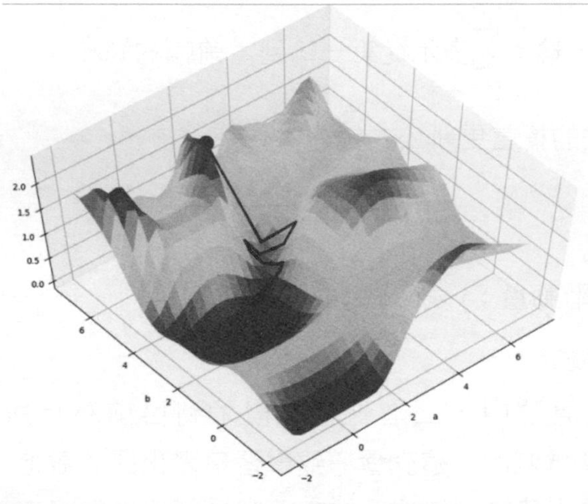

圖 3.14 Adam 演算法

因為設立的初始學習率是一個比較大的值，所以一開始 Adam 演算法梯度下降更新模型參數的幅度很大，可謂大開大合。當模型快要接近最小值時，Adam 演算法對模型參數更新的幅度逐漸變小。

需要說明的一點是，所有梯度下降演算法均不能保證找到模型的最小值。在真實任務中，因為神經網路很複雜，難以找到最小值，一般都是獲取到一個可以接受的局部最小值。

到目前為止，各類梯度下降演算法介紹完成，可以發現它們的執行步驟大致相同。我們可以抽離出這些步驟，從而得到最佳化一個函數大致的框架，使用這個框架，我們可以定義出自己的最佳化演算法。

對於訓練中的每一輪而言，各類梯度下降演算法的最佳化步驟大致如下。

（1）計算出目標函數對於當前參數的梯度：$g = \nabla f(w_t)$。

（2）根據歷史梯度計算一階動量m與二階動量v：$m_t = \phi(g_1, g_2, \cdots, g_t)$，$v_t = \psi(g_1, g_2, \cdots, g_t)$。

（3）計算當前輪要下降的梯度：$\nabla w_t = \frac{\alpha m_t}{\sqrt{v_t + \gamma}}$。

（4）使用要下降的梯度去更新，從而獲得新的參數：$w_{t+1} = w_t - \nabla w_t$。

還有一點值得一提，雖然 Adam 演算法是集大成者，但不一定適用於任何場景，很多論文中使用的梯度下降演算法依舊是最普通的 SGD 演算法。為什麼會這樣？回憶一下前面的內容，SGD 使用單一樣本資料進行訓練且學習率不變，這讓梯度下降過程中發送震盪導致訓練不穩定。而 Adam 演算法是在 SGD 演算法的基礎上一步步修改過來的，其中經歷了 SGDM，增加了一階動量，經歷了 AdaGrad、AdaDelta 等，增加了二階動量，Adam 演算法有機結合了這些演算法的修改，但因為 Adam 演算法依舊會在訓練後期引起學習率的震盪，從而導致模型無法收斂，而 SGD 模型雖然速度慢，訓練不穩定，但模型還是會逐漸收斂的。因為 Adam 演算法的學習率主要由二階動量控制，所以為了保證模型可以收斂，需要對二階動量進行控制，通常做法是，將當前計算出的二階動量與前一輪的二階動量做比較，取較大者作為當前輪的二階動量，從而避免二階動量上下波動。

$$v_t = \max\left(\beta v_{t-1} + (1-\beta)\left(\nabla f(w_t)\right)_t^w, v_{t-1}\right)$$

除了這個問題，對應複雜的神經網路模型，Adam 演算法因為引入了動量，可能會錯過最佳值。實際上，任何一個最佳化演算法都會遇到對應的問題，沒有任何一個最佳化演算法可以解決所有神經網路的最佳化問題。本質上還是要了解自己的訓練資料，這也是很多論文依舊使用 SGD 的原因，因為他們對自己使用的訓練資料有深入的了解，SGD 雖然也有很多對應的問題，但使用者可以對它進行調整，讓它適合當前使用的訓練資料，而 Adam 演算法將這些工作都做完了，想要修改某些部分反而更加麻煩，所以很多研究人員喜歡控制度高的 SGD，可以將之修改成符合自己模型訓練的演算法。通俗點講，現在很多手機都有自動美圖功能，但攝影師依舊喜歡專業的相機，在照相時根據光線、角度調整相機參數，從而拍攝出優美的相片，這就需要你對光線、角度等知識有一定的把握，即對你的資料集有深入的了解。當然這不是說 Adam 演算法不好，各有各的用武之地而已。

3.2.5 反向傳播演算法

反向傳播演算法（Back Propagation Algorithm，簡稱 BP 演算法）也稱誤差反向傳播演算法。在討論反向傳播演算法之前，先回顧一下訓練一個神經網路的過程：首先使用前向傳播演算法讓資料資訊從輸入層逐層傳遞到輸出層，接著由輸出層輸出預測值，此時選擇一個損失函數來量化神經網路輸出層輸出的預測值與真實值之間的差距（即損失），然後再透過梯度下降演算法去最佳化該損失函數，使得損失函數的損失小到可以接受的範圍，即預測值接近或等於真實值，此時模型訓練完成。那麼反向傳播演算法用在何處呢？

因為反向傳播演算法這個概念，讓很多人誤解它是一種用於複雜神經網路訓練的學習演算法，但實際上，反向傳播演算法只是一種用於計算梯度的方法，而前面介紹的梯度下降演算法才是用於進行學習的。在複雜神經網路的訓練過程中，因為複雜神經網路一般具有多個隱藏層，且節點參數較多，所以要數值化地去求解這些節點上的梯度會耗費巨大的運算資源。而反向傳播演算法利用連鎖律從後往前推導，讓神經網路中節點的梯度計算變得簡單，極佳地解決了這個問題。梯度下降演算法則使用反向傳播演算法計算出的梯度去更新神經網路中的參數，完成所謂的學習。

在前面介紹單層感知器時提過，Minsky 等人提出了單層感知器無法解決線性不可分的問題，後來隨著多層感知器的提出，線性不可分問題被解決。但 Minsky 依舊不看好神經網路，認為神經網路只是理論上可解。之所以這樣認為，是因為當時並沒有提出反向傳播演算法，計算單一節點的梯度使用的是傳統前向傳播推導方法，這種方式雖然可以隨意計算出梯度，但其計算量非常大，讓神經網路難以訓練，這使得稍微複雜點的神經網路只能在理論上證明可行，但現實中無法訓練出好的模型。直到反向傳播演算法被提出，神經網路梯度計算困難的問題才被解決。

此外，很多人認為反向傳播演算法僅適用於計算複雜神經網路中節點的梯度，這也是誤解，理論上，反向傳播演算法可用於計算任何函數的導數。

對於神經網路而言，反向傳播演算法的核心思維是，量化上一層中的各個神經元為當前層輸出的結果產生的誤差做了多少「貢獻」。其實很好了解，輸出層輸出的預測值與真實值有較大的誤差，這個誤差怎麼來的？當然是因為上一層的輸出中包含了誤差資訊，這才導致輸出層輸出的值有誤差，而上一層的誤差又是從上上層傳遞過來的。誤差逐層傳遞，反向傳播演算法就從輸出層的誤差開始逐層逆推，量化出每一層為上一層貢獻了多少誤差，即計算出每一層的梯度，然後再使用梯度下降演算法消除這些梯度，這也是梯度下降演算法強調下降的方向是負梯度方向的原因，而神經網路的訓練過程就是迴圈上面演算法的過程。

接著我們推導反向傳播公式，雖然公式比較複雜，但都是一些簡單的矩陣與導數知識，只要閱讀了第 2 章，了解起來沒有什麼大問題。

反向傳播演算法是從後往前推導的，所以我們從最後一層（即神經網路的輸出層）進行數學推導。大家不必害怕公式，它是美的，它用很簡潔的形式描述一個現象，這個現象用一大段話可能都解釋不清楚，而公式卻輕鬆地將複雜的表示簡化並蘊涵所有資訊，這難道不是一種美嗎？

為了方便了解，暫時使用單一樣本進行公式推導。其中x表示單一輸入樣本；$f(x)$表示預測值；y表示真實值。接著我們使用δ表示誤差，i展現層數，第i層就是輸出層，那麼輸出層的誤差就是誤差函數的偏導。

$$\delta_i = \frac{\partial L\big(y, f(x)\big)}{\partial x}$$

將x替換為o_{i-1}，表示第$i-1$層的輸出，也就是第i層的輸入；o表示某層的輸出。

$$\delta_i = \frac{\partial L\big(y, f(o_{i-1})\big)}{\partial o_{i-1}} = -\big(y - f(o_{i-1})\big) \cdot \frac{\partial f(o_{i-1})}{\partial o_{i-1}}$$

上面公式的推導過程在梯度下降演算法章節中詳細介紹過，這裡不再贅述。此時完成輸出層誤差δ的計算。

接著計算$i-1$層的誤差，即輸出層的上一層的誤差，表明隱藏層對最終誤差的損失做了多大「貢獻」。

$$\delta_{i-1} = \frac{\partial L\big(y, f(o_{i-1})\big)}{\partial o_{i-2}} = \frac{\partial L\big(y, f(o_{i-1})\big)}{\partial o_{i-1}} \cdot \frac{\partial o_{i-1}}{\partial o_{i-2}}$$

從而就有

$$\delta_{i-1} = \big(f(o_{i-1}) - y\big) \cdot \frac{\partial f(o_{i-1})}{\partial o_{i-1}} \cdot \frac{\partial o_{i-1}}{\partial o_{i-2}} = \delta_i \frac{\partial o_{i-1}}{\partial o_{i-2}}$$

繼續對上面的公式進行展開操作，透過前向傳播演算法，我們可以獲得o_{i-1}所代表的公式。

$$o_{i-1} = f(w_{i-1} o_{i-2})$$

其中，f表示啟動函數。式中沒有涉及偏置項，其原因是我們一般都將偏置項整合到權重矩陣中。將o_{i-1}代表的公式代入下面公式有

$$\frac{\partial o_{i-1}}{\partial o_{i-2}} = \frac{\partial f(w_{i-1} * o_{i-2})}{\partial o_{i-2}} = w_{i-1} \frac{\partial f(o_{i-2})}{\partial o_{i-2}}$$

從而獲得δ_{i-1}最終的推導結果。

$$\delta_{i-1} = \delta_i w_{i-1} \frac{\partial f(o_{i-2})}{\partial o_{i-2}}$$

透過前向傳播演算法，可以使用最開始的輸入值計算出o_{i-1}、o_{i-2}相等，同時也知道了每一層使用什麼啟動函數f，將這些值和函數代入上面的公式，就可以直接計算出δ_i與δ_{i-1}。不止這兩層，神經網路中的其他層都可以透過同樣的方式計算出誤差。

因為更新的是每一層的權重w和偏置b，所以我們需要計算一下它們的偏導，對應的公式推導如下。

權重w的偏導：

$$\frac{\partial L\big(y,f(o_{i-1})\big)}{\partial w_{i-1}}=\frac{\partial L\big(y,f(o_{i-1})\big)}{\partial o_{i-1}}\cdot\frac{\partial o_{i-1}}{\partial w_{i-1}}=\delta_i\frac{\partial f(w_{i-1}*o_{i-2})}{\partial w_{i-1}}$$

$$=\delta_i o_{i-2}\frac{\partial f(w_{i-1})}{\partial w_{i-1}}$$

因為權重w是已知常數，所以公式簡化為

$$\frac{\partial L\big(y,f(o_{i-1})\big)}{\partial w_{i-1}}=\delta_i o_{i-2}$$

同理，偏置項的偏導如下。

$$\frac{\partial L\big(y,f(o_{i-1})\big)}{\partial b_{i-1}}=\delta_i$$

將上面的公式整理替換成矩陣的形式，在神經網路中，一層節點相當於一個矩陣，公式形式如下。

$$\delta_i=-\big(Y-f(O_{i-1})\big)\frac{\partial f(O_{i-1})}{\partial O_{i-1}}$$

$$\delta_{i-1}=\delta_i W_{i-1}\frac{\partial f(O_{i-2})}{\partial O_{i-2}}$$

$$\nabla_{W_{i-1}}L=\frac{\partial L\big(y,f(O_{i-1})\big)}{\partial W_{i-1}}=\delta_i O_{i-2}^{\mathrm{T}}$$

$$\nabla_{B_{i-1}}L=\frac{\partial L\big(y,f(O_{i-1})\big)}{\partial B_{i-1}}=\delta_i$$

那麼更新模型參數的最簡形式如下。

第l層的新權重等於該層舊的權重減去學習率乘以要更新的權重值。

$$W_l = W_l - \alpha \nabla W_l$$

對偏置來說，與上式是一樣的，第l層的新偏置等於該層舊的偏置減去學習率乘以要更新的偏置值。

$$B_l = B_l - \alpha \nabla B_l$$

3.2.6 過擬合與欠擬合

在前面介紹梯度下降與反向傳播的內容中，曾反覆提及訓練模型的過程就是最小化損失函數的損失，這個描述並不準確，因為可能導致過擬合，使訓練出的神經網路模型沒有很好的泛化能力。

過擬合（Overfitting）一般指訓練出的模型在訓練集上有很好的表現，但在測試集上表現得卻不理想。核心原因就是模型在訓練時，將訓練集的特徵學習得太好，導致一些普遍的規律沒有被模型吸納，從而造成該模型在訓練集上的損失函數損失非常小，但到測試集上效果就不行。

過擬合的反面就是欠擬合（Underfitting），它指訓練的模型沒有學習到訓練集中的一般規律，模型作用於訓練集，其損失函數的損失都比較大。

舉例解釋一下過擬合與欠擬合，所謂過擬合，就是考試前做了很多練習題，對於不了解的題，也強行背下它的答案，直到做得非常熟練，但上了考場，面對類似的新題目，卻無法做對。而所謂欠擬合，就是你只是簡單地看了下課本，沒怎麼做練習題，就認為自己會了，一上考場，發現自己幾乎什麼題都不會做。

為了訓練出具有良好泛化能力的神經網路，只以降低損失函數的損失為目標並不可取，而應該最小化泛化誤差。所謂泛化（Generalize），指的是可以從一個特殊的事件擴大為一般的事件，簡單來講，就是從特殊轉變成一般的能力。對神經網路而言，泛化能力指的是模型不只作用於訓練集可以獲得不錯的效果，對於一般的資料（即測試集），也可以獲得不錯的效果。過擬合就是模型泛化能力缺失的表現。

所謂泛化誤差，就是神經網路模型作用在新的樣本資料時產生的誤差，這種誤差由以下幾部分組成。

（1）偏差：透過訓練集訓練出來的神經網路模型，其輸出的預測值的期望與樣本真實結構的差距。簡單來講就是度量訓練出來的模型在訓練集上的效果好不好，同時表現了學習演算法本身的擬合能力好不好。這裡的偏差其實就是損失函數的損失。

（2）方差：神經網路模型輸出的預測值與該模型輸出預測值的期望之間的誤差。用於描述模型的穩定性，簡單來講，就是同樣大小的訓練集的變動會導致模型學習性能有多大的變化，量化了訓練資料的擾動會對模型造成的影響。

（3）雜訊：現實生活中的真實值與資料集中的實際標記。舉一個簡單例子，π是無限的，但電腦使用π時都是有限的，這就有了誤差，資料集中的標記與真實的標記值也會存在這種誤差。雜訊本身是無法去除的，這就表達了訓練模型時，使用任何最佳化演算法所能達到的泛化誤差的下界，因為雜訊不可去除，最佳化演算法只能最小化偏差和方差。

泛化誤差 = 偏差 + 方差 + 雜訊，因為雜訊無法去除，所以最小化泛化誤差主要取決於偏差和方差。偏差表現神經網路模型擬合能力的強弱，通常神經網路模型越複雜，參數越多，模型的擬合能力就越強，偏差就越小。當偏差較大時，模型輸出的預測值與真實值之間有較大的差距，即欠擬合。而方差表現神經網路模型的穩定性，通常神經網路模型結構越簡單，參數越少，模型越穩定，其方差越小。當方差較大時，神經網路模型對新的樣本資料預測不穩定。我們將偏差小、方差大的情況視為過擬合。

要計算模型的泛化誤差需要獲得資料全集，資料全集包括訓練資料、測試資料以及未來要使用的資料，顯然我們是無法獲取資料全集的，所以只能在理論上使用泛化誤差。在實際使用上，我們一般用訓練誤差與測試誤差來代替泛化誤差，即使用訓練集與測試集來計算偏差與方差。

3.3 動手實現深度學習框架 TensorPy

前面的內容，可以說將神經網路中最基本的基礎知識都介紹了一遍，這些內容是神經網路的基礎，同樣也是生成對抗網路的基礎，但多數都從數學理論上進行講解，過於艱深。本節透過程式的形式實現一個深度學習框架 TensorPy，在其中就會實現前面所介紹的內容，如前向傳播、損失函數、反向傳播、感知器等。自己動手實現深度學習框架，除實現前面提到的演算法外，還可以讓我們深入了解平常所使用的深度學習框架，如 TensorFlow，從而對深度學習的了解更深入一層。

3.3.1 實現計算圖

目前絕大多數神經網路框架都會涉及計算圖的概念，理由也很簡單，讓使用者可以使用進階程式語言（如 Python）建構自己的計算邏輯，形成一個計算圖。當使用者運行程式時，框架會依據使用者設計的計算圖逐步去運算，但是具體的運算過程發生在底層，對使用者而言是透明的，這樣既讓神經網路的建構變得快速（高階語言具有很多語法糖，可以快速編寫計算圖），又讓神經網路訓練變得快速（使用底層資源進行網路的邏輯計算，避免高階語言編譯運行過慢的弊端）。這裡我們首先來編寫一個計算圖，在編寫之前，先了解計算圖的結構。

計算圖一般由多個節點按一定的規律連接而成，這些節點可以代表具體的資料，也可以代表具體的某種操作，節點之間有對應的輸入輸出關係。圖 3.15 所示計算圖的操作過程：將兩個資料節點 a 與 b 輸入乘法節點；該節點是一個操作節點，將輸入的資料相乘，相乘後的結果又輸出給下一個節點；下一個節點是一個加法節點，它接受了乘法節點的結果，同時結合資

料節點 *c*，最後將輸入的值做加法操作。

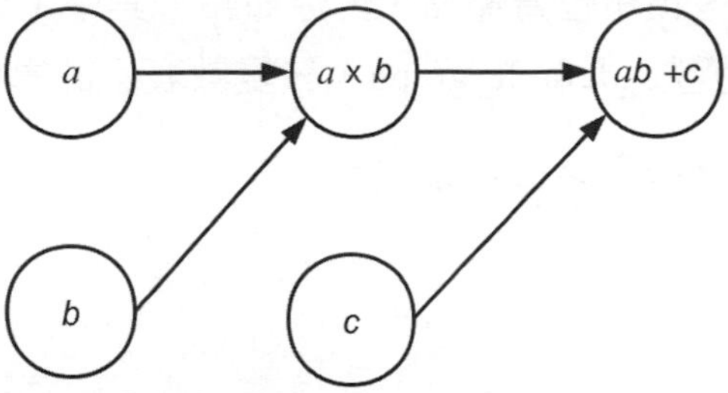

圖 3.15 計算圖（一）

當資料和操作比較少時，計算圖看不出什麼優勢，但在設計複雜神經網路結構時，使用計算圖會讓整個網路結構清晰很多。

一般而言，計算圖有兩種不同的節點，分別是資料節點和操作節點，其中資料節點又分為預留位置節點和變數節點。預留位置節點表示其中的資料是由使用者輸入的，而變數節點中的資料是模型在訓練計算過程中獲得的。對一個神經網路而言，變數節點就是該神經網路的參數，操作節點就是神經網路中具體的函數運算，如矩陣運行或相加運算。

接著我們透過程式來實現上面關於計算圖的想法，首先我們創建一個名為 NeuralNetworks 的專案，其中創建一個名為 TensorPy 的套件，接著就開始編寫計算圖，計算圖程式如下。

```
class Graph(object):
    '''
計算圖
    '''
    def __init__(self):
        self.operations = [] #操作節點
        self.placeholders = [] #預留位置節點
        self.variables = [] #變數節點
    def as_default(self):
        # 預設計算出圖
        global _default_graph
        _default_graph = self
```

Graph 類別表示計算圖，該類別的結構很簡單，就是定義了 3 個 list，分別用於儲存操作節點、預留位置節點、變數節點，其中定義了 as_default()方法，用於獲取全域變數_default_graph，該變數表示計算圖。

計算圖定義好後，接著定義操作節點。

```
class Operation(object):
    '''
操作
    '''
    def __init__(self, input_nodes=[]):
        self.input_nodes = input_nodes # 輸入該操作的節點
        # 消費者串列
        self.consumers = []
        for input_node in input_nodes:
            input_node.consumers.append(self)
        #加入預設計算圖
        _default_graph.operations.append(self)
    def compute(self):
        pass
```

Operation 是操作類別，也是比較關鍵的類別，它有兩個關鍵的變數。一個是 input_nodes 變數，表示該操作接收到的輸入，如圖 3.15 所示，乘法操作接收到資料節點 a 與 b，那麼此時 a 與 b 節點就會出現在 input_nodes 中；另一個是 consumers 變數，表示消費者，即哪些變數使用了本操作。注意：此時消費者變數是在 input_node 記憶體空間下的。以圖 3.15 為例，乘法操作接收到資料節點 a 與 b，a 與 b 節點就是乘法操作的 input_nodes，同時 a 與 b 節點也是乘法操作的消費者，即 a 與 b 節點的 consumers 變數會儲存乘法操作節點。最後將 Operation 加入計算圖中。

還需注意 Operation 操作類別定義了 compute 方法，該方法交由繼承 Operation 類別的子類別去實現具體的邏輯，即具體是什麼操作。如果是加法操作，那麼在 compute 方法中就是加法的邏輯；乘法操作就是乘法的邏輯。

當定義完操作節點，就可以定義資料節點了（即預留位置節點與變數節點）。

```
class placeholder(object):
    '''
預留位置
    '''
    def __init__(self):
self.consumers = []
        _default_graph.placeholders.append(self)
class Variable(object):
    '''
變數
    '''
    def __init__(self, initial_value=None):
        self.value = initial_value
self.consumers = []
        _default_graph.variables.append(self)
```

如果我們想透過上面編寫的計算圖程式去實現圖 3.15 所示的計算圖，除資料節點外，還要有兩個操作節點，分別是乘法節點和加法節點。因為神經網路中，計算一般都是相對於矩陣而言的，所以這裡就實現矩陣的乘法與矩陣的加法，使用 **numpy** 函數庫來輔助我們實現這兩個操作，具體程式如下。

```
class matmul(Operation):
    '''
矩陣乘法運算
    '''
    def __init__(self,x,y):
        super().__init__([x,y])
    def compute(self,x_value, y_value):
        #矩陣間元素相乘
        return x_value.dot(y_value)
class add(Operation):
    '''
元素方式返回 x+y
    '''
```

```
    def __init__(self,x,y):
        super().__init__([x,y])
    #add 操作的具體邏輯
    def compute(self, x_value, y_value):
        return x_value + y_value
```

兩個操作方法都呼叫了其父類別 Operation 的__init__方法，用於記錄 input_nodes 變數和 consumer 變數，兩個操作方法中的 x_value 和 y_value 參數都是 np.ndarray 類型，所以可以透過 dot 方法實現矩陣相乘，透過加號實現矩陣元素一個一個相加。

接著就可以實現圖 3.15 所示的計算了，*a* 節點與 *b* 節點傳入矩陣乘法操作，然後與 *c* 節點一起傳入矩陣加法操作，邏輯簡單，編寫對應的程式如下。

```
tp.Graph().as_default()
a = tp.Variable([[2,1],[-1,-2]])
b = tp.Variable([1,1])
c = tp.placeholder()
#這裡的操作只呼叫__init__方法進行對應的初始化，並沒有進行真正的計算
y = tp.matmul(a,b)
z = tp.add(y,c)
print(z)
```
```
輸出的結果為

```python
<TensorPy.operations.add object at 0x109db0a58>
```

回憶一下計算圖的目的，計算圖只是為了讓使用者可以透過高階語言來快速建構神經網路的架構，但不能運行，運行需要透過其他方式呼叫電腦底層資源進行，所以這裡同樣不能直接運行。其實從程式角度來看也很好解釋，因為現在只呼叫了對應類別的__init__方法，只是將類別實例化而已，還沒有進行真正的運算，透過這種方式模擬出單純建構計算圖是不允許直接運行的情景。
```

3.3.2 實現 Session 物件

在 TensorFlow 中，我們一般使用 Session 物件來運行計算圖，該物件類似於計算圖與真實計算之間的中間層。我們也來實現一個 Session 類別來模擬這種機制，我們希望使用者使用 Session 類別中的 run()方法來執行計算圖中對應的邏輯。

簡單思考一下如何實現 run()方法？首先，run()方法的作用是按循序執行使用者編寫好的計算圖，因此需要計算圖中的順序，再去遍歷整個計算圖。在計算圖中，資料節點只會有輸出資訊，那麼遍歷資料節點就相對簡單，而操作節點既可以輸出資訊，又可以接收輸入，而且接收的輸入可能是多個，所以，在遍歷操作節點時，要遍歷輸入操作節點中的節點，保持計算圖操作的順序，如圖 3.16 所示。

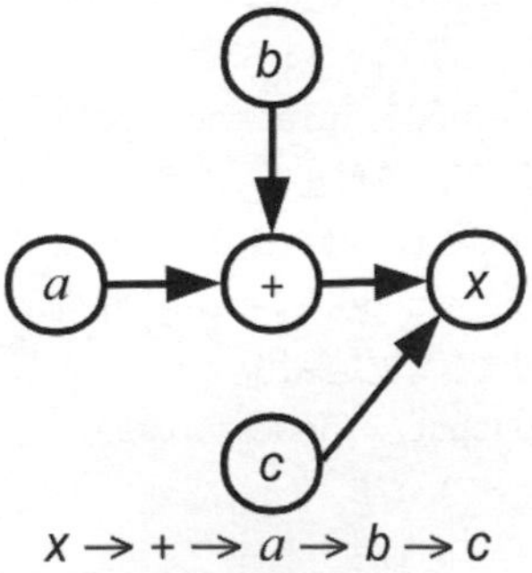

圖 3.16 計算圖（二）

由圖可見，a、b 資料節點傳入加法操作節點中，再與資料節點 c 傳入乘法操作節點中，遍歷的順序應該為$x \to + \to a \to b \to c$。在程式實現上，可以使用遞迴演算法來遍歷，遍歷計算圖的程式如下。

```
def traverse_postorder(operation):
    nodes_postorder = []
    def recurse(node):
        if isinstance(node, Operation):
            for input_node in node.input_nodes:
                recurse(input_node) #遞迴呼叫，獲得所有節點
```

```
            nodes_postorder.append(node)
        recurse(operation)
        return nodes_postorder#計算圖中的節點
```

遍歷獲得了計算圖操作順序後，可以透過 run()方法來執行其中的邏輯，具體程式如下。

```
class Session(object):
    def run(self, operation, feed_dict={}):
        '''
計算操作的輸出
        Session 物件會根據計算圖進行對應的計算，我們只需要提供對應的 placeholder
        資料即可
        param operation: 要計算其輸出的操作
        param feed_dict: placeholder 提供的資料
        return: 返回最頂層操作的數值
        '''
        nodes_postorder = traverse_postorder(operation)
        for node in nodes_postorder:
            if isinstance(node, placeholder):
                #獲得輸入值，並輸出
                node.output = feed_dict[node]
            elif isinstance(node, Variable):
                #變數的值本身就是輸出
                node.output = node.value
            else:
                # 輸入操作的節點
                node.inputs = [input_node.output for input_node in
                node.input_nodes]
                # compute()執行具體的操作邏輯
                node.output = node.compute(*node.inputs)
            if isinstance(node.output,list):
                # 轉為 ndarray 類型
                node.output = np.array(node.output)
        # 返回最頂層操作的數值
        return operation.output
```

run()方法中的邏輯比較簡單，一開始先透過 traverse_postorder()方法獲得計算圖中的節點，然後再一個一個進行對應的操作。如果是 placeholder 類型節點，就獲取使用者傳入的輸入並設定值給輸出。如果是 Variable 類型節點，就直接將變數的值輸出。如果是 Operation 節點，就獲取輸入到該操作的值，並呼叫具體操作的 compute()方法執行具體的操作邏輯。因為操作邏輯都是針對 np.ndarray 類型的變數進行的，所以 run()方法的最後就是轉換資料節點的類型，將 list 轉變成 np.ndarray 類型，方便進行矩陣運算。

編寫好 Session 物件後，在此前建構計算圖的程式中加上 Session 物件的呼叫，具體程式如下。

````
tp.Graph().as_default()
a = tp.Variable([[2,1],[-1,-2]])
b = tp.Variable([1,1])
c = tp.placeholder()
#這裡的操作只呼叫__init__方法進行對應的初始化，並沒有進行真正的計算
y = tp.matmul(a,b)
z = tp.add(y,c)
print(z)
session = tp.Session()
output = session.run(z, {c:[3,3]})
print(output)
```
輸出
```bash
<TensorPy.operations.add object at 0x113f8cf28>
[6 0]
````

簡單驗證一下，計算結果正確。

$$\begin{pmatrix} 2 & 1 \\ -1 & -2 \end{pmatrix} \times \begin{pmatrix} 1 \\ 1 \end{pmatrix} + \begin{pmatrix} 3 \\ 3 \end{pmatrix} = \begin{pmatrix} 6 \\ 0 \end{pmatrix}$$

3.3.3 實現感知器前向傳播演算法

上面的程式已經將框架的骨架架設，接著可以嘗試使用前面編寫的 TensorPy 來編寫一個簡單的感知器。

現在的目標就是編寫一個單層感知器給一組二維資料做分類，這些二維資料雜湊在同一個平面上，我們想訓練出一個感知器，它可以畫出一條直線，從而將平面上不同顏色的資料分割開。

假設在一個二維平面上分佈一系列紅色或藍色的小數點，而我們的目的是訓練感知器繪製一條直線劃分出這些紅色和藍色的小數點。既然是二維平面上的一條直線，那麼它可以表示為 $y = ax + b$，將其轉為矩陣的模式 $y = \boldsymbol{W}^{\mathrm{T}}x + \boldsymbol{b}$，其中$\boldsymbol{W}$表示權重矩陣；$\boldsymbol{b}$ 表示偏置項。那麼分類平面上小數點的問題就可以轉化為一個二分類問題，如果$\boldsymbol{W}^{\mathrm{T}}x + \boldsymbol{b}$的值大於 0，就說明小數點在直線上方；而$\boldsymbol{W}^{\mathrm{T}}x + \boldsymbol{b}$的值小於 0，則說明小數點在直線下方。那麼現在要做的就是確定一條直線，讓紅點都在直線的一側，而藍點都在直線的另一側。

在實際使用中，我們可能還想知道某個小數點輸入某個類型的機率，這時就可以使用 sigmoid 函數，sigmoid 函數會將輸入值壓縮在 0～1，從而獲得一個機率值。

到這裡，感知器的大致結構也就理清了，該感知器有一個隱藏層，其公式為$\boldsymbol{W}^{\mathrm{T}}x + \boldsymbol{b}$，隱藏層的啟動函數使用 sigmoid 函數，實現將數值機率化。接著就來編寫對應的程式，第一步當然是編寫 sigmoid 函數對應的操作節點，sigmoid 函數在 3.1 節中已經具體討論過，這裡不再細說，直接看對應的操作節點程式。

```
class sigmoid(Operation):
    '''
返回元素 x 的 sigmoid 結果
    '''
    def __init__(self, a):
        super().__init__([a])
    def compute(self, a_value):
        '''
計算 sigmoid 處理後的輸出
        '''
        return 1 / (1 + np.exp(-a_value))
```

編寫好 sigmoid 函數後，就可以使用了。先創建出對應的紅點和藍點，如圖 3.17 所示。

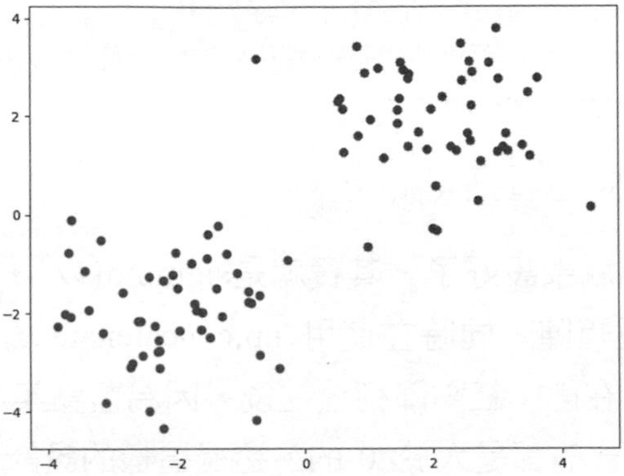

圖 3.17 紅點（左下）與藍點（右上）

```
import numpy as np
import matplotlib.pyplot as plt
#創建一些集中於(-2,-2)的紅點
# np.random.randn 返回服從標準正態分佈的隨機值
red_points = np.random.randn(50,2) - 2*np.ones((50,2))
#創建一些集中於(2，2)的藍點
blue_points = np.random.randn(50,2) + 2*np.ones((50,2))
#把紅點和藍點都在圖上畫出來
plt.scatter(red_points[:,0], red_points[:,1], color='red')
plt.scatter(blue_points[:,0], blue_points[:,1], color='blue')
plt.show()
```

建構感知器的架構，程式如下。

```
tp.Graph().as_default()

X = tp.placeholder()
#權重矩陣
W = tp.Variable([
    [1,-1],
    [1,-1]
])
#偏置
```

```
b = tp.Variable([0,0])
p = tp.sigmoid(tp.add(tp.matmul(X,W),b))

session = tp.Session()
output_probabilities = session.run(p, {
    # np.concatenate 實現多個陣列的拼接，藍點陣列在前，紅點陣列在後
    X:np.concatenate((blue_points, red_points))})

print(output_probabilities[:10])
```

至此感知器的架構就架設好了，其實就是sigmoid$\left(\boldsymbol{W}^{\mathrm{T}} * x + \boldsymbol{b}\right)$。在這裡，稍微設計一下權重矩陣，同時在使用 np.concatenate 方法拼接預留位置X時，將藍點陣列放在前，紅點陣列放在後，因為藍點集中於(2,2)，所以藍點陣列中對應的值一般都是大於 0 的。透過這樣的設計，可以讓藍點陣列與權重矩陣相乘時，返回的機率陣列的第一維數值大於第二維數值，假設某個藍點在(2,2)處，某個紅點在$(-2,-2)$處，感知器的計算為

$$(2 \quad 2) \times \begin{pmatrix} 1 & -1 \\ 1 & -1 \end{pmatrix} = (4 \quad -4)\text{，藍點}$$

$$(-2 \quad -2) \times \begin{pmatrix} 1 & -1 \\ 1 & -1 \end{pmatrix} = (-4 \quad 4)\text{，紅點}$$

將藍點的計算結果輸入給 sigmoid 函數，就會獲得[0.98201379, 0.01798621]，而紅點正好相反，為[0.01798621, 0.98201379]。當傳入一個新的點時，感知器就可以判斷，該點是藍點的機率大還是紅點的機率大了。在程式的最後輸出 X 中前 10 個點的機率，因為前 10 個點是藍點陣列，所以輸出的陣列中第一維要大於第二維，輸出結果如下。

```
[[0.96240019 0.03759981]
 [0.95753634 0.04246366]
 [0.86680661 0.13319339]
 [0.96734683 0.03265317]
 [0.98433242 0.01566758]
 [0.97470039 0.02529961]
 [0.99628759 0.00371241]
 [0.98136134 0.01863866]
 [0.86912105 0.13087895]
 [0.92207032 0.07792968]]
```

到目前為止，感知器依舊無法自己學習如何對小數點進行分類，上面只是實現了感知器的前向傳播演算法，之所以能透過計算紅點和藍點的機率來分類紅點和藍點，也是因為我們人為地設定了合適的權重矩陣，而非感知器自己學習得來的。要讓感知器自己能分類紅點和藍點，就必須讓感知器自已學習出合適的權重矩陣，因而需要使用到前面章節所介紹的損失函數、梯度下降演算法與反向傳播演算法。

3.3.4 實現對數損失

為了讓感知器自身學習出合適的權重矩陣，第一步就是定義出合適的損失函數，因此使用對數損失函數作為該感知器的損失函數。

在編寫對數損失函數相關的程式前，先編寫 softmax 函數。在前面透過感知器進行二分類時，我們使用 sigmoid 函數，但要透過感知器實現多分類時，sigmoid 函數就顯得力不從心了，這時就需要使用 softmax 函數。同樣編寫一個操作節點執行 softmax 函數的邏輯。

```
class softmax(Operation):
    def __init__(self, a):
        super().__init__([a])
    def compute(self, a_value):
        '''
計算 softmax 函數處理後的值
        a_value 是輸入值
        '''
        return np.exp(a_value) / np.sum(np.exp(a_value), axis=1)[:, None]
```

然後在感知器程式中，將 sigmoid 函數替換成 softmax 函數。

```
#p = tp.sigmoid(tp.add(tp.matmul(X,W),b))
p = tp.softmax(tp.add(tp.matmul(X,W),b))
```

接著就來實現對數損失函數的邏輯，首先回憶一下對數損失函數的公式。

$$L\big(Y,P(Y|X)\big) = -\log P(Y|X)$$

將這個矩陣類型的公式轉變成引數類型的公式。

$$J = L(Y, P(Y|X)) = -\sum_{i=1}^{N}\sum_{j=1}^{C} c_{ij} \cdot \log P_{ij}$$

從對數損失函數的公式中可以看出，它涉及負運算以及兩層累加操作，其中單次累加都是針對某一維，接著還涉及矩陣點積操作與 log 運行操作。要實現對數損失函數，就必須先實現這些操作，下面一個一個來實現它們。

先實現負運算。

```
class negative(Operation):
    '''
一個一個元素計算負數
    '''
    def __init__(self, x):
        super().__init__([x])
    def compute(self, x_value):
        return -x_value
```

接著實現矩陣沿某一維進行累加的操作。

```
class reduce_sum(Operation):
    '''
計算矩陣中元素沿某維度的總和
    '''
    def __init__(self, A, axis=None):
        '''
        A:矩陣
        axis：某維度
        '''
        super().__init__([A])
self.axis = axis

    def compute(self, A_value):
        return np.sum(A_value, self.axis)
```

然後是矩陣點積運算。

```
class multiply(Operation):
    def __init__(self, x, y):
        '''
矩陣點積
        x:第一個乘數的輸入節點
        y:第二個乘數的輸入節點
        '''
        super().__init__([x, y])
    def compute(self, x_value, y_value):
        '''
乘法
        '''
        return x_value * y_value
```

最後是 log 運算。

```
class log(Operation):
    '''
log 運算
    '''
    def __init__(self, x):
        super().__init__([x])
    def compute(self, x_value):
        return np.log(x_value)
```

因為使用 numpy 函數庫，所以上面操作實現起來都比較簡單。

接著就按照對數損失函數的形式透過上面編寫好的操作來建構它。

```
#對數損失
J = tp.negative(tp.reduce_sum(tp.reduce_sum(tp.multiply(c, tp.log(p)),
              axis=1)))
這樣就建構好損失函數的計算圖了。
```

3.3.5 實現梯度下降演算法與反向傳播演算法

確定並建構好對應的損失函數後，需要透過梯度下降演算法來最佳化該損失函數，讓損失函數的損失儘量小，因為單層感知器的結構比較簡單（即方差小），模型穩定性相對較好，所以不容易發生過擬合。

回憶一下前面關於梯度下降演算法與反向傳播演算法的內容，首先要明確，我們使用梯度下降演算法來最佳化模型，而反向傳播演算法只是用於計算模型不同節點上的梯度。先來實現梯度下降演算法。假設我們實現一個樸素的梯度下降演算法，即用恒定學習率乘以該節點梯度來更新該節點的參數，具體程式如下。

```
class GradientDescentOptimizer(object):
    def __init__(self, learning_rate):
        self.learning_rate = learning_rate #學習速率
    def minimize(self, loss):
        learning_rate = self.learning_rate
        #Operation 操作子類別
        class MinimizationOperation(Operation):
            def compute(self):
                # compute_gradients 計算梯度， grad_table 是dict，key-->
                node，value-->grad 梯度
                grad_table = compute_gradients(loss)
                # 遍歷所有節點
                for node in grad_table:
                    if isinstance(node, Variable):
                        # 找到節點對應的梯度
                        grad = grad_table[node]
                        # 沿著負梯度的方向進一步疊代，模型參數減去學習速率乘
                          以梯度，因為是負方向，所以是減法
                        node.value -= learning_rate * grad
        #返回最小化損失操作類別實例
        return MinimizationOperation()
```

先看整體結構，定義了一個專門的類別用來實現梯度下降演算法，其核心是 minimize()方法，在 minimize()方法中依舊定義了一個 Operation 操作，該操作就是用來更新模型中節點參數的，這樣梯度下降也成為計算圖中的節點。在 MinimizationOperation 類別中，其邏輯就是透過 compute_gradients()方法獲得模型中所有參數節點對應的梯度，然後遍歷這些節點，進行權重更新。每一輪訓練都會呼叫 MinimizationOperation 操作類別更新模型中的參數，以達到降低損失函數損失的目的。

接著就來編寫反向傳播演算法的相關程式，在編寫前，先明確幾點，反向傳播演算法實質上是使用導數的連鎖律，強調從後往前計算，這樣做可以利用後面層計算好的梯度來簡化當前層梯度的計算。假設有如圖 3.18 所示的計算圖。

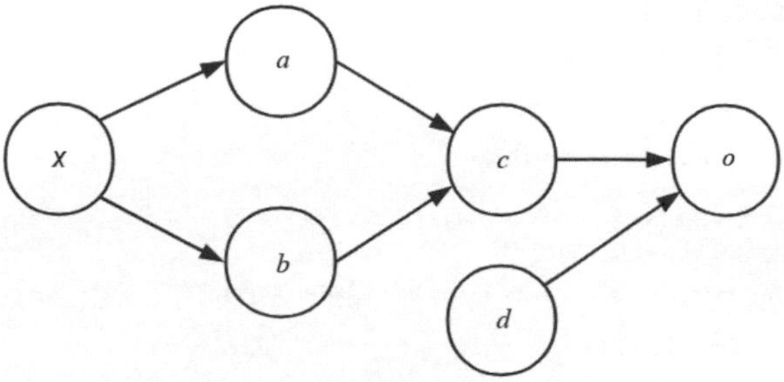

圖 3.18 計算圖（三）

計算輸出節點o對輸入x的偏導。

$$\frac{\partial o}{\partial x}=\frac{\partial o}{\partial c}\cdot\frac{\partial c}{\partial x}=\frac{\partial o}{\partial c}\left(\frac{\partial c}{\partial a}\cdot\frac{\partial a}{\partial x}+\frac{\partial c}{\partial b}\cdot\frac{\partial b}{\partial x}\right)=\frac{\partial o}{\partial c}\cdot\frac{\partial c}{\partial a}\cdot\frac{\partial a}{\partial x}+\frac{\partial o}{\partial c}\cdot\frac{\partial c}{\partial b}\cdot\frac{\partial b}{\partial x}$$

編寫反向傳播演算法也是這樣，使用廣度優先搜索演算法從代表損失的節點（如上面的節點o）開始搜索，每搜索到一個節點，就計算該節點與代表損失節點之間的梯度。計算梯度的具體操作分為兩步。

（1）計算出代表損失節點關於當前搜索節點的消費節點的梯度。

（2）用該梯度乘以這個消費節點關於當前搜索節點的梯度。

以圖 3.18 所示的計算圖為例，代表損失節點為o，可以簡單了解為輸出層的節點，當前搜索到的節點是c，那麼d的消費節點就是節點a與節點b，上面計算步驟對應的計算公式為

$$\frac{\partial o}{\partial a},\frac{\partial o}{\partial b}$$（代表損失節點關於當前節點消費節點的梯度）

$$\frac{\partial o}{\partial a}\cdot\frac{\partial a}{\partial c},\frac{\partial o}{\partial b}\cdot\frac{\partial b}{\partial c}$$（再乘以消費節點關於當前搜索節點的梯度）

最後將這些梯度相加。

上面說得可能比較抽象，下面透過程式來直觀感受一下。首先我們要編寫對於計算圖中每個操作節點對應的梯度計算方法，透過類別裝飾的方法來實現這個需求，定義一個類別，並實現其__call__方法。

```
# operation 到對應梯度計算函數的映射
_gradient_registry = {}
class RegisterGradient(object):
    '''
裝飾器，給 operation 註冊梯度計算函數
    '''
    def __init__(self, op_type):
        self._op_type = eval(op_type) #操作節點實例的記憶體位址
    def __call__(self, f):
        _gradient_registry[self._op_type] = f
        return f
```

該裝飾器的作用是將梯度計算的方法與對應的操作節點實例相綁定，存到_gradient_registry 字典中。使用裝飾器的方式如下。

```
@RegisterGradient('negative')
def _negative_gradient(op, grad):
    '''
計算 negative 的地圖
    op：單獨處理的 negative Operation
    grad：這個 negative Operation 的梯度
    '''
    return -grad
```

_negative_gradient 方法會與 negative 類別綁定，如果計算圖中存在 negative 類別實例對應的操作節點，那麼反向傳播計算 negative 操作時，就會呼叫_negative_gradient 方法。每個操作節點都會有對應的計算梯度方法，這些方法都透過 RegisterGradient 類別裝飾器與對應的類別實例綁定，因為篇幅有限，這裡就不展示所有用於計算梯度方法對應的程式了。下面直接來看反向傳播演算法的程式。

```
def compute_gradients(loss):
     # grad_table[node]取出損失關於節點輸出的梯度
     grad_table = {}
```

```
# 初始損失值
grad_table[loss] = 1
# 從損失節點開始，反向進行廣度優先搜索
visited = set()
queue = Queue()
visited.add(loss)
queue.put(loss)
while not queue.empty():
    node = queue.get()
    # 如果節點不是損失節點
    if node != loss:
        # 計算損失關於節點輸出的梯度
        grad_table[node] = 0
        # 遍歷所有消費節點，廣度優先，將這一層的消費者的梯度都計算完
        for consumer in node.consumers:
                # 取出損失關於消費節點的輸出的梯度
                lossgrad_wrt_consumer_output = grad_table[consumer]
                # 取出根據關於消費者節點的輸出的梯度，計算關於消費者節點的輸入的
                  梯度的函數
                consumer_op_type = consumer.__class__
                # bprop 為對應操作節點的具體類別實例
                bprop = _gradient_registry[consumer_op_type]
                # 得到損失關於消費節點所有的輸入的梯度
                lossgrads_wrt_consumer_inputs = bprop(consumer,
                lossgrad_wrt_consumer_output)
                if len(consumer.input_nodes) == 1:
                    # 如果消費節點只有一個輸入節點，
                    lossgrads_wrt_consumer_inputs 就是純量
                    grad_table[node] += lossgrads_wrt_consumer_inputs
                else:
                    # 不然 lossgrads_wrt_consumer_inputs 是對各個輸入節點的
                      梯度的陣列
                    # 取得該節點在消費節點的輸入節點中的序列
                    node_index_in_consumer_inputs =
                    consumer.input_ nodes.index(node)
                    lossgrad_wrt_node = lossgrads_wrt_consumer_inputs
                    [node_index_in_consumer_inputs]
                    grad_table[node] += lossgrad_wrt_node
    # 把每個輸入節點加入佇列
```

```
            # 判斷該節點有無 input_nodes 屬性，即有無輸入
            if hasattr(node, 'input_nodes'):
                for input_node in node.input_nodes:
                    if not input_node in visited:
                        visited.add(input_node)
                        queue.put(input_node)
        # 返回所有關於已存取過節點的梯度
        return grad_table
```

程式看上去有點複雜，但核心邏輯很簡單，從代表損失節點開始遍歷，一開始就去獲取代表損失節點的輸入節點並加入對應的佇列和 set 中，接著一個一個遍歷這些輸入節點的消費者，並透過操作節點對應的梯度計算方法計算該節點的梯度，不斷重複這個流程，直到節點佇列為空，此時計算圖就遍歷完成，計算圖中所有節點的梯度也計算完成。

具體的細節邏輯都標注在程式的註釋中，你也可以使用 PyCharm 的 debug 功能去運行這份程式，在不了解的地方打下中斷點，一步一步去執行，看記憶體堆疊中輸出的資料，理清其流程。複習一下，整個邏輯就是廣度搜索計算圖中的節點，並對節點進行對應的梯度運算。

到這裡，損失函數、梯度下降演算法與反向傳播演算法都編寫完成，那麼就透過這些功能來完善此前只具有前向傳播功能的單層感知器。新的單層感知器不再透過人工的方式去設定權重矩陣，而是隨機生成權重矩陣的參數，然後去訓練感知器，讓它去學習資料中的規律，從而實現分類紅點和藍點的目標，透過梯度下降演算法更新出一個可以極佳地完成任務的權重矩陣。

```
# 隨機初始化權重
W = tp.Variable(np.random.randn(2, 2))
b = tp.Variable(np.random.randn(2))
# 架設感知器
p = tp.softmax(tp.add(tp.matmul(X, W), b))
# 建構對數損失函數
J = tp.negative(tp.reduce_sum(tp.reduce_sum(tp.multiply(c, tp.log(p)), axis=1)))
# 最小化 operation 損失
minimization_op = tp.GradientDescentOptimizer(learning_rate=0.01).minimize(J)
```

```
feed_dict = {
    X: np.concatenate((blue_points, red_points)),
    c: [[1, 0]] * len(blue_points) + [[0, 1]] * len(red_points)
# 創建階段
session = tp.Session()
for step in range(100):
     J_value = session.run(J, feed_dict)
     if step % 10 == 0:
           print('Step:[%s], Loss:[%s]' % (step, J_value))
session.run(minimization_op, feed_dict)
W_value = session.run(W)
print('Weight matrix:\n', W_value)
b_value = session.run(b)
print('Bias:\n', b_value)
#繪製紅點和藍點
plt.scatter(red_points[:, 0], red_points[:, 1], color='red')
plt.scatter(blue_points[:, 0], blue_points[:, 1], color='blue')
#繪製直線
x_axis = np.linspace(-4, 4, 100)
y_axis = -W_value[0][0] / W_value[1][0] * x_axis - b_value[0] / W_value[1][0]
plt.plot(x_axis, y_axis)
plt.show()
```

感知器的程式很直觀，一開始先建構出計算圖，並創建對應的 placeholder 節點，接著隨機初始化權重矩陣與偏置向量，並使用 softmax()方法架設可以進行多分類的單層感知器，然後建構對數損失函數，並透過 GradientDescentOptimizer()類別的 minimize()方法最小化該損失函數，學習率設定為 0.01。最後透過 Session 物件的 run()方法進行訓練。為了直觀，將透過訓練獲得的權重矩陣與偏置向量繪製成一條分割線，如圖 3.19 所示。

訓練後，權重矩陣與偏置向量的輸出如下。

```
ight matrix:
 [[ 1.41939532 -1.30328116]
 [ 1.02482689 -1.22720116]]
Bias:
 [-0.71894304  0.19127161]
```

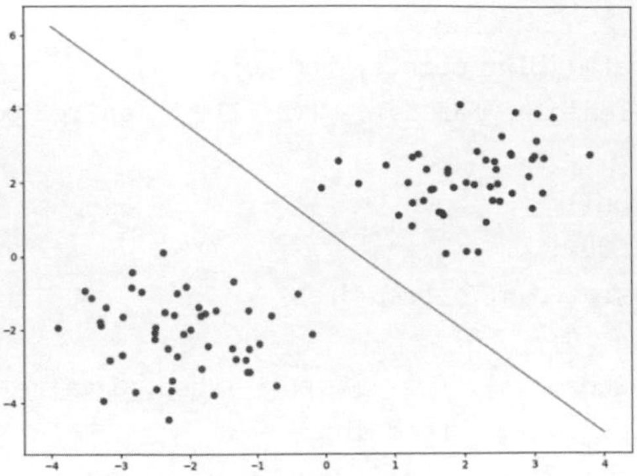

圖 3.19 線性分割

3.3.6 實現多層感知器

單層感知器實現完成，重要的不是實現了單層感知器，而是透過自己建構的深度學習框架 TensorPy 完成單層感知器，在實現 TensorPy 框架的過程中，可以說我們比較深入地了解了神經網路中的基礎結構與演算法。接著使用 TensorPy 實現一個多層感知器，解決單層感知器無法解決的線性不可分問題。

首先創建出分佈在 4 個角落的紅點和藍點，如圖 3.20 所示。透過 numpy 與 matplotlib 來簡單實現這個效果。

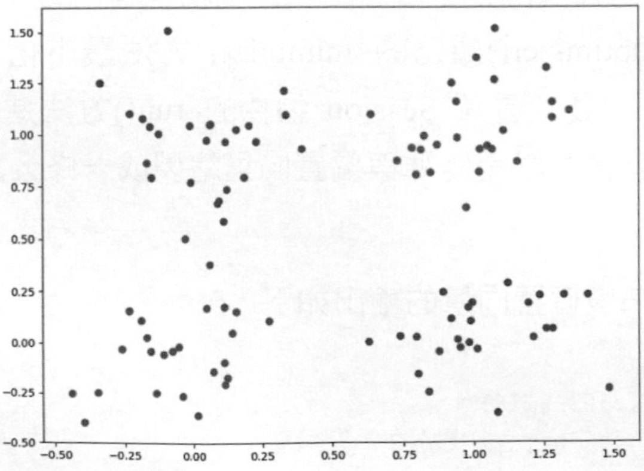

圖 3.20 線性不可分散點圖

```
# 在(0,0)和(1,1)處分別創建兩簇紅點
red_points = np.concatenate((
    0.2*np.random.randn(25,2) + np.array([[0,0]]*25),
     0.2*np.random.randn(25,2) + np.array([[1,1]]*25)
))
# 在(0,1)和(1,0)處分別創建兩簇藍點
blue_points = np.concatenate((
     0.2*np.random.randn(25,2) + np.array([[0,1]]*25),
     0.2*np.random.randn(25,2) + np.array([[1,0]]*25)
))
# 在圖上標出紅藍點，4 個角都有，無法透過簡單的二分類實現分割
plt.scatter(red_points[:,0], red_points[:,1], color='red')
plt.scatter(blue_points[:,0], blue_points[:,1], color='blue')
plt.show()
```

接著編寫多層感知器，很簡單，它比單層感知器的程式多了幾行程式碼，用來創建一個隱藏層。

```
tp.Graph().as_default()
X = tp.placeholder()
c = tp.placeholder()
# 創建隱藏層
W_hidden = tp.Variable(np.random.randn(2, 2))
b_hidden = tp.Variable(np.random.randn(2))
p_hidden = tp.sigmoid(tp.add(tp.matmul(X, W_hidden), b_hidden))
# 創建輸出層
W_output = tp.Variable(np.random.randn(2, 2))
b_output = tp.Variable(np.random.randn(2))
p_output = tp.softmax(tp.add(tp.matmul(p_hidden, W_output), b_output))
# 對數損失
J = tp.negative(tp.reduce_sum(tp.reduce_sum(tp.multiply(c, tp.log(p_output)),
               axis=1)))
# 最小化損失 operation
minimization_op = tp.GradientDescentOptimizer(learning_rate=0.03).minimize(J)
feed_dict = {
    X: np.concatenate((blue_points, red_points)),
    c:
        [[1, 0]] * len(blue_points)
        + [[0, 1]] * len(red_points)
}
```

```
# 創建 Session
session = tp.Session()
for step in range(1000):
    J_value = session.run(J, feed_dict)
    if step % 100 == 0:
        print('Step:[%s], Loss:[%s]' % (step, J_value))
session.run(minimization_op, feed_dict)
```

整個邏輯與單層隱藏層一樣，就是使用 TensorPy 框架多創建了一個隱藏層，該隱藏層的權重矩陣與偏置向量依舊使用 numpy 來隨機初始化服從標準正態分佈的參數，並使用 sigmoid 函數作為隱藏層的啟動函數。

接著就將訓練出的多層感知器模型分類的結果視覺化。

```
xs = np.linspace(-2, 2)
ys = np.linspace(-2, 2)
pred_classes = []
for x in xs:
    for y in ys:
        pred_class = session.run(p_output,
                                 feed_dict={X: [[x, y]]})[0]
        # argmax 返回最大值的索引
        pred_classes.append((x, y, pred_class.argmax()))
xs_p, ys_p = [], []
xs_n, ys_n = [], []
for x, y, c in pred_classes:
    if c == 0:
        xs_n.append(x)
        ys_n.append(y)
    else:
        xs_p.append(x)
        ys_p.append(y)
plt.plot(xs_p, ys_p, 'ro', xs_n, ys_n, 'bo')
plt.show()
```

視覺化的邏輯與單層感知器有些不同，因為線性不可分問題不能透過單筆直線劃分來顯示，所以使用色塊的方式來表示多層感知器的劃分情況。首先將透過 np.linspace 方法生成的 x、y 座標傳入多層感知器，並獲得多層感知器輸出層的輸出（即 p_output），然後將輸出結果的最大值對應的索引與座標軸綁定，接著再透過這個索引來判斷要給該區域繪製紅色還是藍色，視覺化效果如圖 3.21 所示。

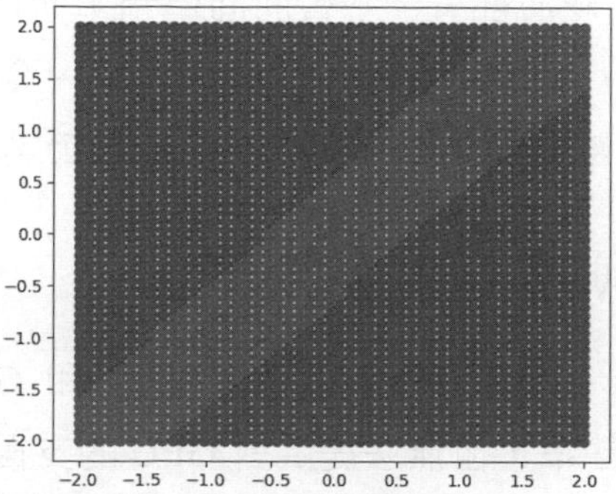

圖 3.21 分割區域

訓練時損失變化情況如下。

```
Step:[0], Loss:[137.504003134122]
Step:[100], Loss:[22.456315422327908]
Step:[200], Loss:[20.114600078248113]
Step:[300], Loss:[19.660302960574462]
Step:[400], Loss:[19.436186987212313]
Step:[500], Loss:[19.295458899905455]
Step:[600], Loss:[19.19654943402621]
Step:[700], Loss:[19.122262375818206]
Step:[800], Loss:[19.06394494116722]
Step:[900], Loss:[19.01668308069847]
```

對數損失函數對應的損失確實在減小，說明梯度下降演算法與反向傳播演算法在發揮作用。至此 TensorPy 框架編寫完成。

3.4 TensorFlow 簡介

TensorFlow 是 Google 推出的一款神經網路框架，它支援多種程式語言以及多種平台，還支援使用 GPU 加速模型訓練，並且為模型訓練做了很多最佳化。目前 TensorFlow 可以說是最受歡迎的深度學習框架，它背後有 Google 的鼎力支持，本書中各種網路結構的建構與訓練也都透過 TensorFlow 來完成。

本節介紹 TensorFlow 核心部分，不會面面俱到，而且 TensorFlow 目前依舊是高速發展的框架，所以有些 API 的呼叫可能會發生變更，但這並不影響對 TensorFlow 核心部分的了解，而更具體的細節請參考它的官方文件。

3.4.1 TensorFlow 安裝與介紹

首先安裝 TensorFlow，TensorFlow 分為 CPU 版和 GPU 版，CPU 版本的 TensorFlow 安裝比較簡單，但無法提供對 GPU 的支援。

CPU 版的安裝步驟如下。

(1) 打開命令列，進入 Anaconda 虛擬環境。

(2) pip 命令安裝。

```
pip install --ignore-installed --upgrade tensorflow
```

GPU 版本的安裝過程稍微繁雜一些，目前 TensorFlow 僅對 CUDA 有比較好的支持，所以要讓 TensorFlow 使用 GPU，你需要準備一片 NVIDIA 的顯示卡。GPU 版 TensorFlow 安裝步驟如下。

(1) 到 NVIDIA 官方網站下載 CUDA，CUDA 是 NAIDIA 推出的使用 GPU 資源進行通用計算的 SDK。

(2) 安裝 CUDA 與對應的顯示卡驅動，顯示卡驅動一般會在下載的 CUDA 包中。

(3) 安裝 cuDNN，cuDNN 是 NVIDIA 提供的最佳化套件，對 CNN 和 RNN 進行了高度最佳化，提高了其訓練速度，需要註冊 NVIDIA 帳號申請使用並等待審核。

(4) pip 命令安裝 GPU 版本的 TensorFlow。

```
pip install --ignore-installed --upgrade tensorflow-gpu
```

安裝完後，簡單地測試一下 TensorFlow 能否正常使用，進入 IPython 互動環境。

```
In [1]: import tensorflow as tf

In [2]: node1 = tf.constant(1)

In [3]: node2 = tf.constant(2)

In [4]: sess = tf.Session()
2018-08-31 21:11:48.842074: I tensorflow/core/platform/
cpu_feature_guard.cc:141] Your CPU supports instructions that this
TensorFlow binary was not compiled to use: AVX2 FMA

In [5]: print(sess.run([node1, node2]))
[1, 2]
```

3.4.2 TensorFlow 基本概念

TensorFlow 使用計算圖來描述神經網路的具體操作與結構，神經網路中的各種運算操作與參數變數在計算圖中都是一個節點，節點與節點之間透過有向邊連接。使用者透過高階語言（如 Python）來建構一個合理的計算圖，此時計算圖還是一個空殼，需要在其中灌輸資料，資料在計算圖的邊上流動，這些流動（flow）的資料稱為張量（tensor），這也是 TensorFlow 框架命名的由來。回憶一下我們編寫的 TensorPy 框架，其中的計算圖與 TensorFlow 中的計算圖類似。

在 TensorFlow 中還有一種邊用於依賴控制，在這種邊上是沒有資料流動的，其主要作用是讓這條邊的起始節點執行完後再去執行目標節點，框架使用者可以透過這種邊進行對應的條件控制，例如限制 TensorFlow 可以使用的最大記憶體。

計算圖中的節點起始就是操作 Operation、變數 Variable 與預留位置 placeholder，相信大家已經了解其中的含義。值得一提的是，Variable 變數一般用於儲存神經網路模型中的參數，TensorFlow 允許該類型的張量將一些需要保留的資料儲存到記憶體或顯示卡中，通常每一次執行神經網路對應的計算圖後都會將 Variable 中的資料保存起來。同時，在網路訓練過程中，這些 Variable 資料也可以被更新。

TensorFlow 中還有運算核心（kernel）的概念，所謂 kernel 就是某個運算操作在某個具體硬體（CPU 或 GPU）中的實現，這樣就分離了計算圖的建構與模型訓練時具體的執行。TensorFlow 使用計算圖的原因也是如此，確保便利性的同時確保執行效率。

計算圖是靜態的，要想讓 TensorFlow 運行計算圖，就需要使用 Session 物件，Session 物件可以了解成永恆使用 TensorFlow 做模型訓練時的 API 介面。使用者可以透過 Session 物件的 run()方法執行計算圖，只需提出要計算的節點，同時提供運算該節點時需要的資料，TensorFlow 就會去尋找所有需要計算的依賴節點，並在底層高效率地循序執行它們。

Session 物件實際上是 TensorFlow 的 client，client 透過 Session 物件與 master 以及多個 worker 相連接，而 worker 可以與多個硬體裝置相連接，這也是 TensorFlow 執行分散式訓練模型的原因。client 會將必要的資料透過 session 物件傳遞給 master，master 會控制所有的 worker 按流程去執行計算圖。對於單機模式的 TensorFlow 而言，所謂的 client、master、worker 都在單台電腦的同一處理程序中，而對於分散式的 TensorFlow 而言，client、master、worker 會分佈在不同裝置的不同處理程序中，並透過一個叢集排程系統管理各項任務。

TensorFlow 還對模型的訓練運算做了很多最佳化，例如自動辨識計算圖中重複的計算，在運行前預設修改計算圖，這種操作對使用者來說是透明的，修改後的計算圖功能不會變，但重複計算只會執行一次。例如 TensorFlow 會根據當前裝置記憶體、顯示卡的使用情況適當調整執行順序，以錯開某些巨量資料同時存在記憶體中，對於顯存比較小的 GPU，這種最佳化非常有必要。

3.4.3 TensorFlow 實現多層感知器

現在我們透過 TensorFlow 來實現多層感知器，其結構與此前透過 TensorPy 框架實現的多層感知器一樣，兩者程式也非常相似。

```
# 在(0,0)和(1,1)處分別創建兩簇紅點
red_points = np.concatenate((
    0.2*np.random.randn(25,2) + np.array([[0,0]]*25),
     0.2*np.random.randn(25,2) + np.array([[1,1]]*25)
))
# 在(0,1)和(1,0)處分別創建兩簇藍點
blue_points = np.concatenate((
    0.2*np.random.randn(25,2) + np.array([[0,1]]*25),
     0.2*np.random.randn(25,2) + np.array([[1,0]]*25)
))

# 輸入
X = tf.placeholder(dtype=tf.float64)
# 為訓練分類創建 placeholder
c = tf.placeholder(dtype=tf.float64)

# 隱藏層
W_hidden = tf.Variable(np.random.randn(2, 2))
b_hidden = tf.Variable(np.random.randn(2))
p_hidden = tf.sigmoid(tf.add(tf.matmul(X, W_hidden), b_hidden))

# 輸出層
W_output = tf.Variable(np.random.randn(2, 2))
b_output = tf.Variable(np.random.randn(2))
p_output = tf.nn.softmax(tf.add(tf.matmul(p_hidden, W_output), b_output))

# 對數損失函數
J = tf.negative(tf.reduce_sum(tf.reduce_sum(tf.multiply(c,
                tf.log(p_output)), axis=1)))

# 建構最小化最佳化器，GradientDescent
minimization_op = tf.train.GradientDescentOptimizer (learning_rate=
                  0.01).minimize(J)
```

```
# 建構 placeholder 輸入
feed_dict = {
    X: np.concatenate((blue_points, red_points)),
    c: [[1, 0]] * len(blue_points) + [[0, 1]] * len(red_points)
}

# 創建 session
session = tf.Session()

# 初始化 variable
session.run(tf.global_variables_initializer())

for step in range(1000):
    J_value = session.run(J, feed_dict)
    if step % 100 == 0:
        print('step:[%s], Loss:[%s]' % (step, J_value))
session.run(minimization_op, feed_dict)
```

程式結構函數的作用與使用 TensorPy 框架實現的多層感知器一樣，不再分析。這裡你可以仔細比較一下兩者的差異，其實前面我們編寫的 TensorPy 框架完全模仿了 TensorFlow，在編寫 TensorPy 的同時，你也就了解了 TensorFlow。

我們將透過 TensorFlow 實現的多層感知器的訓練結果，利用與 TensorPy 感知器一樣的視覺化程式展示出來，可以發現結果相同。如圖 3.22 所示。

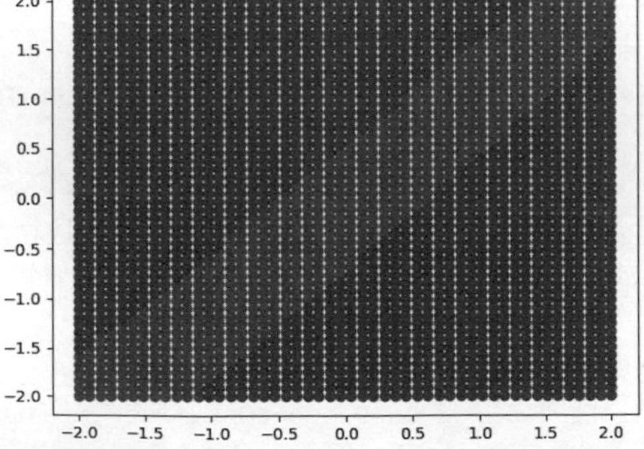

圖 3.22 分割區域

在後面的神經網路編寫中，不再使用 TensorPy，因為它缺失很多最佳化以及邊界條件的考慮，例如它沒有處理上溢與下溢。具體而言，所謂上溢，就是當很多特別大的值進行運算時，可能會因為該數超出了該變數類型的儲存空間而變成無限大。而下溢就是很多接近零的參數被四捨五入為 0，對模型而言，接近零的值與 0 還是有很大差異的。上溢與下溢會讓模型訓練變得不穩定，而 TensorFlow 對每個函數操作都做了這方面的考慮，避免了這種情況的發生。

3.4.4 TensorBoard 視覺化

在建構神經網路計算圖進行模型訓練時，我們可以視覺化自己建構的計算圖和整個訓練過程嗎？TensorBoard 可以幫你輕鬆實現這個需求。

TensorBoard 是 TensorFlow 官方推出的用於模型訓練視覺化的工具，它可以將神經網路模型中各種參數資料都透過視覺化的形式展現出來，讓你可以更加直觀地了解自己建構的神經網路以及它的訓練過程。TensorBoard 可以將純量、圖片、音訊、計算圖等資料記錄下來，並透過圖表顯示出來。

一般在使用 TensorFlow 建構比較複雜的神經網路並進行訓練時，都會使用 TensorBoard 視覺化該神經網路的結構，並在訓練過程中觀察諸如損失函數損失、模型準確率等關鍵資料的變化，從而方便我們偵錯、最佳化這個複雜的神經網路模型。

使用 TensorBoard 其實很簡單，TensorFlow 已經為我們封裝好了對應的方法。不同的資料類型使用不同的方法儲存到記錄檔中，然後透過 TensorBoard 去讀取這些記錄檔，TensorBoard 獲得記錄檔中對應的資料後，就會透過 Web 頁面視覺化地將其顯示出來，方便我們透過瀏覽器直接觀察神經網路的計算圖結構，以及訓練過程中資料的變化。

下面我們使用 TensorFlow 修改多層感知器的程式，將多層感知器中的權重、偏置、損失等參數都透過對應的方法記錄到記錄檔中，然後透過 TensorBoard 視覺化顯示出來。

為了在 TensorBoard 中直觀地顯示出計算圖中的節點，一般會使用 with tf.name_scope()方法來定義命名空間。同樣，為了方便 TensorBoard 顯示，對於 placeholder 節點，也會使用 name 參數來命名。修改完的多層感知器程式如下。

```
import tensorflow as tf
import numpy as np
import matplotlib.pyplot as plt
'''
TensorFlow 實現多層感知器，與 TensorPy 簡單比較
'''
# 在(0,0)和(1,1)處分別創建兩簇紅點
red_points = np.concatenate((
    0.2*np.random.randn(25,2) + np.array([[0,0]]*25),
     0.2*np.random.randn(25,2) + np.array([[1,1]]*25)
))
# 在(0,1)和(1,0)處分別創建兩簇藍點
blue_points = np.concatenate((
    0.2*np.random.randn(25,2) + np.array([[0,1]]*25),
     0.2*np.random.randn(25,2) + np.array([[1,0]]*25)
))
# 計算變數平均值、標準差等並記錄下來
def variable_summaries(var):
    with tf.name_scope('summaries'):
        mean = tf.reduce_mean(var)
        tf.summary.scalar('mean', mean)#平均值
        with tf.name_scope('stddev'):
            stddev = tf.sqrt(tf.reduce_mean(tf.square(var - mean)))
        tf.summary.scalar('stddev', stddev)#標準差
        tf.summary.scalar('max',tf.reduce_max(var))#最大值
        tf.summary.scalar('min', tf.reduce_min(var))#最小值
        tf.summary.histogram('historgram', var) #長條圖
# 輸入
X = tf.placeholder(dtype=tf.float64 ,name='X-input')
# 為訓練分類創建 placeholder
c = tf.placeholder(dtype=tf.float64,name='c-input')
# 隱藏層
with tf.name_scope('hidden_layer'):
```

```
    with tf.name_scope('weights'):
        W_hidden = tf.Variable(np.random.randn(2, 2))
        variable_summaries(W_hidden)
    with tf.name_scope('biases'):
        b_hidden = tf.Variable(np.random.randn(2))
        variable_summaries(b_hidden)
    with tf.name_scope('wx_plus_b'):
        p_hidden = tf.sigmoid(tf.add(tf.matmul(X, W_hidden), b_hidden))
        #長條圖
tf.summary.histogram('p_output', p_hidden)
# 輸出層
with tf.name_scope('output_layer1'):
    with tf.name_scope('weights'):
        W_output = tf.Variable(np.random.randn(2, 2))
        variable_summaries(W_output)
    with tf.name_scope('biases'):
        b_output = tf.Variable(np.random.randn(2))
        variable_summaries(b_output)
    with tf.name_scope('wx_plus_b'):
        p_output = tf.nn.softmax(tf.add(tf.matmul(p_hidden, W_output),
                   b_output))
        tf.summary.histogram('p_output', p_output)
with tf.name_scope('log_entropy'):
    # 對數損失函數
    J = tf.negative(tf.reduce_sum(tf.reduce_sum(tf.multiply(c,
                  tf.log (p_output)), axis=1)))
#記錄純量
tf.summary.scalar('log_entropy', J)
with tf.name_scope('train'):
    # 建構最小化最佳化器，GradientDescent
    minimization_op = tf.train.GradientDescentOptimizer(learning_rate=
                    0.01). minimize(J)
# 建構placeholder 輸入
feed_dict = {
    X: np.concatenate((blue_points, red_points)),
    c: [[1, 0]] * len(blue_points) + [[0, 1]] * len(red_points)
}

# 創建 session
```

```
session = tf.Session()
log_dir = r'/Users/ayuliao/Desktop/workplace/NeuralNetworks/logs2'
#記錄整個計算圖
train_writer = tf.summary.FileWriter(log_dir+'/train', session.graph)
test_writer = tf.summary.FileWriter(log_dir + '/test')
# 將之前定義的所有 summary 整合到一起
merged = tf.summary.merge_all()
# 初始化 variable
session.run(tf.global_variables_initializer())
saver = tf.train.Saver()
for step in range(1000):
    J_value = session.run(J, feed_dict)
    if step % 100 == 0:
        # 定義 TensorFlow 運行選項
        run_options = tf.RunOptions(trace_level=tf.RunOptions.FULL_TRACE)
        #獲得當前輪訓練資料詮譯資訊
        run_metadata = tf.RunMetadata()
        train_writer.add_run_metadata(run_metadata, 'step %03d' % step)
        summary,J_value = session.run([merged, J], feed_dict,
        options=run_options, run_metadata=run_metadata)
        train_writer.add_summary(summary, step)
saver.save(session, log_dir + '/model.ckpt', step)
        print('step:[%s], Loss:[%s]' % (step, J_value))
session.run(minimization_op, feed_dict)
train_writer.close()
test_writer.close()
```

仔細瀏覽多層感知器的程式，對於 placeholder 預留位置使用了 name 參數，對於操作節點和變數節點，透過 with tf.name_scope 的方式限定命名空間。接著透過對應的方法將模型中的參數都記錄下來，常用的方法有以下幾種。

- ❑ tf.summary.scalar()：記錄純量。
- ❑ tf.summary.image()：記錄圖像資料。
- ❑ tf.summary.histogram()：記錄資料的長條圖。
- ❑ tf.summary.distribution()：記錄資料的分佈圖。

- ❑ tf.summary.FileWriter()：將前面記錄的資料寫入硬碟持久化保存，TensorBoard 會從這些檔案中讀取對應的資料來顯示。因為 FileWriter() 方法是非同步執行的，所以你可以在訓練模型的過程中使用，它不會減慢訓練模型的速度。

一般的流程是，定義一個張量，並將其限定到某個命名空間中，再用對應的方法將其記錄下來，例如上面記錄對數損失函數的做法如下。

```
with tf.name_scope('log_entropy'):
    # 對數損失函數
    J = tf.negative(tf.reduce_sum(tf.reduce_sum(tf.multiply(c,
                    tf.log(p_output)), axis=1)))
#記錄純量
tf.summary.scalar('log_entropy', J)
```

記錄完資料後，一般會透過 tf.summary.merge_all()方法將所有 tf.summary 都收集起來，再透過 tf.summary.FileWriter()方法實例出一個檔案寫入者。在實例化時，通常會將神經網路的整個計算圖 session.graph 傳入，就是讓 FileWriter()將該網路的計算圖寫入記錄檔中。最後，呼叫檔案寫入者的 add_summary()方法，將整理結果 summary 寫入記錄檔。在上面程式中，每 100 輪記錄一次整理結果 summary 和迴圈部署 step。

執行上面的程式，等待多層感知器訓練結束，就可以執行 TensorBoard 程式來查看記錄的資料，具體命令如下。

```
tensorboard --logdir=./logs
```

--logdir 用於指定 TensorFlow 記錄檔所在的目錄，TensorBoard 會自動讀取該目錄中的記錄檔。下面來看看多層感知器的視覺化效果，打開瀏覽器存取 127.0.0.1:6006，可以看到 SCALARS 純量標籤下的視覺化內容，該標籤會展示所有透過 tf.summary.scalar()記錄的資料，如圖 3.23 所示。

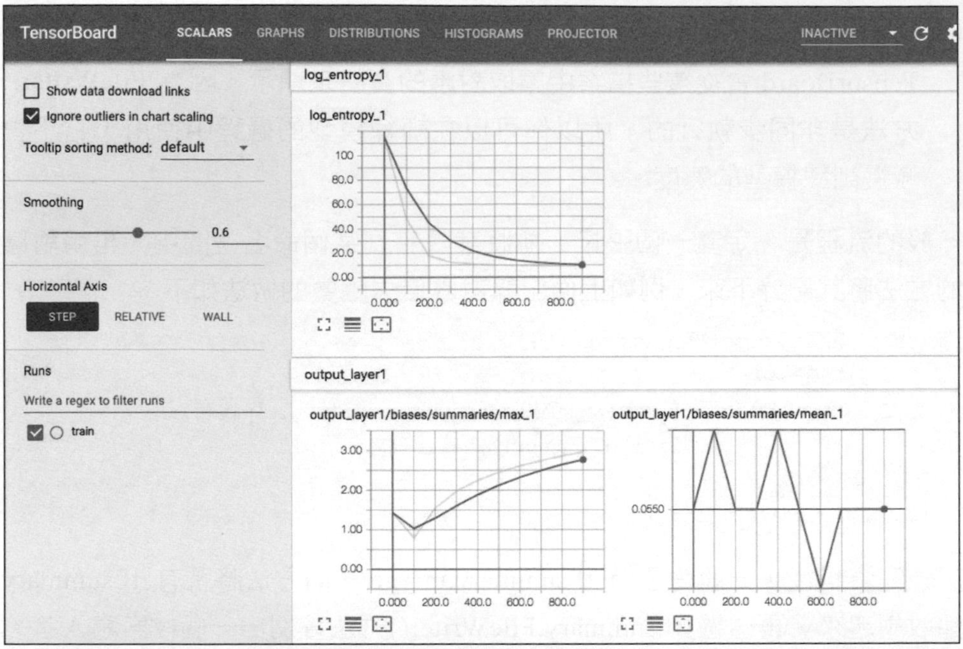

圖 3.23 SCALARS 標籤

由圖可見，損失 log_entropy_1 從一開始的高位降到低位，說明多層感知器訓練時，損失函數的損失逐漸減小。下面就是 output_layer1（即輸出層的純量），其中展示了偏置與權重的平均值、標準差、最大值、最小值等。

可以看到 GRAPHS 計算圖示標籤下的視覺化內容，該標籤會展示初始化 tf.summary.FileWriter()時傳入的計算圖，多層感知器的計算圖如圖 3.24 所示。

計算圖中的每個節點都可以透過點擊展開來看裡面的具體資訊，如圖 3.25 所示。

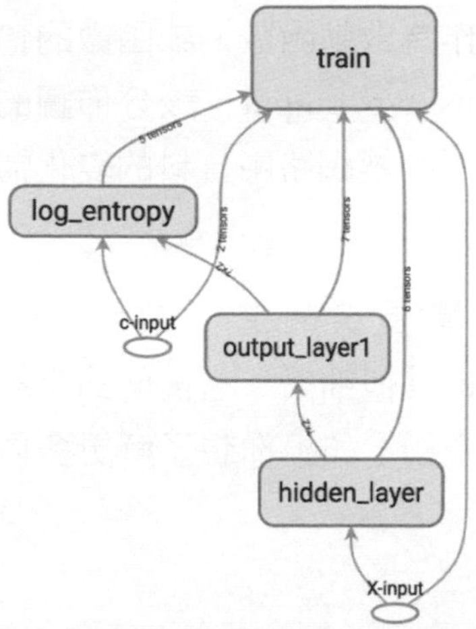

圖 3.24 GRAPHS 計算圖

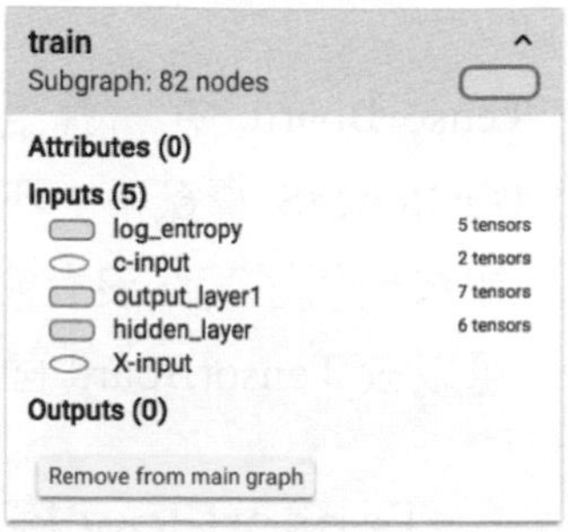

圖 3.25 節點詳情資訊

透過這種方式，可以很清晰地了解自己建構的神經網路是怎麼運行的。對於複雜的神經網路，理清其運行流程有助我們去改進、調整它。然後看到 DISTRIBUTIONS 分佈圖，如圖 3.26 所示。

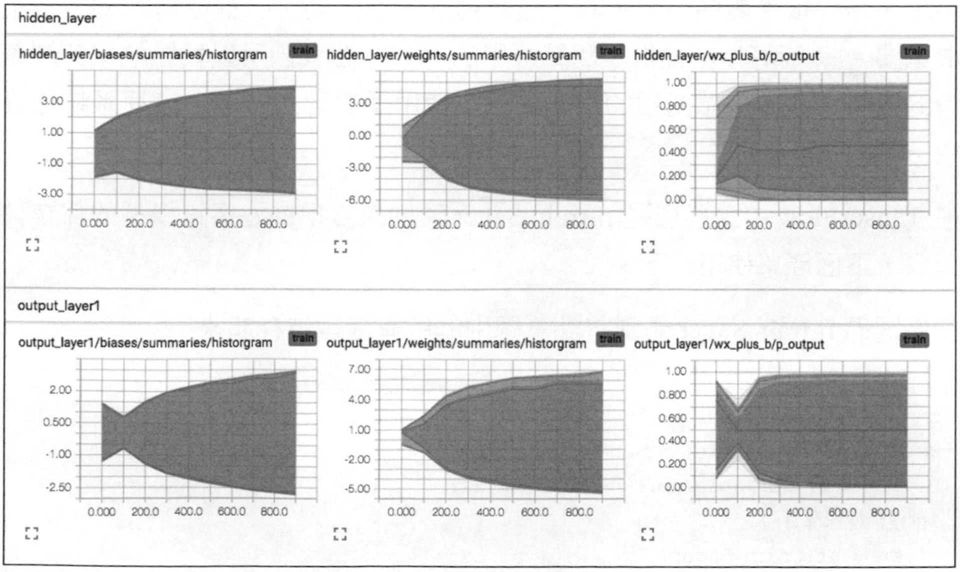

圖 3.26 DISTRIBUTIONS 分佈圖

在多層感知器的隱藏層中，我們使用 sigmoid 作為啟動函數，該函數的輸出範圍是 0～1，看到圖中 hidden_layer/wx_plus_b/p_output，該分佈圖的範圍也是 0～1，透過這種方法，可以直觀地了解神經網路中資料的變化情況。

在 TensorBoard 中，還可以將訓練資料透過長條圖進行顯示，在 HISTOGRAMS 標籤下。不再介紹 TensorBoard 其他細節，在後面的章節中，如果使用了某些沒有介紹的內容，再單獨介紹，如果你想了解更多內容，可以去 TensorBoard 官方網站。

3.4.5 TensorFlow 模型保存方法

最後介紹 TensorFlow 模型保存的方法，對於訓練複雜神經網路而言，這非常重要。對抗神經網路的諸多變種就複雜了，如果在訓練過程中發生了意外事件，訓練中斷，而此時又沒有保存模型資料，那麼此前的努力就白費了。對於複雜神經網路的訓練需要較長的時間，如果訓練到中途需要從頭再來，是件很鬱悶的事情，為了避免這種情況的發生，模型保存的方法就很重要。TensorFlow 提供了簡單好用的 API，讓我們可以輕鬆地保存訓練時的資料，在多層感知器的程式中已經使用了對應的方法，這裡系統地介紹一下。

在 TensorFlow 中主要透過 tf.train.Saver 類別來實現神經網路模型的保存與讀取，下面簡單使用一下。

首先透過 tf.train.Saver 類別將計算圖中的所有變數儲存起來。

```
import numpy as np
import tensorflow as tf
weight = tf.Variable(np.random.randn(2, 2))
biases = tf.Variable(np.random.randn(2))
#創建模型保存實例
saver = tf.train.Saver()
with tf.Session() as sess:
    sess.run(tf.global_variables_initializer()) #初始化所有變數
```

```
print('weight: ',sess.run(weight))
print('biases: ',sess.run(biases))
     path = saver.save(sess, 'save/model.ckpt')
     print('path:',path)
```

在上面程式中，先創建兩個變數類型節點，分別是 weight 和 biases，接著透過 tf.train.Saver()實例化用於模型保存的 saver。通常，在 Session.run()方法呼叫完後，將此次運行的 Session 物件整體透過 save()方法保存起來，Session 物件中就包含本輪模型訓練的所有資訊，對於複雜的神經網路訓練，一般習慣每 100 輪做一次模型保存。這段程式的輸出結果如下。

```
weight:  [[-0.03896284  0.26106311]
 [ 0.57513271  1.38303664]]
biases:  [-0.21374257  0.93411021]
path: save/model.ckpt
```

進入 save 目錄，發現有 4 種類型的檔案，它們具有不同的作用，簡單了解一下。

- ❑ checkpoint 檔案：用於維護由 tf.train.Saver 類別保存的所有模型檔案的檔案名稱，它由 tf.train.Saver 類別自動生成，一般不需要操作它。
- ❑ model.ckpt.data-xxxx-of-xxxx 檔案：用於保存具體某一輪訓練時模型中所有參數的數值。
- ❑ model.ckpt.index 檔案：用於保存具體某一輪訓練時模型中所有參數的參數名稱。
- ❑ model.ckpt.meta 檔案：用於保存具體某一輪訓練時當前模型的計算圖結構。

複雜神經網路訓練需要多輪，所以後 3 種類型的檔案會生成多個。下面透過 tf.train.Saver 類別來載入儲存好的模型資料。

```
import tensorflow as tf
weight = tf.Variable(np.random.randn(2, 2))
biases = tf.Variable(np.random.randn(2))
saver = tf.train.Saver()
with tf.Session() as sess:
```

```
saver.restore(sess, 'save/model.ckpt')
print('weight: ', sess.run(weight))
print('biases: ', sess.run(biases))
```

載入資料使用 saver.restore()方法，只需指定保存時的目錄，TensorFlow 就會將對應的模型檔案讀取並載入其中的資料，非常簡單。載入模型資料的程式與保存時的程式類似，只是沒有透過 sess.run(tf.global_variables_initializer())來初始化參數，而是直接從模型檔案中獲取這些參數，輸出的值如下。

```
weight:  [[-0.03896284  0.26106311]
 [ 0.57513271  1.38303664]]
biases:  [-0.21374257  0.93411021]
```

3.5 小結

本章討論了神經網路中比較核心的內容，如前向傳播演算法、梯度下降演算法與反向傳播演算法，並帶領大家動手編寫自己的深度學習框架 TensorPy，將理論內容透過程式實踐了一遍。透過這種方式，不僅內化介紹的演算法，同時還熟悉了深度學習框架中常見的幾個概念。接著透過 TensorPy 建構了單層感知器與多層感知器，並訓練這兩個網路，最後介紹了 TensorFlow 框架的核心概念與重要的用法。了解了本章的內容，對於讀者閱讀本書後面關於生成對抗網路的內容會更加遊刃有餘。

Chapter

04

初識生成對抗網路

在上一章中，我們學習了神經網路和 TensorFlow 的一些基礎知識與概念，並且分別透過 Python 和 TensorFlow 實現了簡單的神經網路，相信大家對神經網路與 TensorFlow 已經有了初步的認識。有了這些前置知識，就可以討論生成對抗網路了。

本章由淺入深地講解生成對抗網路的內容，討論這種網路的模型、架構以及它為什麼要這麼設計等。

4.1 什麼是生成對抗網路

4.1.1 什麼是 GAN

生成對抗網路，英文是 Generative adversarial network，簡稱 GAN，後面的內容中以 GAN 表示生成對抗網路。

要了解 GAN，首先要直觀地明白什麼是生成與對抗？

- 生成：產生一堆東西，例如產生一張圖片、一段文字或一段視訊，我們每時每刻都在「生成」。
- 對抗：這種現象在生活中隨處可見，如羚羊與豹子對抗，豹子為了生存，要吃羚羊，而羚羊同樣為了生存，要躲開豹子，兩者為了活下來相互競爭，這就是一種對抗。我們每天為了升職加薪而不斷奮鬥也是與同事進行競爭、對抗。可以說 GAN 思維來自生活。

與普通神經網路不同，GAN 由兩個主要網路組成：一個是 Generator Network，稱為生成網路或生成器；另一個是 Discriminator Network，稱為判別網路或判別器。所有 GAN 網路的核心邏輯就是生成器和判別器相互對抗、相互博弈。上面說的可能有點抽象，舉個常見的例子了解一下。

有兩個角色：小呂和王老師。小呂是藝術學校的新生，目前繪畫很差勁，但想學好繪畫。王老師是藝術學校的老師，看過很多優秀的畫作，知道怎麼教學生畫出好畫。

一天，小呂畫了一幅自認為不錯的畫，交給王老師，王老師根據自己過去看過那麼多好畫的經驗判斷出小呂現在畫得很差勁，於是王老師就告訴小呂：你這幅畫畫得不行，要大改，眼睛這裡要改，頭髮這裡也要改。為了作出更好的畫，小呂聽取了王老師的意見，改進自己的作畫技巧，畫出一幅新的畫再交給王老師。王老師發現小呂畫的畫與自己印象中的好畫還是有差距，於是又告訴小呂要改進哪裡。小呂作畫、王老師列出改進意見這個過程繼續迴圈，直到小呂作出一幅畫，王老師一看，與自己印象中的好畫差不多，王老師的教導就結束了，此時小呂已經學會如何作出一幅好畫了。

上面這個例子與真實的 GAN 的生成對抗過程有很多相似之處，小呂就是生成器，負責生成不同的畫作；王老師就是判別器，負責判斷生成器生成的畫到底好不好。

生成器和判別器都有各自的任務。生成器的任務就是要作出可以獲得判別器認可的畫作，讓判別器無法判斷出生成器作的畫與自己心中的好畫差異在哪裡。而判別器的任務是儘量判斷出生成器作的畫到底是不是好畫，判斷的標準就是自己心中的好畫。

生成器和判別器執行任務的過程就是兩個網路相互博弈、對抗的過程，而生成主要表現在兩者博弈到最後，生成器可以生成出判別器無法判斷好壞的資料，達到 GAN 的最終目的。

下面看幾組 GAN 透過訓練後產生的「好畫」，有些圖片足以以假亂真。

圖 4.1 所示是 GAN 生成的臥室圖。

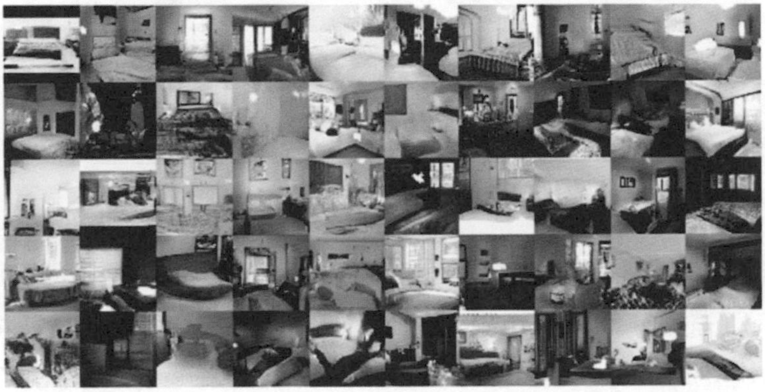

圖 4.1 GAN 生成的臥室圖

圖 4.2 所示是 GAN 生成的真人圖示。

圖 4.2 GAN 生成的真人圖示

4.1.2 GAN 使用範圍

GAN 用途非常廣泛，近年來，對 GAN 的研究也越來越多，如圖 4.3 所示。

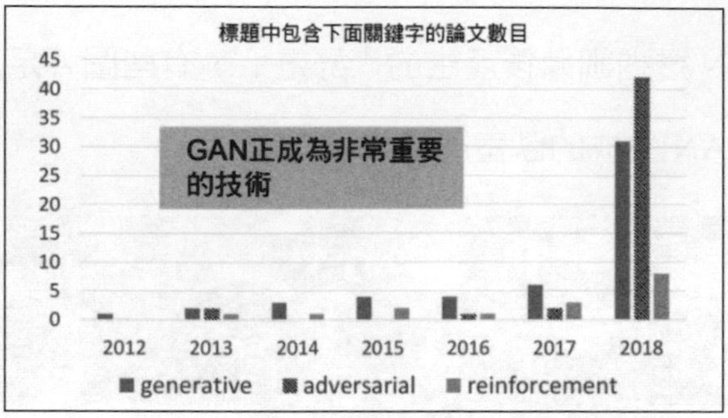

圖 4.3 GAN 熱度

圖 4.3 統計了發佈在 ICASSP 的論文中出現 generative（生成）、adversarial（對抗）和 reinforcement（強化）等幾個詞的論文數量，可以看出 generative、adversarial 這兩個與 GAN 有直接關係的詞在論文上出現的頻率大幅提升，可見 GAN 的熱度。

GAN 常見的用途就是生成非常真實的圖片，可以為訓練其他類型的神經網路提供資料來源，如生成路況資料，讓無人車在虛擬環境中測試，某些改良後的 GAN 可以生成超高畫質圖片，甚至可以看到人臉上的毛孔，有了這個，你就可以生成高畫質海報了，為公司省下一筆廣告費。

GAN 還可以用於聲音領域，如將一個人的聲音轉變成另一個人的聲音。當然單純地轉換聲音，TTS 已經做得很好了。但使用 GAN 實現的聲音轉換，除將你的聲音轉成另外一個人的聲音外，你的情緒依舊保留在新的聲音中。除轉換聲音外，GAN 還可以用來去除雜訊，讓音源更加純淨。

在視訊領域中，GAN 可以生成預測視訊中下一幀的畫面，我們以後有沒有可能看到一部由 GAN 生成的電影？

因為 GAN 具有的一些特性，它在無監督學習和強化學習領域也獨樹一幟，這些在後面章節中會詳細介紹。

GAN 的用途這麼大，你對它的興趣是否更濃厚了呢？

4.2 GAN 基本原理

上面對 GAN 的講解只涉及皮毛，略微深究一下就會對以下問題充滿疑惑：如 GAN 是怎麼訓練的；生成器怎麼生成資料；判別器是怎麼判斷的，判斷依據來自哪裡等。

下面從模型結構方面深入了解 GAN，解決上面的疑惑。

4.2.1 GAN 模型詳情

我們已經知道 GAN 就是一個叫生成器的東西和一個叫判別器的東西相互競爭，直到生成器可以生成出判別器無法判斷其好壞的資料，那麼整個流程具體是怎麼樣的呢？

下面以生成圖片為例看一下 GAN 的簡易模型，如圖 4.4 所示。

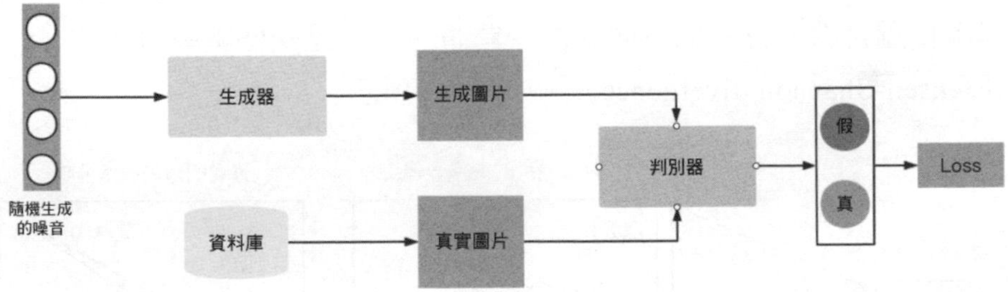

圖 4.4 GAN 模型

從圖 4.4 中的判別器開始看起，GAN 的訓練一開始是訓練判別器的，目的就是讓判別器獲得一個「標準」，也就是說，讓判別器看一堆好的圖片，從而知道好圖究竟是怎麼樣的。這些圖片可以來自各種地方，一般你會將好的圖片收集到資料庫中，再從中取出這些圖片輸入判別器。

訓練完判別器後，判別器已經有「標準」，此時再來訓練生成器，生成器的訓練流程也比較簡單。隨便生成一組雜訊給生成器即可，如生成符合正態分佈的雜訊，生成器會透過這些雜訊生成一張圖片，當然一開始這張圖片是「慘不忍睹的」，這種圖片過不了判別器這關。

生成圖片後，判別器就會判斷這張圖片是來自資料庫的真實圖片，還是來自生成器的生成圖片。如果判斷是真實圖片，就會給圖片指定一個較高的分數，如真實圖片設定值為 1。如果判斷是生成圖片，就指定圖片一個較低的分數，如生成圖片設定值為 0。同時還會產生一個損失。

你可能又會產生疑問，這裡的損失是什麼？怎麼去最佳化這個損失呢？

我們知道，生成器的目標就是讓判別器無法判斷是生成圖片還是真實圖片。換種說法就是，生成器的目標是生成「真實的圖片」，至少讓判別器認為是真實的。生成器一開始生成的圖片過於模糊抽象，判別器可以輕易地將其辨識，生成器為了提高自己生成圖片的能力，就要不斷地學習，具體而言，就是找到自己生成的圖片與真實圖片的差距，然後彌補這個差距。

這裡所謂的差距，其實就是損失，也就是在高維空間中生成圖片的機率分佈與真實圖片機率分佈的不同之處，具體而言就是兩個機率分佈的 JS 散度（Jensen-Shannon divergence），如圖 4.5 所示。

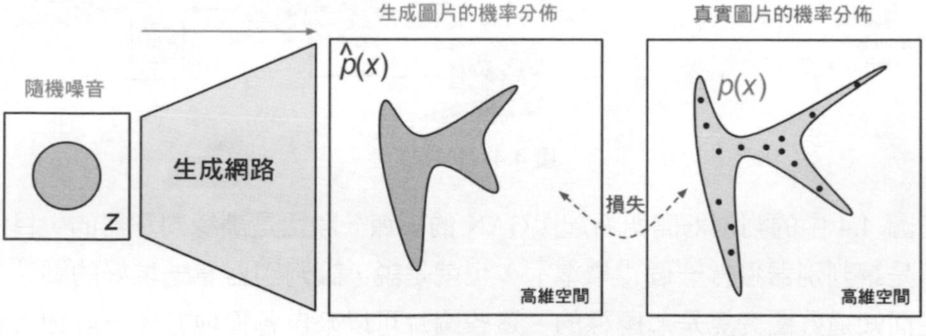

圖 4.5 GAN 機率分佈

而最佳化損失就是最小化生成圖片的機率分佈與真實圖片的機率分佈的 JS 散度，這個在後面的章節會細講。圖 4.5 中的損失只是針對生成器而言。

判別器也有損失，它的損失由兩部分組成：判別器給真實圖片指定的分數與目標分數（1 分）的差距；判別器給生成圖片指定的分數與目標分數（0 分）的差距。

因此又會引出一個問題：生成圖片的機率分佈是從生成器獲得的，那麼真實圖片的機率分佈又是從何而來？答案當然是判別器，真實資料的分佈一開始是未知的，此時透過判別器去學習真實圖片的分佈，從而獲得所謂「標準」。

還有一個細節單從 GAN 模型圖中是看不來的，就是 GAN 的完整訓練流程。要訓練出一個可用的 GAN，一般都會反覆訓練多次，具體的次數因任務而定。

GAN 的大致訓練流程如下（以訓練 GAN 生成圖片為例）。

第一步：初始化生成器和判別器，這些參數隨機生成即可。
第二步：在每一輪訓練中，執行以下步驟。

（1）固定生成器的參數，訓練判別器的參數

a. 因為生成器的參數被固定了，此時生成器的參數沒有收斂，生成器透過未收斂參數生成的圖片就不會特別真實。
b. 從準備好的圖片資料庫中選擇一組真實圖片資料。
c. 透過上面兩步操作，此時就有了兩組資料：一組是生成器生成的圖片資料；另一組是真實圖片資料。透過這兩組資料訓練判別器，讓其對真實圖片指定高分，給生成圖片指定低分。

（2）固定判別器，訓練生成器。

a. 隨機生成一組雜訊餵給生成器，讓生成器生成一張圖片。
b. 將生成的圖片傳入判別器中，判別器會給該圖片一個分數（如 0.22），生成器的目標就是使這個分數更高，生成出判別器可以指定高分的圖片。

4.2.2 對抗的本質

繼續深入 GAN，加深對訓練過程的了解，GAN 的訓練過程如圖 4.6 所示。

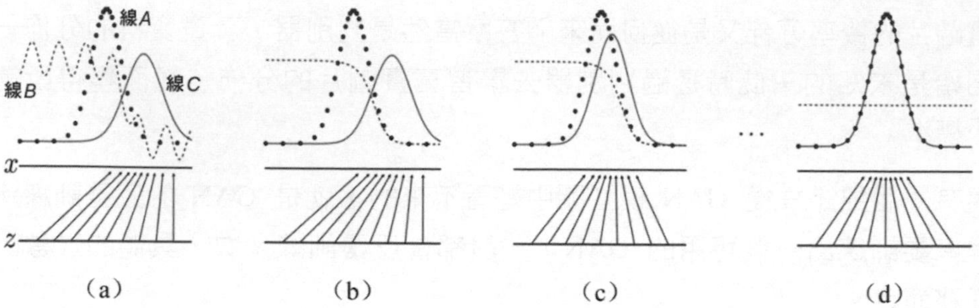

圖 4.6 GAN 的訓練過程

圖 4.6 有以下 3 種線。

- ❑ 線 A：真實資料的分佈。
- ❑ 線 B：判別器的判別分數。
- ❑ 線 C：生成器生成的資料分佈。

從圖 4.6 中可以看出，一開始〔圖 4.6（a）〕，代表真實資料分佈的線 A 與代表生成資料分佈的線 C 差異較大，此時代表判別器分數的線 B 可以比較準確地判斷出真實資料和生成資料，它給真實資料指定較高的分值，而給生成資料指定較低的分值。隨著 GAN 訓練次數的增加，為了生成出可以讓判別器指定高分的資料，生成器生成資料的分佈漸漸向真實資料的分佈接近〔圖 4.6（b）、（c）〕。當生成器完全學習到真實資料的分佈情況時，判別器就無法區分它們了，無論是對真實資料還是生成資料，都指定相同的分數〔圖 4.6（d）〕。

在圖 4.6 中，真實資料的分佈是從判別器學習而來的，所以在訓練 GAN 時要先訓練判別器，讓其獲得真實資料的分佈作為「標準」。

下面從數學角度來解釋。

（1）從資料庫中拿出真實資料 x，將其放到判別器 $D(x)$ 中，目標是讓 $D(x)$輸出的值接近 1。

（2）將隨機雜訊 z 輸入生成器 $G(z)$，生成器希望判別器給自己生成的資料輸出的值接近 1，即 $D(G(z))$輸出接近 1；而判別器希望自己給生出資料輸出的值接近 0，即 $D(G(z))$輸出接近 0，如圖 4.7 所示。

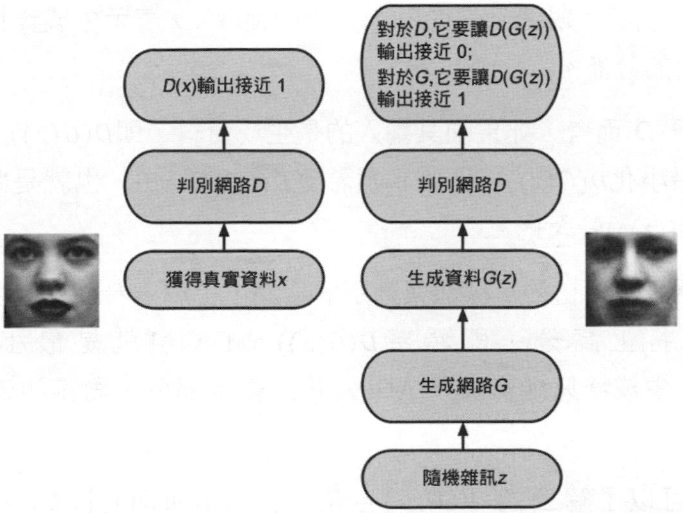

圖 4.7 GAN 數學流程

GAN 公式如下。

$$\min_G \max_D V(D,G) = E_{x\sim P_{\text{data}}(x)}[\log D(x)] + E_{z\sim P_z(z)}[\log(1-D(G(z)))]$$

了解 GAN 公式是進一步了解 GAN 的必經過程，所以下面就來簡單講講該公式。一開始我們需要定義出判別器和生成器，這裡就將 D 定義為判別器，G 定義為生成器。接著要做的就是訓練判別器，讓它可以辨識真實資料，也就有了 GAN 公式的前半部分。

$$E_{x\sim P_{\text{data}}(x)}[\log D(x)]$$

其中，$E_{x\sim P_{\text{data}}(x)}$表示期望 x 從P_{data}分佈中獲取；x 表示真實資料，P_{data}表示真實資料的分佈。

前半部分的意思就是：判別器判別出真實資料的機率，判別器的目的就是要最大化這一項，簡單地說，就是對於服從P_{data}分佈的 x，判別器可以準確得出 $D(x)\approx 1$。

接著看 GAN 公式略微複雜的後半部分。

$$E_{z\sim P_z(z)}[\log(1-D(G(z)))]$$

其中，$E_{z\sim P_z(z)}$表示期望 z 是從$P_z(z)$分佈中獲取；z 表示生成資料；$P_z(z)$表示生成資料的分佈。

對於判別器 D 而言，如果向其輸入的是生成資料，即$D(G(z))$，判別器的目標就是最小化$D(G(z))$，即判別器希望$D(G(z))\approx 0$，也就是判別器希望$\log(1-D(G(z)))$最大化。

但對生成器來說，它的目標卻與判別器相反，生成器希望自己生成的資料被判別器打上高分，即希望$D(G(z))\approx 1$，也就是最小化$\log(1-D(G(z)))$。生成器只能影響 GAN 公式的後半部分，對前半部分沒有影響。

現在已經可以了解公式 $V(D,G)=E_{x\sim P_{\text{data}}(x)}[\log D(x)]+E_{z\sim P_z(z)}[\log(1-D(G(z)))]$，但為什麼 GAN 公式中還有$\min_G\max_D$呢？

要了解$\min_G\max_D$，就需要先回憶一下 GAN 的訓練流程。一開始，固定生成器 G 的參數專門去訓練判別器 D。GAN 公式表達的意思也一樣，先針對判別器 D 去訓練，也就是最大化 $D(x)$和$\log(1-D(G(z)))$的值，從而達到最大化 $V(D,G)$的目的，表述如下。

$$D_G^*=\text{argmax}_D V(D,G)$$

當訓練完判別器 D 後，就會固定判別器 D 的參數去訓練生成器 G，因為此時判別器已經經過一次訓練了，所以生成器 G 的目標就變成：當$D=D_G^*$時，最小化$\log(1-D(G(z)))$的值，從而達到最小化 $V(D,G)$的目的。表述如下：

$$G^*=\text{argmin}_G V(G,D_G^*)$$

透過上面分成兩步的分析，我們可以了解$\min_G \max_D$的含義，簡單來說，就是先從判別器 D 的角度最大化 $V(D,G)$，再從生成器 G 的角度最小化 $V(D,G)$。

上面公式講解中，大量使用對數，對數函數在它的定義域內是單調增函數，資料取對數後，並不會改變資料間的相對關係，這裡使用對數是為了讓計算更加方便。

4.3 TensorFlow 實現樸素 GAN

前面講解了那麼多 GAN 的基礎知識，我們已經比較深入地了解 GAN 了，但如果不動手將上面的理論知識融入實戰中，你依舊無法內化上面的內容，所以接著就透過 TensorFlow 來實現一個樸素 GAN。

4.3.1 樸素 GAN 生成 MNIST 資料集

本節主要是使用一個最簡單的 GAN，訓練這個 GAN，使它可以生成與真實圖片一樣的手寫數字圖片。希望你已經了解了前面介紹的 GAN 內容，下面直接進行程式的編寫。

（1）匯入第三方函數庫。

```
import tensorflow as tf
import numpy as np
import pickle
import matplotlib.pyplot as plt
```

使用 TensorFlow 來實現 GAN 的網路架構，並對建構的 GAN 進行訓練；使用 numpy 來生成隨機雜訊，用於給生成器生成輸入資料；使用 pickle 來持久化地保存變數；最後使用 matplotlib 來視覺化 GAN 訓練時兩個網路結構損失的變化，以及 GAN 生成的圖片。

（2）因為是要訓練 GAN 生成 MNIST 手寫資料集中的圖片，需要讀取 MNIST 資料集中的真實圖片作為訓練判別器 D 的真實資料，TensorFlow 提供了處理 MNIST 的方法，可以使用它讀取 MNIST 資料。

```
from tensorflow.examples.tutorials.mnist import input_data
# 讀取 MNIST 資料
mnist = input_data.read_data_sets('./data/MNIST_data')
img = mnist.train.images[500]
#以灰階圖的形式讀取
plt.imshow(img.reshape((28, 28)), cmap='Greys_r')
plt.show()
```

在上面的程式中，我們選擇了 MNIST 中的第 500 個資料，並將其進行視覺化，從而對 MNIST 資料集有一個直觀的認識，並證明資料讀取成功，如圖 4.8 所示。

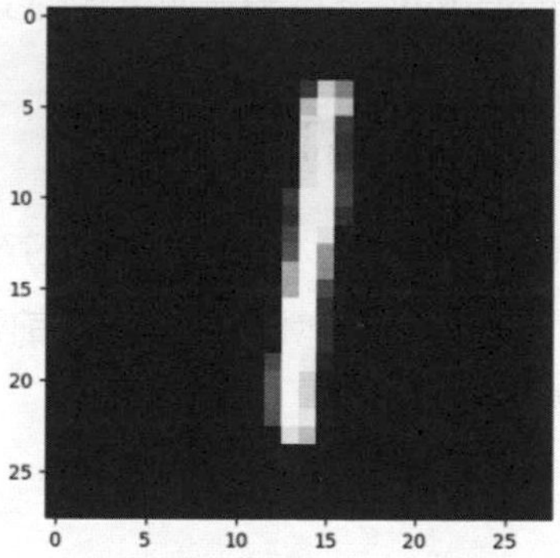

圖 4.8 MNIST 資料集中的第 500 張圖片

讀取 MNIST 圖片後，每一張圖片都由一個一維矩陣表示，如圖 4.8 所示。

```
print(type(img))
print(img.shape)
```

輸出如下。

```
<class 'numpy.ndarray'>
(784,)
```

TensorFlow 在 1.9 版本後，input_data.read_data_sets 方法不會自動下載，

如果本地沒有 MNIST 資料集，就會顯示出錯，所以我們必須事先將它下載好。

接著定義用於接收輸入的方法，使用 TensorFlow 的 placeholder 預留位置來獲得輸入的資料。

```
def get_inputs(real_size, noise_size):
    real_img = tf.placeholder(tf.float32, [None, real_size],
              name='real_img')
    noise_img = tf.placeholder(tf.float32, [None, noise_size],
              name='noise_img')
    return real_img, noise_img
```

然後就可以實現生成器和判別器了，先來看生成器，程式如下。

```
def generator(noise_img, n_units, out_dim, reuse=False, alpha=0.01):
'''
生成器
 :paramnoise_img: 生成器生成的雜訊圖片
    :paramn_units: 隱藏層單元數
    :paramout_dim: 生成器輸出的 tensor 的 size，應該是 32x32=784
    :param reuse: 是否重用空間
    :param alpha: leakeyReLU 係數
:return:
    '''
with tf.variable_scope("generator", reuse=reuse):
          #全連接
          hidden1 = tf.layers.dense(noise_img, n_units)
          #返回最大值
          hidden1 = tf.maximum(alpha * hidden1, hidden1)
          hidden1 = tf.layers.dropout(hidden1, rate=0.2, training=True)
          #dense：全連接
          logits = tf.layers.dense(hidden1, out_dim)
          outputs = tf.tanh(logits)
          return logits, outputs
```

可以發現生成器的網路結構非常簡單，只是一個具有單隱藏層的神經網路，其整體結構為輸入層→隱藏層→輸出層，一開始只是編寫最簡單的 GAN，在後面的進階內容中，生成器和判別器的結構會複雜一些。

簡單解釋一下上面的程式，首先使用 tf.variable_scope 創建了一個名為 generator 的空間，主要目的是實現在該空間中，變數可以被重複使用且方便區分不同卷積層之間的元件。

接著使用 tf.layers 下的 dense 方法將輸入層和隱藏層進行全連接。tf.layers 模組提供了很多封裝層次較高的方法，使用這些方法，我們可以更加輕鬆地建構對應的神經網路結構。這裡使用 dense 方法，其作用就是實現全連接。

我們選擇 Leaky ReLU 作為隱藏層的啟動函數，使用 tf.maximum 方法返回透過 Leaky ReLU 啟動後較大的值。

然後使用 tf.layers 的 dropout 方法，其做法就是按一定的機率隨機棄用神經網路中的網路單元（即將該網路單元的參數置 0），防止發生過擬合現象，dropout 只能在訓練時使用，在測試時不能使用。最後再透過 dense 方法，實現隱藏層與輸出層全連接，並使用 Tanh 作為輸出層的啟動函數（試驗中用 Tanh 作為啟動函數生成器效果更好），Tanh 函數的輸出範圍是−1～1，即表示生成圖片的畫素範圍是−1～1，但 MNIST 資料集中真實圖片的畫素範圍是 0～1，所以在訓練時，要調整真實圖片的畫素範圍，讓其與生成圖片一致。

Leakey ReLU 函數是 ReLU 函數的變種，與 ReLU 函數的不同之處在於，ReLU 將所有的負值都設為零，而 Leakey ReLU 則給負值乘以一個斜率。

接著看判別器的程式。

```
defdiscirminator(img, n_units, reuse=False, alpha=0.01):
    '''
判別器
    :paramimg: 圖片（真實圖片/生成圖片）
:paramn_units:
:param reuse:
:param alpha:
:return:
    '''
```

```
    with tf.variable_scope('discriminator', reuse=reuse):
        hidden1 = tf.layers.dense(img, n_units)
        hidden1 = tf.maximum(alpha * hidden1, hidden1)
        logits = tf.layers.dense(hidden1, 1)
        outputs = tf.sigmoid(logits)
        return logits, outputs
```

判別器的實現程式與生成器沒有太大差別，稍有不同的地方就是，判別器的輸出層只有一個網路單元且使用 sigmoid 作為輸出層的啟動函數，sigmoid 函數輸出值的範圍是 0～1。

生成器和判別器編寫完成後，接著就來編寫具體的計算圖，首先做一些初始化工作，如定義需要的變數、清空 default graph 計算圖。

```
img_size = mnist.train.images[0].shape[0]#真實圖片大小
noise_size = 100 #雜訊,Generator 的初始輸入
g_units = 128#生成器隱藏層參數
d_units = 128
alpha = 0.01 #leaky ReLU 參數
learning_rate = 0.001 #學習速率
smooth = 0.1 #標籤平滑
# 重置 default graph 計算圖以及 nodes 節點
tf.reset_default_graph()
```

然後我們透過 get_inputs 方法獲得真實圖片的輸入和雜訊輸入，並傳入生成器和判別器進行訓練，當然，現在只是建構 GAN 整個網路的訓練結構。

````
```python
#生成器
g_logits, g_outputs = generator(noise_img, g_units, img_size)

#判別器
d_logits_real, d_outputs_real = discirminator(real_img, d_units)
# 傳入生成圖片，為其評分
d_logits_fake, d_outputs_fake = discirminator(g_outputs, d_units, reuse=True)
```
````

上面的程式將雜訊、生成器隱藏層節點數、真實圖片大小傳入生成器，傳入真實圖片的大小是因為要求生成器可以生成與真實圖片大小一樣的圖片。

判別器一開始先傳入真實圖片和判別器隱藏層節點，為真實圖片評分，接著再用相同的參數訓練生成圖片，為生成圖片評分。

訓練邏輯建構完成，接著就定義生成器和判別器的損失。先回憶一下前面對損失的描述，判別器的損失由判別器給真實圖片評分與其期望分數的差距、判別器給生成圖片評分與其期望分數的差距兩部分組成。這裡定義最高分為 1、最低分為 0，也就是說判別器希望給真實圖片打 1 分，給生成圖片打 0 分。生成器的損失實質上是生成圖片與真實圖片機率分佈上的差距，這裡將其轉為，生成器期望判別器給自己的生成圖片打多少分與實際上判別器給生成圖片打多少分的差距。

```
d_loss_real = tf.reduce_mean(tf.nn.sigmoid_cross_entropy_with_logits(
    logits=d_logits_real, labels=tf.ones_like(d_logits_real))*(1-smooth))
d_loss_fake = tf.reduce_mean(tf.nn.sigmoid_cross_entropy_with_logits(
    logits=d_logits_fake, labels=tf.zeros_like(d_logits_fake)
))
#判別器總損失
d_loss = tf.add(d_loss_real, d_loss_fake)
g_loss = tf.reduce_mean(tf.nn.sigmoid_cross_entropy_with_logits(
    logits=d_logits_fake, labels=tf.ones_like(d_logits_fake))*(1-smooth))
```

計算損失時使用 tf.nn.sigmoid_cross_entropy_with_logits 方法，它對傳入的 logits 參數先使用 sigmoid 函數計算，然後再計算它們的 cross entropy 交叉熵損失，同時該方法最佳化了 cross entropy 的計算方式，使得結果不會溢位。從方法的名字就可以直觀地看出它的作用。

損失定義好後，要做的就是最小化這個損失。

```
# generator 中的 tensor
g_vars = [var for var in train_vars if var.name.startswith("generator")]
# discriminator 中的 tensor
d_vars = [var for var in train_vars if var.name.startswith("discriminator")]
```

```
  #AdamOptimizer 最佳化損失
  d_train_opt = tf.train.AdamOptimizer(learning_rate).minimize(d_loss,
var_list=d_vars)
  g_train_opt = tf.train.AdamOptimizer(learning_rate).minimize(g_loss,
var_list=g_vars)
```

要最小化損失，先要獲得對應網路結構中的參數，也就是生成器和判別器的變數，這是最小化損失時要修改的物件。這裡使用 AdamOptimizer 方法來最小化損失，其內部實現了 Adam 演算法，該演算法基於梯度下降演算法，但它可以動態地調整每個參數的學習速率。

至此整個計算結果大致定義完成，接著開始實現具體的訓練邏輯，先初始化一些與訓練有關的變數。

```
batch_size = 64 #每一輪訓練數量
epochs = 500 #訓練疊代輪數
n_sample = 25 #取出樣本數
samples = [] #儲存測試範例
losses = [] #儲存 loss
#保存生成器變數
saver = tf.train.Saver(var_list=g_vars)
```

編寫訓練具體程式。

```
with tf.Session() as sess:
     # 初始化模型的參數
sess.run(tf.global_variables_initializer())
    for e in range(epochs):
          for batch_i in range(mnist.train.num_examples // batch_size):
               batch = mnist.train.next_batch(batch_size)
               #28 × 28 = 784
               batch_images = batch[0].reshape((batch_size, 784))
               # 對圖型畫素進行 scale，這是因為 Tanh 輸出的結果介於(-1,1)之間,
               real 和 fake 圖片共享 discriminator 的參數
               batch_images = batch_images * 2 -1
               #生成雜訊圖片
               batch_noise = np.random.uniform(-1,1,size=(batch_size,
                                                  noise_size))
               #先訓練判別器，再訓練生成器
```

```
        _ = sess.run(d_train_opt, feed_dict={real_img: batch_images,
        noise_img :batch_noise})
        _ = sess.run(g_train_opt, feed_dict={noise_img:batch_noise})
    #每一輪訓練完後，都計算一下 loss
    train_loss_d = sess.run(d_loss, feed_dict={real_img:batch_images,
    noise_img
    :batch_noise})
    # 判別器訓練時真實圖片的損失
    train_loss_d_real = sess.run(d_loss_real, feed_dict=
            {real_img:batch_images, noise_img:batch_noise})
    # 判別器訓練時生成圖片的損失
    train_loss_d_fake = sess.run(d_loss_fake, feed_dict=
            {real_img:batch_images, noise_img:batch_noise})
    # 生成器損失
    train_loss_g = sess.run(g_loss, feed_dict= {noise_img:
    batch_noise})
    print("訓練輪數 {}/{}...".format(e + 1, epochs),
    "判別器總損失: {:.4f}(真實圖片損失: {:.4f} + 虛假圖片損失:
                {:.4f})...".format (train_loss_d,
    train_loss_d_real,
    train_loss_d_fake),"生成器損失: {:.4f}".format(train_loss_g))
    # 記錄各類 loss 值
    losses.append((train_loss_d, train_loss_d_real, train_loss_d_fake,
                train_loss_g))
    # 取出樣本後期進行觀察
    sample_noise = np.random.uniform(-1, 1, size=(n_sample, noise_size))
    #生成樣本，保存起來後期觀察
    gen_samples = sess.run(generator(noise_img, g_units, img_size,
                        reuse=True),
    feed_dict={noise_img:sample_noise})
    samples.append(gen_samples)
    # 儲存 checkpoints
    saver.save(sess, './data/generator.ckpt')
    with open('./data/train_samples.pkl', 'wb') as f:
    pickle.dump(samples,f)
```

一開始當然是創建 Session 物件，然後使用雙層 for 迴圈進行 GAN 的訓練，第一層表示要訓練多少輪，第二層表示每一輪訓練時，要取的樣本數，因為一口氣訓練完所有的真實圖片效率會比較低，一般的做法是將其分割成多組，然後進行多輪訓練，這裡 64 張為一組。

接著就是讀取一組真實資料，因為生成器使用 Tanh 作為輸出層的啟動函數，導致生成圖片的畫素範圍是-1～1，所以這裡也簡單調整一下真實圖片的畫素存取，將其從 0～1 變為-1～1，然後使用 numpy 的 uniform 方法生成-1～1 之間的隨機雜訊。準備好真實資料和雜訊資料後，就可以丟入生成器和判別器了，資料會按我們之前設計好的計算圖型運行，值得注意的是，要先訓練判別器，再訓練生成器。

當本輪將所有的真實圖片都訓練了一遍後，計算一下本輪生成器和判別器的損失，並將損失記錄起來，方便後面視覺化 GAN 訓練過程中損失的變化。為了直觀地感受 GAN 訓練時生成器的變化，每一輪 GAN 訓練完都用此時的生成器生成一組圖片並保存起來。訓練邏輯編寫完後，就可以讓訓練程式運行起來，輸出以下內容。

```
 訓練輪數 1/500... 判別器總損失: 0.0190(真實圖片損失: 0.0017 + 虛假圖片損失:
0.0173)...
 生成器損失: 4.1502
 訓練輪數 2/500... 判別器總損失: 1.0480(真實圖片損失: 0.3772 + 虛假圖片損失:
0.6708)...
 生成器損失: 3.1548
 訓練輪數 3/500... 判別器總損失: 0.5315(真實圖片損失: 0.3580 + 虛假圖片損失:
0.1736)...
 生成器損失: 2.8828
 訓練輪數 4/500... 判別器總損失: 2.9703(真實圖片損失: 1.5434 + 虛假圖片損失:
1.4268)...
 生成器損失: 0.7844
 訓練輪數 5/500... 判別器總損失: 1.0076(真實圖片損失: 0.5763 + 虛假圖片損失:
0.4314)...
 生成器損失: 1.8176
 訓練輪數 6/500... 判別器總損失: 0.7265(真實圖片損失: 0.4558 + 虛假圖片損失:
0.2707)...
 生成器損失: 2.9691
 訓練輪數 7/500... 判別器總損失: 1.5635(真實圖片損失: 0.8336 + 虛假圖片損失:
0.7299)...
 生成器損失: 2.1342
```

整個訓練過程會花費 30～40 分鐘。

4.3.2 訓練與效果展示

訓練完後，視覺化訓練中的資料變化，首先來看 GAN 訓練中生成器和判別器損失的變化，程式如下，視覺化結果如圖 4.9 所示。

```
figfig,axax  = plt.subplots(figsize=(20,7))
losses = np.array(losses)
plt.plot(losses.T[0], label='Discriminator Total Loss')
plt.plot(losses.T[1], label='Discriminator Real Loss')
plt.plot(losses.T[2], label='Discriminator Fake Loss')
plt.plot(losses.T[3], label='Generator Loss')
plt.title("Training Losses")
plt.legend()
```

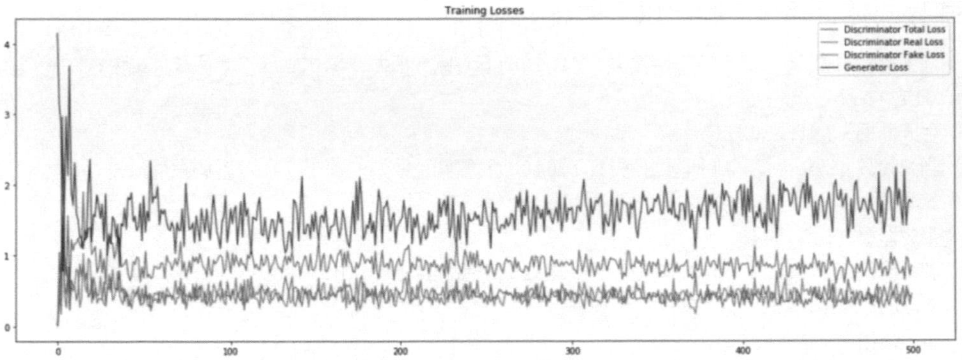

圖 4.9 GAN 損失變化

從圖 4.9 中可以直觀地看出，在 GAN 一開始訓練時，判別器和生成器的損失都是比較高的，訓練到後面時，兩者的損失就穩定在一個較低的區域了。

將生成器在最後一輪訓練時生成的資料視覺化一下，看看能不能明顯地判斷出這是真實圖片還是生成圖片。

```
with open('./data/train_samples.pkl', 'rb') as f:
    samples = pickle.load(f)
```

```
defview_img(epoch,samples):
    fig, axes = plt.subplots(figsize=(7,7), nrows=5, ncols=5,
                            sharex=True,sharey=True)
    for ax,img in zip(axes.flatten(), samples[epoch][1]):
        ax.xaxis.set_visible(False)
        ax.yaxis.set_visible(False)
        im = ax.imshow(img.reshape((28,28)), cmap="Greys_r")
    plt.show()
view_img(-1,samples)
```

效果如圖 4.10 所示。嚴格來說，其中有些圖片還是較為模糊的，但也有些圖片顯得非常真實。

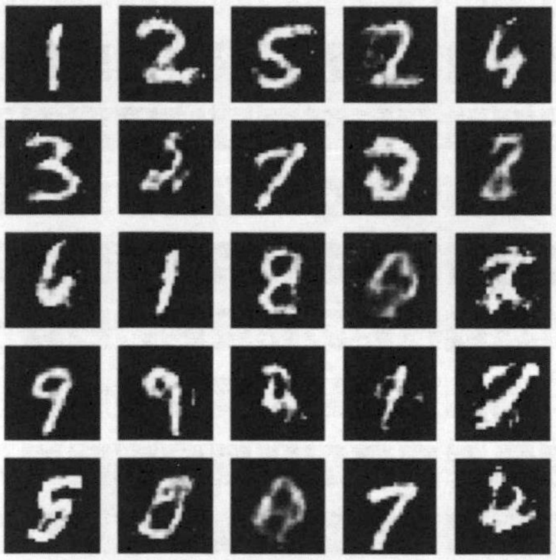

圖 4.10 最後一輪輸出圖

接著直觀地感受一下 GAN 訓練中生成器的變化，我們取出 500 輪訓練中的幾輪變化，視覺化其中每一輪生成器生成圖片的效果。

```
defview_all():
    #從 0 開始取出，每次隔 50
    epoch_index = [x for x in range(0,500,50)]
    show_imgs = []
    for i in epoch_index:
        show_imgs.append(samples[i][1])
    rows, cols = len(epoch_index) ,len(samples[0][1])
    fig, axes = plt.subplots(figsize=(30,20), nrows=rows, ncols=cols,
```

```
sharex=True,sharey=True)
    index = range(0, 500, int(500/rows))
    for sample, ax_row in zip(show_imgs, axes):
         for img, ax in zip(sample[::int(len(sample)/cols)], ax_row):
              ax.imshow(img.reshape((28,28)), cmap='Greys_r')
              ax.xaxis.set_visible(False)
              ax.yaxis.set_visible(False)
  plt.show()
```

生成圖型的效果如圖 4.11 所示。生成器一開始只會生成滿是雜訊的圖片，隨著訓練次數的增加，生成器生成的圖片越來越真實。

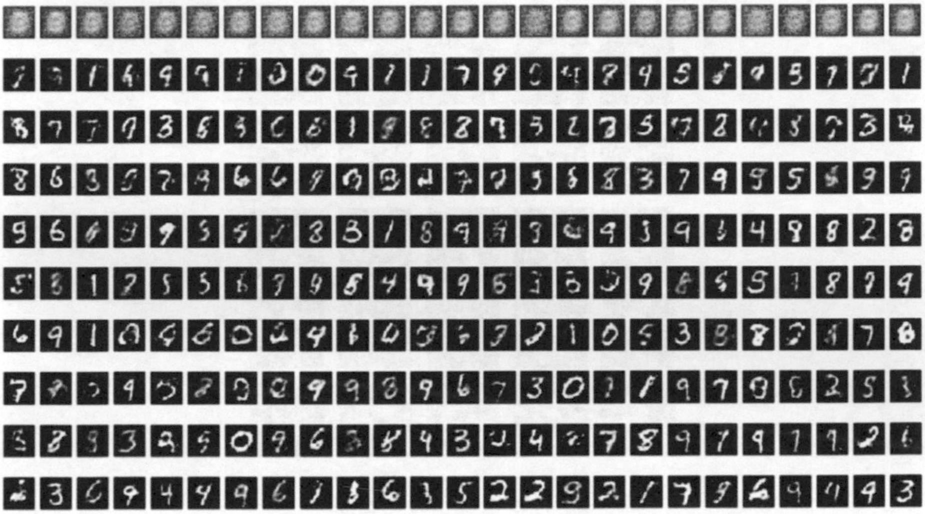

圖 4.11 訓練過程中生成圖型的變化

到這裡我們就使用 TensorFlow 完成了一個最簡單的 GAN，後面會使用 TensorFlow 實現各種 GAN 的變種，進一步感受 GAN 的魅力。

4.4 關於 GAN 的幾個問題

透過上面講解 GAN 和實現樸素 GAN 的內容，相信大家已經對 GAN 有了全面且較深刻的了解，但了解得越深入，了解得越全面，對 GAN 的幾個問題就越感到困擾。GAN 是什麼？其實就是生成器和判別器相互對抗的一種網路架構。我們已經深入了解了生成器、判別器以及它們之間的關係，但為什麼生成器生成資料時需要與判別器對抗呢？為什麼一定要判別器的介入呢？換句話說，為什麼生成器自己不直接生成出真實的資料？當然對於判別器也有類似的疑惑，判別器既然已經有了「標準」，為什麼不自己直接生成資料呢？而是費盡心力地去教生成器，讓它來生成資料？這不是南轅北轍嗎？下面就來回答這兩類問題。

4.4.1 為什麼生成器 *G* 生成資料需要判別器 *D* 介入

為了系統地解釋這個問題，我們先要了解結構化學習（Structured Learing），簡單來講。結構化學習的神經網路會輸出一個「結構」，例如一個句子、一張圖、一段音訊等，而不像傳統的回歸分析或分類問題（回歸分析通常輸出一個純量，而分類問題通常輸出一個類別）。

結構化學習要輸出一個「結構」，因為「結構」可能的設定值範圍太大了，所以在訓練時，結構化學習的神經網路不可能學習到所有的「結構」。以訓練翻譯模型為例，翻譯模型輸出的翻譯句子在訓練時大機率沒有遇到過，這其實就要求翻譯模型具有創造力，同時輸出合理的「結構」，也要求模型具有大局觀，可以從整體上了解自己創造出來的東西。

因為輸出的是一個「結構」，如輸出的是一句話，這句話由一個個單字組成，只有明白了這些單字之間的關係，輸出的這句話才能合理，即模型要有大局觀，了解組成自己輸出結構最小單元之間的關係，才能輸出合理的「結構」。

大致明白了結構化學習後，回到一開始的問題，為什麼生成器 G 生成資料需要判別器 D 介入？生成器直接生成較真實的資料不可以嗎？其實是可以的。

怎麼才能單純地讓生成器生成較真實的圖片？建構一個普通的神經網路就好了。按傳統的想法，準備好標注了編碼的圖片資料集，在該資料集中，每一張圖片都有相對的編碼，將標注好編碼的圖片資料集丟入神經網路中訓練，輸入一個圖片編碼，就會輸出一張圖片，最小化輸出圖片與該編碼對應真實圖片之間的損失，這就是標準的有監督學習，如圖 4.12 所示。

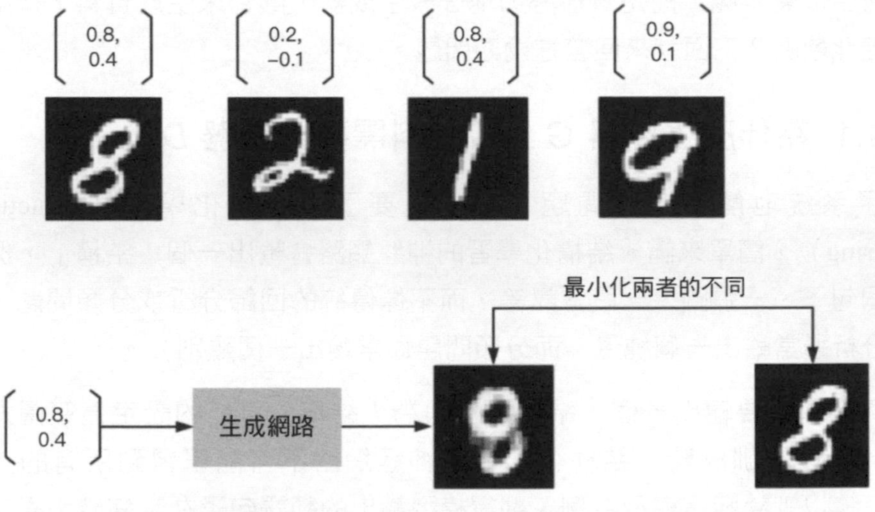

圖 4.12 有監督學習

但問題是，怎麼獲得與圖片對應的編碼？隨機生成，人工手動輸入？都不現實，我們可以使用自編碼器（auto-encoder）來解決這個問題。透過自動編碼，我們可以獲得圖片的高維特徵編碼，其結構如圖 4.13 所示。

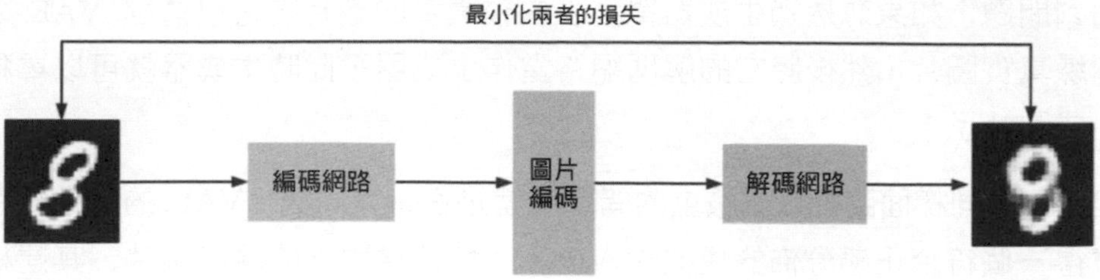

圖 4.13 自編碼器

輸入一張真實的圖片，透過編碼網路，將圖片轉換成對應的圖片編碼，然後再利用解碼網路，將圖片編碼回一張圖片，最後透過訓練，最小化輸入圖片和輸出圖片的損失，當訓練完成後，就可以獲得與輸入圖片特徵相關的特徵編碼了。

可以發現，自編碼器結構的後半部分就是我們要的生成器，透過一組編碼獲得一張圖片，但依舊有些問題。自編碼器對真實圖片進行了訓練，其中的解碼器已經可以透過圖片的編碼解碼出對應的圖片，但不能輸入隨機的圖片編碼，因為隨機的圖片編碼在訓練中沒有學過，解碼時就可能產生混亂，從而生成一張雜訊圖片。

解決方法就是使用變分自編碼器（Variational Auto-Encode，VAE），簡單來說，它會對編碼器增加約束，強迫編碼器產生服從正態分佈的圖片編碼。VAE 對真實圖片進行訓練後，解碼器就能對符合正態分佈的任意隨機雜訊進行解碼，從而生成合理的圖片，如圖 4.14 所示。

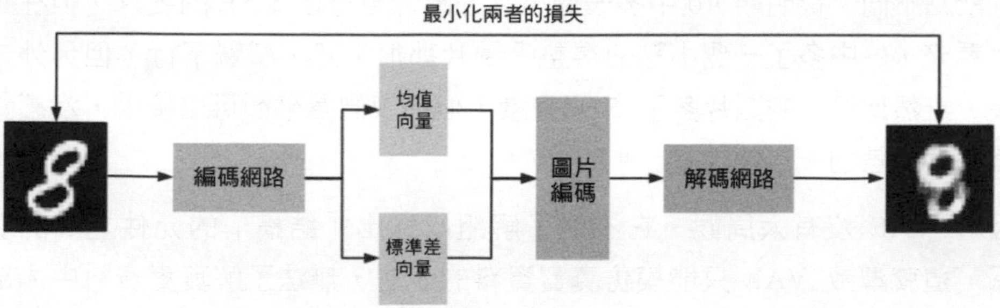

圖 4.14 變分自編碼器

回到問題，如果想透過生成器單獨生成較真實的圖片，可以透過 VAE 來訓練真實圖片，然後將它的解碼網路當作生成器，此時生成器就可以單獨生成圖片了。

但 VAE 同樣面臨著一個嚴重的問題，就是沒有大局觀。VAE 的解碼網路獲得一個符合正態分佈的隨機輸入後，就會建構對應的輸出圖片，其建構的流程就是一個畫素一個畫素往圖片上填，但它並不能明白畫素與畫素之間的關係，雖然最終可以輸出一張圖片，但這種圖片可能會存在問題，如圖 4.15 所示。

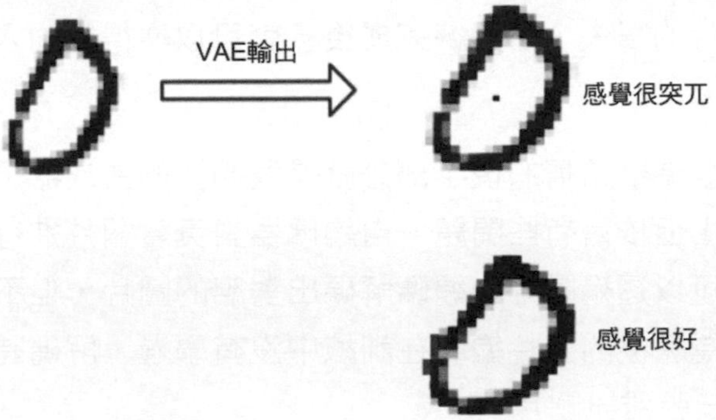

圖 4.15 VAE 存在的問題

使用 VAE 訓練真實圖片數字 0，想獲得該圖片的編碼，VAE 要求輸出圖片與輸入圖片的損失儘量小，所以 VAE 會輸出在數字 0 中多了一個小點的圖片，因為它與原圖片只有一個畫素點不同，而另外一張圖片卻有 5 個畫素點不同。很明顯，0 中多一個小點的圖片更符合 VAE 的要求，但在我們看來，0 中多了一個小點使得整張圖片都很突兀，感覺不行，但另外一張，雖然比原本的圖片多了 5 個畫素，但在我們看來卻可以接受，沒感覺有多大的差別。

因為 VAE 沒有大局觀，它不能了解組成輸出「結構」的元件之間的關係，這就導致 VAE 只能模仿真實資料的表層，無法了解真實資料中內部元件的關係。這其實是 VAE 網路結構上的缺陷，在同一層的神經單元無法相互影響，例如輸出層要輸出畫素，輸出層間的神經單元是沒有連接的，如圖 4.16 所示。

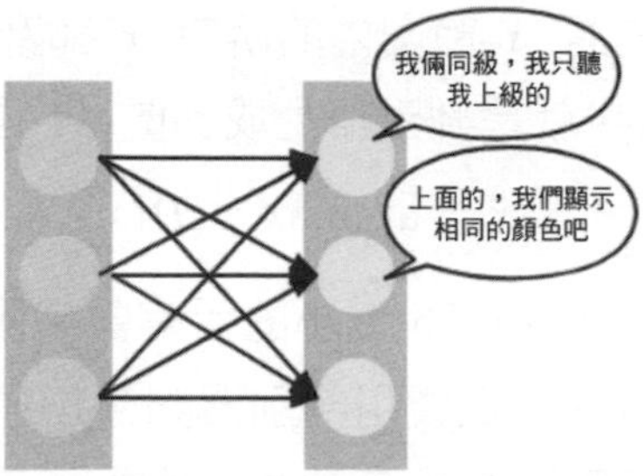

圖 4.16 沒有大局觀

要解決這種結構上帶來的問題，一種很暴力的方法就是讓 VAE 網路結構更深一些。這樣就可能讓元件之間的關係在輸出層的上層就表達這也是為什麼 VAE 在生成圖片時，其網路結構都比 GAN 複雜，要生成的圖片越複雜，VAE 的網路結構也要對應越複雜，這始終不是一個好的方法。

4.4.2 為什麼判別器 *D* 不自己生成資料

解決了生成器是否可以單獨生成資料的問題，接著就來看判別器為何不自己生成資料？這其實更耐人尋味，回憶 GAN 的訓練過程，判別器會先學習真實圖片的分佈，從而獲得「標準」。既然判別器已經知道好的圖片是什麼樣子，為何不自己動手生成，反而去教生成器如何生成呢？其實判別器也是可以自己生成資料的，但會遇到一些問題，下面來詳細討論一下。

在 GAN 中判別器的作用其實很簡單，獲得一份資料，給這份資料評分。如果認為它是真實的資料，就給予高分；如果認為它是生成資料，就給予低分。要做到這一點，判別器自身就要有「標準」，其實就是一種全域觀的表現，判別器要總覽輸入它的圖片，從而進行判斷。相對於生成器而言，判別器擁有大局觀，可以了解輸出結構元件與元件之間的關係。

假設現在已經擁有了一個可以判斷真實圖片和生成圖片的判別器，那它如何單獨生成圖片？一個做法就是，窮舉一定數量的畫素下可以產生的所有圖片，將這些圖片都輸入判別器，其中判別器評分最高的圖片，就可以認為是判別器生成的圖片。

用數學語言表示，就是將 X 範圍內的所有 x 都窮舉一遍並輸入判別器 D 中，獲得分數最高的 x，就是判別器生成的圖片，記為$\check{x}$，則有

$$\check{x} = \text{argmax}_{x \in X} D(x)$$

舉例來說，用判別器生成 25×25 大小的手寫數字圖片，那麼就窮舉 25×25 畫素可以組成的所有圖片，然後用判別器判斷出得分最高的畫素組合，從而獲得一張圖片，但是要窮舉那麼大的資料量，可行嗎？

先假設找到一種演算法，讓窮舉這種想法可行，那麼判別器是如何訓練出可以判別出生成圖片和真實圖片這種能力的呢？也就是一開始的假設，我們假設已經有了這樣的判別器，但現實是，我們並沒有。

要訓練出一個可以區分真實圖片和生成圖片的判別器，就需要真實圖片和生成圖片作為資料進行訓練，生成圖片從哪來？因為你現在要做的都是判別器單獨生成圖片，所以生成圖片從判別器來，這就出現了「鎖死」問題，訓練判別器需要生成圖片，而獲得生成圖片需要一個已訓練好的判別器。

可否將透過隨機雜訊生成的圖片交由判別器訓練呢？可以，此時訓練判別器透過的是真實圖片和雜訊圖片，這樣訓練出來的判別器的判別能力就好很多，稍微好一點的圖片（比雜訊圖片好很多），就給予高分。但在我們看來，判別器給予高分的圖片與真實圖片之間還有很大的差距。其實可以進行以下操作。

（1）一開始使用真實圖片和隨機生成的雜訊圖片訓練出一個判別能力較差的判別器，透過窮舉的方法獲得判別器生成的圖片（即計算 $\check{x} = \text{argmax}_{x \in X} D(x)$這個公式），這些圖片會比原始的雜訊圖片要好。

（2）使用真實圖片和生成的圖片來訓練出一個判別器，此時的判別器的判別能力會比上一代好。

（3）迴圈這個過程，直到判別器生成的圖片與真實圖片沒有太大的差異。

一個新的問題就是，為何訓練出的判別器不能直接生成與真實圖片差異較小的圖片？窮舉所有可能，獲得判別器評分最高的那種可能作為判別器的生成資料，那麼分數最高的應該就是與真實資料最接近的資料，此時生成的資料應該與真實資料非常接近才對，那麼上面的演算法就沒有意義，因為無法進行第 3 步，畢竟真實圖片與生成圖片都一樣了。

但實際上，資料分佈在高維空間中，你透過生成資料和真實資料來訓練判別器，判別器會給生成資料所對應的分佈指定低分，給真實資料所對應的分佈指定高分。但高維空間很廣闊，其他區域在訓練判別器時並沒有涉及，這些部分判別器給予的分數可能比真實資料還要高，這種可能性較高，因為高維空間很大，那麼此時生成的就是這部分分佈對應的資料，它可能是比較模糊的圖片，此時使用這些生成資料和真實資料一起再次訓練判別器，讓判別器將此前沒有考慮的分佈也考慮進去，壓低它的分數。訓練判別器就是迴圈這個過程。

訓練判別器的方法明確了，但真的要進行窮舉嗎？

4.4.3 為什麼選擇 GAN

透過前面的討論，我們知道單獨使用生成器或判別器來生成圖片都會面臨一定的困難，簡單複習一下。

（1）對生成器而言，它可以透過自編碼器的網路結構輕鬆地生成資料，但是生成的資料只是對真實資料的簡單模仿，原因就是生成器無法了解組成其輸出結構的元件與元件之間的關係，喪失大局觀。

（2）對判別器而言，它擁有大局觀，可以把控元件與元件之間的關係，但生成資料並不總是可行的，特別是當判別器的網路結構較複雜時，窮舉就會有很大的困難，這也會導致判別器無法訓練。

但將生成器和判別器結合起來的 GAN 就解決了上面的問題，GAN 透過兩個模型的優點互補了模型遇到的問題。透過判別器，讓生成器有了大局觀；透過生成器讓判別器可以輕鬆地生成圖片。兩個模型通力合作，組成 GAN。

數學化的語言就是判別器利用生成器來求解$\check{x} = \mathrm{argmax}_{x \in X} D(x)$，獲得$\check{x}$，生成器依舊以一個元件一個元件的形式生成結構資料，但透過判別器來學習元件之間的關係。

4.5 小結

本章一開始透過生活中的例子引入 GAN 的概念，讓讀者對 GAN 有了初步的概念後，再透過各種問題啟動讀者思考，透過解答問題逐步深入 GAN，讓讀者對 GAN 的了解經歷直觀了解→模型層面了解→數學層面了解→程式層面了解 4 個過程。閱讀完本章內容，相信讀者對 GAN 已經有了整體把握。如果你還想了解更深的細節，可以閱讀 GAN 的論文 *Generative Adversarial Nets*。下一章會帶領讀者更進一步，了解支撐 GAN 的數學理論，感受公式推導證明的樂趣。

Chapter

05

生成對抗網路的數學原理

上一章對 GAN 模型進行了深入的介紹，但還不夠入木三分。本章嘗試從數學的角度去剖析 GAN 的思維，透過相關的公式推導，讓大家再次感受數學之美的同時加深對 GAN 的認知，下面進入數學之旅。

5.1 擬合真實分佈

我們都知道 GAN 的重要運用就是生成逼真的圖型。生成逼真圖型在 GAN 出現之前就是一個重要的研究方向，本節簡單討論一下在 GAN 出現之前，圖型生成工作是怎麼實現的，再與當下 GAN 進行簡單的比較，從而加深對 GAN 的了解。

首先從最大似然估計開始討論，最大似然估計是機器學習中非常常見的用於估計模型參數的方法。

5.1.1 最大似然估計

最大似然估計（Maximum Likelihood Estimation，MLE）是一種利用已知資訊，反向推導出最有可能產生這些資訊的模型參數的方法。假設現在我手上有一些已知資料，這些資料是由一個模型產生的，但我不知道該模型的參數，那我就透過手上的已知資料去計算模型參數，將計算出的模型參數當作模型的正常參數。背後的思維就是，既然某些資料已經知道了，說明模型是最有可能產生這些資料的（已產生），所以透過這些資料反向推導出的模型參數就最有可能是模型的真實參數。

下面舉一個常見的抽球例子來直觀地解釋最大似然估計。

假設有一個裝有黑球與白球的不透明盒子，這些球除顏色外其餘都相同，盒子中黑球和白球的比例未知。現在讓你有放回地從盒子中取出一個球，有放回地取出是為了確保每次取出都是一個獨立事件，因為使用最大似然估計的前提條件是每個事件都是獨立同分佈的，所有每次取出有放回是很重要的。現在你有放回地重複取出了 10 次，其中 7 次是白球，3 次是黑球，問你不透明盒子裡黑球與白球的比例是多少？一個直接的答案就是 3:7，即盒子中 30%是黑球，70%是白球。但這畢竟是個人主觀的答案，能否透過數學理論證明盒子中球的比例很可能是 3:7 呢？我們可以使用最大似然估計來求取盒子中球的比例。

要使用最大似然估計，就先從數學上了解它。使用最大似然估計就要求其中的每個事件都是獨立同分佈的，假設$x_1, x_2, \cdots, x_n$事件是獨立同分佈的，現在有個模型產生了這些事件，模型的參數θ未知，那麼模型產生這些事件的機率就可以表示為以下形式。

$$f(x_1, x_2, \cdots, x_n|\theta) = f(x_1|\theta) \cdot f(x_2|\theta) \cdot \cdots \cdot f(x_n|\theta)$$

現在我們想求出模型的參數θ，使用最大似然估計來求解。它的核心思維是，既然$x_1, x_2, \cdots, x_n$事件已經發生了，那麼就認為具有確定參數的該模型最有可能產生$x_1, x_2, \cdots, x_n$，也就是認為，透過$x_1, x_2, \cdots, x_n$事件反推出最有可能產生這些事件的模型參數是合理的，因為在這個參數下，$x_1, x_2, \cdots, x_n$才最有可能發生。可能有點繞，直接看運算式。

$$L(\theta|x_1, x_2, \cdots, x_n) = f(x_1, x_2, \cdots, x_n|\theta) = \prod_{i=1}^{n} f(x_i|\theta)$$

這個運算式簡明地表述了上面的一大段話，首先看到原本的公式

$f(x_1,x_2,\cdots,x_n|\theta)$，它表示模型在一個參數$\theta$下產生了事件$x_1,x_2,\cdots,x_n$，此時模型參數是已知的。而$L(\theta|x_1,x_2,\cdots,x_n)$雖然與$f(x_1,x_2,\cdots,x_n|\theta)$相等，但含義卻完全不同，它表示既然$x_1,x_2,\cdots,x_n$事件已經發生了，則說明模型最有可能產生這些事件，那麼就可以透過這些已知的事件來求解未知的模型參數θ。

$f(x_1,x_2,\cdots,x_n|\theta)$是$\theta$已知，但事件$x_1,x_2,\cdots,x_n$未知；$L(\theta|x_1,x_2,\cdots,x_n)$是$\theta$未知，但事件$x_1,x_2,\cdots,x_n$已知。

為了簡化計算，對公式兩邊取對數，方便後面求導計算，變換後公式如下。

$$\ln L(\theta|x_1,x_2,\cdots,x_n) = \ln\sum_{x_i}^{n} f(x_i|\theta)$$

$\ln L(\theta|x_1,x_2,\cdots,x_n)$成為對數似然，做除法運算，就可以獲得平均對數似然。

$$\hat{e} = \frac{1}{n}\ln L(\theta|x_1,x_2,\cdots,x_n)$$

了解了最大似然估計的計算方法後，回到剛剛的抽球問題，只需要將對應的數值代入平均對數似然的公式，就可以得到兩球的比例。

$$\hat{e} = \frac{1}{10}\ln L(\theta|x_1,x_2,\ldots,x_{10}) = \frac{1}{10}\ln[\theta^7(1-\theta)^3]$$（獨立事件概率相乘取對數）

最大似然估計就是求取模型參數θ，使得出現抽中 7 次白球、3 次黑球的可能性最大，那麼只需求導並令導數為 0 獲取極值即可，該極值就是θ的值。換句話說，當θ為該值時，抽 10 次球，出現 7 次白球的可能性最大，具體求解如下。

$$\hat{e}'(\theta) = 7\theta^6(1-\theta)^3 - 3\theta^7(1-\theta)^2 = 0$$

$$7\theta^6(1-\theta)^3 = 3\theta^7(1-\theta)^2 \Rightarrow \theta = 0.7$$

透過上面計算，獲得白球的機率為 0.7，但盒子中白球真的佔 70%嗎？不一定，可能盒子裡的白球只佔 10%，只是你此時運氣特別好，有放回地 10 次取出總是抽中白球而已。這裡要説明的是，最大似然估計計算出來的模型參數並不一定是真實的模型參數，可能因為抽樣樣本比較少，導致算出來的結果與真實情況大相徑庭。它只是一種認為當前已有資料參數了，那麼就認為模型最有可能產生這些資料，從而透過這些資料反推出的模型參數也是最有可能的一種估計方法。當抽樣樣本越來越多時，最大似然估計獲得的結果才會越來越準確，即當$n \longrightarrow \infty$，$\theta' \rightarrow \theta$，其中$\theta'$是最大似然估計結果，$\theta$是真實結果。

最大似然估計嚴謹的數學定義是，指定資料集$\chi = x_1, x_2, \ldots, x_n$，一個待擬合的分佈族$p_\theta(x)$，求 $\hat{\theta}$ 使得似然$L(\theta|\chi) = \log p_\theta(\chi)$最大。

在抽球問題中，我們透過求導獲得極大值，計算後，獲得唯一一個極值。但有些情況下，求導為 0 獲得的極值不一定是唯一的，此時需要進一步去驗證求出的所有值，這些值裡面只有一個最大值。

當$p_\theta(x)$是指數分佈族時，$L(\theta|\chi)$導數為 0，其極值只有一個，該值就是最大值。證明如下。

指數分佈族的機率密度函數為

$$p_\theta(x) = h(x)\exp\left(\theta^{\mathrm{T}} \cdot T(x) - A(\theta)\right)$$

其中，x表示該分佈密度函數的引數；θ表示一個參數向量；$T(x)$表示充分統計量（sufficient statistic）；$A(\theta)$表示配分函數（log partition function）且$A(\theta)$是凸函數。

在最大似然問題中，$p_\theta(x)$如果是指數分佈族，則滿足指數分佈族的機率密度函數，將其代入最大似然公式中，就獲得以下公式。

$$L(\theta|\chi) = \log h(\chi) + \theta^{\mathrm{T}} \sum_{i=1}^{n} x_i - nA(\theta)$$

其中，$h(\chi)=\prod_{i=1}^{n}h(x_i)$是一個常數；$A(\theta)$是凸函數；則$-A(\theta)$是凹函數；$\theta^{\mathrm{T}}\sum_{i=1}^{n}x_i$是一個線性函數；三者求和獲得的$L(\theta|\chi)$也是一個凹函數；對凹函數求導為 0，可以獲得唯一一個極大值，完成證明。

一般而言，凸函數是向下凸的，形狀像向下凹陷的碗狀；而凹函數是向上凹，形狀像一個小山丘。所以對凹函數求極值，獲得的是最大值；對凸函數求極值，獲得的是極小值。

5.1.2 最大似然估計擬合分佈

簡單討論最大似然估計後，就可以嘗試解答一開始的疑問了，即 GAN 沒有提出之前，圖型生成是怎麼實現的？

在 GAN 中，要實現圖型生成，其簡單原理就是想讓生成器學會真實圖型在高維空間中的分佈。在 GAN 沒有出現前，這個想法就已經有了，即透過某種模型來擬合真實圖型的分佈，當某個模型擬合了真實圖型在高維空間中的分佈後，就可以透過這個模型來生成圖型了。

現在的問題就變成如何找到可以擬合高維空間中圖型分佈的模型，這其實可以利用最大似然估計的思維。假設真實圖型在高維空間中的分佈為$P_{\text{data}}(x)$，該分佈我們無法準確地知道，因為我們無法獲得所有真實圖型，但可以透過抽樣的方式來獲得$P_{\text{data}}(x)$大致的分佈，接著定義一個模型$P_G(x;\theta)$，假設該模型生成的資料服從正態分佈，現在要做的就是透過訓練計算出一個θ來最小化$P_G(x;\theta)$分佈與真實圖型分佈$P_{\text{data}}(x)$之間的差異。

為了方便了解，透過數學語言來描述，首先從真實分佈$P_{\text{data}}(x)$中取出一些樣本$x_1,x_2,\cdots,x_n$，這些樣本都是真實圖型，按最大似然估計的思維，即這些資料被取出了出來，就說明這些資料最有可能從真實分佈$P_{\text{data}}(x)$中取出來。如果從$P_G(x;\theta)$分佈中取出了同樣的樣本，就可以說明$P_G(x;\theta)$分佈與真實圖型分佈$P_{\text{data}}(x)$是相同或相似的。那麼現在要做的就是計算出模型$P_G(x;\theta)$中的θ，讓該模型生成資料的分佈最有可能取出與$P_{\text{data}}(x)$相同的樣本，其實就是利用最大似然。

$$L = \prod_{i=1}^{n} P_G(x_i|\theta)$$

利用從真實分佈$P_{\text{data}}(x)$中取出來的樣本來計算$P_G(x;\theta)$，希望找到一個θ，讓$P_G(x;\theta)$最有可能生成同樣的樣本，即最大化似然函數 L，可表達為以下公式。

$$\theta^* = \text{argmax}_\theta \prod_{i=1}^{n} P_G(x_i;\theta)$$

5.1.3 最大似然估計與 KL 散度的關係

透過前面的討論已經知道，可以透過最大似然估計的方式來獲得一個模型$P_G(x;\theta)$用於生成圖型，之所以可以用來生成圖型，是因為經過最大似然估計後，可以獲得一個θ，讓$P_G(x;\theta)$擬合真實圖型的分佈。

為了更深入地了解，我們來推導一下上一節獲得的最大似然公式。

$$\begin{aligned}\theta^* &= \text{argmax}_\theta \prod_{i=1}^{n} P_G(x_i;\theta) \\ &= \text{argmax}_\theta \prod_{i=1}^{n} \log P_G(x_i;\theta)\end{aligned}$$

因為x_i是從$P_{\text{data}}(x)$中取出來的，所以可以將上式表達為以下形式。

$$\theta^* \approx \text{argmax}_\theta E_{x\sim P_{\text{data}}}[\log P_G(x;\theta)]$$

將其以積分形式展開：

$$\theta^* \approx \text{argmax}_\theta \int_x P_{\text{data}}(x) \log P_G(x;\theta)\,\mathrm{d}x$$

可以在公式中增加一項，該項與$P_G(x;\theta)$無關，所以增加變換後的公式的最終的計算結果與未變化前是相同的。

$$\begin{aligned}\theta^* &\approx \operatorname{argmax}_\theta \int_x P_{\text{data}}(x) \log P_G(x;\theta)\,\mathrm{d}x - \int_x P_{\text{data}}(x) \log P_{\text{data}}(x)\,\mathrm{d}x \\ &= \operatorname{argmax}_\theta \int_x P_{\text{data}}(x) \left(\log P_G(x;\theta) - \log P_{\text{data}}(x)\right)\mathrm{d}x\end{aligned}$$

回憶一下 KL 散度（相對熵）的內容，不難發現，上面的公式就是 KL 散度的形式，那麼最終的推導結果如下。

$$\theta^* \approx \operatorname{argmax}_\theta \mathrm{KL}(P_{\text{data}} \parallel P_G)$$

到這裡可以直觀地知道最大化似然函數 L，以計算出一個可以生成真實圖型的模型$P_G(x;\theta)$，其本質就是最小化真實分佈P_{data}與生成分佈P_G的相對熵。

5.2 生成對抗網路

前面討論了以最大似然估計的方式來獲得生成圖型模型的方法，這種方法是可行的，但有比較大的約束，即$P_G(x;\theta)$模型不能太複雜。例如$P_G(x;\theta)$服從正態分佈，那麼透過最大似然估計的方式就可以計算出$P_G(x;\theta)$，但如果$P_G(x;\theta)$是一個非常複雜的分佈，那麼使用這種方式難以獲得一個理想的模型。這種強制性的約束會造成各種限制，而我們希望的是$P_G(x;\theta)$可以為任意分佈，這就需要引出 GAN 了。

5.2.1 生成器擬合分佈

在 GAN 中有兩個主要的組成部分，分別是生成器與判別器。這裡先討論生成器，因為透過最大似然估計的方式能計算複雜分佈的$P_G(x;\theta)$，所以 GAN 的方法就是使用一個神經網路來完成這個事情，而這個神經網路就是生成器，因為神經網路可以擬合任意的分佈，所以生成器不存在最大似然估計會遇到的問題。

對於 GAN 中的生成器而言，它會接收一個雜訊輸入，這個雜訊輸入可以來自正態分佈、均勻分佈或其他任意分佈，經過生成器複雜的神經網路變換，輸出的資料可以組成一種複雜的分佈，最小化這個分佈與真實分佈之間的差異即可。對於輸入給生成器的資料分佈不用太在意，因為生成器是一個複雜的神經網路，它有能力將輸入的資料「改造」成各式各樣的資料分佈，如圖 5.1 所示。

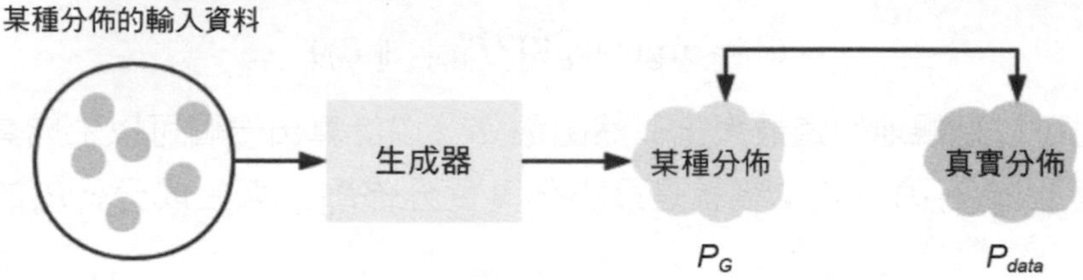

圖 5.1 生成器

那麼對生成器而言，它的目標函數為

$$G^* = \text{argmin}_G \text{Div}(P_G, P_{\text{data}})$$

即最小化生成分佈P_G與真實分佈P_{data}之間的距離$\text{Div}(P_G, P_{\text{data}})$。

因為我們無法準確地知道生成分佈P_G與真實分佈P_{data}具體的分佈情況，所以依舊使用取樣的方式來解決這個問題，即從資料集中取出一個樣本，將取出的樣本的分佈看成是P_G與P_{data}的分佈。這種做法背後的思維其實是大數定理，知道了兩個分佈後，就可以透過訓練生成器來最小化兩分佈之間的距離了。

5.2.2 判別器計算分佈的差異

生成器可以最小化生成分佈P_G與真實分佈P_{data}之間的距離，但如何定義這個距離，即生成器目標函數中的$\text{Div}(P_G, P_{\text{data}})$如何定義呢？

GAN 可以透過判別器來定義這兩個分佈的距離，簡單回顧一下判別器，如圖 5.2 所示。

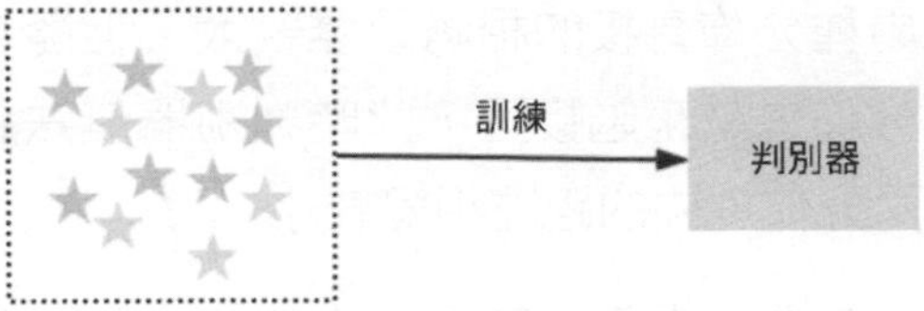

圖 5.2　判別器

使用真實資料與生成資料來訓練判別器，訓練的目標是讓判別器可以分辨出哪些資料是真實資料哪些資料是生成資料，即給真實資料打高分，給生成資料打低分，其公式為

$$V(G,D) = E_{x\sim P_{\text{data}}}[\log D(x)] + E_{x\sim P_G}[\log(1 - D(x))]$$

對於從真實分佈P_{data}中抽樣的樣本x就打高分，即最大化$\log D(x)$；對於從生成分佈P_G中抽樣的樣本x就打低分，即最大化$\log(1 - D(x))$，那麼判別器 D 的目標函數為

$$D^* = \text{argmax}_D V(D,G)$$

訓練判別器就像訓練一個二元分類器，其實質就是可以辨識出真實資料與生成資料，如圖 5.3 所示。

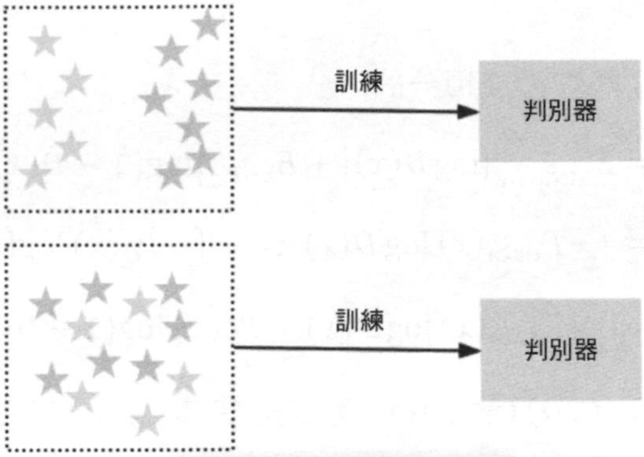

圖 5.3　二元分類器

從圖 5.3 可以看出，一開始，生成器還不會生成與真實圖型很接近的生成圖型，此時判別器做二分類就可以輕易地辨識出輸入的資料是真實資料還

是生成資料，此時兩種分佈直接的相隔距離較大。但隨著訓練加多，生成資料與真實資料的分佈會越來越接近，此時判別器無法將生成資料與真實資料完全區分開，兩分佈之間的距離相隔較小。

回到一開始的話題，生成器在訓練時需要先定義出生成分佈P_G與真實分佈P_{data}之間的距離$\text{Div}(P_G, P_{\text{data}})$，而兩分佈的之間距離可以由判別器來定義。

$$D^* = \text{argmax}_D V(D, G),$$

從而生成器可以獲得新的目標公式。

$$G^* = \text{argmin}_G \text{Div}(P_G, P_{\text{data}}) \Rightarrow G^* = \text{argmin}_G \max_D V(G, D)$$

5.2.3 GAN 的數學推導

透過前面的討論，已經明白了生成器用來擬合真實分佈，判別器用來測量真實分佈與生成分佈之間的距離，接著我們就來推導一下$\text{argmin}_G \max_D V(G, D)$。

因為在訓練生成器之前，先要有兩分佈之間距離的定義，所以這裡就來推導$\max_D V(G, D)$。

將判別器的目標函數變換成積分的形式。

$$\begin{aligned} V &= E_{x\sim P_{\text{data}}}[\log D(x)] + E_{x\sim P_G}\big[\log\big(1 - D(x)\big)\big] \\ &= \int_x P_{\text{data}}(x) \log D(x)\,\text{d}x + \int_x P_G(x) \log\big(1 - D(x)\big)\,\text{d}x \\ &= \int_x [P_{\text{data}}(x) \log D(x) + P_G(x) \log(1 - D(x))]\,\text{d}x \end{aligned}$$

因為判別器希望$V(G, D)$最大，其實就是要求上式的中間部分最大，即$P_{\text{data}}(x) \log D(x) + P_G(x) \log(1 - D(x))$最大，為了簡化計算，我們將$P_{\text{data}}$記為 a，將$D(x)$記為 D，將$P_G(x)$記為 b，則$P_{\text{data}}(x) \log D(x) + P_G(x) \log(1 - D(x))$變換成以下形式。

$$f(D) = a \log(D) + b \log(1 - D)$$

要找到一個 D 使得$f(D)$函數最大，求其導數為 0 的值即可。

$$\frac{\mathrm{d}f(D)}{\mathrm{d}D}=a\frac{1}{D}-b\frac{1}{1-D}=0$$

將上式進行簡單的變化：

$$a\frac{1}{D}=b\frac{1}{1-D}$$

$$a-aD=bD$$

$$D=\frac{a}{a+b}$$

令 a 與 b 替換原來的值，獲得以下公式。

$$D^*(x)=\frac{P_{\mathrm{data}}(x)}{P_{\mathrm{data}}(x)+P_G(x)}$$

推導出$\max_D V(G,D)$，就可以將推導出的值代入生成器的目標函數中。

$$V(G,D^*)=E_{x\sim P_{\mathrm{data}}}\left(\log\frac{P_{\mathrm{data}}(x)}{P_{\mathrm{data}}(x)+P_G(x)}\right)+E_{x\sim P_G}\left(\log\frac{P_G(x)}{P_{\mathrm{data}}(x)+P_G(x\acute{U})}\right)$$

將其變換為積分形式。

$$\begin{aligned}&V(G,D^*)\\&=\int_x P_{\mathrm{data}}(x)\log\frac{P_{\mathrm{data}}(x)}{P_{\mathrm{data}}(x)+P_G(x)}\mathrm{d}x+\int_x P_G(x)\log\frac{P_G(x)}{P_{\mathrm{data}}(x)+P_G(x)}\mathrm{d}x\end{aligned}$$

做一些簡單的變換：

$$\begin{aligned}V(G,D^*)&=\int_x P_{\mathrm{data}}(x)\log\frac{\frac{1}{2}P_{\mathrm{data}}(x)}{\frac{P_{\mathrm{data}}(x)+P_G(x)}{2}}\mathrm{d}x+\int_x P_G(x)\log\frac{\frac{1}{2}P_G(x)}{\frac{P_{\mathrm{data}}(x)+P_G(x)}{2}}\mathrm{d}x\\&=-2\log 2+\int_x P_{\mathrm{data}}(x)\log\frac{P_{\mathrm{data}}(x)}{\frac{P_{\mathrm{data}}(x)+P_G(x)}{2}}\mathrm{d}x\\&\quad+\int_x P_G(x)\log\frac{P_G(x)}{\frac{P_{\mathrm{data}}(x)+P_G(x)}{2}}\mathrm{d}x\end{aligned}$$

上面推導出的這個公式就是 JS 散度，回憶一下 JS 散度的公式。

$$M = \frac{1}{2}(P + Q)$$

$$\mathrm{JS}(P \parallel Q) = \frac{1}{2}D(P \parallel M) + \frac{1}{2}D(Q \parallel M)$$

可以看出$V(G, D^*)$用於類似的樣式，所以可以將$V(G, D^*)$簡化一下。

$$\begin{aligned} V(G, D^*) &= -2\log 2 + \mathrm{KL}\left(P_{\text{data}} \parallel \frac{P_{\text{data}} + P_G}{2}\right) + \mathrm{KL}\left(P_G \parallel \frac{P_{\text{data}} + P_G}{2}\right) \\ &= -2\log 2 + 2\mathrm{JS}(P_{\text{data}} \parallel P_G) \end{aligned}$$

推導到這裡就可以得出，生成器最小化 GAN 的目標函數就是最小化真實分佈與生成分佈之間的 JS 散度，即最小化兩個分佈的相對熵。

直觀地展示一下上面的公式推導，這裡使用簡單的二維的函數圖型來簡化複雜分佈的表示，如圖 5.4 所示。

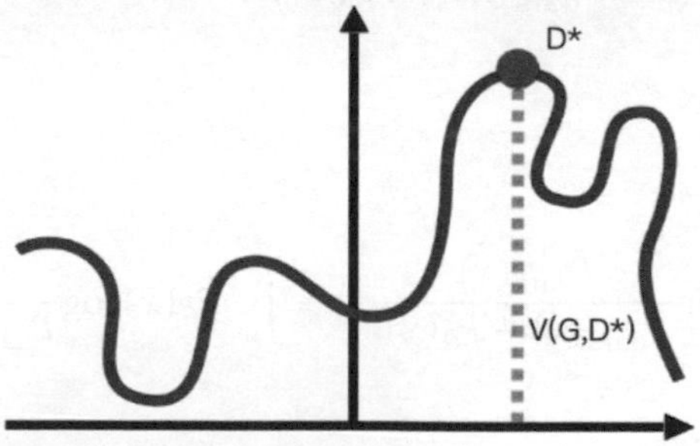

圖 5.4 V(G,D*)

首先，對判別器而言，其目標函數為$\max_D V(D, G)$，即找到函數的最高點，如圖 5.4 中的小數點就是該分佈的最高點。接著將該點代入生成器的目標函數，就可以獲得一個高度$V(G, D^*)$，該高度就是生成分佈與真實分佈的 JS 散度，生成器的目標就是最小化這個 JS 散度，而判別器的目標就是儘量測量出生成分佈與真實分佈的 JS 散度。

5.2.4 GAN 的本質

透過上面對 GAN 目標函數的推導，最終發現 GAN 的目標函數就是 JS 散度，那麼 GAN 做的事情簡單而言就是，透過判別器找到當前生成分佈與真實分佈的 JS 散度，然後再透過生成器生成資料組成新的生成分佈，從而減小生成分佈與真實分佈之間的 JS 散度。

從生成器的角度看，它就是最小化$\max_D V(G,D)$，將$\max_D V(G,D)$記為$L(G)$，那麼生成器要做的就是對$L(G)$函數做微分運算，計算出生成器參數要更新的值，然後透過梯度下降演算法更新生成器的參數。

$$\theta_{\mathrm{G}} = \theta_{\mathrm{G}} - \eta \frac{\partial L(G)}{\partial \theta_{\mathrm{G}}}$$

一個值得思考的問題是，$\max_D V(G,D)$可以微分嗎？答案是可以。舉個具體例子，假設現在有函數$g(x) = \max\{f_1(x), f_2(x), f_3(x)\}$，對$g(x)$求微分，就是對$g(x)$中最大的那個函數求微分，其直觀形式如圖 5.5 所示。

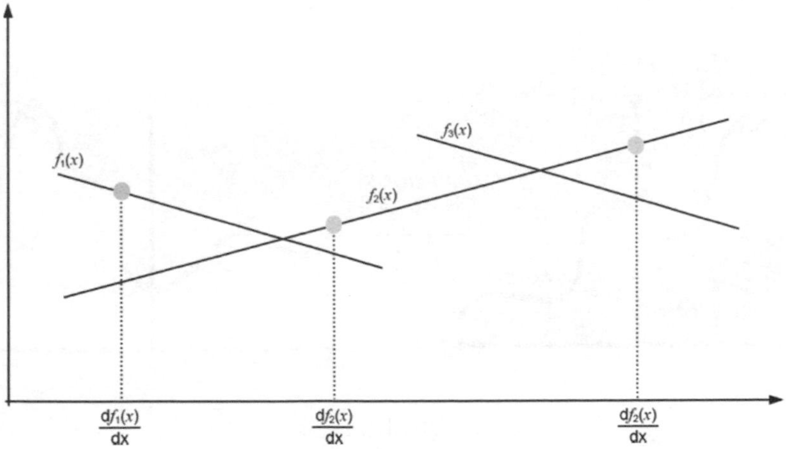

圖 5.5 求微分

因為$g(x)$是由多個函數組成的，所有對$g(x)$求微分也就是對不同函數求微分，因為$g(x)$只選擇函數中最大的，那麼對某個區域來說，就對該區域最大的函數求導即可，如圖 5.5 所示。

同理，對於 GAN 中的$\max_D V(G,D)$也是一樣，該函數求微分與普通函數求微分相似，用數學語言描述 GAN 的訓練過程如下。

（1）固定生成器 G，訓練判別器 D，獲得$\max_D V(G,D)$。

（2）固定判別器 D，對$\max_D V(G,D)$做微分，從而計算出生成器參數要更新的值。

$$\theta_G = \theta_G - \eta \frac{\partial L(G)}{\partial \theta_G} = \theta - \eta \nabla L(\theta_G)$$

（3）重複上面兩步驟，直到 GAN 收斂。

但在 GAN 的程式實現上，訓練 GAN 時通常都會訓練多次，如固定判別器 D，然後訓練多次生成器，讓生成器最小化 JS 散度。這就會產生一個疑問，如果固定判別器 D 後會訓練多次生成器，那麼生成器的參數就會被更新多次，這就導致函數$V(G,D)$發生了變化，而此時判別器 D 的參數是被固定的，那麼對判別器而言，變化後函數$V(G,D)$所在的點不是最大值所在的點，直觀形式如圖 5.6 所示。

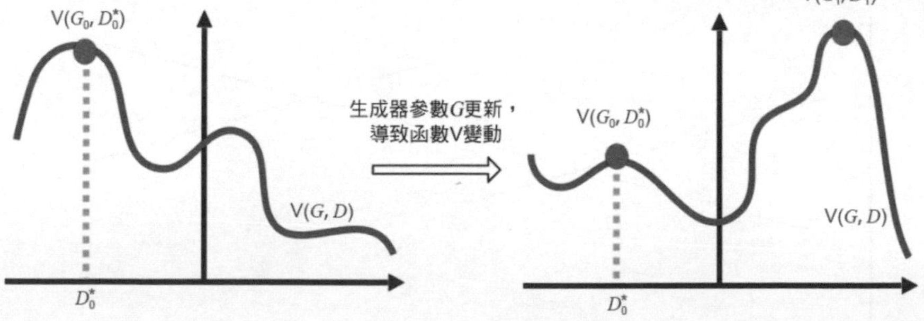

圖 5.6 V(G,D)發生變化

一開始，判別器計算出$\max_D V(G,D)$在D_0^*的位置，將該位置的值代入可以獲得生成分佈與真實分佈的 JS 散度，即$V(G,D_0^*)$。然後再透過訓練生成器來減少兩分佈之間的 JS 散度，訓練生成器其實就是更新生成器上的各種參數，而更新生成器的參數就會導致目標函數$V(G,D_0^*)$發生變化，發生變化後的函數，其$\max_D V(G,D)$可能不在D_0^*所在的位置。如圖 5.6 中變化後的函數，其$\max_D V(G,D)$獲得的值應該為D_1^*，但因為訓練時固定著判別器，所以依舊使用D_0^*，那麼就無法獲得生成分佈與真實分佈的 JS 散度，既然有這個問題，為什麼還要這樣訓練呢？

透過上面的分佈，可以知道每次改變生成器 G，整個函數就會改變，此時固定的判別器 D 不一定再表示最大值$\max_D V(G,D)$，即無法獲得兩分佈的 JS 散度。但實際上，依舊可以將當前判別器獲得的值看成與 JS 散度非常相近的值，因為生成器 G 在每次訓練時，不會相對於上一次有一個較大的變動，從而導致函數$V(G,D)$變化過大，此時依舊可以近似將D_0^*看成變動後函數$V(G,D)$最大值的近似值。當生成器 G 經過一定次數訓練後，函數$V(G,D)$變化可能比較大，此時再訓練判別器 D，即找出新函數的 JS 散度。

在理論推導上，判別器 D 可以推導計算出$\max_D V(G,D)$，但在實作方式上，該值不一定是最大值。判別器 D 本身也是一個神經網路，我們訓練該網路，希望可以找到$\max_D V(G,D)$表示該函數最大的值，但因為函數$V(G,D)$可能比較複雜，判別器通常無法獲得該函數的全域最佳，而是獲得該函數的局部最佳。實際上在訓練 GAN 網路時，並不會強制要求判別器 D 找到$V(G,D)$全域最大值，只要獲得一個可以接受的局部最佳解即可。

值得一提的是，因為我們無法確切地獲得真實分佈P_{data}與生成分佈P_G的值，所以透過抽樣的方式來獲得樣本，以樣本的分佈來近似地表示真實分佈與生成分佈，即$x_1 x_2,\cdots,x_n \in P_{\text{data}}(x)$、$x_1',x_2',\cdots,x_n' \in P_G(x)$，那麼判別器的目標函數就可以變成以下形式。

$$\max_D V = E_{x\sim P_{\text{data}}}[\log D(x)] + E_{x\sim P_G}[\log 1 - D(x)] \Rightarrow$$

$$\max_D V' = \frac{1}{n}\sum_{i=1}^{n} \log D(x_i) + \frac{1}{n}\sum_{i=1}^{n} \log\bigl(1 - D(x_i')\bigr)$$

換個角度看，判別器其實就是一個二元分類器，使用 sigmoid 啟動函數作為最後一層的輸出（sigmoid 輸出的值在 0～1），$x_1 x_2,\cdots,x_n \in P_{\text{data}}(x)$是該二元分類器的積極樣本，而$x_1', x_2', \cdots, x_n' \in P_G(x)$是該二元分類的消極樣本，透過兩種不同的資料來訓練該分類器，從而最小化兩分佈的交叉熵損失，最小化兩分佈的交叉熵損失相等於最大化V'，即$\max_D V'$。

現在再回頭來看 GAN 的演算法，用數學語言描述如下。

（1）獲得樣本，真實樣本$x_1, x_2, \cdots, x_n \in P_{\text{data}}(x)$，雜訊樣本$z_1, z_2, \cdots, z_n \in P_z(z)$，生成樣本$x_1', x_2', \cdots, x_n' \in P_G(x)$。

（2）固定生成器 G，訓練判別器 D。

判別器目標函數：

$$\max_D V' = \frac{1}{n}\sum_{i=1}^{n} \log D(x_i) + \frac{1}{n}\sum_{i=1}^{n} \log\big(1 - D(x_i')\big)$$

更新判別器的參數：

$$\theta_D = \theta_D + \eta \nabla V'(\theta_D)$$

$\max_D V'$通常無法獲得最大值，局部最佳即可。

（3）固定判別器 D，訓練生成器 G。

生成器目標函數：

$$V' = \frac{1}{n}\sum_{i=1}^{n} \log D(x_i) + \frac{1}{m}\sum_{i=1}^{n} \log\Big(1 - D\big(G(z_i)\big)\Big)$$

因為前面一項與生成器沒有關係，所以可以將V'簡化為：

$$V' = \frac{1}{m}\log\Big(1 - D\big(G(z_i)\big)\Big)$$

更新生成器的參數：

$$\theta_G = \theta_G - \eta \nabla V'(\theta_G)$$

通常我們會訓練多次判別器 D 後才訓練一次生成器，因為生成器參數更新太多，就會讓V'函數發生較大的變化，從而導致生成器減小的不再是兩分佈的 JS 散度。

5.3 統一框架 F-GAN

經過上面的討論，我們知道了通常使用 JS 散度來定義生成分佈與真實分佈之間的差異，訓練生成器的本質就是減小兩分佈 JS 散度的過程。那麼是否可以不使用 JS 散度而使用其他方式來定義兩種分佈的差異呢？本節就以這個問題為中心多作說明，從而引出 GAN 的統一框架 F-GAN。

5.3.1 f 散度

我們從 f 散度開始討論，f 散度本質上是一個函數，其公式如下。

$$D_f(P \parallel Q) = \int_x q(x) f\left(\frac{p(x)}{q(x)}\right) \mathrm{d}x$$

其中f表示$D_f(P \parallel Q)$的超參數。

當f函數滿足下面兩個條件時，我們就可以使用$D_f(P \parallel Q)$來簡單地衡量兩種機率分佈之間的差異。

- ❑ f函數是一個凸函數。
- ❑ $f(1) = 0$。

簡單解釋一下為何滿足上述兩個條件後，f 散度可以用於衡量兩機率分佈之間的差異。

如果兩機率分佈 P 與 Q 完全相同，那麼$D_f(P \parallel Q)$的值為 0，推導如下。

因為分佈 P 與分佈 Q 相同，則有

$$f\left(\frac{p(x)}{q(x)}\right) = f(1) = 0$$

那麼可以輕易得到

$$D_f(P \parallel Q) = \int_x q(x)\left(\frac{p(x)}{q(x)}\right) \mathrm{d}x = \int_x q(x) \cdot 0 \cdot \mathrm{d}x = 0$$

其意義就是，如果兩種機率分佈相同，即這兩種機率分佈之間是沒有差異的，那麼用來衡量差異的$D_f(P \parallel Q)$就為 0。

如果兩機率分佈 P 與 Q 之間有差異，那麼$D_f(P \parallel Q)$的值必然大於 0。在進行推導前，需要提一下 Jensen 不等式（詹森不等式），它是凸函數性質的基本應用，公式如下。

$$E(f(x)) \geqslant f(E(x))$$

簡單而言就是函數的期望值會大於或等於期望值的函數。那麼利用 Jensen 不等式就可以推導出當兩機率分佈 P 與 Q 之間有差異時，$D_f(P \parallel Q)$的值必然大於 0。

$$\int_x q(x)\left(\frac{p(x)}{q(x)}\right)\mathrm{d}x = E_{x\sim q(x)}\left[f\left(\frac{p(x)}{q(x)}\right)\right]$$

將$q(x)$消去，變換為

$$\int_x q(x)f\left(\frac{p(x)}{q(x)}\right)\mathrm{d}x \geqslant f\left(\int_x p(x)\,\mathrm{d}x\right)$$

對一個機率分佈做積分，其實就是將該機率分佈中的機率都累積在一起，其結果為 1，那麼上式最終的形式為

$$\int_x q(x)f\left(\frac{p(x)}{q(x)}\right)\mathrm{d}x \geqslant f(1) = 0$$

其意義就是，如果兩種機率分佈不相同，即這兩種機率分佈之間是有差異的，那麼用來衡量差異的$D_f(P \parallel Q)$就大於 0，等於 0 的情況只有兩種機率分佈相同時成立。

簡單而言，f函數如果滿足上面的條件，就保證了 f 散度是非負的，而且當兩個機率分佈相同時，f 散度為 0，此時就可以使用 f 散度來衡量分佈之間的差異。

我們可以將 f 函數寫成不同的函數，就可以將 f 散度轉變為常見的一些散度，如 KL 散度、逆 KL 散度。需要注意的是，這些函數需要滿足凸函數且

$f(1)=0$的條件，例如將$f(x)$寫成$x\log x$，那麼$D_f(P \parallel Q)$的值就是 KL 散度。

$$D_f(P \parallel Q)=\int_x q(x)\frac{p(x)}{q(x)}\log\left(\frac{p(x)}{q(x)}\right)\mathrm{d}x$$
$$=\int_x p(x)\log\left(\frac{p(x)}{q(x)}\right)\mathrm{d}x$$

如果將$f(x)$寫成$-\log x$，那麼$D_f(P \parallel Q)$的值就是逆 KL 散度。

$$D_f(P \parallel Q)=\int_x q(x)\left(-\log\left(\frac{p(x)}{q(x)}\right)\right)\mathrm{d}x$$
$$=\int_x q(x)\log\left(\frac{p(x)}{q(x)}\right)$$

$f(x)$還可以寫成其他多種形式，從而讓$D_f(P \parallel Q)$值不同，具體如表 5.1 所示。

表 5.1 $\boldsymbol{f(x)}$的多種形式對應的$\boldsymbol{D_f(P||Q)}$

距離名稱	$D_f(P\|\|Q)$	對應的$f(x)$
總變差	$\frac{1}{2}\int \|p(x)-q(x)\|\mathrm{d}x$	$\frac{1}{2}\|x-1\|$
KL 散度	$\int p(x)\log\frac{p(x)}{q(x)}\mathrm{d}x$	$x\log x$
逆 KL 散度	$\int q(x)\log\frac{q(x)}{p(x)}\mathrm{d}x$	$-\log x$
Pearson χ^2	$\int \frac{(q(x)-p(x))^2}{p(x)}\mathrm{d}x$	$(x-1)^2$
Neyman χ^2	$\int \frac{(p(x)-q(x))^2}{q(x)}\mathrm{d}x$	$\frac{(1-x)^2}{x}$
Hellinger 距離	$\int (\sqrt{p(x)}-\sqrt{q(x)})^2\mathrm{d}x$	$(\sqrt{x}-1)^2$
Jeffrey 距離	$\int (p(x)-q(x))\log(\frac{p(x)}{q(x)})\mathrm{d}x$	$(x-1)\log x$
JS 散度	$\frac{1}{2}\int (p(x)\log\frac{2p(x)}{p(x)+q(x)}+q(x)\log\frac{2q(x)}{p(x)+q(x)})\mathrm{d}x$	$-(x+1)\log\frac{1+x}{2}+x\log x$

5.3.2 凸共軛

對於每一個凸函數都可以找到一個與之對應的共軛函數，凸函數$f(x)$與對應共軛函數$f^*(t)$的關係為

$$f^*(t) = \max_{x\in \mathrm{dom}(f)}\{xt - f(x)\}$$

求解一個凸函數對應的共軛函數的常用方法是局部變分法。直觀了解一下局部變分法，其實就是變數不同的 x，從而繪製出不同的直線，這些直線共同組成一個圖型，選擇這個圖型中不同區域內的最大值組成的函數就是該凸函數對應的共軛函數。舉一個具體的例子，假設凸函數$f(x) = x\log x$，求解該凸函數的共軛函數，首先對 x 取幾個值，如取 0.1、1、10 等，繪製出圖型，如圖 5.7 所示。

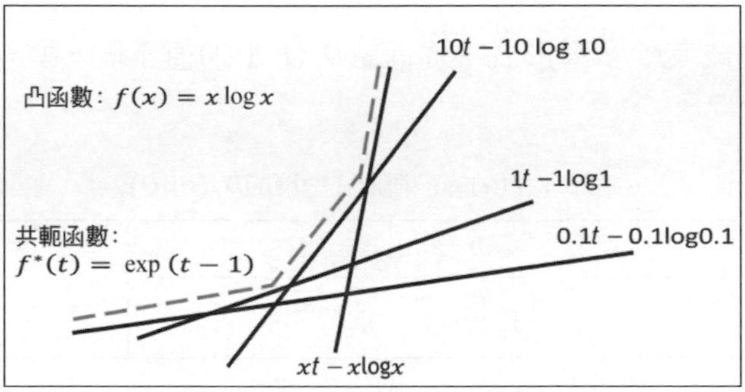

圖 5.7 凸函數的共軛

因為指定 x 一個固定的值後，$xt - f(x)$中唯一的變數就是 t 了，即 $xt - f(x)$變成了一元函數，其圖型就是不同的直線，當取無數個不同的 x 值時，就可以畫出無限多條直線，這些直線的上邊緣(圖中虛線)就是該凸函數的共軛函數。取所有的這些直線組成的圖型最大值組成的函數就是凸函數$f(x) = x\log x$對應的共軛函數$f^*(t) = \exp(t-1)$。當然從這種直觀的方式可以知道該凸函數對應共軛函數圖型的形狀，但難以知道該共軛函數具體的函數形式，透過簡單的推導可以獲得共軛函數的函數形式。

共軛函數與凸函數$x\log x$的關係為：

$$f^*(t) = \max_{x\in \mathrm{dom}(f)}\{xt - x\log x\}$$

記$g(x) = xt - x\log x$，要求得$f^*(t)$，就需要固定 t 找到一個 x，使得$g(x)$的值最大，這樣就將問題轉化為求導數為 0 時 x 的值的問題，推導如下。

$$g'(x) = t - \log x - 1 = 0$$
$$t - 1 = \log x$$
$$x = \exp(t-1)$$

如果 x 取$\exp(t-1)$，$g(x)$會最大，那麼將此時的 x 值代入，就推導出$f^*(t)$。

$$f^*(t) = \exp(t-1)t - \exp(t-1)(t-1) = \exp(t-1) = \mathrm{e}^{t-1}$$

表 5.2 中複習了一些常見凸函數對應的共軛函數。

表 5.2 常見凸函數對應的共軛函數

$f(u)$	對應的共軛函數$g(t)$	$f'(\mathbb{D})$	激活函數
$\frac{1}{2}\lvert x-1\rvert$	t	$[-\frac{1}{2},\frac{1}{2}]$	$\frac{1}{2}\tanh(x)$
$x\log x$	e^{t-1}	$\mathbb{R}$	x
$-\log x$	$-1-\log(-t)$	$\mathbb{R}_-$	$-\mathrm{e}^x$
$(x-1)^2$	$\frac{1}{4}t^2+t$	$(-2,+\infty)$	e^x-2
$\frac{(1-x)^2}{x}$	$2-2\sqrt{1-t}$	$(-\infty,1)$	$1-\mathrm{e}^x$
$(\sqrt{x}-1)^2$	$\frac{t}{1-t}$	$(-\infty,1)$	$1-\mathrm{e}^x$
$(x-1)\log x$	$W(\mathrm{e}^{1-t})+\frac{1}{W(\mathrm{e}^{1-t})}+t-2$	$\mathbb{R}$	x
$-(x+1)\log\frac{1+x}{2}+x\log x$	$-\log(2-\mathrm{e}^t)$	$(-\infty,\log 2)$	$-\log(2-\mathrm{e}^x)$

共軛函數還有一個互為共軛的性質：$(f^*)^* = f$，即凸函數的共軛函數的共軛函數就是凸函數本身，公式如下。

$$f^*(t) = \max_{x\in \mathrm{dom}(f)}\{xt - f(x)\} \Leftrightarrow f(x) = \max_{x\in \mathrm{dom}(f^*)}\{xt - f^*(x)\}$$

5.3.3 f 散度與 GAN 之間的關係

前面講了 f 散度、凸共軛的內容，這些內容與 GAN 有什麼關係呢？下面就來揭露一下三者之間的關係。

透過凸函數與對應共軛函數互為共軛的關係變換一下 f 散度的公式，推導如下。

將 x 替換為$\frac{p(x)}{q(x)}$，其凸函數與共軛函數關係為

$$f\left(\frac{p(x)}{q(x)}\right) = \max_{x\in\mathrm{dom}(f^*)}\left\{\frac{p(x)}{q(x)}t - f^*(t)\right\}$$

代入 f 散度公式中得：

$$D_f(P \parallel Q) = \int_x q(x)f\left(\frac{p(x)}{q(x)}\right)\mathrm{d}x$$

$$= \int_x q(x)\left(\max_{x\in\mathrm{dom}(f^*)}\left\{\frac{p(x)}{q(x)}t - f^*(t)\right\}\right)\mathrm{d}x$$

接著我們構造一個函數 D，$D(x) \in \mathrm{dom}(f^*)$，它的作用是輸入一個 x，輸出對應的 t，將 f 散度的公式簡單地變換一下。

$$D_f(P \parallel Q) \geqslant \int_x q(x)\left(\frac{p(x)}{q(x)}D(x) - f^*\big(D(x)\big)\right)\mathrm{d}x$$

$$= \int_x p(x)D(x)\mathrm{d}x - \int_x q(x)\,f^*\big(D(x)\big)\mathrm{d}x$$

如果函數 D 隨便設定值，那麼它獲得的值通常會比$D_f(P \parallel Q)$小，而如果函數 D 取最大值，那麼其預測出的 t 也就是最準確的，此時就可以將 $D_f(P \parallel Q)$寫成以下形式。

$$D_f(P \parallel Q) \approx \max_D \int_x p(x)D(x)\mathrm{d}x - \int_x q(x)\,f^*\big(D(x)\big)\mathrm{d}x$$

$$= \max_D\left\{E_{x\sim P}(D(x)) - E_{x\sim Q}\left[f^*\big(D(x)\big)\right]\right\}$$

上式將積分形式變換成期望形式，原因依舊是我們無法獲得 P 分佈與 Q 分佈的準確值，只能透過抽樣的方式來獲得 P 分佈與 Q 分佈的近似值，將其認為是 P 分佈與 Q 分佈本身。

將 P 記為P_{data}，Q 記為P_G，那麼上面的公式就變為

$$D_f(P_{\text{data}} \parallel P_G) \approx \max_D\left\{E_{x\sim P_{\text{data}}}(D(x)) - E_{x\sim P_G}\left[f^*\left(D(x)\right)\right]\right\}$$

這個公式與 GAN 的目標函數非常相似，其實我們可以使用 f 散度的形式來更加一般化地表示出 GAN 的目標函數。傳統的 GAN 中，訓練生成器就是最小化兩分佈的 JS 散度，而透過 f 散度改寫後，訓練生成器最小化的是 f 散度，f 散度包含了 JS 散度這種情況，公式如下。

$$\begin{aligned} G^* &= \text{argmin}_G D_f(P_{\text{data}} \parallel P_G) \\ &= \text{argmin}_G \min_D\{E_{x\sim P_{\text{data}}}(D(x)) - E_{x\sim P_G}[f^*(D(x))]\} \\ &= \text{argmin}_G \min_D V(G,D) \end{aligned}$$

即生成器的目的就是最小化$D_f(P_{\text{data}} \parallel P_G)$。

簡單複習一下，我們使用 f 散度將機率分佈之間的差異定義到一個統一框架之中，透過凸共軛將 f 散度與 GAN 聯繫在一起，透過推導可以證明，只要找到一個符合 f 散度要求的函數，就能產生一個可以度量兩分佈之間差異的值，從而定義出不同的 GAN，它們具有不同的目標函數。

5.4 GAN 訓練過程視覺化

前面的討論主要都集中在 GAN 的數學層面，而本節嘗試透過視覺化的形式來直接地展示出 GAN 的訓練過程，讓大家對 GAN 整個訓練過程有一個更加直觀的了解，這裡使用 GAN Lab 來實現 GAN 訓練過程的視覺化。

GAN Lab 是 Google 推出的一款簡易的 GAN 視覺化工具，它使用 TensorFlow.js 直接運行在瀏覽器上，不需要安裝與設定對應的環境，只需透過瀏覽器打開即可，這裡推薦使用 Chrome 瀏覽器來運行 GAN Lab。

GAN Lab 視覺化只會在二維平面上展示，因為複雜的高維空間視覺化比較難以實現與了解，所以在二維平面上可以極佳地展示資料點的變化以及 GAN 的訓練過程。

存取 GAN Lab 的位址，可以看到圖 5.8 所示的情形。

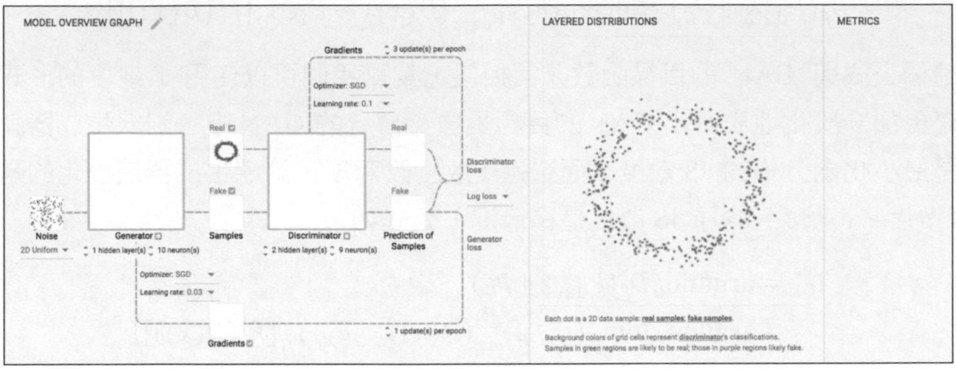

圖 5.8 GAN Lab

其中，MODEL OVERIVEW GRAPH 用於展示 GAN 的模型結構以及訓練過程中 GAN 模型的變化情況；LAYERED DISTRIBUTIONS 用於展示 GAN 的資料分佈，其中綠點表示真實資料的機率分佈，而訓練時產生的紫點表示生成資料的機率分佈；METRICS 用於表示 GAN 訓練過程中各種指標的變化，例如生成器與判別器的損失、KL 散度、JS 散度的變化等。

下面就來使用 GAN Lab，點擊「運行」按鈕，讓 GAN 去擬合圓形的真實資料分佈，如圖 5.9 和圖 5.10 所示。

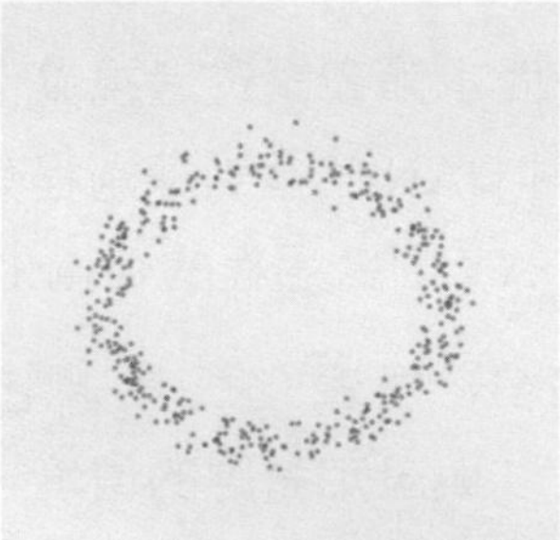

圖 5.9 GAN 擬合真實資料分佈（一）

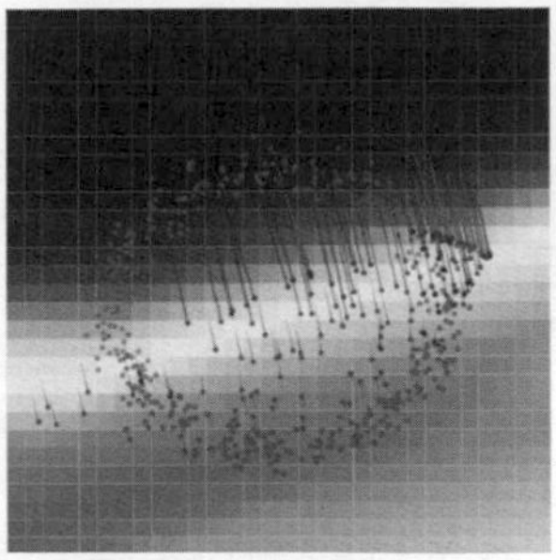

圖 5.10 GAN 擬合真實資料分佈（二）

從圖中可以看出，一開始生成器生成的資料分佈與真實分佈存在較大的差距，生成器生成的資料點上還有對應的線條，這些線筆表示生成資料點的梯度，線條的大小表示梯度的大小，線條的方向表示梯度的方向。

獲得的 GAN 模型圖，如圖 5.11 所示。

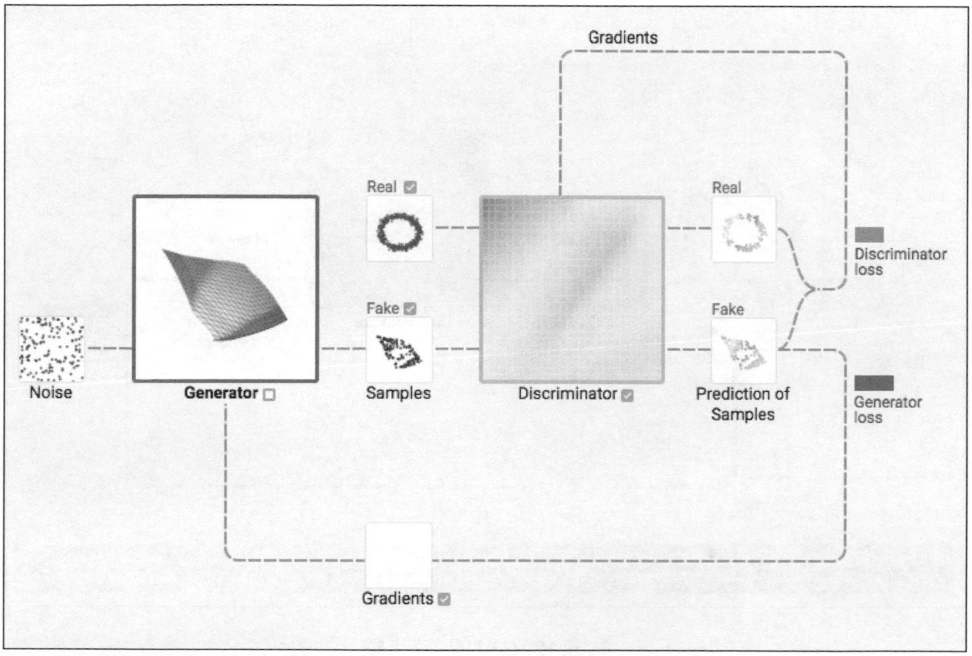

圖 5.11 GAN 模型圖

生成器從 Noise 中獲得雜訊資料，然後將資料登錄給生成器生成 Fake 資料，Fake 資料與 Real 資料都輸入給判別器，讓判別器做二分類，辨識出真實圖型與生成圖型，獲得對應的損失，將獲得的損失反向傳播，計算出生成器與判別器中參數要更新的值。

為了更加細緻地了解 GAN 的訓練過程，可以點擊「開始」按鈕旁的「時鐘」按鈕，該按鈕會將 GAN 訓練的步驟細化，如圖 5.12 所示。

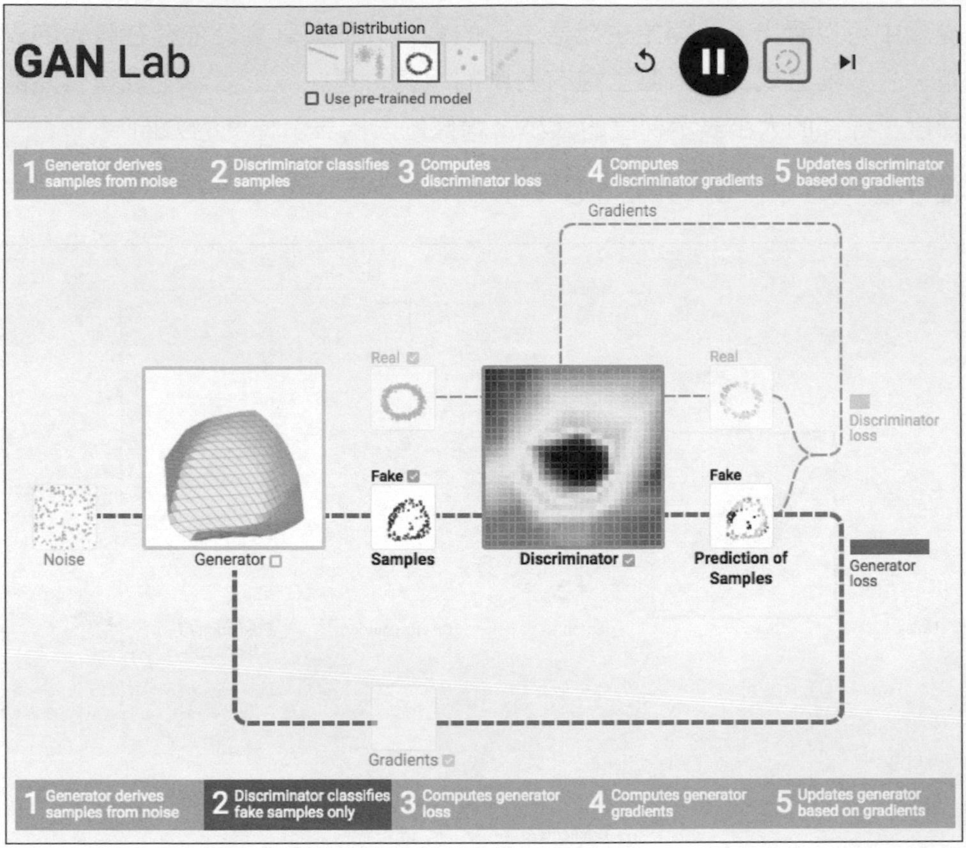

圖 5.12 GAN 訓練步驟

在圖 5.12 中，判別器的訓練與生成器的訓練都分為 5 步驟，判別器的 5 步驟如下。

（1）獲得生成器生成的樣本。

（2）判別器對樣本進行分類。

（3）計算判別器的損失。

（4）計算判別器的梯度。

（5）基於梯度更新判別器中的參數。

生成器的 5 步驟與判別器類似，不再細述。

除了這些，GAN Lab 還可以視覺化 GAN 訓練過程中生成器損失的變化情況以及 KL 散度、JS 散度的變化情況，如圖 5.13 所示。

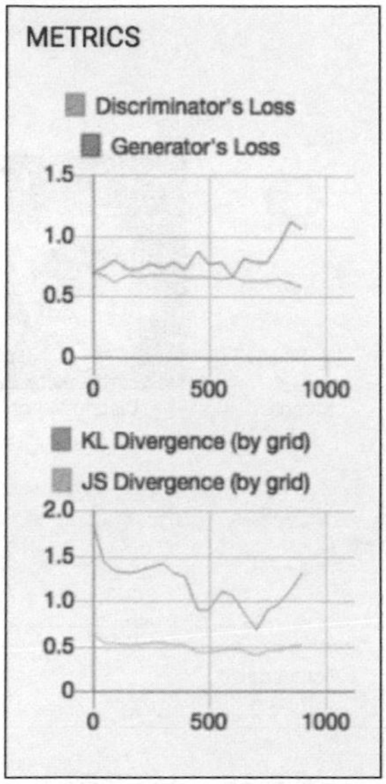

圖 5.13 視覺化 KL 散度與 JS 散度

透過這些資料，可以比較直觀地了解到當前 GAN 訓練的狀態。

有時我們想手動控制 GAN 的訓練，例如下一輪想讓 GAN 訓練生成器。GAN Lab 提供了對應的功能，點擊「時鐘」按鈕旁的「下一步」按鈕，就可以控制 GAN 下一次訓練時訓練生成器還是判別器，或是兩個都訓練，如圖 5.14 所示。

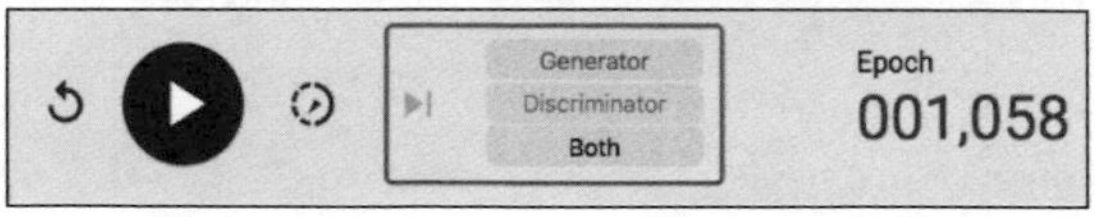

圖 5.14 控制訓練部分

除此之外，GAN Lab 還允許自訂模型的各種超參數，如梯度下降使用什麼演算法、學習速率是多少、判別器與生成器隱藏層層數以及損失函數，都可以自訂，如圖 5.15 所示。

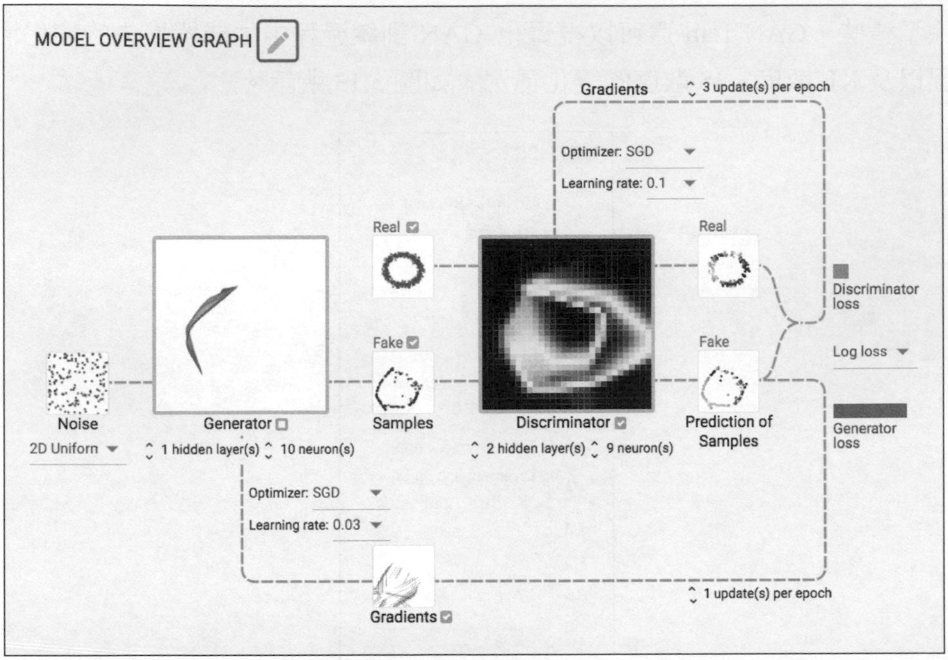

圖 5.15 自訂參數

最終，GAN 經過一定次數的訓練實現了擬合真實資料分佈的目的，此時 JS 散度是一個比較小的值，如圖 5.16 所示。

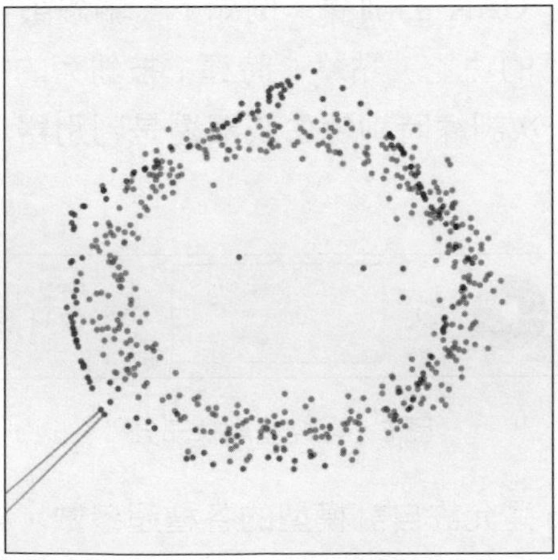

圖 5.16 成功擬合真實資料分佈

利用好 GAN Lab 工具可以幫助我們更加直觀地感受 GAN 訓練時所做的事情。

5.5 小結

本節從傳統的圖型生成開始討論，介紹了最大似然估計，並討論了使用最大似然估計的方式來生成圖型的實現過程以及會遇到的問題，從而引出了 GAN。然後從數學的角度推導了原始 GAN 的目標函數，得出訓練生成器就是最小化兩分佈的 JS 散度的結果。接著我們從更高的角度來討論 GAN，引出了 GAN 的統一框架 F-GAN，從 f 散度的角度去討論，介紹了 f 散度、凸共軛，然後推導出 f 散度與 GAN 的關係。最後介紹了 GAN Lab 工具，該工具可以視覺化 GAN 的訓練過程，幫助我們深入地了解 GAN。

從下一章開始，我們就要進入神秘的宇宙，去看看各種不同的 GAN 星體（不同的 GAN 變形），感受這些變形的結構以及設計思維。

Chapter

06

卷積生成對抗網路

上一章我們從數學的角度討論了 GAN 相關數學原理，明白了 GAN 損失的實質。透過前兩章內容的討論，樸素 GAN 的內容也就討論完成，接下來就要開始 GAN 的星際之旅。這趟旅行會經過到目前為止發現的比較重要的 GAN 星體，需要了解這些星體的結構，第一個目標星體是卷積生成對抗網路（DCGAN）。

6.1 初識卷積神經網路

我們可以將卷積生成對抗網路看成是由卷積神經網路與生成對抗網路組合而成的，即將生成對抗網路的生成器、判別器網路結構都換成卷積神經網路這種網路結構。回憶之前使用 TensorFlow 實現樸素 GAN 的內容，樸素 GAN 的生成器和判別器網路都使用了最簡單的只有一個隱藏層的神經網路，之前也提過，生成 MNIST 的資料中，對於某些圖型，從人類的角度看還是有瑕疵，如果使用卷積神經網路結構，效果會好很多。下面我們一步步來，先理清卷積生成對抗網路的一部分——卷積神經網路。

6.1.1 什麼是卷積神經網路

卷積神經網路（Convolutional Neural Network，CNN）是一種非常具有代表性的網路結構，特別擅長處理二維圖像資料，當下與圖型辨識相關的網路結構中都可以看到 CNN 的影子。

在 CNN 出現之前，人們透過人工的方式收集圖型的特徵，用來做圖型分類或辨識，因為圖像資料的特徵難以擷取，這種方式獲得的模型不是很理想，誤差較大。CNN 出現後，一個重要的特性就是不再需要對圖型做人工的特徵工程等複雜的前置處理工作（不只 CNN，其實深度學習的一大優勢就是不需要人為地做特徵工程）。

因為要處理圖像資料，CNN 的網路結構與普通的全連接網路結構不同，CNN 的部分層只實現了局部連接。下面來大致說說 CNN，讓大家有個整體的概念。

首先，為什麼 CNN 的網路結構不是全連接的？就是因為處理的是圖像資料？是的，CNN 的結構對圖像資料有一定的針對性。

對一張圖型，人類可以很快地辨識出圖型中的內容，但對於電腦來說，它們看到的只是一堆數字，根本不能直觀地了解這些數學背後表示的圖型。要讓電腦可以辨識圖型，第一步要做的就是讓電腦了解這些代表圖型的數字，如圖 6.1 所示。我們可以很快看出圖中有 3 隻短腿小狗，而電腦卻不能。

圖 6.1 人類和電腦眼中的圖型比較

解決這個問題的靈感來自生物本身，生物是怎麼「了解」看見的世界的？對生物而言，眼光接收到的資訊其實就是光線照射到物體上帶來的畫素資訊，這些資訊並沒有直觀告訴我們圖型中有 3 隻小狗，它只告訴我們這張圖中有綠色的畫素、黃色的畫素、白色的畫素，生物自身對這些底層資訊進行了加工，獲得了圖型有 3 隻小狗的認知，這些加工發生在生物的大腦。其中的關鍵點是，生物可以很輕鬆地透過一些很底層的基礎資訊獲得對這些資訊背後的具體認識，即只要有這些底層資訊，如畫素是什麼顏色的，就可以了解整張圖型的含義。

那麼生物的大腦是怎麼對這些資料進行加工的？答案很可能是分層加工的，先從眼光傳入的基本資訊中找到邊緣資訊，例如圖型中的曲線、直線，獲得邊緣資訊後，再從邊緣資訊中取出更高一層的資訊，如半圓、三角形等各種形狀，獲得這些資訊後，再在這些資訊之上取出更高一層的資訊，如獲得眼睛、嘴巴等資訊，直到最後，了解整張圖型的意義。CNN 正是受此啟發而來的，這也是 CNN 的中心思維之一——分層加工資訊，從而獲得更高層的資訊。

1959 年，D.H.Hubel 和 T.N.Wiesel 做了一個實驗，他們將被玻璃包裹的鎢絲微電極插入麻醉貓的初級視皮層，用微電極記錄神經元的放電情況，在麻醉貓前方的幕布上投射光帶，發現光帶處於某個空間角度時，神經元放電最為強烈。他們驗證出，大腦中的一些神經元只有在特定方向光帶存在時，才會放電。如一些神經元只對曲線有反應，另一些神經元對直線有反應，這些神經元只有在一起工作時，生物才能產生視覺感知。1962 年，他們將這些成果發表成一篇論文 *Receptive fields, binocular interaction and functional architecture in the cat's visual cortex*。

回到一開始的問題，因為 CNN 要對圖型的基礎資訊進行分層加工，所以要使用局部連接的方式。局部連接帶來的優勢就是神經網路參數大幅減少，從而降低訓練的困難程度。比較一下全連接和局部連接在處理圖像資料時的差別，假設現在輸入圖型的大小為 100×100。

如果是全連接的網路結構，那麼輸入圖像資料所代表的所有畫素都要與隱藏層的每個節點進行全連接。如果隱藏層的節點數為 10^4，那麼輸入層與隱藏層的權值參數就有 100×100×104 = 10^8，這只是其中兩層間的權值參數個數，已經比較龐大了。透過這種方式建構起來的網路，會因參數過多而難以訓練，如圖 6.2 所示。

如果是局部連接的網路，那麼輸入圖型中的某一部分畫素就會與隱藏層的某個節點相連接，如隱藏層中的每個節點都僅與輸入圖型中 10×10 的局部圖型畫素相連，那麼輸入層與隱藏層的權值參數就為 $10×10×10^4=10^6$，比全連接的網路結構減少了 2 個數量級的參數，如圖 6.3 所示。

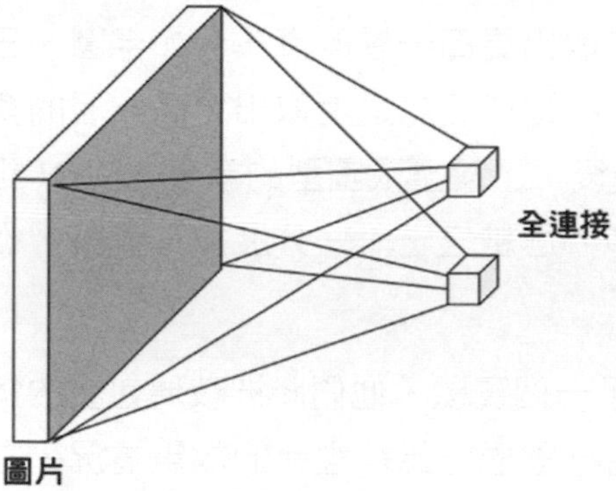

圖 6.2 全連接

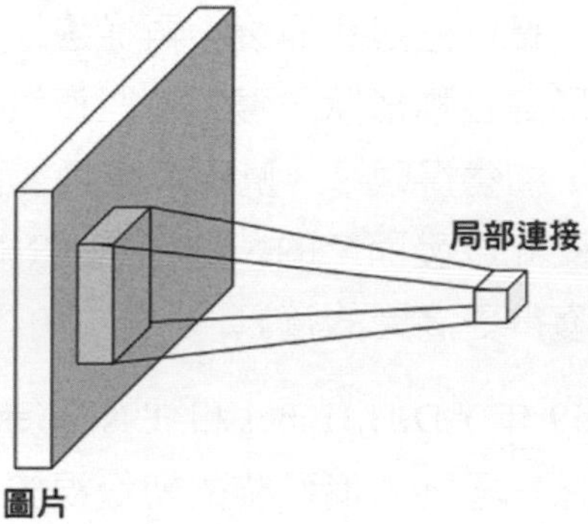

圖 6.3 局部連接

但就算使用局部連接的結構，10^6 的參數個數還是有點多，CNN 使用權值共用的方式將權值參數的個數再降低。如上面所述，隱藏層與 10×10 大小的局部圖型相連，則有 10×10 個參數，然後 CNN 將這 10×10 個權值參數直接共用該隱藏層中其餘的神經元，即 10^4 個神經元的權值參數都一樣，這樣無論隱藏層神經元數目是多少，要訓練的參數個數都是 10×10。

對於 CNN 中兩層的權重參數個數而言，除考慮局部連接大小、權值共用外，還需要考慮「深度」。為了加深大家對局部連接和權重共用概念的了解，將「深度」這個概念暫時放置，先來討論 CNN 辨識圖型的過程。

6.1.2 CNN 辨識圖型過程

一張圖型進入 CNN 網路結構的輸入層後，一般遇到的第一層就是卷積層，卷積層的作用就是透過局部連接的方式獲取圖型上的資訊。如何進行局部連接？你可以想像有一束手電筒的光源射在圖型輸入層上，被照射的區域稱為感受野，感受野上的所有神經元會與卷積層上的某個神經元連接，實現局部連接，這束手電筒的光稱為篩檢程式（filter）。

有些文章將篩檢程式與卷積核心（kernel）當作相同的概念，這其實是有問題的，這兩個概念差異較明顯，篩檢程式是輸入層所有通道上卷積核心的集合。一般 RGB 圖型有 3 個顏色通道，那麼一個篩檢程式掃描 RGB 圖型的動作，實際上是由 3 個顏色通道上的卷積核心一起完成的，不同通道的卷積核心進行完卷積操作後，匯聚成一個通道的結果，才是篩檢程式過濾的結果。下面為了方便了解，暫時不考慮篩檢程式第三個維度，如圖 6.4 所示。

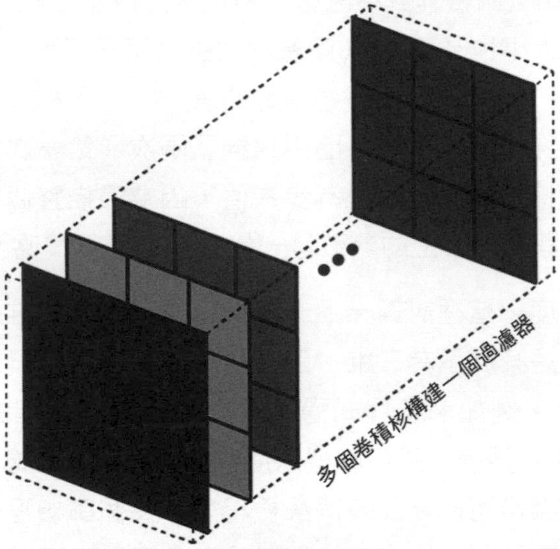

圖 6.4 篩檢程式

篩檢程式的實質就是一個矩陣，篩檢程式掃描整張圖型與卷積層上神經元進行連接的這個過程就叫卷積，實質就是矩陣的點積運算。掃描的過程涉及步進值的概念，也就是每次掃描間運動的距離。上面的描述可能比較抽象，從圖 6.5 中直觀了解一下。

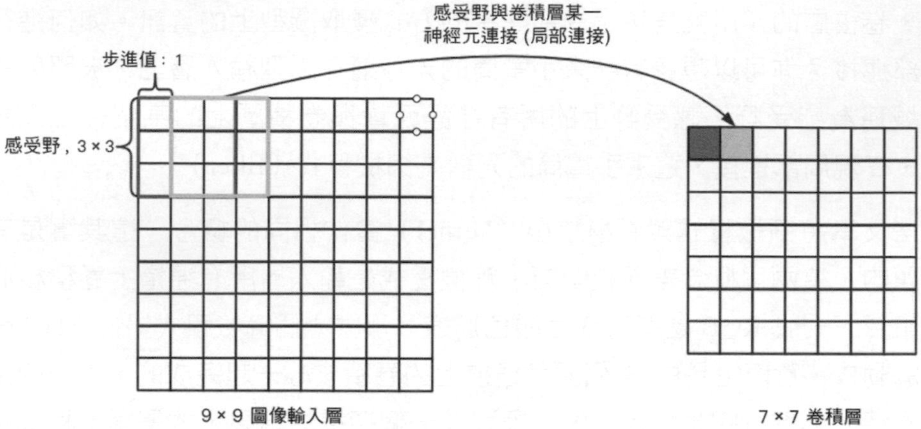

圖 6.5 掃描

從圖 6.5 可以看出，篩檢程式在圖型上掃描，形成了 3×3 大小的感受野，那麼篩檢程式的大小也為 3×3（篩檢程式還有第三個維度，這裡暫時不考慮），感受野上的所有神經元與卷積層的單一神經元相連接，即是局部連接。篩檢程式會掃描整個圖型，圖中掃描了兩次（第一次深色框、第二次淺色框），每次掃描的移動距離為步進值，因為掃描整個圖型時，使用的都是同一個篩檢程式，其上的參數是一樣的，這樣就實現了權重共用。

前面一直在提深度，這裡討論一下，篩檢程式其實是三維的，前面的內容為了方便了解，將其展示為二維。篩檢程式有深度這一概念，它的深度就是過濾層的深度。例如篩檢程式過濾圖型輸入層，圖型的深度一般為 3（RGB 有 3 個顏色通道，所以圖型深度為 3），那麼篩檢程式的深度也就為 3。一個卷積操作可能涉及多個篩檢程式，每個篩檢程式大小深度都相同，只是權重參數不同。這些篩檢程式分別負責取出不同的圖型特徵，每一個篩檢程式掃描完全部圖型後，就會獲得一個特徵圖譜（Feature Map），用來表示該篩檢程式獲得的特徵。卷積操作涉及的篩檢程式的個數乘以篩檢程式本身的深度就組成了卷積層的深度，如圖 6.6 所示。

接著，如果下一層還是卷積層，就是同樣的步驟，使用篩檢程式掃描該層資料，篩檢程式的深度是該層的深度，篩檢程式的長、寬自行決定。與上一層篩檢程式不同的是，這次篩檢程式掃描的資料抽象程度更高，如圖 6.7 所示。

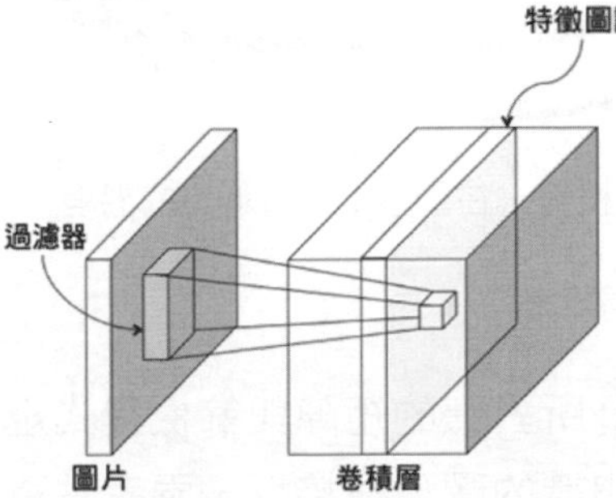

圖 6.6 卷積層的深度

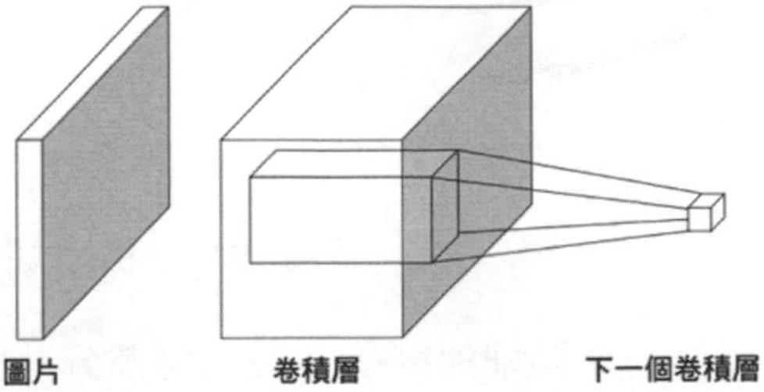

圖 6.7 下一個卷積層

從數學角度來看，CNN 辨識圖型的過程都是矩陣之間的點積運算，下面來討論一下。假設有一個$7 \times 7 \times 3$大小的篩檢程式，該篩檢程式會取出圖型中的曲線。需要強調是，可以將輸入圖型看成一個三維矩陣，而篩檢程式同樣也是一個三維矩陣，篩檢程式掃描圖型的過程，就是篩檢程式矩陣與感受野矩陣點積的過程。為了方便了解，依舊只看篩檢程式的前兩維，如圖 6.8 所示。

0	0	0	0	0	30	0
0	0	0	0	30	0	0
0	0	0	30	0	0	0
0	0	0	30	0	0	0
0	0	0	30	0	0	0
0	0	0	30	0	0	0
0	0	0	0	0	0	0

（a）篩檢程式的畫素表示

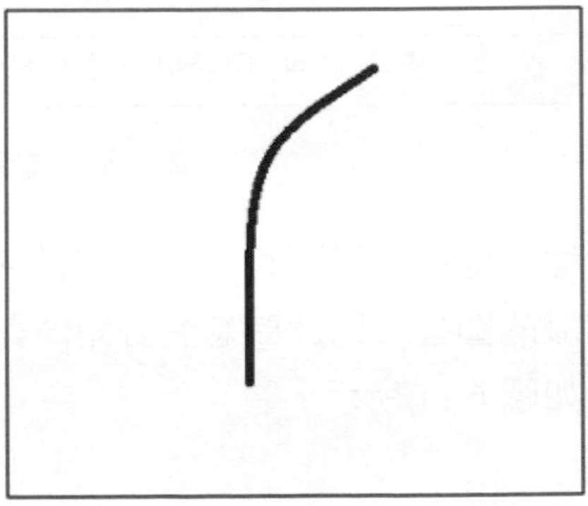

（b）視覺化曲線檢測篩檢程式

圖 6.8 過濾結果

現在有一張老鼠的圖型，過濾從左上角開始掃描，如圖 6.9 所示。

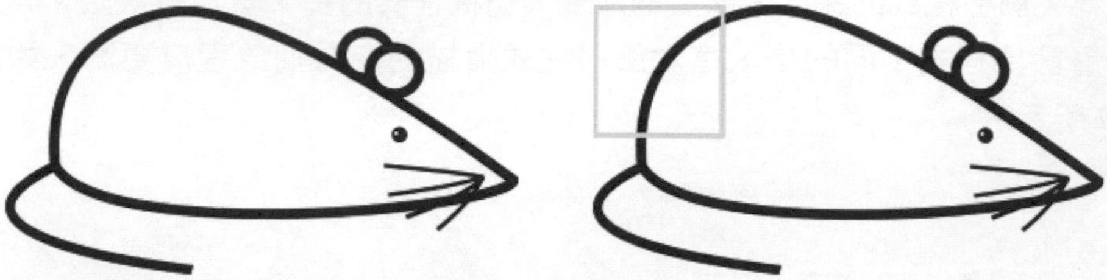

（a）原始圖型　（b）視覺化篩檢程式在圖型上進行過濾的過程

圖 6.9 篩檢程式從左上角開始掃描

掃描的具體細節就是，被掃描部分，即感受野所對應的矩陣與篩檢程式矩陣點積，因為感受野的圖型與該篩檢程式可辨識的圖型很接近，兩者點積會得到一個較大的值，表示圖型的這部分特徵被篩檢程式取出了，如圖 6.10 所示。

可視化感受野

0	0	0	0	0	0	30
0	0	0	0	50	50	50
0	0	0	20	50	0	0
0	0	0	50	50	0	0
0	0	0	50	50	0	0
0	0	0	50	50	0	0
0	0	0	50	50	0	0

感受野的圖元表示

×

0	0	0	0	0	30	0
0	0	0	0	30	0	0
0	0	0	30	0	0	0
0	0	0	30	0	0	0
0	0	0	30	0	0	0
0	0	0	30	0	0	0
0	0	0	0	0	0	0

過濾器的圖元表示

乘法和求和 = (50×30)+(50×30)+(50×30)+(20×30)+(50×30) = 6600（一個很大的數值）

圖 6.10 篩檢程式點積運算

篩檢程式繼續掃描圖型，當它掃描到老鼠耳朵時，如果不是該篩檢程式可以辨識的圖型，則此時感受野矩陣與篩檢程式矩陣的點積會為一個較小的值，如圖 6.11 所示。

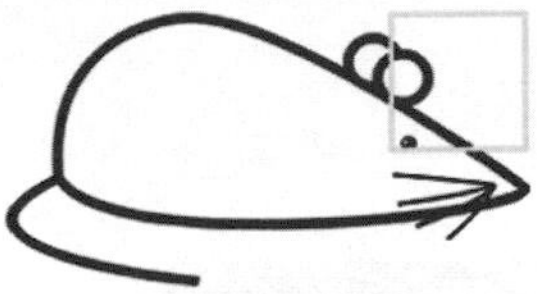

0	0	0	0	0	0	0
0	40	0	0	0	0	0
40	0	40	0	0	0	0
40	20	0	0	0	0	0
0	50	0	0	0	0	0
0	0	50	0	0	0	0
25	25	0	50	0	0	0

感受野的圖元表示

×

0	0	0	0	0	30	0
0	0	0	0	30	0	0
0	0	0	30	0	0	0
0	0	0	30	0	0	0
0	0	0	30	0	0	0
0	0	0	30	0	0	0
0	0	0	0	0	0	0

過濾器的圖元表示

乘法和求和 = 0

圖 6.11 篩檢程式點積運算

上面只是一種篩檢程式，一般還會有更多的篩檢程式去掃描圖片，獲得不同的特徵，卷積層的深度就是篩檢程式的個數乘以篩檢程式的深度。

6.1.3 CNN 核心概念

CNN 中有多個較為重要的概念，本節來一一理清它們。對於一個傳統的 CNN，它的結構一般為輸入層→卷積層→卷積層→池化層→卷積層→池化層→全連接。但還有些關鍵點，如使用 ReLU 作為啟動函數、篩檢程式掃描步進值、填充操作等，下面一個一個討論。

先是卷積層，上面的內容其實大部分都是在討論卷積層的卷積過程。簡單來説，就是篩檢程式掃描上一層，與感受野做點積，獲得的值就是該卷積層的值。篩檢程式只有對應的特徵才會啟動，獲得一個較大的點積值，這相當於從上一層資訊中取出更高維的資訊。通常卷積層與下一層做局部連接時，都會經過 ReLU 啟動函數。因為無論是卷積層還是後面要提的池化層，都是在做矩陣點積運算，這是最簡單的線性變換。加上 ReLU 函數，會給 CNN 引入非線性的特徵，同時使得 CNN 不會那麼容易過擬合，整個卷積層的核心步驟如圖 6.12 所示。

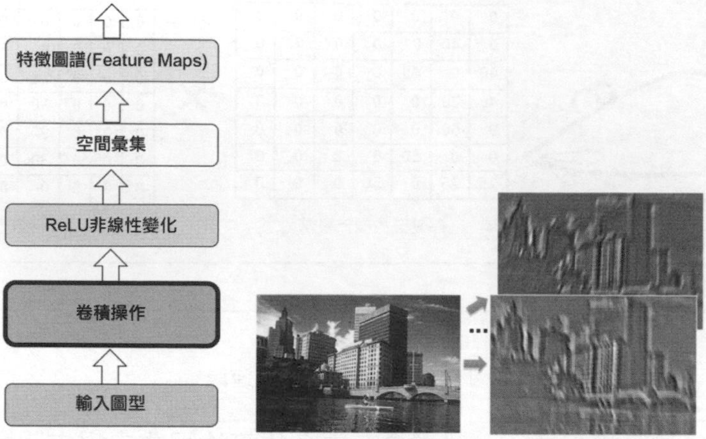

圖 6.12 卷積層核心步驟

接著看到池化層（也稱取樣層），它存在的意義就是進一步減少要訓練的參數。在神經網路中，如果存在大量參數，就會有難以訓練和容易過擬合的問題。在池化層中可以有多種處理，常見的有最大池化處理和平均池化處理。通常就是選擇一個篩檢程式和與篩檢程式長度相同的步進值掃描上一層中的所有資料。如果使用最大池化處理，那麼每一次只選取篩檢程式掃描到的區域內最大的數值作為池化層的值，如圖 6.13 所示。如果使用平均池化處理，那麼每一次就會計算篩檢程式掃描到的區域內的所有數值的平均值，將其作為池化層的值。對於 3×3 的篩檢程式，其步進值也為 3，可使用最大池化處理。

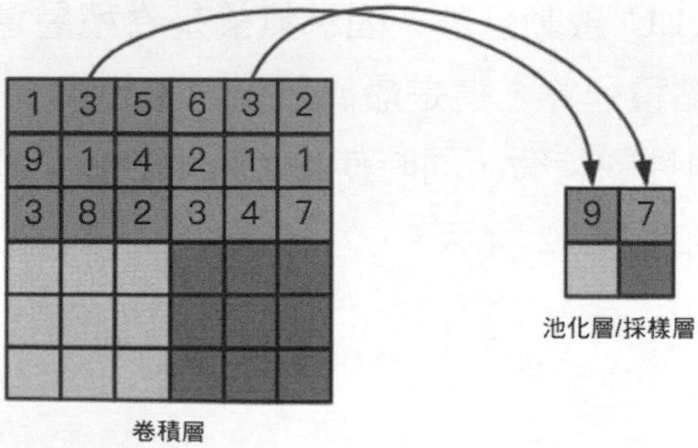

圖 6.13 最大池化處理

不使用池化層，也可以達到減少訓練參數的目的，做法就是加大卷積層篩檢程式掃描時的步進值，預設的步進值一般為 1，我們可以將其改為 3，那麼卷積層的參數就會減小，如圖 6.14 所示。

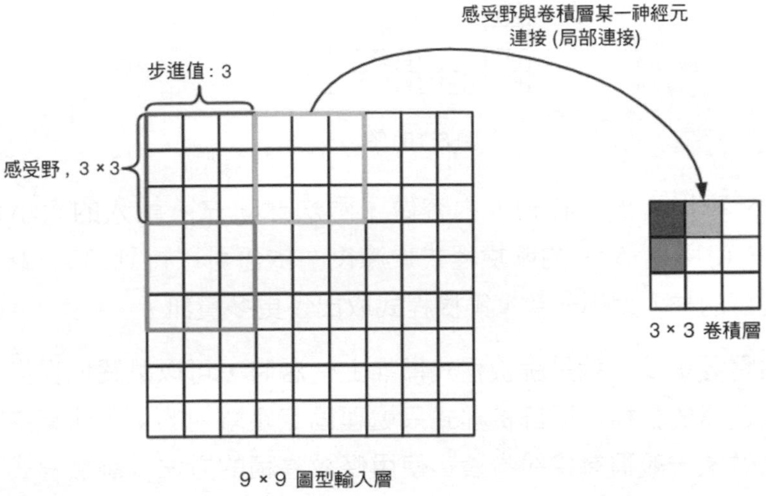

圖 6.14 增大步進值

需要注意的是，步進值不能隨便設定，否則會出現感受野與上一層無法完全匹配的情況。例如上一層大小為9×9，將篩檢程式大小調節為4×4，此時如果將步進值設為 4，感受野就無法匹配上一層所有區域。

還有一個比較重要的概念——填充，它的作用是讓篩檢程式盡可能地從底層資訊中取出更多高維資訊，這是什麼意思？假設一張圖片，其大小是 32×32×3，如果使用大小為 5×5×3 的篩檢程式，且篩檢程式掃描步進值為 1，透過該篩檢程式的掃描，輸出的大小就是 28×28×3。如果連續使用多個卷積，輸出的尺寸大小可能降低得過快。在 CNN 前半部分，如果卷積操作後，尺寸過小，就會有喪失資訊過度的問題，導致 CNN 網路的後半部分已經沒有多少資訊了。為了讓 CNN 前半部分可以取出更多的資訊，就可以使用填充，其實就是在圖片周圍填零，如圖 6.15 所示。

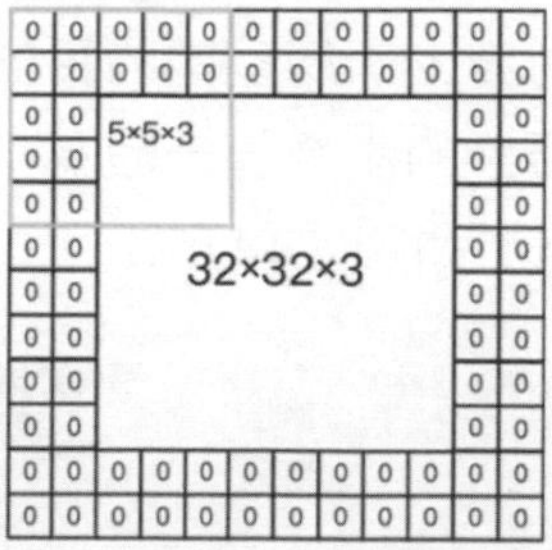

圖 6.15 零填充

從圖 6.15 可以看出，在輸入內容做了兩次零填充，輸入的大小相當於 36×36×3，使用 5×5×3 的篩檢程式過濾後，依舊可以得到 32×32×3 的輸出，與真實的輸入大小一致，篩檢程式取出了更多資訊。

還有一點需要提及，就是篩檢程式掃描上一層時，可以跳躍地掃描，而不一定需要連續的掃描，即篩檢程式只處理固定距離內的值，捨棄中間的數值，這種做法一般稱為條紋卷積。使用條紋卷積的方法，篩檢程式可以輸出比輸入層大的輸出層，如圖 6.16 所示。

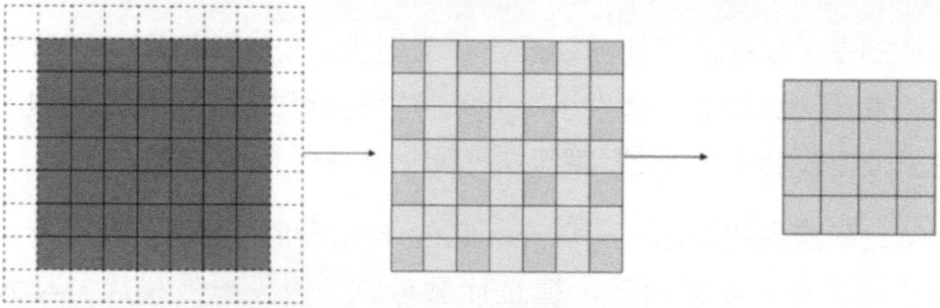

圖 6.16 條紋卷積

6.2 TensorFlow 實現卷積網路

前面講了那麼多 CNN 的理論，下面就透過 TensorFlow 來建構一個具有兩個卷積層的 CNN，訓練該 CNN，使它可以分辨出 MNIST 資料集中的數字。

6.2.1 建構 CNN 計算圖

要使用 TensorFlow 編寫 CNN，第一步當然是要建構出合理的計算圖，讓 TensorFlow 在具體訓練時，可以向計算圖中輸入資料。

因為訓練 CNN 的目標是辨識 MNIST 資料集，所以第一步依舊是匯入 MNIST 檔案，同樣使用 TensorFlow 附帶的處理 MNIST 資料集的工具，程式如下。

```
import tensorflow as tf
from tensorflow.examples.tutorials.mnist import input_data
# 讀取 MNIST 資料,以獨熱形式讀取
mnist = input_data.read_data_sets('./data/MNIST_data', one_hot=True)
img = mnist.train.images[500]
print(img.shape)
```

上面程式中，MNIST 資料集以獨熱 one_hot 形式讀取，輸出某張圖片的形狀是為了確定 MNIST 資料集被正常匯入，獲得以下輸出。

```
Extracting ./data/MNIST_data/train-images-idx3-ubyte.gz
Extracting ./data/MNIST_data/train-labels-idx1-ubyte.gz
Extracting ./data/MNIST_data/t10k-images-idx3-ubyte.gz
Extracting ./data/MNIST_data/t10k-labels-idx1-ubyte.gz
(784,)
```

接著定義 placeholder 預留位置，使之接收我們的輸入。這裡我們要輸入 MNIST 的圖片資料和該圖片對應的標籤，此前 CNN 的目標是辨識出 MNIST 資料集中的資料，這實質上是一個分類任務——將圖片分為不同的 10 類（MNIST 資料集只有 0～9 這 10 個不同數字的圖片）。訓練時，使用傳統的有監督學習的想法就可以解決。

```
x = tf.placeholder(tf.float32,[None, 784])
y_ = tf.placeholder(tf.float32,[None, 10])
#784-->28x28
x_image = tf.reshape(x,[-1,28,28,1])
```

因為 MNIST 資料集中的圖像資料是 784 位元的一維陣列，所以透過 reshape()重塑一下，轉為 28×28 的矩陣。

接著就要建構權重和偏置：權重就是層與層之間連接邊上的值，一般與本層的值相乘再經過啟動函數，作用是讓神經網路可以進行非線性變換；而偏置的作用是讓網路具有「平移能力」，在初始化時，一般還會加入一些雜訊，讓模型看起來更隨機一些，破壞其整體的對稱性。因為權重和偏置在建構 CNN 成功前會使用多次，所以這裡將其封裝成對應的函數，方便後面使用。

```
def weight_variable(shape):
    '''
初始化權重
    '''
    initial = tf.truncated_normal(shape, stddev=0.1)
    return tf.Variable(initial)
def bias_variable(shape):
    '''
初始化偏置
    '''
    initial = tf.constant(0.1, shape=shape)
    return tf.Variable(initial)
```

上面程式中使用了 truncated_normal()方法和 constant()方法。truncated_normal(shape,mean, stddev)方法產生符合正態分佈的張量，其中 shape 表示生成張量的維度，mean 表示正態分佈的平均值，stddev 則是正態分佈的標準差。該方法是階段性產生正態分佈張量的，如果產生的整體分佈的值與 mean 的差距大於 2 倍的標準差，就會重新定義生成。而 constant(value, shape)方法用於產生常數張量，value 是該常數的初值，shape 同樣是生成常數張量的形狀，最終生成的值都傳入 Variable()方法中（一般模型參數都是 Variable 類型變數，因為其值在訓練過程中是持久化的）。

其實沒有必要糾結使用 truncated_normal()方法生成還是使用 constant()方法來生成權重、偏置等模型參數，為了簡便，也可以直接用 tf.zeros(shape)方法將參數初始化為 0，這裡之所以使用上面兩個方法，是因為就經驗而言，更好一些。

接著開始實現卷積層和池化層，因為 CNN 是很常見的網路結構，所以 TensorFlow 已經提供了對應的方法供我們直接呼叫，以實現卷積層和池化層，這裡的池化層使用最大池化演算法。同樣，為了方便後面呼叫，將卷積層和池化層的操作再封裝一層方法。

```
def conv2d(x, W):
    '''
實現卷積層
    '''
    return tf.nn.conv2d(x, W, strides=[1,1,1,1], padding='SAME')
def max_pool_2x2(x):
    '''
實現池化層
    '''
    #padding='SAME'表示透過填充 0，使得輸入和輸出的形狀一致
    return tf.nn.max_pool(x, ksize=[1,2,2,1], strides=[1,2,2,1],
padding='SAME')
```

上面程式中使用 conv2d()方法實現 CNN 的卷積層，CNN 是常見的網路結構，所以 conv2d()在 TensorFlow 建構網路模型中比較常用，conv2d()預設有 8 個參數，完整方法如下。

```
def conv2d(input, filter, strides, padding, use_cudnn_on_gpu=True,
data_format="NHWC", dilations=[1, 1, 1, 1], name=None)
```

具體參數解釋如下。

- input 就是輸入圖型，要求是一個四維張量，不同維度有不同含義，形式為[batch, in_height, in_width, in_channels]。batch 表示訓練時，一個 batch 中含有多少張圖型；in_heigth、in_width 表示輸入圖型的高和寬；in_channels 表示圖型的通道，MNIST 資料集中的圖片是灰階圖片，是單通道的。維度順序由 data_format 決定。
- filter 表示篩檢程式，同樣要求是一個四維張量，形式為[filter_height,filter_width,in_channels, out_channels]。filter_height、filter_width 分別表示篩檢程式的高和寬；in_channels 表示通道數，該值一般與上一層的通道數相同。例如上一層是 RGB 圖型輸入層，那麼

filter 的 in_channels 就為 3；最後一個參數 out_channels 表示篩檢程式的個數，對應該卷積層的輸出層的深度。

- ❑ strides 表示卷積操作時篩檢程式每一維的步進值，要求是四維張量，strides 的每一維具體由 data_format 決定。
- ❑ padding 用於確定卷積時的填充方式，一般使用 SAME 零填充。
- ❑ use_cudnn_on_gpu 預設為 True，表示訓練卷積層時優先使用 GPU。當然，如果你的運行環境中只有 CPU，這裡設 True 也沒關係。
- ❑ data_format 的值只能為 NHWC 或 NCHW，預設為 NHWC。表示 input 參數中四維張量的含義，NHWC 為[batch,height,width,channels]，NCHW 為[batch,channels,height, width]。data_format 的作用是相容其他深度學習框架。TensorFlow 預設的資料組織方式是 channels_last（即 NHWC），但其他一些知名深度學習框架（如 Theano），它們的資料組織方式為 channels_first（即 NCHW）。
- ❑ dilations 表示條紋卷積時的條紋寬度，要求是一個四維的，預設是[1,1,1,1]。如果設定某個維度的值為 k，且 k>1，那麼在該維度上，每個過濾元素之間將有 k–1 個元素被跳過，維度的順序由 data_format 參數決定。需要注意：dilations 中對應 batch、channels 的維度必須為 1。
- ❑ name 表示卷積操作的名稱，一般都用預設值 None。

透過對 conv2d()方法中參數的介紹，回看上面實現卷積層的程式，就比較好了解了。接著看 max_pool()最大池化方法，它有 6 個參數，下面簡單介紹一下。

```
def max_pool(value, ksize, strides, padding, data_format="NHWC", name=None)
```

具體參數解釋如下。

- ❑ value 是要進行池化操作的輸入，要求是一個四維張量，形式為[batch,height,width, channels]。一般經過多次卷積後就會進行一次池化操作，即池化層常連接到卷積層後，所以輸入一般都是卷積層輸出的 feature map。維度順序由 data_format 決定。

- ksize 表示池化視窗，同樣要求是四維張量，形式為[batch, height,widht,channels]。一般 batch、channels 都會設為 1，因為這兩個維度一般不做池化操作。維度的順序依舊由 data_format 決定。
- strides 表示池化視窗在每一個維度上的步進值，剩餘其他參數，與 conv2d()方法中參數含義相同，不再細講。

了解了 conv2d()方法和 max_pool()方法，具體建構卷積層和池化層的邏輯就很好了解了，下面開始建構兩個卷積層和池化層。

```
# 第一個卷積層
W_conv1 = weight_variable([5,5,1,32])
b_conv1 = bias_variable([32])
h_conv1 = tf.nn.relu(conv2d(x_image, W_conv1) + b_conv1)
#池化層
h_pool1 = max_pool_2x2(h_conv1)
# 第二個卷積層
W_conv2 = weight_variable([5,5,32,64])
b_conv2 = bias_variable([64])
h_conv2 = tf.nn.relu(conv2d(h_pool1, W_conv2) + b_conv2)
#池化層
h_pool2 = max_pool_2x2(h_conv2)
```

先看到第一個卷積層的邏輯，創建權重 W_conv1 和偏置 b_conv1，對卷積層而言，權重其實就是作用於該卷積層上的篩檢程式，因為 data_format 參數是預設的 NHWC，所以該卷積層就要被 32 個 5×5×1 大小的篩檢程式掃描，篩檢程式有 32 個，那麼獲得的輸出深度也就是 32。獲得卷積層後，使用 ReLU 作為啟動函數，給卷積層增加非線性變化，獲得最終的特徵圖譜，最後將 ReLU 函數的值傳遞給池化層，完成池化操作。

第二個卷積層的邏輯與第一個完全相同，一個細節就是，第二個卷積層的輸入通道為 32，與第一個卷積層的輸出通道相同。

因為最終要實現的是分類任務，而卷積層、池化層等操作都是表現圖型特徵的，並沒有涉及分類圖型的邏輯，這個分類邏輯最後還是要使用全連接層和 Softmax 來實現。

```
# 全連接層
W_fc1 = weight_variable([7*7*64, 1024])
b_fc1 = bias_variable([1024])
h_pool2_flat = tf.reshape(h_pool2, [-1,7*7*64])
h_fc1 = tf.nn.relu(tf.matmul(h_pool2_flat, W_fc1)+b_fc1)
keep_prob = tf.placeholder(tf.float32)
h_fc1_drop = tf.nn.dropout(h_fc1, keep_prob)
```

全連接層的實質也是上一層的輸出矩陣與全連接層的權重矩陣相乘，使用 matmul()方法即可，全連接層後使用 dropout 操作，避免網路過擬合。程式邏輯較簡單，但為什麼全連接層的權重矩陣是 7×7×64 呢？要回答這個問題，需要回頭去看卷積層和池化層的程式，了解其背後的操作。

第一層卷積層，它的輸入是 MNIST 圖型矩陣，即 28×28×1 的矩陣，在卷積層的 conv2d()方法中使用 padding='SAME'進行零填充，其填充的具體規則是什麼？padding 參數有兩個可選值，分別為 VALID 和 SAME，一般使用 SAME。

VALID 方式其實不會向輸入矩陣中填充資料，而是採用捨棄的方式。具體規則如下。

$$\text{new\_height} = \text{new\_width} = \frac{(W - F + 1)}{S}\text{（結果向上取整數）}$$

- new_height、new_width 分別是 VALID 操作後新的高、寬。
- W 是輸入矩陣的寬、高，暫時只考慮寬與高相等的矩陣，矩陣寬與高不相等時規則也相同，但是要分別推到新的寬與高。
- F 表示篩檢程式矩陣的大小。
- S 表示篩檢程式的步進值。

VALID 方式不會在原有的輸入上增加新的元素，透過計算上面的公式，可以獲得透過 VALID 方式處理後的輸入矩陣大小。

SAME 方式常稱為零填充，它會向輸入矩陣周圍填充空資料，是常用的一種填充方式，其具體規則如下。

$$new\_height = new\_width = \frac{W}{S}（結果向上取整數）$$

獲得高度上需要增加的畫素個數：

$$new\_height = (new\_height) - 1 \times S + F - W$$

獲得高度上要增加的畫素個數後，計算矩陣上方與下方分別要計算的畫素個數：

$$top = \frac{need\_height}{2}（結果取整數，矩陣上方需要填充的畫素個數）$$

$$down = need\_height - top（矩陣下方需要填充的畫素個數）$$

同樣的方式計算寬度兩端需要填充的畫素，公式同上。

回到程式，使用 SAME 方式，輸入 28×28×1 的矩陣，那麼透過上面公式計算，SAME 方式會向該矩陣周圍填充 2 層空元素，從而獲得 32×32×1 大小的矩陣。該矩陣經過 5×5×1 的篩檢程式掃描後，獲得的輸出矩陣依舊是 28×28×1 大小的矩陣，可以使用下面公式計算卷積層輸出矩陣的大小。

$$O = \frac{W - K + 2P}{S} - 1$$

其中，O 表中該卷積層輸出矩陣的大小；K 表示篩檢程式矩陣的大小；P 表示單邊填充的大小；S 表示篩檢程式掃描的步進值。

第一個卷積層之後，就是池化層，即將 28×28×1 輸入池化層，池化層中沒有使用填充操作，只是使用了 2×2 大小的視窗掃描輸入矩陣，視窗移動的步進值同樣為 2×2，池化層僅作用於寬、高這兩個維度，其輸出矩陣為 14×14×1。然後進入第二個卷積層和池化層，其操作與第一個卷積層和池化層雷同，不再贅述，最終獲得 7×7×64 矩陣，該矩陣需要與全連接層相連。這也就是全連接層權重矩陣為 7×7×64 的原因，全連接層的輸出為 1024 維的列向量，要獲得真正的分類結果，還需要加上最後的輸出層，輸出層的輸出個數一般就是分類的個數。

```
#輸出層
W_fc2 = weight_variable([1024, 10])
```

```
b_fc2 = bias_variable([10])
y_conv = tf.matmul(h_fc1_drop, W_fc2)+b_fc2
```

兩層 CNN 的架構建構完成後，整體結構如圖 6.17 所示（沒有畫出深度）。

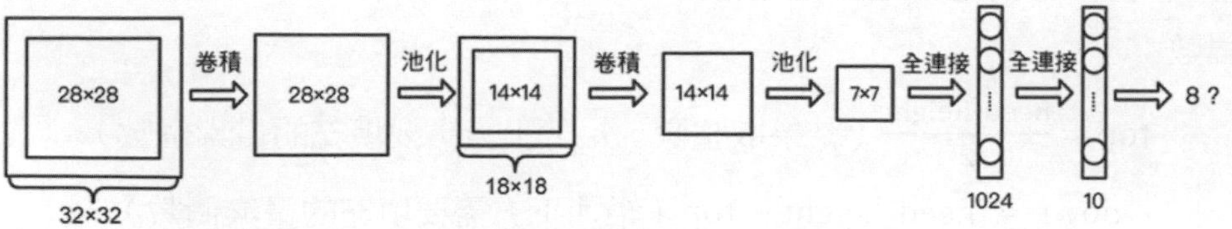

圖 6.17 兩層 CNN 的架構

接著需要定義 CNN 的損失和對應的最佳化邏輯，這裡直接使用 softmax_cross_entropy_with_ logits()方法來計算交叉熵損失，最佳化使用 TensorFlow 提供的 AdamOptimizer()方法，具體邏輯如下。

```
cross_entropy = tf.reduce_mean(
    tf.nn.softmax_cross_entropy_with_logits(labels=y_, logits=y_conv))
#也可以將 0.0001 寫成 1e-4
train_step = tf.train.AdamOptimizer(0.0001).minimize(cross_entropy)
```

接著定義出準確率。

```
correct_prediction = tf.equal(tf.argmax(y_conv, 1), tf.argmax(y_,1))
accuracy = tf.reduce_mean(tf.cast(correct_prediction,tf.float32))
```

簡單解釋上面程式，使用 tf.argmax()方法找出橫軸或豎軸下最大的值，axis=1 表示豎軸，CNN 模型的輸出結果為 y_conv，它表示 CNN 判斷輸入圖型是哪個數字的機率向量，如 [(1:20%), (2:30%) ...]。這裡透過 tf.argmax()找到機率最大的數，該數就是 CNN 的辨識結果，同樣獲取真實的結果，然後透過 tf.equal()方法判斷兩者是否相同，相同則返回 True，不相同則返回 False。如果相同，則表示 CNN 的辨識結果與真實結果一致。

然後使用 tf.cast()方法將 correct_prediction 張量的類型從 bool 轉成 float32，即 True 轉為 1.0、False 轉為 0.0，再透過 reduce_mean()方法計算

一下平局數，這個平局數其實也代表著準確率，這麼多張圖型中，為 1 的佔總量多少。

6.2.2 訓練 CNN 網路

建構完計算圖後，就可以開始訓練程式，TensorFlow 透過 Session 物件向計算圖中填充資料，完成訓練，具體程式如下。

```
with tf.Session() as sess:
    sess.run(tf.global_variables_initializer())
    for i in range(20000):
        batch = mnist.train.next_batch(50)
        # 每100 輪計算一次準確率
        if i%100 == 0:
            #訓練時的精度
            train_accuracy = sess.run(accuracy, feed_dict=
                        {x:batch[0],y_:batch[1], keep_prob:1.0})
            print('step %d, training accuracy %g'%(i, train_accuracy))
        sess.run(train_step,feed_dict={x:batch[0], y_:batch[1],
                keep_prob:0.5})
    test_accuracy = sess.run(accuracy, feed_dict={x:mnist.test.images,
y_:mnist.test.labels, keep_prob:1.0})
print('測試集準確率: %g'%test_accuracy)
```

首先建構一個 Session 物件，接著就是常見的訓練程式：先用 global_variables_initializer()方法初始化一些張量，然後開始訓練，每一輪訓練 50 張圖片，訓練 20000 輪。具體的訓練就是使用 sess.run()方法，例如要獲得精度，就將計算圖中定義好的 accuracy 精度傳入，並提供計算它需要的資料，TensorFlow 就會自動根據你設計好的計算圖來計算 accuracy。當程式運行完成，使用測試集資料來測試 CNN 的精度，輸出如下。

```
step 19500, training accuracy 1
step 19600, training accuracy 0.98
step 19700, training accuracy 1
step 19800, training accuracy 1
step 19900, training accuracy 1
```

```
測試集準確率: 0.9927
```

6.2.3 Dropout 操作

在前面編碼操作中，多次使用 Dropout 操作，有必要討論一下其原理。在訓練神經網路時，如果訓練資料比較少，則比較容易出現神經網路過擬合。因為神經網路一般都會有較多的參數，如果資料量較少，神經網路透過參數多的優勢可以快速擬合資料。此時就可以使用 Dropout 的方式來防止網路過擬合。

原理比較簡單，造成過擬合的原因是參數多而訓練資料少。如果可以輕鬆地增加訓練資料，就不會遇到這樣的問題。但是如果較難獲取更多的訓練資料來訓練神經網路，那麼就只能透過減少神經網路參數的方式來避免過擬合。Dropout 操作就是在神經網路訓練時隨機「捨棄」部分參數，讓本次訓練時參數沒有那麼多，強制網路使用更少的參數去擬合當前的訓練資料，從而達到避免過擬合的效果，效果如圖 6.18 和圖 6.19 所示。

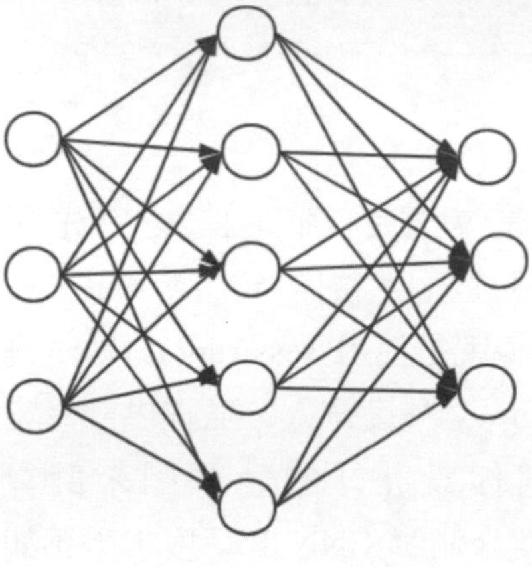

圖 6.18 原始神經網路結構

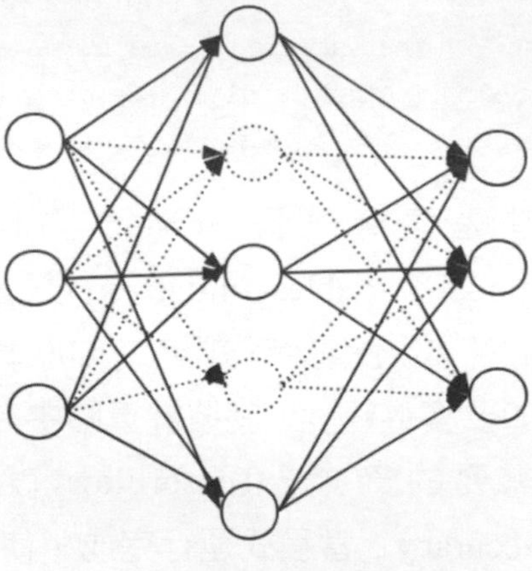

圖 6.19 使用 Dropout 操作後的神經網路結構

在 Dropout 操作中，所謂的「捨棄」，並不是真的直接刪除該網路節點的參數。更準確的描述應該是，讓該節點不參與本次訓練，臨時刪除，節點的參數備份到記憶體中，等本次訓練完成後，再從記憶體中取出，讓網路恢復成完整的結構，接著再次隨機選擇某些節點臨時刪除。Dropout 操作就是一直重複上面的過程。

可以直觀地感受到，因為 Dropout 操作，每次訓練的神經網路的結構都可能不同。雖然每次訓練時具體的結構不同，但實質上依舊是一個整體的結構，所以最終訓練出來的神經網路，其節點中的參數依舊是相互影響的。相當於你使用不同的模型訓練同一份資料，最終取所有模型資料的平均值。這樣之所以有效，一個直觀地解釋就是，Dropout 操作訓練時，不同網路結構之間的過擬合可以相互抵消，讓最終平均所有模型後的模型過擬合程度不會太大。

而且，隨機「捨棄」網路結構中的節點，讓神經網路不能保證某兩個節點每次訓練時都同時出現，避免參數更新時依賴固定關係的節點，即避免了網路模型辨識某些特徵只在某些特定條件出現的情況下才有效果。

TensorFlow 提供了兩種方法來實現 Dropout 操作，分別是 tf.layers.dropout()方法和 tf.nn.dropout()方法，兩種方法在前面的章節都使用了，其區別如下。

- tf.nn.dropout()擁有 keep_prob 參數，表示 Dropout 操作時將某個元素保留下來的機率；而 tf.layers.dropout()擁有的是 rate 參數，表示 Dropout 操作時捨棄某個元素的機率，即 keep_prob = 1－rate。
- tf.layers.dropout() 擁有 training 參數，如果將其設定為 True，tf.layers.dropout()方法進行 Dropout 操作，如果其值為 False，就認為當前不是訓練狀態，此時的輸出值與輸入值是相同的，即沒有經過任何操作。而 tf.nn.dropout()無法區分當前狀態是否為訓練狀態，只要使用，就進行 Dropout 操作。
- tf.layers 是高層 API，在 TensorFlow 1.0 版本後才有；tf.nn 是底層 API，在 TensorFlow 第一個公開發佈的版本中就存在。

Dropout 操作由 Hintion 在 2012 年發表的論文 Improving neural networks by preventing co- adaptation of feature detectors 中提出。

6.2.4 DCGAN：CNN 與 GAN 有機結合

終於回到 GAN 的範圍，前面之所以詳細地討論 CNN，是因為在 DCGAN 中，判別器和生成器都使用 CNN。具體而言，判別器使用了「正常」卷積神經網路，圖片作為輸入，判別出圖片是真實圖片還是生成圖片，而生成器使用轉置卷積神經網路（轉置 CNN）。CNN 一般都以圖型作為輸入，提取圖型中的特徵，從而辨識圖型，而轉置 CNN 卻可以用於生成圖型，網路的整個訓練過程就像正常卷積神經網路的逆向過程。

DCGAN 整體思維與樸素 GAN 沒有什麼本質差異，但整體架構卻與 GAN 不同，DCGAN 使用 CNN 來提升生成器生成圖型的效果與判別器判別圖型的能力。依舊使用此前直白的例子來解釋，小呂作為藝術學校的學生，本身就具有較強的藝術天賦，一出手，就是一幅還算不錯的畫作，從普通人的角度看來，這已經是佳作了，但藝術學院藏龍臥虎，王老師自幼就看過很多聞名於世的畫作，在他看來，小呂的畫作還有很多瑕疵，於是進入了王老師指出畫作瑕疵→小呂修改畫作→畫出王老師滿意畫作的過程。

與此前例子不同之處在於，小呂本身就具有很好的作畫天賦，可以畫出在普通人看來不錯的畫作，這都是轉置 CNN 的功勞，它在處理圖像資料上的優勢給小呂帶來了高於常人的天賦。而王老師高超的鑑別能力，也是靠 CNN，這讓他與此前的王老師（由普通神經網路組成）有天壤之別。

因為判別器模型與正常的 CNN 結構類似，所以重點討論生成器的轉置 CNN，下面簡單討論一下轉置卷積，為了方便了解，暫不考慮第三維。

現在輸入一個3×3大小的矩陣，透過2×2篩檢程式進行普通的卷積操作，步進值為 1，不進行填充，那麼卷積後的輸出就是2×2大小的矩陣，如圖 6.20 所示。

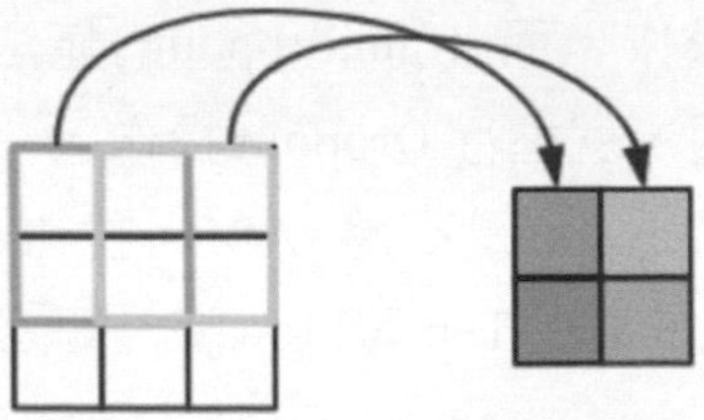

圖 6.20 卷積

從矩陣運算的角度來看普通卷積的過程，首先3×3大小的矩陣被重塑成9×1的列向量，記為X，接著將2×2篩檢程式矩陣轉為4×9矩陣，篩檢程式總共掃描 4 次，被掃描矩陣的大小為3×3，所以篩檢程式矩陣為4×9。

篩檢程式矩陣：

$$\begin{bmatrix} w_1 & w_2 \\ w_3 & w_4 \end{bmatrix}$$

篩檢程式掃描了 4 次3×3大小的矩陣，則篩檢程式矩陣可以轉為以下矩陣，本次沒有被掃描到的為 0。

$$C = \begin{bmatrix} w_1 & w_2 & 0 & w_3 & w_4 & 0 & 0 & 0 & 0 \\ 0 & w_1 & w_2 & 0 & w_3 & w_4 & 0 & 0 & 0 \\ 0 & 0 & w_1 & w_2 & 0 & w_3 & w_4 & 0 & 0 \\ 0 & 0 & 0 & 0 & w_1 & w_2 & 0 & w_3 & w_4 \end{bmatrix}$$

那麼卷積的結果為

$$Y = CX = (4 \times 9) \times (9 \times 1) = (4 \times 1)$$

4×1的列向量可以重塑為2×2的輸出矩陣，這就是普通的卷積過程。而轉置卷積就是將 C 矩陣進行轉置再與結果 Y 相乘，從而獲得輸入 X，當然這個 X 與真正的輸入 X 不完全相同。

$$Y = C^{\mathrm{T}}X = (9 \times 4) \times (4 \times 1) = (9 \times 1)$$

轉置卷積操作後，就從2×2大小的矩陣中獲得3×3大小的矩陣，如圖 6.21 所示。

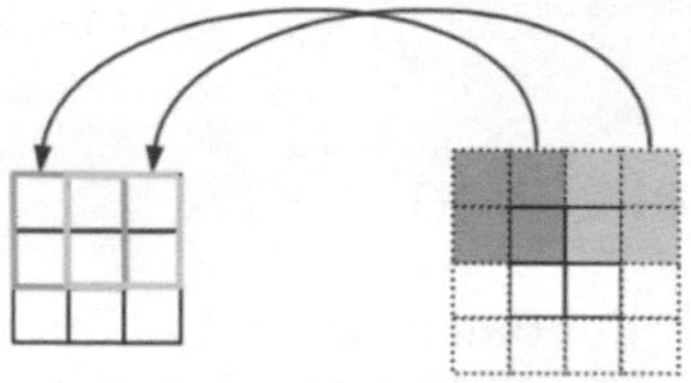

圖 6.21 轉置卷積

整個生成器的轉置 CNN 結構如圖 6.22 所示，輸入的是 100 維的列向量，重塑後，透過一層層的轉置卷積操作，獲得64×64×3的圖片矩陣，完成生成圖片目標。

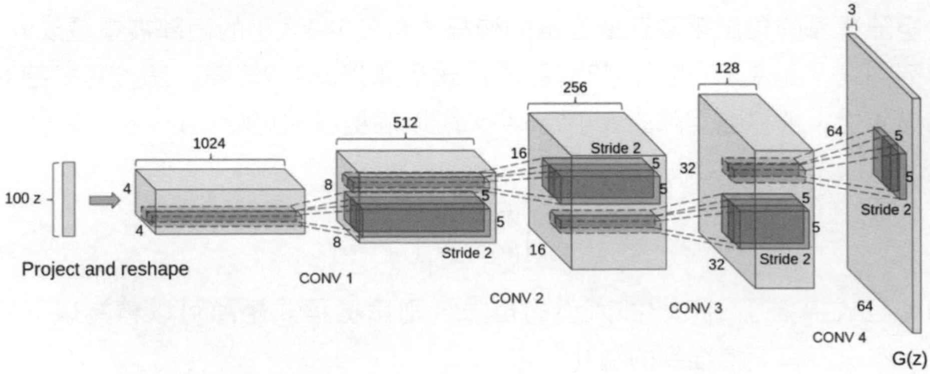

圖 6.22 多層轉置 CNN

DCGAN 除處理使用 CNN 作為判別器和生成器的主要結構外，還做了以下改進。

（1）判別器和生成器都沒有使用池化層，在判別器中使用帶有步進值的篩檢程式來完成卷積操作，代替池化層縮減訓練網路參數的功能，全域平均池化雖然會提高模型的穩定性，但會使網路收斂速度變緩慢。

（2）判別器和生成器都使用批次標準化操作來幫助模型收斂且避免模型過擬合。

（3）在生成器中，除最後一層要輸出的圖型使用 Tanh 作為啟動函數，其餘層都使用 ReLU 作為啟動函數。

（4）在判別器中，所有層都使用 Leaky ReLU 作為啟動函數。

6.2.5 Batch Normalization

DCGAN 中使用批次標準化（Batch Normalization，BN）技術，BN 技術在深度學習中是很常見的一種最佳化訓練的技巧，下面簡單討論一下。

眾所皆知，神經網路層數越多、結構越深，其擬合訓練資料分佈的能力也就越強，當然過強就會面臨過擬合問題。除過擬合問題外，網路結構越深，訓練難度越大。在深層神經網路中，層與層之間的參數相互影響，每一層參數的更新就會導致其輸出資料變化，層層疊加，就會出現底層的資料分佈與高層的資料分佈有很大的不同。網路結構越深，這種現象越明顯，此時就需要高層不斷重新計算參數，去適應底層參數更新帶來的變化，從而讓高層的資料分佈擬合底層的資料分佈，實現神經網路的目標，指向同樣的樣本標籤。這種現象稱為 Internal Convariate Shift（簡稱 ICS），一般的解決方法就是將學習速率調小。為了訓練好一個神經網路，需要我們非常謹慎地設定合理的學習速率與模型的初始權重，這些超參數的設定沒有什麼準則，全靠經驗。

BN 的提出就是為了解決 ICS 帶來的困難，Batch Normalization 首先是 Batch，然後才是 Normalization。Batch 表示標準化操作是對一組資料進行的，而非單一資料，其核心操作如圖 6.23 所示。

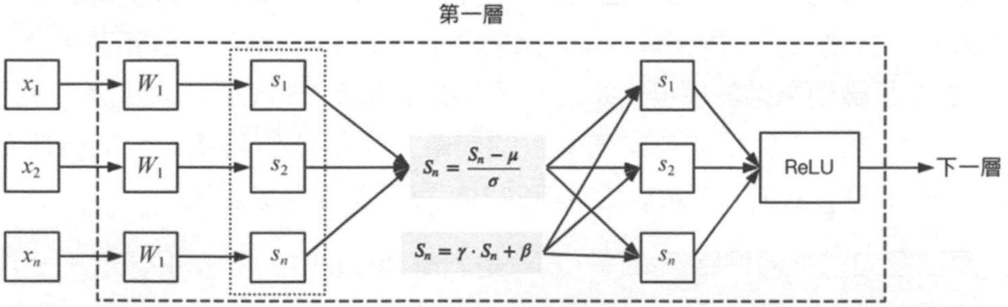

圖 6.23 Batch Normalization 操作

Batch 的大小為 n，即輸入$X_1,X_2,\cdots,X_n$，與權重 W_1 相乘，獲得對應的輸出值S_n。普通的神經網路結構中，獲得輸出值後，就會傳遞給對應的啟動函數，透過啟動函數處理後，就傳遞給下一層。但這裡嵌入了 BN 操作，首先會計算出$S_1,S_2,\cdots,S_n$對應的平均值μ和方差σ，然後使用當前值S_n減去平均值μ，再除以方差σ的平方加ϵ的開方，從而獲得新的S_n。其中ϵ只是一個微小的正數，避免方差σ為 0 的情況。此時計算出的S_n的分佈一般會限制在平均值為 0，方差為 1 的正態分佈中，這會讓網路的擬合能力下降。為了避免這種情況，引入γ與β這兩個參數，這兩個參數由模型訓練時自己習得。兩者的公式如下。

$$S_n = \frac{S_n - \mu}{\sqrt{\sigma^2 + \epsilon}}$$

$$S_n = \gamma \cdot S_n + \beta$$

如果出現μ與β相等、σ與γ相等的情況，BN 操作就幾乎什麼都不用做，減的被加回來，除的被乘回來。如果出現這種情況，BN 的效果微弱。但γ與β和μ與σ還是有明顯的不同之處，μ與σ會受到輸入資料的影響，因為平均值和方差就是從這些輸入資料中計算而來的；但γ與β不會，它是模型訓練時自己學習而來的，只需初始化一下即可。順帶一提，在神經網路透過反向傳播演算法來更新網路參數時，BN 操作中相關的參數也是會被更新的。

BN 操作或 BN 層放在輸入之前還是放在輸出之後均可，但一般而言，BN 層都放在輸出資料後、啟動函數前，這樣可以讓輸出資料更容易落在啟動函數的「有效區域」內。以 Tanh 函數為例，Tanh 函數設定值範圍是-1～1，由於函數兩端過於平坦，如果神經網路輸入給 Tanh 函數的值過大或過小，就會遇到梯度爆炸或梯度彌散的問題，所以我們希望輸入的值落在 Tanh 的中間區域，放在啟動函數前的 BN 層可以實現這個效果。

上面已經知道神經網路訓練時，BN 是怎麼運作的了，那麼測試時呢？測試神經網路與訓練時不同，訓練神經網路會使用一組資料進行訓練，但測試通常是單一資料登錄到訓練好的神經網路中看效果。如果是單一資料，那麼 BN 操作時平均值μ與方差σ如何計算？常見有以下兩種解決方法。

- 第一種方法，因為此時神經網路訓練已經結束，那麼網路中的參數就不會再發生改變，使用固定參數的神經網路計算整個訓練資料的平均值和方差，再使用計算出的平均值和方差來完成神經網路的測試。這種方式在訓練時一般行不通，因為在網路訓練時，參數會改變，平均值μ與方差σ又是從參數中計算得來的，那麼每次參數改變都要重新計算一下。如果此時計算整個訓練資料的平均值與方差，就會有計算量過大、難以訓練的問題，所以訓練時，只計算一個 Batch 的平均值與方差即可。這也要求一個 Batch 中的資料量不能太小，如果 Batch 資料量太小，計算出來的平均值與方差與整個訓練資料集的平均值與方差差距過大，會導致 BN 操作效果不理想。

- 第二種方法，在訓練神經網路時，將所有訓練時的平均值μ與方差σ都記錄下來，要使用測試資料測試神經網路直接使用訓練時最後幾次的平均值μ與方差σ。這種方法比第一種方法常用，因為有時訓練資料特別龐大，就算只計算一次訓練資料，整體平均值和方差也有很大的計算量。

下面複習一下 BN 帶來的優勢。

- BN 可以減緩 ICS 問題，使得在訓練神經網路時可以使用更大的學習速率，讓網路收斂得更快。
- BN 會使輸入啟動函數的資料作用在集合函數的「有效區域」，從而減少了梯度爆炸或梯度彌散等問題，特別是使用 sigmoid、Tanh、ReLU 等啟動函數時。
- 神經網路受初始化參數的影響較小。
- BN 減少了訓練神經網路時對正則化懲罰項的需求。

看到這些優點，你可能會想，所謂 BN 操作，其實就是一些簡單的加、減、乘、除操作，為什麼會帶來這麼多優點？BN 操作為什麼有這些效果？核心就是

- BN 操作確保了神經網路中節點間的參數具有「伸縮不變性」。
- BN 操作確保了神經網路中輸入資料具有「伸縮不變性」。

6.3 TensorFlow 實現 DCGAN 網路

前面的內容詳細地介紹了卷積神經網路、轉置卷積、DCGAN 中的改進和 BN，這些內容對於動手編寫 DCGAN 網路是很有幫助的。下面就使用

TensorFlow 來編寫一個 DCGAN 網路，其整體流程與此前編寫樸素 GAN 類似，先編寫生成器、判別器，再編寫訓練邏輯，同時將部分張量資料記錄下來，用於 TensorBoard 視覺化顯示。

因為篇幅原因，本節只會展示 DCGAN 中的關鍵程式，其餘可以參閱本書所附的程式碼。

6.3.1 TensorFlow 實現 DCGAN 的生成器

在 DCGAN 中生成器使用轉置 CNN 來實現，TensorFlow 將轉置 CNN 封裝成 conv2d_transpose()方法，使用 conv2d_transpose()方法就可以輕鬆實現轉置 CNN，這讓編寫生成器的程式量大大減少，下面來看生成器的具體程式。

```
#生成器
def generator(self, z):
    with tf.variable_scope("generator"):
        s_h, s_w = self.output_height, self.output_width
        s_h2, s_w2 = conv_out_size_same(s_h, 2), conv_out_size_same(s_w, 2)
        s_h4, s_w4 = conv_out_size_same(s_h2, 2), conv_out_size_same(s_w2, 2)
        s_h8, s_w8 = conv_out_size_same(s_h4, 2), conv_out_size_same(s_w4, 2)
        s_h16, s_w16 = conv_out_size_same(s_h8, 2), conv_out_size_same(s_w8, 2)
        # project 'z' and reshape
        # 原始輸入經過權重和偏置處理後獲得的輸入 z_，h0_w 第一層權重，h0_b 第一層偏置
        self.z_, self.h0_w, self.h0_b = linear(
            z, self.gf_dim * 8 * s_h16 * s_w16, 'g_h0_lin', with_w=True)
        #輸入重塑成 3×3×512 的矩陣
        self.h0 = tf.reshape(
            self.z_, [-1, s_h16, s_w16, self.gf_dim * 8])
        # 使用 BN 處理後，再使用 ReLU 啟動函數
        h0 = tf.nn.relu(self.g_bn0(self.h0))
        #轉置卷積
        self.h1, self.h1_w, self.h1_b = deconv2d(
            h0, [self.batch_size, s_h8, s_w8, self.gf_dim * 4], name='g_h1',
                with_w=True)
        h1 = tf.nn.relu(self.g_bn1(self.h1))

        h2, self.h2_w, self.h2_b = deconv2d(
```

```
            h1, [self.batch_size, s_h4, s_w4, self.gf_dim * 2], name='g_h2',
                with_w=True)
        h2 = tf.nn.relu(self.g_bn2(h2))

        h3, self.h3_w, self.h3_b = deconv2d(
            h2, [self.batch_size, s_h2, s_w2, self.gf_dim * 1], name='g_h3',
                with_w=True)
        h3 = tf.nn.relu(self.g_bn3(h3))

        h4, self.h4_w, self.h4_b = deconv2d(
            h3, [self.batch_size, s_h, s_w, self.c_dim], name='g_h4',
                with_w=True)
        return tf.nn.tanh(h4)
```

定義 generator()方法來獲得生成器。在該方法中，同樣使用 variable_scope()方法創建一個空間，方便後面生成器的參數重用，接著定義相關的高和寬。在訓練時，我們定義 output_height 為 48，output_width 也為 48，其他值透過 conv_out_size_same()方法獲得對應值後除以 2，conv_out_size_same()方法的程式如下。

```
def conv_out_size_same(size, stride):
    # ceil 返回數字的上入整數。
    return int(math.ceil(float(size) / float(stride)))
```

接著就開始建構生成器的第一層，第一層使用 linear()方法。該方法就是生成權重矩陣與偏置，然後與輸入值進行簡單的運算，其實質就是一個普通的連接層，linear()程式如下。

```
# 普通連接層，線性運算
def linear(input_, output_size, scope=None, stddev=0.02, bias_start=0.0,
with_w=False):
    shape = input_.get_shape().as_list()
    with tf.variable_scope(scope or "Linear"):
        try:
            # random_normal_initializer 正態分佈的張量生成器
            matrix = tf.get_variable('Matrix', [shape[1], output_size],
                tf.float32, tf.random_normal_initializer(stddev=stddev))
        except ValueError as e:
```

```
            msg = "很可能是圖型尺寸問題，你正確設定了-crop、-input_height、
                  -output_heigh 嗎？"
            e.args = e.args + (msg,)
            raise
        # constant_initializer 生成具有常數值的張量的初始化器。
        bias = tf.get_variable('bias', [output_size], initializer =
               tf.constant_initializer(bias_start))
        if with_w:
            return tf.matmul(input_, matrix) + bias, matrix, bias
        else:
            return tf.matmul(input_, matrix) + bias
```

我們向 linear()中傳入隨機生成的雜訊 z 和第一層的結構self.gf_dim＊8＊s_h16＊s_w16（即 64×8×3×3），接著透過tf.reshape()方法重塑第一層self.z_矩陣，獲得新的矩陣self.h0，其結構就為 3×3×512，這樣生成器的第一層就建構完成。

接著建構第二層，直接使用deconv2d()方法建構轉置卷積層，deconv2d()方法的程式如下。

```
#轉置卷積層
def deconv2d(input_,output_shape, k_h=5,k_w=5,d_h=2,d_w=2,stddev=0.02,
             name='deconv2d', with_w=False):
    with tf.variable_scope(name):
        # random_normal_initializer 生成服從正態分佈的張量，stddev 正態分佈的標準差
        w = tf.get_variable('w', [k_h, k_w, output_shape[-1],
            input_.get_shape()[-1]],
            initializer=tf.random_normal_initializer(stddev=stddev))
        deconv = tf.nn.conv2d_transpose(input_, w,
                 output_shape=output_shape, strides = [1, d_h, d_w, 1])
        # constant_initializer 生成具有常數值的張量
        biases = tf.get_variable('biases',[output_shape[-1]],
                 initializer = tf.constant_initializer(0.0))
        deconv = tf.reshape(tf.nn.bias_add(deconv, biases),
                 deconv.get_shape())
        if with_w:
            return deconv, w, biases
        else:
            return deconv
```

deconv2d() 方法的邏輯比較簡單，依舊先透過 variable_scope() 方法創建一個張量空間，接著透過 get_variable() 方法獲得一個矩陣。因為 get_variable()方法中設定了 initializer = tf.random_normal_initializer(stddev = stddev)，所以獲得的矩陣服從正態分佈。接著就是使用 conv2d_transpose() 方法實現轉置卷積操作，將初始化的權重矩陣傳入作為篩檢程式矩陣。conv2d_transpose()方法的形式如下。

```
def conv2d_transpose(value,filter, output_shape,strides, padding="SAME"
,data_format="NHWC",name=None):
```

conv2d_transpose()方法中參數的含義與 deconv2d()方法中幾乎相同，不再重複介紹。

定義完轉置卷積操作後，再次使用 get_variable()方法獲得一個具有常數值的張量作為偏置 biases，接著將轉置卷積操作後獲得的 deconv 矩陣與 biases 透過 tf.nn.bias_add()相加，再使用 tf.reshape 重塑，最後將重塑後獲得的轉置卷積矩陣返回即可。

回到 generator()方法中，生成器的第二層就透過 deconv2d()方法完成了。其中 h1 就是轉置卷積操作後的矩陣，h1_w 是權重矩陣，也就是轉置卷積操作時篩檢程式對應的矩陣，h1_b 對應該層的偏置。

建構好轉置卷積矩陣後，使用 g_hn1()方法進行 BN 操作，再將 BN 操作後的值傳遞給 ReLU 啟動函數。g_hn1()方法來自 self.g_bn1 = batch_norm(name = 'g_bn1')，所以來看一下 batch_norm 類別的程式。

```
class batch_norm(object):
  def __init__(self, epsilon=1e-5, momentum = 0.9, name="batch_norm"):
    with tf.variable_scope(name):
      self.epsilon  = epsilon
      self.momentum = momentum
      self.name = name

  def __call__(self, x, train=True):
    # tf.contrib.layers.batch_norm 實現 Batch Normalization
    return tf.contrib.layers.batch_norm(x,
```

```
                        decay=self.momentum,
                        updates_collections=None,
                        epsilon=self.epsilon,
                        scale=True,
                        is_training=train,
                        scope=self.name)
```

batch_norm 類別使用_init_方法進行初始化，_call_方法將類別實例當作函數來呼叫且不影響類別實例本身的生命週期。在_call_中，呼叫 tf.contrib.layers.batch_norm()方法來實現 BN 操作，tf.contrib.layers.batch_norm()方法的參數很多，考慮到篇幅，這裡只介紹目前使用的參數。

- inputs：輸入張量，張量的維度必須大於二維，第一個表示一組 batch 中資料的個數，輸入張量每一維代表的含義由 data_format 決定，data_format 預設為 NHWC。inputs 參數的要求不難了解，畢竟 BN 操作要計算輸入資料的平均值和方差。
- decay：移動平均值的衰減係數，合理的衰減系數值應該接近於 1。如果 BN 在訓練集表現很好，在驗證集或測試集表現不理想時，可以嘗試選擇較小的篩選係數。
- epsilon：微小的正數，避免 BN 操作進行除方差操作時，方差為 0。
- scale：設定為 True，則表示 BN 操作時要乘以γ；設定 False 則不使用γ。
- is_training：模型是否在訓練狀態。如果在訓練狀態，會將訓練時計算得出的平均值和方差記錄到 moving_mean 與 moving_variance 中。如果不在訓練狀態，就會使用此前記錄的 moving_mean 與 moving_variance（該方法在 Batch Normalization 章節討論過）。
- scope：變數命名空間。

當 g_bn1()方法實現 BN 操作後，獲得的資料傳入 tf.nn.relu()方法，即 ReLU 啟動函數，到這裡便完成了 h1 轉置卷積層的編寫。後面的 h2、h3、h4 的編寫方式與 h1 相同，都是使用 deconv2d()實現轉置卷積操作，然後將轉置卷積後獲得的輸出矩陣使用對應的方法進行 BN 操作，將 BN

操作後的結果輸入啟動函數，h2、h3 的啟動函數使用 ReLU 函數，h4 使用 Tanh 函數。

6.3.2 TensorFlow 實現 DCGAN 的判別器

DCGAN 的生成器建構完成後，接著就編寫 DCGAN 判別器。DCGAN 中判別器使用全卷積網路的結構，使用步進值來代替池化層，並且除最後一層外，所有層的啟動函數都使用 Leaky ReLU，下面來實現一下。

```
#判別器
def discriminator(self, image, reuse=False):
    with tf.variable_scope("discriminator") as scope:
        if reuse:
            # 重用空間中的變數
            scope.reuse_variables()

        h0 = lrelu(conv2d(image, self.df_dim, name='d_h0_conv'))
        h1 = lrelu(self.d_bn1(conv2d(h0, self.df_dim * 2,
            name='d_h1_conv')))
        h2 = lrelu(self.d_bn2(conv2d(h1, self.df_dim * 4,
            name='d_h2_conv')))
        h3 = lrelu(self.d_bn3(conv2d(h2, self.df_dim * 8,
            name='d_h3_conv')))
        h4 = linear(tf.reshape(h3, [self.batch_size, -1]), 1, 'd_h4_lin')

        return tf.nn.sigmoid(h4),h4
```

程式非常簡單，首先透過 reuse 變數判斷當下是否要重用 discriminator 空間中的變數，接著就是判別器全卷積網路的結構，使用 conv2d()實現卷積層，使用 lrelu()方法實現 Leaky ReLU 方法，分別看一下這兩個方法的具體程式。

```
def lrelu(x, leak=0.2, name='lrelu'):
    return tf.maximum(x, leak*x)

#卷積層
def conv2d(input_, output_dim, k_h=5, k_w = 5, d_h=2, d_w=2,
```

```
stddev=0.02,name="conv2d"):
     with tf.variable_scope(name):
          w = tf.get_variable('w', [k_h, k_w, input_.get_shape()[-1],
              output_dim])
          conv = tf.nn.conv2d(input_, w, strides=[1,d_h,d_w,1], padding='SAME')
          biases = tf.get_variable('biases',[output_dim],
                initializer = tf.constant_initializer(0.0))
          conv = tf.reshape(tf.nn.bias_add(conv, biases), conv.get_shape())
          return conv
```

Leaky ReLU 不必多講，小於 0 的部分返回 leak × x 的值。

conv2d()方法其實也不必多講，先獲得權重矩陣 **w**，該矩陣作為篩檢程式矩陣；使用 tf.nn.conv2d() 方法實現卷積操作；接著獲得偏置 biases；將卷積操作的結果矩陣與偏置相加再重塑一下，返回重塑後的矩陣，則完成卷積層的操作。

6.3.3 獲得測試範例

在訓練過程中，我們想知道當前經過一定輪數訓練後的生成器可以生成什麼樣的圖型，方便直觀地了解當前 DCGAN 的狀態。要實現這個需求，只需要再使用一次生成器，將生成的圖片保存到本地即可。為了避免此時生成對訓練造成其他影響，我們需要固定當前生成器結構中的參數，具體程式如下。

```
#生成圖片範例
def sampler(self, z):
    # 使用生成器空間中的變數
    with tf.variable_scope("generator") as scope:
        scope.reuse_variables()
        s_h, s_w = self.output_height, self.output_width
        s_h2, s_w2 = conv_out_size_same(s_h, 2), conv_out_size_same(s_w, 2)
        s_h4, s_w4 = conv_out_size_same(s_h2, 2), conv_out_size_same(s_w2, 2)
        s_h8, s_w8 = conv_out_size_same(s_h4, 2), conv_out_size_same(s_w4, 2)
        s_h16, s_w16 = conv_out_size_same(s_h8, 2), conv_out_size_same(s_w8, 2)
        h0 = tf.reshape(
```

```
            linear(z, self.gf_dim * 8 * s_h16 * s_w16, 'g_h0_lin'),
            [-1, s_h16, s_w16, self.gf_dim * 8])
        # train 為 False
        h0 = tf.nn.relu(self.g_bn0(h0, train=False))
        h1 = deconv2d(h0, [self.batch_size, s_h8, s_w8, self.gf_dim * 4],
            name='g_h1')
        h1 = tf.nn.relu(self.g_bn1(h1, train=False))
        h2 = deconv2d(h1, [self.batch_size, s_h4, s_w4, self.gf_dim * 2],
            name='g_h2')
        h2 = tf.nn.relu(self.g_bn2(h2, train=False))
        h3 = deconv2d(h2, [self.batch_size, s_h2, s_w2, self.gf_dim * 1],
            name='g_h3')
        h3 = tf.nn.relu(self.g_bn3(h3, train=False))
        h4 = deconv2d(h3, [self.batch_size, s_h, s_w, self.c_dim],
            name='g_h4')
        return tf.nn.tanh(h4)
```

結構其實就是生成器的結構，只不過網路結構中的參數使用的是 generator 空間中的參數，並且使用 BN 操作時，要表明當前不是訓練狀態，僅此而已。

6.3.4 建構 DCGAN 整體

上面分別編寫了 generator()方法實現生成器、discriminator()方法實現判別器，接著就使用這兩個方法來建構出一個完成的 DCGAN 結構。整體邏輯就是先使用 generator()方法和 discriminator()方法獲得生成器和判別器的實例，再定義並最小化對應的損失，定義損失與最小化損失的方法都與實現樸素 GAN 時一樣，下面來看具體的程式。

```
#建構 DCGAN 模型
def build_model(self):
    # 圖片大小
    if self.crop:
        image_dims = [self.output_height, self.output_width, self.c_dim]
    else:
        image_dims = [self.input_height, self.input_width, self.c_dim]
```

```
    # 真實圖片輸入
    self.inputs = tf.placeholder(tf.float32, [self.batch_size] + image_dims,
name='real_images')
    inputs = self.inputs
    self.z = tf.placeholder(tf.float32, [None, self.z_dim], name='z')
    # 長條圖顯示在 TensorBoard 中
    self.z_sum = histogram_summary('z',self.z)
    # 生成器
    self.G = self.generator(self.z)
    # 判別器
    self.D, self.D_logits = self.discriminator(inputs, reuse=False)
    # 生成器生成的範例
    self.sampler = self.sampler(self.z)
    # 判別器，判別生成圖片
    self.D_, self.D_logits_ = self.discriminator(self.G, reuse=True)
    self.D_sum = histogram_summary("d", self.D)
    self.d__sum = histogram_summary("d_", self.D_)
    # 圖型顯示在 TensorBoard 中
    self.G_sum = image_summary("G", self.G)
    # 判別器判別真實圖片的損失
    self.d_loss_real = tf.reduce_mean(
        tf.nn.sigmoid_cross_entropy_with_logits(logits=self.D_logits,
        labels=tf.ones_like(self.D)))
    # 判別器判別生成圖片的損失
    self.d_loss_fake = tf.reduce_mean(
        tf.nn.sigmoid_cross_entropy_with_logits(logits=self.D_logits_,
        labels=tf.zeros_like(self.D_)))
    # 生成器希望判別器判別自己生成圖片的損失
    self.g_loss = tf.reduce_mean(
        tf.nn.sigmoid_cross_entropy_with_logits(logits=self.D_logits_,
        labels=tf.ones_like(self.D_)))
    #使用 scalar_summary 記錄損失的變數，後面就可以使用 TensorBoard 進行視覺化顯示
    self.d_loss_real_sum = scalar_summary("d_loss_real", self.d_loss_real)
    self.d_loss_fake_sum = scalar_summary("d_loss_fake", self.d_loss_fake)
    self.d_loss = self.d_loss_real + self.d_loss_fake
    self.g_loss_sum = scalar_summary("g_loss", self.g_loss)
    self.d_loss_sum = scalar_summary("d_loss", self.d_loss)
```

```
    t_vars = tf.trainable_variables()
    self.d_vars = [var for var in t_vars if 'd_' in var.name]
    self.g_vars = [var for var in t_vars if 'g_' in var.name]
    self.saver = tf.train.Saver()
```

上述程式中，先定義出要使用的張量，如 image_dims 圖片維度、self.inputs 真實圖片輸入、self.z 雜訊等，然後就透過 generator()方法建構生成器 self.G，透過 discriminator()方法建構判別器 self.D，透過 sampler()方法獲得當前訓練輪下生成器的測試實例，接著就建構生成器和判別器的損失。對判別器而言，它希望自己給真實圖片設定值為 1，給生成圖片設定值為 0，而生成器希望判別器給自己生成的圖片設定值為 1，生成器和判別器相互對抗。在最小化損失上依舊使用 sigmoid_cross_entropy_with_logits()方法，一步搞定。

在程式中，使用 TersorBoard 相關的方法來記錄 DCGAN 中某些重要張量的變化，例如生成器和判別器的損失、生成器此時可生成的圖片等，將這些張量透過對應的方法記錄下來，方便後期在 TensorBoard 上視覺化顯示。

6.3.5 訓練 DCGAN

DCGAN 建構完成後，就可以編寫訓練邏輯了。訓練時最小化損失依舊使用 Adam 演算法，整體訓練流程就是一組資料進行最小化判別器和生成器損失的訓練，TensorFlow 會根據建構好的計算圖去填充對應的資料，啟動對應的節點，具體程式如下。

```
def train(self, config):
    d_optim = tf.train.AdamOptimizer(config.learning_rate, beta1=config.beta1) \
        .minimize(self.d_loss, var_list=self.d_vars)
    g_optim = tf.train.AdamOptimizer(config.learning_rate, beta1=config.beta1) \
        .minimize(self.g_loss, var_list=self.g_vars)
    # 初始化
    try:
        tf.global_variables_initializer().run()
```

```
    except:
        tf.initialize_all_variables().run()

    self.g_sum = merge_summary([self.z_sum, self.d__sum,
                        self.G_sum, self.d_loss_fake_sum, self.g_loss_sum])
    self.d_sum = merge_summary(
        [self.z_sum, self.D_sum, self.d_loss_real_sum, self.d_loss_sum])
    # Russell 輸出是輸出到 output 這個相對路徑中，不然無法獲得輸出內容
    self.writer = SummaryWriter("./output/logs", self.sess.graph)
    sample_z = np.random.uniform(-1, 1, size=(self.sample_num, self.z_dim))
    sample_files = self.data[0:self.sample_num]
    # 獲得生成器生成的 fake img
    sample = [
        get_image(sample_file,
                  input_height=self.input_height,
                  input_width=self.input_width,
                  resize_height=self.output_height,
                  resize_width=self.output_width,
                  crop=self.crop,
                  grayscale=self.grayscale) for sample_file in sample_files]
    if (self.grayscale):
        sample_inputs = np.array(sample).astype(np.float32)[:, :, :, None]
    else:
        sample_inputs = np.array(sample).astype(np.float32)
    counter = 1
    start_time = time.time()
    # 載入 checkpoint 檔案
    could_load, checkpoint_counter = self.load(self.checkpoint_dir)
    if could_load:
        counter = checkpoint_counter
        print(" [*] Load SUCCESS")
    else:
        print(" [!] Load failed...")
    for epoch in range(config.epoch):
        self.data = glob(os.path.join(
            config.data_dir, config.dataset, self.input_fname_pattern))
        np.random.shuffle(self.data)
        batch_idxs = min(len(self.data), config.train_size)
        // config.batch_size
```

```
    for idx in range(0, int(batch_idxs)):
        batch_files = self.data[idx * config.batch_size:(idx + 1) *
                     config.batch_size]
        batch = [
            get_image(batch_file,
                      input_height=self.input_height,
                      input_width=self.input_width,
                      resize_height=self.output_height,
                      resize_width=self.output_width,
                      crop=self.crop,
                      grayscale=self.grayscale) for batch_file in
                      batch_files]
        if self.grayscale:
            batch_images = np.array(batch).astype(np.float32)
            [:, :, :, None]
        else:
            batch_images = np.array(batch).astype(np.float32)
        batch_z = np.random.uniform(-1, 1, [config.batch_size,
        self.z_dim]) \
            .astype(np.float32)
        # 更新判別器 D，先訓練判別器 D
        _, summary_str = self.sess.run([d_optim, self.d_sum],
            feed_dict={self.inputs: batch_images, self.z: batch_z})
        self.writer.add_summary(summary_str, counter)
        # 更新生成器 G，再訓練生成器 G
        _, summary_str = self.sess.run([g_optim, self.g_sum],
                                       feed_dict={self.z: batch_z})
        self.writer.add_summary(summary_str, counter)
        # 再次訓練生成器 G，確保 d_loss 不為 0
        _, summary_str = self.sess.run([g_optim, self.g_sum],
                                         feed_dict={self.z: batch_z})
        self.writer.add_summary(summary_str, counter)
        errD_fake = self.d_loss_fake.eval({self.z: batch_z})
        errD_real = self.d_loss_real.eval({self.inputs: batch_images})
        errG = self.g_loss.eval({self.z: batch_z})
        counter += 1
        print("Epoch: [%2d/%2d] [%4d/%4d] time: %4.4f, d_loss: %.8f,
            g_loss: %.8f" \
            % (epoch, config.epoch, idx, batch_idxs,
```

```
                    time.time() - start_time, errD_fake + errD_real, errG))
            if np.mod(counter, 100) == 1:
                try:
                    #sampler 生成圖片
                    samples, d_loss, g_loss = self.sess.run(
                        [self.sampler, self.d_loss, self.g_loss],
                        feed_dict={
                            self.z: sample_z,
                            self.inputs: sample_inputs,
                        },
                    )
                    save_images(samples, image_manifold_size
 (samples.shape[0]),
'./{}/train_{:02d}_{:04d}.png'.format(config.sample_dir, epoch, idx))
                    print("[Sample] d_loss: %.8f, g_loss: %.8f" %
(d_loss, g_loss))
                except:
                    print("one pic error!...")
            if np.mod(counter, 500) == 2:
                    self.save(config.checkpoint_dir, counter)
```

一開始同樣定義一些張量，需要注意的是，self.writer 張量是 DCGAN 訓練時記錄檔的輸出路徑。因為後面訓練 DCGAN 要使用 Russell 平台，所以這裡的路徑一定要輸出到./output/這個相對路徑上，如果你是在本地訓練，記錄檔的路徑就沒有什麼特別的要求。

因為訓練 DCGAN 需要花費比較長的時間，如果模型訓練過程因意外中途中斷，重頭再訓練就要很大的成本，所以每次訓練前都載入此前訓練時保留下的 checkpoint 模型檔案，根據 checkpoint 模型檔案接著中斷處繼續訓練即可，不必再耗費大量時間成本。

訓練 DCGAN 的核心在兩層 for 迴圈中，看到第二層 for 迴圈 for idx in range(0, int(batch_ idxs))，一開始透過 get_image 方法獲得此輪要訓練的一組圖型，接著透過 np.random.uniform 生成雜訊 batch_z，最後透過以下程式進行判別器 D 和生成器 G 的訓練，並將訓練的結果記錄在 log 中。

```
# 更新判別器 D，先訓練判別器 D
_, summary_str = self.sess.run([d_optim, self.d_sum],
                    feed_dict={self.inputs: batch_images, self.z: batch_z})
self.writer.add_summary(summary_str, counter)
# 更新生成器 G，再訓練生成器 G
_, summary_str = self.sess.run([g_optim, self.g_sum],
                feed_dict={self.z: batch_z})
self.writer.add_summary(summary_str, counter)
# 再次訓練生成器 G，確保 d_loss 不為 0
_, summary_str = self.sess.run([g_optim, self.g_sum],
                feed_dict={self.z: batch_z})
self.writer.add_summary(summary_str, counter)
```

DCGAN 的訓練依舊先訓練判別器再訓練生成器。在訓練複雜的 DCGAN 網路時，可能會因為判別器與生成器不均衡導致損失歸 0，為了避免這種情況，每訓練一次判別器，就對應訓練兩次生成器。

為了直觀感受 DCGAN 訓練過程中生成器生成圖片的變化，我們每訓練 100 輪便保存一次當前生成器可生成的圖片，方便訓練完後觀察。

前面編寫方法其實都是在 DCGAN 類別下，訓練 DCGAN 時，首先會實例化出 DCGAN 類別實例，再呼叫其中的 train()方法進行訓練。為了有完整的想法，需要先看一下 main()方法的程式，我們在 main()中完成 DCGAN 實例化，並呼叫其訓練方法進行訓練。

```
#fensorflow 會自動呼叫 main()，並傳遞一個參數
def main(_):
    pp.pprint(flags.FLAGS.__flags)
    if FLAGS.input_width is None:
        FLAGS.input_width = FLAGS.input_height
    if FLAGS.output_width is None:
        FLAGS.output_width = FLAGS.output_height
    if not os.path.exists(FLAGS.checkpoint_dir):
        os.makedirs(FLAGS.checkpoint_dir)
    if not os.path.exists(FLAGS.sample_dir):
        os.makedirs(FLAGS.sample_dir)
```

```
    run_config = tf.ConfigProto()
    run_config.gpu_options.allow_growth = True
    with tf.Session(config=run_config) as sess:
        dcgan = DCGAN(
            sess,
            input_width=FLAGS.input_width,
            input_height=FLAGS.input_height,
            output_width=FLAGS.output_width,
            output_height=FLAGS.output_height,
            batch_size=FLAGS.batch_size,
            sample_num=FLAGS.batch_size,
            z_dim=FLAGS.generate_test_images,
            dataset_name=FLAGS.dataset,
            input_fname_pattern=FLAGS.input_fname_pattern,
            crop=FLAGS.crop,
            checkpoint_dir=FLAGS.checkpoint_dir,
            sample_dir=FLAGS.sample_dir,
            data_dir=FLAGS.data_dir)
        show_all_variables()
        if FLAGS.train:
            dcgan.train(FLAGS)
        else:
            if not dcgan.load(FLAGS.checkpoint_dir)[0]:
                raise Exception("[!] 沒有 checkpoint 檔案，請先 train，獲得
                checkpoint 後，再進行 test")
        OPTION = 1
        #視覺化
        visualize(sess, dcgan, FLAGS, OPTION)
if __name__ == '__main__':
    tf.app.run()
```

在 main()方法中，建構出 Session 物件，並在其中初始化 DCGAN 類別實例。DCGAN 類別中的參數透過使用者輸入獲得，DCGAN 類別實例化完成後，便呼叫 train()方法進行訓練，最後透過 visulize()方法進行視覺化，視覺化的方式有兩種，具體程式如下。

```
def visualize(sess, dcgan, config, option):
  image_frame_dim = int(math.ceil(config.batch_size**.5))
  if option == 0:
      z_sample = np.random.uniform(-0.5, 0.5, size=(config.batch_size,
dcgan.z_dim))
      #生成圖型
      samples = sess.run(dcgan.sampler, feed_dict={dcgan.z: z_sample})
      #保存圖型
      save_images(samples, [image_frame_dim, image_frame_dim],
'./output/samples/test_%s.png' % strftime("%Y-%m-%d-%H-%M-%S", gmtime()))
  elif option == 1:
      # values是和batch_size等長的向量，從0~1遞增
      values = np.arange(0, 1, 1./config.batch_size)
      #生成z_dim張圖型
      for idx in range(dcgan.z_dim):
          print(" [*] %d" % idx)
          z_sample = np.random.uniform(-1, 1, size=(config.batch_size,
                      dcgan.z_dim))
          #將z_smaple的第idx列替換成values
          for kdx, z in enumerate(z_sample):
              z[idx] = values[kdx]
          samples = sess.run(dcgan.sampler, feed_dict={dcgan.z: z_sample})
          save_images(samples, [image_frame_dim, image_frame_dim],
'./output/samples/test_arange_%s.png' % (idx))
```

編寫完 DCGAN 的程式並有了整體想法後，就可以運行程式訓練 DCGAN 了，使用下面命令運行 DCGAN 程式。

```
python -u main.py --input_height 96 --output_height 48 --dataset faces
--crop --train --epoch 300 --input_fname_pattern "*.jpg"
```

命令中使用 faces 資料集，該資料集包含 33430 張動漫人物的圖示，透過爬蟲爬取對應網站的動漫人物，再透過 openCV 的人臉辨識演算法辨識動漫人物的圖示，將其剪貼成 96×96 的圖示圖片。使用這些圖示資料來訓練 DCGAN，我們的系統透過訓練後，DCGAN 的生成器可以生成較真實的動漫人物圖示，如圖 6.24 所示。

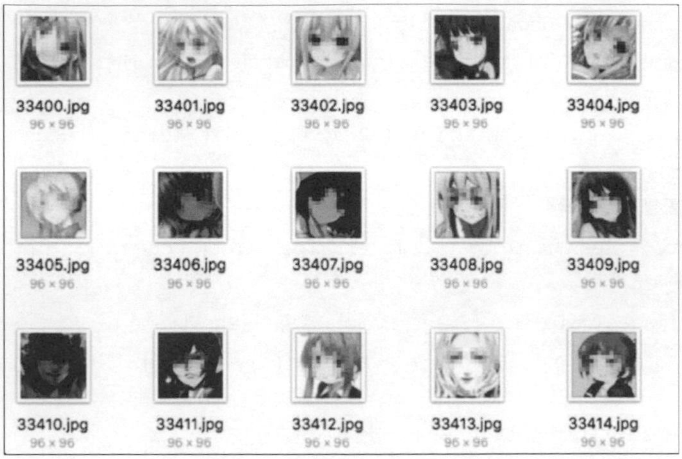

圖 6.24 裁剪後的圖示圖片

如果程式沒有錯誤，便會開始執行相關的訓練邏輯，輸出如圖 6.25 所示。

```
discriminator/d_h3_conv/biases:0 (float32_ref 512) [512, bytes: 2048]
discriminator/d_bn3/beta:0 (float32_ref 512) [512, bytes: 2048]
discriminator/d_bn3/gamma:0 (float32_ref 512) [512, bytes: 2048]
discriminator/d_h4_lin/Matrix:0 (float32_ref 4608x1) [4608, bytes: 18432]
discriminator/d_h4_lin/bias:0 (float32_ref 1) [1, bytes: 4]
Total size of variables: 9086340
Total bytes of variables: 36345360
 [*] Reading checkpoints...
 [*] Success to read DCGAN.model-2
 [*] Load SUCCESS
Epoch: [ 0/300] [   0/ 522] time: 8.8686, d_loss: 3.09523678, g_loss: 0.08462968
Epoch: [ 0/300] [   1/ 522] time: 16.5782, d_loss: 2.71634603, g_loss: 0.30881536
Epoch: [ 0/300] [   2/ 522] time: 24.0295, d_loss: 4.94559097, g_loss: 0.00921742
Epoch: [ 0/300] [   3/ 522] time: 31.5888, d_loss: 1.12934566, g_loss: 0.82269430
Epoch: [ 0/300] [   4/ 522] time: 38.6614, d_loss: 5.82732105, g_loss: 0.00476911
```

圖 6.25 程式正常執行

本節只展示了部分程式，還有很多輔助方法的程式因篇幅有限沒有展示出來，要運行 DCGAN 需要完整的程式，大家可以去參閱本書所附程式碼。

6.3.6 RussellCloud 使用

DCGAN 的結構比較複雜，單純使用 CPU 進行訓練可能要花費 15～16 天的時間才能訓練完 300 輪，顯然訓練時間太長了。為了縮短訓練時間，需要使用 GPU 來提升訓練速度。因為訓練神經網路涉及大量的浮點數以及矩陣運算，CPU 並不擅長處理這類運算，而 GPU 卻很適合，所以一般訓練結構比較複雜的網路時都會使用 GPU 來加快訓練速度。

但一個 GPU 的售價一般在 2000～25000 元，好一點的要 40000～50000 元甚至上十萬元。買回來後，你還需要自己維護裝置，並且自己架設開發環境，而且不是所有 GPU 都支持 TensorFlow。等你千辛萬苦將環境架設可能還會遇到 GPU 與深度學習框架版本相容的問題。

另一種方式就是租一台轉換深度學習框架的 GPU 伺服器，當然，你可能還是要自己設定深度學習開發環境，當然也可以直接租一間設定好的。很多雲服務商都提供 GPU 伺服器，如阿里雲、騰訊雲、華為雲、百度雲等，價格可以自己比較，不過一般一台設定比較低的伺服器一個月都需要 2～3 元。

這裡推薦使用隨選租用 GPU 的方式，特別是不經常使用 GPU 的人，平台有很多，這裡使用 RussellCloud，如圖 6.26 所示。

圖 6.26 RussellCloud

RussellCloud 是一個隨選租賃 GPU 的平台，當然其功能不止是提供 GPU，還幫我們架設好了各種主流的深度學習框架環境，其中就有 TensorFlow。除環境設定不需要我們操心外，它還提供資料集管理、版本控制等功能，比較強大。下面我們就使用 RussellCloud 平台來訓練 DCGAN 網路。

首先當然是註冊帳號，註冊完帳號後，你需要根據自己的需求購買 GPU 用量套件，例如你要使用 10 小時的 GPU，那就購買 10 小時的用量套件。可能有人會擔心，訓練網路時，我們並不知道訓練該網路具體需要多長時間，假設訓練需要 11 小時，而你只有 10 小時的用量套件，那麼在平台上運行程式 10 小時後，程式會不會被立刻中斷？從而導致訓練資料遺失？並不會，平台是先使用後付費的。簡單來說，你可以先欠費，例如上面的情況，運行完 11 個小時後，才會扣款，扣除了 10 小時，欠下 1 小時，你的資料依舊可以獲取。

下面就開始使用 RussellCloud，使用前我們需要先弄明白幾個問題。

問題一：平台如何運行程式？我們如何獲取程式的記錄檔輸出？

問題二：本地訓練 DCGAN 時需要使用資料集 faces，在平台上訓練時該如何使用？

問題三：當 DCGAN 訓練完後，我們如何獲得其輸出的資料，如 checkpoint 檔案、訓練時生成器生成的圖片等？如何使用這些資料？

針對上述問題，解答如下。

解答一：首先你需要在 RussellCloud 上創建一個自己的專案。創建完專案後，你會獲得該專案的 ID，接著你可以使用平台提供的 Python 第三方函數庫 russell-cli 來將程式上傳到該專案，上傳完成後，就可以訓練了。至於訓練時的記錄檔獲取有兩種方法：一種是透過 russell-cli 將記錄檔傳遞到本地來查看；另一種是直接在平台的 web 介面上查看。

解答二：訓練 DCGAN 程式時要使用資料集 faces，為了讓程式在 RussellCloud 執行時期也可以獲得資料，我們需要將資料上傳。上傳的方式也很簡單，先在平台上創建一個資料集，同樣可以獲得該資料集的 ID，使用 russell-cli 將本地資料上傳到平台資料集上即可。

解答三：RussellCloud 採用資料與程式隔離的機制，這種機制的好處是，多份程式可以使用同一份資料，而不需要反覆移動或反覆上傳。為了讓資料與程式隔離，RussellCloud 會要求訓練模型時產生的資料在規定的目錄下，否則就不保存模型產生的資料。這點很重要，因為如果模型訓練時，輸出的資料沒有保存，模型就相當於白訓練了。

下面開始使用 RussellCloud，更直觀地了解上面介紹的內容。

一開始先在本地 Python 中安裝 RussellCloud 提供的第三方函數庫 russell-cli，直接使用 pip 安裝即可。

```
pip install -U russell-cli
```

安裝完成後，打開 RussellCloud 官方網站，進入個人首頁，創建自己的專案，如圖 6.27 所示。

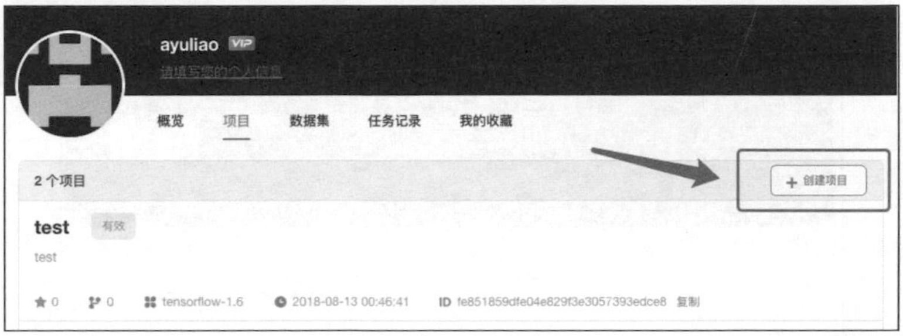

圖 6.27 創建專案

專案創建完成後，你會獲得該專案的唯一 ID，我們需要透過這個 ID 將程式上傳到該專案下，如圖 6.28 所示。

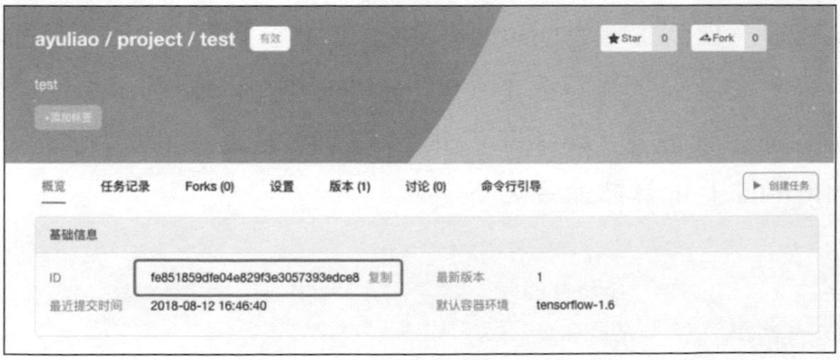

圖 6.28 獲得專案唯一 ID

接著打開命令列，使用 russell-cli，在使用前，你需要登入，命令如下（圖 6.29）。

(anaconda3-4.4.0/envs/tensorflow_py36) ~ russell login
New version of CLI (0.7.8) is now available. To upgrade run:
pip install -U russell-cli
Authentication token page will now open in your browser. Continue? [Y/n]: y
Please copy and paste the token here:
Login Successful as ayuliao

圖 6.29 russell-cli 中登入

輸入"Y"，russell 會自動打開登入頁面，頁面上就會有帳號的 Token，將 Token 複製到命令列，完成登入，如圖 6.30 所示。

圖 6.30 複製帳號值 Token 並登入

接著你就可以將程式上傳到 RussellCloud 上了。首先進入 DCGAN 程式所在的資料夾，然後在該資料夾下初始化 russell，初始化完成後，直接使用 russell 命令運行該程式，russell 在第一次運行程式時，會自動將程式上傳到 RussellCloud 上，具體命令如下。

```
#初始化
russell init --id fe851859dfe04e829f3e3057393edce8
#讓 russell 運行 DCGAN 程式
russell run --gpu --env tensorflow-1.9 --data
ab50599737d84ca19dc7d0775052d0cb:faces 'python -u main.py --input_height 96 -
```

```
-output_height 48 --dataset faces --data_dir /input --crop --train --epoch
300'
```

登入和訓練結果分別如圖 6.31 和圖 6.32 所示。

圖 6.31 登入成功

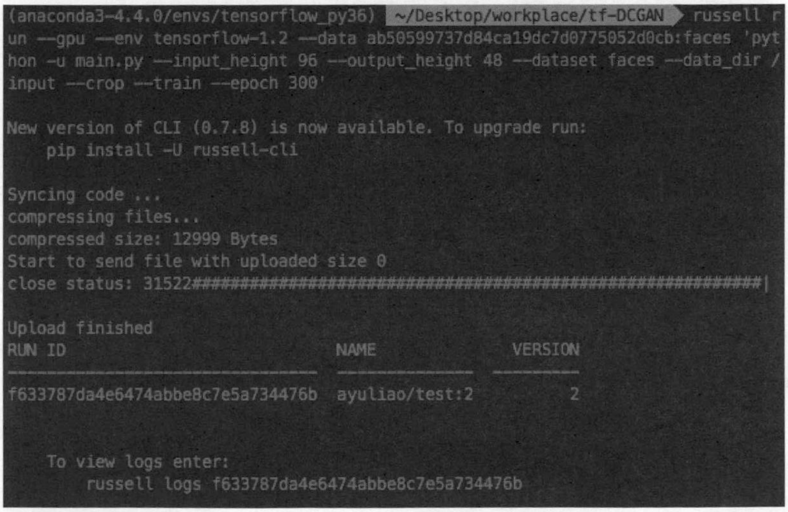

圖 6.32 進行訓練

解釋一下 russell 運行 DCGAN 程式的命令：russell run 表示執行一段程式；--gpu 表示使用 GPU 執行這段程式，預設使用 CPU；--env 表示深度學習框架，這裡使用 TensorFlow1.9 來運行；--data 表示訓練時要使用的資料集。接著就是運行 DCGAN 程式的具體命令，該命令會在平台的伺服器上執行，可以在 test 專案上看見上傳的程式，如圖 6.33 所示。

上面運行程式的命令使用了資料集，這個資料集是我們自己創建上傳的。下面來看具體怎麼做。

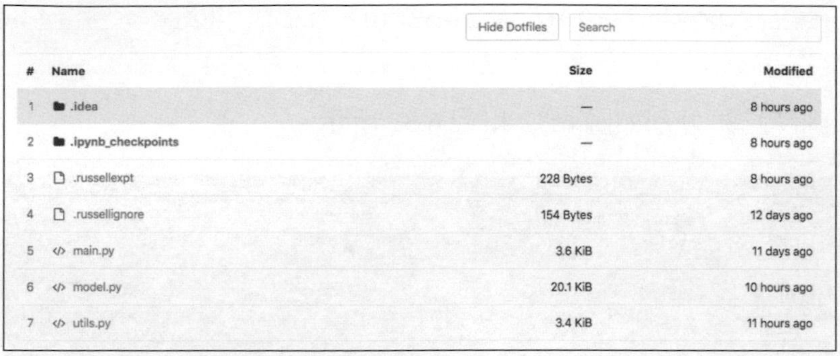

圖 6.33 Russell 顯示上傳的程式

首先進入後台，點擊創建資料集，如圖 6.34 所示。

圖 6.34 創建資料集

創建完成後，同樣可以獲得一個 ID 用於表示該資料集，如圖 6.35 所示。

圖 6.35 獲得資料集的唯一 ID

接著就可以使用該 ID 來上傳資料到對應的資料集中，與上傳程式相似，命令如下。

```
#初始化資料集
russell data init --id <data_id>

#上傳資料
russell data upload
```

等待資料上傳完成就但只是上傳，還不能使用，需要將資料集掛載才能使用。掛載有兩種方法。這裡透過資料集版本 ID 來掛載資料集，注意這裡使用的是版本 ID，而非資料集 ID。一個資料集可以有多個版本，所以掛載時要掛載對應的版本，如圖 6.36 所示。

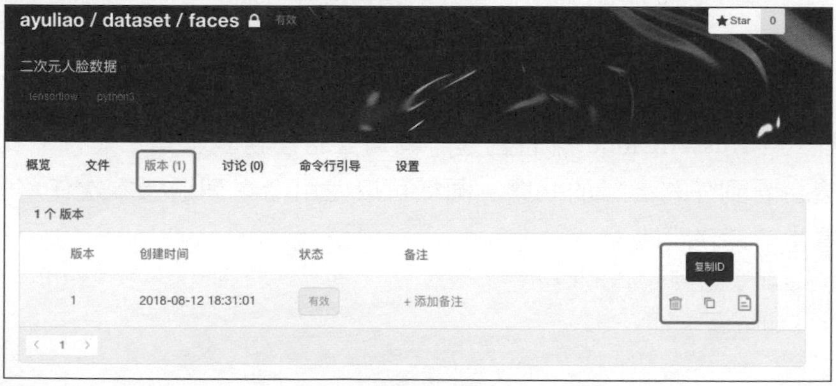

圖 6.36 複製版本 ID

命令如下。

```
russell run <command> --data <data_id>:<mount_name>
```

command 是你要求 RussellCloud 伺服器運行的命令；--data 參數會將 data_id 對應的資料集下的某個版本的資料集掛載到/input/mount_name 目錄下，如果沒有指定掛載名稱，就會預設掛載到/input/ <dataset_name>-<version>下。可以發現資料的掛載與平台運行專案是連結在一起的。觀察一下上面的 russell run 命令就明白了，russell run 命令將 faces 資料集下的某個版本資料掛載到/input/faces 上。需要注意的是，因為輸入資料的路徑固定為/input/faces/，所以在運行 DCGAN 程式時，要給 data_dir 參數設定值為/input，data_dir 參數預設的值是./data。

還有最後一個關鍵點，就是 DCGAN 程式在 RussellCloud 上執行時期，輸出資料是怎麼儲存的？因為 RussellCloud 的資料與程式是分離的，它要求程式輸出的資料必須在./output 這個相對目錄下，不然就不會保存，在程式中凡是要輸出持久化到硬碟中的資料集，其路徑必須在./output 目錄下。DCGAN 程式中，凡是持久化保存的程式，都已經做了對應處理。

下面正式開始使用 RussellCloud 來訓練 DCGAN，依舊使用運行命令。

```
russell run --gpu --env tensorflow-1.9 --data
ab50599737d84ca19dc7d0775052d0cb:faces 'python -u main.py --input_height 96
--output_height 48 --dataset faces --data_dir /input --crop --train --epoch
300'
```

等待 RussellCloud 使用 GPU 運行 DCGAN 程式，每一次讓 RussellCloud 運行程式，RussellCloud 都會創建一個獨立的任務表示本次運行。我們可以在後台看到任務運行的狀態，同樣可以使用命令列透過本次任務的 ID 來查看當前任務狀態。

```
#查看任務 ID 對應任務的狀態
russell status <task_id>

# 查看任務 ID 對應任務的記錄檔
russell logs <task_id>
```

DCGAN 程式在 RussellCloud 上運行了 18 小時 48 分鐘，我們來查看一下記錄檔，透過上面查看記錄檔的命令顯示記錄檔，如圖 6.37 所示。

從圖 6.37 中可以看出，最後一次訓練，判別器的損失為 0.73542529，生成器的損失為 1.69573724。使用本輪訓練時得到的生成器生成範例圖片，其判別器的損失為 0.01952070，生成器的損失為 6.02011490，說明在生成範例圖片時，生成器還不算特別理想。

到這裡，我們就透過 RussellCloud 平台訓練好 DCGAN 程式了，除了命令列形式運行程式，RussellCloud 還支援透過 jupyter 直接運行程式。當然 jupyter 方式運行同樣可以直接使用 GPU，加上--model jupyter 即可，預設是--mode cli。關於 RussellCloud 更詳細的用法，可以查看 RussellCloud 官網提供的文件。

```
Epoch: [299/300] [ 511/ 522] time: 67595.2278, d_loss: 0.31090119, g_loss: 2.670
90583
Epoch: [299/300] [ 512/ 522] time: 67595.6584, d_loss: 0.13137349, g_loss: 4.237
51354
Epoch: [299/300] [ 513/ 522] time: 67596.0825, d_loss: 1.84116089, g_loss: 0.442
70131
Epoch: [299/300] [ 514/ 522] time: 67596.5046, d_loss: 0.01951178, g_loss: 5.841
29715
Epoch: [299/300] [ 515/ 522] time: 67596.9285, d_loss: 0.25756249, g_loss: 4.377
34795
Epoch: [299/300] [ 516/ 522] time: 67597.3686, d_loss: 0.22834681, g_loss: 3.891
90650
Epoch: [299/300] [ 517/ 522] time: 67597.7940, d_loss: 0.56382489, g_loss: 2.532
55033
Epoch: [299/300] [ 518/ 522] time: 67598.2458, d_loss: 0.47496283, g_loss: 2.197
22128
Epoch: [299/300] [ 519/ 522] time: 67598.6715, d_loss: 0.30874231, g_loss: 2.390
32316
Epoch: [299/300] [ 520/ 522] time: 67599.0931, d_loss: 0.23924170, g_loss: 2.929
40092
Epoch: [299/300] [ 521/ 522] time: 67599.5280, d_loss: 0.73542529, g_loss: 1.695
73724
[Sample] d_loss: 0.01952070, g_loss: 6.02011490
```

圖 6.37 查看訓練記錄檔

在 RussellCloud 平台中，每個任務只能從/input/<data_name>下讀取資料，只能將資料集輸出到/output/路徑下。需要注意的是，input 目錄在根目錄下，所以/input/<data_name>是絕對路徑，而 output 目錄在 workspace 目錄下，一般使用./output 作為相對路徑。

6.3.7 結果展示

因為在 DCGAN 程式中，所有輸出都指向./output，所以我們可以直接在 RussellCloud 的後台看到輸出的資料，如圖 6.38 所示。

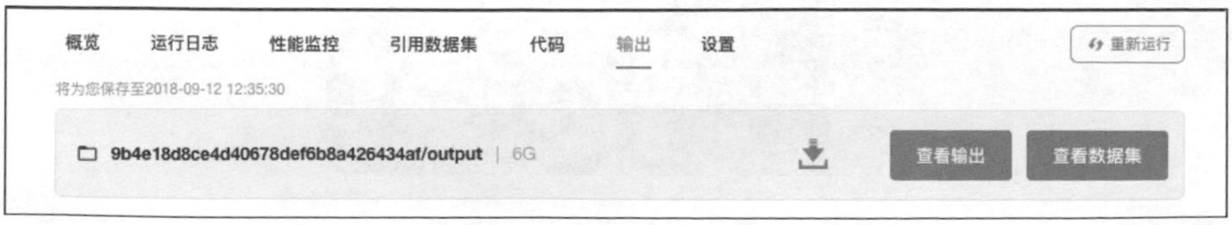

圖 6.38 訓練輸出資料

下面取出幾張訓練時生成器生成的範例圖片來直觀地了解 DCGAN 的訓練情況。

第 1 輪訓練後，生成器生成的範例圖片如圖 6.39 所示。

第 100 輪訓練後，生成器生成的範例圖片如圖 6.40 所示。

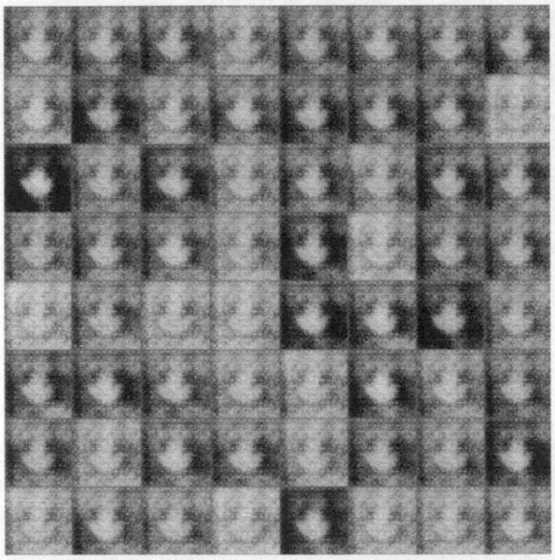

圖 6.39 DCGAN 第 1 輪訓練結果

圖 6.40 DCGAN 第 100 輪訓練結果

第 300 輪訓練後，生成器生成的範例圖片如圖 6.41 所示。

圖 6.41 DCGAN 第 300 輪訓練結果

在程式中，我們使用 TensorBoard，將重要的張量都記錄下來了。下面透過 TensorBoard 視覺化觀察一下 DCGAN 的結構及其訓練時判別器與生成器的損失變化。因為我們是在 RussellCloud 上訓練的 DCGAN，所以 DCGAN 生成的記錄檔也在 RussellCloud 上。但是現在 DCGAN 訓練已經結束了，RussellCloud 上對應的任務也就解決了，此時我們無法存取該任務下的 output 資料夾，因為每個任務都是獨立分離的。此外訓練獲得的記錄檔大小為 6GB，我們不想將那麼大的檔案下載到本地再在本地使用 TensorBoard，這樣太耗費時間。為了可以在 RussellCloud 上使用訓練 DCGAN 時生成的檔案，我們就將 output 下的檔案打包成資料集，然後再開啟一個新的任務來使用資料集，具體做法如下。

先將此前運行 DCGAN 時生成的檔案都轉成一個資料集，名為 tf-DCGAN，從而獲得資料集的 ID，然後我們透過 russell run 命令重新開啟一個任務，將該資料集載入該任務。但僅這樣還不行，RussellCloud 平台支持遠端線上運行 TensorBoard，但我們無法透過 TensorBoard 的 logdir 命令來設定 TensorBoard 讀取記錄檔的路徑。因為一般都是在訓練模型的過程中使用 TensorBoard，這樣方便觀察模型中關鍵張量的變化，所以 RussellCloud 上的 TensorBoard 只會從/workspace/output 這個固定目錄下讀取記錄檔，但此時我們是透過使用資料集將記錄檔掛載到該任務的，所以資料集中的資料都在/input/tf-DCGAN/下，那麼 TensorBoard 就無法讀取到該資料。

我們可以使用軟連接 ln 的方式來解決上面的問題。軟連接 ln 命令是 Linux 中重要的命令，透過它相當於創建了快捷檔案連結到對應的檔案上，其優勢就是不用移動大致型的檔案，也可以實現不同地方使用同一份資料。當前遇到的問題正是軟連接擅長的情景。

透過 russell 命令創建 jupyter 模型，並使用 tensorflow-1.4 版本，然後加上--tensorboard 表示開啟 tensorboard（RussellCloud 平台上，1.4 版本以上的 tensorflow 才支援使用 TensorBoard），命令如圖 6.42 所示。

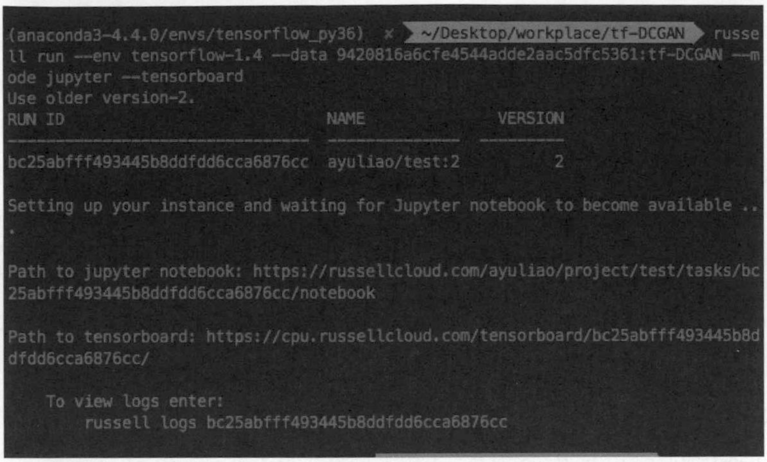
(anaconda3-4.4.0/envs/tensorflow_py36) ✕ ~/Desktop/workplace/tf-DCGAN russe
ll run --env tensorflow-1.4 --data 9420816a6cfe4544adde2aac5dfc5361:tf-DCGAN --m
ode jupyter --tensorboard
Use older version-2.
RUN ID NAME VERSION
bc25abfff493445b8ddfdd6cca6876cc ayuliao/test:2 2
Setting up your instance and waiting for Jupyter notebook to become available ..
.
Path to jupyter notebook: https://russellcloud.com/ayuliao/project/test/tasks/bc
25abfff493445b8ddfdd6cca6876cc/notebook
Path to tensorboard: https://cpu.russellcloud.com/tensorboard/bc25abfff493445b8d
dfdd6cca6876cc/
To view logs enter:
russell logs bc25abfff493445b8ddfdd6cca6876cc

圖 6.42 使用 TensorBoard

```
russell run --env tensorflow-1.4 --data <data_id>:<data_name> --mode jupyter
—tensorboard
```

開啟後，可以透過輸出的位址去存取 jupyter 和 TensorBoard，此時存取 TensorBoard 是看不到資料集的，因為資料不在/workspace/output 目錄下，先進入 jupyter，並創建命令列，可在命令列上進行軟連接操作。需要注意的是，創建軟連接時，記錄檔名稱要以 events.out.tfevents 開頭，這樣 TensorBoard 才會自動辨識並載入該檔案，當然不修改記錄檔名稱，直接用它創建軟連接最方便，如圖 6.43 所示。

完成軟連接操作後，再存取 TensorBoard，就可以看到對應的視覺化介面。判別器與生成器的損失如圖 6.44 所示。

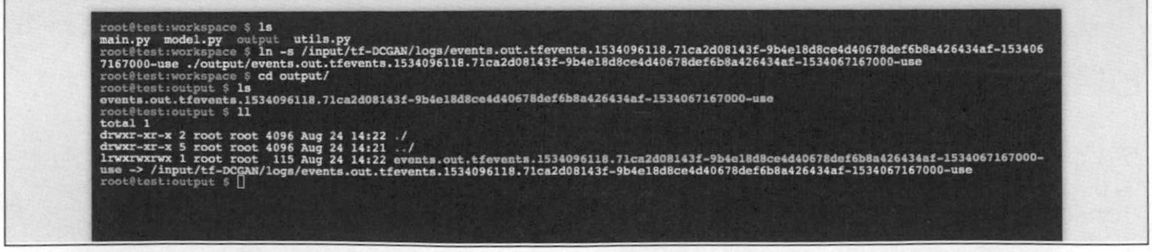
〈任务详情
新开窗口
保存
停止任务
root@test:workspace $ ls
main.py model.py output utils.py
root@test:workspace $ ln -s /input/tf-DCGAN/logs/events.out.tfevents.1534096118.71ca2d08143f-9b4e18d8ce4d40678def6b8a426434af-153406
7167000-use ./output/events.out.tfevents.1534096118.71ca2d08143f-9b4e18d8ce4d40678def6b8a426434af-1534067167000-use
root@test:workspace $ cd output/
root@test:output $ ls
events.out.tfevents.1534096118.71ca2d08143f-9b4e18d8ce4d40678def6b8a426434af-1534067167000-use
root@test:output $ ll
total 1
drwxr-xr-x 2 root root 4096 Aug 24 14:22 ./
drwxr-xr-x 5 root root 4096 Aug 24 14:21 ../
lrwxrwxrwx 1 root root 115 Aug 24 14:22 events.out.tfevents.1534096118.71ca2d08143f-9b4e18d8ce4d40678def6b8a426434af-1534067167000-
use -> /input/tf-DCGAN/logs/events.out.tfevents.1534096118.71ca2d08143f-9b4e18d8ce4d40678def6b8a426434af-1534067167000-use
root@test:output $

圖 6.43 創建軟連接

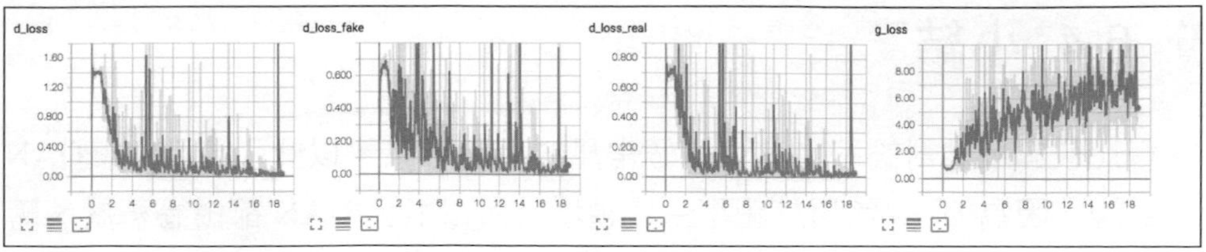

圖 6.44 查看 TensorBoard

從圖 6.44 中可以看出，判別器的損失降得比較低，說明此時判別器判別圖型是真實的還是生成的比較準確，而生成器的損失還比較高，導致其損失較高的原因就是判別器判別能力太強，一強一弱造成生成對抗訓練的效果不是特別好。但整體而言，生成器生成的圖片也還可以。讀者可以修改對應的程式，以提高生成器的能力。例如訓練一次判別器同時訓練 3～4 次生成器，以避免一強一弱過於明顯的現象，讓生成器和判別器的能力在同一個水準，實現較好的生成對抗訓練。

最後來看一下 DCGAN 的整個計算圖，如圖 6.45 所示。

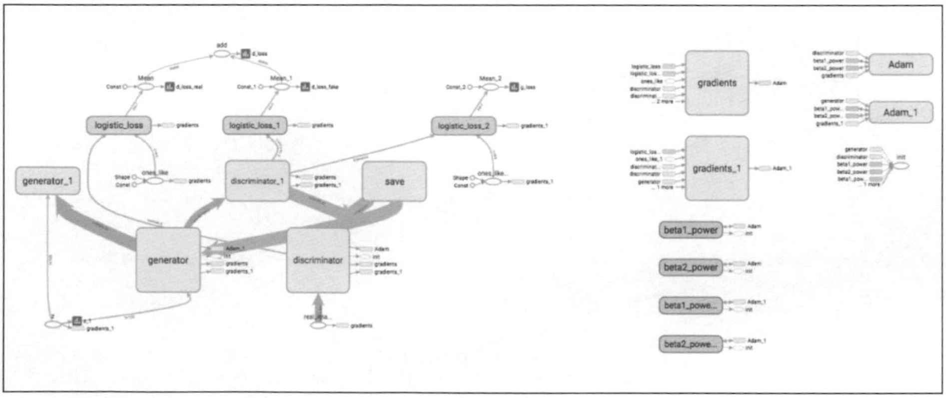

圖 6.45 DCGAN 計算圖

其實我們在訓練 DCGAN 模型時就可以開啟 TensorBoard，此時不使用軟連接，因為在同一任務中訓練 DCGAN 和使用 TensorBoard，DCGAN 生成的記錄檔會在./output/目錄下，TensorBoard 可以直接讀取./output 目錄下的記錄檔進行視覺化顯示。

6.4 小結

本章比較詳細地討論了 CNN 這個常見的網路結構，以此引出了 DCGAN 的討論。因為 GAN 常用於圖型生成領域，所以很多 GAN 都由卷積層、轉置卷積層等結構組成。透過本章對 CNN 中卷積或轉置卷積的詳細討論，閱讀後面的內容時會更加輕鬆。

在下一章中，我們將前往條件生成對抗網路所在的星域，了解其中幾顆比較知名的星體。

Chapter

07 條件生成對抗網路

上一章我們的飛船去了卷積生成對抗網路星球，除了解組成這個星球的神經網路與對應的公式外，我們自己也動手實現了一個，但要真正地生成一個星球需要花費大量的時間，為了不擔誤下一趟旅行，就使用 RussellCloud 來幫助我們訓練模型，構造出一個真正的 DCGAN。了解了 DCGAN 後，下一趟旅程的目標星球就是條件生成對抗網路，相對 DCGAN 來說，它多了條件約束這一概念，下面就深入了解一下這個神奇的星球吧。

7.1 如何實現圖型間風格轉換

在學習條件生成對抗網路前，先來想想這個問題—如何實現圖型與圖型之間風格的轉換？這個問題又可以分化出多個影像處理問題，舉例來說，如何給灰階圖型著色？如何給圖型去除馬賽克？如何將圖型中白天的景象轉為黑夜的景象？這些問題的核心就是一張圖型如何轉換成另一種風格？

7.1.1 傳統神經網路的缺陷

一開始，可以先嘗試一下用傳統的神經網路來解決這個問題，也就是嘗試用傳統的有監督學習的方式來解決這個問題，具體怎麼做呢？首先你要準備一個資料集，這個資料集的特殊之處在於你需要擁有具有不同風格的圖型，例如你要實現給灰階圖型著色，那麼你就要有一張灰階圖型 A 與另一張該灰階圖型對應的彩色圖型 B，擁有許多組這樣的圖型組成的資料集後，就可以進行有監督學習神經網路的訓練了。

通常的做法是在資料集中取出一張灰階圖型，接著交給某個神經網路，該神經網路會根據輸入的灰階圖型輸出一張圖型，然後透過對應的損失函數計算出該神經網路輸出的圖型與該灰階圖型對應的彩色圖型之間的損失，透過梯度下降演算法最小化這個損失，直到將損失降到可以接受的範圍，就認為該神經網路訓練完成了，如圖 7.1 所示。

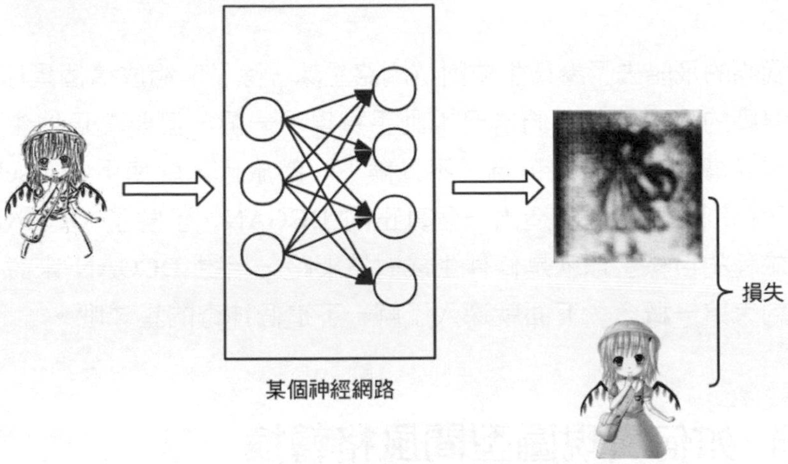

圖 7.1 監督學習

這種方法可以實現圖型間風格轉換，但會有生成圖型模糊的問題。使用圖像資料訓練神經網路，其實就是讓神經網路擬合圖型的空間分佈，並適度學習其分佈中的規律。通常一個資料集中有一些圖型是類似的，對神經網路而言，它們的空間分佈具有相似性，此時透過神經網路去訓練它，就會學習到這些相似性，從而導致該神經網路輸出模糊的圖像資料。當我們使用該神經網路對一張圖型進行風格轉換時，該神經網路會認為這個圖型對應的結果可能有多種不同的空間分佈，這些不同的空間分佈都比較相似，此時模型就會平均這些分佈並將平均後的分佈輸出，這就會讓輸出的圖型比較模糊。

這個問題其實具有普遍性。傳統的有監督學習擅長學習一個輸入對應單一映射的情況，如一張圖型對應一種類別。但它並不擅長處理機率上一對多的情況，例如一種類別對應多張不同的圖型，此時輸入一種類別，有監督學習訓練出的神經網路通常會輸出多張圖型的平均值，導致輸出的內容模糊。圖型對圖型在人看來是一對一，但圖型對神經網路而言是一種空間分佈，而且神經網路並不能完全複製圖型空間中的所有分佈以免過擬合，此時對有監督學習的神經網路而言，圖型對圖型就是多對多的關係。

7.1.2 普通 GAN 的缺陷

既然普通有監督學習會導致生成圖型模糊的問題，那麼能否建構一個普通的 GAN 來實現這個需求呢？假設先輸入一堆雜訊給生成器，讓生成器生成圖型，並將這些圖型交由判別器判斷其真實性，而判別器將資料集中彩色的圖型都訓練學習一遍，用「好的標準」對生成器評分，評分越高，說明生成器生成的圖型越真實，評分較低則說明生成器還需要努力。

因為 GAN 有了判別器，避免了生成模糊圖型的問題，但現在遇到一個更大的問題——普通的 GAN 無法控制生成器的輸入內容。即生成器生成內容是隨機的，判別器只會判斷生成器生成資料的真實性，而不會判斷生成器有沒有生成規定的資料。

看到一開頭的問題，我們希望實現圖型的風格轉換，即這張圖型的不同風格。但生成器無法保證還是這張圖型。核心原因就是對生成器而言，它與要轉換的風格的圖型一點聯繫都沒有，它是直接從雜訊中生成圖型的，所以是隨機的，而且判別器也沒有提出這樣的要求，其只是要求生成器生成的圖型真實即可。

7.2 條件生成對抗網路

為了實現圖型間風格轉換且轉換出的圖型不會模糊，就需要使用條件生成對抗網路。

條件生成對抗網路（Conditional GAN，CGAN），簡單了解就是在普通 GAN 的生成器與判別器上加了條件約束，如圖型間風格轉換。因此除給生成器餵隨機生成雜訊外，還需要將灰階圖型也餵給生成器，要求生成器按灰階圖型的分佈來生成對應的圖型，灰階圖型對生成器而言就是一個條件約束。同樣，對判別器而言，除將真實圖型或生成圖型傳入外，還需要傳入灰階圖型這個條件約束，要求判別器判斷生成的圖型是否符合條件約束，如果生成了一張比較真實但與條件約束沒有什麼關係的圖型，那麼也判定為不合格。下面從網路結構、對應公式、訓練流程等方面來更加了解一下 CGAN。

7.2.1 CGAN 詳解

透過前面的描述已經對 CGAN 有了直觀的了解，但可能還會有幾個問題，如怎麼將條件約束與雜訊一起傳入生成器？如何將條件約束與圖型一起傳遞給判別器？生成器與判別器使用什麼結構？

首先應明確 CGAN 生成器與判別器的輸入。對生成器而言，首先要獲得一組隨機生成的雜訊，其次是獲得對應的條件約束，例如以一張灰階圖型作為限制條件。當然該圖型是不能直接輸入的，需要進行一些前置處理，我們將前置處理的過程看成$\phi(x)$，圖型經過前置處理後，就可以獲得對應的矩陣，此時再輸入生成器。對判別器而言也是同樣的流程，輸入判別器的限制條件需要經過前置處理得到 CGAN 對應的模型，如圖 7.2 所示。

此時，相對普通的 GAN 而言，CGAN 就多了一些額外的要求。生成器要根據限制條件去生成對應的圖型，所以生成器要接受限制條件，其次判別器除了判別生成器生成的圖型是否真實外，還要判別生成器生成的圖型與真實圖型之間是否匹配，不然就算生成了真實圖型也無用。

下面來看一下它的目標函數，與普通 GAN 的目標函數非常相似。

$$\min_G \max_D V(D,G) = E_{x \sim P_{\text{data}}(x)}[\log D(x|y)] + E_{z \sim P_z(z)}[\log(1 - D(G(z|y)))]$$

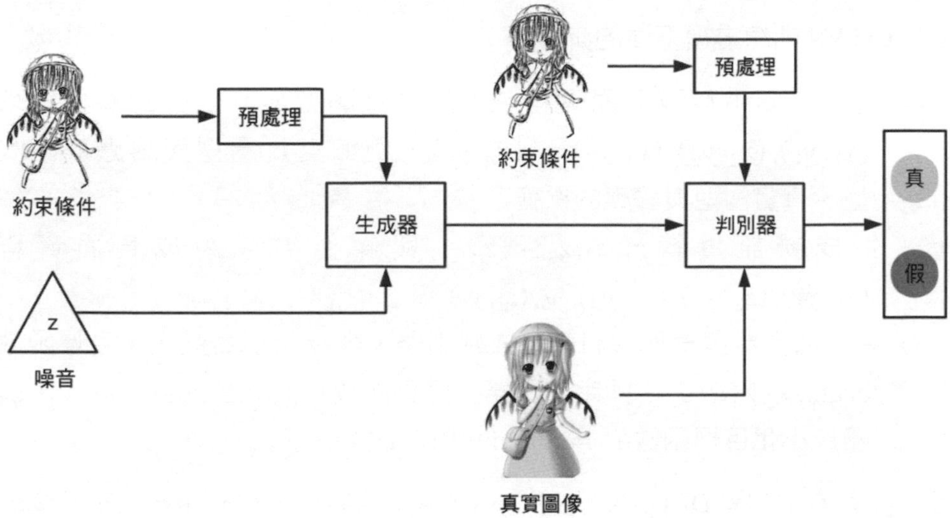

圖 7.2 CGAN 結構

目標函數的意義與普通 GAN 也類似，簡單描述一下，其中D表示判別器，G表示生成器，x表示從資料集data中獲取的真實圖型，y表示經過前置處理後的限制條件，z表示隨機雜訊。對判別器 D 而言，它希望最大化目標函數，即$D_G^* = \text{argmax}_D V(D,G)$，要達到這個目的，就需要讓$D(x|y)$增大，讓$D\big(G(z|y)\big)$減小，也就是對在限制條件下的真實圖型給予高的分數，對在限制條件下的生成圖型給予低的分數。對生成器而言，它希望最小化目標函數，即$G^* = \text{argmin}_G V(G,D_G^*)$，要達到這個目標，就需要讓$D\big(G(z|y)\big)$變大，也就是讓自己在條件約束下生成的圖型在判別器中獲得高分。最終兩者形成生成對抗的關係。

7.2.2 CGAN 訓練流程

下面來看看 CGAN 的訓練流程，要明確的是，依舊是先固定生成器來訓練判別器，讓判別器先有一個「好的標準」，然後再固定判別器來訓練生成器。

因此 CGAN 訓練重複下面的步驟。

（1）從資料庫中獲取正面資料，就是真實圖型與其匹配的條件約束 $(x_1, y_1), (x_2, y_2), (x_3, y_3), \cdots, (x_n, y_n)$，例如真實圖型與對應灰階圖型、真實圖型與對應的標籤等。

（2）生成雜訊資料 $z_1, z_2, z_3, \cdots, z_n$，與條件約束組成負面資料 $(z_1, y_1), (z_2, y_2), (z_3, y_3), \cdots, (z_i, y_i)$。

（3）將正面資料與負面資料都輸入判別器，訓練判別器最大化目標函數 $\text{argmax}_D V(D, G)$；固定判別器，將負面資料登錄生成器，訓練生成器最小化目標函數$G^* = \text{argmin}_G V(G, D_G^*)$。

因為有了 GAN 與 DCGAN 的基礎，CGAN 的結構、目標函數與訓練步驟都很容易了解，下面就透過 CGAN 來實現一個可以自動給圖型著色的 GAN 網路，將其稱為 ColorGAN。

7.3 ColorGAN 的實現

ColorGAN 透過 CGAN 來實現，判別器和生成器使用 DCGAN 的結構，訓練資料使用 25000 張彩色動漫圖型。大致流程是，讀取彩色真實圖型，作為判別器判別真實圖型的標準，透過彩色圖型生成線條圖作為限制條件，要求生成器根據線條圖型來生成對應的彩色圖型。下面討論具體的實現細節。

7.3.1 生成器與判別器的建構

首先來編寫 ColorGAN 的生成器與判別器，因為使用的是 DCGAN 結構，即生成器使用轉置卷積層建構網路結構來生成圖型，判別器使用卷積層建構網路結構來判別圖型，因為卷積結構非常適合處理圖像資料。

如果直接套用 DCGAN 中的程式，就會遇到問題，因為生成器不僅要接收雜訊資料，還要接收線條圖型作為限制條件，需要對線條圖型進行前置處理，單純由轉置卷積組成的生成器並不能極佳地對線條圖型進行前置處理。所以，生成器中除轉置卷積結構外還需要卷積結構，兩種結構組成類 U 型網路，條件約束對應的圖型輸入生成器，生成器透過卷積層取出條件約束圖型的特徵向量，再透過轉置卷積層利用獲取的特性向量來生成圖型，具體的結構如圖 7.3 所示。

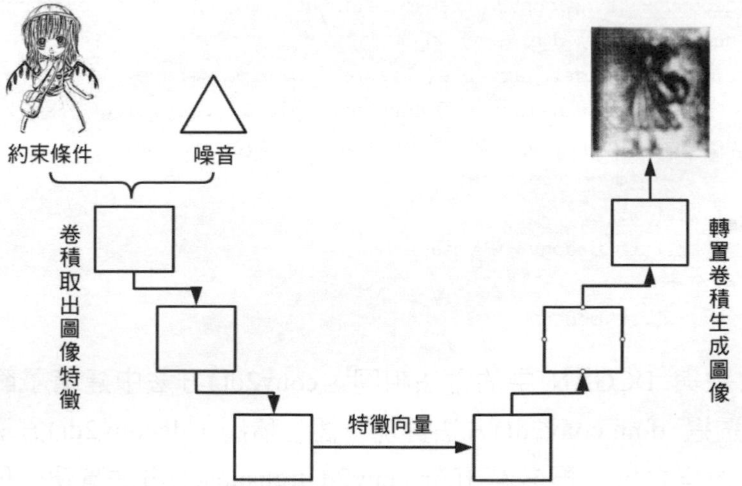

圖 7.3 類 U 型網路

按照這個結構，我們首先來編寫用於建構卷積層與轉置卷積層的程式。

```
# 卷積層
def  conv2d(input_, output_dim,k_h=5, k_w=5, d_h=2, d_w=2, stddev=0.02,
name="conv2d"):
    with tf.variable_scope(name):
```

```
        w = tf.get_variable('w', [k_h, k_w, input_.get_shape()[-1],
            output_dim],
                initializer=tf.truncated_normal_initializer(stddev=stddev))
        conv = tf.nn.conv2d(input_, w, strides=[1, d_h, d_w, 1],
               padding = 'SAME')

        biases = tf.get_variable('biases', [output_dim], initializer =
                 tf.constant_init ializer(0.0))
        conv = tf.reshape(tf.nn.bias_add(conv, biases), conv.get_shape())
        return conv
# 轉置卷積
def deconv2d(input_, output_shape,k_h=5, k_w=5, d_h=2, d_w=2, stddev=0.02,
name="deconv2d", with_w=False):
        with tf.variable_scope(name):
        w = tf.get_variable('w', [k_h, k_w, output_shape[-1],
            input_.get_shape()[-1]],
            initializer=tf.random_normal_initializer(stddev = stddev))
        deconv = tf.nn.conv2d_transpose(input_, w, output_shape=output_shape,
        strides = [1, d_h, d_w, 1])
        biases = tf.get_variable('biases', [output_shape[-1]],
                 initializer =tf.constant_initializer(0.0))
        deconv = tf.reshape(tf.nn.bias_add(deconv, biases),
                 deconv.get_shape())
        if with_w:
            return deconv, w, biases
        else:
            return deconv
```

這兩個方法與 DCGAN 中的方法相同，conv2d()方法中建構了篩檢程式 w，然後透過 tf.nn.conv2d()方法實現一個卷積層，deconv2d()方法中同樣建構了篩檢程式 *w*，再透過 tf.nn.conv2d_transpose()方法實現一個轉置卷積。透過這兩個方法來建構生成器 *G*，生成器程式結構如下。

```
def generator(self, img_in):
   with tf.variable_scope("generator") as scope:
       s = self.output_size
       s2, s4, s8, s16, s32, s64, s128 = int(s/2), int(s/4), int(s/8),
       int(s/16), int (s/32), int(s/64), int(s/128)
       '''
```

```
卷積結構取出資料特徵
        '''
        e1 = conv2d(img_in, self.gf_dim, name='g_e1_conv')
        e2 = bn(conv2d(lrelu(e1), self.gf_dim*2, name='g_e2_conv'))
        e3 = bn(conv2d(lrelu(e2), self.gf_dim*4, name='g_e3_conv'))
        e4 = bn(conv2d(lrelu(e3), self.gf_dim*8, name='g_e4_conv'))
        e5 = bn(conv2d(lrelu(e4), self.gf_dim*8, name='g_e5_conv'))
        '''
轉置卷積結構生成圖像資料
        '''
self.d4, self.d4_w, self.d4_b = deconv2d(tf.nn.relu(e5), [self.batch_size,
s16, s16, self.gf_dim*8], name='g_d4', with_w=True)
        d4 = bn(self.d4)
        d4 = tf.concat(axis=3, values=[d4, e4])
self.d5, self.d5_w, self.d5_b = deconv2d(tf.nn.relu(d4), [self.batch_size,
s8, s8, self.gf_dim*4], name='g_d5', with_w=True)
        d5 = bn(self.d5)
        d5 = tf.concat(axis=3, values=[d5, e3])
self.d6, self.d6_w, self.d6_b = deconv2d(tf.nn.relu(d5), [self.batch_size,
s4, s4, self.gf_dim*2], name='g_d6', with_w=True)
        d6 = bn(self.d6)
        d6 = tf.concat(axis=3, values=[d6, e2])

self.d7, self.d7_w, self.d7_b = deconv2d(tf.nn.relu(d6), [self.batch_size,
s2, s2, self.gf_dim], name='g_d7', with_w=True)
        d7 = bn(self.d7)
        d7 = tf.concat(axis=3, values=[d7, e1])
self.d8, self.d8_w, self.d8_b = deconv2d(tf.nn.relu(d7), [self.batch_size,
s, s, self.output_colors], name='g_d8', with_w=True)
   #Tanh 函數
```

整個生成器分為兩大部分，一是由卷積層組成的卷積網路，用於取出輸入資料中的特性；二是由轉置卷積層組成的轉置卷積網路，用於生成圖像資料。在上面程式中，還使用 lrelu()方法與 bn()方法，分別對應 Leaky ReLU 函數與 BN 操作，對應的程式不再展示。這樣就建構了生成器，接著建構判別器。判別器單純地由卷積層組成，比較簡單，程式如下。

```
def discriminator(self, image, y=None, reuse=False):
    '''
直接學習該機率分佈空間，因為該機率分佈空間中，已經包含了所有的資訊
:param image:
:param y:
:param reuse:
:return:
    '''
    # image is 256 x 256 x (input_c_dim + output_c_dim)
    # 重用變數空間中的值
    with tf.variable_scope("discriminator") as scope:
        if reuse:
            tf.get_variable_scope().reuse_variables()
        else:
            assert tf.get_variable_scope().reuse == False
        # h0 is (128 x 128 x self.df_dim)
        h0 = lrelu(conv2d(image, self.df_dim, name='d_h0_conv'))
        # h1 is (64 x 64 x self.df_dim*2)
        h1 = lrelu(self.d_bn1(conv2d(h0, self.df_dim*2, name='d_h1_conv')))
        # h2 is (32 x 32 x self.df_dim*4)
        h2 = lrelu(self.d_bn2(conv2d(h1, self.df_dim*4, name='d_h2_conv')))
        # h3 is (16 x 16 x self.df_dim*8)
        h3 = lrelu(self.d_bn3(conv2d(h2, self.df_dim*8, d_h=1, d_w=1,
            name='d_h3_conv')))
        h4 = linear(tf.reshape(h3, [self.batch_size, -1]), 1, 'd_h3_lin')
        #sigmoid 函數
        return tf.nn.sigmoid(h4), h4
```

判別器就是 4 層卷積層，使用步進值來代替池化層，結構比較簡單，最後使用 sigmoid 函數將判別器輸出的結果映射到 0～1 之間。

7.3.2 圖像資料前置處理

至此，ColorGAN 的核心部件生成器與判別器就建構接著就來對要訓練的圖型進行前置處理，因為資料集中只有彩色真實圖像資料，沒有與之對應的線條圖，所以需要使用程式來生成。這裡使用 OpenCV3 來實現這個需求，OpenCV 有 2 與 3 兩個不同的版本，兩個版本之間有一定的差別，版

本 3 中增加了很多新的功能，以及對原本舊的功能做了改進，修改了部分的介面。這裡使用 OpenCV 版本 3 進行開發，建議讀者也使用 OpenCV3，下面出現的 OpenCV 就代表 OpenCV3。

OpenCV 為多種語言提供了 API，其中當然包括 Python，安裝 OpenCV 的過程比較簡單，pip 直接安裝即可。

```
pip install opencv-python
```

如果遇到安裝問題，請自行嘗試解決，安裝完 OpenCV 後，就可以對圖型進行繪圖型處理了，下面就來實現將彩色真實圖型轉為對應線條圖的邏輯。

```
import cv2 #匯入 OpenCV
import matplotlib.pyplot as plt
filename = 'imgs/5114_62.jpg'
img = cv2.imread(filename)
# 轉為灰階圖
img_gray = cv2.cvtColor(img, cv2.COLOR_BGR2GRAY)
base_edge = cv2.adaptiveThreshold(img_gray,
                                  255,
                                  cv2.ADAPTIVE_THRESH_MEAN_C,
                                  cv2.THRESH_BINARY,
                                  blockSize=7,
                                  C=5)
print(base_edge.shape)
plt.imshow(base_edge)
plt.axis('off')
plt.show()
```

可以看出，程式很簡單，最核心的方法就是 cv2.adaptiveThreshold()，下面仔細介紹一下該方法。

adaptiveThreshold()方法用於自我調整二值化，其核心思維是透過比較輸入圖型的畫素 I 與某個比較值 K，根據比較結果對輸入圖型的畫素 I 進行處理。輸入圖型中不同的畫素對應的比較值 K 不和，比較值 K 等於以畫素 I 為中心的一塊區域內計算出的值減去差值 C 得來。比較值 K 的具體計算方法由使用者傳入的值來定，通常為 ADAPTIVE_THRESH_MEAN_C 或 ADAPTIVE_ THRESH_GAUSSIAN_C。

- ADAPTIVE_THRESH_MEAN_C 表示計算以畫素 I 為中心的區域的平均值，再使用這個平局值減去差值 C 獲得最終的比較值 K。
- ADAPTIVE_THRESH_GAUSSIAN_C 表示透過高斯分佈加權獲得一個值，再透過該值減去差值 C 獲得最終的比較值 K。

畫素 I 與比較值 K 進行比較後獲得結果，根據傳入的類型參數進行判斷。如果處理，則類型參數通常為 THRESH_BINARY 或 THRESH_BINARY_INV。

- THRESH_BINARY 表示兩者比較後，如果畫素 I 大於比較值 K，就將畫素 I 對應的值設為最大值，反之則被設為 0。
- THRESH_BINARY_INV 表示兩者比較後，如果畫素 I 小於比較值 K，就將畫素 I 對應的值設為最大值，反之則被設為 0。

該方法提供了以下參數。

```
def adaptiveThreshold(src, maxValue, adaptiveMethod, thresholdType,
                      blockSize, C, dst=None):
```

- src：要進行自我調整二值化操作的灰階圖型。
- maxValue：畫素 I 與比較值 K 比較後要設定的那個最大值。
- adaptiveMethod：計算方法，ADAPTIVE_THRESH_MEAN_C 或 ADAPTIVE_THRESH_ GAUSSIAN_C。
- thresholdType：比較類型，THRESH_BINARY 或 THRESH_BINARY_INV。
- blockSize：以畫素 I 為中心的區域的大小。
- C：差值。

上面的程式運行的結果如圖 7.4 所示。

修改一下程式，直觀地驗證一下上面討論的 adaptiveThreshold()的內容，我們將差值 *C* 分別設定為 9 和 1，看不同差值會帶來什麼不同結果，如圖 7.5 所示。

圖 7.4 自我調整二值化

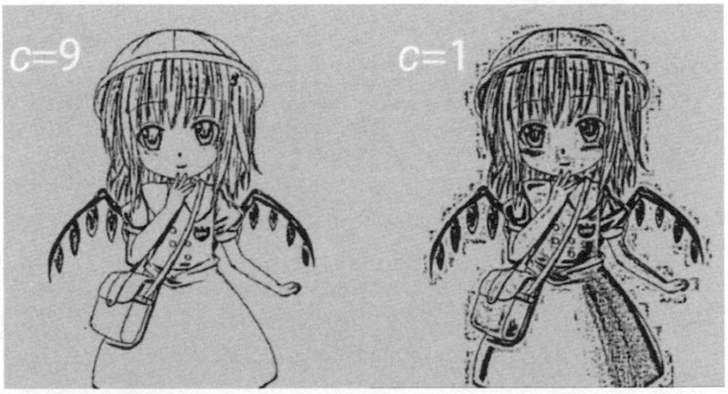

圖 7.5 不同 *C* 差值對應的結果

可以看出 *C*=9 時，生成的線條圖的線條更纖細，整體看上去更清晰。而 *C*=1 時，生成的線條圖的線條更粗，而且有很多其他雜質。造成這個差別是因為 *C* 改變了，例如變成 9，差值的增大會導致比較值 *K* 減小，從而畫素 *I* 大於 *K* 的可能性更大，在使用 THRESH_BINARY 的情況下，畫素 *I* 大於 *K* 就會被設為最大值，即 255。在灰階圖型中，0 代表黑色，而 255 代表白色，這就造成只有在圖型邊緣中的元素才有可能被設為 0。當 *C* 變成 1 時，道理是一樣的。

了解了這個，就可以寫一個指令稿，在 ColorGAN 讀取一組真實圖型時，將真實圖型轉成對應的線條圖再一起用於訓練。

為了提升生成器生成的效率，這裡也不再單純地使用隨機生成雜訊作為生成器的生成材料，而是使用具有顏色暗示的模糊圖型當作雜訊輸入生成器。具體的邏輯就是，先隨機除去真實圖型中的部分畫素，然後再將除去元素後的圖型進行最平均值濾波操作，獲得一張模糊的圖型，程式如下。

```
from random import randint
filename = 'imgs/5114_62.jpg'
#讀取原始圖型
cimg = cv2.imread(filename,1)
```

```
cimg = np.fliplr(cimg.reshape(-1,3)).reshape(cimg.shape)
#隨機切割並模糊化
for i in range(30):
      randx = randint(0,205)
      randy = randint(0,205)
      cimg[randx:randx+50, randy:randy+50] = 255 #將畫素設定為 255，即白色
blur = cv2.blur(cimg,(100,100))
plt.figure(figsize=(40,20))
plt.axis('off')
plt.subplot(131)
plt.imshow(cimg)
plt.title('img1')
plt.subplot(132)
plt.imshow(blur)
plt.title('img2')
```

程式主要分為兩部分。第一部分是讀取原始圖型，透過 imread()方法讀取。imread()的第一個參數 filename 是影像檔的路徑；第二個參數 "1" 表示 IMREAD_COLOR，即將圖型轉為 3 通道 BGR 樣式的彩色圖型。imread()的第二個參數可以設定多種不同值，最常用的是下面 3 種。

- IMREAD_UNCHANGED= -1：不做任何處理，直接返回原始圖型。
- IMREAD_COLOR = 1：將圖型轉為 BGR 樣式的彩色圖型。
- IMREAD_GRAYSCALE = 0：始終將圖型轉為單通道灰階圖型。

需要注意：OpenCV 的介面使用的是 BGR 模式，而 matplotlib.pyplot 的介面使用的卻是 RGB 模式。所以當我們使用 OpenCV 介面讀取圖型，卻要使用 matplotlib.pyplot 顯示圖型時，要做矩陣反轉，否則顯示出的圖型有較大的差異。這裡透過 np.fliplr()實現矩陣反轉，該方法不會移動列，只是讓行進行折疊翻轉。

第二部分是透過 randint 隨機選擇一些圖型畫素將其值設定為 50，除去部分圖型資訊，然後再使用 blur()方法進行模糊化。blur()方法的核心邏輯很簡單，它會使用卷積框掃描整張圖型，並計算出卷積框中所有的畫素的平均值，然後用該值來代替卷積框中的元素，卷積框設定得越大，圖型就越

模糊，因為卷積框中的所有元素都被替換成平均值了。這裡使用 100×100 的卷積框來處理圖型，會生成非常模糊的圖型，使用該圖型來代替單純的隨機雜訊，讓生成器獲得顏色提示，變得更高效。

程式效果如圖 7.6 所示。

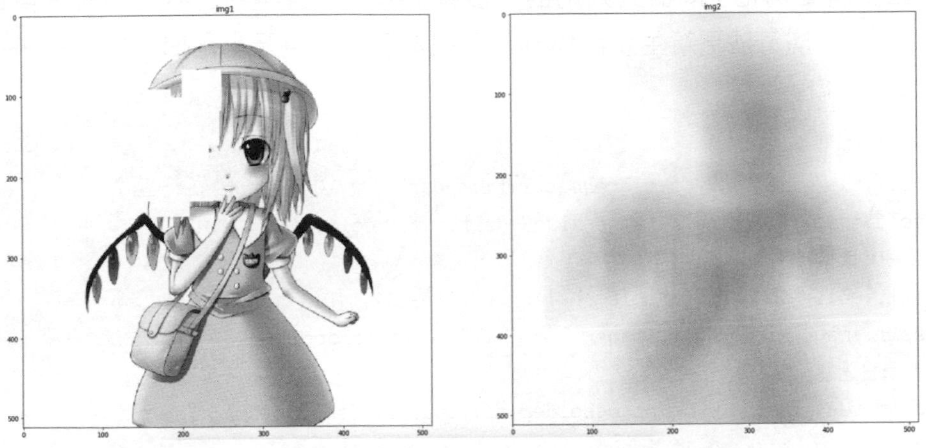

圖 7.6 模糊圖型

7.3.3 ColorGAN 訓練學習

了解生成器如何取出圖型特徵以及進行圖型前置處理後，就可以編寫 ColorGAN 的訓練邏輯了。在編寫核心的訓練邏輯前，先來編寫讀取圖型的方法。了解圖型讀取程式後，對應的結構對了解程式來說比較關鍵，具體的程式如下。

```
def get_image(image_path):
    return transform(imread(image_path))
def transform(image, npx=512, is_crop=True):
    cropped_image = cv2.resize(image, (256,256))
    return np.array(cropped_image)
def imread(path):
    readimage = cv2.imread(path, 1)
    return readimage
```

ColorGAN 透過 get_image()獲得經過矩陣反轉並重塑成大小為[256,256]的圖型矩陣。

接著就來建構 ColorGAN 的整體結構。首先定義各種輸入資料對應的 placeholder，如線條圖型、模糊圖型與真實圖型的 placeholder，然後透過這些資料實例化生成器與判別器，接著定義生成器與判別器的損失，再透過 Adam 演算法更新生成器與判別器的參數，實現最小化損失的目的，具體程式如下。

```
# 線條圖型
self.line_images = tf.placeholder(tf.float32, [self.batch_size,
self.image_size, self.image_size, self.input_colors])
# 模糊圖型
self.color_images = tf.placeholder(tf.float32, [self.batch_size,
self.image_size, self.image_size, self.input_colors2])
# 真實圖型
self.real_images = tf.placeholder(tf.float32, [self.batch_size,
self.image_size, self.image_size, self.output_colors])
# 連接，line_images 是線條圖，作為生成器的條件約束，color_images 是模糊圖型，
作為生成器的隨機雜訊
combined_preimage = tf.concat(axis=3, values=[self.line_images,
self.color_images])
# 生成圖型
self.generated_images = self.generator(combined_preimage)
# combined_preimage 是生成器的輸入，同樣也輸入判別器，其中有條件約束資訊與雜訊資訊，
雜訊中有顏色資訊
self.real_AB = tf.concat(axis=3, values=[combined_preimage, self.real_images])
self.fake_AB = tf.concat(axis=3, values=[combined_preimage,
self.generated_images])
# 訓練判別器判別真實圖型與條件約束，判斷為真
self.disc_true, disc_true_logits = self.discriminator(self.real_AB,
reuse=False)
# 訓練判別器判斷生成圖型與條件約束，判斷為假
self.disc_fake, disc_fake_logits = self.discriminator(self.fake_AB,
reuse=True)
#判別器，給真實圖型打高分，給生成圖型打低分
```

```
self.d_loss_real = tf.reduce_mean(tf.nn.sigmoid_cross_entropy_with_logits
(logits=disc_true_logits, labels=tf.ones_like(disc_true_logits)))
self.d_loss_fake = tf.reduce_mean(tf.nn.sigmoid_cross_entropy_with_logits
(logits=disc_fake_logits, labels=tf.zeros_like(disc_fake_logits)))
self.d_loss = self.d_loss_real + self.d_loss_fake
# 對生成器而言，希望自己生成的圖型判別器可以打高分
self.g_loss = tf.reduce_mean(tf.nn.sigmoid_cross_entropy_with_logits
(logits=disc_fake_logits, labels=tf.ones_like(disc_fake_logits))) \
            + self.l1_scaling * tf.reduce_mean(tf.abs(self.real_images
            - self.generated_images))
# 圖型顯示在 TensorBoard 中
self.G_sum = tf.summary.image("generated_images", self.generated_images)
self.D_sum = tf.summary.histogram("d_loss_fake", self.d_loss_fake) #長條圖
self.g_loss_sum = tf.summary.scalar("g_loss", self.g_loss) #純量
self.d_loss_sum = tf.summary.scalar("d_loss", self.d_loss)
# 獲得生成器與判別器的變數，使用 Adam 演算法進行訓練
t_vars = tf.trainable_variables()
self.d_vars = [var for var in t_vars if 'd_' in var.name]
self.g_vars = [var for var in t_vars if 'g_' in var.name]
self.d_optim = tf.train.AdamOptimizer(0.0002,
beta1=0.5).minimize(self.d_loss, var_list=self.d_vars)
self.g_optim = tf.train.AdamOptimizer(0.0002,
beta1=0.5).minimize(self.g_loss, var_list=self.g_vars)
```

可以看到，程式中有幾個關鍵點。首先定義了 3 種圖型的 placeholder，其中線條圖型與模糊圖型透過 tf.concat()方法進行連接，其中 axis 參數指定連接矩陣中的第幾維，這裡對第三維進行連接；然後將連接生成的新矩陣作為生成器的輸入，在這個新矩陣中，就有線條圖型對應的限制條件資訊與模糊圖型對應的雜訊資訊，這兩個資訊確定後，生成器就可以透過它的 U 型網路進行解碼再編碼，從而獲得與限制條件相匹配的圖型。

接著將連接生成的新矩陣 combined_preimage 分別與真實圖型和生成圖型連接組成新的矩陣。因為 combined_preimage 中包含了條件約束的資訊，所以可以將它分別與真實圖型和生成圖型做連接，然後再交由判別器訓練。

接著就是傳統的訓練邏輯了，透過 sigmoid_cross_entropy_with_logits()方法定義出生成器與判別器對應的交叉熵損失，並使用 AdamOptimizer()方法進行訓練。

了解 ColorGAN 整體架構後，接著來看具體的訓練邏輯。我們編寫了 train()方法用於訓練，整體邏輯就是先讀取一組圖型，然後將這一組圖型轉換成線條圖與模糊圖型，這樣就獲得了線條圖、模糊圖型與真實圖型。所有資料湊齊後，就可以透過建構好的 ColorGAN 進行訓練，將需要的資料透過 Session 物件的 run()方法傳入，具體程式如下。

```
def train(self):
    if not os.path.exists('./output/results'):
                                        os.makedirs('./output/results')
                                        self.loadmodel()
    data = glob(r'/input/ColorImg/*.jpg') #RussellCloud
    print(data[0])
    base = np.array([get_image(sample_file) for sample_file in
           data[0:self.batch_size]])
    base_normalized = base/255.0
    # 圖片轉線圖，再用來配對訓練
    base_edge = np.array([cv2.adaptiveThreshold(cv2.cvtColor(ba,
                cv2.COLOR_BGR2GRAY), 255, cv2.ADAPTIVE_THRESH_MEAN_C,
                cv2.THRESH_BINARY, blockSize=7, C=5)
                for ba in base]) / 255.0
    base_edge = np.expand_dims(base_edge, 3)
    base_colors = np.array([self.imageblur(ba) for ba in base]) / 255.0
    ims("./output/results/base.png",merge_color(base_normalized,
        [self.batch_size_sqrt, self.batch_size_sqrt]))
    ims("./output/results/base_line.jpg",merge(base_edge,
        [self.batch_size_sqrt, self.batch_size_sqrt]))
    ims("./output/results/base_colors.jpg",merge_color(base_colors,
        [self.batch_size_sqrt, self.batch_size_sqrt]))
    self.g_sum = tf.summary.merge([self.G_sum, self.g_loss_sum])
    self.d_sum = tf.summary.merge([ self.D_sum,  self.d_loss_sum])
    self.writer = tf.summary.FileWriter("./output/", self.sess.graph)
```

```
    datalen = len(data)
    for e in range(2000):
        for i in range(datalen // self.batch_size):
            batch_files = data[i*self.batch_size:(i+1)*self.batch_size]
            # 獲取真實圖片並重塑成（256，256）
            batch = np.array([get_image(batch_file) for batch_file in
                              batch_files])
            batch_normalized = batch/255.0 #對真實圖片做平滑處理
            # adaptiveThreshold 自我調整閾值分割，要求傳入的圖型是四維的
            batch_edge = np.array([cv2.adaptiveThreshold(cv2.cvtColor(ba,
cv2.COLOR_BGR2GRAY), 255, cv2.ADAPTIVE_THRESH_MEAN_C, cv2.THRESH_BINARY,
blockSize=9, C=2) for ba in batch]) / 255.0
            batch_edge = np.expand_dims(batch_edge, 3)
            batch_colors = np.array([self.imageblur(ba) for ba in
                              batch]) / 255.0
            summary, d_loss, _ = self.sess.run([self.d_sum, self.d_loss,
self.d_optim], feed_dict={self.real_images: batch_normalized,
self.line_images: batch_edge, self.color_images: batch_colors})
            self.writer.add_summary(summary, self.counter)
            summary, g_loss, _ = self.sess.run([self.g_sum, self.g_loss,
self.g_optim], feed_dict={self.real_images: batch_normalized,
self.line_images: batch_edge, self.color_images: batch_colors})
            self.writer.add_summary(summary, self.counter)
print("%d: [%d / %d] d_loss %f, g_loss %f" % (e, i, (datalen//self.batch_size),
d_loss, g_loss))
            if i % 100 == 0:
                recreation = self.sess.run(self.generated_images,
feed_dict={self.real_images: base_normalized, self.line_images: base_edge,
self.color_images: base_colors})
ims("./output/results/"+str(e*100000 + i)+".jpg",merge_color(recreation,
[self.batch_size_sqrt, self.batch_size_sqrt]))
            if i % 500 == 0:
self.save("./output/checkpoint", e*100000 + i)
```

對於 train()方法而言，一開始需要創建使用的資料夾。注意：因為後面我們會使用 RussellCloud 進行訓練，要求專案輸出的路徑與當前專案在同一

目錄下的 output 資料夾。接著呼叫 loadmodel()方法來實例化模型保存者 saver 或載入已有模型，接著就進入訓練流程。在第二層 for 迴圈中，一開始先透過 get_image()方法讀取一組圖像資料，然後將這組圖型轉成線條圖型與模糊圖型，接著在呼叫 sess.run()方法最小化判別器與生成器損失時，將這些資料傳入。最後每 100 輪保存一下當下生成器生成圖型的結構，每 500 輪保存一下 ColorGAN 對應模型。

到這裡 ColorGAN 的核心程式就展示完成了，因為篇幅有限，不再展示其餘輔助性程式。

7.3.4 ColorGAN 訓練結果

因為 ColorGAN 的結構比較複雜，非 GPU 環境訓練要花費大量時間，所以依舊使用 RussellCloud 進行訓練。在將程式上傳到 RussellCloud 運行前，先檢查一下程式的輸出與輸入是否符合對應的要求。因為 ColorGAN 要使用動漫圖像資料，所以第一步就是透過 russell data upload 將資料上傳。上傳完成後，可以透過正常步驟上傳並運行程式，具體的命令如下。

```
 russell run --gpu --env tensorflow-1.4 --data
0204756825764f3cb2b39be7390cbf4d:ColorImg --tensorboard 'python main.py
train'
```

該命令表示使用 GPU 伺服器運行程式，運行的 TensorFlow 版本為 1.4，並掛載了對應的 data，並且開啟了 tensorboard，這樣在訓練過程中就可以直接進入 tensorboard 觀察關鍵資料的變化了。

ColorGAN 程式在伺服器上運行了 13 小時，程式中要求訓練 2000 輪，但這裡因為時間關係，只訓練了 20 輪，但 ColorGAN 模型也有了一定的效果。

先來直觀地看一下 ColorGAN 的效果。

ColorGAN 訓練 3 小時後，生成器生成的圖片如圖 7.7 所示。

圖 7.7 訓練 3 小時候的結果

ColorGAN 訓練 13 小時後，效果如圖 7.8 和圖 7.9 所示。

圖 7.8 訓練 13 小時的結果（一）

圖 7.9 訓練 13 小時的結果（二）

接著進入 TensorBoard 看一下生成器與判別器對應的損失。

判別器損失如圖 7.10 所示。

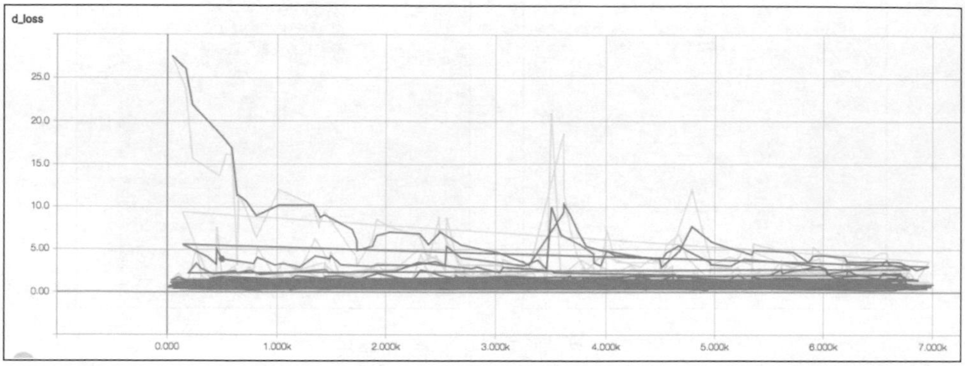

圖 7.10 判別器損失

判別器的損失從一開始大於 25 的高點降到接近 0 的地方，在接近 0 處之所以有那麼多重疊的部分，是因為 TensorBoard 在繪圖時對應的節點沒有控制好，這個 bug 已經在程式中修改，雖然繪圖顯示有點小問題，但並不影響使用。

生成器損失如圖 7.11 所示。

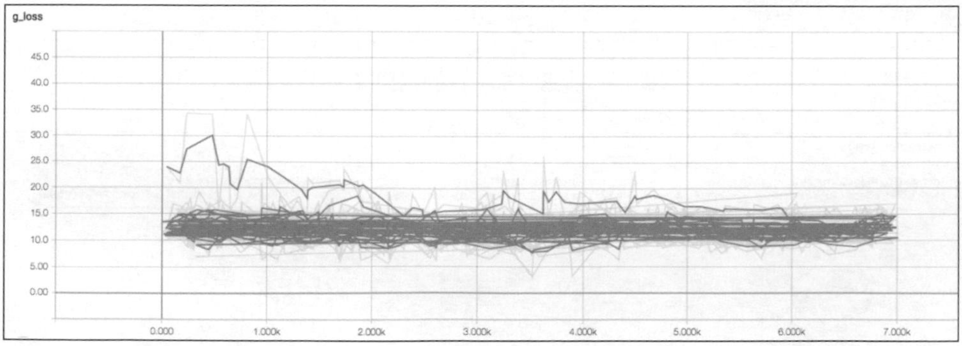

圖 7.11 生成器損失

生成器的損失從 25 降到 10，因為判別器一直在進步，導致生成器只能卡在損失為 10 左右的位置。這並不是說生成器損失為 10，該生成器就沒有任何意義了，此時判別器已經是「名師」了，生成器在「名師」手中拿到10 分，與從前在普通人手裡拿到 10 分相比，雖然都是 10 分，但意義是不同的，因為判別標準更嚴格了。

ColorGAN 整個計算結果如圖 7.12 所示。

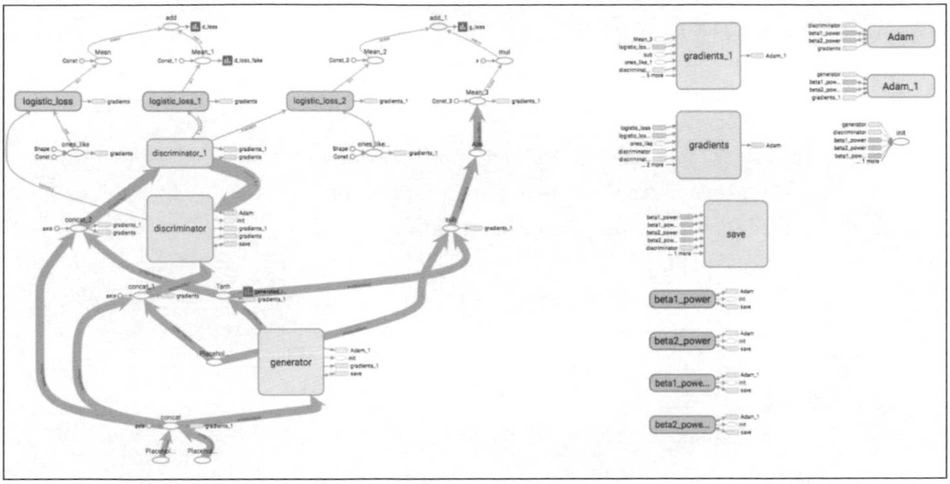

圖 7.12 ColorGAN 計算圖

現在我們將結束專案運行，一旦運行的專案結束，RussellCloud 中對應的任務也就結束了，此時就不能再透過程式存取此次任務中的任何資料了。但如果想重新載入訓練好的模型並對線條圖著色呢？因為 RussellCloud 單次任務間分隔的特性，所以要實現重新載入訓練好的模型，只能將上次任務中生成的模型輸出為資料集，掛載到下一次的任務中。因為可能還需要使用訓練時的資料，所以該任務透過掛載到同一任務中，並開始 jupyter-notebook 來使用它們，一個任務掛載多個資料集的命令如下。

```
russell run --env tensorflow-1.4 --data a104b65c410e4dcbaec46619ac2201e3
--data 0204756825764f3cb2b39be7390cbf4d --tensorboard --mode jupyter
```

此時再透過 jupyter-notebook 編寫對應的程式載入模型中的參數，讓生成器使用此前的參數生成一張新的圖型。其流程還是一樣的，即先創建讀取圖型的方法，並定義好生成模糊圖型的方法，這些方法的程式都是類似的，不再細講。讀取方法和創建模糊圖型的方法明確後，接著就是載入模型了，此時原本程式中載入模型的路徑可能不是/input/中對應的路徑，為了程式可以正確載入模型，採用以下兩種方式：一種就是修改上一次執行時期使用的程式，但這種方式不夠優雅；另一種是透過繼承的方式來實現模型載入，定義一個新的類別，繼承此前的 Color 類別，並重新定義其模型載入的方法，具體程式如下。

```
# 繼承Color
class ColorAyu(Color):
    def __init__(self, imgsize=256, batchsize=4):
        super(ColorAyu, self).__init__(imgsize, batchsize)
    def loadmodel(self, load_discrim=True):
        self.sess = tf.Session()
        self.sess.run(tf.global_variables_initializer())
        if load_discrim:
            self.saver = tf.train.Saver()
        else:
            self.saver = tf.train.Saver(self.g_vars)
        # 載入checkpoint 檔案
        could_load, checkpoint_counter = self.load("/input/ColorGANImg-
                                        1/checkpoint")
        if could_load:
            self.counter = checkpoint_counter
            print(" [*] Load SUCCESS")
        else:
            self.counter = 0
            print(" [!] Load failed...")
    def load(self, checkpoint_dir):
print(" [*] Reading checkpoint...")
        model_dir = "model"
        checkpoint_dir = os.path.join(checkpoint_dir, model_dir)
        ckpt = tf.train.get_checkpoint_state(checkpoint_dir)
        if ckpt and ckpt.model_checkpoint_path:
             ckpt_name = os.path.basename(ckpt.model_checkpoint_path)
             self.saver.restore(self.sess, os.path.join(checkpoint_dir,
                          ckpt_name))
             counter = int(next(re.finditer("(\d+)(?!.*\d)", ckpt_name)).
                     group(0))
```

```
            return True, counter
        else:
            return False, 0
c = ColorAyu(512, 1)
# 載入模型
c.loadmodel(False)
```

程式中主要修改了載入模型的路徑，然後在呼叫 loadmodel()方法時，傳入 False，讓其載入生成器模型對應的參數。

接著編寫幾個輔助方法，讓生成器生成圖片更加簡單。

```
def get_img_info(filename):
    img = [get_image(filename), ]
    base = np.array(img)
    base_edge = np.array([cv2.adaptiveThreshold(cv2.cvtColor(ba,
                cv2.COLOR_BGR2GRAY), 255, cv2.ADAPTIVE_THRESH_MEAN_C,
                cv2.THRESH_BINARY, blockSize=7, C=5)for ba in base]) / 255.0
    base_edge = np.expand_dims(base_edge, 3)
    base_colors = np.array([imageblur(ba) for ba in base]) / 255.0
print('img shape:', img[0].shape)
print('base shape:', base.shape)
print('base_edge shape:', base_edge.shape)
print('base_colors shape:', base_colors.shape)
    return img, base, base_edge, base_colors
def gen_img(img_path):
    img, base, base_edge, base_colors = get_img_info(img_path)
    generated = c.sess.run(c.generated_images, feed_dict={c.line_images:
base_edge, c.color_images: base_colors})
    return img, generated[0],base, base_edge, base_colors
def show_img(img,img_gen,lines_img,cmap=None):
plt.figure(figsize=(60, 30))
plt.subplot(131)
plt.imshow(img)
plt.subplot(132)
plt.imshow(lines_img, cmap=cmap)
plt.subplot(133)
plt.imshow(img_gen)
plt.show()
```

get_img_info()方法主要用於返回圖型相關的資料資訊，包括真實圖型、模糊圖型、線條圖型等的資料資訊，gen_img()方法主要是將 get_img_info()方法返回的圖型資訊輸入生成器，從而獲得生成圖型，最後透過 show_img()方法來展示真實圖型、線條圖型與生成圖型等的效果。

選擇一張動漫圖型，上傳到 RussellCloud 資料集中，使用模型生成的效果如圖 7.13 所示。

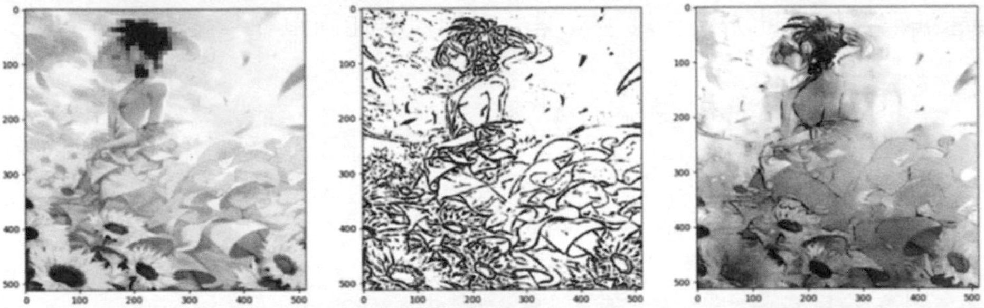

圖 7.13 使用 ColorGAN

7.3.5 圖型轉圖型的討論

上面已經實現並訓練好了自動著色模型 ColorGAN，它可以將線條圖型轉成彩色圖型，即實現了圖型間兩種風格的轉換。其實 ColorGAN 中 GAN 結構的部分具有一般性，只需要修改圖型前置處理部分的程式，ColorGAN 就能完成其他圖型風格轉換的任務，例如去除馬賽克。準備一張沒有打馬賽克的圖片，然後透過 OpenCV 將圖片某個區域打碼，即模糊化，其中原圖型就是真實圖型，打碼的圖型為限制條件，此時再生成全模糊的圖型作為雜訊，這樣就獲得了所有需要的資料。將全模糊圖型與打碼圖型拼接交由生成器的 U 型網路處理生成圖型，再透過判別器判別生成圖型是否真實以及是否與打碼圖型匹配，這樣就組成了對應的 GAN 網路，訓練這個 GAN 網路獲得的模型就可以對圖型去除馬賽克了。值得一提的是，馬賽克的演算法簡單來說是隨機無序且不可逆地抹除畫素中的色彩資訊，從而實現圖型模糊的效果。去除馬賽克的 GAN 並不是逆向運算的馬賽克演算法，而是直接「想像」出合理的色彩資訊並將其填充上去而已，並沒有做演算法的逆向運算，所以去除馬賽克後的圖型並不一定是原本的圖型，只是很相似而已。

當然，生成器使用 U 型網路組成的 CGAN 具有一般性，並不是只能用於去除馬賽克或給圖型著色，任何圖型風格的轉換都可以透過這個框架去實現，只需要準備好真實圖型和與之配對的約束圖型即可。

7.4 實現文字轉圖型

上一節主要討論了使用 CGAN 實現同一張圖型的風格轉換，除了使用圖型作為 CGAN 的限制條件外，可否使用文字來組成 CGAN 的限制條件呢？答案是肯定的，本節就來討論透過一個標籤或透過一句話作為 CGAN 的限制條件，讓 CGAN 生成與該標籤或該敘述相關的圖型。

7.4.1 獨熱向量

在開始討論前，習慣性地思考一下，是否可以透過普通神經網路來實現使用文字生成對應圖型的需求呢？答案是可以，依舊按照傳統的流程，準備好標注的資料，其中一個標籤或一句話對應一張圖型。這裡以標籤為例，將標籤輸入（例如汽車），然後讓神經網路輸出一張圖型，再計算該圖型與標注答案間的損失，透過梯度下降法最小化該損失即可。但傳統神經網路會產生圖型模糊的問題，例如標籤「汽車」可能對應著多種不同的汽車圖型，當我們透過訓練好的普通神經網路生成汽車圖型時，該神經網路就會平均所有可能的結果，導致生成圖型模糊。

接著我們嘗試透過 CGAN 來實現文字轉圖型的需求，CGAN 的整體結構、目標函數與訓練流程在上一節中已經比較詳細地講解了，這裡不再重複。這裡與圖型風格轉換不同的是怎樣前置處理文字資料，以及將文字轉化成

CGAN 可以「了解」的限制條件。簡單來說，就是文字向量化。

文字向量化的方式有很多種，它們分別用於單一詞的向量化、單一句子的向量化、單一段落的向量化，向量化的難度逐級增高。這裡先討論透過獨熱向量表示單一詞的方法。

獨熱向量是一種將詞向量化的最簡單的方法，例如現在資料集中共用 10 個詞$x_1, x_2, \dots, x_{10}$，那麼獨熱向量就是創建長度為 10 的行向量去表示資料集中的詞。具體的表示方法：x_1在資料集中是第一個詞，那麼向量的第一個位置置 1，其餘置 0；x_2在資料集中是第二個詞，那麼向量的第二個位置置 1，其餘置 0。

$$x_1 = [1,0,0,0,0,0,0,0,0,0]$$

$$x_2 = [0,1,0,0,0,0,0,0,0,0]$$

對應向量中只有一個位置會被啟動，這就是獨熱向量標記法。很簡單，不必再多言。

7.4.2 fashion-mnist 資料集

後面我們會編寫一個簡單的文字轉圖片的 CGAN，其中使用的訓練資料集便是 fashion- mnist 資料集。該資料集算是 MNIST 資料集的替代品，因為 MNIST 手寫資料過於簡單，很多時候表現不出深度神經網路與傳統機器學習演算法之間的差距，所以才出現 fashion-mnist 資料集。

fashion-mnist 資料集也稱潮流資料集，涵蓋了來自 10 種類別的共 7 萬個不同商品的正面圖片，其中有 T 恤、衛衣、長裙、褲子、鞋子等各種物品，該資料集中的圖型都是 28×28 的灰階圖型，這些圖型分別對應著 10 個類別標籤，整個資料集被分為 6 萬個訓練資料與 1 萬個測試資料。可以看出，除了資料內容不同，其他都與 MNIST 資料集相同，簡單來講，可以用於處理 MNIST 資料集的程式，通常也可以直接用在 fashion-mnist 資料集上。

不同標籤對應的圖型類別如表 7.1 所示。

表 7.1 不同標籤對應的圖型類別

標籤	對應的圖片類別
0	T-shirt/top（T 恤）
1	Trouser（褲子）
2	Pullover（套衫）
3	Dress（裙子）
4	Coat（外套）
5	Sandal（涼鞋）
6	Shirt（汗衫）
7	Sneaker（運動鞋）
8	Bag（包）
9	Ankle boot（踝靴）

fashion-mnist 下載網址：https://github.com/zalandoresearch/fashion-mnist

下載完成後，獲得如表 7.2 所示 4 個檔案。

表 7.2 檔案名稱及內容

檔案名稱	內容
train-images-idx3-ubyte.gz	訓練圖型
train-labels-idx1-ubyte.gz	訓練圖型對應的標籤
t10k-images-idx3-ubyte.gz	測試圖型
t10k-labels-idx1-ubyte.gz	測試圖型對應的標籤

7.4.3 FashionCGAN 判別器和生成器

資料準備完成，文字前置處理的方法也了解了，接著就可以動手編寫對應的程式了。創建一個新的 CGAN 專案，名為 FashionCGAN。在編寫 FashionCGAN 的判別器與生成器前，先編寫處理 fashion-mnist 圖片資料與標籤資料的方法，簡單而言就是將圖型讀取，將標籤轉為對應的獨熱向量，具體程式如下。

```
from tensorflow.examples.tutorials.mnist import input_data
fashionmnist = input_data.read_data_sets(r'data/fashion-mnist/data/
              fashion',one_hot=True)
img = fashionmnist.train.images[:10]
train_img.reshape = img.reshape(len(img),28,28,1)
labels = fashionmnist.train.labels
```

因為 fashion-mnist 的格式與 MNIST 完全相同，所以可以直接使用 TensorFlow 提供的 input_data 介面，使用 input_data 方法傳入 fashion-mnist 資料集所在的路徑，並將 one_hot 設定為 True，這樣就完成了圖型的讀取與標籤向量化。

接著來編寫 FashionCGAN 的判別器與生成器，先來看生成器，具體程式如下。

```
def generator(self, z, y, is_training=True, reuse=False):
    with tf.variable_scope("generator", reuse=reuse):
        z = tf.concat([z, y], 1) #合併雜訊與標籤y
        net = tf.nn.relu(bn(linear(z, 1024, scope='g_fc1'),
              is_training=is_training, scope='g_bn1'))
        net = tf.nn.relu(bn(linear(net, 128 * 7 * 7, scope='g_fc2'),
              is_training=is_training, scope='g_bn2'))
        net = tf.reshape(net, [self.batch_size, 7, 7, 128])
        net = tf.nn.relu(
bn(deconv2d(net, [self.batch_size, 14, 14, 64], 4, 4, 2, 2, name='g_dc3'),
is_training=is_training, scope='g_bn3'))
        out = tf.nn.sigmoid(deconv2d(net, [self.batch_size, 28, 28, 1], 4,
4, 2, 2, name='g_dc4'))
        return out
```

生成器的結構很簡單，一開始透過 tf.concat() 方法連接雜訊矩陣與標籤矩陣，讓生成器獲得限制條件，接著是兩個全連接層，其透過 linear() 方法實現，全連接層輸出的資料透過 BN 處理後傳遞給 ReLU 啟動函數，然後就連著兩層轉置卷積網路。

接著看判別器的具體程式。

```
def discriminator(self, x, y, is_training=True, reuse=False):
    with tf.variable_scope("discriminator", reuse=reuse):
         y = tf.reshape(y, [self.batch_size, 1, 1, self.y_dim])
         x = conv_cond_concat(x, y) #合併
         net = lrelu(conv2d(x, 64, 4, 4, 2, 2, name='d_conv1'))
         net = lrelu(bn(conv2d(net, 128, 4, 4, 2, 2, name='d_conv2'),
               is_training=is_training, scope='d_bn2'))
         net = tf.reshape(net, [self.batch_size, -1])
         net = lrelu(bn(linear(net, 1024, scope='d_fc3'),
               is_training=is_training, scope='d_bn3'))
         out_logit = linear(net, 1, scope='d_fc4')
         out = tf.nn.sigmoid(out_logit)
         return out, out_logit, net
```

判別器的程式也很簡單，一開始同樣是連接真實圖像資料與條件約束矩陣，因為圖像資料矩陣與條件約束矩陣的維度並不相同，所以需要先對條件約束矩陣擴維再連接。具體邏輯在 conv_cond_concat()方法中，程式如下。

```
def conv_cond_concat(x, y):
     x_shapes = x.get_shape()
     y_shapes = y.get_shape()
     return tf.concat([x, y*tf.ones([x_shapes[0], x_shapes[1], x_shapes[2],
y_shapes[3]])], 3)
```

圖像資料矩陣與條件約束矩陣連接完成後，就是常見的判別器結構，開頭由兩個卷積層組成，隨後連接兩個全連接層，最後透過 sigmoid 啟動函數，輸出一個 0～1 的分數。

判別器與生成器建構完成後，就可以建構 CGAN 結構了。

```
    def build_model(self):
         # 圖型形狀
         image_dims = [self.input_height, self.input_width, self.c_dim]
         bs = self.batch_size #一組作為訓練資料
         # 圖型
self.inputs = tf.placeholder(tf.float32, [bs] + image_dims, name =
```

```
'real_images')
        # 圖型標籤
self.y = tf.placeholder(tf.float32, [bs, self.y_dim], name='y')
        # 雜訊
self.z = tf.placeholder(tf.float32, [bs, self.z_dim], name='z')
        #生成器
        G = self.generator(self.z, self.y, is_training=True, reuse=False)
        #判別器
        D_real, D_real_logits, _ = self.discriminator(self.inputs, self.y,
              is_training=True, reuse=False)
        D_fake, D_fake_logits, _ = self.discriminator(G, self.y,
             is_training=True, reuse=True)
        d_loss_real = tf.reduce_mean(
            tf.nn.sigmoid_cross_entropy_with_logits(logits=D_real_logits,
            labels=tf.ones_like(D_real)))
        d_loss_fake = tf.reduce_mean(
            tf.nn.sigmoid_cross_entropy_with_logits(logits=D_fake_logits,
            labels=tf.zeros_like(D_fake)))
        #判別器損失
self.d_loss = d_loss_real + d_loss_fake
        #判別器損失
self.g_loss = tf.reduce_mean(
            tf.nn.sigmoid_cross_entropy_with_logits(logits=D_fake_logits,
            labels=tf.ones_like(D_fake)))

        t_vars = tf.trainable_variables()
        d_vars = [var for var in t_vars if 'd_' in var.name]
        g_vars = [var for var in t_vars if 'g_' in var.name]
        with tf.control_dependencies(tf.get_collection
             (tf.GraphKeys.UPDATE_OPS)):
            #Adam 演算法
self.d_optim = tf.train.AdamOptimizer(self.learning_rate, beta1=self.beta1) \
.minimize(self.d_loss, var_list=d_vars)
self.g_optim = tf.train.AdamOptimizer(self.learning_rate*5, beta1=self.beta1) \
.minimize(self.g_loss, var_list=g_vars)
        #生成例子圖型
self.fake_images = self.generator(self.z, self.y, is_training=False,
```

```
reuse=True)
        #記錄到 TensorBoard
        d_loss_real_sum = tf.summary.scalar("d_loss_real", d_loss_real)
        d_loss_fake_sum = tf.summary.scalar("d_loss_fake", d_loss_fake)
        d_loss_sum = tf.summary.scalar("d_loss", self.d_loss)
        g_loss_sum = tf.summary.scalar("g_loss", self.g_loss)
self.g_sum = tf.summary.merge([d_loss_fake_sum, g_loss_sum])
self.d_sum = tf.summary.merge([d_loss_real_sum, d_loss_sum])
```

建構 CGAN 結構的程式很常見，首先是定義資料，接著透過資料建構生成器與判別器，然後定義兩者的損失，組成生成對抗關注。損失定義完後，就定義最佳化方法，依舊使用 Adam 演算法。最後再透過 TensorBoard 將必要資料記錄下來。

7.4.4 訓練 FashionCGAN

因為篇幅原因，就不展示 FashionCGAN 訓練的邏輯程式以及其他輔助性程式了，直接開始訓練。訓練用的是 FashionCGAN 資料集，使用 CPU 就可以完成訓練，這裡讓程式訓練 11 輪，看一下具體的效果，指定看標籤 9 對應的圖型（即踝靴），圖 7.14 所示分別是運行了第 1 輪、第 5 輪和第 10 輪的效果圖。

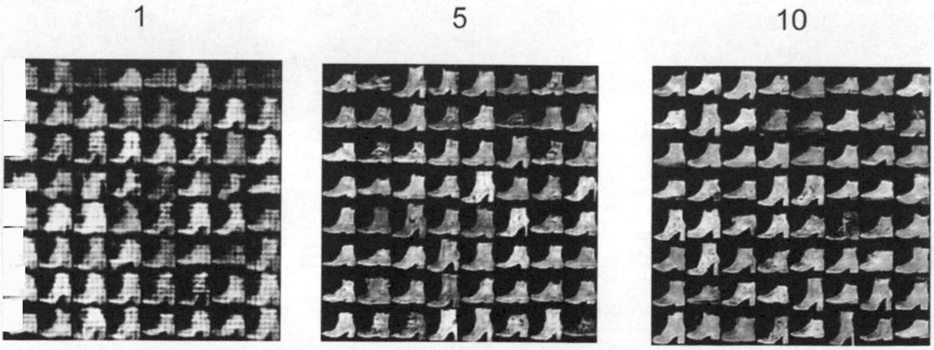

圖 7.14 訓練不同輪的效果圖

可以看出，效果很不錯，進入其 TensorBoard，看一下損失的變化。先看判別器的損失變化，如圖 7.15 所示。可以看見判別器的損失呈下降趨勢，最後，判別器的損失開始震盪，說明此時判別器已經無法判斷出生成圖型與真實圖型的差異了。

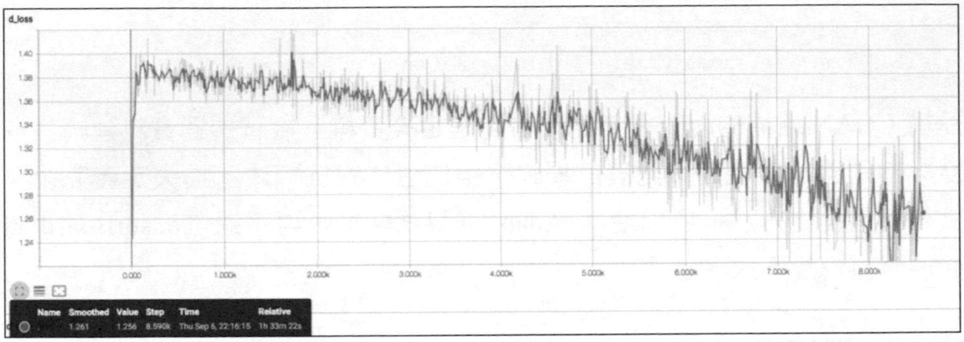

圖 7.15 判別器損失變化

生成器的損失變化如圖 7.16 所示。生成器的損失雖然呈上升趨勢，但損失值較小，而且在最後，生成器的損失同樣開始震盪，說明生成器生成的圖型已經很接近真實圖型了。

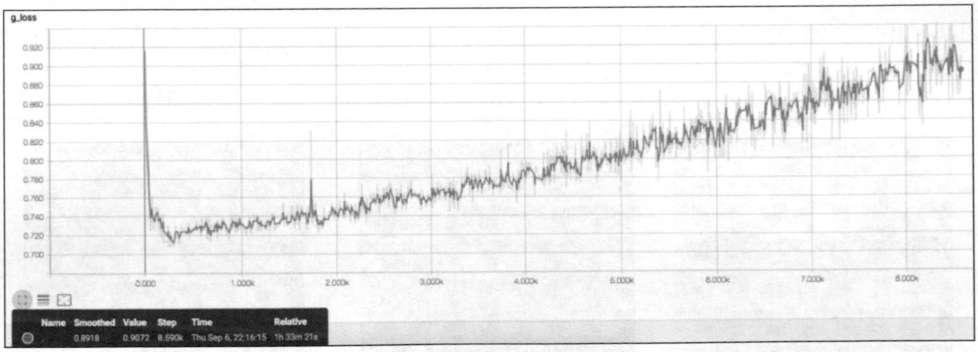

圖 7.16 生成器損失變化

FashionCGAN 的計算圖如圖 7.17 所示。

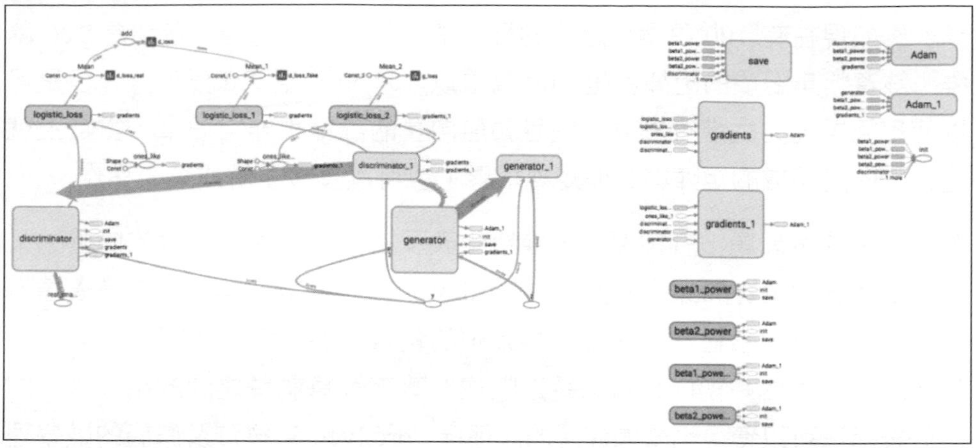

圖 7.17 FashionCGAN 計算圖

7.5 實現句子轉圖型

上一節實現了一個簡單的標籤轉圖型，也可以視為一個詞轉一個圖型。透過使用獨熱向量來表示一個詞，簡單地實現詞轉圖型的效果，那可否擴充到一句話生成一個圖型呢？當然可以，但如果直接使用獨熱向量來表示這句話，那麼句子轉圖型模型生成的圖型與其幾乎沒有關係，下面來簡單討論一下句子轉圖型應當怎麼實現？

7.5.1 word2vec 技術

在 FashionCGAN 中，我們使用了獨熱向量，這是一種非常簡單的表示形式，雖然它容易實現，但也有很大的不足，主要會引起詞彙鴻溝問題。首先來了解詞彙鴻溝，現在有幾個詞，分別是美麗、漂亮、好看，人類可以輕易地看出這幾個詞是具有相近含義的。但透過獨熱向量表示後，這種相近關係就完全喪失了，對電腦而言，這三者完全沒有關係，喪失了詞彙間深層的含義，這就是詞彙鴻溝。

當然有些文章還會提到維度災難問題，即當資料集很大時，透過獨熱向量的方式表示資料集中的詞彙會導致資料集組成的矩陣維度過多，難以計算。例如現在有 100 萬個詞組成的資料集，其中每個詞的向量都是 100 萬維，該資料集組成的矩陣就是 100 萬乘以 100 萬。矩陣雖然很大，但是可以使用簡單的方式進行壓縮，而且獨熱向量的計算也非常簡單，實質上就是獨熱向量組成的矩陣與其他矩陣相乘，也可以直接了解成查表操作。

為了解決這個問題，就需要有一種新的表示法，既不用那麼大的向量，又可以表示出詞彙之間深層的關係。word2vec 就是將詞彙轉化為這種表達方式的一種思維，它會訓練整個資料集中的資料，從而訓練出每個詞對應的黏稠向量，這些黏稠向量可以透過歐式距離來計算詞彙之間的相似度，即這種表示法可以獲得詞彙間深層的關係。word2vec 背後涉及嚴謹的數學理論，因為本書核心內容是 GAN，所以就不花較大篇幅去深挖 word2vec，這裡簡單討論一下，作為後面內容的鋪陳。

word2vec 中有兩種模型，分別是 CBOW 模型（Continuous Bag-of-Words Model）和 Skip-Gram 模型（Continuous Skip-Gram Model）。

CBOW 模型是透過周圍的詞來預測中間的詞，而 Skip-Gram 模型是透過中間的詞來預測周圍的詞，兩個模型都可以看作簡單的單層神經網路模型。

先看 CBOW，其簡易模型如圖 7.18 所示。CBOW 訓練模型的大致步驟如下。

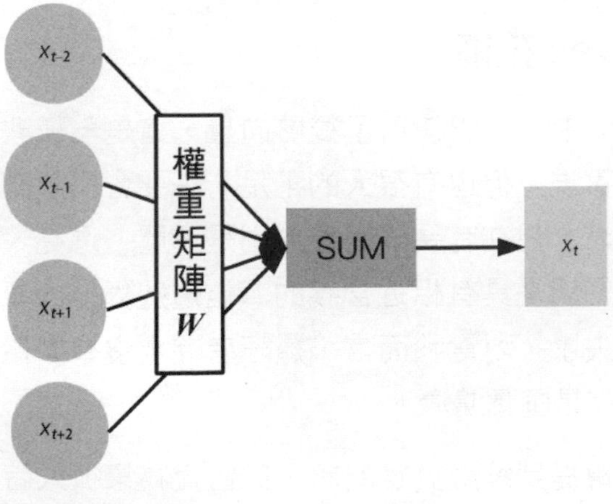

圖 7.18 CBOW 模型

（1）輸入周圍的詞，透過獨熱向量表示$x_{t-2}, x_{t-1}, \cdots, x_{t+i}$。

（2）進行映射，即輸入詞代表的獨熱向量與權重矩陣 ***W*** 相乘，因為輸入詞是讀取向量，所以會從權重矩陣 ***W*** 中「切割」出對應的維度。

（3）連接這些維度，即進行簡單的 SUM 操作。

（4）連接後的向量不會直接輸出，而是與該層權重矩陣相乘，再經過一個啟動函數，啟動後的值傳遞給 softmax 函數轉換成機率（模型圖中沒有畫出這些輔助步驟）。

（5）計算輸出的機率向量與真實的中心詞對應的獨熱向量之間的損失。

（6）透過最佳化演算法最小化這個損失，然後重複這些步驟。

CBOW 模型訓練過程中，為了最小化輸出向量與真實向量之間的損失，需要不斷調整 CBOW 模型中的參數，當模型收斂後，權重矩陣 ***W*** 中的參數就是我們需要的詞向量。透過 word2vec 的 CBOW 模型，我們獲得了這個資料集對應的詞向量了，即模型的權重矩陣 ***W***。

透過詞向量模型，可以預測不同詞的近似程度，如圖 7.19 所示。訓練後獲得了黏稠的詞向量，將這些詞向量映射到空間中，就可以看出詞與詞之間的關係，如圖 7.19 中，得出 king-queen 與 man-woman 間或國家與城市間的對應關係，如 China 對應著 Beijing。

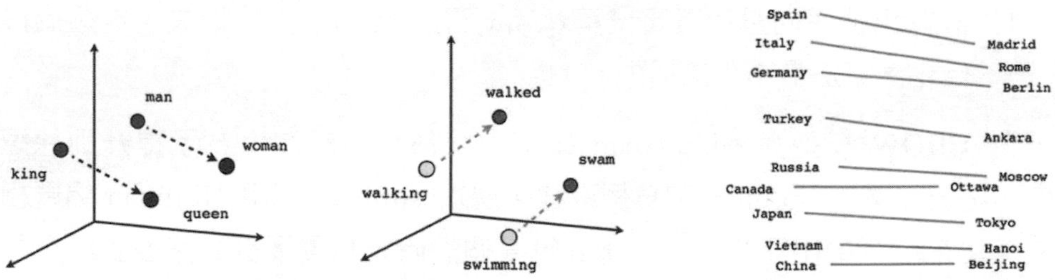

圖 7.19 詞向量間的關係

接著來看 Skip-Gram 模型，Skip-Gram 模型與 CBOW 模型訓練步驟非常相似，不同之處在於 Skip-Gram 透過中心詞來預測周圍的詞，其簡易模型結構如圖 7.20 所示。

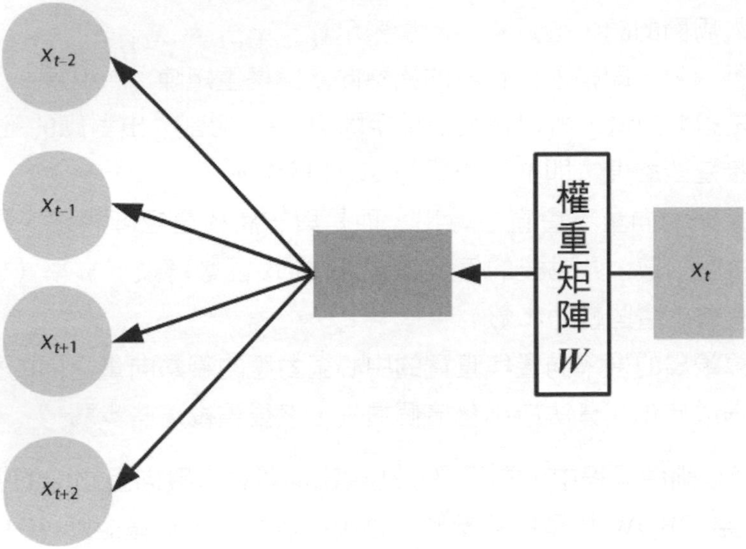

圖 7.20 Skip-Gram

Skip-Gram 模型訓練步驟如下。

(1) 輸入中心詞的獨熱向量表示。

(2) 進行映射，即中心詞與權重矩陣 W 相乘。

(3) 經過一層隱藏層，計算得出一個向量，透過 softmax 將數值向量轉為機率向量。

(4) 計算出機率向量與真實機率 $x_{t-2}, x_{t-1}, \cdots, x_{t+i}$ 之間的損失，再透過最佳化演算法最小化該損失。

因為 CBOW 模型與 Skip-Gram 模型訓練都比較耗時，為了提升訓練速度，提出了層次 softmax 和負例取樣。層次 softmax 利用 Huffman 編碼樹演算法來編寫輸出層的向量，當計算某個詞時，只需要計算路徑上所有的非葉子節點詞向量的權重就可以了，將計算量降低到樹的深度，這是很巧妙的設計。而負例取樣就很直接了，只需保證出現頻次越高的詞越容易被取樣到，然後對資料進行取樣即可，大大減少了資料的計算量。

我們可以透過 gensim 函數庫來使用 word2vec，gensim 提供了很多與語言處理相關的演算法與工具，其中就包括 word2vec。首先需要前置處理一下自己的文字資料集，將文字中的特殊符號和各種雜訊去除，然後就可以透過下面程式讀取資料集，並利用 word2vec 進行訓練。

```
from gensim.models import word2vec
sentences = word2vec.LineSentence(u'./zh.wiki')
model = word2vec.Word2Vec(sentences,size=400,window=5,min_count=5,workers=4)
model.save('./WikiModel')
```

核心就是 word2vec.Word2Vec()方法。我們將資料集 sentences 傳入，並設定 400 維的權重矩陣，其實也是最終訓練出來的詞向量模型的維度；將視窗設定為 5，以 CBOW 為例，即一次性向模型輸入連續的 5 個詞，取出中間的詞作為中心詞，利用其他詞作為輸入。同時這裡使用 min_count 設定了詞彙最少出現次數為 5 次，如果詞彙出現少於 5 次，就認為該詞可能是錯別字或極少使用的詞，就不進行訓練。這裡的資料使用的是中文維基百科的資料，訓練後，載入模型簡單使用，效果如圖 7.21 所示。

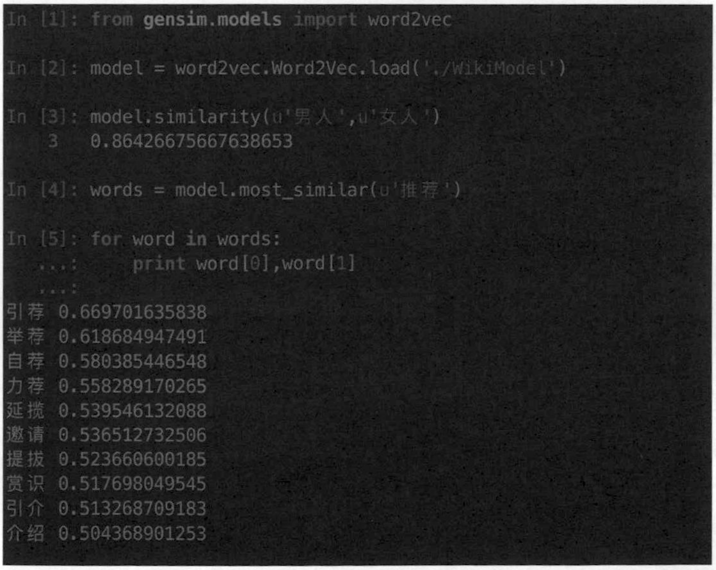

圖 7.21 使用 word2vec

在程式中，計算了「男人」與「女人」的相似度，也計算了資料集中與「推薦」最相近的幾個詞。

word2vec 訓練出來的黏稠詞向量之所以可以表示出詞與詞之間深層的關係，是因為人類語言是符合統計分佈規律的，某些詞經常與另一些詞搭配使用，我們可以透過周圍的詞來描述這個詞。透過周圍的詞來描述中心詞也是 word2vec 思維的精髓。

在 FashionCGAN 中，因為標籤是 0～9，它們之間相互獨立，所以在訓練時使用獨熱向量也沒有太大關係，但當使用具體標籤的時候，如「杜鵑」與「玫瑰」，詞之間的關係與差異就要明確，這時就需要使用 word2vec 了。大家可以自行嘗試一下，透過 word2vec 訓練出詞向量模型，然後透過這個模型獲得某個標籤對應的向量，將該向量作為限制條件。並不只有 word2vec 這一種計算可以實現詞轉為黏稠向量，類似的工具還有 GloVe、FastText 等。

7.5.2 RNN、LSTM 與 GRU

前面討論了 word2vec 技術，它可以讓詞轉換成黏稠向量且保存了詞的內涵，但對於句子卻力不從心，而我們的目標是實現句子轉圖型，所以要實現句子的向量化。雖然句子是由詞組合而成的，但如果單純地透過黏稠詞向量拼接成句子向量，就無法讓模型了解句子與句子之間的差異，舉一個最簡單的例子，「我愛你」與「你愛我」由同樣的詞組合而成，但表達的內容卻完全不同。所以不能單純透過詞向量堆疊，還要考慮到建構句子中詞的序列。

不要忘記最終的目標是實現句子轉圖型，CGAN 要透過一個句子作為限制條件，那就需要對句子進行前置處理，即將句子向量化，要合理地向量化一個句子，就需要一些自然語言處理相關的知識，所以本節簡單地討論這方面的內容。

因為句子的序列是有意義的，所以了解與處理這些序列資訊就很重要，而 RNN 正是一種擅長處理序列資料的網路結構。下面就來討論一下 RNN 以及它的兩種變形 LSTM 與 GRU，先來看 RNN。

對一個人而言，他對當下發生任務的了解基於他以前的經驗與知識，即他從前經歷或記憶過的內容。那麼，為了讓神經網路可以了解當下某個任務，是否也可以讓其透過記住當下任務發生前的資訊來幫助它了解當下任務呢？即記住之前的資訊來幫助了解當下要完成的事情，RNN 這個網路結構可以讓神經網路記住當前時間點之前的資訊。

迴圈神經網路（Recurrent Neural Network，RNN）比普通神經網路多了時間這個維度，即它可以利用不同時間節點上的資訊來幫助當前時間節點做判斷，其單一神經元及展開圖如圖 7.22 所示。

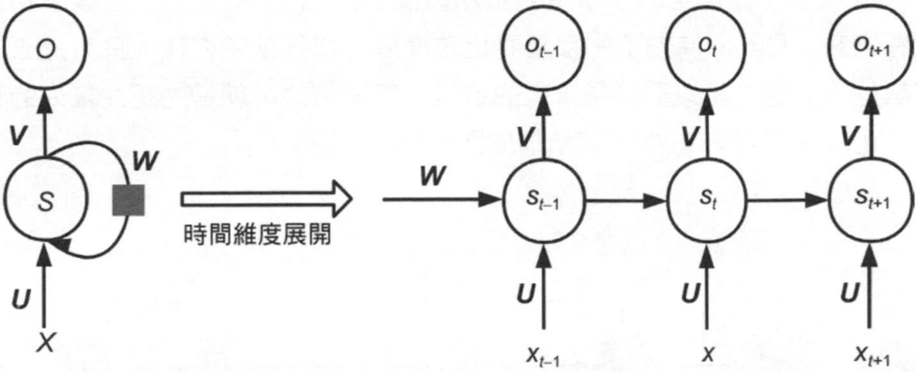

圖 7.22 RNN 單一神經元及展開圖

從圖 7.22 中可以比較清晰地了解什麼叫 RNN 多了一個時間維度，其中 x 是輸入，s 是隱藏層的值，輸出值是 o。圖中有 3 個不同的權重，輸入到隱藏層神經節點的權重為 $\boldsymbol{U}$，隱藏層到輸出節點的權重為 $\boldsymbol{V}$，而時間維度上的權重為 $\boldsymbol{W}$。從時間維度上展開的圖，可以看出，隱藏層 s 的值不止取決於當前時間下的輸入 x，還需要看上一個時間節點中隱藏層的值，上一層隱藏層的值與權重 $\boldsymbol{W}$ 相乘再加上當前輸入的 x 與權重 $\boldsymbol{U}$ 相乘，得到當前時間點隱藏層的值，可以透過兩個簡單的公式將其形象地表達出來。

$$o_t = g(\boldsymbol{V}_{st})$$

$$s_t = f\left(\boldsymbol{U}_{x_t}\right) + \boldsymbol{W}_{s_{t-1}}$$

代入可得：

$$o_t = g(\boldsymbol{V}_{S_t}) = g\left(f\left(\boldsymbol{U}_{x_t} + \boldsymbol{W}f(\boldsymbol{U}_{x_{t-1}} + \boldsymbol{W}_{S_{t-2}})\right)\right)$$

可以看出，RNN 的輸出值o_t與前面不同時間點的多次輸入x_{t-i}和多次記憶s_{t-i}有關。也正是這種結構，指定了 RNN 可以記憶的能力。這裡所謂的記憶，就是之前的輸入，數值化後依舊可以傳播到當前時間點，並對當前時間點的輸出有影響。

當然，RNN 畢竟不是人，所以，除可以向過去索要資訊外，它還可以向未來要資訊。一個常見的任務是要預測時間點t下的某個事物，但該事物發生在未來，即$t+i$時刻下，那麼要比較準確地進行前置處理，只有過去的資訊是不夠的。所以要獲得未來的資訊，簡單來說，就是先記住未來的資訊，可以透過雙向 RNN，其結構如圖 7.23 所示。

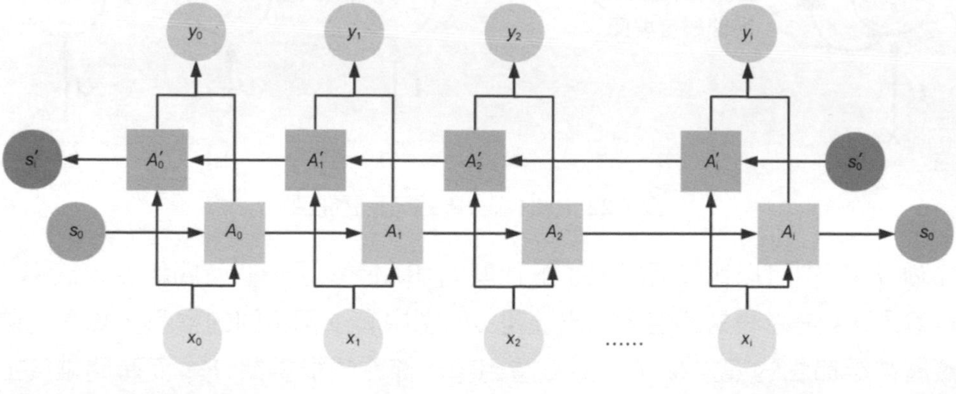

圖 7.23 雙向 RNN

第一次看會感覺有點複雜，但本質是一樣的，只是比普通的 RNN 多了未來時間這個維度而已，可以簡單地推斷出下面的公式。

輸出$\boldsymbol{y}_t$等於過去的記憶s_t加未來的記憶s_t'。

$$\boldsymbol{y}_t = g\left(V_{S_t} + V'_{s_t'}\right)$$

過去的記憶：

$$s_t = f(U_{x_t} + W_{s_{t-1}})$$

未來的記憶：

$$s'_t = f\left(U'_{x_t} + W'_{s'_{t+1}}\right)$$

RNN 除了可以在時間維度上擴充，在空間維度上同樣可以擴充，擴充方式跟普通神經網路相同，即堆疊多個隱藏層加深網路結構的深度，變成深度迴圈神經網路。

還有一點值得一提，上面討論 RNN 的內容指的是 Recurrent Neural Network（迴圈神經網路），但除迴圈神經網路外，Recursive Neural Network（遞迴神經網路）的縮寫也是 RNN，它與迴圈神經網路是不同的。迴圈神經網路強調的是時間維度上的變化，使用的是 BPTT 演算法（Back Propagation Through Time）來計算梯度（本質依舊是 BP 演算法），而遞迴神經網路是用於描述更複雜資訊結構的一種神經網路，例如資訊中存在樹結構關係或圖結構關係時，其計算梯度的演算法為 BPTS 演算法（Back Propagation Through Structure）。

RNN 雖然可以記住不同時間節點的資訊，但傳統的 RNN 結構還有比較大的缺陷，最致命的問題就是梯度瀰散與梯度爆炸。為了簡單了解為什麼會有這樣的缺陷，先來看一下 RNN 結構的簡化圖，如圖 7.24 所示。

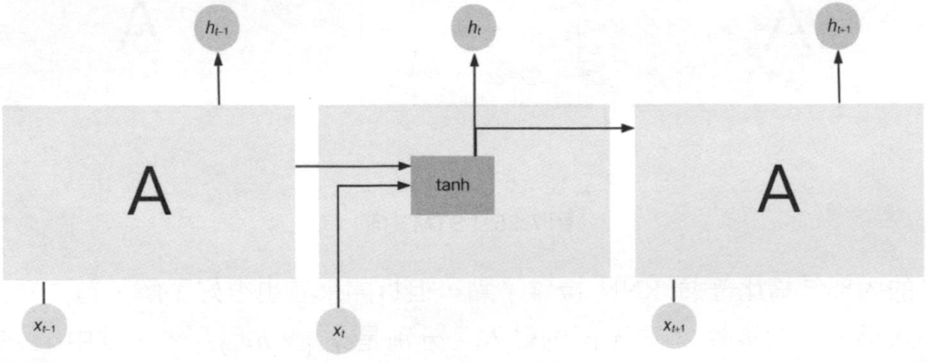

圖 7.24 RNN 細節

圖 7.24 中去除了大部分細節，但依舊可以看出，當前時間點 t 的輸出受前一次時間點輸出h_{t-1}與當前輸入x_t的影響，其中使用 tanh 作為啟動函數，那麼它對應的公式為

$$h_t = \tanh(\boldsymbol{W}_h x_t + \boldsymbol{W}_h h_{t-1} + b)$$

當使用反向傳播演算法對 RNN 梯度進行求導時，透過連鎖律可以發現，RNN 節點的梯度是連乘的形式。那麼，當很多項小於 1 時，進行連乘操作，計算出的梯度就會非常接近 0，即發生梯度彌散；而當很多項大於 1 時，連乘就會獲得一個很大的梯度值，即發生梯度爆炸。梯度爆炸可以透過 Gradient Clipping 等方法對梯度進行裁剪，防止梯度爆炸，但對於梯度彌散，RNN 就無能為力了，這也是 RNN 無法記憶較長時間前資訊的根本原因。

為了解決這個問題，就提出了長短期記憶神經網路（Long Short-Term Memory，LSTM），其提出了閘門機制來控制記憶流，選擇性地忘記某些資訊和加深某些資訊的記憶。它可以避免梯度彌散的問題，本質原因是，對它進行求導時，其梯度是累加的形式，這就不會有連乘時遇到的問題。下面來簡單討論一下 LSTM，如圖 7.25 所示。

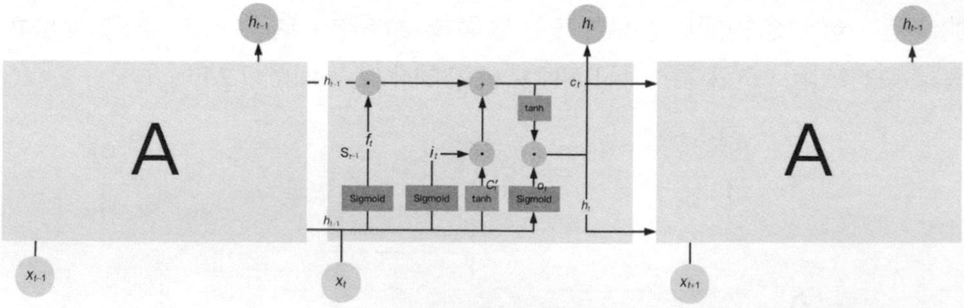

圖 7.25 LSTM 細節

它的內部結構比普通 RNN 複雜了點，但拆開來看也很好了解，首先看到輸入部分，它接收 3 種不同的輸入，分別是c_{t-1}、h_{t-1}、x_t。其中c_{t-1}是 cell state，也叫主線，它其實就是所謂的記憶，LSTM 使用 cell state 貫穿

整個時間段，然後透過閘門機制去調整 cell state 中的資訊。h_{t-1}是 hidden state，它的作用主要是與當前的輸入x_t進行簡單的運算來獲得閘門訊號，透過這些訊號來更新 cell state，更新操作可以分為 3 步驟，分別是遺忘操作、輸入操作、更新。

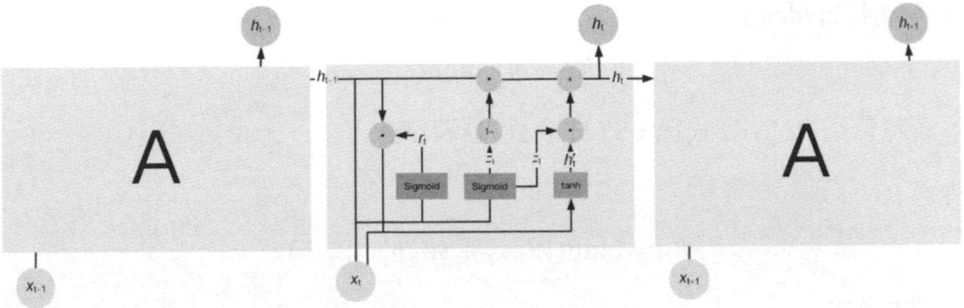

圖 7.26 GRU 細節

看到圖 7.26 中的f_t，它其實就是遺忘參數，從模型圖中也可以看到它的計算公式。

$$f_t = \text{Sigmoid}\big(\boldsymbol{W}_f h_{t-1} + \boldsymbol{W}_f x_t + b_f\big)$$

獲得遺忘參數f_t後，就來獲得輸入操作需要的參數i_t和C'_t，計算也很簡單。

$$i_t = \text{Sigmoid}(\boldsymbol{W}_i h_{t-1} + \boldsymbol{W}_i x_t + b_i)$$

$$C'_t = \tanh(\boldsymbol{W}_C h_{t-1} + \boldsymbol{W}_C x_t + b_C)$$

從圖中可以很直觀地看出，無需多解釋，接著f_t、i_t、C'_t會合並到 cell state 中。圖中的點表示矩陣點積計算，加號表示矩陣相加，那麼新的 cell state 計算公式如下。

$$c_t = f_t \cdot c_{t-1} + i_t \cdot C'_t$$

這樣就將要忘記的資訊透過遺忘操作增加到 cell state 中，而要加深記憶的也透過輸入操作增加到 cell state 中，經過這些操作後的 cell state 就是當前任務認為比較重要的資訊。這些資訊會繼續傳遞到下一個時間節點，這也是 cell state 稱為主線的原因，也就是記憶儲存的地方。但除輸出 cell state

外，LSTM 中的節點還需要輸出 hidden state，本節點的 hidden state 輸出什麼值由o_t與c_t共同決定，從圖中也可以看出這個關係，所以下面來計算一下o_t與要輸出的值h_t。

$$o_t = \text{Sigmoid}(\boldsymbol{W}_0 h_{t-1} + \boldsymbol{W}_0 x_t + b_0)$$

最終輸出 hidden state：

$$h_t = o_t \cdot \tanh(c_t)$$

下面將普通 RNN 公式與 LSTM 公式進行比較。

普通 RNN：

$$h_t = \tanh(\boldsymbol{W}_h x_t + \boldsymbol{W}_h h_{t-1} + b)$$

LSTM 公式：

$$h_t = o_t * \tanh(c_t) = o_t \cdot \tanh\big(f_t \cdot c_{t-1} + i_t \cdot \tanh(\boldsymbol{W}_C h_{t-1} + \boldsymbol{W}_C x_t + b_C)\big)$$

可以發現 LSTM 公式比 RNN 多了相加運算，這避免求導後，梯度以連乘的方式表示。

LSTM 雖然不錯，但參數太多了，訓練起來比較費神，為了加快訓練速度，GRU 應運而生。大量試驗證明，對於 GRU 閘門機制而言，雖然它的參數比 LSTM 少，但效果與 LSTM 相當，訓練速度更加快速，所以 GRU 被大量使用。下面簡單討論一下 GRU，直接來看 GRU 的結構，如圖 7.26 所示。

將圖 7.26 仔細與原始的 LSTM 結構圖（圖 7.25）進行比較，可以發現 GRU 少了 cell state 和一次 sigmoid 運算，而是使用了另外兩個概念，分別是圖中r_t代表的 reset gate（重置門控）與z_t代表的 update gate（更新門控），從圖中可以很簡單地得出下面的公式。

$$r_t = \text{Sigmoid}(\boldsymbol{W}_r h_{t-1} + \boldsymbol{W}_r x_t + b_r)$$

$$z_t = \text{Sigmoid}(\boldsymbol{W}_z h_{t-1} + \boldsymbol{W}_z x_t + b_z)$$

透過 reset gate 獲得「重置」之後的資料h_t'。

$$h'_t = \tanh(\boldsymbol{W}_h x_t + r_t \cdot h_{t-1})$$

更新h'_t，即更新網路的「記憶」。

$$h_t = (1 - z_t)h_{t-1} + z_t h'_t$$

透過 update gate 將對應的資料更新到h_t中，update gate 其實替代了 LSTM 中的遺忘操作與輸入操作。從公式中可以看出，z_t表示網路要記憶的機率，也就相當於輸入操作，那麼$1 - z_t$自然就表示要忘記z_t後還要記憶的機率，也就是遺忘操作。這裡的z_t與$1 - z_t$是聯動的，即對傳入的資料而言，會記住多少，就會忘記多少，以保持一種平衡的狀態。

RNN、LSTM 與 GRU 的討論就到這裡，因為篇幅有限，所以很多細節都沒有提及，大家如果有興趣可以自行深挖。

7.5.3 Skip-Thought Vector

回歸到最初的問題，實現句子轉圖型。到目前為止，我們已經討論了常見的詞向量生成方法 word2evc，已經擅長處理序列資料的各種模型，但依舊沒有提及如何將句子合理地向量化，下面開始這方面的討論。

我們可以透過 Skip-Thought 技術來實現句子向量化，Skip-Thought 是一種通用句子編碼器，它透過無監督學習的方式訓練出一個 encoder-decoder（編碼器-解碼器），借鏡了 word2vec 中 Skip-Gram 模型的思維。透過這個 encoder-decoder 就可以實現預測這一句話的上一句話和下一句話，可以實現將語義以及語法屬性一致或相似的句子映射到相似的向量上，即透過 Skip-Thought 方式學習到的句子向量包含了句子深層的含義。

我們將透過 Skip-Though 方式訓練出的模型稱為 Skip-Thoughts，生成的向量稱為 Skip-Thought Vector。通常透過模型中的 encoder 部分作為句子特徵提取器，對任意句子進行特徵提取並編碼，從而獲得該句子對應的向量。

在 Skip-Thought 的初始論文 *Skip-Thou Vectors* 中，使用 GRU 來建構模型中的 encoder 和 decoder，當 Skip-Thought 開始預測句子時，encoder 部分會編碼輸入的句子，並將最後一個詞的 hidden state（即 GRU 中的h_t）作為 decoder 的輸入來生成預測句子中的詞，透過利用 GRU 的結構獲取句子的時序特徵，如圖 7.27 所示。

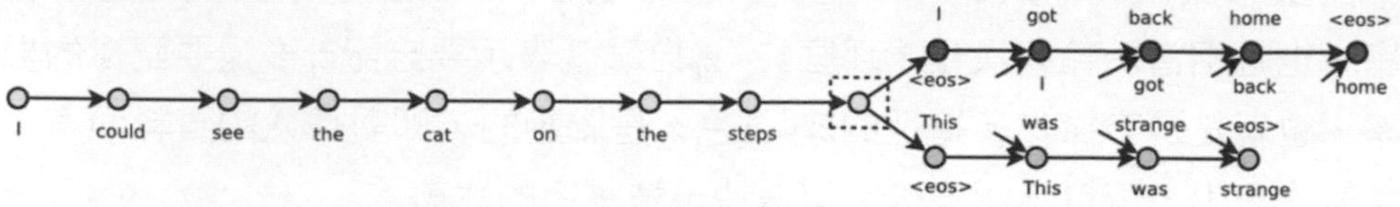

圖 7.27 GRU 獲取句子時序特徵

輸入 "I could see the cat on the steps"，透過 encoder 提取特徵並編碼後，將最後一個詞的 hidden state 作為 decoder 的輸入，因為 hidden state 中記憶了目前為止 GRU 認為重要的內容，decoder 會利用 hidden state 中的資訊生成這個句子的上一句話與下一句話。

當然，要實現 Skip-Thought 模型可以編碼任意一句話，還會有一個比較嚴重的問題，就是如果要編碼的這句話中的某些詞在訓練 Skip-Thought 模型時沒有出現過，此時 encoder 如何編碼表示這個從未出現過的詞？

為了解決這個問題，引出了詞彙轉移訓練，這個想法出自 *Exploiting Similarities among Languages for Machine Translation*，在該論文中，作者認為不同語言在各自的語言空間分佈是類似的，如圖 7.28 所示。

左邊是英文的詞彙分佈，右邊是西班牙語的詞彙分佈，雖然兩種語言不同，但相近意思的詞在各自的語言空間中分佈是相似的，所以只需要訓練出一個詞彙轉移矩陣 $\boldsymbol{W}$（即權重矩陣 $\boldsymbol{W}$），使得輸入詞彙 $\boldsymbol{X}$ 透過$\boldsymbol{W}_x$變化後獲得一個接近詞彙 z 的向量，就實現了不同語言的翻譯。

$$\min \sum_{i=1}^{n} \left\| \boldsymbol{W}_{x_{i-z_i}} \right\|^2$$

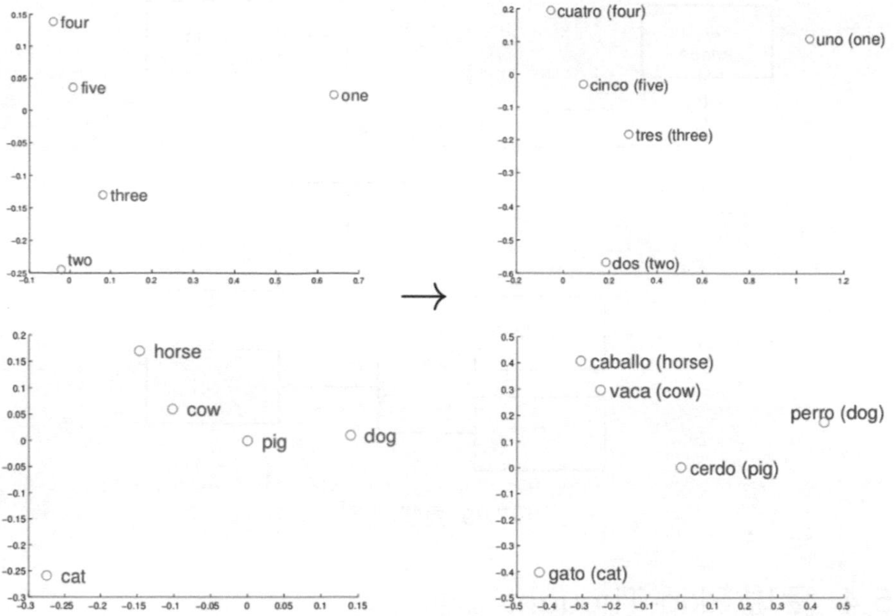

圖 7.28 不同語言空間分佈類似

利用同樣的思維，可以透過一個特別大的詞彙資料訓練出一個詞彙模型，然後再與 Skip-Thought 模型做詞彙轉移訓練，獲得一個映射關係。當 Skip-Thought 遇到訓練中未登入的詞時，就可以透過大的詞彙模型找到該詞對應的向量，再透過詞彙轉移模型映射到 Skip-Thought 中，這樣就可以對未登入的詞進行訓練了，通常稱這種技術為詞彙擴充。

下面透過一張圖來理順一下目標與當前討論內容之間的關係，如圖 7.29 所示。

因為句子是限制條件，所以合理地向量化一個句子就非常重要，否則 CGAN 無法依據句子來生成對應的圖片，為了合理地向量化句子，引出了 NLP（自然語言處理）的部分內容，下面我們就開始從程式層面去了解 Skip-Thought 和 Text to Image 這個任務。

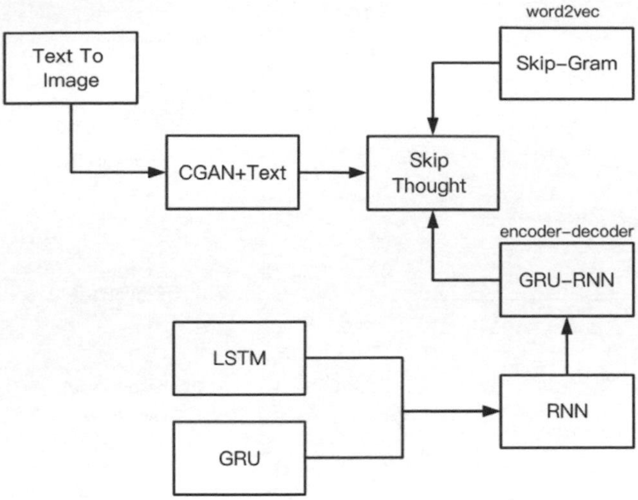

圖 7.29 具體目標

7.5.4 實現 Skip-Thought

了解了 Skip-Thought 後，就透過 TensorFlow 來實現一個 Skip-Thought，大致的步驟是，定義出 encoder 與兩個 decoder，一個 decoder 用於預測上一句話，另一個 decoder 用於預測下一句話，encoder 和 decoder 都使用 GRU 來實現，訓練的邏輯與普通神經網路一樣，定義 decoder 預測出的敘述與真實敘述之間的損失，然後透過最佳化演算法最小化這個損失即可。

因為建構 encoder 與 decoder 使用的是 GRU 結構，所以，在編寫 encoder 與 decoder 程式前，先來了解一下如何編寫 GRU。在 TensorFlow 中實現 GRU 非常簡單。

```
cell = tf.nn.rnn_cell.GRUCell(num_units=self.num_units)
```

這樣就創建出一個 GRU 網路了，為了加深了解，來看一下 GRUCell 這個類別初始化時可選的參數。

```
@tf_export("nn.rnn_cell.GRUCell")
class GRUCell(LayerRNNCell):
    def __init__(self,
```

```
                num_units,
                activation=None,
                reuse=None,
                kernel_initializer=None,
                bias_initializer=None,
                name=None,
                dtype=None):
```

- num_units：隱藏層神經元的個數。
- activation：啟動函數，預設使用 Tanh 作為啟動函數。
- reuse：是否重用該空間中的變數。
- kernel_initializer：權重矩陣與投影矩陣的初值。
- bias_initializer：偏差的初值。
- name：該層的名稱。
- dtype：該層的類型。

通常我們只關心 GRUCell 中的 num_units 參數。這樣就定義好了 GRU，接著就來初始化 GRU 的 state，並定義 GRU 網路的運行方式。

```
#獲得零填充張量
inital_state = cell.zero_state(batch_size, tf.float32)
#動態方式運行 RNN
_, final_state = tf.nn.dynamic_rnn(cell, encode_emb,
                initial_state=inital_state,sequence_length=length)
```

在上面程式中，首先透過 cell.zero_state()方法來獲得零填充的張量；然後呼叫 tf.nn.dynamic_ rnn()方法計算建構好的網路中的各種參數，將 cell（即 GRU 實例）傳入該方法中，並傳入 GRU 網路要接收的資料 encode_emb；接著就是初始化 initial_state，這裡使用零填充來初始化網路的 state，最後一個 sequence_length 參數表示動態訓練的長度，因為在建構一個 batch 資料時，會將一個 batch 中的資料填充成同樣的長度以方便訓練，為了提高訓練速度，可以透過 sequence_length 指定要訓練資料的長度，這樣就可以將填充部分的資料除去，只訓練有價值的部分。

透過上面 3 行程式，TensorFlow 就會建構好一個單層的 GRU 網路，如果想建構多層網路，可以使用 tf.nn.rnn_cell.MultiRNNCell()方法，不再細講。這裡就透過簡單的單層 GRU 網路來建構 encoder 與 decoder，程式如下。

```
#encoder 編碼器
def gru_encoder(self, encode_emb, length, train=True):
    batch_size = self.batch_size if train else 1 #訓練資料
    with tf.variable_scope('encoder'):
         cell = tf.nn.rnn_cell.GRUCell(num_units=self.num_units)
         # 獲得零填充張量
         inital_state = cell.zero_state(batch_size, tf.float32)
         # 動態 RNN
         _, final_state = tf.nn.dynamic_rnn(cell, encode_emb,
                                            initial_state=inital_state,
                                            sequence _length=length)
   return inital_state, final_state
#decoder 解碼器
def gru_decoder(self,decode_emb, length, state,scope, reuse=False):
   with tf.variable_scope(scope):
        cell = tf.nn.rnn_cell.GRUCell(num_units=self.num_units)
        # sequence_length 有效長度，避免計算填充的內容
        outputs, final_state = tf.nn.dynamic_rnn(cell, decode_emb,
                                                 initial_state=state,
                                                 sequence_length=length)
   x = tf.reshape(outputs, [-1, self.num_units])
   w, b = self.softmax_variable(self.num_units, len(self.vocab),
        reuse=reuse)
   logits = tf.matmul(x,w) + b
   prediction = tf.nn.softmax(logits, name='redictions')
   return logits, prediction, final_state
```

其實 encoder 與 decoder 的結構很類似。先看 gru_encoder()方法，在該方法中，先透過 GRUCell 建構 GRU 網路，再創建零填充張量，用於初始 GRU 的狀態，接著透過 dynamic_rnn 的方式來計算 GRU 網路中的參數，返回最後一個節點的狀態 final_state。gru_decoder()方法也是類似，透過 GRUCell()方法建構網路，但此時不再透過零填充來初始化網路了，因為 decoder 的初值是 encoder 中最後一個節點的 hidden state，即 gru_encoder

方法中的 final_state，它會透過 gru_decoder 方法的 state 參數傳入；然後依舊使用 dynamic_rnn 方法來計算該 GRU 網路中的各種參數，然後將獲得的結果 outputs 重塑成張量 *x*，再與權重 *w* 進行矩陣乘法運算，之所以要重塑，是因為 outputs 原本是三維的張量，而權重 *w* 是二維張量；最後將計算結果傳遞給 softmax()方法，獲得最終的預測結果，即一個機率向量。

建構完 encoder 與 decoder 後，接著就可以定義兩者的損失了，程式如下。

```
def _loss(self, logits, targets, scope='loss'):
    with tf.variable_scope(scope):
        y_one_hot = tf.one_hot(targets, len(self.vocab))
        y_reshaped = tf.reshape(y_one_hot, [-1, len(self.vocab)])
        # 交叉熵損失
        loss = tf.reduce_mean(tf.nn.softmax_cross_entropy_with_logits
                             (logits=logits, labels=y_reshaped))
    return loss
```

建構損失的方法很直接，將目標轉為獨熱向量後，直接將預測的機率向量與獨熱向量做交叉熵損失的運算，取一下平均值，就獲得了損失。得到損失後，透過最佳化演算法來最佳化該損失，程式如下。

```
    def _optimizer(self, loss, scope='optimizer'):
        with tf.variable_scope(scope):
            grad_clip = 5
            tvars = tf.trainable_variables() #獲得模型所有參數
            # 對梯度進行剪枝操作，避免梯度爆炸
            grads,_ = tf.clip_by_global_norm(tf.gradients(loss, tvars),
                      grad_clip)
            op = tf.train.AdamOptimizer(self.learning_rate) #Adam 演算法
            optimizer = op.apply_gradients(zip(grads, tvars))
        return optimizer
```

在_optimizer 中使用了 tf.clip_by_global_norm()方法來對梯度進行剪枝，避免梯度爆炸。該方法的背後就是 Gradient Clipping，具體的效果就是讓模型參數更新的幅度限制在一個合適的範圍，避免損失發生震盪。Gradient Clipping 具體的步驟如下。

（1）設定一個邊界值 clip_gradient，大於該邊界值，就需要對梯度進行剪枝處理。
（2）在反向傳播演算法計算節點的梯度後，不再直接透過梯度來更新節點的參數，而是對所有節點的梯度求平方和 global_norm，比較 global_norm 與 clip_norm 的大小。
（3）如果 global_norm > clip_norm，則計算縮放因數 scale_factor = clip_gradient / sumsq_ gradient，sumsq_gradient 越大，scale_factor 就會越小。
（4）將所有節點的梯度乘以該縮放因數，得到最終要更新的梯度值，透過該值更新節點的參數。

再看回 tf.clip_by_global_norm()方法，它的所有參數如下。

```
tf.clip_by_global_norm(t_list, clip_norm, use_norm=None, name=None)
```

t_list 就是梯度，這裡我們透過 tf.gradients()方法對損失與所有節點參數進行求導，即計算出所有節點對應的梯度值。clip_norm 是剪枝比率，其內部具體的計算邏輯是 t_list[i] * clip_norm / max(global_norm, clip_norm)，其中 global_norm 就是所有梯度的平方和，如果 clip_norm > global_norm，就不進行剪枝，最終該方法會返回剪枝後的梯度值和一個所有張量的全域範數。

然後定義 AdamOptimizer 最佳化器，使用 Adam 演算法來將梯度更新到節點參數上，因為已經計算出各節點的參數了，所以不必像之前那樣使用 minimize()方法，直接使用 apply_gradients()方法將梯度應用到變數上就可以。minimize()方法實際上就是 compute_gradients()方法與 apply_gradients()方法的簡單結合體。

建構好 encoder、decoder，也定義了 decoder 的損失以及最佳化演算法，接著就可以透過定義好的結構來建構 Skip-Thought 模型，具體程式如下。

```
def build_model(self):
    # 輸入
```

```
self._inputs()
#embedding，即映射
self._embedding()
# 編碼器
self.initial_state, self.final_state =self.gru_encoder(self.encode_emb,
    self.encode_length)
# 解碼器，預測前一句
self.pre_logits, self.pre_prediction, self.pre_state =
    self.gru_decoder(self.decode_pre_emb, self.decode_pre_length,
    self.final_state, scope='decoder_pre')
# 後一句decoder
self.post_logits, self.post_prediction, self.post_state =
    self.gru_decoder(self.decode_post_emb, self.decode_post_length,
    self.final_state, scope='decoder_post', reuse=True)
'''
損失
'''
# 前一句話的損失
self.pre_loss = self._loss(self.pre_logits, self.decode_pre_y,
    scope='decoder_pre_loss')
self.pre_loss_sum = scalar_summary("pre_loss", self.pre_loss)
# 後一句話的損失
self.post_loss = self._loss(self.post_logits, self.decode_post_y,
    scope='decoder_post_loss')
self.post_loss_sum = scalar_summary("post_loss", self.post_loss)
'''
最佳化
'''
# 對前一句話預測與損失進行最佳化
self.pre_optimizer = self._optimizer(self.pre_loss,
    scope='decoder_pre_op')
# 對後一句話預測與損失進行最佳化
self.post_optimizer = self._optimizer(self.post_loss,
    scope='decoder_post_op')
```

首先定義輸入，用於獲得各種需要的值，接著將輸入獲得的值進行嵌入計算，然後就可以使用嵌入計算獲得的值來建構 encoder 與 decoder。decoder 要建構兩個：一個用於預測輸入敘述的前一句話；另一個用於預測後一句話。這兩個預測都對應一個損失，所以要定義出兩個損失，這裡透過 TensorBoard 將這兩個損失都記錄下來，方便訓練時觀察損失的變化，接著就將損失交給最佳化函數進行最小化。

模型建構完後，就可以編寫訓練程式了。為了了解訓練程式，就需要了解怎麼讀取句子資料並傳遞給模型，下面簡單地討論一下句子資料的讀取。

我們使用中國四大名著之一的《紅樓夢》作為訓練資料，大致的流程如下。

（1）讀取整個檔案為一個 list，使用一個固定的符號，如 "\\"，替換常用於句子結尾的標點符號，如句點、驚嘆號等，然後透過給固定符號來分割整個檔案，這樣就獲得了句子資料。

（2）觀察每個句子出現的次數，將出現過於頻繁的句子剔除，這些頻繁出現的句子通常是一些語氣用語。

（3）將剔除後的句子拼接成一個新的 list，再分割出每個字，然後將每個字與它在 list 中的索引組成一個字典。這樣一句話就可以替換成一個向量了，這句話中的每個字都替換成該字在字典中的索引值。

（4）遍歷句子 list，獲得每個句子的上一句與下一句，建構映射關係，例如 3 個 list，同樣的索引，在 3 個 list 中分別表示當前句子、上一句與下一句。

（5）透過 embedding，獲得句子向量對應的映射值，這些映射值，就是要輸入給模型訓練的值。

因為篇幅原因，這裡只展示 embedding 相關的程式，其餘程式都是簡單的文字處理與 list、set、dict 等基本類型操作，embedding 程式如下。

```
def _embedding(self):
    with tf.variable_scope('embedding'):
                        self.embedding = tf.get_variable(name='embedding',
                        shape=[len(self.vocab), self.embedding_dim],
                        initializer=tf.random_uniform_initializer(-0.1,
                        0.1))
      # word2vec 中的切割映射
```

```
        self.encode_emb = tf.nn.embedding_lookup(self.embedding,
                                  self.encode, name='encode_emb')
        self.decode_pre_emb = tf.nn.embedding_lookup(self.embedding,
                                      self.decode_pre_x, name='decode_pre_emb')
        self.decode_post_emb = tf.nn.embedding_lookup(self.embedding,
                                      self.decode_post_x, name='decode_post_emb')
```

在上面的程式中，self.embedding 是要被映射的矩陣；self.encode 是詞向量，這個詞向量就是透過上面介紹的方法獲得的，其形式為 [[252,3058, …],[322,426, …]] 這樣的二維陣列，二維陣列中的每個陣列都是一句話的向量表示。有了這個向量表示和要被映射的矩陣 self.embedding，就可以透過 tf.nn.embedding_lookup() 方法實現映射操作，所謂映射操作，其實就是獲取 self.embedding 指定的某一行，以 [252,308, …] 為例，就是獲取 self.embedding 矩陣中的第 252 行和 308 行。這樣就獲得了一句話 embedding 後的向量表示，將這個向量表示輸入 encoder 與 decoder，就可以進行訓練了。

了解了句子資料的讀取與向量化，就可以來看訓練程式了。

```
def train(self):
    model_path = './output/skipThought.model'
    self.build_model()
    # 在保存 TensorFlow 中的 RNN/LSTM 模型的時候，需要在 LSTM 模型建立之後再定義 saver
    self.saver = tf.train.Saver()
    with tf.Session() as sess:
    self.writer = SummaryWriter("./output/logs", sess.graph)
    self._sum = merge_summary(
            [ self.pre_loss_sum, self.post_loss_sum])
        step = 0
        sess.run(tf.global_variables_initializer())
        new_state = sess.run(self.initial_state)
        for epoch in range(self.epoch):
            # 訓練資料生成器
            batches = self.story.batch()
            for encode_x, decode_pre_x, decode_pre_y, \
                    decode_post_x, decode_post_y, encode_length, \
                    decode_pre_length, decode_post_length in batches:
```

```
                    if len(encode_x) != self.batch_size: continue
                    feed = {
 self.initial_state:new_state,
 self.encode: encode_x,
 self.encode_length: encode_length,
 self.decode_pre_x: decode_pre_x,
 self.decode_pre_y: decode_pre_y,
 self.decode_pre_length: decode_pre_length,
 self.decode_post_x: decode_post_x,
 self.decode_post_y: decode_post_y,
 self.decode_post_length: decode_post_length
                }
                # 訓練
                _, pre_loss, _, _, post_loss, new_state,summary_str =
                    sess.run(
                    [self.pre_optimizer, self.pre_loss, self.pre_state,
                     self.post_optimizer, self.post_loss,
                     self.post_state,self._sum], feed_dict=feed)
                self.writer.add_summary(summary_str, step)
                print(' epoch:', epoch,
                      ' step:', step, ' pre_loss', pre_loss,
                      ' post_loss', post_loss)
                step += 1
            self.saver.save(sess, model_path, global_step=step)
```

上面程式的核心就是透過 self.story.batch()方法獲取了訓練檔案中各敘述的向量表示，encode_x 表示當前句子的向量表示，decode_pre_x 與 decode_pre_y 都表示前一句話的向量表示，decode_post_x 與 decode_post_y 表示後一句話的向量表示。這些都是原始的句子向量表示，其中 encode_x、decode_pre_x 與 decode_post_y 會傳遞給_embedding 方法做映射，獲得句子映射後的向量，這些向量會傳遞給 encoder 與 decoder，獲得預測的值，再與沒有經過映射操作的向量 decode_pre_y 與 decode_post_y 做比較，計算兩者之間的損失，並最小化該損失。

介紹完 Skip-Thought 模型比較核心的程式，其餘輔助程式就不再展示。運行這份程式，透過《紅樓夢》訓練出對應的 Skip-Thought 模型，因為資料集比較小，模型結構比較簡單，訓練速度比較快，這裡訓練了 25 輪。打開 TensorBoard，看一下兩個 decoder 的損失。

預測前一句話的 decoder 對應的損失，如圖 7.30 所示。

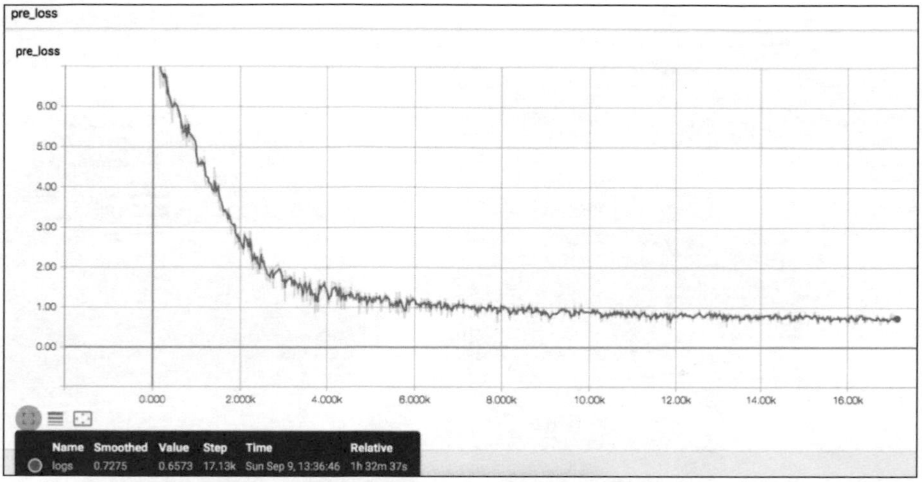

圖 7.30 預測前一句話的 decoder 損失

預測後一句話的 decoder 對應的損失，如圖 7.31 所示。

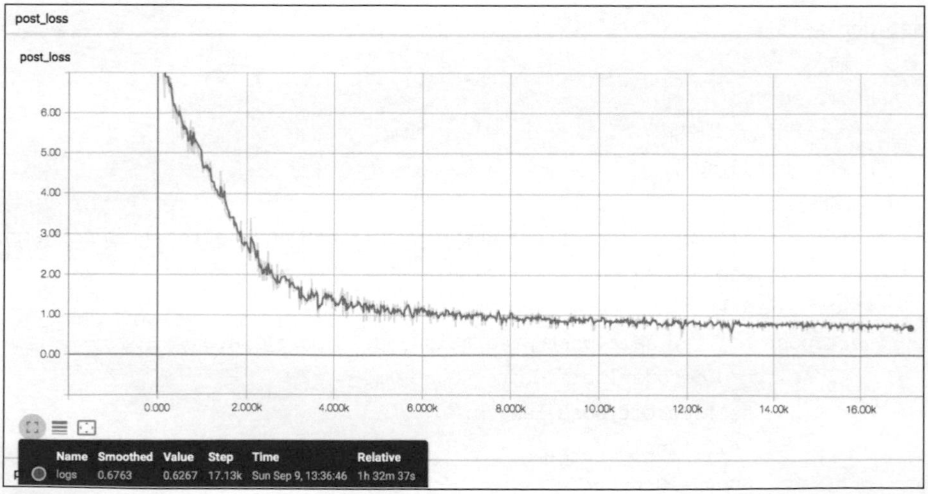

圖 7.31 預測後一句話的 decoder 損失

兩者的損失都從高位降到低位，說明模型正常訓練。

Skip-Thought 計算圖如圖 7.32 所示。

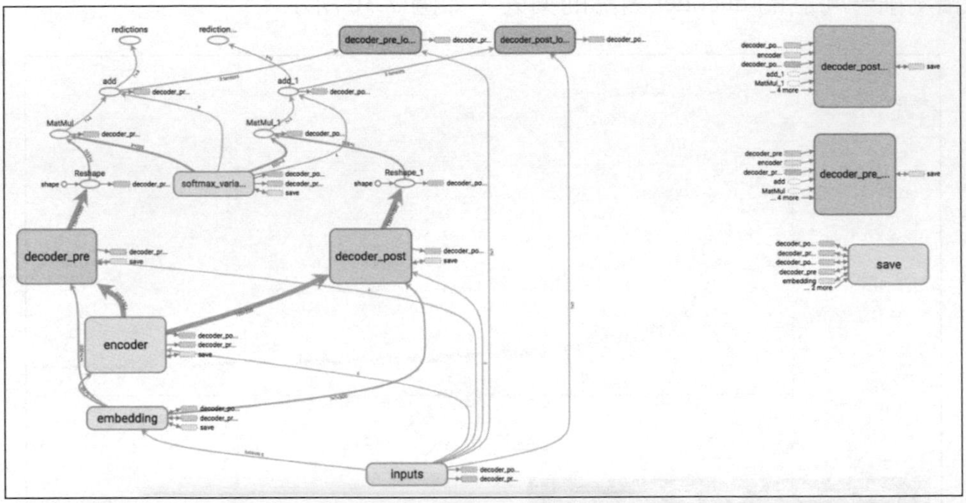

圖 7.32 Skip-Thought 計算圖

接著我們來使用一下這個模型，編寫一個訓練模型的方法，用它來生成下一句話。

```
def gen(self):
    # 輸入
    self._inputs()
    # embedding，即映射
    self._embedding()
    # 編碼器
    self.initial_state, self.final_state = self.gru_encoder(self.encode_emb,
        self.encode_length,train=False)
    # 後一句 decoder
    self.post_logits, self.post_prediction, self.post_state =
        self.gru_decoder(self.decode_post_emb,
            self.decode_post_length,
            self.final_state,
            scope='decoder_post')
        saver = tf.train.Saver()
        with tf.Session() as sess:
```

```
            sess.run(tf.global_variables_initializer())
            new_state = sess.run(self.initial_state)
            # 載入最後一個模型
            # saver.restore(sess, tf.train.latest_checkpoint('.'))
            saver.restore(sess, tf.train.latest_checkpoint('./output/'))
            # saver.restore(sess, tf.train.latest_checkpoint('/input/
                skipthoughtmodel/'))
            encode_x = [[self.story.word_to_int[c] for c in '寶玉歸來家中']]
            samples = [[] for _ in range(self.sample_size)]
            samples[0] = encode_x[0]

            for i in range(self.sample_size):
                decode_x = [[self.story.word_to_int['<GO>']]]
                while decode_x[0][-1] != self.story.word_to_int['<EOS>']:
                    feed = {self.encode: encode_x, self.encode_length:
[len(encode_x[0])], self.initial_state: new_state,
self.decode_post_x: decode_x, self.decode_post_length: [len(decode_x[0])]}
                    predict, state = sess.run([self.post_prediction,
                            self.post_state], feed_dict=feed)
                    int_word = np.argmax(predict, 1)[-1]
                    decode_x[0] += [int_word]
                samples[i] += decode_x[0][1:-1]
                encode_x = [samples[i]]
                new_state = state
                print(''.join([self.story.int_to_word[sample] for sample
in samples[i]]))
```

邏輯其實很簡單，先創建輸入與 embedding，接著就建構 encoder 與 decoder，encoder 的 train 要設定為 False，然後就是傳統的訓練流程，只不過先透過 saver 的 restore 方法載入此前訓練好的模型，我們定義好 encoder 要編碼的話，然後使用 decoder 進行解碼，將獲得的狀態結果存入 list 中，最後建構成一句話顯示出來。

輸入「寶玉歸來家中」給 encoder，decoder 預測下一句的結果如下。

```
寶玉歸來家中寶釵見寶玉睜著眼說
王夫人便命賈蘭出去接待
賈政進去
```

```
只見王夫人怒容滿面說
眾人不解
唯有襲人心裡悲痛
回到房中納悶
只見襲人和尚在院內呢
唬得王夫人抱了賈珍叫他坐下
邢夫人拉著手
邢夫人等不免哭起來
邢夫人回稟
邢夫人等在後院門口口歪著
...
```

因為資料量比較小，所以生成的效果並不是十分理想。但也可以看出，就算是很小的訓練資料集，Skip-Thought 也了解了敘述中的部分含義，生成不是十分流暢但也不是完全不具有意義的句子。

7.5.5 實現句子轉圖型

前面我們討論並實現了 Skip-Thought，訓練出了一個簡單的模型，使用 Skip-Thought 模型的 encoder 就可以將一句話編碼成具有意義的句子向量，透過這個句子向量就可以實現句子轉圖型的目標了。

本節不會再從頭實現一個句子轉圖型的新專案，因為所有的理論與程式在前面的內容中都有所提及，這裡討論一下整體的實現想法。首先你需要準備一個資料集，這個資料集需要有配對的句子與對應的圖型；然後可以透過 Skip-Thought 將所有的句子都編碼成向量，將所有的句子向量集合成一個矩陣，然後再持久化地保存起來，例如使用 numpy 的 saver 方法將句子矩陣資料保存為 npy 檔案；同理將圖像資料讀取，圖像資料本身就是一個矩陣，將多個矩陣集合成一個高維矩陣，同樣持久化保存起來。唯一需要注意的是，保存的句子矩陣與圖型矩陣之間的對應關係不能改變，這樣才能正確地訓練。

有了句子矩陣對應的 npy 檔案與圖型矩陣對應的 npy 檔案後，就可以使用創建的 CGAN 網路進行訓練了，生成器使用 U 型結構還是普通的多層轉置卷積結構主要看輸入的資料，如果你使用模型圖型作為雜訊輸入的話，就可以使用 U 型結構，反之普通的多層轉置卷積即可。

相對於普通的 CGAN，這裡可以改進一下判別器，我們已經知道，判別器除判斷圖型是生成圖型還是真實圖型外，還需要判斷圖型是否與條件約束相匹配，通常的寫法如下。

```
# 生成圖型
fake_image = self.generator(self.z, self.y, is_training=True, reuse=False)
# 真實圖型
D_real, D_real_logits, _ = self.discriminator(self.inputs, self.y,
    is_training=True, reuse=False)
D_fake, D_fake_logits, _ = self.discriminator(fake_image, self.y,
    is_training=True, reuse=True)
d_loss_real = tf.reduce_mean(
    tf.nn.sigmoid_cross_entropy_with_logits(logits=D_real_logits,
    labels= tf.ones_like(D_real)))
d_loss_fake = tf.reduce_mean(
    tf.nn.sigmoid_cross_entropy_with_logits(logits=D_fake_logits,
    labels=tf.zeros_like(D_fake))
```

從程式中可以看出，判別器對生成圖型與條件約束打低分，但判別器除了可以給這種情況打低分，還可以給真實圖型與不匹配的條件約束打低分。

```
# 生成圖型
fake_image = self.generator(t_z, t_real_caption)
#真實圖型與條件約束
disc_real_image, disc_real_image_logits  = self.discriminator(t_real_image,
    t_real_caption)
#條件約束與不匹配的真實圖片
disc_wrong_image, disc_wrong_image_logits =
    self.discriminator(t_wrong_image, t_real_caption, reuse = True)
#生成圖片與條件約束
disc_fake_image, disc_fake_image_logits = self.discriminator(fake_image,
    t_real_caption, reuse = True)
#判別器損失
d_loss1 = tf.reduce_mean(tf.nn.sigmoid_cross_entropy_with_logits
     (logits=disc_real_image_logits, labels=tf.ones_like(disc_real_image)))
d_loss2 = tf.reduce_mean(tf.nn.sigmoid_cross_entropy_with_logits
```

```
(logits=disc_wrong_image_logits,labels=tf.zeros_like(disc_wrong_image)))
d_loss3 = tf.reduce_mean(tf.nn.sigmoid_cross_entropy_with_logits
(logits=disc_fake_image_logits, labels=tf.zeros_like(disc_fake_image)))
```

上面的程式中，多了 t_wrong_image 這種輸入，t_wrong_image 是真實的錯誤圖片，獲得錯誤圖片的方法也很簡單，隨便從圖型矩陣中取一個與當前圖片不匹配的圖型即可。簡單討論一下判別器多出的這一判斷的優勢，首先要明確，就算判別器沒有多加這個條件，透過生成對抗訓練後，生成器依舊可以生成與條件匹配的圖型。這是因為判別器打高分的目標很明確，即只有真實的圖型以及與之匹配的條件約束才能打高分，這樣生成器就會去擬合真實圖型與匹配條件約束組成的空間分佈，多輪訓練後，生成器就可以增加限制條件與隨機雜訊生成合理的圖型。但當圖型結構比較複雜時，例如圖型中的顏色和景物比較多，生成器要擬合這種複雜的空間分佈比較困難，模型收斂也更加困難，而且較複雜的真實圖型間，圖型中的物體大小和形狀都相似，只是顏色不同，就對應著不同的限制條件，例如黃芯紅色花瓣與紅芯黃色花瓣對應著不同的圖型，但空間分佈有一定的相似性，此時生成器就容易生成與限制條件不匹配的圖型。因此對判別器多加一筆真實圖型與條件約束不匹配的情況可以減少生成器生成錯誤的相似圖型的情況。當然對 fashion-mnist 這種簡單圖像資料集，判別器加不加這個判斷都沒有什麼差別。

整體而言，句子生成圖型的 CGAN 結構可以透過圖 7.33 來直觀表示。

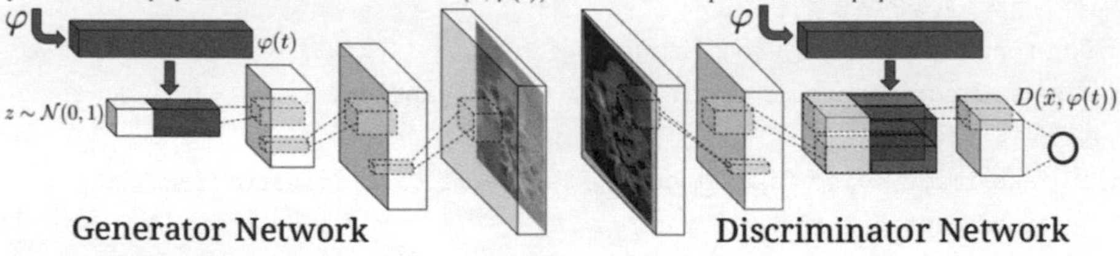

圖 7.33 句子生成圖型

這裡我們就不再編寫訓練了，可以看一下其他人的訓練結果，其詞向量使用 Skip-Thought 來生成，只不過使用 Theano 框架來實現 Skip-Thought，除了生成 Skip-Thought，還使用 word2vec 訓練大量的詞彙獲得一個大規模的詞彙模型，並透過轉移訓練的方式將 word2vec 訓練出的詞彙模型映射到 Skip-Thought 中。作者將訓練好的模型提供出來，我們可以直接下載使用，然後使用這些句子模型，就可以將限制條件合理向量化，用於生成對應的圖型，具體效果如圖 7.34～圖 7.36 所示。

The flower shown has yellow anther red pistil and bright red petals.

圖 7.34 句子生成圖型（一）

The petals on this flower are white with a yellow center.

圖 7.35 句子生成圖型（二）

This flower has a lot of small round pink petals.

圖 7.36 句子生成圖型（三）

具體的內容可以參考以下連結。

- Skip-Thought 模型生成：https://github.com/ryankiros/skip-thoughts#getting-started，使用 Theano 訓練模型，提供下載。

- Text to Image 文字轉圖型：https://github.com/paarthneekhara/text-to-image，使用了 Skip-Thought 模型，訓練的圖像資料以及配套的描述敘述都提供下載。

7.6 小結

本章主要討論條件生成對抗網路，條件生成對抗網路本身的結構並不複雜，只是生成器與判別器要多處理一個限制條件。但真正的問題是，如何合理地表示這些限制條件，如果限制條件同樣是一張圖型，那麼可以透過卷積神經網路的方式來提取限制條件對應圖型的特徵資訊，即生成器使用了 U 型結構的網路，一半是多層卷積，另一半是多層轉置卷積，這樣就解決了限制條件是圖型的問題，透過這方面的討論，我們編寫並訓練了 ColorGAN 來實現圖型自動著色。

還有一種常見的情況是，限制條件是文字，簡單的文字可能是一個詞或一個標籤，這種情況可以透過簡單的獨熱向量或使用 word2vec、FastText 等將詞轉化為具有意義的黏稠向量，透過這方面的討論，我們編寫了 FashionCGAN。接著比較系統地討論如何將複雜的文字表示，例如一個句子，進行合理地向量化，為了考慮句子間詞彙的時序（即本身詞彙的意義），介紹了 RNN、LSTM 與 GRU，並引出了 Skip-Thought，然後我們透過 TensorFlow 和單層 GRU 實現了一個簡單的 Skip-Thought，並訓練出對應的模型。這樣就解決了句子向量化的問題，其實就解決了使用句子作為限制條件，使用 CGAN 生產圖型的問題。

Chapter

08

迴圈一致性

上一章飛船停在了條件生成對抗網路星球，發現這顆星球本身的結構相對簡單，就是為判別器與生成器多加了一個限制條件，困難的地方在於如何正確地表示出限制條件，讓生成器與判別器可以有效地獲得其中的資訊。我們主要討論了兩種情況，分別是限制條件為圖型時如何處理以及限制條件，以及為文字時如何處理，以這兩個問題為中心引出了第 7 章的討論。

本章我們將暫別條件生成對抗網路星球，去往具有迴圈一致性的 GAN 星球，主要路線上有 CycleGAN、StarGAN、DTN 以及 XGAN，下面就來領略一下這些星球的景觀吧。

8.1 以無監督的方式實現風格轉換

在第 7 章中，我們實現了 ColorGAN，實際上這類網路的實現會遇到匹配資料的問題，對於自動著色、顏色變化或消除馬賽克等問題要尋找匹配的資料相對簡單——其實就是對原圖型做一些處理獲得與之配對的圖型，但對於其他更廣泛的圖型風格轉換任務而言，尋找匹配的資料就顯得困難且費時。例如現在要實現普通照片風格的圖型轉成著名畫作的圖型，就需要找到與這張普通照片風格圖型一樣的著名畫作作為匹配資料，尋找少量配對資料可能不是大難題，問題就在於，資料量太少，獲得的訓練模型容易過擬合，缺少泛化能力。

如果沒有匹配資料的要求，傳統的監督學習方法就不可行了嗎？下面我們來討論一下。首先依舊是面對當前的任務，監督學習會怎麼做？走老流程！首先是準備好訓練資料，此時訓練資料分為兩組：一組是原圖型；另一組是目標圖像。現在我們想透過將原圖型輸入給 GAN 訓練然後直接獲得目標圖像，其實這種方法是可行的，我們將原圖型稱為 Domain X（即 X 域），將目標圖像稱為 Domain Y（即 Y 域），現在的問題就是透過 GAN 實現圖型從 Domain X 轉成 Domain Y，該 GAN 的架構如圖 8.1 所示。

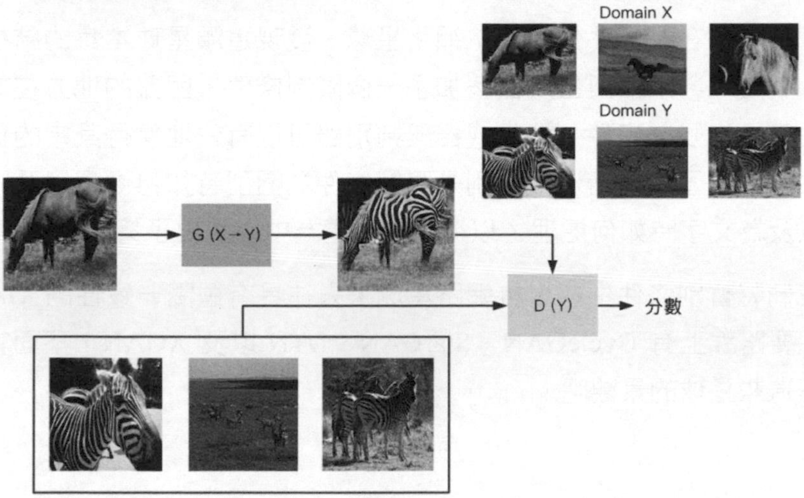

圖 8.1 域轉換 GAN

首先是透過 Domain Y 中的圖型訓練判別器，讓判別器知道要給什麼樣的圖型打高分；然後將 Domain X 中的圖型作為生成器的輸入，而不再是輸入隨機雜訊；生成器獲得 Domain X 中的圖型輸入後，輸出對應的生成圖型，此時將生成圖型傳遞給判別器。生成器希望自己生成的圖型會獲得高分，而判別器希望自己可以準確分辨出生成圖型，即給生成圖型低分，這樣就組成了生成對抗的關係。訓練這個網路，最終就會實現從 Domain X 風格的圖型轉變成 Domain Y 風格的圖型，這兩個 Domain 的圖型沒有任何匹配關係。

這種方法只有在生成器和判別器神經網路結構比較淺，兩個 Domain 中圖型風格差異不大的情況下才能獲得較好的實現效果。究其原因，其實也很直觀，對於輸入生成器的圖型，淺層生成器不會進行太大的改動，只會對圖型風格進行輕微調整，很難出現輸入一張馬的圖型而生成一張汽車圖型的情況。淺層生成器模型參數較少，對圖型修改能力有限，其本身的結構讓它可以生成與原始圖型略微不同的圖型，從而實現了非匹配圖型的訓練，獲得了圖型風格轉換的能力。

如果 GAN 的生成器與判別器網路結構比較深時，那麼這種直接使用 GAN 的方式就難以生成與輸入內容相關的圖型。這也很好了解，在較複雜的 GAN 結構中，生成器與判別器都比較複雜。判別器的作用依舊是給生成圖型打低分，給真實圖型打高分；而生成器此時接收了 Domain X 的輸入，因為結構比較複雜，就有能力對圖型進行較大幅度的改動，此時生成器為了實現讓判別器給自己的生成圖型打高分的目標，很有可能無視輸入的資料而去儘量配合判別器，到最後，訓練出來的生成器可以生成較真實的圖型，但這個圖型可能跟輸入的圖型沒有什麼關係，可以視為生成器完全將輸入的圖型作為雜訊來處理了，如圖 8.2 所示，生成器生成與輸入無關但可以讓判別器打高分的圖型。

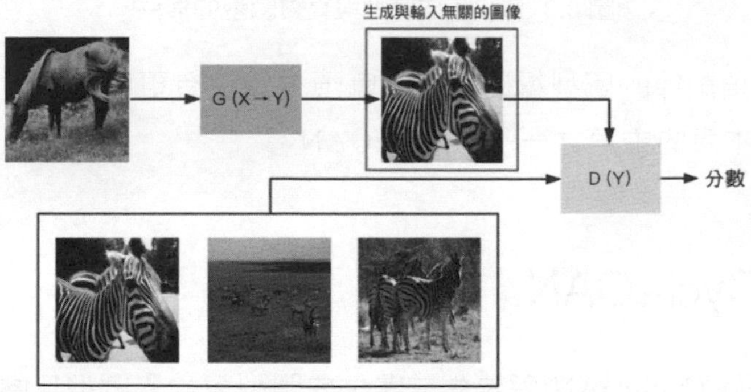

圖 8.2 生成與輸入無關的圖型

再明確一下這個問題，即 GAN 網路結構比較複雜時，訓練出來的生成器模型生成的圖型內容與輸入給生成器的圖型內容無關，那麼解決問題的核心就是如何讓生成的圖型內容與輸入的圖型內容有連結，其實有多種方法。

為了讓生成圖型與輸入圖型相連結，我們可以利用一個預訓練好的圖型編碼器，如透過 CNN 建構一個編碼器。該圖型編碼器會生成輸入圖型的特徵編碼以及生成器生成圖型的特徵編碼，最佳化這兩個圖型的特徵編碼，讓兩者的損失盡可能地小。這其實就要求生成器生成的圖型不能與輸入圖型差別太大，即實現了輸入圖型與生成圖型的連結，這種結構直觀的形式如圖 8.3 所示。

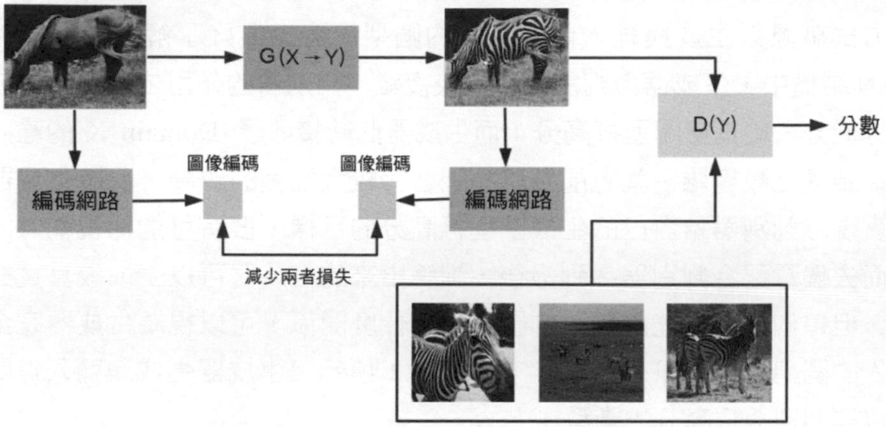

圖 8.3 減少生成圖型與真實圖型的損失

要獲得一個預訓練的圖型編碼器有點麻煩，有沒有更輕鬆的方法呢？當然有，這就是本章的主角之一——CycleGAN。

8.2 CycleGAN

我們可以透過 CycleGAN 解決生成器生成圖型與輸入圖型無關的問題，其核心思維就是迴圈一致性，下面一步步來深入討論所謂的迴圈一致性以及 CycleGAN。

8.2.1 CycleGAN 的架構與目標函數

為了讓生成圖型與輸出圖型連結，除了使用編碼器，還有一種直觀的方式就是使用另外一個生成器將上一個生成器生成的圖型轉換回去。準確描述一下，現在要實現 Domain X 的圖型轉換成 Domain Y 的圖型，我們可以使用生成器 G(X→Y)實現這個目標，但可能會出現生成圖型與輸入無關的問題，此時再使用一個生成器 G(Y→X)，將剛剛生成的圖型轉回去，最小化輸入圖型與 G(Y→X)生成器生成圖型之間的損失即可，如圖 8.4 所示。

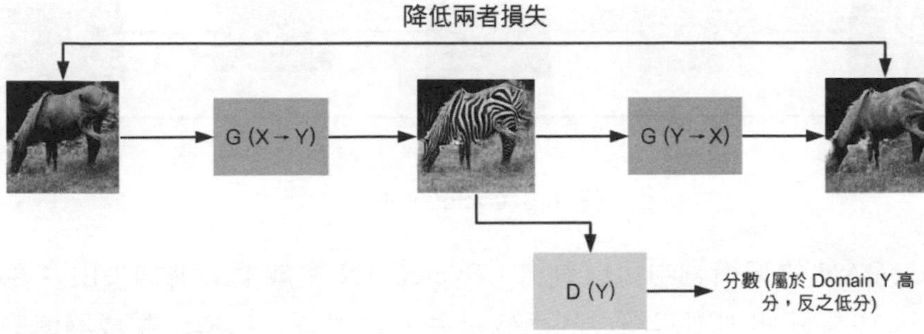

圖 8.4 生成圖型轉回原圖

因為要最小化輸入圖型與 G(Y→X)的損失，那麼就要求 G(X→Y)生成的圖型不會與最初輸入的圖型有太大的差異，否則透過 G(Y→X)生成器轉換回去獲得的圖型就與最初輸入圖型有較大的不同。

再多加一個這樣的結構，就可以組成 CycleGAN，如圖 8.5 所示。

在 CycleGAN 中有兩個生成器與兩個判別器，核心思維就是迴圈一致性，即原始輸入 A 透過生成器G_{ab}獲得圖型 B 後，可以獲得與圖型 A 相同 Domain 的圖型 C，最終保證 A 與 C 一致，這就相當於讓圖型迴圈了一周回到起點並且保持一致。

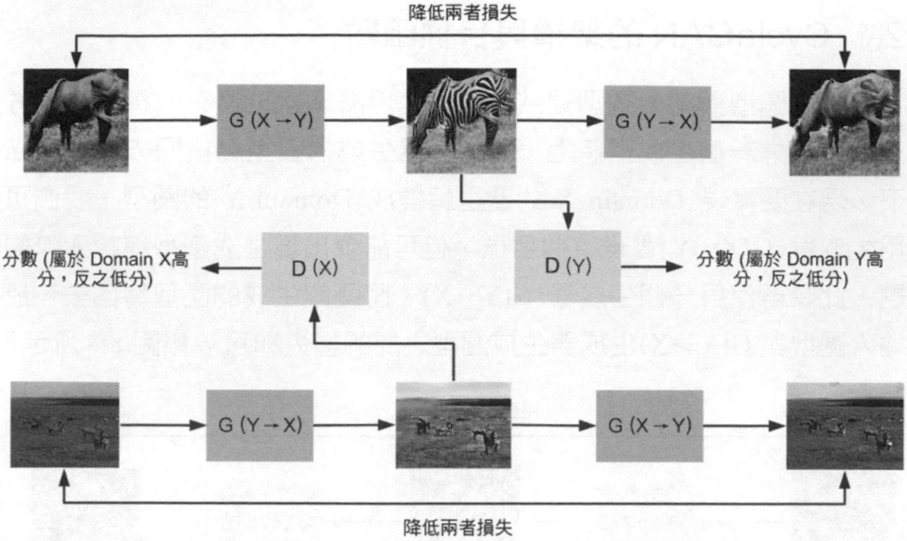

圖 8.5 CycleGAN

從 CycleGAN 的架構圖中可以看出，CycleGAN 生成器的總損失由 4 部分組成：首先是兩個判別器組成的兩個損失，它們會「指導」生成器怎麼去生成更加逼真的圖型，當然這裡的逼真針對於目標域；其次就是兩個迴圈損失，它們會「指導」生成器生成的圖型與輸入圖型盡可能地接近。

整體地了解了 CycleGAN 架構後，就來看看它的目標函數，為了方便表示，我們將從 Domain X 中的圖型轉成 Domain Y 中的圖型的生成器稱為 G，從 Domain Y 中的圖型轉成 Domain X 中圖型的生成器稱為 F，將判別圖型是否屬於 Domain X 且圖型是否真實的判別器稱為D_X，將判別圖型是否屬於 Domain Y 且圖型是否真實的判別器稱為D_Y。

首先來理清迴圈一致性所對應的損失，即 cycle-consitency loss，CycleGAN 為了保證迴圈一致，會有以下表示。

從 Domain X 中的圖型轉為 Domain Y 中的圖型時為

$$x \Rightarrow G(x) \Rightarrow F\big(G(x)\big) \approx x$$

從 Domain Y 中的圖型轉為 Domain X 中的圖型時為

$$y \Rightarrow \mathrm{F}(y) \Longrightarrow G\big(F(y)\big) \approx y$$

將其透過數學公式的形式表達如下。

$$L_{\text{cyc}}(G,F) = E_{x\sim P_{\text{data}}(x)}\big[\| F\big(G(x)\big) - x \|_1\big] + E_{y\sim P_{\text{data}}(y)}\big[\| G\big(F(x)\big) - y \|_1\big]$$

式中涉及 1-範數，簡單提一下，1-范數分為向量 1-範數和矩陣 1-範數。向量 1-范數表示向量中元素絕對值之和。

$$\| x \|_1 = \sum_{i=1}^{n} |x_i|$$

矩陣 1-範數也稱列和範數，表示所有矩陣的列向量中元素絕對值之和最大的那個值。

$$\| X \|_1 = \max_j \sum_{i=1}^{m} |a_{i,j}|$$

在$L_{\text{cyc}}(G,F)$中是對圖像資料操作，使用的 1-範數為矩陣 1-範數。

將 cycle-consitency loss 對應的公式理清後，就來了解 GAN loss，它其實就是普通 GAN 對應的損失函數。

對於由 G 與D_Y組成的 GAN 而言，它的損失函數為

$$\begin{aligned} L_{\text{GAN}} &= (G, D_Y, X, Y) \\ &= E_{y\sim P_{\text{data}}(y)}[\log D_Y(y)] + E_{x\sim P_{\text{data}}(x)}\Big[\log\Big(1 - D_Y\big(G(x)\big)\Big)\Big] \end{aligned}$$

由F與D_x組成的 GAN 有類似的損失函數，這樣就組成了 CycleGAN 整體損失函數，即把這 3 個部分加起來，最終目標函數為

$$L = \big(G, F, D_x, D_y\big) = L_{\text{GAN}}(G, D_Y, X, Y) + L_{\text{GAN}}(F, D_x, Y, X) + \lambda L_{\text{cyc}}(G, F)$$

由於傳統的 GAN 生成圖型品質不高並且在模型訓練時不穩定，CycleGAN 為了避免這兩個問題，使用了最小平方 GAN（Least Square GAN，

LSGAN）中的目標函數來替代傳統 GAN 的目標函數，即使用平方差作為損失而非 Log 似然。LSGAN 的詳細內容會在下一節進行詳細討論，這裡只需要了解 LSGAN 就是替換了傳統 GAN 的損失函數——將其替換成最小平方損失，其公式為

$$L_{\text{LSGAN}}(G,D_Y,X,Y)=E_{y\sim P_{\text{data}}(y)}[(D_Y(y)-1)^2]+E_{x\sim P_{\text{data}}(x)}\left[D_Y\big(G(x)\big)^2\right]$$

使用 LSGAN 可以讓 CycleGAN 的模型訓練更加穩定。

8.2.2 CycleGAN 做的改變

為了讓模型訓練更加穩定，相比此前的 GAN 模型，CycleGAN 做了以下改變。

（1）用 Instance normalization（IN）代替 Batch normalization（BN）。

（2）目標損失函數使用 LSGAN 平方差損失代替傳統的 GAN 損失。

（3）生成器中使用殘差網路，以更進一步地保存圖型的語義。

（4）使用快取歷史圖型來訓練生成器，減小訓練時的震盪，讓模型更加穩定。

下面來一個一個討論這些改變。

❑ IN

首先來看第一點改變。為什麼要使用 IN 代替 BN？這其實是一個直觀的觀察與實驗的結果，兩者最大的不同之處在於，BN 對一批圖型做了標準化操作，而 IN 只針對某一張圖型做標準化操作。

從實驗結果上看，在 GAN 這類生成式的任務中，IN 的效果及效率都要高於 BN。效率不必多講，計算一張圖型必然比計算一批圖型要快。可為什麼 IN 效果會更好？這其實與 GAN 這類生成式的任務本身有關，當我們訓練 GAN 網路時，如果使用 BN，它會計算一個批裡所有圖型中畫素的平均值和標準差，即圖型與圖型之間相互存在影響。但對於 GAN 這類任務而言，它們生成的圖型風格是比較獨立的，如果讓其相互產生影響，就容易

生成模糊的圖型，所以讓所生成的圖型之間相互獨立可能是一種更好的做法，而 IN 滿足這個要求，IN 僅對單張圖型中的畫素求平均值與標準差，不存在相互影響的情況，所以更適合處理 GAN 這類生成式任務。

這並不是說 IN 比 BN 好，只是在大多數情況下，IN 對於生成式的任務而言更加適合，而 BN 在圖型、視訊等分類任務上要比 IN 適合。

❑ LSGAN

接著來討論 LSGAN，為了理清關係，我們先從 sigmoid 函數的決策邊界開始討論，然後討論最小平方法，到最後再來聊聊 LSGAN 的優勢。

決策邊界這個概念常出現在邏輯回歸問題中，簡單了解就是一個分類邊界。這個邊界可以是直線，也可以是高維空間中的曲面，在邊界的一邊是一類，在邊界的另一邊是另一類。這個分類邊界本質上就是一個函數：將未知類別的資料傳入給該函數，函數輸出它所屬的類別。sigmoid 函數也是這樣的分類函數，可以簡單地推導一下。

$$h(x) = y = \frac{1}{1 + \mathrm{e}^{-x}}$$

結合樣本資料的矩陣x，將需要求解的假設函數參數θ代入 sigmoid 公式中。

$$h_\theta(x) = \frac{1}{1 + \mathrm{e}^{-\theta^{\mathrm{T}} x}}$$

sigmoid 函數原本的性質為，當 $x = 0$ 時，$y = 0.5$；當 $x > 0$ 時，$y > 0.5$；當 $x < 0$ 時，$y < 0.5$。因此不難推斷出公式。

$$f(n) = \begin{cases} 1, y \geqslant 0.5, \theta^{\mathrm{T}} X_b \geqslant 0 \\ 0, y < 0.5, \theta^{\mathrm{T}} X_b < 0 \end{cases}$$

理論上，當$\theta^{\mathrm{T}} X_b = 0$時，分類既可以是 0，也可以是 1，只不過我們在這裡將 $y = 0.5$ 時的情況歸類到 1。此時就獲得了 sigmoid 函數的決策邊界。

$$\theta^{\mathrm{T}} X_b = 0$$

以二分類為例，可以將上式展開。

$$\theta_0 + \theta_1 X_1 + \theta_2 X_2 = 0$$

簡單變換一下，獲得二分類的決策邊界：

$$X_2 = \frac{-\theta_0 - \theta_1 X_1}{\theta_2}$$

可以看出，θ_0就是截距，θ_1和θ_2是係數，該公式其實是一條直線。

對於 GAN 的判別器而言，它其實就是在做一個二分類任務，將輸入判別器的圖型進行評分並分類。傳統 GAN 中，判別器的最後一層通常也是 sigmoid 函數，可以回看第 6 章中 DCGAN 的相關內容，其判別器的程式如下。

```
# 判別器
def discriminator(self, image, reuse=False):
    with tf.variable_scope("discriminator") as scope:
        if reuse:
            # 重用空間中的變數
scope.reuse_variables()
        h0 = lrelu(conv2d(image, self.df_dim, name='d_h0_conv'))
        h1 = lrelu(self.d_bn1(conv2d(h0, self.df_dim * 2, name='d_h1_conv')))
        h2 = lrelu(self.d_bn2(conv2d(h1, self.df_dim * 4, name='d_h2_conv')))
        h3 = lrelu(self.d_bn3(conv2d(h2, self.df_dim * 8, name='d_h3_conv')))
        h4 = linear(tf.reshape(h3, [self.batch_size, -1]), 1, 'd_h4_lin')
        #使用 simgoid 函數
        return tf.nn.sigmoid(h4),h4
```

最後一層使用 sigmoid 函數給圖型分類評分，即存在一個決策邊界，直觀形式如圖 8.6 所示。

普通 GAN 中的判別器通常使用 sigmoid 函數作為最後一層，而 sigmoid 函數交叉熵損失很容易達到飽和狀態（飽和即梯度為 0），導致該函數容易忽略資料點到決策邊界的距離，也就是 sigmoid 函數不會懲罰離決策邊界較遠的資料點。sigmoid 易飽和，情況如圖 8.7 所示。

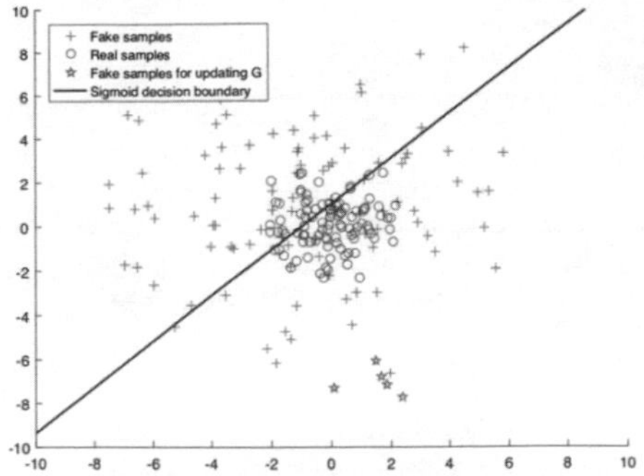

圖 8.6 決策邊界

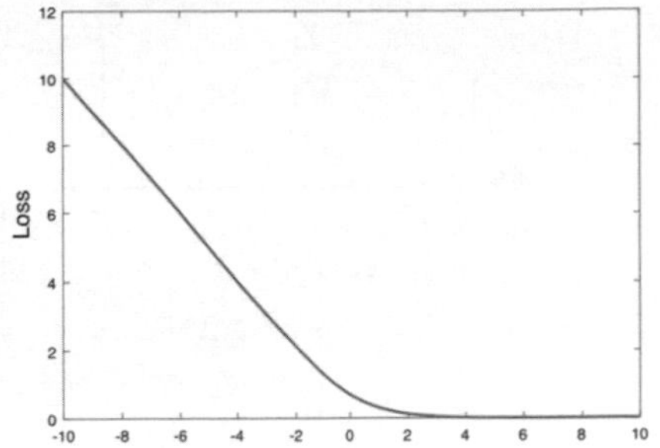

圖 8.7 sigmoid 易飽和

簡而言之，判別器只關注輸入的圖像資料是否獲得正確的標注（即是否判斷正常），如果正確，就不再理會，這就導致生成器生成的一些資料被判別器誤判為真實資料，在傳統 GAN 使用交叉熵損失的情況下，這些生成資料就不會再得到最佳化。從另一個角度看，因為判別器只關注分類是否正常，而不關注資料與決策邊界的距離，判別器的梯度很容易最佳化到接近 0 的位置，導致生成器很難再從判別器中獲得有價值的損失資訊，從而不知道怎麼進一步最佳化生成圖型。

複習一下，在傳統的 GAN 中使用交叉熵作為損失函數，會導致生成器不再最佳化那些被判別器判別為真實圖型的圖型，即使這些圖型離真實圖型還有比較遠的距離，這就導致生成器生成的圖型品質不高。而 LSGAN 的提出就是為了解決傳統 GAN 中生成圖型不理想以及訓練過程中不穩定的問題，先從最小平方法開始討論。

現在有一組人，用同一把尺標對某個物體進行測量，測量的結果略微不同，這可能是由於有些人不夠細心或其他一些原因，現在我們想獲得真實值需要怎麼做？假設這一組的測量結果為$y_1, y_2, \cdots, y_7$，那麼要獲得真實值最常用的方法就是求平均值，即 $\frac{1}{7}\sum_{i=1}^{7} y_i$，但這種做法有什麼依據呢？為何我們會認為求平均值就可以獲得真實值。其實可以使用最小平方法來解釋，首先將測量出的結果繪製到平面圖中，再繪製一條直線，我們假設這條直線就是需要的真實值，如圖 8.8 所示。

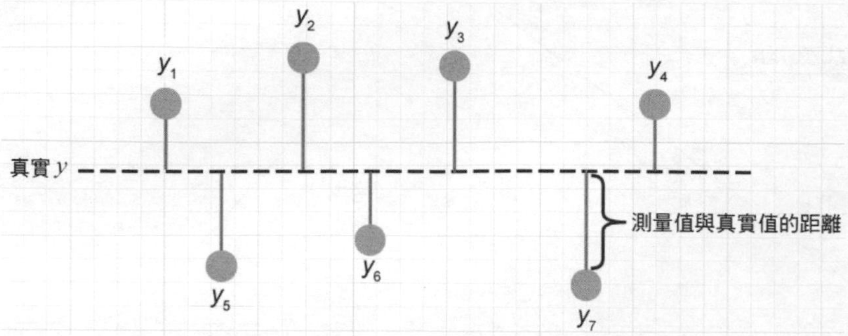

圖 8.8 最小平方法

我們可以計算出測量點到真實值之間的距離，即所謂的誤差，因為距離是長度，所以要取絕對值，為了方便後續計算，通常用平方來代替絕對值。

$$|y - y_i| \Rightarrow (y - y_i)^2$$

輕鬆獲得總誤差。

$$\sum (y - y_i)^2$$

如果誤差是隨機的，這些誤差應該圍繞著真實值上下波動，那麼讓總誤差最小的那個y就是真實值了，這就是最小平方法的核心思維。

$$\min \sum (y - y_i)^2$$

我們對其求y導，並令導數為 0，獲得其最小值處的 y。

$$\frac{\partial \sum (y - y_i)^2}{\partial y} = 2 \sum (y - y_i) = 0$$

最終推出一開始求平均值公式。

$$2 \sum (y - y_i) = (y - y_1) + (y - y_2) + \cdots + (y - y_7) = 0 \Rightarrow 7y$$
$$= y_1 + y_2 + \cdots + y_7$$

而 LSGAN 就是使用最小平方來作為損失函數，替換傳統 GAN 的交叉熵損失，LSGAN 的損失函數如下。

$$\min_D V_{\mathrm{LSGAN}}(D) = \frac{1}{2}E_{x\sim P_{\mathrm{data}}(x)}[(D(x)-b)^2] + \frac{1}{2}E_{z\sim P_z(z)}\left[\left(D\big(G(z)\big)-a\right)^2\right]$$

$$\min_G V_{\mathrm{LSGAN}}(G) = \frac{1}{2}E_{z\sim P_z(z)}\left[\left(D\big(G(z)\big)-c\right)^2\right]$$

在判別器 D 的目標函數中，給真實資料與生成資料分別編碼 b 與 a，通常 $b = 1$ 表示它為真實資料，$a = 0$ 表示它為生成資料。這其實就是最小平方的思維，我們想最小化判別器判別真實資料與 1 的誤差，以及最小化判別器判別生成資料與 0 的誤差，從整體看就是最小化整個公式。

在生成器 G 的目標函數中，給生成資料編碼為 c，通常 $c = 1$，對於生成器而言，我們想最小化生成器生成資料與 1 的誤差，即生成器可以成功欺騙判別器從而獲得高分。

也就是將上面的公式轉為以下形式。

$$\min_D V_{\mathrm{LSGAN}}(D) = \frac{1}{2}E_{x\sim P_{\mathrm{data}}(x)}[(D(x)-1)^2] + \frac{1}{2}E_{z\sim P_z(z)}[(D(G(z)))^2]$$

$$\min_G V_{\mathrm{LSGAN}}(G) = \frac{1}{2}E_{z\sim P_z(z)}[(D(G(z))-1)^2]$$

為什麼這麼簡單的修改可以解決圖型生成品質不佳、訓練不穩定的問題？

回想造成這些問題的原因，是交叉熵損失無法讓生成器繼續生成那些被判別器判別為真實圖型的圖型，即使這些圖型距離真實圖型還有很遠的距離。而使用最小平方的方式可以獲取圖型離決策邊界的距離，同時讓較遠的資料獲得與距離成正比的懲罰項，這樣判別器的梯度要接近於 0，就必須讓生成器圖型接近真實圖型所在的位置，如圖 8.9 所示。

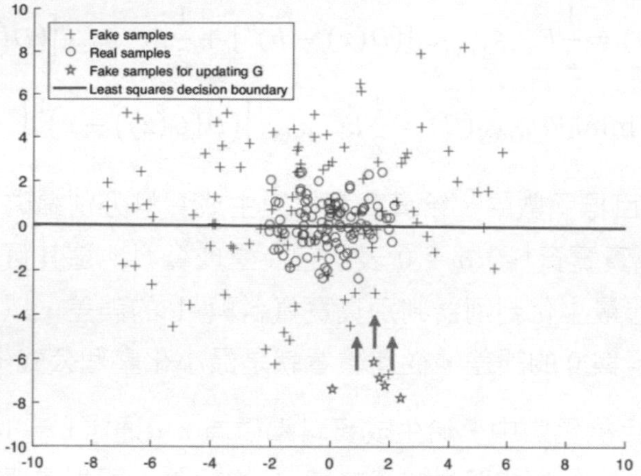

圖 8.9 生成圖型逼近真實圖型

除了這點外，最小平方的損失函數不容易到達飽和狀態，如圖 8.10 所示。

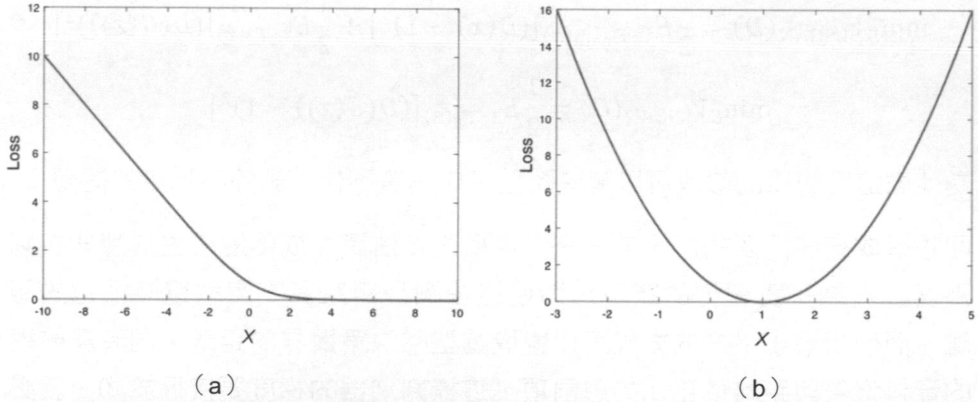

圖 8.10 最小平方損失不易飽和

圖 8.10（a）為 sigmoid 函數交叉熵損失的變化，圖 8.10（b）是最小平方損失的變化。可以看出，最小平方損失只有一點達到飽和狀態。

在 LSGAN 中 $b = 1$、$a = 0$、$c = 1$ 並不是唯一的有效值，透過公式的推導，還可以從理論上證明其他有效值。下面來嘗試推導一下，並嘗試從數學的角度來解釋一下 LSGAN 改進之處。

在第 5 章中，我們詳細地討論了原始 GAN 的數學原理，這裡不再展開，直接使用其中的結果。原始 GAN 判別器最佳解為

$$D_G^*(x) = \frac{P_{\text{data}}(x)}{P_{\text{data}}(x) + P_q(x)}$$

當判別器為最佳時，生成器的目標函數可以推導出以下公式。

$$C(G) = 2\text{JS}\left(P_{\text{data}}(x) \parallel P_q(x)\right) - 2\log 2$$

當$P_{\text{data}}(x)$與$P_q(x)$在高維空間中時，兩者分佈不會重疊，此時 JS 為常數 $\log 2$，則$C(G) = 0$，LSGAN 利用最小平方代替交叉熵，解決了$C(G) = 0$的情況，我們可以推導一下。

首先固定生成器 G，來訓練判別器 D。

$$\begin{aligned}\min_D V_{\text{LSGAN}}(D) &= \frac{1}{2}E_{x\sim P_{\text{data}}(x)}\left[(D(x)-b)^2\right] + \frac{1}{2}E_{z\sim P_z(z)}\left[\left(D\left(G(z)\right)-a\right)^2\right] \\ &= \frac{1}{2}\int_x P_{\text{data}}(x)\left[(D(x)-b)^2\right]\text{d}x + \frac{1}{2}\int_z P_z(z)\left[\left(D\left(G(z)\right)-a\right)^2\right]\text{dz}\end{aligned}$$

為了方便繼續推導，假設$x = G_z$，則可以推導出$z = G^{-1}(x)$，則$\text{d}z = [G^{-1}(x)]'\text{d}x$，我們記$P_g(x) = P_z[G^{-1}(x)][G^{-1}(x)]'$。

代入後得

$$\begin{aligned}\min_D V_{\text{LSGAN}}(D) &= \frac{1}{2}\int_x P_{\text{data}}(x)[(D(x)-b)^2]\text{d}x + \frac{1}{2}\int_x P_g(x)[(D(x)-a)^2]\text{d}x \\ &= \frac{1}{2}\int_x [P_{\text{data}}(x)(D(x)-b)^2 + P_g(x)(D(x)-a)^2]\text{d}x\end{aligned}$$

最小化$\min_D V_{\text{LSGAN}}(D)$即求其導數為 0 的解。

$$\frac{\partial}{\partial D(x)}\left[P_{\text{data}}(x)(D(x)-b)^2 + P_g(x)(D(x)-a)^2\right] = 0$$

$$2P_{\text{data}}(x)(D(x)-b) + 2P_g(x)(D(x)-a) = 0$$

$$D(x)\left[P_{\text{data}}(x) + P_g(x)\right] = bP_{\text{data}}(x) + aP_g(x)$$

此時得到最佳解

$$D^*(x) = \frac{bP_{\text{data}}(x) + aP_g(x)}{P_{\text{data}}(x) + P_g(x)}$$

其中 a 和 b 分別是生成資料的編碼與真實資料的編碼。

在判別器最佳時，來推導生成器的目標函數，具體推導如下。為了方便表示，記$P_{\text{data}}(x)$為$P_d(x)$。

$$\begin{aligned}
2\text{CG} &= E_{x\sim P_d}[(D^* - c)^2] + E_{x\sim P_g}[(D^* - c)^2] \\
&= E_{x\sim P_d}\left[\left(\frac{bP_d(x) + aP_g(x)}{P_d(x) + P_g(x)} - c\right)^2\right] + E_{x\sim P_g}\left[\left(\frac{bP_d(x) + aP_g(x)}{P_d(x) + P_g(x)} - c\right)^2\right] \\
&= \int_x P_d(x)\left(\frac{(b-c)P_d(x) + (a-c)P_g(x)}{P_d(x) + P_g(x)}\right)^2 \mathrm{d}x \\
&\quad + \int_x P_g(x)\left(\frac{(b-c)P_d(x) + (a-c)P_g(x)}{P_d(x) + P_g(x)}\right)^2 \mathrm{d}x \\
&= \int_x \frac{\left((b-c)P_d(x) + (a-c)P_g(x)\right)^2}{P_d(x) + P_g(x)} \mathrm{d}x
\end{aligned}$$

假設上式滿足$b - c = 1$與$b - a = 2$，可以簡單推出$a - c = -1$，將這些結果代入上式，可得

$$\begin{aligned}
2\text{CG} &= \int_x \frac{P_d(x)\left(-P_g(x)\right)^2}{P_d(x) + P_g(x)} \mathrm{d}x \\
&= \int_x \frac{\left(2P_g(x) - \left(P_d(x) + P_g(x)\right)\right)^2}{P_d(x) + P_g(x)} \mathrm{d}x
\end{aligned}$$

這樣就拼湊出了皮爾森卡方散度。

$$2C(G) = x^2_{\text{pearson}}\left(P_d + P_g \parallel 2P_g\right)$$

也就是說，滿足$b - c = 1$與$b - a = 2$時，最佳化 LSGAN 就相等於最佳化皮

爾森卡方散度，此時除非$P_d(x)$與$P_g(x)$的分佈完全相同，否則$C(G) \neq 0$，這就解決了原始 GAN $C(G) = 0$的問題。

到這裡，就可以知道 LSGAN 的目標函數有兩種形式：一種是直觀的，即$b = 1$，$a = 0$，$c = 1$；另一種只需 a、b、c 滿足$b - c = 1$與$b - a = 2$即可。在後面的編碼中，我們使用直觀的形式。

關於 LSGAN 的討論就到這裡了，接著來討論一下 CycleGAN 生成器中所使用的殘差網路。

❑ 殘差網路

殘差網路其實就是輸入資料交由特徵提取層獲得特徵資料後傳遞給輸出層，並且將部分輸入資料直接傳遞給輸出層，如圖 8.11 所示。

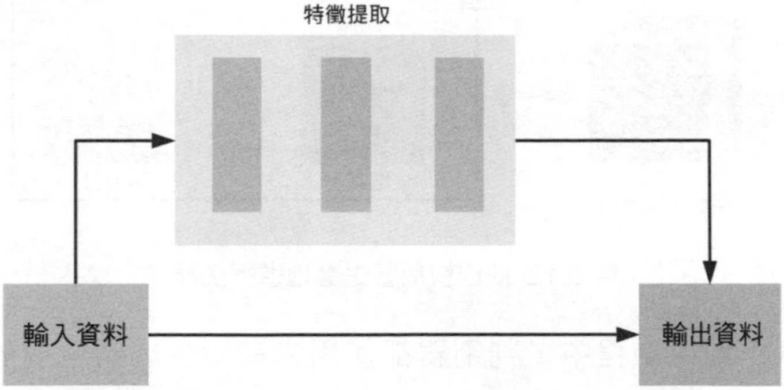

圖 8.11 殘差網路

殘差網路的目的是保留輸入資料部分特徵，這種方法很直接，既然要保留輸入資料的部分特徵，那就將部分輸入資料直接作用在輸出層。當然，如果所有資料都直接作用到輸出層是不合理且沒什麼意義的，所以輸入的資料會透過特徵提取層提取特徵，再將特徵資料傳遞給輸出層。

CycleGAN 中生成器使用這種結構就是為了加強輸入資料與輸出資料之間的關係，這樣生成的內容就不會與輸入的內容有太大的差異，也方便另外一個生成器將其轉為原來的輸入圖型。

❑ 快取歷史圖型

還有一點值得提及，就是 CycleGAN 的判別器訓練時，不再直接使用當前生成器生成的圖型，而是使用快取的歷史圖型來訓練，所謂快取的歷史圖型，其實就是此前生成器生成的圖型，透過圖 8.12 可以直觀地了解。使用快取歷史圖型來訓練生成器，可以減小訓練時的震盪，讓模型更加穩定。

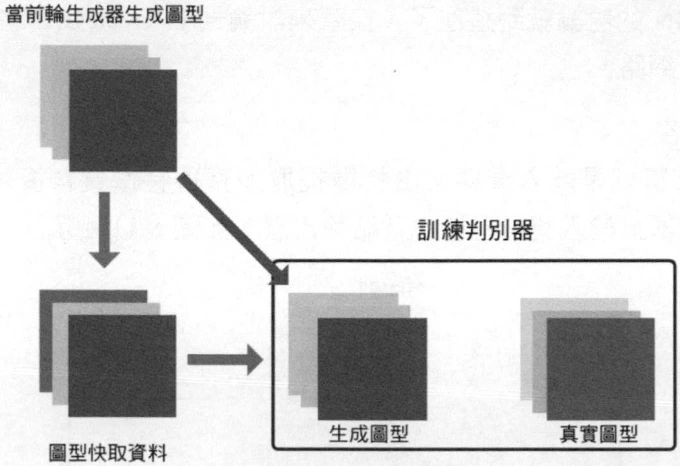

圖 8.12 使用快取歷史圖型進行訓練

傳統的 GAN 訓練過程中，判別器都使用當前輪生成器生成的圖型做訓練，但這也可能導致判別器「忘記」此前的工作，只關注當前最新的生成圖型，即對此前生成器生成的圖型喪失判斷能力，只關注當下生成器生成的圖型。但判別器應該有能力辨識出到目前為止生成器在此前任何時間點生成的圖型的能力。基於這個觀點，引入快取歷史圖型的方式，透過隨機一張歷史圖型來訓練判別器，讓判別器持有可以判別任意時間點生成器生成圖型的能力。

在 CycleGAN 具體實現中，因為訓練是針對單張圖型的，所以使用 list 來儲存圖型，每次訓練判別器時，從該 list 中隨機取出一張圖型交由判別器去判別。

8.2.3 TensorFlow 實現 CycleGAN 生成器與判別器

透過上面的討論，已經比較深入地了解 CycleGAN 了，接著我們就來編寫一個 CycleGAN 網路，先從該網路的生成器與判別器開始。

因為生成器與判別器中使用 IN 操作、卷積與轉置卷積，所以先從這個幾個部件開始編寫。

IN 的實現方式與 BN 操作類似，以同樣的方法求平均值μ、方差σ、γ與β，只是不再是多張圖型S_n，而是只針對單張圖型S。

$$S = \frac{S - \mu}{\sqrt{\sigma^2 + \epsilon}}$$

$$S = \gamma \cdot S + \beta$$

實現上面公式的具體程式如下。

```
# 實例規範
def instance_norm(x):
    with tf.variable_scope("instance_norm"):
        epsilon = 1e-5
        # 平均值，方差
        mean, var = tf.nn.moments(x, [1, 2], keep_dims=True)
        # γ
        scale = tf.get_variable('scale',[x.get_shape()[-1]],
            initializer=tf.truncated_normal_initializer(mean=1.0,
            stddev=0.02))
        # β
        offset = tf.get_variable('offset',[x.get_shape()[-1]],
              initializer =tf.constant_
              initializer(0.0))
        out = scale*tf.div(x-mean, tf.sqrt(var+epsilon)) + offset
        return out
```

如果還存有疑惑，可回看 6.2.5 節 BN 的內容。

接著編寫卷積層與轉置卷積層，已經實現過多次，細節無需多講，程式如下。

```
# 卷積
def conv(inputconv, o_d=64, f_h=7, f_w=7, s_h=1, s_w=1, stddev=0.02,
padding="VALID", name="conv2d", do_norm=True, do_relu=True, relufactor=0):
    with tf.variable_scope(name):
        conv = tf.contrib.layers.conv2d(inputconv, o_d, f_w, s_w, padding,
activation_fn=None, weights_initializer=tf.truncated_normal_initializer
(stddev=stddev),biases_initializer=tf.constant_initializer(0.0))
        if do_norm:
            conv = instance_norm(conv)
        if do_relu:
            if(relufactor == 0):
                conv = tf.nn.relu(conv,"relu")
            else:
                conv = lrelu(conv, relufactor, "lrelu")
        return conv
# 轉置卷積
def deconv(inputconv, outshape, o_d=64, f_h=7, f_w=7, s_h=1, s_w=1,
stddev=0.02, padding="VALID", name="deconv2d", do_norm=True, do_relu=True,
relufactor=0):
    with tf.variable_scope(name):

        conv = tf.contrib.layers.conv2d_transpose(inputconv, o_d,
[f_h, f_w], [s_h, s_w], padding, activation_fn=None,
weights_initializer=tf.truncated_normal_initializer(stddev=stddev),
biases_initializer=tf.constant_initializer(0.0))
        if do_norm:
            conv = instance_norm(conv)
        if do_relu:
            if(relufactor == 0):
                conv = tf.nn.relu(conv,"relu")
            else:
                conv = lrelu(conv, relufactor, "lrelu")
        return conv
```

在卷積層與轉置卷積層的實現程式中，值得一提的是，每一層多了兩個 if 控制，其中一個控制是否進行 IN 操作，另一個控制是否使用啟動函數。這點比較重要，因為使用 LSGAN 作為損失時，判別器不再像傳統 GAN 那樣使用 sigmoid 作為啟動函數，而是不再使用啟動函數，直接返回線性運算的結果。

接著就來建構判別器與生成器了，先從簡單的判別器開始編寫。

```
def discriminator(inputdisc, name="discriminator"):
    with tf.variable_scope(name):
        f = 4

        x = conv(inputdisc, ndf, f, f, 2, 2, 0.02, "SAME", "conv_1",
            do_norm=False, relufactor=0.2)
        x = conv(x, ndf*2, f, f, 2, 2, 0.02, "SAME", "conv_2",
            relufactor=0.2)
        x = conv(x, ndf*4, f, f, 2, 2, 0.02, "SAME", "conv_3",
            relufactor=0.2)
        x = conv(x, ndf*8, f, f, 1, 1, 0.02, "SAME", "conv_4",
            relufactor=0.2)
        # 不使用任何啟動函數，直接返回線性函數 LSGAN
        x = conv(x, 1, f, f, 1, 1, 0.02, "SAME", "conv_5",do_norm=False,
            do_relu=False)
        return x
```

判別器使用 5 個卷積層，結構比較簡單，最後一層沒有使用啟動函數及 IN 操作，直接返回線性操作後的結果。

生成器的結構略微比判別器複雜點，因為使用了殘差網路的結構。先來編寫一個專門用於創建殘差網路的方法，程式如下。

```
def resnet_blockresnet_block(input, dim, name="resnet"):
    with tf.variable_scope(name):
        out_res = tf.pad(input, [[0, 0], [1, 1], [1, 1], [0, 0]], "REFLECT")
        out_res = conv(out_res, dim, 3, 3, 1, 1, 0.02, "VALID","c1")
        out_res = tf.pad(out_res, [[0, 0], [1, 1], [1, 1], [0, 0]],
                    "REFLECT")
        out_res = conv(out_res, dim, 3, 3, 1, 1, 0.02, "VALID","c2",
                    do_relu=False)
        #輸入直接傳遞到輸入層
        return tf.nn.relu(out_res + input)
```

程式邏輯簡單，使用 tf.pad 對資料進行了填充操作，填充的形式為 REFLECT，然後再使用卷積層對填充後的資料進行卷積操作，接著就是重複建構一次相同的操作。需要注意的是，輸入資料 input 與卷積層獲取的特徵一起傳遞給輸入層，這樣可以讓輸入與輸出的資料有更強的連結性。

接著透過殘差網路、卷積層與轉置卷積層一起建構生成器，程式如下。

```
def generator(inputgen, name="generator"):
    with tf.variable_scope(name):
        f = 7
        ks = 3
        pad_input = tf.pad(inputgen,[[0, 0], [ks, ks], [ks, ks], [0, 0]],
                    "REFLECT")
        x = conv(pad_input, ngf, f, f, 1, 1, 0.02,name="conv_1")
        x = conv(x, ngf*2, ks, ks, 2, 2, 0.02,"SAME","conv_2")
        x = conv(x, ngf*4, ks, ks, 2, 2, 0.02,"SAME","conv_3")
        for i in range(1,10):
            x = resnet_block(x, ngf * 4, "resnet_"+str(i))
        x = deconv(x, [batch_size,128,128,ngf*2], ngf*2, ks, ks, 2, 2,
            0.02,"SAME","conv_4")
        x = deconv(x, [batch_size,256,256,ngf], ngf, ks, ks, 2, 2,
            0.02,"SAME","conv_5")
        x = conv(x, img_layer, f, f, 1, 1, 0.02,"SAME","conv_6",
            do_relu=False)
        # 增加 tanh 函數
        out_gen = tf.nn.tanh(x,"tanh_1")
        return out_gen
```

生成器的結構比較複雜，但 TensorFlow 封裝得特別好，所以並不需要寫多少程式。因為生成器要接收圖像資料作為輸入，所以一開始當然是要透過卷積層來獲取圖像資料中的特徵資訊，但為了避免損失輸入層中的一些基本資訊，如圖型的形狀、圖型中的景物，所以不再使用深層的卷積網路，而是透過殘差網路來代替。生成器的結構類似於 U 型結構，只是部分層被殘差網路結構替代。

在上述程式建構的生成器中，一開始使用 3 個卷積層來對圖型的基本資訊進行提取，接著使用 9 個殘差網路，再進一步提取圖型資訊同時保留輸入的資料特徵，然後使用 2 個轉置卷積層，最後再連接一個卷積層，獲得的圖型矩陣經過 Tanh 函數啟動，獲得最終的圖型輸出。

8.2.4 TensorFlow 架設與訓練 CycleGAN

編寫完生成器與判別器後，就可以透過生成器與判別器來建構 CycleGAN 的網路結構了，程式如下。

```
def model_setup(self):
    self.input_A = tf.placeholder(tf.float32, [batch_size, img_width,
                   img_height, img_layer], name="input_A")
    self.input_B = tf.placeholder(tf.float32, [batch_size, img_width,
                   img_height, img_layer], name="input_B")
    self.fake_pool_A = tf.placeholder(tf.float32, [None, img_width,
                       img_height, img_layer], name="fake_pool_A")
    self.fake_pool_B = tf.placeholder(tf.float32, [None, img_width,
                       img_height, img_layer], name="fake_pool_B")
    self.global_step = tf.Variable(0, name="global_step",
                       trainable=False)
    self.num_fake_inputs = 0
    self.lr = tf.placeholder(tf.float32, shape=[], name="lr")
    with tf.variable_scope("Model") as scope:
        #A --> B'
        self.fake_B = generator(self.input_A, name="g_AB")
        #B --> A'
        self.fake_A = generator(self.input_B, name="g_BA")
        self.rec_A = discriminator(self.input_A, "d_A")
        self.rec_B = discriminator(self.input_B, "d_B")
        scope.reuse_variables() # 重用空間中的變數
        self.fake_rec_A = discriminator(self.fake_A, "d_A")
        self.fake_rec_B = discriminator(self.fake_B, "d_B")
        # B' --> A_cyc
        self.cyc_A = generator(self.fake_B, "g_BA")
        # A' --> B_cyc
        self.cyc_B = generator(self.fake_A, "g_AB")
        scope.reuse_variables()
        #生成圖快取中獲取的損失圖片
        self.fake_pool_rec_A = discriminator(self.fake_pool_A, "d_A")
        self.fake_pool_rec_B = discriminator(self.fake_pool_B, "d_B")
```

一步步來看，一開始透過 placeholder 來建構資料的輸入，input_A 與 input_B 主要用於獲得 Domain A 與 Domain B 中圖型的輸入，而

fake_pool_A 與 fake_pool_B 主要用於獲取快取在歷史圖型庫中的不同 Domain 的歷史圖型，用它來訓練判別器。

接著就使用編寫好的 generator()方法與 discriminator()方法來實例化對應的生成器與判別器，實例化本身是很輕鬆的事情，需要注意的是 Domain 要清晰，才可建構出 CycleGAN。

在上面的程式中，我們實例化了 fake_A、fake_B、cyc_A 與 cyc_B 這 4 個生成器，fake_A 會以 Domain B 中的圖型作為輸入獲得 Domain A 風格的生成圖型，fake_B 則相反；cyc_B 會以 Domain A 中的生成圖型作為輸入生成 Domain B 的風格圖型，cyc_A 則相反。即 fake_A 與 cyc_B 組成一個迴圈，fake_B 與 cyc_A 組成一個迴圈，透過這兩個迴圈，就可以獲得對應的迴圈一致性損失。

接著來看判別器，我們實例化了 rec_A、rec_B、fake_rec_A、fake_rec_B、fake_pool_rec_A 與 fake_pool_rec_B 這 6 個判別器。rec_A 與 rec_B 用於判別圖型是否是真實圖型，fake_rec_A 與 fake_rec_B 用於判別生成器生成的圖型，而最後的 fake_pool_rec_A 與 fake_pool_rec_B 用於判別快取歷史圖型庫中的生成圖型。

實例化生成器與判別器後，接著就來建構對應的損失，我們將建構損失的程式拆解成多份來看。首先來建構生成器的損失，生成器的損失由兩大部分組成，分別是迴圈一致性損失和生成圖型與真實圖型之間的損失。先來建構迴圈一致性損失，程式如下。

```
cyc_loss = tf.reduce_mean(tf.abs(self.input_A-self.cyc_A)) +
tf.reduce_mean(tf.abs(self.input_B-self.cyc_B))
```

分別計算 Domain A 真實圖型與迴圈生成的圖型 cyc_A 之間的差值和 Domain B 真實圖型與迴圈生成的圖型 cyc_B 之間的差值，兩個差值之和求平均就獲得迴圈一致性損失 cyc_loss。

接著編寫生成器損失的另一部分，即生成圖型與真實圖型之間的損失。

```
self.disc_loss_A = tf.reduce_mean(tf.squared_difference(self.fake_rec_A,1))
self.disc_loss_B = tf.reduce_mean(tf.squared_difference(self.fake_rec_B,1))
```

該損失的計算使用了最小平方法，透過 tf.squared_difference()方法獲得 fake_rec_A 與 1 之間的平方差，透過同樣的方式獲得 fake_rec_B 與 1 的平方差，fake_rec_A 與 fake_rec_B 是接收生成圖型 fake_A 與 fake_B 的判別器。那麼損失 disc_loss_A 與 disc_loss_B 就很好了解，即生成器想讓判別器對自己生成的圖型給予高分，當前判別器給予分數與最高分（1 分）之間的差距就是真實圖型與生成圖型之間的損失。

將兩個損失結合在一起，就獲得生成器的總損失。權重係數 10，表示 cyc_loss 更重要一些。

```
self.g_loss_A = cyc_loss*10 + self.disc_loss_B
self.g_loss_B = cyc_loss*10 + self.disc_loss_A
```

接著來看判別器的損失，判別器的損失與此前相同，由兩部分組成，分別是它對生成圖型判別的損失以及它對真實圖型判別的損失。唯一的不同之處在於，判別器判別的生成圖型不一定是當前輪生成器生成的圖型，而是從歷史快取中隨機獲取的一張生成圖型，其損失程式如下。

```
self.d_loss_A=(tf.reduce_mean(tf.square(self.fake_pool_rec_A))+tf.r
educe_mean(tf.squared_difference(self.rec_A,1)))/2.0
self.d_loss_B=(tf.reduce_mean(tf.square(self.fake_pool_rec_B))+tf.r
educe_mean(tf.squared_difference(self.rec_B,1)))/2.0
```

回想一下 LSGAN 判別器的損失公式，其實很直觀。判別器希望對歷史生成圖型的判別分數越低越好，那麼其損失就是當前給歷史生成圖型的分數與最低分（0 分）之間的差距；同樣判別器希望對真實圖型的判別分數越高越好，那麼，其損失就是當前給真實圖型的分數與最高分（1 分）之間的差距。

這樣生成器與判別器的損失就建構完成，接著就是使用最佳化演算法來最佳化它了，這裡依舊使用 Adam 演算法，程式如下。

```
optimizer = tf.train.AdamOptimizer(self.lr, beta1=0.5)
self.model_vars = tf.trainable_variables()
#所有的變數
d_A_vars = [var for var in self.model_vars if 'd_A' in var.name]
g_A_vars = [var for var in self.model_vars if 'g_A' in var.name]
d_B_vars = [var for var in self.model_vars if 'd_B' in var.name]
g_B_vars = [var for var in self.model_vars if 'g_B' in var.name]
#最佳化器
self.d_A_trainer = optimizer.minimize(self.d_loss_A, var_list=d_A_vars)
self.d_B_trainer = optimizer.minimize(self.d_loss_B, var_list=d_B_vars)
self.g_A_trainer = optimizer.minimize(self.g_loss_A, var_list=g_A_vars)
self.g_B_trainer = optimizer.minimize(self.g_loss_B, var_list=g_B_vars)
```

接著就來編寫訓練程式，依舊是老流程，兩層 for 迴圈，第一個 for 表示要訓練多少個 epoch，第二個 for 表示當前 epoch 下訓練整個資料集需要多少輪。接著依舊拆分來看。

首先我們訓練生成器。

```
_, fake_B_temp, summary_str,g_loss_A = sess.run([self.g_A_trainer,
self.fake_B, self.g_A_loss_summ, self.g_loss_A],feed_dict={
self.input_A:self.A_input[idx], self.input_B:self.B_input[idx],
self.lr:curr_lr})
```

這裡可能會存有疑惑，通常而言都是先固定生成器來訓練判別器，但這裡因為判別器要使用歷史快取圖型進行訓練，如果一開始就訓練判別器的話歷史快取還沒有任何圖型，所以這裡先固定判別器來訓練生成器，這樣歷史快取中就可以先獲得生成圖型。

其實先訓練生成器依舊可以讓 GAN 模型收斂，只是浪費了第一次訓練。因為先訓練的是生成器，此時判別器還沒有好的標準，所以對於生成的圖片，只能隨機評分。如果給 1 分，那麼生成器此次就不會得到損失，進入下一層疊代。如果給 0 分則正好，因為一開始生成器生成的圖型肯定很不理想，所以有一個大的損失也不錯。

獲得生成器生成的圖型後，並不直接交給判別器去訓練，而是存入快取圖型庫中。先看一下快取圖型庫對應的方法，程式如下。

```
def fake_image_pool(self, num_fakes, fake, fake_pool):
if(num_fakes < pool_size):
        fake_pool[num_fakes] = fake
        return fake
else :
        p = random.random()
        if p > 0.5:
             random_id = random.randint(0,pool_size-1)
             temp = fake_pool[random_id]
             fake_pool[random_id] = fake
             return temp
        else :
             return fake
```

邏輯很簡單，使用 list 來儲存生成器生成的圖型，如果 list 已經存滿，就隨機計算一個機率。如果機率大於 50%，就從快取庫中取歷史生成圖型返回；反之，則直接返回當前生成器生成的圖型。在每次訓練完生成器獲得生成圖型後，都呼叫該方法，將生成圖型傳入，獲得其返回的圖型，這個圖型可能是歷史生成圖型，也可能是當前生成器生成的圖型。

```
fake_B_temp1 = self.fake_image_pool(self.num_fake_inputs, fake_B_temp,
self.fake_images_B)
```

訓練判別器所需要的圖型確定後，就可以訓練判別器了。

```
_, summary_str,d_loss_B = sess.run([self.d_B_trainer,
self.d_B_loss_summ,self.d_loss_B],feed_dict={self.input_A:self.A_input[idx],
self.input_B:self.B_input[idx], self.lr:curr_lr,
self.fake_pool_B:fake_B_temp1})
```

接著以同樣的方式訓練另外一個生成器與判別器。

```
_, fake_A_temp, summary_str,g_loss_B = sess.run([self.g_B_trainer,
self.fake_A, self.g_B_loss_summ,self.g_loss_B],feed_dict={
self.input_A:self.A_input[idx], self.input_B:self.B_input[idx],
self.lr:curr_lr})
```

```
fake_A_temp1 = self.fake_image_pool(self.num_fake_inputs, fake_A_temp,
               self.fake_images_A)
_, summary_str ,d_loss_A= sess.run([self.d_A_trainer, self.d_A_loss_summ,
               self.d_loss_A],
               feed_dict={
self.input_A:self.A_input[idx], self.input_B:self.B_input[idx],
self.lr:curr_lr, self.fake_pool_A:fake_A_temp1})
```

我們來編寫一下呼叫訓練方法的邏輯。

```
def main():
    model = CycleGAN()
    if to_train:
model.train()
    elif to_test:
          model.test()
if __name__ == '__main__':
main()
```

到這裡，CycleGAN 的核心部分就編寫完成，因為篇幅的原因，其餘輔助性的程式就不再展示。這裡我們訓練 CycleGAN 來實現馬與斑馬相互轉換的效果，訓練 200 個 epoch，每一個 epoch 中迴圈 1000 多輪。這裡同樣使用 RussellCloud 幫助我們訓練模型，首先要將 horse2zebra 資料集上傳到 RussellCloud，然後將程式上傳運行，同時記得載入 horse2zebra 資料集，對應運行命令如下。

```
russell run --gpu --env tensorflow-1.4 --data
ddfe893004b148d5884c4dbf61cd7fc8 --tensorboard 'python main.py'
```

8.2.5 效果展示

下面來看一下 CycleGAN 在 RussellCloud 平台上訓練了 17 小時後的效果，依舊先來看生成器與判別器的損失。

d_A_loss 用於判別圖型是否是 Domain A 中的真實圖型，如圖 8.13 所示。

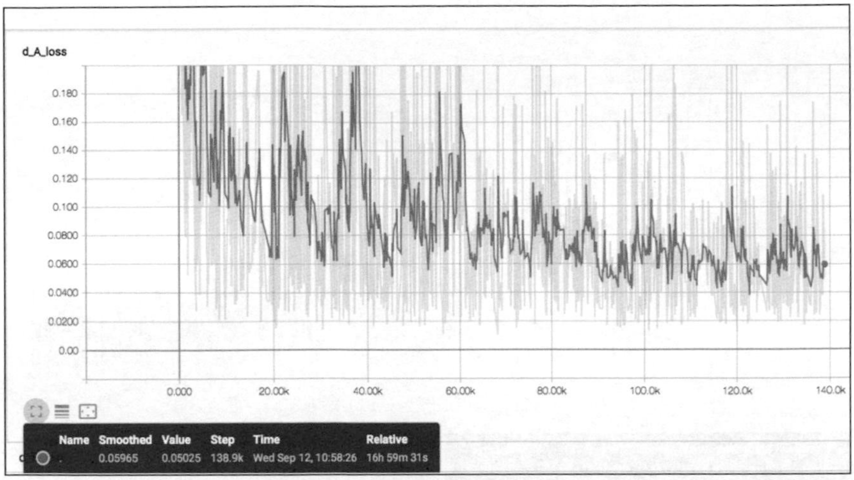

圖 8.13 d_A_loss 損失變化

d_B_loss 用於判別圖型是否是 Domain B 中的真實圖型，如圖 8.14 所示。

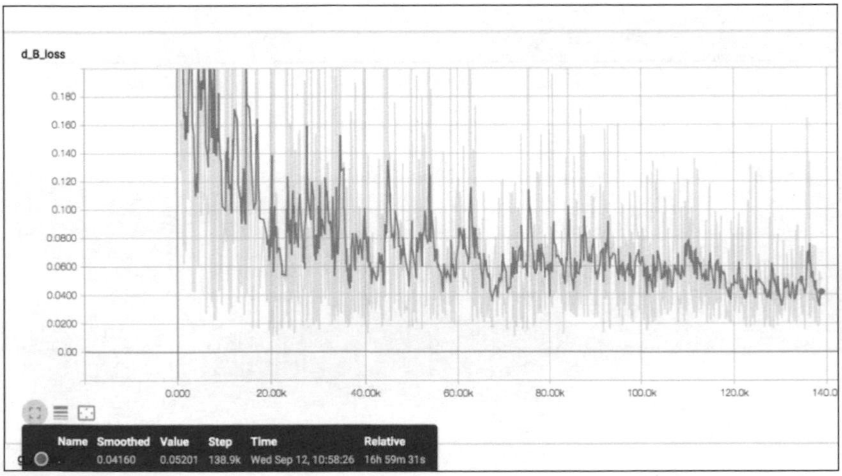

圖 8.14 d_B_loss 損失變化

從圖 8.13 和圖 8.14 中可以看出，判別器的損失降到非常低，接著來看一下生成器的損失。

g_A_loss 用於描述生成器 Domain A 到 Domain B 的損失，如圖 8.15 所示。

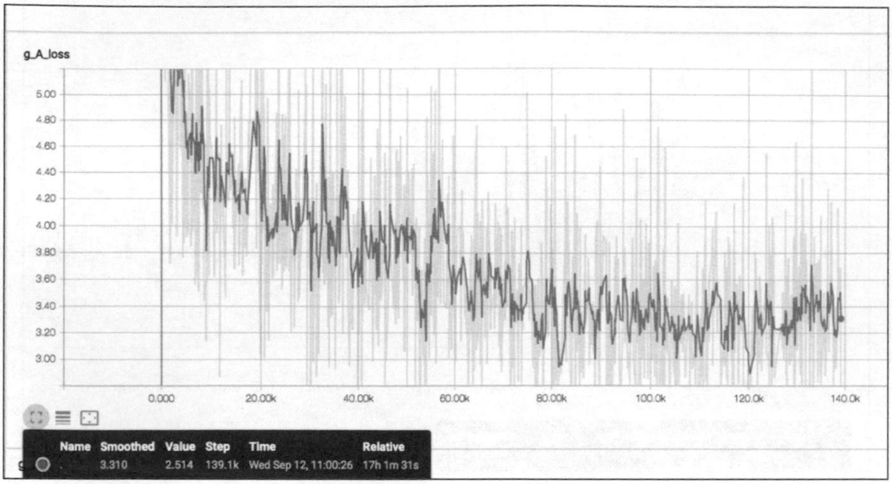

圖 8.15 g_A_loss 損失變化

g_B_loss 用於描述生成器 Domain B 到 Domain A 的損失，如圖 8.16 所示。

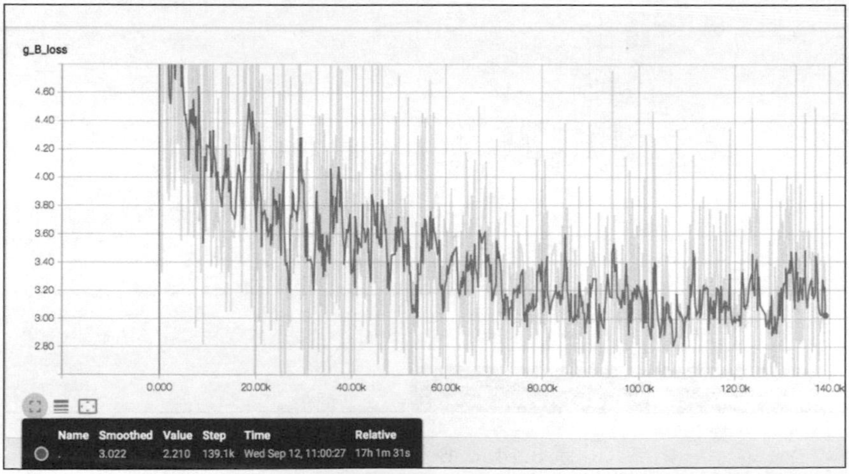

圖 8.16 g_B_loss 損失變化

從圖 8.15 和圖 8.16 中可以看出，兩個生成器的損失都降到 2～4。

下面來看一下直觀的效果圖。

圖 8.17 為馬轉換成斑馬再轉回馬的效果，圖 8.17（a）為原始輸入馬，圖 8.17（b）為馬轉換成斑馬，圖 8.17（c）為斑馬轉換回馬。

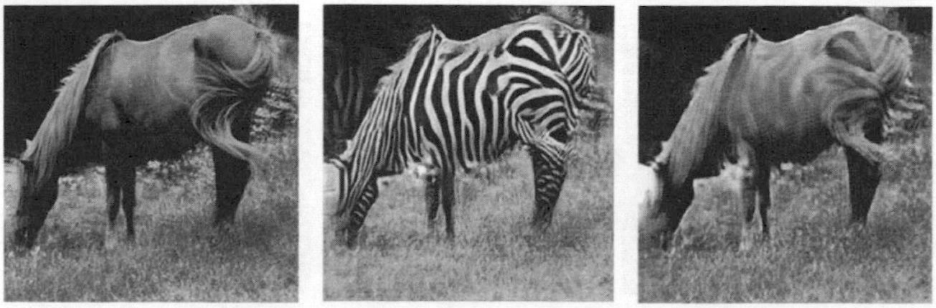

（a）（b）（c）

圖 8.17 馬轉斑馬再轉回馬

圖 8.18 為斑馬轉換成馬再轉回斑馬的效果，圖 8.18（a）為原始輸入斑馬，圖 8.18（b）為斑馬轉換成馬，圖 8.18（c）為馬轉換回斑馬。

（a）（b）（c）

圖 8.18 斑馬轉馬再轉回斑馬

可以直觀地感受出，馬轉換成斑馬的效果還可以，但斑馬轉換成馬效果就有些不理想了，很多斑馬轉馬的圖型，中間生成的「馬」依舊有明顯的斑馬花紋，如圖 8.19 所示。

可以看出圖 8.19（b）中生成的所謂的「馬」其實更像斑馬。思考一下造成這種現象的原因，對於生成器而言，它希望自己修改很少的參數就可以獲得判別器的高分，所以它會慢慢地修改圖型。如果獲得高分，生成器就不會進一步修改了，因為判別器打高分後已經沒有什麼指導資訊給生成器了。

(a) (b) (c)

圖 8.19 不理想的效果

除這個問題外，研究人員還發現 CycleGAN 的生成器可能會故意隱藏資訊，即為了從判別器那裡獲得高分，將一些圖型資訊隱藏，讓人類看不出來，但圖型中可能依舊存在這樣的資訊，如圖 8.20 所示。

(a) (b) (c)

圖 8.20 CycleGAN 隱藏資訊

圖 8.20（c）是輸入的圖型，這是一張衛星建築圖，中間轉成類似地圖樣式的圖型，然後再將地圖樣式的圖型轉回衛星建築圖。關注方框部分，可以看出，在輸入圖型中，方框中有黑點，但轉換成地圖樣式後，方框中的黑點消失了，這沒有問題，問題在於，透過地圖樣式圖型轉回衛星圖後，黑點又出現了，而且對應得非常精準。CycleGAN 的生成器模型透過對大量訓練資料進行訓練，在輸入圖型中沒有相關資料的情況下，很難生成非

常精準的對應圖型，所以一種可能就是 CycleGAN 的生成器學會了如何隱藏圖型中的資訊，讓人類無法看出來，但資訊其實依舊在圖型中，這樣透過另一個生成器重構回原始的輸入圖型時，就會精準出現輸入圖型的一些細節。當然這個問題當前在學術上依舊沒有被證實，只是一種合理的推斷。

最後來看一下 CycleGAN 的計算圖，如圖 8.21 所示。

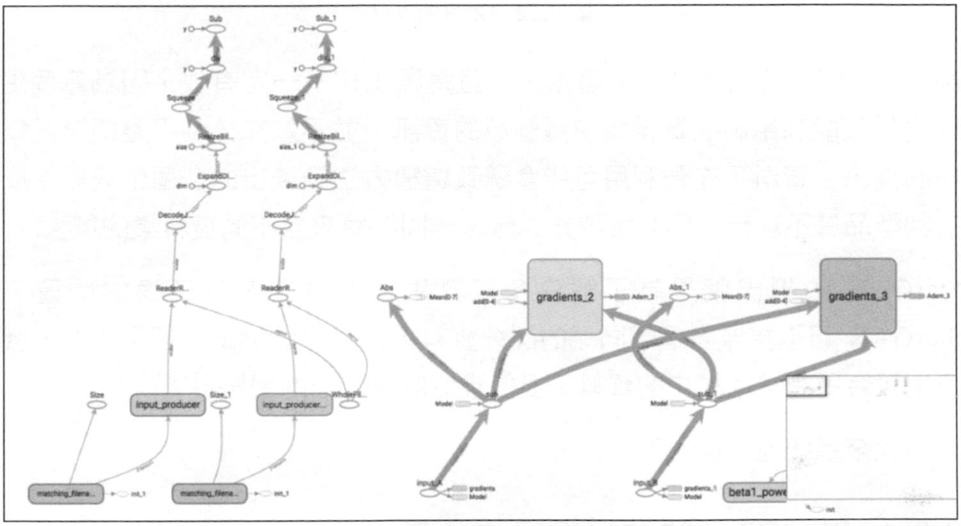

圖 8.21 CycleGAN 計算圖

8.3 StarGAN

在上一節，我們討論了 CycleGAN，明白了所謂的迴圈一致性，透過 CycleGAN 我們可以實現將 Domain A 中的圖型轉成 Domain B 中的圖型，也可以反過來，從 Domain B 轉成 Domain A。那可不可以實現多域轉換，而不只是侷限於兩個域內呢？例如我想實現 4 個域內圖型風格相互轉換，要實現這個目標，透過 CycleGAN 這種方式就需要創建 12 個生成器，如圖 8.22 所示。

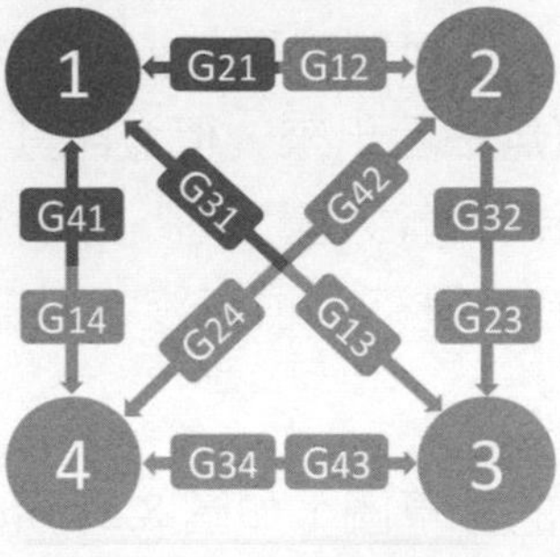

圖 8.22 12 個生成器

訓練 12 個生成器顯然非常麻煩，而且這種工作不一定有效，因為每個生成器都只能利用訓練資料集中兩個域的資訊，並不能充分利用整個資料集中的資訊。資料不充分利用可能會導致這種方法訓練出的多個生成器生成的圖型品質不理想，同時這種方式無法一同訓練來自不同資料集的域。

StarGAN 的提出就是為了解決多資料集在多域間圖型轉換的問題，StarGAN 可以接收多個不同域的訓練資料，並且只需訓練一個生成器，就可以擬合所有可用域中的資料，很優雅地解決上面的問題。

下面就來系統地討論一下 StarGAN。

8.3.1 StarGAN 的結構與目標函數

StarGAN 只需訓練一個生成器就可以解決多域轉換的問題，該生成器可以直接接收多個域的訓練資料，從而訓練出可以生成不同域風格圖型的模型，其直觀構造如圖 8.23 所示。

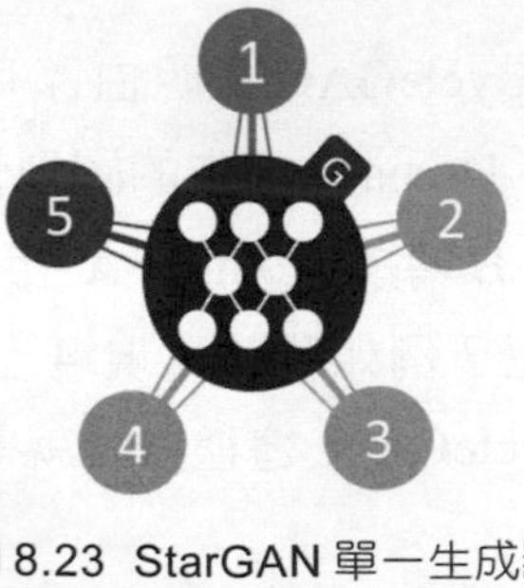

圖 8.23 StarGAN 單一生成器

接著來看 StarGAN 的訓練流程，簡單來講，其實就是條件生成對抗+迴圈一致性，具體如圖 8.24 所示。

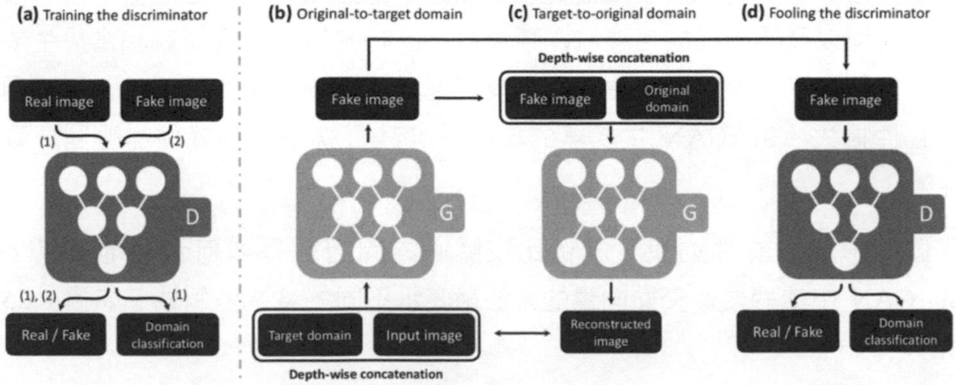

圖 8.24 StarGAN 訓練流程

在圖 8.24 中，主要分為圖 8.24（a）～（d）共 4 大部分，拆分來看。

圖 8.24（a）部分，表示訓練判別器，將真實圖型與生成圖型傳遞給判別器判別，判別器會判別圖型的真假，同時它還會判別該圖型來自哪個域。

圖 8.24（b）部分，表示訓練生成器，與 CGAN 類似，這裡除輸入圖型之外，還輸入該圖型想轉換的目標域，這個目標域類似於限制條件，它要求生成器儘量去生成該目標域中的圖型。

圖 8.24（c）部分，表示迴圈一致性的過程。如果單純地使用條件去控制生成器生成，那麼生成器就會生成滿足條件但可能與輸入圖型沒什麼連結的資料。為了避免這種情況，便使用迴圈一致性的思維，即將此前生成器生成的圖型與此前生成器輸入圖型所在的域作為此次生成器的輸入，此時獲得的生成圖型與上一個生成器輸入的圖型越接近越好，即兩者損失越小越好。

圖 8.24（d）部分，表示訓練判別器，即將生成器生成的圖型交給判別器，讓判別器判別圖型的真假以及圖型所在的域是否正確，這裡會產生兩

個損失，一個是圖型是否真實的損失，另一個是圖型對應的域是否正確的損失，這兩個損失都要最小化。

簡單複習一下，為了讓生成器實現多域圖型的互相轉換，生成器必須接收輸入圖型以及要轉換的目標域兩種資訊，此時的目標域資訊就相當於生成器的條件約束。為了避免生成器生成圖型與輸入圖型毫無關係，使用迴圈一致性損失。StarGAN 生成器的核心思維其實就是限制條件加迴圈一致性。

我們知道關於條件約束，一個比較關心的問題就是如何合理地表示？StarGAN 中透過類似獨熱向量的方法來表示不同的域或多個域，如圖 8.25 所示。

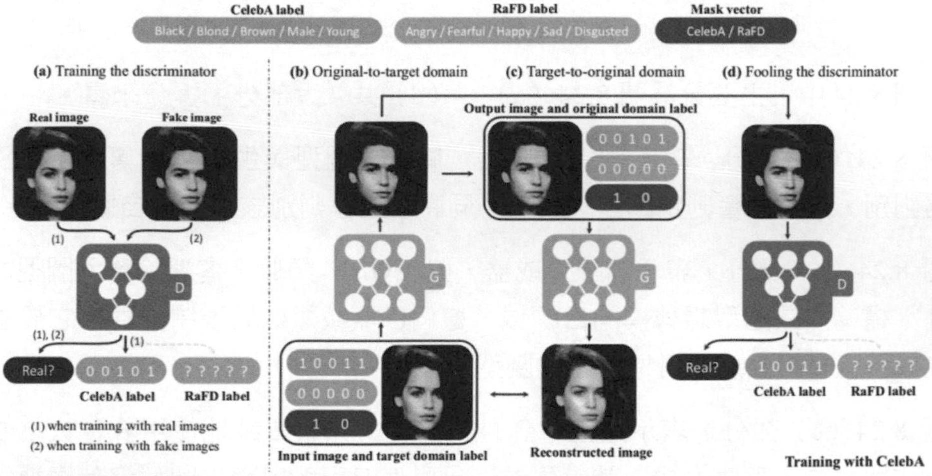

圖 8.25 StarGAN 透過獨熱向量表示不同的域

仔細看圖 8.25，圖的最上方是不同資料集擁有的標籤，其中 CelebA 資料集擁有 Black、Blond、Brown、Male、Young 這 5 個標籤，RaFD 同樣擁有 5 個標籤，因為涉及多個不同資料集的多個域，所以要使用 Mask vector。這個概念出自 StarGAN 的論文，其實很簡單，因為涉及多個資料集，所以需要表示現在要用哪個資料集中的標籤向量，圖中使用的是

CelebA 資料集的多域向量，這也是 StarGAN 可以訓練多個資料集的原因，使用 Mask vector 可以讓模型忽略未知的標籤以及關閉特定資料集提供的標籤。

看到圖 8.25（b）～（d），首先輸入一張真實圖型，因為 Mask vector 的關係，所以只有 CelebA 對應的標籤向量生效，那麼生成器的目標是將輸入的圖型轉為黑頭髮的年輕男性，即（1,0,0,1,1）標籤向量的表示，接著會將生成圖型與原始的輸入圖型所在的域一起輸入生成器反向生成，即生成棕色頭髮的年輕人（0,0,1,0,1），接著就可以計算出兩者的損失並最小化它。而判別器會接收最初生成器生成的黑頭髮年輕男性圖作為輸入，判斷該圖型是否真實且判斷它來自哪些域，然後判斷最小化圖型是否真實，以及計算所在域的損失是否正確。

訓練流程理清後，接著就來看看它的目標函數。首先建構對抗性損失，公式如下。

$$L_{\text{adv}} = E_x[\log D_{\text{src}}(x)] + E_{x,c}\big[1 - D_{\text{src}}\big(G(x,c)\big)\big]$$

它其實與原始 GAN 中損失的含義類似，對生成器而言，它要最小化這個公式，即最大化$D_{\text{src}}\big(G(x,c)\big)$；對判別器而言，它要最大化這個公式。值得注意的是，生成器生成圖型時，除了傳入圖像資料x，同時還傳入域的標籤向量c。

因為有標籤向量，所以對於判別器而言，除了要判斷圖型是否真實，還需要判斷該圖型是否符合標籤向量對應的域中代表的樣式。我們建構一個標籤向量分類損失，用於描述生成圖型的標籤向量與目標標籤向量之間的差距。

判別器標籤向量損失：

$$L_{\text{cls}}^{r} = E_{x,c'}[-\log D_{\text{cls}}(c'|x)]$$

在公式中，c'表示真實圖型所在的標籤向量。對判別器而言，它要最小化L_{cls}^{r}，這樣判別器就可以判別出真實圖型各種樣式所對應的標籤向量了。

生成器標籤向量損失：

$$L_{\mathrm{cls}}^{f} = E_{x,c}\left[-\log D_{\mathrm{cls}}\left(c|G(x,c)\right)\right]$$

在公式中，c表示生成器的目標標籤向量。生成器會接收真實圖型輸入以及目標標籤向量，對生成器而言，它要最小化L_{cls}^{f}，這樣生成器就可以生成符合目標標籤向量所對應樣式的圖型。

為了確保生成器生成的圖型與生成器接收的圖型有連結，還需要定義迴圈一致性損失，公式如下。

$$L_{\mathrm{rec}} = E_{x,c,c'}[\| x - G(G(x,c),c') \|_1]$$

其中$G(G(x,c),c')$表示生成器先獲取原始圖型輸入x生成符合目標標籤向量 c 的圖型，接著再將生成圖型傳遞給生成器，要求生成器生成符合原始圖型樣式所對應的標籤向量，透過這樣的迴圈生成，就獲得了與原始圖型類似的生成圖型，此時最小化該生成圖型與原始圖型之間的損失即可。

一個域其實對應著圖型中的一種樣式，例如褐色頭髮屬於 Domain A，黑色頭髮屬於 Domain B，多個域直接組成一個標籤向量。

將上面幾個損失組合一下，就獲得了判別器與生成器的最終目標函數。

判別器的最終目標函數：

$$L_D = -L_{\mathrm{adv}} + \lambda_{\mathrm{cls}} L_{\mathrm{cls}}^{r}$$

生成器的最終目標函數：

$$L_G = L_{\mathrm{adv}} + \lambda_{\mathrm{cls}} L_{\mathrm{cls}}^{f} + \lambda_{\mathrm{rec}} L_{\mathrm{rec}}$$

判別器與生成器都最小化自己的目標函數，StarGAN 模型就會收斂。

8.3.2 TensorFlow 建構 StarGAN 模型

StarGAN 理論內容討論完成，我們來建構一個 StarGAN 模型，因為這一塊模型建構的程式比較長，所以將其拆分來看。

首先需要將擁有訓練 StarGAN 模型的資料讀取，為了方便控制，單獨定義了一個 Image 類別來管理與訓練圖型相關的一些方法，這裡使用 CelebA 作為訓練集。CelebA 是著名的名人人臉資料集，其中包含 10177 個名人身份的 202599 張人臉圖型，而且這些圖型都做好了各種標記，其中就有我們需要的圖型樣式的標籤，如頭髮顏色、是否年輕、男性還是女性等。我們編寫了 preprocess 方法來讀取資料，程式如下。

```
#讀取標籤檔案
self.lines = open(os.path.join(data_path, 'list_attr_celeba.txt'),
'r').readlines()
#載入資料
def preprocess(self) :
  all_attr_names = self.lines[1].split() #標籤檔案
  for i, attr_name in enumerate(all_attr_names) :
  self.attr2idx[attr_name] = i
  self.idx2attr[i] = attr_name
  lines = self.lines[2:]
  random.seed(1234)
  random.shuffle(lines)
  for i, line in enumerate(lines) :
        split = line.split()
        filename = os.path.join(self.data_path, split[0])
        values = split[1:]
        label = []
        for attr_name in self.selected_attrs :
             idx = self.attr2idx[attr_name]
             if values[idx] == '1' :
                  label.append(1.0)
             else :
                  label.append(0.0)
        #前 2000 張作為測試資料
        if i <2000 :
             self.test_dataset.append(filename)
             self.test_dataset_label.append(label)
        else :
             self.train_dataset.append(filename)
             self.train_dataset_label.append(label)
        # ['./dataset/celebA/train/019932.jpg', [1, 0, 0, 0, 1]]
```

```
    self.test_dataset_fix_label = create_labels(self.test_dataset_label,
                                        self.selected_attrs)
    self.train_dataset_fix_label = create_labels(self.train_dataset_label,
                                        self.selected_attrs)
    print('\n CelebA loading over...')
```

preprocess 方法邏輯其實並不複雜，首先透過讀取的圖型標籤資料建構了兩個字典，接著設定一個種子，再透過該種子將儲存標籤資料的 list 打亂，接著變數該 list，並做了一些簡單的邏輯操作，最終獲得了圖型的具體路徑，以及該圖型所對應的標籤向量。當然這些標籤向量中的標籤所對應的圖型所在域的樣式是我們定義好的，即 selected_attrs 變數，它表示標籤向量中標籤的樣式。

接著我們透過 TensorFlow 提供的讀取資料的 API 將這些資料讀取，並隨機選擇圖型作為每一次訓練的資料，程式如下。

```
#訓練資料
train_dataset =
tf.data.Dataset.from_tensor_slices((Image_data_class.train_dataset,
    Image_data_class.train_dataset_label,
    Image_data_class.train_dataset_fix_label))
#最終的測試資料
test_dataset =
    tf.data.Dataset.from_tensor_slices((Image_data_class.test_dataset,
    Image_data_class.test_dataset_label,
    Image_data_class.test_dataset_fix_label))
# 最終的訓練集
train_dataset = train_dataset.\
    apply(shuffle_and_repeat(train_dataset_num)).\
    apply(map_and_batch(Image_data_class.image_processing, self.batch_size,
    num_parallel_batches=8, drop_remainder=True))
#最終的測試集
test_dataset = test_dataset.\
    apply(shuffle_and_repeat(test_dataset_num)).\
    apply(map_and_batch(Image_data_class.image_processing, self.batch_size,
    num_parallel_batches=8, drop_remainder=True))
```

tf.data.Dataset 與 tf.data.Iterator 是 TensorFlow 引入的兩個新的 API，它們常用於讀取模型所需要的資料，透過 tf.data.Dataset.from_tensor_slices()方法從記憶體中創建資料來源後，我們還在其上使用了 shuffle_and_repeat()方法與 map_and_batch()方法。

為了方便從資料來源中讀取資料，使用 make_one_shot_iterator()方法將資料來源轉成一個可疊代對數，這樣我們就可透過疊代操作來獲取資料來源中的資料集了，例如使用 get_next()方法獲取資料來源中下一個資料。

```
#變成 iterator，方便疊代讀取
train_dataset_iterator = train_dataset.make_one_shot_iterator()
test_dataset_iterator = test_dataset.make_one_shot_iterator()
self.x_real, label_org, label_fix_list = train_dataset_iterator.get_next()
label_trg = tf.random_shuffle(label_org) # Target domain labels，隨機打亂原域獲得目標域
```

其中，x_real 表示輸入的真實圖型，label_org 表示該真實圖型所對應的標籤向量。因為我們希望生成器可以任意生成多個域之間的圖型，所以這裡透過隨機打亂原始標籤向量的形式獲得新的標籤向量，讓生成器在訓練過程中生成隨機標籤向量所表示的圖型。

接著就開始編寫生成器與判別器。先編寫生成器的結構，StarGAN 生成器的結構其實與 CycleGAN 生成器的結構類似，由卷積層進行圖型特徵的提取，接著連接著殘差網路，保證輸入資料與輸出資料有較大的連結，然後透過轉置卷積來生成對應的矩陣，最後透過一個卷積層將其轉成圖型，具體程式如下。

```
def generator(self, x_init, c, reuse=False, scope="generator"):
    channel = self.ch
    c = tf.cast(tf.reshape(c, shape=[-1, 1, 1, c.shape[-1]]), tf.float32)
    c = tf.tile(c, [1, x_init.shape[1], x_init.shape[2], 1])
    x = tf.concat([x_init, c], axis=-1)
    with tf.variable_scope(scope, reuse=reuse) :
        x = conv(x, channel, kernel=7, stride=1, pad=3, use_bias=False,
        scope='conv')
```

```
        x = instance_norm(x, scope='ins_norm')
        x = relu(x)
        # 下取樣，圖型特徵的提取
        for i in range(2) :
            x = conv(x, channel*2, kernel=4, stride=2, pad=1,
                use_bias=False, scope='conv_'+str(i))
            x = instance_norm(x, scope='down_ins_norm_'+str(i))
            x = relu(x)
            channel = channel * 2
        # 殘差網路
        for i in range(self.n_res):
            x = resnet_block(x, channel, use_bias=False,
                scope='resblock_' + str(i))
        # 上取樣，轉置卷積
        for i in range(2) :
            x = deconv(x, channel//2, kernel=4, stride=2,
                use_bias=False, scope='deconv_'+str(i))
            x = instance_norm(x, scope='up_ins_norm'+str(i))
            x = relu(x)
            channel = channel // 2
        x = conv(x, channels=3, kernel=7, stride=1, pad=3, use_bias=False,
            scope='G_logit')
        x = tanh(x)
        return x
```

生成器要生成傳入標籤向量所對應的圖型，標籤向量就如同一個約束標籤，既然已經透過向量形式表示那麼我們就按此前在 CGAN 中使用的方法，透過 tf.concat()方法將標籤向量與圖型矩陣連接在一起，再交由生成器去生成圖型，生成器其餘部分不再多介紹。

接著來編寫判別器的程式。

```
def discriminator(self, x_init, reuse=False, scope="discriminator"):
        with tf.variable_scope(scope, reuse=reuse) :
            channel = self.ch
            x = conv(x_init, channel, kernel=4, stride=2, pad=1,
                use_bias=True, scope='conv_0')
            x = lrelu(x, 0.01)
            for i in range(1, self.n_dis):
```

```
            x = conv(x, channel * 2, kernel=4, stride=2, pad=1,
                use_bias=True, scope='conv_' + str(i))
            x = lrelu(x, 0.01)
            channel = channel * 2
        c_kernel = int(self.img_size / np.power(2, self.n_dis))
        logit = conv(x, channels=1, kernel=3, stride=1, pad=1,
              use_bias=False, scope='D_logit')
        c = conv(x, channels=self.c_dim, kernel=c_kernel,
            stride=1, use_bias=False, scope='D_label')
        c = tf.reshape(c, shape=[-1, self.c_dim])
        return logit, c
```

判別器的主體結構就是卷積層，只是 StarGAN 的判別器除了要判斷圖型是否真實，還要判斷該圖型是否符合標籤向量的要求。判別器獲取圖型對應標籤向量的形式很直接，就是透過卷積操作獲得標籤向量，值得注意的是，判別器最後的輸出沒有經過任何啟動函數。

編寫好生成器與判別器後，就來實例化它們，具體程式如下。

```
# 真實圖片+目標域 ==>生成目標域圖型
x_fake = self.generator(self.x_real, label_trg) # real a
# 迴圈生成，生成圖片+原始域 ==>轉回原域圖型
x_recon = self.generator(x_fake, label_org, reuse=True) # real b
# 判別器，輸入真實圖型 ==>圖型分數 real_logit 以及圖型所對應的標籤
real_logit, real_cls = self.discriminator(self.x_real)
# 輸入生成圖型，重用真實圖型時學好的參數 ==>生成圖型的分數以及圖型所對應的標籤
fake_logit, fake_cls = self.discriminator(x_fake, reuse=True)
```

8.3.3 建構 StarGAN 的損失

建構好判別器與生成器後，接著就來建構具體的損失函數，為了讓 GAN 訓練更加穩定，生成的圖型更加逼真，這裡使用 WGAN-GP 的方式來建構對抗損失。WGAN 及它的改進版 WGAN-GP 會在下一章具體討論，這裡暫時了解即可。

首先來建構生成器的對抗損失，即生成圖型與真實圖型之間的損失。

```
g_adv_loss = generator_loss(loss_func=self.gan_type, fake=fake_logit)
```

其中 gan_type 表示損失函數的定義方式，這裡使用 WGAN-GP 的方式來建構對抗損失，fake_logit 是判別器給生成圖型打出的分數，generator_loss()方法中的邏輯與 WGAN-GP 有較強的連結，這裡暫時不去討論細節，在下一章會從數理邏輯及程式層面討論 WGAN-GP 的內容。

接著建構生成器的標籤向量損失。

```
g_cls_loss = classification_loss(logit=fake_cls, label=label_trg)
```

我們專門封裝出 classification_loss()方法來計算標籤向量的損失，其中 fake_cls 為判別器對輸入的生成圖型所對應標籤向量的判斷，label_trg 是生成器生成該圖型的目標標籤向量，fake_cls 與 label_trg 之間的差距就是生成器標籤向量的損失。classification_loss()方法的具體程式如下。

```
def classification_loss(logit, label) :
    loss =
    tf.reduce_mean(tf.nn.sigmoid_cross_entropy_with_logits
              (labels=label, logits=logit))
    return loss
```

很直觀，其中 logit 就是預測的標籤向量，label 就是目標標籤向量，然後計算兩者的交叉熵損失並求平均。

繼續建構生成器的迴圈一致性損失。

```
g_rec_loss = cyc_loss(self.x_real, x_recon)
```

其中 x_real 表示真實圖型，x_recon 表示生成器迴圈生成的圖型，迴圈一致性損失即計算輸入的真實圖型與生成器迴圈生成的圖型之間的損失，直接看 cyc_loss 方法的具體程式。

```
def cyc_loss(x, y):
    loss = tf.reduce_mean(tf.abs(x - y))
    return loss
```

迴圈一致性損失即計算兩者的絕對值之差再求平均，最後將 3 種損失相加，就獲得生成器最終的損失。

```
self.g_loss = self.adv_weight * g_adv_loss + self.cls_weight * g_cls_loss +
self.rec_weight * g_rec_loss
```

其中 adv_weight、cls_weight 與 rec_weight 都是超參數，表示不同損失對生成器的權重。

接著以類似的方式來建構判別器的損失。

```
# 判別器的損失——對抗損失
d_adv_loss = discriminator_loss(loss_func=self.gan_type, real=real_logit,
fake=fake_logit) + GP
# 判別器的損失——標籤向量損失
d_cls_loss = classification_loss(logit=real_cls, label=label_org)
self.d_loss = self.adv_weight * d_adv_loss + self.cls_weight * d_cls_loss
```

接著建構最佳化器用於最佳化判別器與生成器的損失。

```
t_vars = tf.trainable_variables()
G_vars = [var for var in t_vars if 'generator' in var.name]
D_vars = [var for var in t_vars if 'discriminator' in var.name]
self.g_optimizer = tf.train.AdamOptimizer(self.lr, beta1=0.5,
    beta2=0.999).minimize(self.g_loss, var_list=G_vars)
self.d_optimizer = tf.train.AdamOptimizer(self.lr, beta1=0.5,
    beta2=0.999).minimize(self.d_loss, var_list=D_vars)
```

接著就是迴圈訓練 StarGAN 模型，這裡使用一些技巧，如學習速率線性衰變，在模型剛開始訓練時，學習速率比較大，當模型訓練較長時間後，將學習速率減小，具體程式如下。

```
# 學習速率線性衰變
lr = self.init_lr if epoch < self.decay_epoch else self.init_lr *
    (self.epoch - epoch) /(self.epoch - self.decay_epoch)
```

接著就是在迴圈中訓練判別器與生成器，這裡依舊先訓練判別器再訓練生成器。

```
# 訓練判別器
_, d_loss, summary_str = self.sess.run([self.d_optimizer, self.d_loss,
    self.d_summary_loss], feed_dict = train_feed_dict)
```

```
#記錄判別器變化
self.writer.add_summary(summary_str, counter)
# 訓練生成器
g_loss = None
if (counter - 1) % self.n_critic == 0 :
    real_images, fake_images, _, g_loss, summary_str =
        self.sess.run([self.x_real, self.x_fake_list, self.g_optimizer,
        self.g_loss, self.g_summary_loss], feed_dict = train_
   feed_dict)
    #記錄生成器變化
    self.writer.add_summary(summary_str, counter)
    past_g_loss = g_loss
```

訓練的邏輯依舊很直觀，透過 Session 物件的 run 方法計算判別器與生成器所需要的數值，透過 feed_dict 參數提供對應的訓練資料即可。

完整的程式還有很多細節，如圖型保存、模型保存、TensorBoard 的使用、訓練資料處理等，因為篇幅有限就不全部展示出來了。

定義好訓練邏輯後，我們就可以訓練 StarGAN，依舊使用 RussellCloud 來幫助我們訓練，步驟如下。

（1）上傳 CelebA 資料集到 RussellCloud。
（2）上傳並運行 StarGAN 的程式，同時掛載資料集，開啟 TensorBoard 模式，方便訓練中觀察。

此時有些不同之處在於，我們不再直接透過 russell run 命令來運行 StarGAN 程式，以進行模型的訓練，而是開啟 jupyter 模式，具體命令如下。

```
russell run --gpu --env tensorflow-1.9 --data
ae09b6074f694d358cf03b81a9b3cf80:celetA --mode jupyter
```

這樣 russell 會開啟 jupyter 模式，我們可以在 jupyter 模式下開啟伺服器的命令列，在命令列上運行模型程式。例如我們想看一下訓練過程中，模型生成的圖型，因為 RussellCloud 中每個任務都是獨立的，所以，只能在當前任務中看到訓練模型時的輸出資料。而此前如果我們要看任務的資料集，則是在模型運行完，任務結束後，將此次任務生成的資料轉成對應的資料集，然後開啟新的任務去掛載查看。這其實沒有什麼問題，只是有時我們想在訓練過程中看模型生成的資料，為了實現這個目的，就可以透過 jupyter 模型來訓練模型。

首先進入 jupyter 的 Terminal，如圖 8.26 所示。

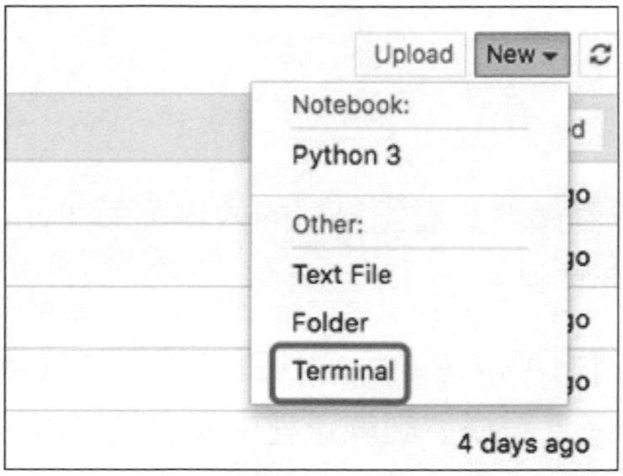

圖 8.26 進入 Terminal

接著使用 nohup 命令來訓練 StarGAN。

```
nohup python -u main.py > output/train.log &
```

其中 nohup 命令會將 Python 程式不掛斷地運行，這樣就算 SSH 連結斷開了，透過該 SSH 開啟的 Python 程式依舊會運行，但它沒有讓程式在後台運行，而此時我們通常將 Python 程式的輸出都重新導向地輸出到對應的 log 資料夾中，此前程式在前台運行對我們而言沒有什麼意義，因為它不會在前台列印或顯示任何東西，所以將其放置在後台運行最為合適，可以使用&命令將 Python 程式放置在伺服器後台運行，再透過 jobs 命令來查看處理程序狀態，透過 tail 命令查看記錄檔的內容。需要注意的是，Python 運行 main.py 時加了-u 參數，該參數會強制 Python 的輸出不存入快取，而是直接寫入指定的記錄檔。如果沒有-u 參數，記錄檔可能為空，因為輸出都被 Python 寫入快取之中，下面舉個簡單的例子。

```
後台不掛斷運行 test.py
ayuliao> nohup python -u test.py > train.log &
[1] 18683
查看處理程序狀態
ayuliao> jobs
[1]  + running    nohup python -u test.py > train.log
進入記錄檔目錄，動態查看記錄檔內容
ayuliao > tail -f train.log
0
1
2
3
...
```

tail 透過-f 參數可以動態地查看記錄檔的內容，即 Python 程式寫入記錄檔中的新內容可直接查看到。

在訓練過程中，我們還可以透過命令列查看模型生成資料的情況，以及透過 jupyter notebook 來查看模型訓練過程中產生的測試圖型。

透過命令列查看 StarGAN 生成了哪些資料，如圖 8.27 所示。

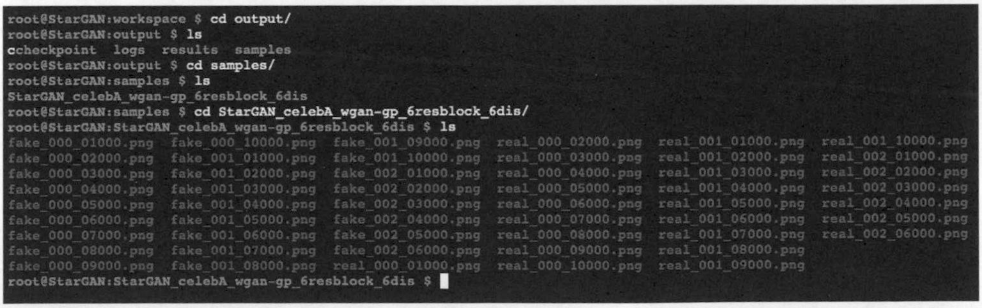

圖 8.27 查看 StarGAN 生成的資料

透過 jupyter notebook 視覺化 StarGAN 訓練過程中產生的圖型，如圖 8.28 所示。

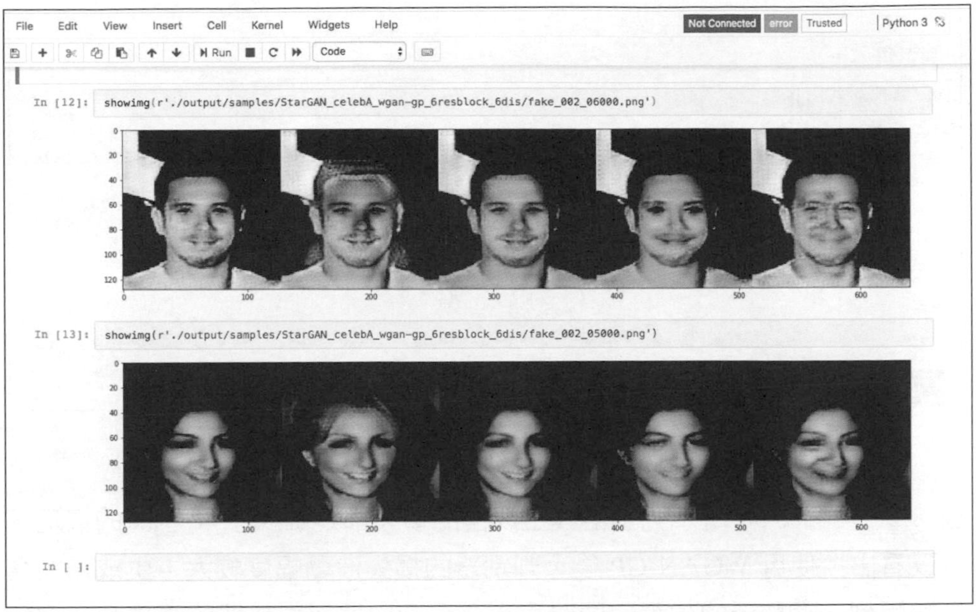

圖 8.28 查看直觀效果

8.3.4 效果展示

先來看一下判別器與生成器總損失的變化情況。判別器總損失變化如圖 8.29 所示。生成器總損失變化如圖 8.30 所示。

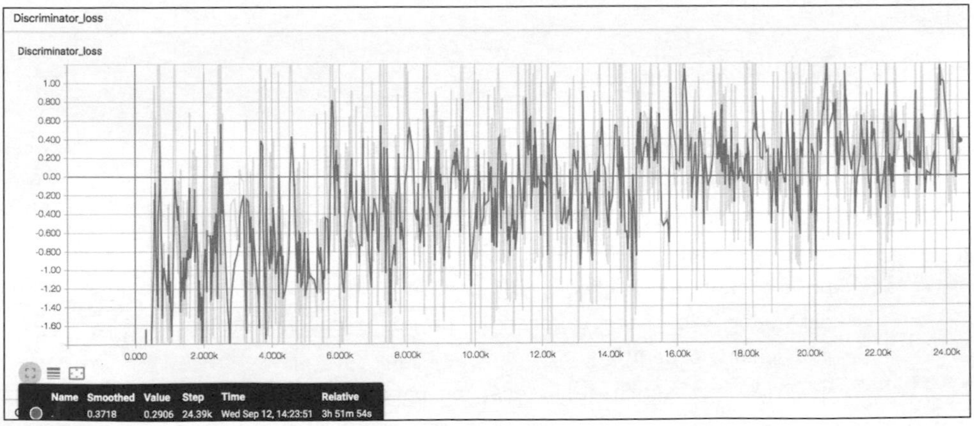

圖 8.29 判別器總損失變化

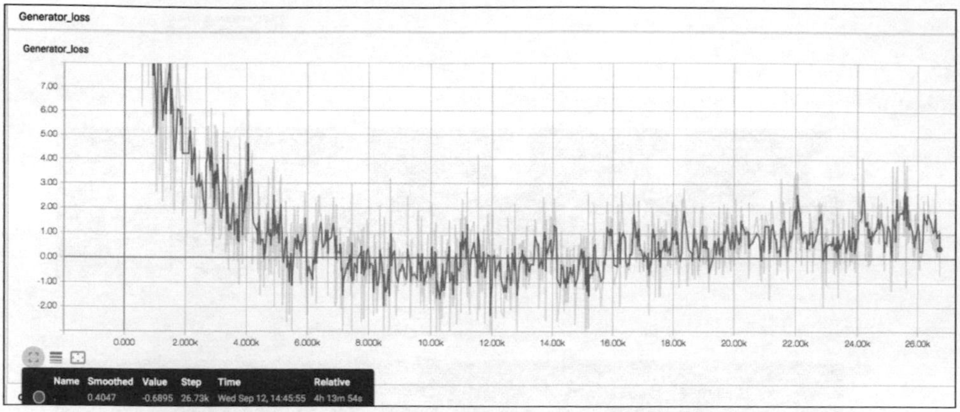

圖 8.30 生成器總損失變化

圖 8.29 與圖 8.30 所示判別器與生成器的損失都是訓練了 4 小時的情況，可以看出，使用 WGAN-GP 後，判別器的損失波動幅度較大，生成器的損失被壓到一個較低的位置，同時可以發現判別器與生成器的損失都有到負數的情況，這也是因為使用了 WGAN-GP。圖中展示的是總損失，它們是由多個損失組成的，我們同樣透過 TensorBoard 記錄這些損失，但這裡就不全部展示了。

等 StarGAN 訓練結束後，可以透過它的訓練模型來對新的圖型進行多域的轉換，下面來簡單使用一下，看看效果。首先當然是編寫模型載入的方法。

```
def load(self, checkpoint_dir):
    import re
    print(" [*] Reading checkpoints...")
    #checkpint 檔案所在路徑
    checkpoint_dir = os.path.join(checkpoint_dir, self.model_dir)
    ckpt = tf.train.get_checkpoint_state(checkpoint_dir)
    if ckpt and ckpt.model_checkpoint_path:
        ckpt_name = os.path.basename(ckpt.model_checkpoint_path)
        #載入 checkpoint 檔案
        self.saver.restore(self.sess, os.path.join(checkpoint_dir,
ckpt_name))
        counter = int(next(re.finditer("(\d+)(?!.*\d)",
```

```
ckpt_name)).group(0))
            print(" [*] Success to read {}".format(ckpt_name))
            return True, counter
        else:
            print(" [*] Failed to find a checkpoint")
            return False, 0
```

接著就編寫呼叫方法，整體邏輯與訓練時一樣，先定義出一個 placeholder 用於接收測試圖型的輸入，然後透過生成器接收輸入的測試圖型以及目標標籤向量，定義完後，再透過 Session 物件的 run 方法將資料登錄獲得生成器的生成圖型，並將圖型保存起來，具體程式如下。

```
self.custom_image = tf.placeholder(tf.float32, [1, self.img_size,
    self.img_size, self.img_ch], name='custom_image')
custom_label_fix_list = tf.transpose(create_labels(self.custom_label,
    self.selected_attrs), perm=[1, 0, 2])
self.custom_fake_image = tf.map_fn(lambda x :
    self.generator(self.custom_image, x, reuse=True),
    custom_label_fix_list, dtype=tf.float32)
# 載入模型
self.saver = tf.train.Saver()
self.checkpoint_dir = r'/Users/ayuliao/Desktop/GAN/8/model/checkpoint'
could_load, checkpoint_counter = self.load(self.checkpoint_dir)
self.result_dir = os.path.join(self.result_dir, self.model_dir)
check_folder(self.result_dir)
#生成測試圖型
for sample_file in test_files:
  print("Processing image: " + sample_file)
  sample_image = np.asarray(load_test_data(sample_file, size=self.img_size))
  image_path = os.path.join(image_folder,
    '{}'.format(os.path.basename(sample_file)))
  fake_image = self.sess.run(self.custom_fake_image, feed_dict =
    {self.custom_image :
        sample_image})
  fake_image = np.transpose(fake_image, axes=[1, 0, 2, 3, 4])[0]
  save_images(fake_image, [1, self.c_dim], image_path)
```

輸出結果如圖 8.31 所示。

圖 8.31 StarGAN 效果

最左邊的圖是輸入的真實圖型，隨後都是生成的圖型，這些圖型對應著不同的域，它們分別代表黑色頭髮、金色頭髮、棕色頭髮、性別、是否年輕。可以看到，生成的圖型品質還是很不錯的。

這裡只使用了 CelebA 資料集中的多個域作為訓練資料，以類似的方式，還可以使用多個資料集的多個域作為訓練資料，這樣生成圖型時，就可以有更多選擇了。

8.4 語義樣式不變的圖型跨域轉換

在前面的內容中，主要討論了 CycleGAN 與 StarGAN 這兩種網路，兩種網路雖然不同，但主要的功能是一致的，即實現圖型的跨域轉換。CycleGAN 透過訓練多個生成器實現不同域之間圖型的轉換，而 StarGAN 透過訓練一個生成器實現了多個不同域之間圖型的轉換，兩者都利用了迴圈一致性的思維。

雖然都有不錯的效果，但這種跨域停留在畫素等級，無法抽離出圖型中的進階特徵進行跨域，簡單而言，對差異很大的圖型，CycleGAN 與 StarGAN 這類畫素級跨域 GAN 無法得到理想的效果，往往會產生非常模糊的圖型。舉例來說，現在要實現真實人臉轉為漫畫人臉且保留其中的相似性，真實人臉與漫畫人臉之間有較大的差異，如果透過 CycleGAN 來訓練這兩堆不匹配且差異較大的資料，然後使用訓練出的生成器來實現真實人臉轉漫畫人臉，其效果如圖 8.32 所示。

圖 8.32 CycleGAN 真實人臉轉卡通人臉

從圖 8.32 可以看出，CycleGAN 生成的漫畫人臉十分模糊，根本無法辨識其中的內容。

差距較大的兩個域要實現跨域，畫素級的跨域模型想法是不可取的。為了保證跨域時輸入的原始圖型與生成的圖型之間是有連結的，迴圈一致性的思維依舊發揮作用，只是其用法以及目標與畫素等級的跨域模型不相同。此時我們更關注圖型間語義樣式上的一致性，即輸入的真實圖型與生成的圖型在高維的圖型特徵上具有相似性，即語義樣式具有相似性。例如實現真實人臉轉漫畫人臉，不再要求真實人臉與漫畫人臉在色彩、形狀等表面層次的特徵具有相似性，而要求真實人臉與生成的漫畫人臉在表情、神態上具有相似性。

下面我們來簡單討論在語義樣式不變的情況下實現圖型跨域轉換的想法與實現方式。

8.4.1 Domain Transfer Network 介紹

跨域轉換網路（Domain Transfer Network，DTN）提出其實早於 CycleGAN，是較早利用 GAN 與迴圈一致性的思維來實現圖型跨域轉換的模型。DTN 的核心想法是降低輸入圖型語義特徵與生成圖型語義特徵之間的損失，這種做法讓 DTN 可以實現差異較大的圖型線性回歸。

先來討論一下 DTN 的模型結構與目標函數，首先是 DTN 的模型結構，如圖 8.33 所示。

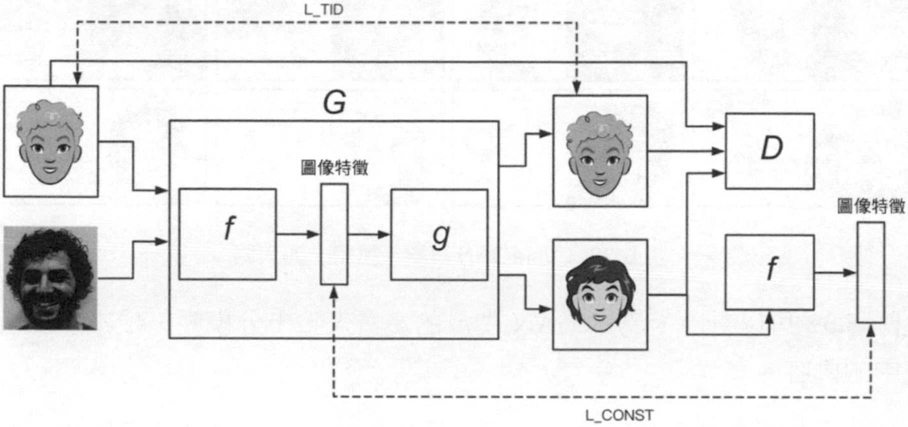

圖 8.33 DTN 結構

從整體來看，DTN 由一個生成器與一個判別器組成。先看到生成器 *G*，從圖 8.33 中可以看出，生成器由特徵提取器 *f* 與圖型生成器 *g* 組成，當一張圖型輸入生成器時，特徵提取器 *f* 就會提取輸入圖型的圖型特徵，這其實就是圖型的語義樣式；獲得這些特徵後，再使用圖型生成器 *g* 去生成圖型，該生成器的結構很像此前提過的 U 型生成器。

對生成器而言，它有兩種圖型輸入。第一種輸入是來源域圖型，即真人人臉，然後生成具有相似語義資訊的目標域圖型，即漫畫人臉。為了確保生成的漫畫人臉與真人人臉具有語義相似性，我們會將生成器生成的漫畫人臉再一次交給特徵提取器 *f*，讓特徵提取器 *f* 提取出來的特徵與此前特徵提取器提取的真人人臉特徵進行比較，最小化兩者的損失，即最小化L_{CONST}，這是為了讓真實人臉圖型與漫畫人臉圖型的特徵相互匹配。生成器的第二種輸入是漫畫人臉，然後依舊生成漫畫人臉，最小化生成的漫畫人臉與輸入漫畫人臉之間的損失，即最小化L_{TID}，這是為了讓生成器學會漫畫人臉的圖型特徵。

接著看到判別器，從圖 8.33 中可以看出，判別器接收了 3 種不同的輸入，分別是真實漫畫人臉、輸入漫畫人臉生成的漫畫人臉以及輸入真人人臉生成的漫畫人臉，判別器會判斷輸入的圖型是否逼真，逼真則打高分，反之則打低分。

DTN 直觀的模型結構就介紹到這裡，接著來討論一下它的目標函數。其實從 DTN 模型結構圖就可以直觀地看出 DTN 的目標函數。

先從判別器開始，判別器具有 3 種輸入，它對應的公式如下。

$$L_D = -E_{x\in s}\log D\left(1 - g\big(f(x)\big)\right) - E_{x\in t}\log D\left(1 - g\big(f(x)\big)\right) - E_{x\in t}\log D(x)$$

公式很直觀，其中$f(x)$表示圖型經過特徵提取器 f 後提取出的圖型特徵，$g\big(f(x)\big)$表示圖型生成器 g 使用圖型特徵$f(x)$生成對應的圖型，而x是最初的原始圖型。公式表明了判別器要對這 3 種不同的圖型輸入進行判別。雖然有兩個$g\big(f(x)\big)$，但它們來自不同的域，一個來自來源域s，另一個來自目標域t。對判別器而言，它希望最小化該公式。

接著從生成器的角度來看目標公式，與生成器有連結的損失函數有多個，先從L_{TID}與L_{CONST}開始，從 DTN 的模型結構圖可以看出它們的公式，L_{CONST}如下。

$$L_{\text{CONST}} = \sum_{x\in s} d(f(x), f(g(f(x))))$$

L_{CONST}是 DTN 中非常重要的損失，它表示圖型特徵之間的誤差，最小化L_{CONST}就可以讓來源域圖型的特徵與目標域圖型的特徵相互接近。最理想的情況就是實現當來源域圖型經過特徵提取器 f 提取特徵後可以獲得目標域的圖型特徵，這樣透過目標域的圖型特徵就可以生成目標域的圖型，即生成合適的漫畫人臉，公式裡的d表示 MSE 均方差損失。

為了讓生成器學習到目標域圖型中的特徵，生成器還要建構出圖型重構損失L_{TID}，公式如下。

$$L_{\mathrm{TID}} = \sum_{x \in t} d_2(x, G(x))$$

它的目標是最小化真實圖型與生成的目標圖像之間的損失，這裡的d_2同樣表示 MSE 均方差損失。

當然，對於生成器而言，除L_{CONST}與L_{TID}外，還有一個最基本的對抗損失，生成器的對抗損失如下。

$$L_{\mathrm{GANG}} = -E_{x \in s} \log D(g(f(x))) - E_{x \in t} \log D(g(f(x)))$$

生成器希望判別器可以給自身生成的圖型打高分，即最小化L_G。至此就可以建構出生成器的總損失了，公式如下。

$$L_G = L_{\mathrm{GANG}} + \alpha L_{\mathrm{CONST}} + \beta L_{\mathrm{TID}} + \gamma L_{\mathrm{TV}}$$

公式的前面 3 項都已經介紹過了，接著來簡單討論一下第四項L_{TV}。全變分（Total Variation，TV），它的主要作用是在圖型復原和圖型去噪中保持圖型的光滑，消除圖型復原過程中可能產生的偽影。簡單看一下增加全變分後圖型復原的結果與沒有增加全變分時圖型復原的結果，如圖 8.34 所示。

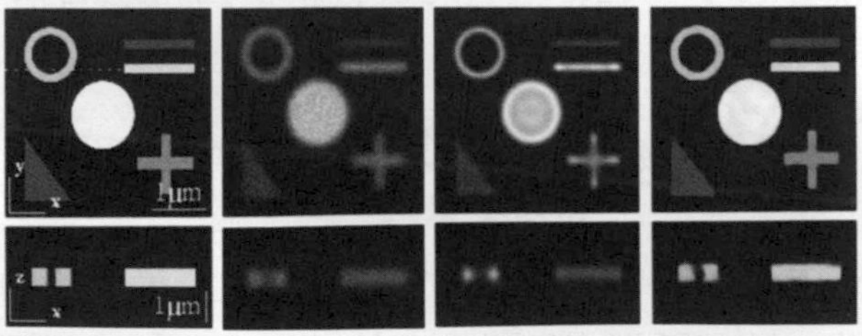

（a）（b）（c）（d）

圖 8.34 增加全變分的圖型效果

在圖 8.34 中，圖 8.34（a）是原始圖型；圖 8.34（b）是在原始圖型上加了雜訊的圖型；圖 8.34（c）是沒有進行全變分操作後復原的圖型，可以看出沒有增加全變分的復原圖型有比較嚴重的偽影；圖 8.34（d）是使用全變分操作後復原的圖型，觀察復原的圖型與原圖是否接近，當然使用全變分操作可能會讓復原的圖型過於光滑，原圖型中的一些細節在復原後會遺失。

全變分背後有複雜的數理邏輯作為支援，這裡不做深入討論，直接取其結論來使用，公式如下。

$$L_{\mathrm{TV}}(z) = \sum_{i,j}((z_{i,j+1} - z_{i,j})^2 + (z_{i+1,j} - z_{i,j})^2)^{\frac{B}{2}}$$

到這裡，DTN 的模型結構及其判別器與生成器的目標函數都已討論完成。

8.4.2 DTN 程式結構

理清了 DTN 的結構以及目標函數後，就可以嘗試將其透過程式實現出來，這裡使用 SVHN 資料集與 MNIST 資料集作為 DTN 的訓練資料集。MNIST 資料集不必多講，這裡簡單介紹一下 SVHN 資料集，SVHN 是一個收集於真實世界的門牌號資料集，具有 10 個類別，其中 0 表示圖型中的門牌號為 10，1 表示門牌號為 1，2 表示門牌號為 2，依此類推，9 表示門牌號為 9。SVNH 資料集中的資料有兩種形式：第一種是原始圖型，但會帶有邊框將對應標籤的門牌號框選出來；第二種是類似於 MNIST 資料集中資料的標籤，都是 32×32 大小的圖型，以對應的門牌號為中心，一些圖型中會含有干擾物。我們使用第二種形式的圖型，其直觀的形式如圖 8.35 所示。

我們希望透過 DTN 實現將 SVHN 資料集中的圖型轉成對應的 MNIST 圖型，可以看出來源域與目標域圖型之間的差異是比較大的。下面我們來編寫 DTN 對應的程式來實現 SVHN 圖型轉 MNIST 圖型。

圖 8.35 SVHN 資料集

首先來編寫 DTN 的生成器與判別器，生成器由特徵提取器與圖型生成器兩部分組成。這裡使用轉置卷積層來建構特徵提取器，使用卷積層來建構圖型生成器，兩者合併在一起就是生成器，具體程式如下。

```
#圖型解碼器，獲得圖型特徵
def f(self, x, bn=False, activation=tf.nn.relu):
    with tf.variable_scope("f", reuse=tf.AUTO_REUSE):
        x = tf.image.grayscale_to_rgb(x) if x.get_shape()[3] == 1 else x
            # (batch_size, 32, 32,   3)
        x = self.conv_bn(x,  64, [3, 3], 2,  "same", activation, bn,
            "conv1") # (batch_size, 16, 16,  64)
        x = self.conv_bn(x, 128, [3, 3], 2,  "same", activation, bn,
            "conv2") # (batch_size,  8,  8, 128)
        x = self.conv_bn(x, 256, [3, 3], 2,  "same", activation, bn,
            "conv3") # (batch_size,  4,  4, 256)
        x = self.conv_bn(x, 128, [4, 4], 2, "valid", tf.nn.tanh, bn,
            "conv4") # (batch_size,  1,  1, 128)
        return x
#透過特徵生成圖型
def g(self, x, bn=False, activation=tf.nn.relu):
    with tf.variable_scope("g", reuse=tf.AUTO_REUSE):
        # (batch_size,  4,  4, 512)
        x = self.conv_t_bn(x, 512, [4, 4], 2, "valid", activation, bn,
            "conv_t1")
        # (batch_size,  8,  8, 256)
```

```
        x = self.conv_t_bn(x, 256, [3, 3], 2,  "same", activation,    bn,
            "conv_t2")
        # (batch_size, 16, 16, 128)
        x = self.conv_t_bn(x, 128, [3, 3], 2,  "same", activation,    bn,
            "conv_t3")
        # (batch_size, 32, 32,   1)
        x = self.conv_t_bn(x,   1, [3, 3], 2,  "same", tf.nn.tanh, False,
            "conv_t4")
        return x
#生成器
def G(self, x):
    return self.g(self.f(x))
```

我們封裝了 conv_bn 來實現卷積操作與 BN 操作，封裝了 conv_t_bn 來實現轉置卷積操作與 BN 操作，將兩者直接聯繫在一起就組成了最終的生成器。

接著來看判別器的程式，判別器的結構依舊簡單。

```
    #判別器
    def D(self, x, bn=False, activation=tf.nn.relu):
        with tf.variable_scope("D", reuse=tf.AUTO_REUSE):
            # (batch_size, 16, 16, 128)
            x = self.conv_bn(x, 128, [3, 3], 2,  "same",  activation,
                bn, "conv1")
            # (batch_size,  8,  8, 256)
            x = self.conv_bn(x, 256, [3, 3], 2,  "same",  activation,
                bn, "conv2")
            # (batch_size,  4,  4, 512)
            x = self.conv_bn(x, 512, [3, 3], 2,  "same",  activation,
                bn, "conv3")
            # (batch_size,  1,  1,   1)
            x = self.conv_bn(x,   1, [4, 4], 2, "valid", tf.identity,
                False, "conv4")
            #將一個張量展平
            x = tf.layers.flatten(x)
            return x
```

接著來建構 DTN 的各種損失函數，先實例化需要的各種張量。

```
# 來源域
f_xs                    = self.f(self.xs)
self.g_f_xs             = self.g(f_xs)
D_g_f_xs                = self.D(self.g_f_xs)
f_g_f_xs                = self.f(self.g_f_xs)

# 目標域
f_xt                    = self.f(self.xt)
g_f_xt                  = self.g(f_xt)
D_g_f_xt                = self.D(g_f_xt)
D_xt                    = self.D(self.xt)
f_g_f_xt                = self.f(g_f_xt)
```

f_xs 為來源域圖型對應的圖型特徵；g_f_xs 為圖型生成器根據來源域圖型特徵生成的圖型；D_g_f_xs 為判別器給該生成圖型的判別分數，f_g_f_xs 為圖型特徵提取器對生成圖型提取出的圖型特徵。目標域張量的意義與來源域的相似。

張量定義好後，就來建構具體的損失。首先建構判別器的損失，因為比較簡單，所以直接列出整個程式。

```
# 判別器損失
loss_D_g_f_xs     = tf.reduce_mean(tf.nn.sigmoid_cross_entropy_with_logits(
  logits=D_g_f_xs, labels=tf.zeros_like(D_g_f_xs))) #低分
loss_D_g_f_xt     = tf.reduce_mean(tf.nn.sigmoid_cross_entropy_with_logits(
  logits=D_g_f_xt, labels=tf.zeros_like(D_g_f_xt))) #低分
loss_D_xt         = tf.reduce_mean(tf.nn.sigmoid_cross_entropy_with_logits(
  logits=D_xt, labels=tf.ones_like(D_xt))) #高分
self.loss_D_xs    = loss_D_g_f_xs
self.loss_D_xt    = loss_D_g_f_xt + loss_D_xt
```

loss_D_g_f_xs 表示判別器給生成器根據來源域生成的圖型打的分數，對於判別器而言，它希望給生成的圖型打儘量低的分值。loss_D_g_f_xt 表示判別器給生成器根據目標域生成的圖型打的分數，判別器同樣希望給予低分。loss_D_xt 表示判別器給輸入的真實圖型打的分數，判別器希望它給真實圖型打高分，最後將來源域與目標域的判別器損失分開成對應的兩個張量。

相對於判別器而言，生成器的損失就比較繁雜，首先建構生成器的對抗損失，程式如下。

```
# 生成器對抗損失
loss_GANG_D_g_f_xs = tf.reduce_mean(tf.nn.sigmoid_cross_entropy_with_logits(
          logits=D_g_f_xs, labels=tf.ones_like(D_g_f_xs)))
loss_GANG_D_g_f_xt = tf.reduce_mean(tf.nn.sigmoid_cross_entropy_with_logits(
          logits=D_g_f_xt, labels=tf.ones_like(D_g_f_xt)))
```

對於生成器而言，無論它是根據來源域還是根據目標域，生成器都希望自己生成的圖型可以讓判別器打高分，這樣就與判別器形成了對抗。

接著來建構L_{CONST}特徵迴圈一致性損失，程式如下。

```
# MSE 均方差損失
def d(self, x, y):
    return tf.reduce_mean(tf.square(x - y))


loss_CONST_xs        = self.d(f_xs, f_g_f_xs)
loss_CONST_xt        = self.d(f_xt, f_g_f_xt)
```

特徵的迴圈一致性損失比較直觀，計算輸入圖型的圖型特徵與對應的生成圖型的圖型特徵之間的損失即可，最小化兩者的損失，可以讓來源域的語義樣式與目標域的語義樣式越來越接近，最終可以生成比較理想的圖型。

然後定義L_{TID}圖型重構損失，程式如下。

```
# MSE 均方差損失
def d2(self, x, y):
    return tf.reduce_mean(tf.square(x - y))
loss_TID              = self.d2(self.xt, g_f_xt)
```

圖型重構損失同樣很直觀，計算目標域的圖型輸入以及生成器生成的對應圖型之間的損失即可，最小化該損失，可以讓生成器更進一步地學到目標域中的圖型特徵。

最後定義L_{TV}全變分對應的損失。

```
# 全變分模型
def tv(self, x):
```

```
    return tf.reduce_mean(tf.image.total_variation(x))
loss_TV_xs              = self.tv(self.g_f_xs)
loss_TV_xt              = self.tv(g_f_xt)
```

將上面的各種損失相加，就組成生成器的總損失。

```
# 來源域生成器總損失
self.loss_G_xs          = loss_GANG_D_g_f_xs + a*loss_CONST_xs + c*loss_TV_xs
# 目標域生成器總損失
self.loss_G_xt          = loss_GANG_D_g_f_xt + a*loss_CONST_xt + b*loss_TID +
                          c*loss_TV_xt
```

其中的 a、b、c 是權重超參數，表示不同損失對生成器的重要程度。當我們將所有損失都定義好後，就可以透過最佳化演算法來最小化這些損失了。

```
t_vars = tf.trainable_variables()
d_vars = [v for v in t_vars if "D" in v.name]
g_vars = [v for v in t_vars if "g" in v.name]
if self.f_adaptation_flag:
   g_vars.extend([v for v in t_vars if "f" in v.name])
with tf.variable_scope("xs", reuse=False):
   optimizer_d_xs = tf.train.AdamOptimizer(self.lr)
   optimizer_g_xs = tf.train.AdamOptimizer(self.lr)
   update_ops = tf.get_collection(tf.GraphKeys.UPDATE_OPS)
   with tf.control_dependencies(update_ops):
     self.train_op_d_xs = optimizer_d_xs.minimize(self.loss_D_xs,
                          var_list=d_vars)
     self.train_op_g_xs = optimizer_g_xs.minimize(self.loss_G_xs,
                          var_list=g_vars)
with tf.variable_scope("xt", reuse=False):
   optimizer_d_xt = tf.train.AdamOptimizer(self.lr)
   optimizer_g_xt = tf.train.AdamOptimizer(self.lr)
   update_ops = tf.get_collection(tf.GraphKeys.UPDATE_OPS)
   with tf.control_dependencies(update_ops):
     self.train_op_d_xt = optimizer_d_xt.minimize(self.loss_D_xt,
                          var_list=d_vars)
     self.train_op_g_xt = optimizer_g_xt.minimize(self.loss_G_xt,
                          var_list=g_vars)
```

最佳化的程式比較常見，在 TensorFlow 中就是透過對應的 API 方法將最佳化目標以及對應的模型參數傳入即可。

下面直接來編寫模型的訓練程式，透過 Session 物件的 run 方法來計算此前定義好的生成器損失及判別器損失。

```
if (batch + 1) % self.params["eval_every_num_update"] == 0:
        op = [self.summary_op_xs, self.loss_D_xs, self.loss_G_xs]
        summary_op_xs, loss_D_xs, loss_G_xs = self.sess.run(op, feed_dict)
        self.summary_writer.add_summary(summary_op_xs, batch)
        self.logger.info("[Source] [%d/%d] d_loss: %.6f, g_loss: %.6f" \
         % (batch + 1, self.params["max_batch"], loss_D_xs, loss_G_xs))
if (batch + 1) % self.params["eval_every_num_update"] == 0:
        op = [self.summary_op_xt, self.loss_D_xt, self.loss_G_xt]
        summary_op_xt, loss_D_xt, loss_G_xt = self.sess.run(op, feed_dict)
        self.summary_writer.add_summary(summary_op_xt, batch)
        self.logger.info("[Target] [%d/%d] d_loss: %.6f, g_loss: %.6f" \
         % (batch + 1, self.params["max_batch"], loss_D_xt, loss_G_xt))
```

這樣就獲得了當前輪生成器與判別器的具體損失，以類似的方法呼叫此前定義的最佳化方法。

```
if self.flip_gradient_flag:
        # 最小化所有損失（來源域+目標域）
        self.sess.run(self.train_op_all, feed_dict)
else:
        # 分開最佳化
        for _ in range(self.params["d_update_freq_source"]):
        self.sess.run(self.train_op_d_xs, feed_dict)
        for _ in range(self.params["g_update_freq_source"]):
        self.sess.run(self.train_op_g_xs, feed_dict)

if self.flip_gradient_flag:
        self.sess.run(self.train_op_all, feed_dict)
else:
        for _ in range(self.params["d_update_freq_target"]):
        self.sess.run(self.train_op_d_xt, feed_dict)
        for _ in range(self.params["g_update_freq_target"]):
        self.sess.run(self.train_op_g_xt, feed_dict)
```

至此 DTN 程式的核心部分就編寫完成，還有很多輔助程式便不再展示。DTN 將 SVHN 資料集中的圖型轉成對應的 MNIST 圖型，效果如圖 8.36 所示。可以看出，效果還是很不錯的，門牌號都生成了對應的手寫數字。

圖 8.36 DTN 效果

8.4.3 XGAN 介紹

接著來討論一下 XGAN，XGAN 是 2018 年 4 月由 Google 團隊提出的一種語義樣式不變的圖型跨域轉換 GAN，之所以叫 XGAN，除比較酷之外，是因為其模型結構就像一個 X，這裡簡單地討論一下 XGAN 的模型結構以及它的目標函數。

XGAN 的提出是為了解決固定編碼器在兩個域之間存在較大的域位移時不具有一般性的問題，XGAN 論文指出 DTN 就面臨著這個問題。

XGAN 的核心思維與 DTN 類似，都利用迴圈一致性保證了多域之間的語義特徵具有相似性，下面先從 XGAN 模型結構的角度來探討一下。

XGAN 是D_1域與D_2域上的兩個自編碼器，每個域內分別有一個編碼器以及一個解碼器，如圖 8.37 所示。

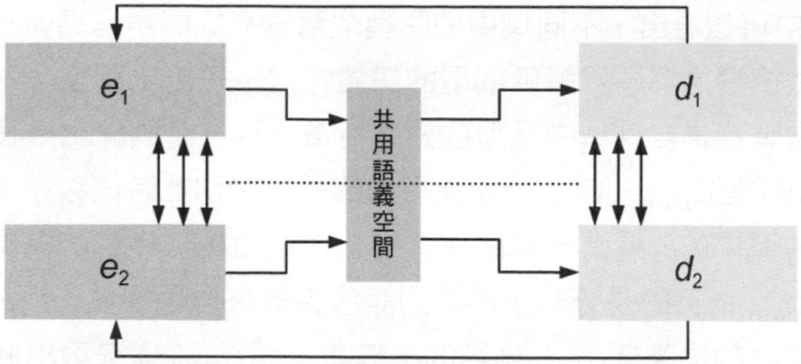

圖 8.37 每個域對應編碼器與解碼器

在圖 8.37 中，使用e_1表示D_1域的編碼器，使用d_1表示D_1域的解碼器，兩者組成該域的自編碼器，獲得D_1域中圖型的語義特徵，對於D_2域也是類似的。需要注意的是，編碼器e_1與編碼器e_2最後幾層的模型參數是相連結的，這樣可以讓編碼器編碼不同的域空間圖型時產生有連結性的語義特徵，解碼器d_1與解碼器d_2最開始幾層的模型參數也是相連結的，其作用依舊是讓兩個域可以產生具有連結性的語義特徵。

為了加強兩個域中圖型語義特徵的連結性，XGAN 定義出了L_{dann}域對抗性損失，最小化域對抗性損失會將兩個域中圖型的特徵嵌入同一個子空間中，彌合兩個域之間語義特徵的差異，這樣就強化了兩個域中圖型語義特徵的連結性，直觀形式如圖 8.38 所示。

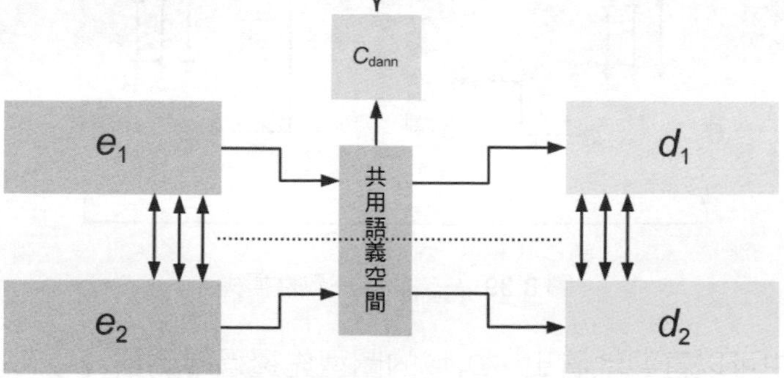

圖 8.38 L_{dann}域對抗性損失

從圖 8.38 中可以看出，不同域中的圖型依舊透過編碼器編碼獲得圖型的語義特徵，然後透過解碼器解碼圖型的語義特徵，復原出圖型，不同域中的編碼器會編碼獲得自身域中圖型的語義特徵。現在會訓練出一個類似判別器的二分類模型C_{dann}，該二分類模型會儘量去判別此時語義空間中的語義特徵是由D_1域中的e_1編碼器編碼獲得的，還是由D_2域中的e_2編碼器編碼獲得的。即C_{dann}的目的是分辨出不同的語義特徵來自哪個域，而e_1編碼器與e_2編碼器的目的是降低C_{dann}分類的準確率，讓C_{dann}分辨不出此時的語義特徵來自哪個域，這樣就實現了e_1編碼器與e_2編碼器可以編碼出類似的語義特徵來表示不同的域中的圖型。

但這只能保證兩個域的圖型之間生成的語義特徵在表型上具有相似性，不能表明兩個表型上相似的語義特徵向量在不同的域中表示相同的含義。舉例來說，現在兩個域有一個相同的語義向量，該語義向量在D_1域表示黑頭髮大眼睛的人有點生氣，而在D_2域可能就表示金頭髮小眼睛的人在開心地笑，兩個域由編碼器生成的語義向量雖然相似，但在不同的域表示不同的內在含義。為了讓兩個域的語義特徵的內在含義具有連結，就需要使用迴圈一致性的思維。XGAN 利用迴圈一致性的思維定義出L_{sem}語義一致性損失，其直觀形式如圖 8.39 所示。

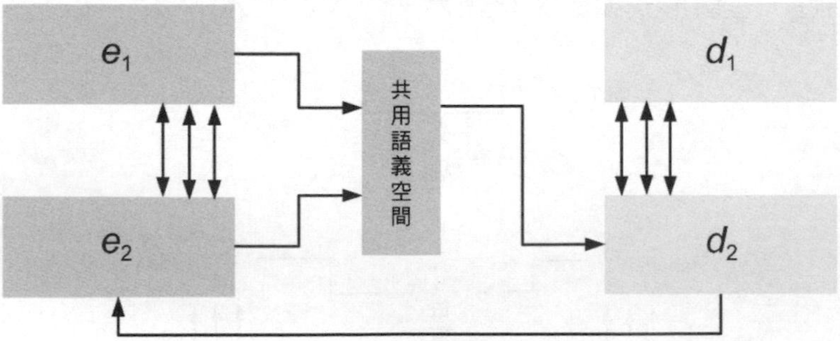

圖 8.39 L_{sem}語義一致性損失

從圖 8.39 中可以直觀地看出，D_1域的圖型先透過編碼器e_1編碼獲得語義特徵，然後由D_2域的解碼器d_2解碼語義特徵復原圖型，此時再將復原的圖型交由編碼器e_2編碼獲得語義特徵，最小化復原圖型與原始輸入圖型的語義特徵，這樣就可以讓兩個域的語義特徵在內在含義上具有連結性。

當然最後還有一個最常見的對抗損失，即生成器希望判別器給自己生成的圖型打高分，直觀形式如圖 8.40 所示。

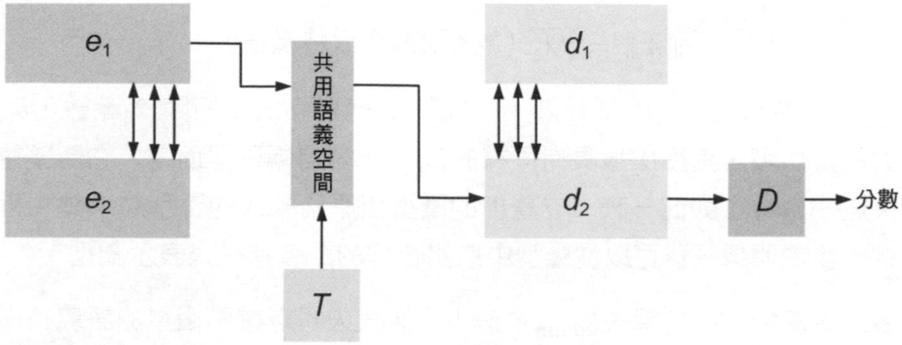

圖 8.40 對抗損失

輸入圖型由編碼器e_1編碼，再由解碼器d_2解碼獲得復原圖型，此時將復原圖型交由判別器判別。判別器的目的是給解碼器復原的圖型打低分，給真實的圖型打高分，而編碼器與解碼器組成的生成器希望判別器給自己生成的圖型打高分，從而組成生成對抗關係。這裡還有一個額外的教師損失L_{teach}，該損失是可選的，它是一個預訓練的語義特徵嵌入模型，我們可以從中獲取一些先驗知識，以輔助 XGAN 的訓練。

接著從數學角度來看 XGAN，結合上面對 XGAN 模型的描述來了解 XGAN 的損失函數。首先定義L_{rec}圖型的重構損失，即一個域中圖型透過編碼解碼復原後，復原的圖型與原始的輸入圖型之間的損失，公式如下。

$$L_{\text{rec},1} = E_{x\sim PD_1}\left(\| x - d_1\left(e_1(x)\right) \|_2\right)$$

這裡使用了 2-範數，與 1-範數類似，2-範數也分為向量 2-範數與矩陣 2-範數。向量 2-范數表示向量元素絕對值的平方和再開方，其公式如下。

$$\| x \|_2 = \sqrt{\sum_{i=1}^{n} x_i^2}$$

矩陣 2-範數，也稱譜範數，它表示$\mathbf{A}^{\mathrm{T}}\boldsymbol{A}$矩陣的最大特徵值的平方根，公式如下。

$$\| \boldsymbol{A} \|^2 = \sqrt{\lambda_1} \text{（為}\mathbf{A}^{\mathrm{T}}\boldsymbol{A}\text{的最大特徵值）}$$

$L_{\mathrm{rec},1}$公式中處理的是圖型矩陣，所以其 2-範數指的是矩陣 2-範數，$L_{\mathrm{rec},1}$針對的是D_1域，對應D_2域具有同樣的$L_{\mathrm{rec},2}$。對自編碼器而言，它希望重構損失越小越好，如此一來，它重構的圖型與原始輸入的圖型越來越相近，這進一步說明編碼器可以從圖型中取出合理的語義特徵來表示圖型。

接著來定義域對抗性損失L_{dann}，最小化該損失可以讓兩個域的語義特徵更加相近，其公式如下。

$$\min_{\theta\in 1,\theta\in 2}\max_{\theta_{\mathrm{dann}}} L_{\mathrm{dann}} = E_{PD_1}\phi(1, C_{\mathrm{dann}}(e_1(x))) + E_{PD_2}\phi(1, C_{\mathrm{dann}}(e_2(x)))$$

其中C_{dann}是一個二分類模型，它的目的是分辨出來自不同域的語義特徵，在公式中，來自D_1域的語義特徵，二分類模型會將其分類為 1，而對於來自D_2域的語義特徵，二分類模型會將其分類為 2。公式中的θ表示模型參數，一開頭的最小化和最大化表示C_{dann}經過訓練希望可以最大限度地提高其對不同域語義特徵分類的精度，即最大化L_{dann}，而編碼器e_1與e_2則儘量讓C_{dann}無法分辨出語義特徵來自哪個域，即最小化L_{dann}。

接著來定義迴圈語義一致性L_{sem}，迴圈語義一致性對 XGAN 而言是非常重要的損失，它的作用是讓 XGAN 的編碼器可以提取出有意義且語義上與復原圖型具有一致性的語義特徵，其公式如下。

$$L_{\mathrm{sem},1\to 2} = E_{x\sim PD_1} \| e_1(x) - e_2\big(g_{1\to 2}(x)\big) \|$$

該公式表示D_1域的輸入圖型透過D_1域的編碼器e_1提取的語義特徵與D_2域的

復原圖型透過D_2域的編碼器e_2提取的語義特徵之間的損失，最小化該損失可以讓兩個域的語義特徵在其內在含義上具有連結性。

接著來定義教師損失L_{teach}，該損失是可選的，它的主要作用是將某些先驗知識結合在模型中，當然，前提是這些先驗知識對模型是有效的。換句話說，我們可以直接從 T 中獲取圖型特徵級的資訊，同時可以將共用的語義空間限制在一個更有意義的子區域，其公式如下。

$$L_{\text{teach}} = E_{x\sim PD_1} \parallel T(x) - e_1(x) \parallel$$

到這裡，我們就可以獲得 XGAN 的總損失了，將上面定義的損失全部相加即可，公式如下。

$$L_{\text{XGAN}} = L_{\text{rec}} + w_d L_{\text{dann}} + w_s L_{\text{sem}} + w_g L_{\text{dann}} + w_t L_{\text{teach}}$$

其中w_d、w_s、w_g、w_t表示不同損失對 XGAN 總損失的重要程度。XGAN 就簡單地討論到這裡，在其論文中列出了 DTN 與 XGAN 使用相同參數訓練同一組資料的結果比對圖，如圖 8.41 所示。

(a) DTN

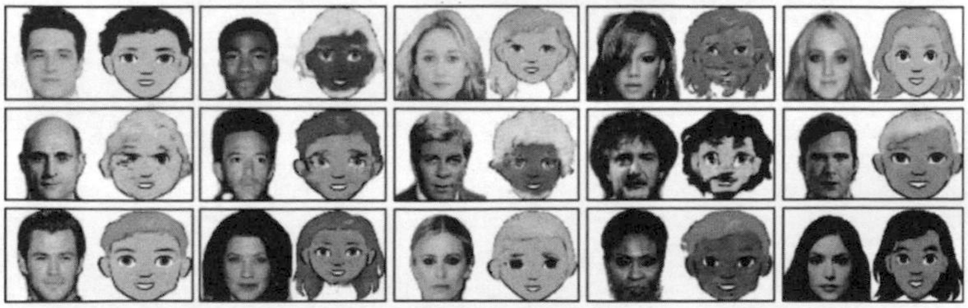

(b) XGAN

圖 8.41 DTN 與 XGAN 比較

從圖 8.41 中可以看出 XGAN 有更好的效果，當然這並不能說明 DTN 一無是處，畢竟兩者的核心思維是相同的。

8.5 小結

在本章中，我們討論了迴圈一致性這種思維在 GAN 中的使用。簡單來說，迴圈一致性其實是自監督的一種想法，即模型自己監督自己生成的效果，當然 GAN 本身也可以認為是一種自監督，即判別器監督生成器。

我們從圖型風格轉換開始討論，引出了 CycleGAN，它可實現不匹配資料之間的圖型轉換，但因為它只能實現兩域之間的跨域圖型轉換，在面對多域圖型轉換時顯得繁雜，從而引出了 StarGAN，它只需訓練一個生成器，便可以實現多個不同資料集在多個不同域之間的圖型轉換。

但 CycleGAN 與 StarGAN 的圖型跨域轉換都停留在畫素等級，對於風格差異較大的圖型，則難以獲得理想的效果，從而引出了圖型語義一致性的概念，接著便討論了 DTN 與 XGAN 這兩種強調語義一致性的 GAN 網路。

下一章我們將返回母星學習如何改善傳統 GAN，這是為了能在之後的 GAN 星際旅行中更進一步地了解不同的 GAN 星球。

Chapter

09 改進生成對抗網路

上一章主要討論了迴圈一致性思維在 GAN 中的使用以及對應 GAN 變形的實現方法，包括 CycleGAN、StarGAN、DTN、XGAN 等。但漸漸地，我們發現，有些 GAN 星球的損失不再使用 f 散度來衡量，而是使用其他方式，如實現 CycleGAN 時使用了最小平方損失（Least Square GAN），實現 StarGAN 時使用了 Wasserstein 距離，即 WGAN-GP。本章主要討論這些損失對原始 GAN 的改進之處及其簡單的數學原理，同時還會討論一些較為著名的改進方法。

本章我們的飛船返回母星基地，開始學習 WGAN、WGAN-GP、SNGAN、Loss-Sensitive GAN 等內容，有了這些知識後，探索 GAN 太空的旅行會變得更加廣闊、有趣。

9.1 傳統 GAN 存在的問題

9.1.1 梯度消失

既然要討論改進，當然先要知道傳統的 GAN 哪裡存在問題，這樣我們才能對症下藥。回憶一下傳統 GAN 的目標函數。

$$V(D,G)=E_{x\sim P_{\text{data}}(x)}[\log D(x)]+E_{z\sim P_z(z)}[\log(1-D(G(x)))]$$

為了方便後面表示，這裡將$P_{\text{data}}(x)$記為P_r，表示真實資料的機率分佈；將$P_z(z)$記為P_g，表示生成資料的機率分佈。透過本書第 5 章關於 GAN 數學方面的討論，你已經可以知道，判別器 D 的最佳解可以推導為

$$D_G^*(x) = \frac{P_r(x)}{P_r(x) + P_G(x)}$$

將判別器 D 的最佳解代入生成器 G 中，可以獲得生成器 G 的最佳解。

$$\max_D V(D,G) = \text{KL}\left[P_r \parallel \frac{P_r + P_g}{2}\right] + \text{KL}\left[P_g \parallel \frac{P_r + P_g}{2}\right] - 2\log 2$$

當生成器 G 是最佳時，就有$P_r(x) = P_G(x)$，即生成資料分佈與真實資料分佈相同，此時生成器可以生成以假亂真的資料。當$P_r(x) = P_G(x)$時，就可以將上式簡化。

$$C(G) = \max_D V(D,G) = 2\text{JS}\left[P_r \parallel P_g\right] - 2\log 2$$

傳統 GAN 中訓練生成器其實就是減小真實分佈P_r與生成分佈P_g的 JS 散度，從而達到讓生成器可以生成以假亂真的圖型的目的。但要使用 JS 散度來表示兩分佈之間的距離，是有前提條件的，即兩分佈是有重疊部分的，且重疊部分不可忽略，這個前提條件的來源是對分佈不重疊部分，KL 散度可能不存在。該條件同樣經過嚴謹的資料推導證明，這裡不深究，感興趣的讀者可以閱讀 Wasserstein GAN 的論文。

要使用 JS 散度表示機率分佈的距離，需要滿足分佈之間有重疊部分的要求，但 GAN 中生成器生成資料的機率分佈與真實資料的機率分佈幾乎是沒有重疊部分的，或兩分佈重疊部分是可以被忽略的。這就造成了一個嚴重的問題，即使用 JS 散度是無法表示 GAN 中生成資料分佈與真實資料分佈之間的距離的。

當然這都是在判別器 D 最佳這個條件下推導出生成器最佳時的情況，換句話說，當判別器越接近最佳時，最小化生成器的損失也就會越接近最小化

真實分佈P_r與生成分佈P_g之間的 JS 散度。而因為在 GAN 中真實分佈與生成分佈通常是不重疊的或重疊部分可忽略的，所以 JS 散度無法衡量兩分佈之間的距離，即判別器無法指導生成器進一步最佳化來生成更逼真的圖型。

簡單從數學角度來推導一下這個結論，對於任意一個 x，都只有 4 種可能。

- ❑ $P_r(x) = 0, P_G(x) = 0$。
- ❑ $P_r(x) \neq 0, P_G(x) \neq 0$。
- ❑ $P_r(x) = 0, P_G(x) \neq 0$。
- ❑ $P_r(x) \neq 0, P_G(x) = 0$。

簡單地將這 4 種情況都代入生成器 G 最佳時的公式中，即代入公式$C(G)$中，推導如下。

- ❑ $P_r(x) = 0, P_G(x) = 0 \rightarrow$代入公式$C(G)$，分母為 0，對 JS 散度沒有貢獻。
- ❑ $P_r(x) \neq 0, P_G(x) \neq 0 \rightarrow$代入公式$C(G)$，重疊部分可以忽略，對 JS 散度沒有貢獻。
- ❑ $P_r(x) = 0, P_G(x) \neq 0 \rightarrow$代入公式$C(G)$，$\text{JS}[P_r \parallel P_g] = \log 2$，$C(G) = 0$。
- ❑ $P_r(x) \neq 0, P_G(x) = 0 \rightarrow$代入到公式$C(G)$，$\text{JS}[P_r \parallel P_g] = \log 2$，$C(G) = 0$。

從上面推導可以得到的結論是，無論真實分佈P_r與生成分佈P_g距離多遠或距離多近，只要兩分佈沒有任何重疊或重疊部分可以忽略，那麼 JS 散度的值就恒為$\log 2$，而生成器的梯度$C(G)$就恒為 0。換句話說，當判別器最佳時，生成器無法獲得任何梯度資訊，導致訓練生成器也無法降低其損失，也就無法進一步生成更逼真的圖型。直觀了解如圖 9.1 所示。

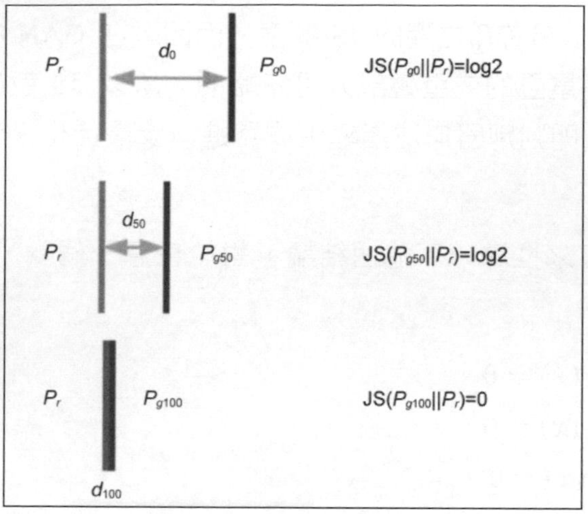

圖 9.1 JS 散度恒為 log2

在二維空間中，生成分佈P_g與真實分佈P_r沒有重疊部分，那麼 JS 散度是無法度量兩分佈之間的距離的。從圖 9.1 中可以看出，GAN 剛開始訓練時，P_{g_0}與P_r的距離d_0是比較大的，此時 JS 散度的值為$\log 2$；訓練一段時間後，$P_{g_{50}}$與P_r的距離為d_{50}，它比d_0的值要小，即此時$P_{g_{50}}$比P_{g_0}要好，但 JS 散度卻依舊是$\log 2$，即對 JS 散度而言，兩者是一樣差的；除非兩分佈出現重疊部分，即$P_{g_{100}}$與P_r重合，此時 JS 散度直接從$\log 2$降為 0。

但上述描述是無法實現的，因為 JS 散度認為P_{g_0}與$P_{g_{50}}$是一樣差的，此時就不會提供梯度給生成器，讓生成器從P_{g_0}最佳化到$P_{g_{50}}$，即訓練會卡在P_{g_0}處，難以進一步最佳化。

從另一個角度來看，判別器就是一個二元分類器，因為兩個機率分佈之間不存在重疊部分或重疊部分可以忽略，所以判別器可以輕易地將兩種分佈分開，即使用 sigmoid 函數對真實資料輸出 1，對生成資料輸出 0，而 simgoid 函數兩端是很平緩的，難以獲得一個梯度，生成器很難使用這麼小的梯度去進一步最佳化自身的參數。

這也是本書前半部分中，建議訓練 GAN 時，不要把判別器訓練得太好的理由，太好則容易發生梯度消失。當然也不能訓練得太差，太差判別器就難以分辨出真實資料與生成資料，最佳的情況就是將判別器訓練得不好不差，但這個度其實很難把握，這也就是 GAN 難以訓練的原因。

但還有一個問題需要思考，因為 GAN 中的生成分佈與真實分佈之間難以有重疊部分或重疊部分可以忽略，所以 JS 散度會恒為$\log 2$，導致生成器獲得的梯度為 0，那麼 GAN 中生成分佈與真實分佈不重疊或重疊部分可以忽略的可能性有多大？非常大。嚴謹的原因是，當真實資料分佈P_r與生成資料分佈P_g的支撐集是高維空間中的低維流形時，P_r與P_g重疊部分測度為 0 的機率為 1。這裡提及支撐集、流形、測度等概念，簡單解釋一下。

- ❑ 支撐集（support）：函數非零部分的子集，如 ReLU 函數的支撐集就是$(0,\infty)$，而一個機率分佈的支撐集就是所有機率密度非零部分的集合。
- ❑ 流形（manifold）：高維空間中曲線、曲面概念的拓廣，可以從低維空間來了解流形，三維空間中一個二維曲面就是一個二維流形，因為其本質維度（intrinsic dimension）只有 2，一個點在二維流形上移動只有兩個方向的自由度，同理三維空間或二維空間中的一條曲線稱為一維流形。流形本身也是一個學科系統，這裡對流形的描述只是直觀的描述，嚴謹而言，所謂流形一般可以認為是局部具有歐氏空間性質的空間。
- ❑ 測度（measure）：高維空間中長度、面積、體積概念的拓廣，可以直觀地了解為「超體積」。

上述的嚴謹原因是可以透過嚴格的資料公式推導證明的，這裡從直觀的角度解釋該原因。在 GAN 中，生成器通常是從一個低維空間分佈隨機取樣一個雜訊，再透過神經網路訓練，獲得一個高維空間的輸出，當生成器經過一定的訓練後，固定了自身的參數，此時雖然可以由該生成器生成高維的樣本，但其本身可能產生的變化已經被低維隨機分佈給限制了，其本質維度還是低維的維度。假設取樣的低維空間維度為 100 維，生成輸出的高維空間維度為 4096 維（64×64 的圖型），那麼當訓練完生成器獲得一組固定的參數後，生成 4096 維樣本可能的變化已經被輸入的 100 維雜訊給限制住了，其本質維度是 100 維的，即生成器生成的樣本機率分佈的支撐集就是 4096 維空間中建構的 100 維的低維流形。考慮到神經網路非線性變化可能會將輸入資料降為 0，最終 4096 維空間中的低維流形通常會低於輸入的維度，即低於 100 維，其結果就是生成的樣本資料無法填充整個高維空間。討論到這裡就可以直觀地知道 GAN 是滿足真實資料分佈P_r與生成資料分佈P_g的支撐集是高維空間中的低維流形這個條件的。

只要滿足了這個條件，就不難了解P_r與P_g重疊部分測度為 0 的機率為 1。從三維空間來了解，在三維空間中隨便畫兩條曲線，這兩條曲線之間存在重疊部分的機率是非常小的，幾乎為 0，雖然兩條曲線之間存在交換點的機率不行，但相對於曲線而言，交換點比曲線還低一個維度，所以交換點的重疊是可以忽略的。換言之，兩條曲線之間不存在重疊部分的機率非常接近 1。推廣到高維空間，如果滿足了真實資料分佈P_r與生成資料分佈P_g的支撐集是高維空間中的低維流形這個條件，那麼真實資料分佈與生成資料分佈之間測度為 0 的機率為 1（可以想像一維曲線在 100 維空間中存在重疊部分的可能性）。

透過上面的討論得知了傳統 GAN 會遇到的第一個嚴重的問題，即當使用的判別器越接近最佳，最小化生成器損失就越近似於最小化 JS 散度。但在 GAN 中，其生成資料分佈與真實資料分佈之間極大機率不存在不可忽略的重疊部分，所以無論兩分佈的真實距離是多少，JS 散度的值都恒為 $\log 2$，導致生成器的梯度近似為 0，從而無法透過訓練進一步最佳化生成器。一句話複習就是傳統 GAN 會遇到梯度消失問題。

要解決 GAN 梯度消失問題，一個直觀的想法就是讓兩分佈有不可忽略的重疊部分，這樣使用 JS 散度也可以正常地訓練 GAN。其中一種解決方法就是直接給生成資料和真實資料加上雜訊，強行讓生成資料的分佈與真實資料的分佈在高維空間中產生重疊部分，一旦存在不可忽略的重疊，JS 散度就可以發揮真正的效果，讓生成資料的分佈與真實資料的分佈越接近。在具體實現的過程中，會對增加上生成資料與真實資料的雜訊進行模擬退火（simulated annealing），慢慢減小雜訊的方差，直到生成資料分佈與真實資料分佈本身有不可忽略的重疊部分時，就可以完全移除雜訊。此時 JS 散度依舊可以產生有意義的梯度，從而進一步最佳化生成器，拉近生成資料分佈與真實資料分佈之間的距離。透過這種方法，就可以放心地訓練 GAN，不必過於擔心梯度消失的問題。

透過這種方式改進後，GAN 的目標函數變為

$$\min L_D\left(P_{r+\epsilon}, P_{g+\epsilon}\right) = -E_{x\sim P_{r+\epsilon}}[\log D^*(x)] - E_{x\sim P_{g+\epsilon}}\left[\log\left(1 - D^*(x)\right)\right]$$
$$= 2\log 2 - 2\mathrm{JS}\left(P_{r+\epsilon} \parallel P_{g+\epsilon}\right)$$

公式中的$P_{r+\epsilon}$表示加雜訊後的真實資料分佈，$P_{g+\epsilon}$表示加雜訊後的生成資料分佈。但這種做法並不能從本質上解決 GAN 的問題，算是一種專案 ticks。

9.1.2 模式崩潰

除了梯度消失這個問題，傳統 GAN 還面臨著模式崩潰（mode collapse）的問題，其直觀表現就是生成器生成的樣本多樣性不足，如圖 9.2 所示。

從圖 9.2 中可以看出，某一張動漫人物的圖示出現多次，如果繼續訓練該 GAN，在之後，GAN 可能還會生成更多相同或相近的圖型，即發生了模式崩潰，造成生成資料多樣性不足。依舊透過數學推導來討論一下 GAN 發生模式崩潰的原因。

由前面的推導可知，在判別器最佳時，生成器的最佳解為

$$E_{x\sim P_r}[\log D^*(x)] + E_{x\sim P_g}\left[\log\left(1 - D^*(x)\right)\right] = 2\mathrm{JS}\left[P_r \parallel P_g\right] - 2\log 2$$

在 GAN 原始論文中，作者 Lan Goodfellow 提出了一個改進方法，使用$E_{x\sim P_g}[-\log D(x)]$來代替原始的$E_{x\sim P_g}[1 - \log D(x)]$。透過這樣的改動，在實驗上發現訓練 GAN 的生成器會更加簡單些，直觀解釋一下，視覺化顯示$-\log\left(D(x)\right)$函數與$\log\left(1 - D(x)\right)$函數，如圖 9.3 所示。

圖 9.2 模式崩潰問題

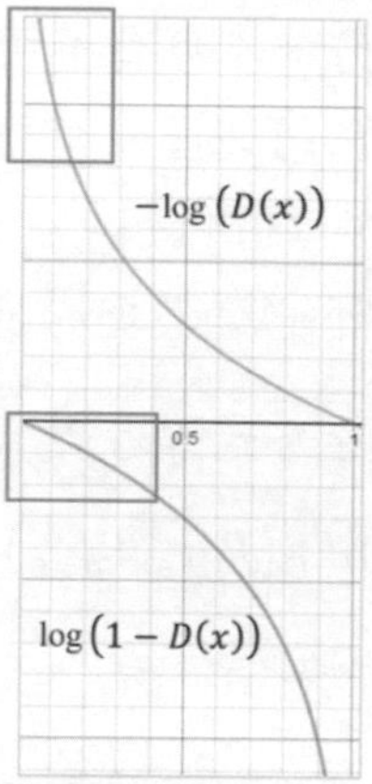

圖 9.3 $-\log(D(x))$函數與$\log(1-D(x))$函數

從圖 9.3 中可以直觀地看出，兩函數的整體梯度方向是相同的，但在函數的一開頭，$-\log(D(x))$函數梯度變化的速度明顯比$\log(1-D(x))$函數梯度變化快很多，使用$-\log(D(x))$可以讓生成器在一開始就獲得比較大的梯度，從而讓 GAN 訓練變得簡單些。但有學者實驗表明，使用沒有改變的$\log(1-D(x))$函數依舊可以訓練出 GAN。

這裡提及$E_{x\sim P_g}[-\log D(x)]$，是因為它與 GAN 發生模式崩潰具有一定的關係。下面來推導一下。

首先透過推導，將下面 KL 散度轉換成包含D^*的形式。

$$
\begin{aligned}
\mathrm{KL}(P_g \parallel P_r) &= E_{x\sim P_g}\left[\log\frac{P_g(x)}{P_r(x)}\right] \\
&= E_{x\sim P_g}\left[\log\frac{P_g(x)/P_r(x)+P_g(x)}{P_r(x)/P_r(x)+P_g(x)}\right] \\
&= E_{x\sim P_g}\left[\log\frac{1-D^*(x)}{D^*(x)}\right] \\
&= E_{x\sim P_g}[\log(1-D^*(x))] - E_{x\sim P_g}[\log D^*(x)]
\end{aligned}
$$

注意式中 KL 散度括號中的順序，P_g在前，P_r在後。將式中的項移位一下，獲得以下公式。

$$E_{x\sim P_g}[-\log D^*(x)] = \mathrm{KL}\big(P_g \parallel P_r\big) - E_{x\sim P_g}[\log(1 - D^*(x))]$$

其中$E_{x\sim P_g}[\log(1 - D^*(x))]$可以替換一下，推導如下。

將原始 GAN 生成器最佳解的公式中的項位移一下，可得：

$$E_{x\sim P_r}[\log D^*(x)] + E_{x\sim P_g}\big[\log\big(1 - D^*(x)\big)\big] = 2\mathrm{JS}\big(P_r \parallel P_g\big) - 2\log 2$$

$$E_{x\sim P_g}\big[\log\big(1 - D^*(x)\big)\big] = -E_{x\sim P_r}[\log D^*(x)] + 2\mathrm{JS}\big(P_r \parallel P_g\big) - 2\log 2$$

將其代入$E_{x\sim P_g}[-\log D^*(x)]$等式中。

$$E_{x\sim P_g}[-\log D^*(x)] = \mathrm{KL}\big(P_g \parallel P_r\big) - 2\mathrm{JS}\big(P_r \parallel P_g\big) + 2\log 2 + E_{x\sim P_r}[\log D^*(x)]$$

觀察一下上面的公式，可以發現後兩項與生成器 G 無關，那麼生成器 G 的目標函數就為

$$L_G = \mathrm{KL}\big(P_g \parallel P_r\big) - 2\mathrm{JS}\big(P_r \parallel P_g\big)$$

訓練生成器其實就是讓生成器最小化L_G，但這個目標函數存在兩個嚴重的問題。

第一個問題，最小化L_G相當於要最小化生成資料分佈P_g與真實資料分佈P_r的 KL 散度，同時又要最大化真實資料分佈P_r與生成資料分佈P_g的 JS 散度。這相當於目標函數中的兩項，一個要減小P_r與P_g的距離，另一個要增大P_r與P_g的距離，從而導致梯度不穩定，導致 GAN 的訓練變得不穩定。

第二個問題，KL 散度是不對稱的，即$\mathrm{KL}(P_g \parallel P_r) \neq \mathrm{KL}(P_r \parallel P_g)$，以$\mathrm{KL}(P_g \parallel P_r)$為例，$\mathrm{KL}(P_g \parallel P_r)$對不同錯誤的懲罰力度是不一樣的，推導如下。

- 當$P_g(x) \to 0, P_r(x) \to 1$時，有$\mathrm{KL}\big(P_g \parallel P_r\big) = P_g(x)\log\frac{P_g(x)}{P_r(x)} \to 0$，即生成器無法生成真實樣本，KL 散度接近 0，生成器獲得的懲罰很小（即梯度很小）。
- 當$P_g(x) \to 1, P_r(x) \to 0$時，有$\mathrm{KL}\big(P_g \parallel P_r\big) = P_g(x)\log\frac{P_g(x)}{P_r(x)} \to \infty$，即生成器生成了樣本，但這個樣本不真實，此時 KL 散度接近於正無限大，生成器獲得的懲罰巨大。

其中，第一種錯誤，KL 散度接近 0，生成器的懲罰很小，對應著生成器缺乏多樣性的現象；第二種錯誤，KL 散度接近正無限大，生成器的懲罰很大，對應著生成器缺乏準確性。因為第二種懲罰的力度遠大於第一種錯誤，所以生成器更願意生成一些重複的資料，不再去追求多樣性，因為要生成多樣性的圖型，一開始必然要受到比較大的懲罰，沒有必要，而這最終就造成了 GAN 的模式崩潰現象，GAN 大量產生類似圖型，缺乏多樣性。

簡單複習就是，最小化生成器的目標函數相等於，既要縮小真實資料分佈與生成資料分佈的距離，又要增大真實資料分佈與生成資料分佈之間的距離。這是不合理的，該目標函數會導致 GAN 訓練時梯度不穩定，以及 GAN 訓練時容易模式崩潰，導致生成的資料多樣性不足。

在更好的最佳化方法出現之前，人們對這種現象的解決也非常直接暴力，多訓練幾個 GAN 生成器模型。例如訓練出 25 個生成器模型，這樣就算每個生成器模型都生成很多重複的資料也沒關係，至少有 25 個資料樣本是不重複（從每個生成器生成的資料中取出一個樣本出來）的，但這種方法治標不治本。

9.2 Wasserstein GAN

Wasserstein GAN 的提出就是為了解決傳統 GAN 遇到的梯度消失、訓練時梯度不穩定以及模式崩潰等問題。回憶一下上一節中關於這 3 個問題的討論，追根溯源，它們都與 KL 散度、JS 散度有關係，即原始 GAN 選擇使用 KL 散度、JS 散度來衡量生成資料分佈與真實資料分佈之間的距離是有問題的，這些問題都可以透過資料推導證明出來。為了解決傳統 GAN 遇到的問題，Wasserstein GAN 提出使用 Wasserstein 距離來衡量兩分佈之間的距離，完全拋棄 KL 散度與 JS 散度。

9.2.1 EM 距離

Wasserstein 距離也稱為 EM 距離（Earth Mover's Distance，推土距離），直觀地來了解一下 EM 距離。假設資料 P 分佈在一維空間中的某個點，資料 Q 同樣也分佈在一維空間中的某個點，兩組資料分佈之間的距離為 d，如圖 9.4 所示。

現在將這兩組資料想像成兩堆土，而你開著一個推土機將土堆 P 上的土推到土堆 Q 上，往返多次，直到將土堆 P 上的土全部都推到土堆 Q 上，此時推土機移動的總距離的平均值就是 EM 距離。上面談論的土堆就是一組資料分佈，而推動的土就是一組資料分佈中的部分資料，這部分資料會被「推動到」另一個資料分佈中。簡單而言，所謂的 Wasserstein 距離或 EM 距離其實就是將來源資料分佈中的所有資料「推動到」目標資料分佈上時，每次行動資料所產生距離的總和。

上面的情況比較簡單，當兩組資料分佈比較複雜時，EM 距離怎麼計算呢？通常要將分佈比較複雜的一組資料移動到另一組分佈同樣複雜的資料時，會有多種移動方式，如圖 9.5 所示。要將分佈 P 上的資料移動到分佈 Q 上，此時就有多種方法將資料從分佈 P 移動到分佈 Q。

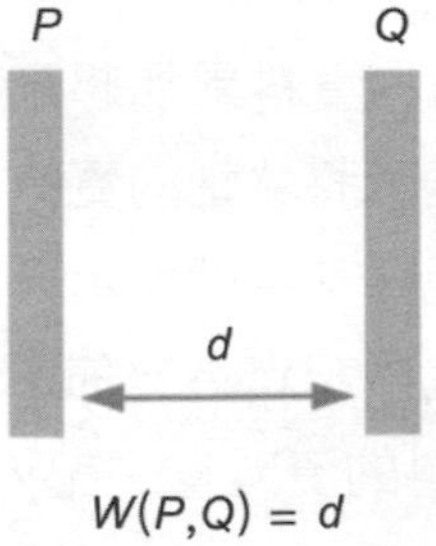

圖 9.4 資料分佈的距離

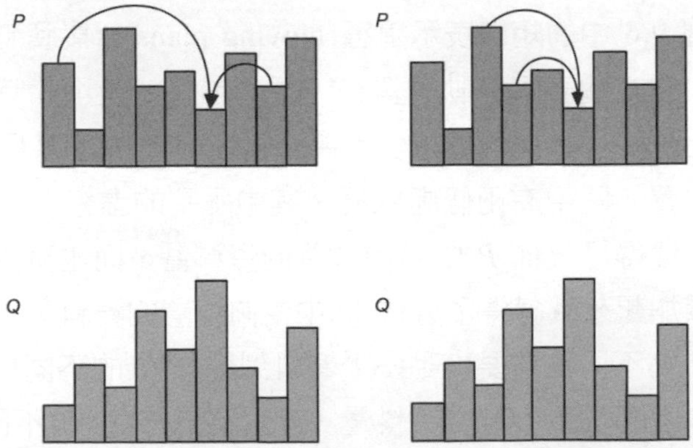

圖 9.5 分佈 P 上的資料移動到分佈 Q

圖 9.5 中就展示了兩種，通常將每一種方法都稱為一個 moving plans，窮舉所有的 moving plans，計算出所有 moving plans 將資料從分佈 P「推動到」分佈 Q 時產生的總代價，選取最小的總代價作為兩分佈的 EM 距離。

每一種 moving plans 都表示一種將資料從分佈 P 移動到分佈 Q 的方式，這種方式可以使用一個矩陣直觀地表示出來，如圖 9.6 所示。

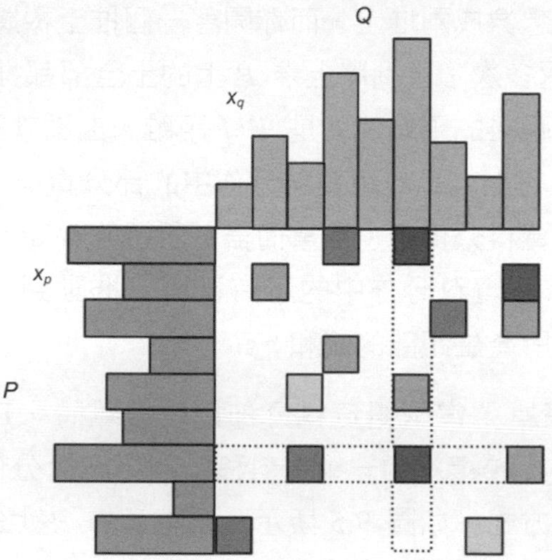

圖 9.6 moving plans

圖 9.6 中的矩陣表示這種 moving plans 行動資料的具體方式，矩陣中的每一個方塊表示移動的資料，顏色越深，表示此時移動的資料越多，即推的土越多，方塊的位置表示將資料從分佈 P 的某個位置移動到分佈 Q 的某個位置。圖中有兩個虛線框，其中水平的虛線框表示將橫軸的資料累加起來就獲得了分佈 P 中當前位置的資料量，而垂直的虛線框表示將縱軸的資料累加起來就獲得了分佈 Q 中當前位置的資料量，而整個矩陣其實就表示分佈 P 不同位置要移動多少資料到分佈 Q 的不同位置中。我們記 x_p 為分佈 P 中不同位置資料的資料量，記 x_q 為分佈 Q 中不同位置資料的資料量，記 $\boldsymbol{\gamma}$ 為當前 moving plans 代表的矩陣，那麼就可以推導出當前 moving plans 將資料從分佈 P 移動到分佈 Q 的總代價。

$$B(\gamma) = \sum_{x_p x_q}^{n} \gamma(x_p, x_q)\|x_p - x_q\|$$

其中$\gamma(x_p, x_q)$表示具體的推土行為，即此次推土要將分佈 P 的多少資料推到分佈 Q，然後再計算出當前推土的距離，即此時推土中，將資料從分佈 P 推動到分佈 Q 的距離$\|x_p - x_q\|$。每一次推土的行為所移動的資料量與移動的距離相乘獲得此次移動的代價，將每次移動的代價累加，則獲得 moving plans 的總代價。

而所有 moving plans 的總代價中最小的值，就是分佈 P 與分佈 Q 的推土距離。

$$W(P, Q) = \min_{\gamma \in \Pi} B(\gamma)$$

公式中使用Π表示兩種分佈所有可能的 moving plans，而$\boldsymbol{\gamma}$只是其中的一種 moving plan，該公式表示窮舉所有的 moving plans 所產生的總代價，獲得最小的代價作為兩分佈的 EM 距離。

在一開始的一維簡單分佈的例子中，我們說 EM 距離是每次行動資料所產生距離的總和，因為這個例子很簡單，每一次移動的資料量可以是相同的，所以，為了方便了解，就可以簡單地將移動的代價認為就是移動的距離。而複雜的分佈，每次行動資料時，除距離不同外，其移動的資料量也可能不同，所以每一次移動的代價就是此次移動的資料量與此次移動距離的乘積。

讀到這裡，你可能會存有疑惑，因為 Wasserstein 距離或 EM 距離的常見定義應該為以下公式。

$$W(P, Q) = \inf_{\gamma \in \Pi(P,Q)} E_{(x,y)\sim\gamma}[\|x - y\|]$$

該公式其實與上面提及的 EM 距離公式具有相同的含義，其中$\Pi(P, Q)$表示分佈 P 與分佈 Q 組合起來的所有可能的聯合分佈的集合，換句話說，$\Pi(P, Q)$中每個分佈的邊緣分佈都是分佈 P 和分佈 Q。γ表示某種可能的聯

合分佈，可以從γ取樣出不同分佈的樣本 x 與 y，從而可以計算出樣本 x 與 y 距離的期望值$E_{(x,y)\sim\gamma}[\|x-y\|]$。可以直觀地把$E_{(x,y)\sim\gamma}[\|x-y\|]$了解為在該 moving plan 下把土從土堆 P 推到土堆 Q 所要付出的代價，而 EM 距離就是所有可能的距離期望值的下界，用$\inf_{\gamma\in\Pi(P,Q)}$表示這個思維，inf符號表示取下界，換而言之，EM 距離$W(P,Q)$就是最佳路徑規劃下的最小消耗。

相比於 KL 散度或 JS 散度，EM 距離的優勢在於，就算兩個資料分佈之間沒有重疊或重疊的部分可以被忽略，依舊可以正常地衡量兩個資料分佈的距離，從而避免了梯度消失、梯度不穩定以及模式崩潰等問題，可以透過圖 9.7 來直觀了解。

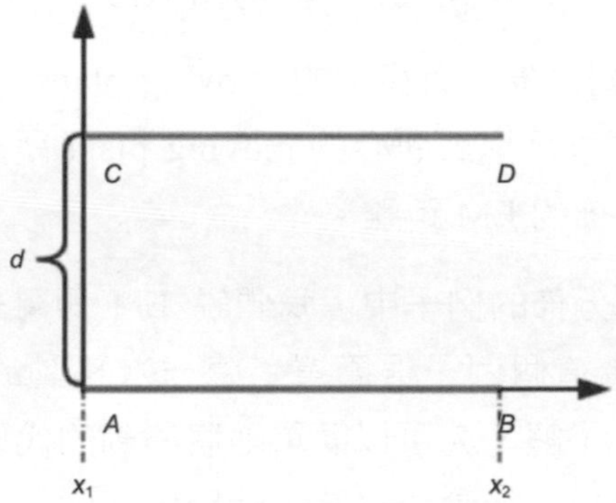

圖 9.7 EM 距離

在二維空間中存在兩個分佈，分別是分佈P_1與分佈P_2，P_1在線段 AB 上均勻分佈，類似的，P_2在線段 CD 上均勻分佈，可以透過修改參數d來控制兩分佈的距離，在這個情景下，就可以推導出以下結果。

當參數$d \neq 0$時有

$$\mathrm{KL}(P_1 \parallel P_2) = \int_{x_1}^{x_2} P_1(x)\log\frac{P_1(x)}{P_2(x)}\mathrm{d}x$$

$$= \int_{x_1}^{x_2} P_1(x)\log\frac{P_1(x)}{P_2(x)\to 0}\mathrm{d}x$$

從而可得：

$$\mathrm{KL}(P_1 \parallel P_2) = +\infty$$

對於 JS 散度，當參數$d \neq 0$時，

$$\begin{aligned}\mathrm{JS}(P_1 \parallel P_2) &= \frac{1}{2}\left[\int_{x_1}^{x_2} P_1(x)\log\frac{P_1(x)}{\frac{P_1(x)+P_2(x)}{2}}\mathrm{d}x \right.\\ &\quad \left. + \int_{x_1}^{x_2} P_2(x)\log\frac{P_2(x)}{\frac{P_1(x)+P_2(x)}{2}}\mathrm{d}x\right]\\ &= \frac{1}{2}\left[\int_{x_1}^{x_2} P_1(x)\log 2\,\mathrm{d}x + \int_{x_1}^{x_2} P_2(x)\log 2\,\mathrm{d}x\right]\\ &= \log 2\end{aligned}$$

同理，當參數$d = 0$時可以推導出：

$$\mathrm{KL}(P_1 \parallel P_2) = 0$$

$$\mathrm{JS}(P_1 \parallel P_2) = 0$$

簡單複習一下，可得：

$$\mathrm{KL}(P_1 \parallel P_2) = \begin{cases} +\infty, & d \neq 0 \\ 0, & d = 0 \end{cases}$$

$$\mathrm{JS}(P_1 \parallel P_2) = \begin{cases} \log 2\,, & d \neq 0 \\ 0, & d = 0 \end{cases}$$

從上面推導可以知道，KL 散度與 JS 散度是突變的，不是最大值，就是最小值，這就會造成梯度消失，從而無法為生成器提供有效的梯度，讓整個網路變得難以收斂。而 EM 距離在$d = 0$或$d \neq 0$的情況下，其值都是$|d|$，即$W(P_1, P_2) = |d|$，EM 距離是平滑的，所以可以為生成器提供有效的梯度，讓整個網路隨著訓練而收斂。

9.2.2 EM 距離使用在 GAN 上

那麼 GAN 的目標函數要怎麼修改，才是使用 EM 距離來度量生成分佈與真實分佈之間的距離呢？只需要將判別器的目標函數改為以下形式即可。

$$V(G,D) = \max_{D\in 1\_\text{Lipschitz}}\{E_{x\sim P_{\text{data}}}[D(x)] - E_{x\sim P_G}[D(x)]\}$$

判別器的目的就是給從真實分佈中抽樣出來的資料打高分，給從生成分佈抽樣出來的資料打低分，即給從P_{data}出來的資料打高分，給從p_G出來的資料打低分。

從判別器的公式中可以看出多了 1-Lipschitz 這個限制條件。先來了解一下 Lipschitz 函數，Lipschitz 函數定義如下。

$$\|f(x_1) - f(x_2)\| \leqslant K\|x_1 - x_2\|$$

這個公式其實很好了解，即要求輸入的變化乘以 K 倍要大於輸出的變化，這其實就要求輸入變化不能導致輸出變化太大，不然就無法符合上面的不等式，換而言之，輸出變化不能太快，從而保證了函數是平滑的。當倍數$K = 1$時，就稱此時的 Lipschitz 函數為 1-Lipschitz。

那如何才能保證訓練判別器時，判別器的目標函數服從 1-Lipschitz 約束呢？如果沒有 1-Lipschitz 這個約束，那麼訓練的邏輯其實就是常見 GAN 的訓練邏輯，但此時卻多出了 1-Lipschitz 約束。

在 WGAN 論文中，其實沒有直接解決這個問題，而是採取增加限制的方式來讓判別器目標函數儘量平滑，這種方式稱為 Weight Clipping，其核心是事先定義出判別器參數更新後的範圍$(-c,c)$。當判別器在訓練時，模型的參數w會被更新。如果更新後的$w > c$，那麼將w的值設定為c，即$w = c$；如果更新後的$w < -c$，那麼$w = -c$。透過這種方式，粗暴地將判別器參數更新後的值限制在$(-c,c)$，從而希望達到判別器的目標函數平滑變化的目的，這種方法是有效的，但並不能嚴格地讓判別器的目標函數服從 1-Lipschitz 約束。

這其實也是科學研究中常見的做法，在對某個領域的內容做研究時，並不一定要將研究過程中遇到的所有問題都一次性解決了，對於部分沒有解決的方法，可以在專案上透過其他方式實現近似的效果，讓已解決的部分成功地運作。

相對於傳統的 GAN，使用 EM 距離的 WGAN 只改動了 4 點。

（1）判別器最後一層去掉 sigmoid。
（2）生成器與判別器的損失不再取 log。
（3）訓練判別器時，每次參數更新後的值限制在一個範圍$(-c, c)$。
（4）不使用基於動量的梯度最佳化演算法，推薦使用 RMSProp 或 SGD 演算法。

前兩點其實就是不再使用 JS 散度，而第三點用於在專案實訓上保證判別器的目標函數平滑。最後一點其實是在實驗中發現的，當使用 Adam 之類涉及動量的梯度下降演算法時，判別器的損失可能會出現大幅度抖動現象，而使用 RMSProp 或 SGD 演算法後，這個問題就不會出現。

9.2.3 EM 距離與判別器的關係

在上一節中，我們討論了 EM 距離以及判別器的目標函數。

$$V(G, D) = \max_{D \in 1\_\text{Lipschitz}} \{E_{x \sim P_{\text{data}}}[D(x)] - E_{x \sim P_G}[D(x)]\}$$

但並沒有討論其中的關係，即不知道為什麼判別器使用該目標函數後，就使用了 EM 距離來度量生成資料分佈與真實資料分佈之間的距離。因為涉及比較多的數學推導，所有單獨拿一節來討論 EM 距離與判別器目標函數之間的關係，你需要有一定線性規劃方面的數學知識。

首先，透過前面的討論，我們知道 Wasserstein 距離或 EM 距離的定義。

$$W(P, Q) = \inf_{\gamma \in \Pi(P,Q)} E_{(x,y) \sim \gamma}[\|x - y\|]$$

其中，$\Pi(P, Q)$表示 P、Q 所有可能的聯合機率分佈的集合，即所有可能的

moving plans； $\gamma(x,y)$表示 P 出現 x 同時在 Q 中出現 y 的機率，即在 P 分佈中從 x 的位置移動$\gamma(x,y)$的「土」到 Q 分佈中的 y 位置，γ的邊緣機率分佈就是 P 與 Q。

現在記$\boldsymbol{\Gamma} = \gamma(x,y)$，$\boldsymbol{D} = \|x - y\|$，其中$\boldsymbol{\Gamma},\boldsymbol{D} \in R^{|*|}$，那麼 EM 距離就可以簡寫成以下形式。

$$EMD(P,Q) = \mathrm{inf}_{\gamma\in\Pi} < \boldsymbol{D},\boldsymbol{\Gamma} >_F$$

其中$<,>_F$是內積符號。

當$\boldsymbol{D} = \|x - y\|$時，計算兩分佈之間 EM 距離的問題就變成了線性規劃問題。所謂線性規劃就是研究在線性限制條件下線性目標函數的極值問題的數學理論與方法，描述線性規劃問題最常用、最直觀的就是標準型，標準型包括 3 個部分。

- 一個需要極大化的線性函數，如$c_1x_1 + c_2x_2$。
- 以下形式的問題約束：

$$a_{11}x_1 + a_{12}x_2 \leqslant b_1$$
$$a_{21}x_1 + a_{22}x_2 \leqslant b_2$$
$$a_{31}x_1 + a_{32}x_2 \leqslant b_3$$

- 非負變數，如：

$$x_1 \geqslant 0$$
$$x_2 \geqslant 2$$

對於一些簡單的分佈，可以直接用線性規劃問題的方式來直接求解，但在實際問題上，分佈通常都是非常複雜的，此時想使用線性規劃問題的方式來求解就變得不實際。

為了方便了解，從簡單的一維分佈開始推導分析，因為求解 EM 距離的問題轉變成了線性規劃問題，所以要滿足線性規劃問題標準型上面提及的 3 個部分。假設現在可以將$\boldsymbol{\Gamma}$與 $\boldsymbol{D}$ 這兩個矩陣一維展開成 x 與 c，即

$x = \text{vec}(\Gamma), c = \text{vec}(D)$，那麼此時就建構出了一個需要極大化的線性函數 $z = c^{\text{T}}x$，其中$c \in R^n$，找到 x 以最小化代價 z，同時 x 要滿足以下形式的限制條件$\boldsymbol{A}X = b$，其中$\boldsymbol{A} \in R^{m*n}, b \in R^m$，x≥0。為了得到$\boldsymbol{A}X = b$這個限制條件，$\boldsymbol{A}$ 需要設定為$m \times n$的矩陣，b 需要設定為$[P, Q]^{\text{T}}$，挑出 x 中適當位置的值獲得兩個邊緣分佈。

x、c、b 是一維矩陣，$\boldsymbol{A}$ 是多維矩陣，最小化$z = c^{\text{T}}X$其實就是$\inf_{\gamma\in\Pi} < \boldsymbol{D}, \boldsymbol{\Gamma} >_F$的另一種表示，即 z 是 EMD 的另一種表示，請不要被繞暈了。

因為有$\boldsymbol{\Gamma}$與 $\boldsymbol{D}$ 矩陣可以一維展開的假設，所以整個問題是比較簡單的，隨機變數都分佈在一維且有有限個離散的狀態，所以可以使用線性規劃的方法直接求解。但面對現實的問題時，通常是沒有這個假設條件的，即隨機變數可能是上千甚至上萬維的，此時直接計算是不切實際的。

由於我們的目標其實是最小化z，並利用z求分佈 Q，而不一定要求出$x(\Gamma)$，所以可以利用神經網路能擬合任意函數的想法對z進行關於 Q 的梯度下降最佳化。

$$\nabla_P EMD(P, Q)$$

因為$b = [P, Q]^{\text{T}}$，即 P 包含在最佳化的限制條件中，所有無法直接進行梯度下降最佳化。每一個線性規劃問題都會有一個對偶問題，既然無法繼續推導該線性規劃問題，那就嘗試推導與其相等的對偶問題。

原始問題：最小化$z = c^{\text{T}}X$，問題限制條件為$\boldsymbol{A}x = b$且要求非負變數$x \geqslant 0$；轉成與之對應的對偶問題：最大化$\tilde{z} = b^{\text{T}}y$，問題限制條件為$\boldsymbol{A}^{\text{T}}y \leqslant c$。

在該線性規劃的對偶問題中，引入了y作為未知變數，將最小化問題轉成了最大化問題，而$\tilde{z}$則看作z的下界，透過數學推導可以證明$\tilde{z}$的最大值逼近於z的最小值，即以下關係。

$$z = c^{\text{T}}x \geqslant y^{\text{T}}\boldsymbol{A}x = y^{\text{T}}b = \tilde{z}$$

對偶問題的目標就是找到一個y^*使得$\tilde{z}^* = b^{\mathrm{T}}y^*$最大，此時$\tilde{z}^*$就是兩個分佈的 EM 距離，將$y^*$定義成$y^* = [f, g]^{\mathrm{T}}$，其中$f, g \in R^d$，則 EM 距離就可以表示為以下形式。

$$\mathrm{EMD}(P, Q) = f^{\mathrm{T}}P + G^{\mathrm{T}}Q$$

對偶問題如圖 9.8 所示。

$$\underbrace{\left[\begin{array}{ccc|ccc|c|ccc} \boldsymbol{D}_{1,1} & \boldsymbol{D}_{1,2} & \cdots & \boldsymbol{D}_{2,1} & \boldsymbol{D}_{2,2} & \cdots & \cdots & \boldsymbol{D}_{n,1} & \boldsymbol{D}_{n,2} & \cdots \end{array}\right]}_{\boldsymbol{c}^{\mathrm{T}}}$$

$$\boldsymbol{y}\left\{\left[\begin{array}{c} f(x_1) \\ f(x_2) \\ \vdots \\ f(x_n) \\ \hline g(x_1) \\ g(x_2) \\ \vdots \\ g(x_n) \end{array}\right]\right. \quad \left.\left[\begin{array}{ccc|ccc|c|ccc} 1 & 1 & \cdots & 0 & 0 & \cdots & \cdots & 0 & 0 & \cdots \\ 0 & 0 & \cdots & 1 & 1 & \cdots & \cdots & 0 & 0 & \cdots \\ \vdots & \vdots & \ddots & \vdots & \vdots & \ddots & \cdots & \vdots & \vdots & \ddots \\ 0 & 0 & \cdots & 0 & 0 & \cdots & \cdots & 1 & 1 & \cdots \\ \hline 1 & 0 & \cdots & 1 & 0 & \cdots & \cdots & 1 & 0 & \cdots \\ 0 & 1 & \cdots & 0 & 1 & \cdots & \cdots & 0 & 1 & \cdots \\ \vdots & \vdots & \ddots & \vdots & \vdots & \ddots & \cdots & \vdots & \vdots & \ddots \\ 0 & 0 & \cdots & 0 & 0 & \cdots & \cdots & 0 & 0 & \cdots \end{array}\right]\right\}\boldsymbol{A}$$

圖 9.8 對偶問題

回想一下該對偶問題的限制條件$\boldsymbol{A}^{\mathrm{T}}y \leqslant c$，這裡我們將向量$f$與向量$g$的值寫為函數$f$與函數$g$的值，那麼該限制條件就可以表達為$f(x_i) + g(x_j) \leqslant D_{ij}$。因為索引相同時$D_{ij}$的值為 0，所以當$i = j$索引相等時，$g(x_j) \leqslant -f(x_i)$。因為 P 與 Q 都是非負分佈，所以為了最大化$\tilde{z}$，就需要$\sum_i f_i + g_i$盡可能大。當$g = -f$時，求得$\sum_i f_i + g_i$的最大值為 0，如圖 9.9 所示。

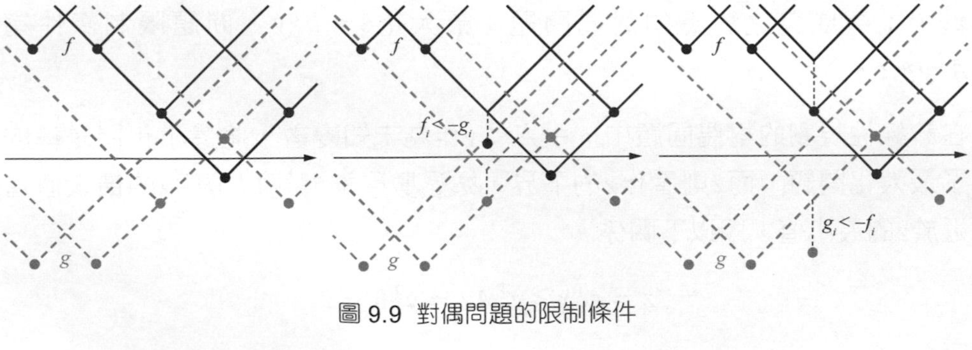

圖 9.9 對偶問題的限制條件

從圖 9.9 中可以看出，對偶問題的限制條件對於每個$f \neq g$的最佳化換算都存在淨損失，圖中實線描繪了f的上限，虛線描繪了g的上限。

當$g = -f$時，限制條件就變為$f(x_i) - f(x_j) \leqslant D_{ij}$或$f(x_j) - f(x_i) \geqslant -D_{ij}$，因為$f(x_i)$的值與線段是相連結的，所以這些線段向上和向下的斜率是有限的。這裡我們可以透過 Euclidian（歐幾里德）距離計算出f的斜率限制在−1 與 1 之間，這種約束其實就是上一節提及的 Lipschitz 連續性約束。對於任意連續分佈，這種性質依舊成立（同樣可以推導證明）。由於f的斜率限制在−1 與 1 之間，所以 Lipschitz 連續約束的表達方式為$\|f\|_{L\leqslant 1}$，從而推導出 EM 距離在對偶問題中的最終形式。

$$\mathrm{EMD}(P,Q) = \sup_{\|f\|_{L\leqslant 1}} E_{x\sim P} f(x) - E_{x\sim Q} f(x)$$

其中sup表示上界（supremum），$f(x)$可以使用神經網路來擬合，這樣 EMD 公式就變成了 GAN 中判別器的目標函數，在判別器中，使用神經網路擬合判別器函數$D(x)$，$D(x)$與$f(x)$沒有什麼差別，改寫一下上式，就變成了判別器的目標函數。

$$\mathrm{V}(G,D) = \max_{D\in 1-\mathrm{Lipschitz}}\left\{E_{x\sim P_{\mathrm{data}}}[D(x)] - E_{x\sim P_G}[D(x)]\right\}$$

9.2.4 TensorFlow 實現 WGAN

上面討論了那麼多理論層的東西，相信我們對 WGAN 已經有了一定程度的了解，接著就來嘗試使用 TensorFlow 實現一個 WGAN。這裡我們使用 fashion-mnist 資料集，因為 fashion-mnist 資料集與 MNIST 資料集有同樣的結構，所以我們可以直接使用 TensorFlow 提供的方法快速進行處理，將注意力集中在模型的編寫上。首先我們讀取 fashion-mnist 資料集，並將資料與 label 區分處理，程式其實在前面章節已經有所提及。

```
from tensorflow.examples.tutorials.mnist import input_data
fashionmnist =
    input_data.read_data_sets(r'/Users/ayuliao/Desktop/GAN/data/fashion-mnist/
    data/fashion',one_hot=True)
train_img = fashionmnist.train.images
```

```
self.data_X = train_img.reshape(len(train_img), 28, 28, 1)
self.data_y = fashionmnist.train.labels
# get number of batches for a single epoch
self.num_batches = len(self.data_X) // self.batch_size
```

接著就按照流程來編寫判別器與生成器，因為 fashion-mnist 資料集比較簡單，所以判別器與生成器的結構不必太複雜，先來看判別器。

```
def discriminator(self,x ,is_training=True, reuse=False):
    with tf.variable_scope("D",reuse=reuse):
        # conv+lrelu
        net = lrelu(conv2d(x, 64, 4,4, 2,2, name='d_conv1'))
        # conv+bn+lrelu
        net = lrelu(bn(conv2d(net, 128, 4, 4, 2, 2, name='d_conv2'),
                    is_training=is_training, scope='d_bn2'))
        # 重塑，用於全連接
        net = tf.reshape(net, [self.batch_size, -1])
        net = lrelu((bn(linear(net, 1024, scope='d_fc3'),
                          is_training=is_training, scope='d_bn3')))
        out_logit = linear(net, 1, scope='d_fc4')
        out = tf.nn.sigmoid(out_logit)
        return out, out_logit,net
```

看到判別器的程式，其結構已經很清晰，使用兩個卷積層和兩個全連接層。需要注意的是，這裡返回沒有經過 sigmoid 函數處理的值 out_logit，後面我們會使用該值來計算判別器的損失。

接著看生成器的程式。

```
def generator(self, z, is_training=True, reuse=False):
    with tf.variable_scope("G", reuse=reuse):
        net = tf.nn.relu(bn(linear(z, 1024, scope='g_fc1'),
                            is_training=is_training, scope='g_bn1'))
        net = tf.nn.relu(bn(linear(net, 128*7*7, scope='g_fc2'),
                            is_training=is_training, scope='g_bn2'))
        #轉置卷積
        net = tf.reshape(net, [self.batch_size, 7, 7, 128])
        net = tf.nn.relu(
        bn(deconv2d(net, [self.batch_size, 14,14,64],4,4,2,2,name='g_dc3'),
             is_training=is_training,scope='g_bn3')
```

```
        )
        out = tf.nn.sigmoid(deconv2d(net, [self.batch_size, 28,28,1],
              4,4,2,2,name='g_dc4'))
        return out
```

生成器的結構同樣簡單，一開始是兩個全連接層接收隨機雜訊，然後透過兩個轉置卷積層來生成圖型。

接著就可以建構整個網路，這裡只展示主要的細節，首先當然是呼叫判別器和生成器對應的方法獲得對應的輸出。

```
# 真實圖型->判別器
D_real, D_real_logits, _ = self.discriminator(self.inputs, is_training=True,
        reuse=False)
# 生成器
G = self.generator(self.z, is_training=True, reuse=False)
# 生成圖型 ->判別器
D_fake, D_fake_logits, _ = self.discriminator(G, is_training=True,reuse=True)
```

首先傳入真實圖型給判別器，獲得真實圖型對應的輸出，然後呼叫生成器生成圖型，接著將生成的圖型再次傳遞給判別器，獲得生成圖型對應的輸出，接著就可以透過輸出的值定義出網路結構的損失。

```
d_loss_real = - tf.reduce_mean(D_real_logits)
d_loss_fake = tf.reduce_mean(D_fake_logits)
self.d_loss = d_loss_real + d_loss_fake
self.g_loss = - d_loss_fake
```

定義損失的邏輯就是建構生成器與判別器對抗關係邏輯，可以看出真實圖型損失 d_loss_real 取 D_real_logits 平均值的負值，而生成圖型損失 d_loss_fake 卻取 D_fake_logits 平均值的正值，即對判別器而言，它希望真實圖型的分數越高越好，而生成圖型的分數越低越好。d_loss_real 與 d_loss_fake 共同組成了判別器的損失，即對判別器而言，它希望 self.d_loss 這個整體越小越好，而生成器希望 self.g_loss 越大越好，這其實就組成了對抗關係。

接著依舊是常見的步驟，分別獲取判別器與生成器中所有的參數，然後使用 Adam 演算法來更新模型中的參數。

```
t_vars = tf.trainable_variables()
d_vars = [var for var in t_vars if 'd_' in var.name]
g_vars = [var for var in t_vars if 'g_' in var.name]
with tf.control_dependencies(tf.get_collection(tf.GraphKeys.UPDATE_OPS)):
self.d_optim= tf.train.AdamOptimizer(self.learning_rate, beta1=self.beta1)\
.minimize(self.d_loss, var_list=d_vars)
self.g_optim = tf.train.AdamOptimizer(self.learning_rate*5,
               beta1=self.beta1)\
.minimize(self.g_loss, var_list=g_vars)
```

前面的內容其實就是一個傳統 GAN 的流程，似乎與 WGAN 沒有關係，也沒有看到使用 EM 距離的地方。其實 WGAN 的結構與傳統的 GAN 非常像，透過上面的理論分析，我們已經知道 WGAN 其實就對傳統 GAN 做了 4 點改進，而對 EM 距離的使用，其實就是讓判別器的參數服從 1-Lipschitz 約束。在 WGAN 中用 Weight Clipping 的方式來實現這一目標，而在 TensorFlow 中實現 Weight Clipping 是非常簡單的，一行程式即可實現該邏輯。

```
#Weight Clipping
self.clip_D = [p.assign(tf.clip_by_value(p, -0.01, 0.01)) for p in d_vars]
```

上面使用串列生成的方式對判別器的所有參數 d_vars 都進行了裁剪，裁剪範圍是（−0.01, 0.01）。簡單介紹下 TF 方法，其中 tf.clip_by_value(A, min, max)主要用於將張量 **A** 中的每一個元素都壓縮到 min 與 max 之間，如果元素的值小於 min，則讓該元素的值等於 min，如果元素的值大於 max，則讓該元素的值等於 max，而 tf.assign(A, new_number)方法的作用就是將張量 **A** 的值變為 new_number 的值，即重新設定值。

透過這一行程式碼，我們就實現了 WGAN 中的 Weight Clipping，將判別器更新後的參數限制到一個範圍，粗暴地讓判別器服從 1-Lipschitz 約束，從而讓 GAN 避免了傳統 GAN 中會遇到的問題。

接著比較重要的部分就是訓練邏輯了，其餘的載入預訓練模型，以及保存資料到 Summary 中方便後期使用 TensorBoard 查看的邏輯就不展示了，直接看訓練邏輯，部分訓練邏輯的程式如下。

```
for epoch in range(start_epoch, self.epoch):
    # get batch data
    for idx in range(start_batch_id, self.num_batches):
        #一組資料
        batch_images = self.data_X[idx * self.batch_size:(idx + 1) *
                       self.batch_size]
        batch_z = np.random.uniform(-1, 1, [self.batch_size,
                  self.z_dim]).astype(np.float32)
        #  update D network
        _, _, summary_str, d_loss = self.sess.run([self.d_optim,
                  self.clip_D, self.
                  d_sum, self.d_loss],
                  feed_dict={self.inputs: batch_
                  images, self.z: batch_z})
        self.writer.add_summary(summary_str, counter)
        # update G network
        if (counter - 1) % self.disc_iters == 0:
            _, summary_str, g_loss = self.sess.run([self.g_optim, self.g_sum,
                   self.g_loss], feed_dict={self.z: batch_z})
            self.writer.add_summary(summary_str, counter)
        counter += 1
```

首先從 self.data_X 中獲取一組資料，同時生成一組雜訊 batch_z，然後將這些資料交由判別器與生成器進行訓練。需要注意的是，訓練判別器時，要記得訓練 self.clip_D，即執行 Weight Clipping 操作。

WGAN 還有很多輔助性的程式，這裡不再展示，直接來訓練一下，因為處理的資料以及 WGAN 的模型結構都比較簡單，所以直接在本地使用 CPU 來進行訓練，訓練了 25 輪，判別器與生成器的損失變化如圖 9.10 和圖 9.11 所示。從圖 9.10 中可以看出，判別器的損失逐漸達到 0，即判別器已經難以分辨出真實圖型與生成圖型。

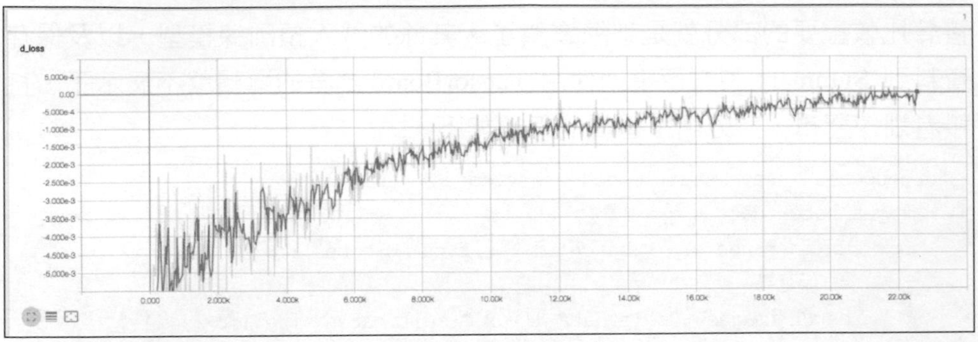

圖 9.10 判別器損失

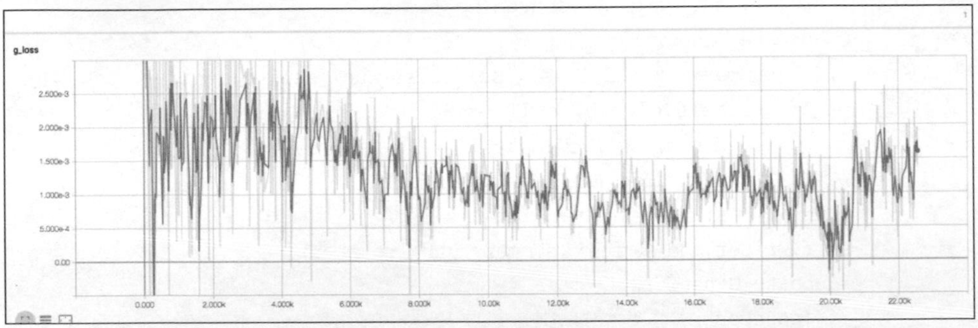

圖 9.11 生成器損失

整個 WGAN 的計算圖如圖 9.12 所示，這裡沒有顯示全，只展示了重要的結構部分。

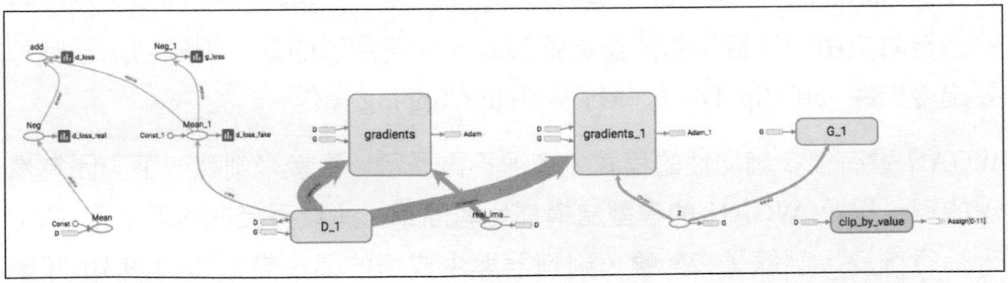

圖 9.12 WGAN 的計算圖

WGAN 具體的訓練結果如圖 9.13 所示。

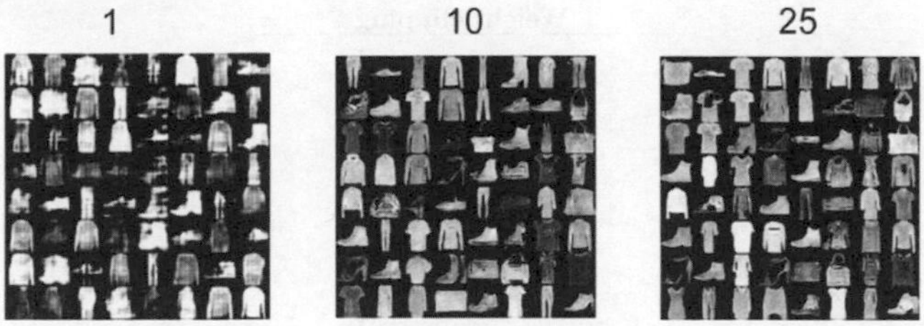

圖 9.13 訓練結果

9.3 Improved WGAN（WGAN-GP）

9.3.1 WGAN 存在的問題

在約束的 WGAN 論文中，對判別器目標函數加上了 1-Lipschitz 約束，但並沒有直接解決這個問題，而是使用將判別器參數更新後的值限制在$(-c, c)$範圍內的方式，強行地讓判別器的目標函數變得平滑。

WGAN-GP 論文中指出了 WGAN 會遇到訓練困難、收斂緩慢的問題，而造成這些問題的就是 Weight Clipping。

假設現在 Weight Clipping 定義的範圍為$[-0.01, 0.01]$，那麼訓練過程中就確保了判別器的參數平滑地改變，從而間接地實現了 Lipschitz 約束。對於判別器本身而言，其實就保證判別器對於兩個略微不同的輸入資料不會有太大不同的判斷，但在 GAN 實際的訓練中，通常希望判別器返回的損失可以儘量拉大真實資料與生成資料之間的分數差距，而 Weight Clipping 策略會限制判別器中每個參數的設定值範圍。

判別器為了實現返回的損失可以拉大真實資料與生成資料分數差距以及模型自身的參數被限制在固定範圍的兩個目標，就容易「走極端」。簡單而言，如果 Weight Clipping 定義的範圍是$[-0.01, 0.01]$，那麼判別器的參數不是取最大值，就是取最小值，WGAN-GP 論文透過實驗驗證了這個想法，如圖 9.14 所示。判別器的參數幾乎都集中在最大值0.01與最小值-0.01上。

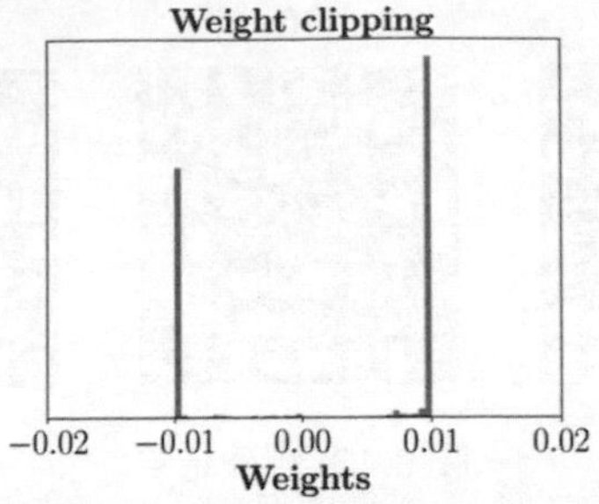

圖 9.14 判別器參數兩極化

判別器參數兩極化分佈就導致判別器本身變成了一個簡單二值化神經網路，喪失了其強大的擬合能力，無法充分地利用傳入的資料，導致傳遞給生成器梯度的品質也變差很多，從而造成生成器生成的圖型並沒有那麼理想。

除這個問題外，Weight Clipping 還容易造成梯度消失和梯度爆炸。如果我們將限制範圍設得小一些，那麼梯度反向傳播時，每經過一層網路，梯度就會變小一些，當經過多層網路後，梯度就呈指數級衰減，即發生梯度消失；反之，如果將限制範圍設得大一些，每經過一層網路，梯度就會對應變大一些，經過多層網路後，梯度就會呈指數級增長，即梯度爆炸。只有當這個限制範圍設得正合適時，判別器才能返回正常的梯度給生成器。直觀了解如圖 9.15 所示，當設定不同的 Weight Clipping 範圍時，導致不同層的梯度不同。圖 9.15 中橫軸表示判別器中的第幾層，縱軸表示梯度大小。

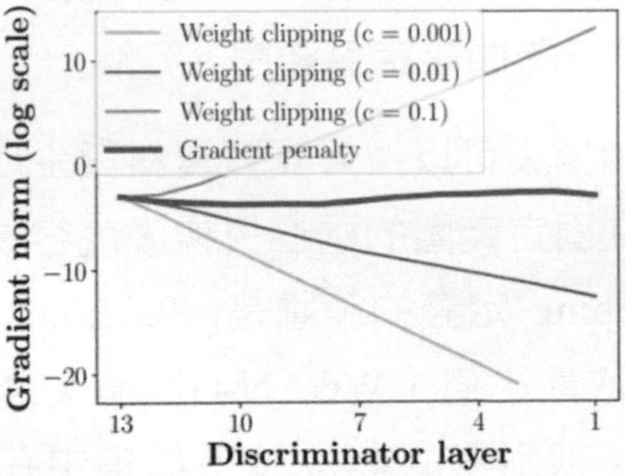

圖 9.15 設定不同的 Weight Clipping 導致不同層梯度不同

然而，在實際專案中，這個合適的範圍可能很狹窄，這就需要大量的試驗測試才能找到一個比較合適的限制範圍，讓模型的訓練變得複雜。

9.3.2 gradient penalty

WGAN-GP 的提出就是為了解決 WGAN 遇到的問題，不再使用 WGAN 中 Weight Clipping 的方式來粗暴地限制參數範圍。WGAN-GP 提出的解決方法如下，首先可以數學推導證明出，當判別器 D 服從 1-Lipschitz 約束時，相等於判別器 D 在任意地方的梯度都小於 1，公式表達如下。

$$D \in 1 - \text{Lipschitz} \Leftrightarrow \|\nabla_x D(x)\| \leqslant 1 \text{ for all } x$$

現在已知兩者是相等的，那麼當直接實現讓判別器 D 服從 1-Lipschitz 約束比較困難時，可以實現這種相等方式，即判別器 D 對於所有的輸入x，其梯度都小於 1，那麼可以將判別器的目標函數修改成以下形式。

$$V(G,D) \approx \max_D \left\{ E_{x\sim P_{\text{data}}}[D(x)] - E_{x\sim P_G}[D(x)] \right.$$
$$\left. - \lambda \int_x \max(0, \|\nabla_x D(x)\| - 1)\, \mathrm{d}x \right\}$$

當判別器 D 的梯度大於 1 時，$\max_D\{E_{x\sim P_{\text{data}}}[D(x)] - E_{x\sim P_G}[D(x)]\}$就要減去$\lambda \int_x \max\,(0, \|\nabla_x D(x)\| - 1)\, \mathrm{d}x$，確保判別器 D 的梯度小於 1。公式中的$\lambda \int_x \max(0, \|\nabla_x D(x)\| - 1)\, \mathrm{d}x$的作用其實很像一個正則項，懲罰梯度更新時大於 1 的行為。

這其實就要求判別器 D 的所有輸入對應$\nabla_x D(x)$都要小於 1，但要獲得所有的 x 是不可能的，我們無法遍歷整個資料空間取出其中的所有資料。為了解決這個問題，一個簡單的做法就是事先定義出懲罰樣本取出資料的空間分佈P_{penalty}，只要求從P_{penalty}中取出的樣本資料x對應的$\nabla_x D(x)$小於 1 即可，該空間外的資料就不再理會。

因為無法獲得整個空間分佈中所有的 x，即無法確保所有 x 的$\nabla_x D(x)$都小於 1，退而求其次，定義出分佈P_{penalty}，確保分佈P_{penalty}中 x 對應的

$\nabla_x D(x)$都小於 1，那麼目標函數最終如下。

$$V(G,D) \approx \max_D \Big\{E_{x\sim P_{\text{data}}}[D(x)] - E_{x\sim P_G}[D(x)] \\ - \lambda E_{x\sim P_{\text{penalty}}}[\max(0, \|\nabla_x D(x)\| - 1)]\Big\}$$

這種方式被稱為 gradient penalty（梯度懲罰）。

接著的問題是分佈P_{penalty}應該在整個空間中的哪個位置？透過實驗發現，取出生成資料空間分佈與真實資料空間分佈之間的樣本來滿足$\nabla_x D(x)$小於 1 的約束效果是比較好的，即分佈P_{penalty}設定在生成資料空間分佈與真實資料空間分佈之間效果是比較好的，可以從生成資料空間中抽樣一個資料點，從真實資料空間中同樣抽樣一個資料點，將兩點連接成線，多個這樣的連線組成的空間就是P_{penalty}，如圖 9.16 所示。

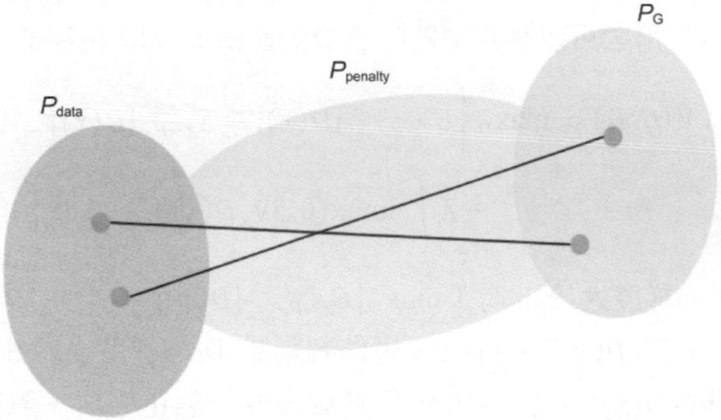

圖 9.16 P_{penalty} 空間

其實這在直觀上也比較好了解，因為生成資料空間分佈與真實資料空間分佈之間的距離就取決於兩個分佈之間的空間，而與空間中的其他分佈沒有什麼直觀的聯繫。

還有一點值得一提，就是在實際使用 WGAN-GP 時，將$\max(0, \|\nabla_x D(x)\| - 1)$替換為$(\|\nabla_x D(x)\| - 1)^2$會有更好的效果，而且可以避免一些問題，這個結論同樣是多輪實驗中複習的。

相對於傳統 GAN 的演算法，WGAN 或 WGAN-GP 對其進行了簡單的修改，為了直觀地感受傳統 GAN 演算法與 WGAN、WGAN-GP 演算法之間的差異，這裡先回顧一下傳統 GAN 演算法。

傳統 GAN 演算法在每一輪迴圈中，都做以下操作。

（1）先固定生成器參數，訓練判別器。

a. 從真實資料空間P_{data}中取出 m 個樣本$x_1, x_2, \cdots, x_m$。

b. 從雜訊空間中隨機獲取雜訊資料z_i，交由生成器生成對應的生成資料樣本。

$$\widetilde{x_1}, \widetilde{x_2}, \cdots, \widetilde{x_m}, \widetilde{x_i} = G(z_i)$$

c. 更新判別器參數，使判別器的目標函數最大化。

$$\tilde{V} = \frac{1}{m}\sum_{i=1}^{m} \log D(x_i) + \frac{1}{m}\sum_{i=1}^{m} \log\left(1 - D(\widetilde{x_i})\right)$$

$$\theta_d \leftarrow \theta_d + \eta\tilde{V}(\theta_d)$$

（2）再固定判別器參數，訓練生成器。

a. 從雜訊空間中隨機獲取雜訊資料z_i，然後生成器使用z_i來生成資料。

b. 更新生成器參數，使生成器的目標函數最小化。

$$\tilde{V} = \frac{1}{m}\sum_{i=1}^{m} \log(1 - D(G(z_i)))$$

$$\theta_g \leftarrow \theta_g - \eta\tilde{V}\left(\theta_g\right)$$

每一輪訓練，通常先訓練判別器 K 次，然後對應地訓練一次生成器。

傳統 GAN 的內容不必多講，直接來看 WGAN 或 WGAN-GP 改進後的演算法流程，WGAN 或 WGAN-GP 演算法在每一輪迴圈中，都做以下操作。

（1）先固定生成器參數，訓練判別器。

a. 從真實資料空間P_{data}中取出 m 個樣本$x_1, x_2, \cdots, x_m$。

b. 從雜訊空間中隨機獲取雜訊資料z_i，交由生成器生成對應的資料樣本。

$$\widetilde{x_1}, \widetilde{x_2}, \cdots, \widetilde{x_m}, \widetilde{x_i} = G(z_i)$$

c. 更新判別器參數，使判別器的目標函數最大化。

$$\tilde{V} = \frac{1}{m}\sum_{i=1}^{m} \log D(x_i) + \frac{1}{m}\sum_{i=1}^{m} \log D(\widetilde{x_i})$$

$$\theta_d \leftarrow \theta_d + \eta \nabla \tilde{V}(\theta_d)$$

判別器神經網路的最後一層不再使用 sigmoid 啟動函數，如果是 WGAN，那麼判別器參數更新後的值要被限定到一個固定的範圍$(-c, c)$中，即 Weight Clipping；如果是 WGAN-GP，則參數更新時增加一個懲罰項，懲罰項中的資料取樣於懲罰空間P_{penalty}。

（2）再固定判別器參數，訓練生成器。

a. 從雜訊空間中隨機獲取雜訊資料z_i，然後生成器使用z_i來生成資料。

b. 更新生成器參數，使生成器的目標函數最小化。

$$\tilde{V} = -\frac{1}{m}\sum_{i=1}^{m} \log D\big(G(z_i)\big)$$

$$\theta_g \leftarrow \theta_g - \eta \nabla \tilde{V}\big(\theta_g\big)$$

同樣，每一輪訓練，通常先訓練判別器 K 次，然後對應地訓練一次生成器。

9.3.3 TensorFlow 實現 WGAN-GP

在上面的內容中，我們從理論的角度討論了 WGAN-GP，在對 WGAN-GP 有一定的了解後，就可以嘗試動手來編寫它。這裡同樣使用 fashion-mnist

資料集作為訓練資料，而且生成器與判別器的結構與 WGAN 中的結構一致，所以就不再展示處理資料以及生成器與判別器的程式，直接看定義損失的邏輯。

```
D_real, D_real_logits, _ = self.discriminator(self.inputs, is_training=True,
reuse=False)
G = self.generator(self.z, is_training=True, reuse=False)
D_fake, D_fake_logits, _ = self.discriminator(G, is_training=True, reuse=True)
# 判別器損失
d_loss_real = - tf.reduce_mean(D_real_logits)
d_loss_fake = tf.reduce_mean(D_fake_logits)
self.d_loss = d_loss_real + d_loss_fake
# 生成器損失
self.g_loss = - d_loss_fake
```

可以看到，判別器與生成器的損失與 WGAN 中是一樣的，唯一與 WGAN 有較大不同的地方，就是 WGAN-GP 中使用 Gradient Penalty 來替代 WGAN 中的 Weight Clipping。下面將 gradient penalty（梯度懲罰）的邏輯拆分成多塊來了解。

先回憶一下 WGAN-GP 中判別器的目標函數。

$$V(G,D) \approx \max_D \Big\{E_{x\sim P_{\text{data}}}[D(x)] - E_{x\sim P_G}[D(x)] \\ - \lambda E_{x\sim P_{\text{penalty}}}[\max(0, \|\nabla_x D(x)\| - 1)]\Big\}$$

我們暫時只關心$-\lambda E_{x\sim P_{\text{penalty}}}[\max(0, \|\nabla_x D(x)\| - 1)]$。從這一部分很容易就可以寫出梯度懲罰的程式。

```
self.d_loss += self.lambd * gradient_penalty
```

其中 self.lambd 表示公式中的λ，通常是一個固定值，而 gradient_penalty 表示$E_{x\sim P_{\text{penalty}}}[\max(0, \|\nabla_x D(x)\| - 1)]$，那麼梯度懲罰的核心就是計算出 gradient_penalty。

觀察$E_{x\sim P_{\text{penalty}}}[\max(0, \|\nabla_x D(x)\| - 1)]$，我們首先要思考，如何表示$x\sim P_{\text{penalty}}$，即從生成資料與真實資料之間的空間分佈中取出樣本用來計

算，其簡單實現如下。

```
alpha = tf.random_uniform(shape=self.inputs.get_shape(), minval=0.,
maxval=1.)
differences = G - self.inputs
interpolates =  self.inputs + (alpha * differences)
```

其中 differences 就是生成資料與真實資料之間的差值，將 differences 乘以一個隨機變數 alpha 再加上真實資料的值，就獲得了生成資料與真實資料之間空間分佈中的樣本值，將這個樣本傳入生成器，就獲得 $E_{x\sim P_{\text{penalty}}}D(x)$，程式如下。

```
_,D_inter, _ = self.discriminator(interpolates, is_training=True, reuse=True)
```

其中 D_inter 就是$E_{x\sim P_{\text{penalty}}}D(x)$對應的變數值，有了該值之後，就可以使用 TensorFlow 提供的 gradients()方法來計算梯度。

```
gradients = tf.gradients(D_inter, [interpolates])[0]
```

單純地獲得梯度是不夠的，我們還需要計算該梯度矩陣對應的 1-範數，即 $\|\nabla_x D(x)\|$，1-範數的計算方法這裡再提及一下。

$$\|A\|_1 = \max_j \sum_{i=1}^{m} |a_{i,j}|$$

那麼$\|\nabla_x D(x)\|$的計算方法也就如上式所示，具體程式如下。

```
slopes = tf.sqrt(tf.reduce_sum(tf.square(gradients), reduction_indices=[1]))

gradient_penalty = tf.reduce_mean( (slopes - 1.) ** 2)
```

首先使用 tf.square()方法計算梯度的平方，這其實是為了方便計算；然後使用 tf.reduce_sum()方法計算梯度張量某一維度的和，reduction_indices 參數表示某一維度；最後使用 tf.sqrt()方法計算張量的平方根，抵消一開始的平方運算。透過這樣的計算，就獲得了$\|\nabla_x D(x)\|$，隨後就可以計算出最終要懲罰的梯度了。

梯度懲罰完整的邏輯程式如下。

```
alpha = tf.random_uniform(shape=self.inputs.get_shape(), minval=0., maxval=1.)
differences = G - self.inputs
interpolates =  self.inputs + (alpha * differences)
_,D_inter, _ = self.discriminator(interpolates, is_training=True, reuse=True)
gradients = tf.gradients(D_inter, [interpolates])[0]
slopes = tf.sqrt(tf.reduce_sum(tf.square(gradients), reduction_indices=[1]))
gradient_penalty = tf.reduce_mean( (slopes - 1.) ** 2)
self.d_loss += self.lambd * gradient_penalty
```

判別器獲得經過梯度懲罰的損失後，接下來的邏輯就與 WGAN 一樣了，即分別取出判別器與生成器的張量，然後使用 Adam 最佳化演算法進行更新。

模型結構建構好後，就是訓練了，訓練程式如下。

```
# 更新判別器 D 網路
_, summary_str, d_loss = self.sess.run([self.d_optim, self.d_sum,
self.d_loss],
                feed_dict = {self.inputs:batch_images, self.z:batch_z})
                self.writer.add_summary(summary_str, counter)
                # 更新生成器，設定每訓練多少次判別器更新一次生成器
                if (counter - 1)%self.disc_iters == 0:
                    batch_z = np.random.uniform(-1, 1, [self.batch_size,
                            self.z_dim]).
                    astype(np.float32)
                    _, summary_str, g_loss = self.sess.run([self.g_optim,
                            self.g_sum, self.g_loss],
                    feed_dict={self.z: batch_z})
                    self.writer.add_summary(summary_str, counter)
                counter += 1
```

同樣因為訓練資料以及模型結構都比較簡單，所以直接在本地 CPU 上進行訓練，總共訓練 22 輪，同樣先來觀察一下判別器與生成器損失的變化，分別如圖 9.17 和圖 9.18 所示。

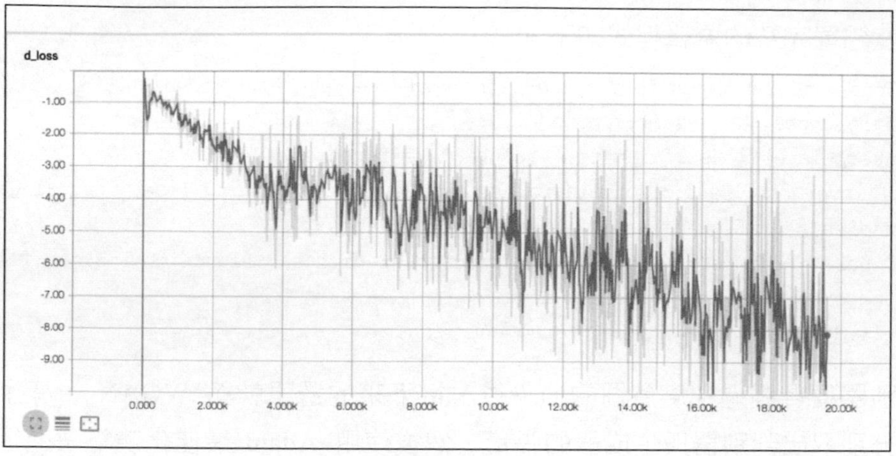

圖 9.17 判別器總損失

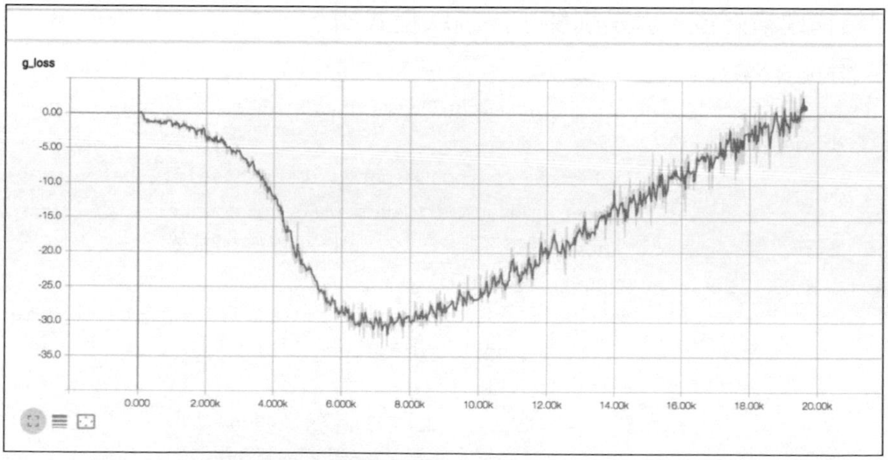

圖 9.18 生成器總損失

WGAN-GP 整個網路的計算圖如圖 9.19 所示。

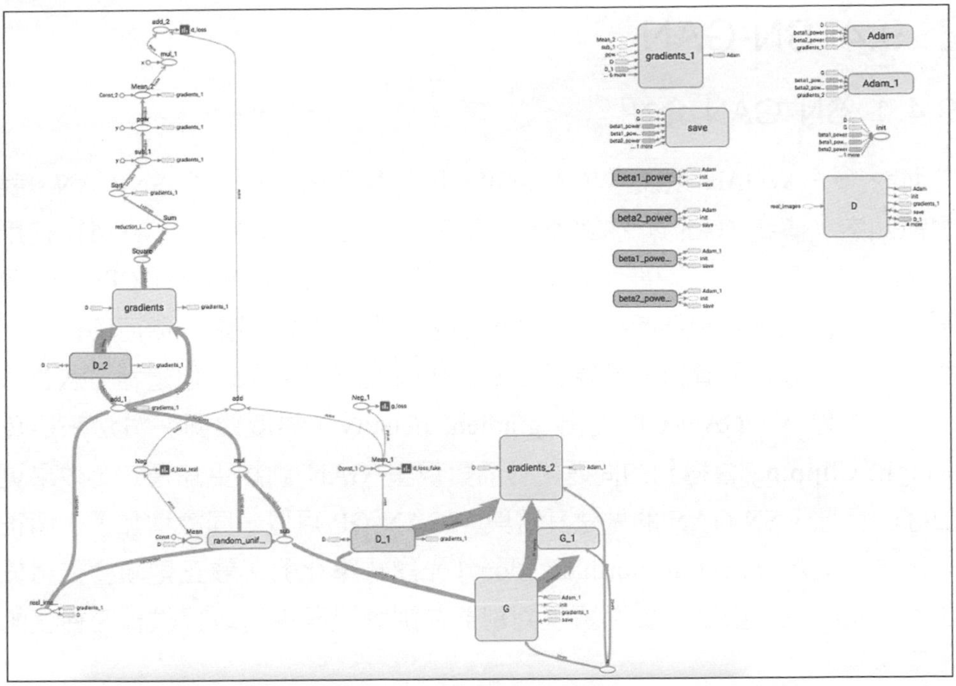

圖 9.19 WGAN-GP 計算圖

WGAN-GP 第 1 輪、第 10 輪以及第 22 輪的訓練結果如圖 9.20 所示。

圖 9.20 訓練結果

9.4 SN-GAN

9.4.1 SN-GAN 介紹

前面討論了 WGAN 以及 WGAN-GP，接著我們來討論一下 SN-GAN。我們都知道，傳統 GAN 存在訓練難、梯度不穩定等各種問題。WGAN 使用 Wasserstein 距離代替傳統 GAN 中的 JS 距離，並使用 Weight Clipping 權重剪枝的方法讓判別器參數更新後的值限制在一個範圍內，從而確保判別器的目標函數是平滑的，實現服從 Lipschitz 約束的效果，但這種方法會帶來一些問題。WGAN-GP 提出 gradient penalty（梯度懲罰）方法來避免 Weight Clipping 會遇到的問題，從而實現讓 GAN 訓練更加穩定，效果更加好的目標。SN-GAN 的做法其實與 WGAN-GP 類似，同樣增加了一個正則化項，稱為 Spectral Normalization（光譜標準化），該正則項會作用於整個判別器的參數上，從而實現判別器在訓練過程中可以提供穩定梯度的效果。

在 WGAN-GP 一節中，已經討論了普通 WGAN 會遇到的問題，同樣 WGAN-GP 也會有對應的問題，在 WGAN-GP 中使用 graident penalty 的方法來限制判別器，但這種方法只能對生成資料分佈與真實資料分佈之間的分佈空間的資料做梯度懲罰，無法對整個空間的資料做懲罰。這會導致隨著訓練的進行，生成資料分佈與真實資料分佈之間的空間會逐漸變化，從而導致 graidetn penalty 正則化方式不穩定，在實驗中，當我們使用一個比較大的學習效率去訓練 WGAN-GP 網路時，WGAN-GP 表現並不穩定。而且因為 WGAN-GP 涉及比較多的運算，所以訓練 WGAN-GP 網路也比較耗時。

SN-GAN 的提出使用 Spectral Normalization 方法來讓判別器 D 滿足 Lipschitz 約束，簡單而言，SN-GAN 只需要改變判別器權值矩陣的最大奇異值。這種方法可以最大限度地保留判別器權值矩陣中的資訊，這個優勢可以讓 SN-GAN 使用類別較多的資料集作為訓練資料，依舊可以獲得比較好的生成效果。

從一個更高的角度去看，無論是 WGAN 的 Weight Clipping 方法，還是 WGAN-GP 的 gradient penalty 方法，都是要讓判別器 D 服從 Lipschitz 約束，都會有資訊損耗。WGAN 中 Weight Clipping 方法算是改變判別器權值矩陣的最大奇異值，這會造成較多資訊損失；WGAN-GP 的 gradient penalty 方法只對真實資料分佈與生成資料分佈之間的空間分佈做梯度懲罰，並非作用於全網路，這種做法同樣會有資訊損失。

奇異值是矩陣裡的概念，一般透過奇異值分解定理求得。設 $\boldsymbol{A}$ 為 $m \times n$ 階矩陣，$q=\min(m,n)$，$A \times A$ 的 q 個非負特徵值的算術平方根叫作 $\boldsymbol{A}$ 的奇異值。

從 SN-GAN 論文中的實際效果來看，SN-GAN 是目前僅有的可以使用單一生成器與判別器從 ImageNet 資料集（其中的圖型具有非常多的類別）生成高品質圖型的 GAN 模型，WGAN、WGAN-GP 等 GAN 模型在多類別圖型中都無法生成高品質圖型。其中一個可能原因就是，在訓練過程中，WGAN、WGAN-GP 等 GAN 模型喪失了較多的原始資訊。

簡單而言，SN-GAN 具有以下優勢。

（1）以 Spectral Normalization 方法讓判別器 D 滿足 Lipschitz 約束，Lipschitz 的常數 K 是唯一需要調整的超參數。

（2）整體上 SN-GAN 只改變判別器權值矩陣的最大奇異值，從而可以最大限度地保留原始資訊。

（3）具體訓練模型時，使用 power iteration（疊代法），加快訓練速度，可比 WGAN-GP 快許多。WGAN-GP 慢的原因是使用 gradient penalty 後，模型在梯度下降的過程中相當於計算兩次梯度，計算量更大，所以整體訓練速度就變慢了。

9.4.2 Spectral Normalization 方法與 SN-GAN

下面我們嘗試從數學角度來討論 Spectral Normalization 方法以及 SN-GAN。

首先簡單思考一下 GAN 的判別器為什麼要加上 Lipschitz 約束。對於一個普通的判別器，它對某個輸入資料評分其實就是一個資料前向傳播的計算過程，其前向傳播計算公式如下。

$$f(x,\theta) = W^{L+1}a_L(W^L(a_{L-1}(W^{L-1}(\cdots a_1(W^1x)\cdots))))$$

其中參數$\theta = \{W^1, \cdots, W^L, W^{L+1}\}$表示判別器中參數權值集合，而參數$a_1$表示非線性啟動函數，上式並沒有考慮偏置項，但這並不影響後面的推導。

為了方便公式的推導，使用矩陣表達的方式來改寫一下，那麼判別器的前向傳播計算就可以簡化為下式。

$$D(x,\theta) = A(f(x,\theta))$$

其中A表示啟動函數。

因為判別器的目標是盡可能地區分出真實資料與生成資料，所以我們要最大化判別器的目標函數$\max_D V(G,D)$，在固定生成器參數後，可以解出判別器的最佳解。具體的推導內容在前面的章節中多次提及，這裡不再展示詳細的推導細節。

$$D_G^*(x) = \frac{P_{\text{data}}(x)}{P_{\text{data}}(x) + P_G(x)}$$

因為傳統 GAN 中，判別器最後一層的啟動函數為 sigmoid 函數，所有上式也就可以寫為

$$\text{sigmoid}\big(f^*(x)\big) = \frac{P_{\text{data}}(x)}{P_{\text{data}}(x) + P_G(x)}$$

其中，$f^*(x)$表示判別器最後一層沒有經過啟動函數處理的輸出，接著可以將 sigmoid 函數的運算式$\frac{1}{1+\mathrm{e}^{-x}}$代入，繼續推導出$f^*(x)$的解。

$$f^*(x) = \log P_{\text{data}}(x) - \log P_G(x)$$

此時對$f^*(x)$中的x求導。

$$\nabla_x f^*(x) = \frac{1}{P_{\text{data}}(x)} \nabla_x P_{\text{data}}(x) - \frac{1}{P_G(x)} \nabla_x P_G(x)$$

可以發現，如果沒有增加一些限制條件，該導數可以是無限的，即會一直最佳化判別器，直到判別器的能力遠大於生成器，這就導致 GAN 難以繼續訓練最佳化了。這個問題的解決方法就是讓判別器服從 Lipschitz 約束，即要求判別器的目標函數是平滑的，即$\operatorname{argmax}_{\|f\|_{\text{Lip}} \leqslant K} V(G, D)$。

在繼續推導前，先討論一下 Lipschitz 約束的作用。

Lipschitz 約束並不只能使用在 GAN 上，對於常見的監督學習網路，都可以利用 Lipschitz 約束的思維，增強神經網路模型的抗擾動能力以及泛化能力。什麼是抗擾動能力？一個著名的反例就是對抗樣本攻擊，如圖 9.21 所示，對於一張熊貓的圖型，神經網路認為 57.7%的可能是熊貓，這其實是正確的判斷，加上一些隨機雜訊後，神經網路就認為該圖型 99.3%是長臂猿，但對於人而言，這張還是熊貓的圖型。

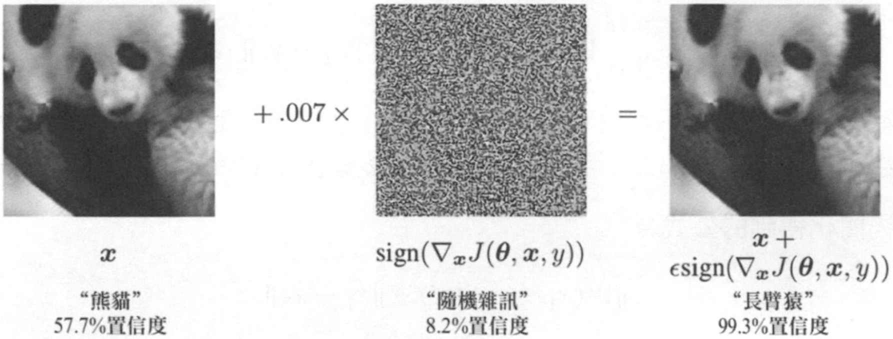

圖 9.21 對抗樣本攻擊

如果一個神經網路模型沒有較強的抗擾動能力，那麼對於一個資料，增加了輕微的干擾資料，模型輸出的結果就會與正確結果有很大的差距。

前面討論到，讓模型服從 Lipschitz 約束可以增強其抗擾動能力。將 Lipschitz 約束運用到一個模型上形式很簡單，即我們希望一個模型，當其輸入從x變為$x + \Delta x$時，對應的輸出也從$f_w(x)$變為$f_w(x + \Delta x)$，我們希望

當Δx很小時，$\|f_w(x+\Delta x)-f_w(x)\|$的差值也很小，這樣就能保證模型是平滑的，從而增強了其抗擾動能力，公式表示如下。

$$\|f_w(x_1)-f_w(x_2)\| \leqslant C \cdot \|x_1-x_2\|$$

其中，f表示啟動函數；w表示權重；C表示一個常數。

按照前面討論，為了讓模型的抗擾動能力增強，可以要求模型服從 Lipschitz 約束，換而言之，就是x_1與x_2之間的差距越小，$f_w(x_1)$與$f_w(x_2)$之間的差距也越小，因此就要最小化參數C。

為了去除公式中存在的干擾項，需要繼續簡化一下，為了便於了解，這裡使用簡單的全連接公式來改寫上式。

$$\|f(Wx_1+b)-f(Wx_2+b)\| \leqslant C \cdot \|x_1-x_2\|$$

為了讓模型輸入充分地接近，具體而言，就是x_1與x_2之間的差值越小，可以使用一階項近似地表示上式左邊。

$$\left\|\frac{\partial f}{\partial x}W(x_1-x_2)\right\| \leqslant C \cdot \|x_1-x_2\|$$

因為希望公式左邊不大於右邊，那麼$\frac{\partial f}{\partial x}$必然存在一個上界，可以使用上界所代表的常數來替換$\frac{\partial f}{\partial x}$，因為是一個固定的常數，我們暫時可以忽略它，最終簡化得到的公式為

$$\|W(x_1-x_2)\| \leqslant C \cdot \|x_1-x_2\|$$

此時的目標依舊未變，即最小化參數C，從而保證模式函數是平滑的。

接著就要考慮一下可以透過什麼方式保證其平滑，因而涉及範數的概念，前面蜻蜓點水地提過範數。首先來考慮相對簡單的 F 範數，F 範數（Frobenius 範數）即矩陣元素絕對值的平方和再開平方，公式如下。

$$\|W\|_F = \sqrt{\sum_{i=1}^{m}\sum_{j=1}^{n} w_{ij}^2}$$

利用柯西不等式，可以推導出：

$$\|Wx\| \leqslant \|W\|_F \cdot \|x\|$$

其中，$\|Wx\|$、$\|x\|$都是向量的範數，該公式可以拓展成$\|W(x_1 - x_2)\| \leqslant C \cdot \|x_1 - x_2\|$，即$\|W\|_F$為參數$C$的具體值。

前面已經多次提及，為了讓模型更進一步地服從 Lipschitz 約束，即讓模型更加平滑，就應當最小化參數C。我們可以將C^2作為一個懲罰項代入普通監督模型的損失函數中，以此來讓模型更加平滑。

$$\text{loss} = \text{loss}\big(y, f_w(x)\big) + \lambda C^2$$

將$\|W\|_F$代入上式。

$$\begin{aligned}\text{loss} &= \text{loss}\big(y, f_w(x)\big) + \lambda \|W\|_F^2 \\ &= \text{loss}\big(y, f_w(x)\big) + \lambda \left(\sum_{i=1}^{m} \sum_{j=1}^{n} w_{ij}^2\right)\end{aligned}$$

這其實就是一個l_2正則項。從而得出一個結論，即一個神經網路模型增加l_2正則項後，模型的泛化能力以及抗擾動能力會更強，這也符合常識，前面的內容就是從數學的角度證明了這個常識背後的機制。

但這與 Spectral Normalization 方法以及 SN-GAN 有什麼關係呢？之所以提及 F 範數，只是為了更進一步地了解下面內容所做的鋪陳。SN-GAN 中使用 Spectral Normalization 的方式非常簡單，就是判別器的所有權重都進行除以譜範數的操作，即$\frac{W}{\|W\|_2}$，這樣做之所以有效的原理其實與 F 範數是相同的。

譜範數，又稱 2-范數，其實已經在前面內容提及，其表示式為

$$\|W\|_2 = \sqrt{A^{\mathrm{T}} A}$$

所謂譜范數，其實就是$A^{\mathrm{T}}A$矩陣最大特徵值的開方。

譜範數$\|W\|_2$也是參數C的具體的值，它同樣可以代入普通監督模型的損失函數中，從而讓該模型更加平滑，這其實就是 Spectral Norm Regularization（譜正則化）。

$$\text{loss} = \text{loss}\big(y, f_w(x)\big) + \lambda\|W\|_2^2$$

在一開始關於傳統 GAN 的推導中，我們已經知道，如果 GAN 不加上 Lipschitz 約束，判別器就會被無限最佳化，導致判別器與生成器能力之間失衡，造成 GAN 難以訓練，而 WGAN、WGAN-GP 都透過不同的方式讓 GAN 的判別器服從 Lipschitz 約束，但都有各自的問題。其中 WGAN-GP 梯度懲罰的方式可以滿足比較多的情況，但訓練比較慢，隨著訓練的進行，梯度會出現波動。還有一個值得關注的問題，就是對於類別資料訓練，WGAN-GP 得不到比較理想的效果，這是因為梯度懲罰的方式只針對生成資料分佈與真實資料分佈之間的空間分佈中的資料進行梯度懲罰，無視其他空間。這種方式使得它難以處理多類別資料，多類別資料在空間分佈時，真實資料的空間分佈是多樣的，此時 WGAN-GP 就不知道將哪裡分為懲罰空間，從而得不到比較好的效果。

對 SN-GAN 而言，它只是將譜正則化的思維運用到 GAN 中，從而提出譜歸一化，透過譜歸一化的方式讓 GAN 滿足 1-Lipschitz 約束。可以簡單推導，首先對於矩陣範數，有以下幾個性質：

- ❑ 相容性，$\|AB\| \leqslant \|A\|\|B\|$。
- ❑ 齊次性，$\|aA\| = |a| \cdot \|A\|$。

為了讓 GAN 更穩定，需要讓判別器的目標函數更加平滑，對於輸入資料中細微的變化不敏感，公式如下。

$$\frac{\|f_\Theta(x+\xi) - f(x)\|_2}{\|\xi\|_2} = \frac{\left\|W_{\Theta,x}(x+\xi) - \left(\left(W_{\Theta,x}(x)\right) + b_{\Theta,x}\right)\right\|_2}{\|\xi\|_2}$$

$$= \frac{\left\|W_{\Theta,x}\xi\right\|_2}{\|\xi\|_2} \leqslant \sigma_{(}W_{\Theta,x})$$

其中，θ表示模型中的參數；Θ表示隱藏層輸入與隱藏層輸出的差值，符號表示為$h_{\text{in}} \mapsto h_{\text{out}}$。而$\sigma\left(W_{\Theta,x}\right)$就是前面提及的參數$C$，為了讓判別器模型更加平滑，就要最小化$\sigma\left(W_{\Theta,x}\right)$。

此時對於判別器的權值矩陣 $\boldsymbol{A}$ 而言，目標就變為下式。

$$\sigma\boldsymbol{A} = \max_{\xi \in R^n, \xi \neq 0} \frac{\|A\xi\|_2}{\|\xi\|_2}$$

因為ξ表示隱藏層輸入與隱藏層輸出的差值，所以可以將上式改寫為

$$\sigma\boldsymbol{A} = \max_{h:h\neq 0} \frac{\|Ah\|_2}{\|h\|_2} = \max_{\|h\|_2 \leqslant 1} \|Ah\|_2$$

這其實就是求矩陣的最大奇異值，如果每一層 g 輸入 h 時，對應的就是$g(h) = Wh$，沒有考慮偏置，利用矩陣范數的相容性，就有以下性質。

$$\|g_1 \cdot g_2\|_{\text{Lip}} \leqslant \|g_1\|_{\text{Lip}} \cdot \|g_1\|_{\text{Lip}}$$

利用該性質就可以觀察到對於判別器 D 而言$\|f\|_{\text{Lip}}$的上界。

$$\|f\|_{\text{Lip}} \leqslant \|h_L \to W_{L+1}h_L\|_{\text{Lip}} \cdot \|h_{L-1} \to W_L h_{L-1}\|_{\text{Lip}} \cdot \cdots \cdot \|a_1\|_{\text{Lip}} \|h_0 \to W_1 h_0\|_{\text{Lip}} = \prod_{l=1}^{L+1} \sigma(W_l)$$

其中參數 W 表示判別器模型的權重，接著將參數 W 代入$\bar{W}:= W/\sigma(W)$中獲得一個新值（其中:=用於將公式左邊定義成一個符號，用該符號表示公式右邊的式子），此時就可得到

$$\sigma(W_l) \to \sigma\left(\bar{W}_{SN}\,(W)\right) = 1$$

那麼$\|f\|_{\text{Lip}}$不等式就變為

$$\|f\|_{\text{Lip}} \leqslant \prod_{l=1}^{L+1} \sigma(W_l) = 1$$

透過上面推導證明，當我們對判別器的權重都做$\bar{W}:= W/\sigma(W)$運算，這種做法被稱為譜歸一化，透過譜歸一化操作後，判別器就會服從 1-Lipschitz

約束，這種服從是嚴格的，具體而言，$\sigma(W)$其實就是權重矩陣的譜範數$\|W\|_2$，最終譜歸一化就可以表示為$\bar{W} := W/\|W\|_2$。

SN-GAN 整體思維如上所述，但因為直接計算譜範數$\|W\|_2$是比較耗時的，所以為了讓訓練模型時速度更快，就需要使用一個技巧。power iteration（冪疊代）方法透過疊代計算的思維可以比較快速地計算出譜範數的近似值。

因為譜範數$\|W\|_2$等於$W^{\mathrm{T}}W$的最大特徵根，所有要求解譜範數，就可以轉變成求$W^{\mathrm{T}}W$的最大特徵根，使用 power iteration 的方式如下。

所謂 power iteration 就是透過下面的疊代格式進行疊代計算。

$$v \leftarrow \frac{W^{\mathrm{T}}u}{\|W^{\mathrm{T}}u\|}, u \leftarrow \frac{Wv}{\|Wv\|}$$

疊代許多次後，就可以求得譜範數的近似值。

$$\|W\|_2 \approx u^{\mathrm{T}}Wv$$

至此就可以理清楚 SN-GAN 使用譜歸一化的訓練過程了。

（1）為每一層$l = 1, \cdots, L$初始化$\widetilde{u_l}$隨機向量，$\widetilde{u_l} \in R_{d_t}$。

（2）對於其中的每一層，都進行以下運算。

a. 利用 power iteratiom 方法來計算 W 對應譜範數的近似值。
疊代格式為

$$\widetilde{v_l} \leftarrow \frac{(W_l)^{\mathrm{T}}\widetilde{u_l}}{\|(W_l)^{\mathrm{T}}\widetilde{u_l}\|_2}$$

$$\widetilde{u_l} \leftarrow \frac{(W_l)^{\mathrm{T}}\widetilde{v_l}}{\|(W_l)^{\mathrm{T}}\widetilde{v_l}\|_2}$$

疊代許多次後

$$\sigma(W_l) = \|W\|_2 \approx \widetilde{u_l^{\mathrm{T}}}W_l\widetilde{v_l}$$

b. 計算出 W 新的值。

$$\bar{W}_l^{SN}(W_l) = \frac{W_l}{\sigma(W_l)}$$

c. 利用 SGD 最佳化演算法在 mini-batch 資料集D_M上更新W_l，學習率為α，具體公式如下。

$$W_l \leftarrow W_l \leftarrow \alpha \nabla_{W_l} \phi\left(\bar{W}_l^{SN}(W_l), D_M\right)$$

從另一個角度看，無論是 WGAN、WGAN-GP，還是 SN-GAN，其目標都是使用一種方法讓 GAN 的判別器服從 Lipschitz 約束。WGAN 使用 Weight Clipping 的方法，太過暴力，會出現對應的問題；針對這些問題，WGN-GP 提出 gradient penalty 來避免 Weight Clipping 帶來的問題，但因為無法對判別器全空間取樣，所以 gradient penalty 只能懲罰一小部分空間分佈中的資料，通常是真假資料分佈之間的空間，這讓 WGAN-GP 難以對類別較多的資料進行訓練；而 SN-GAN 提出譜歸一化的方法，將判別器中所有的參數都替換成$W/\|W\|_2$，實現對判別器全空間的約束。SN-GAN 的巧妙之處在於直接構造出特殊的判別器，該判別器無論傳入什麼資料都能服從 Lipschitz 約束，這讓 SN-GAN 以多類別資料作為訓練資料依舊有不錯的效果。

9.4.3 TensorFlow 實現 SN-GAN

在前面我們已經相繼實現了 WGAN、WGAN-GP，這裡同樣嘗試使用 TensorFlow 來實現 SN-GAN，依舊使用簡單的 fashion-mnist 資料集作為訓練資料，除了它非常好處理外，也讓我們更加關注模型結構與改進演算法本身。SN-GAN 的整個架構與 WGAN 或 WGAN-GP 沒有明顯區別，只是多了 Spectral Normalization 邏輯，既然如此，我們就先實現 Spectral Normalization 邏輯。

首先回憶一下前面關於 Spectral Normalization 的討論，Spectral Normalization 方法的核心就是對判別器中的每個參數都做$W/\|W\|_2$運算，

因為直接計算$\|W\|_2$比較費時，所以採用 power iteratiom 方法計算出近似值，從而加快訓練的速度。理清楚後，就來實現一下，具體程式如下。

```
def spectral_norm(w, iteration=1):
    w_shape = w.shape.as_list()
    w = tf.reshape(w, [-1, w_shape[-1]])
    u = tf.get_variable('u', [1, w_shape[-1]],
        initializer=tf.truncated_normal_initializer(), trainable=False)
    u_hat = u
    v_hat = None
    for i in range(iteration):
        '''
        power iteration
        Usually iteration = 1 will be enough
        '''
        # tf.transpose Transposes `a`. Permutes the dimensions according
          to `perm`
        v_ = tf.matmul(u_hat, tf.transpose(w))
        v_hat = l2_norm(v_)
        u_ = tf.matmul(v_hat, w)
        u_hat = l2_norm(u_)
    sigma = tf.matmul(tf.matmul(v_hat, w), tf.transpose(u_hat))
    w_norm = w / sigma
    with tf.control_dependencies([u.assign(u_hat)]):
        w_norm = tf.reshape(w_norm, w_shape)
    return w_norm
```

在 spectral_norm()方法中，首先會重塑一下傳入的權重矩陣，可以是判別器的權重矩陣；然後透過 tf.get_variable()方法獲得張量 **u** 初始的隨機值，該張量主要用於實現 power iteration；接著就是 power iteration 的邏輯，透過多次疊代後，獲得張量 **u_hat** 與張量 **v_hat**；然後透過這兩個張量計算出$\|W\|_2$的近似值 sigma。這裡只疊代了一次，這是因為簡單的 GAN 結構與訓練資料疊代一次就足夠了，最後進行簡單的除法操作，得到透過譜歸一化處理的權重 w_norm。

在 power iteration 的邏輯中使用了 l2_norm()方法，該方法程式如下。

```
def l2_norm(v, eps=1e-12):
    return v / (tf.reduce_sum(v ** 2) ** 0.5 + eps)
```

編寫完 spectral_norm()方法後，就要將其用在 GAN 中的不同結構上，實現對 GAN 的譜歸一化，當前 GAN 的主要結構就是卷積層、轉置卷積層以及全連接層這 3 個結構，將 spectral_norm()方法使用到這些結構上，實現譜歸一化卷積層的權重，程式如下。

```
# 使用了 SN 譜歸一化處理
def sn_conv2d(input_, output_dim, k_h=5, k_w=5, d_h=2, d_w=2, stddev=0.02,
name="conv2d_sn",use_bias=False):
    with tf.variable_scope(name):
        w = tf.get_variable('w', [k_h, k_w, input_.get_shape()[-1],
output_dim], initializer=tf.truncated_normal_initializer(stddev=stddev))
        bias = tf.get_variable("bias", [output_dim], initializer=
              tf.constant_initializer(0.0))
        conv = tf.nn.conv2d(input_, spectral_norm(w), strides=[1, d_h,
              d_w, 1], padding='SAME')
        if use_bias:
            conv = tf.nn.bias_add(conv, bias)
        return conv
```

sn_conv2d()方法整體其實與沒有使用譜歸一化的操作沒有太大不同，核心就是傳入 tf.nn.conv2d()方法的權重，透過 spectral_norm()方法處理，使用了經過譜歸一化操作的權重。同理，全連接層也是類似操作。

```
def sn_linear(input_, output_size, scope=None, stddev=0.02, bias_start=0.0,
with_w=False):
    shape = input_.get_shape().as_list()
    with tf.variable_scope(scope or "Linear"):
        matrix = tf.get_variable("Matrix", [shape[1], output_size],
                 tf.float32, tf.random_normal_initializer(stddev=stddev))
        bias = tf.get_variable("bias", [output_size],
              initializer=tf.constant_initializer(bias_start))
        if with_w:
            return tf.matmul(input_, spectral_norm(matrix)) + bias,
            matrix, bias
        else:
            return tf.matmul(input_, spectral_norm(matrix)) + bias
```

對應轉置卷積層就不需要進行譜歸一化操作了，因為通常轉置卷積層是用於建構生成器的，對應生成器的權重參數並不需要進行譜歸一化操作。

定義好使用譜歸一化操作的卷積層和全連接層後，就可以定義對應的生成器與判別器了。其結構與 WGAN-GP 相似，先看判別器，程式如下。

```
def discriminator(self, x, is_training=True, reuse=False):
    with tf.variable_scope("D", reuse=reuse):
        # conv+lrelu
        net = lrelu(sn_conv2d(x, 64, 4, 4, 2, 2, name='d_conv1'))
        # conv+bn+lrelu
        net = lrelu(bn(sn_conv2d(net, 128, 4, 4, 2, 2, name='d_conv2'),
                            is_training=is_training, scope='d_bn2'))
        # 重塑，用於全連接
        net = tf.reshape(net, [self.batch_size, -1])
        net = lrelu((bn(sn_linear(net, 1024, scope='d_fc3'),
                             is_training=is_training, scope='d_bn3')))
        out_logit = sn_linear(net, 1, scope='d_fc4')
        out = tf.nn.sigmoid(out_logit)
        return out, out_logit, net
```

判別器同樣由兩個卷積層與兩個全連接層組成，只是卷積層與全連接層都使用了譜歸一化操作。然後看到生成器的程式。

```
def generator(self, z, is_training=True, reuse=False):
    with tf.variable_scope("G", reuse=reuse):
        net = tf.nn.relu(bn(linear(z, 1024, scope='g_fc1'),
                            is_training=is_training, scope='g_bn1'))
        net = tf.nn.relu(bn(linear(net, 128 * 7 * 7, scope='g_fc2'),
                            is_training=is_training, scope='g_bn2'))
        # 轉置卷積
        net = tf.reshape(net, [self.batch_size, 7, 7, 128])
        net = tf.nn.relu(
            bn(deconv2d(net, [self.batch_size, 14, 14, 64], 4, 4, 2, 2,
            name='g_dc3'),
            is_training=is_training, scope='g_bn3')
        )
        out = tf.nn.sigmoid(deconv2d(net, [self.batch_size, 28, 28, 1], 4,
            4, 2, 2, name='g_dc4'))
        return out
```

生成器的結構與 WGAN 和 WGAN-GP 完全一致，不再細述。

生成器與判別器定義完成，就可以建構整個 GAN 了，其中比較重要的一步就是定義生成器與判別器的損失，這裡直接使用交叉熵損失來定義生成器與判別器的距離，首先定義出計算損失對應的方法。

```
def discriminator_loss(real, fake):
    real_loss =
tf.reduce_mean(tf.nn.sigmoid_cross_entropy_with_logits(labels=tf.ones_like
(real), logits=real))
    fake_loss = tf.reduce_mean(tf.nn.sigmoid_cross_entropy_with_logits
(labels=tf.zeros_like(fake), logits=fake))
    loss = real_loss + fake_loss
    return loss, real_loss, fake_loss
def generator_loss(fake):
    loss = tf.reduce_mean(tf.nn.sigmoid_cross_entropy_with_logits
(labels=tf.ones_like(fake), logits=fake))
    return loss
```

接著再呼叫定義好的 discriminator_loss()方法與 generator_loss()方法獲得對應的損失。

```
# 真實圖型->判別器
D_real, D_real_logits, _ = self.discriminator(self.inputs, is_training=True,
reuse=False)
# 生成器
G = self.generator(self.z, is_training=True, reuse=False)
# 生成圖型 ->判別器
D_fake, D_fake_logits, _ = self.discriminator(G, is_training=True, reuse=True)
self.d_loss,d_loss_real,d_loss_fake = discriminator_loss(real =
D_real_logits, fake=D_fake_logits)
self.g_loss = generator_loss(fake=D_fake_logits)
```

損失定義好後，就是老流程，先分別獲得判別器與生成器中的參數，再使用 Adam 最佳化演算法更新這些參數，實現訓練 GAN 的目的，程式如下。

```
''' Training '''
t_vars = tf.trainable_variables()
```

```
d_vars = [var for var in t_vars if 'd_' in var.name]
g_vars = [var for var in t_vars if 'g_' in var.name]
# 最佳化器
with tf.control_dependencies(tf.get_collection(tf.GraphKeys.UPDATE_OPS)):
self.d_optim = tf.train.AdamOptimizer(self.learning_rate, beta1=self.beta1) \
.minimize(self.d_loss, var_list=d_vars)
self.g_optim = tf.train.AdamOptimizer(self.learning_rate * 5,
              beta1=self.beta1) \
.minimize(self.g_loss, var_list=g_vars)
```

接著就是常見的訓練流程，透過 sess.run()方法傳入資料進行訓練，同樣是先訓練判別器，再訓練生成器，具體程式如下。

```
_, summary_str, d_loss = self.sess.run([self.d_optim, self.d_sum,
self.d_loss],feed_dict={self.inputs: batch_images, self.z: batch_z})
self.writer.add_summary(summary_str, counter)
# update G network
if (counter - 1) % self.disc_iters == 0:
    _, summary_str, g_loss = self.sess.run([self.g_optim, self.g_sum,
self.g_loss],eed_dict={self.z: batch_z})
self.writer.add_summary(summary_str, counter)
counter += 1
```

因為 SN-GAN 結構簡單，使用的訓練資料也簡單，所以直接放在本地運行，訓練 20 輪，先來看判別器與生成器訓練時損失的變化，分別如圖 9.22 和圖 9.23 所示。

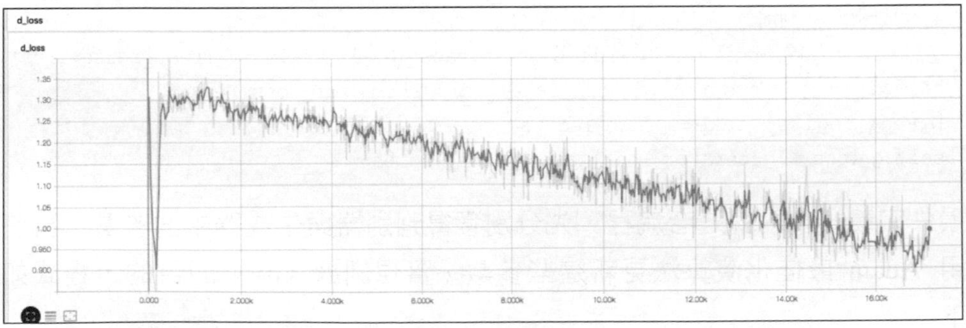

圖 9.22 判別器損失

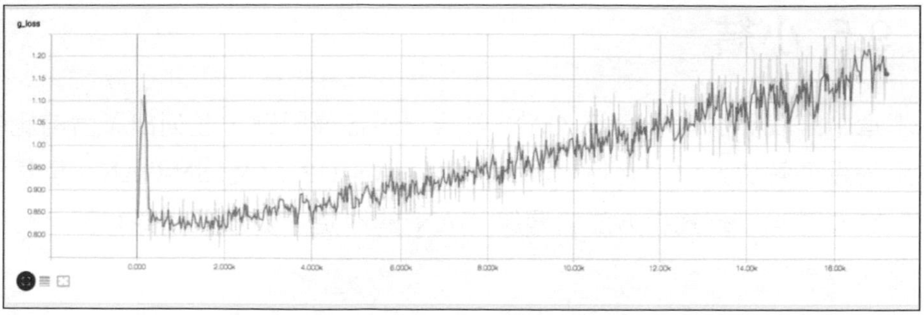

圖 9.23 生成器損失

SN-GAN 計算圖如圖 9.24 所示。

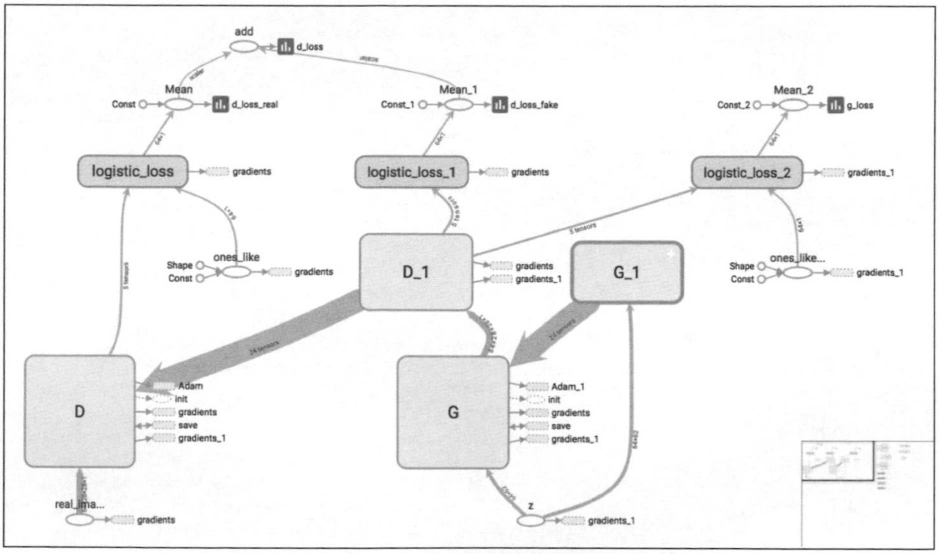

圖 9.24 SN-GAN 計算圖

SN-GAN 第 1 輪、第 10 輪以及第 20 輪的訓練結果如圖 9.25 所示。

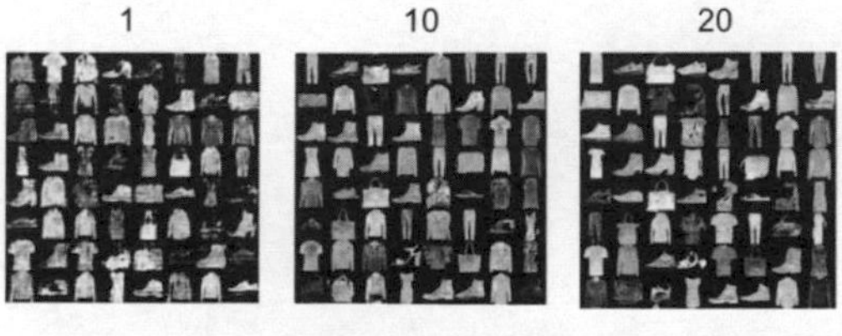

圖 9.25 訓練結果

9.5 小結

在本章中，我們討論了傳統 GAN 會遇到的各種問題，並列出了當前比較常用的幾種解決方法，包括 WGAN、WGAN-GP 以及 SN-GAN，儘量從原理層面討論了這幾種方法對傳統 GAN 的改進之處以及本身可能具有的一些問題。

了解這些改進方法後，我們將在下一章中使用其中的一些方法，討論透過 GAN 生成高畫質的圖型，其中一種思維就是漸近式地生成。走！繼續踏上我們的星際之旅。

Chapter

10

漸近增強式生成對抗網路

在上一章，我們回到了母星，並學習了如何改進 GAN，主要從數學、程式角度討論了 WGAN、WGAN-GP 以及 SN-GAN。其實對於傳統 GAN，還有很多改進方法，上一章中只討論了一部分，知識的海洋是無窮盡的，需要大家去探索。

補充了這些知識後，我們就可以繼續踏上星際之旅了，這次的目的地是漸近增強式生成對抗網路，在這趟路途中，我們會遇到 StackGAN-v1、StackGAN-v2 以及 PGGAN 等星體。

10.1 堆疊式生成對抗網路 StackGAN

傳統結構的 GAN 可以簡單地完成生成圖型任務，但這些圖型通常都是 64×64 或 128×128 的，如果是更大一些的圖型就難以獲得理想的效果。一個直觀的原因就是生成大圖型需要學習更多的資訊，要讓 GAN 一口氣學會大量的資訊比較困難，造成的結果就是 GAN 在生成大圖型時會產生扭曲或虛化等不自然現象。而 StackGAN 的出現則讓 GAN 實現了生成較為理想的「大」圖型，StackGAN 可以根據一段文字描述生成 256×256 大小的圖型，StackGAN 細分為兩個版本，即 StackGAN-v1 與 StackGAN-v2，下面來簡單討論一下。

10.1.1 StackGAN-v1

傳統結構的 GAN，通常由一個判別器與一個生成器組成，兩者相互對抗，從而讓生成器可以生成自然逼真的圖型。這種類型的生成器在生成簡單或小尺寸圖型時可以獲得不錯的效果，但當我們需要獲得更大的自然圖型時，這種簡單的 GAN 就難以實現。既然一個判別器與一個生成器難以實現生成大尺寸的自然圖型，那多個判別器與多個生成器組合起來使用呢？

這其實就是 StackGAN 的核心思維，既然單一判別器與生成器難以獲得大尺寸自然圖型，那就使用兩個判別器與兩個生成器分層來生成，每一層由一個判別器與一個生成器組成。通常一個 StackGAN 由兩層組成，第一層主要負責生成小尺寸的模糊圖型，讓生成器的「注意力」集中在圖型的邊緣以及整體結構上，而非一口氣就學會圖型中的細節；然後將第一層生成的具有圖型整體結構的模糊圖型傳遞給下一層的生成器，該生成器以上一層的模糊圖型為基礎，在其之上進行圖型的生成。對於第二層的生成器而言，它直接獲得了圖型邊緣、形狀等大致資訊，就不必再花費精力去生成這些整體上的內容了，而是將「注意力」集中在圖型的細節上，從而實現生成大尺寸圖型的目的。

值得一提的是，StackGAN 不只是單純的雙層結構，也是一個 Conditional GAN，它可以使用一句話作為條件約束，生成器可以依據敘述中的內容生成對應的圖型。這種以一句話作為限制條件的情況在第 7 章已經詳細提及，核心在於如何使用合適的方式表示一句話從而包含這句話中語言的內在含義，讓生成器可以根據句子中出現的條件生成符合條件的圖型，當前常見的方法大致有 char-CNN-RNN 與 skip-thought 兩種。使用其中一種方式獲得句子對應的向量表示，作為生成器的限制條件，但 StackGAN 並沒有像此前章節中提及的 Conditional GAN 那樣，直接將句子對應的向量與雜訊 z 簡單地拼接後拿來使用。

StackGAN-v1 網路的結構如圖 10.1 所示。

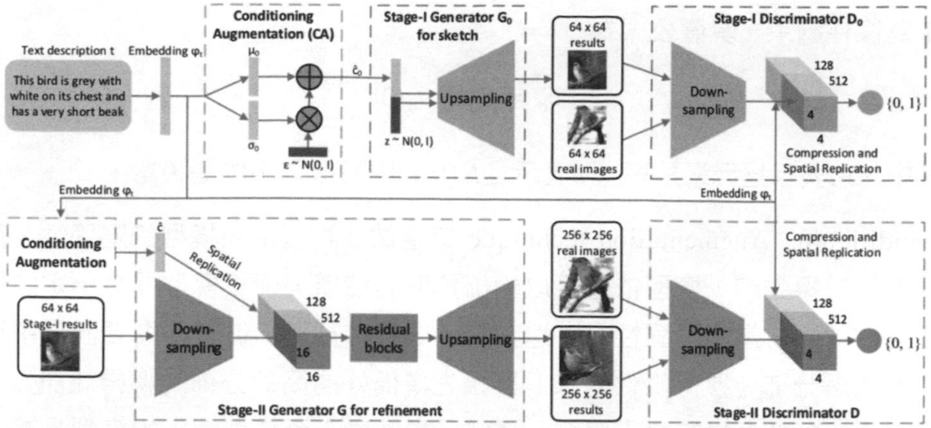

圖 10.1 StackGAN-v1 網路結構

先將注意力放到第一層，如果單看第一層，這其實就是一個 Conditional GAN。我們透過 char-CNN-RNN 或 skip-thought 方法將輸入的句子作為對應的文字編碼向量，但不會直接使用該向量作為限制條件，因為 char-CNN-RNN 或 skip-thought 方法都是非線性的，即文字向量是透過非線性方式生成的，這就可能導致將文字向量輸入生成器的潛在變數（神經網路隱藏層的參數變數）中會出現一定的偏差，而生成器通常又會透過多次轉置卷積操作將潛在變數不連續地變大，即一個畫素點對應生成下一層的多個畫素點，這就可能導致 GAN 學習的不穩定。簡單而言，就是直接使用文字編碼向量會造成生成器潛在變數出現偏差，這種偏差會被多次進行轉置卷積操作，從而導致 GAN 整體在訓練過程中不穩定。

為了解決這個問題，StackGAN-v1 的論文中提出了 Conditioning Augmentation technique 方法，即限制條件增強技術。該方法的名字雖然有點唬人，但本質很簡單，既然直接使用文字編碼不可行，那就間接使用。從 StackGAN-v1 的結構圖中可以看出，對於透過對應方法獲得的文字編碼 embeddingφ_t，StackGAN-v1 並沒有直接將其作為限制條件，而是使用一個簡單的全連接層將φ_t分成了某個高斯分佈的期望μ與方差σ^2，從而可以組成該高斯分佈，即$N(\mu(\varphi_t), \Sigma(\varphi_t))$，然後從該高斯分佈中隨機取出資料

作為條件約束，具體公式為

$$\widehat{c_0} = \mu_0 + \sigma_0 \odot \epsilon$$

其中，$\odot$表示逐元素乘積；ϵ表示從$N(0, I)$中隨機取出的隨機數。

Conditioning Augmentation technique 這種做法可以增強模型的堅固性，當訓練資料擾動時，模型依舊可以輸出預期的結構，則該模型具有一定的抗擾動性（即所謂的堅固性）。這其實也很符合直覺，從文字編碼向量中組成的高斯分佈（獲得條件約束）與預先準備好的高斯分佈（獲得雜訊 z）可以組成各種各樣的輸入組合，透過多樣性輸入資料訓練出的模型具有一定的堅固性。

同時，為了避免 GAN 在訓練過程中出現過擬合，在生成器訓練時加入對應的正則項。

$$D_{\mathrm{KL}}\left(N\left(\mu(\varphi_t), \sum(\varphi_t)\right)\right) \parallel N(0, I)$$

不難看出，該正則項其實就是標準高斯分佈與條件高斯分佈之間的KL距離，增加這種具有隨機性的正則項，有利於模型對於同一句話可以產生滿足條件約束但形狀或姿勢不同的圖型，實現生成器生成圖型的多樣性。

需要注意的是，StackGAN 中的生成器不再使用常用的轉置卷積，而是使用多個上取樣加上卷積核心大小為 3×3 的卷積層組成，這樣可以避免棋盤效應。棋盤效應是轉置卷積操作會遇到的問題，在下一小節中，我們會詳細討論棋盤效應的內容。

StackGAN-v1 第一層的生成器會生成 64×64 大小的模糊圖型，該生成圖型會交由該層的判別器辨識，同時判別器還要判別 64×64 大小的真實圖型。回憶此前的 GAN，可以發現，生成器生成圖型的大小與要交由判別器判別的真實圖型大小是一致的，這可以讓判別器產生具有價值的梯度給生成器。

StackGAN-v1 第一層中判別器與生成器的損失函數如下。

$$L_{D_0} = E_{(I_0,t)\sim P_{\text{data}}}[\log D_0(I_0, \varphi_t)] + E_{z\sim P_z, t\sim P_{\text{data}}}\left[\log\left(1 - D_0(G_0(z, \hat{c_0}), \varphi_t)\right)\right]$$

$$L_{G_0} = E_{z\sim P_z, t\sim P_{\text{data}}}[-\log D_0\,(G_0(z, \hat{c_0}), \varphi_t)] + \lambda D_{\text{KL}}\left(N\left(\mu_0(\varphi_t), \sum_0(\varphi_t)\right) \parallel N(0, I)\right)$$

其中，I_0表示真實圖型，t表示文字向量。

從判別器的損失函數不難看出，其實就是一個條件 GAN 的損失函數，只是生成器不直接使用原始文字向量作為原始條件，而是使用經過 Conditioning Augmentation technique 處理的$\hat{c_0}$。生成器的損失函數類似，只是多了一個正則項，用於避免生成器過擬合。

接著看到 StackGAN-v1 的第二層，第二層的整個結構與第一層類似，直接將第一層生成的 64×64 大小的模糊圖型以及第一層的限制條件傳入生成器中，對於第二層生成器而言，64×64 大小的模糊圖型代替了隨機雜訊 z，透過殘差網路（redisual blocks 殘差塊）與上取樣的結構來生成圖型。同樣這裡的上取樣不直接使用轉置卷積，避免棋盤效應。

透過 StackGAN-v1 第二層的操作就可以獲得 256×256 大小的自然圖型了。回憶一下整個流程，StackGAN 中的生成器就是一個漸近增強的過程。因為大尺寸圖型具有的資訊較多，讓生成器一口氣學習那麼多資訊很困難，判別器對抗時容易陷入能力不平衡的情況，導致簡單的 GAN 難以生成大尺寸的自然圖型。而漸近增強的思維在於分而治之，先生成一個具有圖型中大致資訊的小圖型，再透過小圖型中提供的資訊進一步生成圖型中的細節，將生成器要生成一個大圖型的困難問題分解成兩個比較簡單的任務，逐步完成，從而實現生成一個大圖型的目標。

StackGAN-v1 第二層中判別器與生成器的損失函數如下。

$$L_D = E_{(I,t)\sim P_{\text{data}}}[\log D(I,\varphi_t)] + E_{s_0\sim P_{G_0},t\sim P_{\text{data}}}\left[\log\left(1 - D(G(s_0,\hat{c}),\varphi_t)\right)\right]$$

$$L_G = E_{s_0\sim P_{G_0},t\sim P_{\text{data}}}\left[\log\left(1 - D(G(s_0,\hat{c}),\varphi_t)\right)\right] + \lambda D_{\text{KL}}\left(N\left(\mu_0(\varphi_t),\sum_0(\varphi_t)\right) \parallel N(0,I)\right)$$

第二層中的判別器與生成器的損失函數與第一層是一致的，只是第二層的生成器 G 使用的是第一層生成的模糊圖型s_0作為輸入，其他並沒有差別。

因為 StackGAN-v2 是 StackGAN-v1 的改進版，後面的內容會討論如何實現 StackGAN-v2，所以這裡就不再實現 StackGAN-v1，簡單看一下論文中列出的效果，如圖 10.2 所示。

圖 10.2 StackGAN-v1 效果

10.1.2 棋盤效應

在前面的內容中提及了棋盤效應，本節來簡單地討論一下。

如果我們將一些 GAN 生成的圖型放大到畫素等級，就可以發現一個奇怪的現象，畫素點之間都有明顯的顏色邊界，導致從整體來看就像一個棋盤圖案，這些棋盤圖案在顏色深的圖型中更加突出，這就是棋盤效應，如圖 10.3 所示。

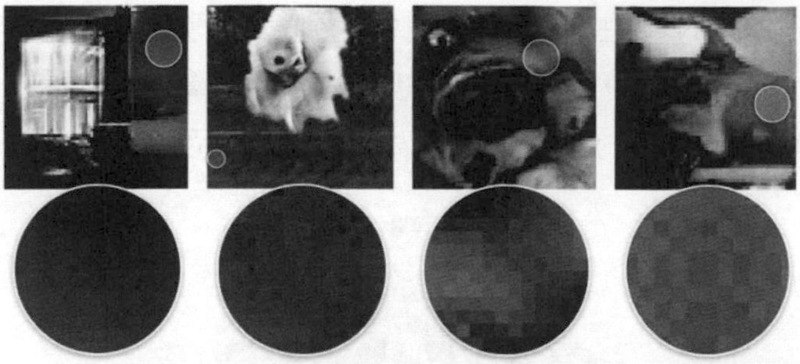

圖 10.3 棋盤效應

通常由人類獲得的真實圖型，如相機拍攝出的圖型，放大到畫素等級，畫素與畫素之間的顏色是平滑過渡的，不會出現棋盤效應。那為何由 GAN 生成的圖型就會存在棋盤效應呢？答案就是 GAN 使用了轉置卷積來生成圖型。

回憶一下轉置卷積操作，直觀而言，轉置卷積就是將一個畫素點轉成多個畫素點的過程，如果我們沒有控制好轉置卷積時卷積核心大小、輸出視窗大小與步進值，就容易在下一層產生重疊部分。具體而言，當進行轉置卷積操作時，卷積核心大小與輸出視窗的大小不能被步進值整除，就會產生重疊部分，透過圖 10.4 來直觀了解一下。

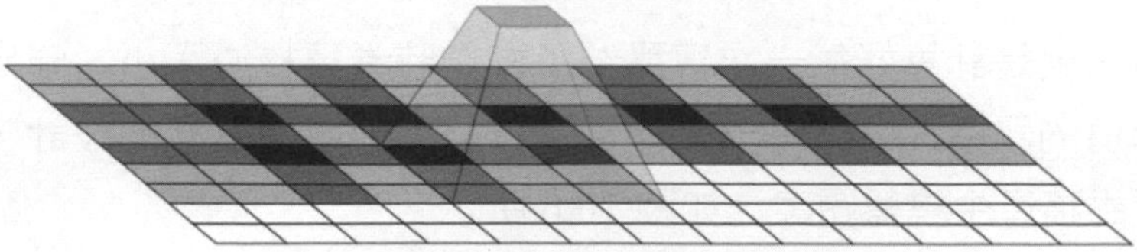

圖 10.4 產生重疊部分

圖 10.4 中正在進行一次正常的轉置卷積操作，透過上層的每個畫素來生成下一層的畫素，下一層的畫素中，其色彩深度是不同的。一個畫素點只受到一次轉置卷積操作的話，其顏色是淺灰色，而有些畫素點卻受到多次轉置卷積操作，其顏色是深黑色，這些深淺不一的畫素點就組成一個棋盤圖案。

一般來說一個 GAN 要生成一張圖型會用到多次轉置卷積操作，這些轉置卷積操作之間相互影響，上一層的棋盤圖案會影響到下一層，導致最終生成的圖型會有比較明顯的棋盤圖案，如圖 10.5 所示。

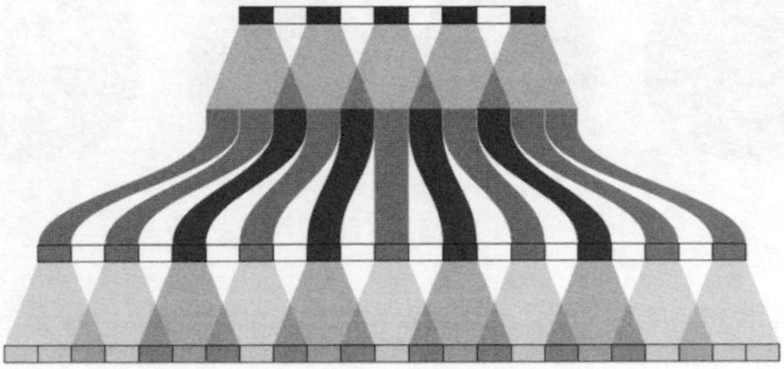

圖 10.5 明顯的棋盤圖案

從理論上而言，神經網路結構可以透過學習權重來避免棋盤效應，但這在實踐中難以實現。除這種權重參數難以學習外，強行讓神經網路學習具有這種特性的參數也會抑制神經網路生成圖型的能力，對 GAN 而言，抑制了生成器的生成能力。

此前通常使用步進值為 1 的轉置卷積層來作為最後一層，這種做法可以有效地減輕棋盤效應，但依舊無法完全避免棋盤效應。為了完全避免棋盤效應的出現，可以使用兩種方法。

第一種方法就是計算好每一次轉置卷積操作時卷積核心大小、輸出視窗大小與步進值的關係，確保每一層都可以被整除，透過這樣的設計，就可以避免轉置卷積產生棋盤圖案，如圖 10.6 所示。

圖 10.6 調整視窗大小與步進值

這種想法其實很直接，既然問題出在卷積核心大小、輸出視窗大小與步進值的關係上，那就提前設計好這 3 者的關係。

第二種方法就是使用縮放卷積來代替轉置卷積實現上取樣。所謂縮放卷積操作，其實很簡單，就是先透過最近鄰差值法或雙線性內插法來填充圖型，然後再透過卷積操作對填充後的圖型進行取樣，如果取樣後的圖型尺寸大於填充前的圖型尺寸，則實現上取樣的效果。這種方法雖然簡單，效果卻很明顯，如圖 10.7 所示。

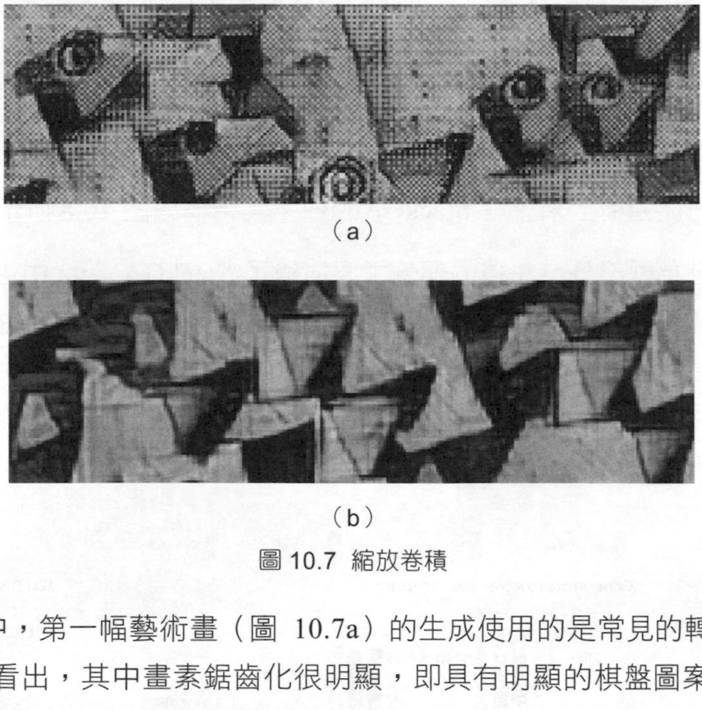

（a）

（b）

圖 10.7 縮放卷積

圖 10.7 中，第一幅藝術畫（圖 10.7a）的生成使用的是常見的轉置卷積操作，可以看出，其中畫素鋸齒化很明顯，即具有明顯的棋盤圖案；而第二幅藝術畫（圖 10.7b）的生成使用了縮放卷積操作，不難看出，第二幅藝術畫已經沒有明顯的棋盤圖案了。

10.1.3 StackGAN-v2

StackGAN-v2 其實就是 StackGAN-v1 的改進，也稱為 StackGAN++，其整體目的是實現透過一句話生成對應的大尺寸高畫質圖型，相對於

StackGAN-v1 而言，StackGAN-v2 在結構上已經有比較大的不同，主要從 3 個方面對 StackGAN-v1 進行了最佳化。

（1）StackGAN-v2 不再分層，其中生成器採用樹狀結構，由多個可以生成不同尺寸圖型的生成器共同組成，這些生成器分別對應著一個判別器，實現圖型的連貫生成。

（2）同時使用 conditional loss（條件損失）與 unconditional loss（非條件損失）。非條件損失即直接使用雜訊 z 與文字編碼 c 合併的向量去生成圖型，讓判別器獲得該生成圖型的損失，不加條件約束的限制。

（3）引入 Color-consistency regularization（色彩一致性正則項），該正則項可以使生成器在接收到相同輸入時生成圖型的顏色更加一致，從而提高生成圖型的品質。

這裡同樣先從結構上來了解 StackGAN-v2，其結構如圖 10.8 所示。

整個結構分為兩部分：左邊的部分主要描繪了 StackGAN-v2 中生成器的細節；而右邊的部分就是判別器的細節。非常清晰，我們先看生成器的結構，首先這裡使用 Conditioning Augmentation technique 方法來獲得文字編碼向量 c，然後該文字編碼向量再與雜訊 z 合併成一個大的向量作為生成器的輸入，這種做法與 StackGAN-v1 相同。

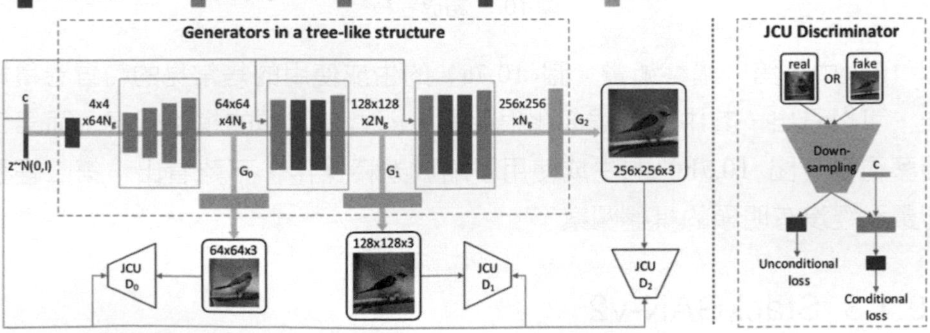

圖 10.8 StackGAN-v2 結構

整體來看，生成器是一個樹狀結構，但這個大的生成器其實是由 3 個小的生成器組成的，這 3 個生成器可以生成不同尺寸的圖型。從結構圖中可以看出，第一個生成器負責生成尺寸為 64×64×3 的圖型，第二個生成器在第一個生成器生成的圖型基礎上生成尺寸為 128×128×3 的圖型，最後一個生成器在第二個生成器的基礎上生成尺寸為 256×256×3 的圖型。

每個不同尺寸的生成器都有對應的判別器，每個判別器都會使用條件損失與非條件損失作為生成器的指導資訊，在生成器的結構圖中，就是所謂的 JCUD（Joint Conditional and Uncondition Distribution）。值得提及的是，生成器中的上取樣使用的是縮放卷積操作，而非轉置卷積，從而避免了生成圖型的棋盤效應。

接著看到判別器的結構，即圖中的右半部分，在該論文中，將使用條件損失與非條件損失的判別器稱為 JCU Discriminator。JCU 判別器的結構其實比較簡單，它會接收真實圖型與生成圖型作為輸入，然後返回條件損失與非條件損失，兩個損失的差別就是有沒有使用條件約束 c。其中條件損失可以約束生成器，讓生成器儘量生成符合條件的生成圖型，而非條件損失則讓生成器可以生成多種逼真的圖型，兩種損失結合使用，可以讓生成器生成符合限制條件的圖型的同時，保持生成圖型的多樣性。

同時使用了條件損失與非條件損失的 StackGAN-v2，其目標函數與 StackGAN-v1 的目標函數有較大的不同。

判別器的目標函數，由兩部分組成，第一個括號內的公式表示非條件損失，第二個括號內的公式表示條件損失。

$$L_{D_i} = \left\{-E_{x_i \sim P_{\text{data}_i}}[\log D_i(x_i)] - E_{s_i \sim P_{G_i}}\left[\log\left(1 - D_i(s_i)\right)\right]\right\} + \left\{-E_{x_i \sim P_{\text{data}_i}}[\log D_i(x_i, c)] - E_{s_i \sim P_{G_i}}\left[\log\left(1 - D_i(s_i, c)\right)\right]\right\}$$

生成器的目標函數也由非條件損失與條件損失兩部分組成。

$$L_{G_i} = \left\{-E_{s_i \sim P_{G_i}}[\log D_i(s_i)]\right\} + \left\{-E_{s_i \sim P_{G_i}}[\log D_i(s_i, c)]\right\}$$

在 StackGAN-v2 中還對不同尺寸的生成器使用了 Color-consistency regularization（色彩一致性正則項），該正則項的目的是讓不同尺寸的生成器生成的圖型具有相似的基本結構和顏色分佈，透過該正則項對生成器的約束，可以使得不同尺寸生成器在面對相同輸入時，生成的圖型在顏色上更加一致，從而達到改善生成器生成圖型品質的目的。

簡單討論一下色彩一致性正則項在數學上的實現方式，首先可以令 $x_k = (R, G, B)^{\mathrm{T}}$表示生成器生成圖型中的畫素，透過$x_k$可以定義出該生成圖型的畫素平均值與協方差。

生成圖型的畫素平均值：

$$\mu = \frac{\sum_k x_k}{N}$$

生成圖型的畫素協方差：

$$\Sigma = \frac{\sum_k (x_k - \mu)(x_k - \mu)^{\mathrm{T}}}{N}$$

公式中的 N 是生成圖型中畫素個數。色彩一致性正則項的目的就是最小化不同尺寸的生成圖型之間的μ與Σ的差異，以促進生成器生成顏色更加一致的圖型，具體的定義為

$$L_{C_i} = \frac{1}{n}\sum_{j=1}^{n}\left(\lambda_1 \parallel \mu_{s_i^j} - \mu_{s_{i-1}^j} \parallel_2^2 + \lambda_2 \parallel \Sigma_{s_i^j} - \Sigma_{s_i^j} \parallel_F^2\right)$$

其中，n 是批次大小，$\mu_{s_i^j}$和$\Sigma_{s_i^j}$是第 i 個生成器生成的第 j 個樣本的平均值和協方差。根據經驗，通常會將λ_1設為 1，將λ_2設為 5。

透過上面的方式獲得色彩一致性正則項後，就可以將其增加到生成器的損失函數中，如增加到第 i 個生成器的損失函數中，定義如下。

$$L'_{G_i} = L_{G_i} + \alpha L_{C_i}$$

透過多次實驗結果來看，對於無條件約束的生成器而言，色彩一致性正則

項具有比較大的作用，而對於具有強烈的文字向量約束的條件生成器，則不怎麼需要色彩一致性正則項。

10.1.4 TensorFlow 實現 StackGAN-v2

經過前面幾節對 StackGAN 的討論，我們已經了解了 StackGAN 的必要知識，接著就可以利用上面討論的理論知識來編寫一個 StackGAN 了，這裡嘗試編寫 StackGAN-v2。整個流程依舊是先了解生成器與判別器的程式結構，然後透過組合生成器與判別器建構出 StackGAN-v2 的整體結構，並定義出生成器與判別器的損失，然後就是使用常用的 Adam 最佳化演算法來訓練 StackGAN-v2。

編寫一個完整的 StackGAN-v2 還是比較複雜的，因為 StackGAN 屬於 Conditional GAN，使用文字敘述作為約束。這就涉及 NLP 的內容，將文字敘述編碼成有意義的向量，前面的內容也有提及，具體而言，就是使用大量文字資料透過 char-CNN-RNN 與 skip-thought 方法訓練出語言模型，使用該模型就可以將一句話轉換成有價值的文字向量。本節主要討論 StackGAN-v2 中 GAN 結構程式的實現，對應文字編碼方面的內容不會過多討論。

對於這種結構比較複雜的模型，會分步處理。首先是建構要用於訓練的資料，因為 StackGAN-v2 的生成器是由多個不同尺寸的生成器組成的樹狀結構，這些生成器生成的圖型尺寸是不相同的，所以訓練資料也要準備同一張圖型不同尺寸的資料，這些不同尺寸的真實圖型會輸入給不同尺寸的判別器，生成器與判別器兩兩對應，實現有效的對抗訓練。這裡將使用 TFRecord 檔案格式來儲存原始的訓練資料，本節不會討論 TFRecord，相關的內容會在下一節 TensorFlow 資料處理中討論，本節先假設已經擁有處理好的 TFRecord 資料檔案了，將注意力放到 StackGAN-v2 結構本身。

首先來編寫 StackGAN-v2 的生成器結構，StackGAN-v2 中的樹狀生成器由多個小生成器串聯組成，所以先來實現這些小生成器。回憶一下上一小節中 StackGAN-v2 的結構圖，其中大的樹狀生成器由 3 個小生成器組成，這些小生成器的主要結構在 StackGAN-v2 結構圖中也都清晰地展示了出來，這裡以該結構圖為指導，編寫這些 GAN。為了方便讀者閱讀，這裡再貼一次 StackGAN-v2 的結構圖，如圖 10.9 所示。

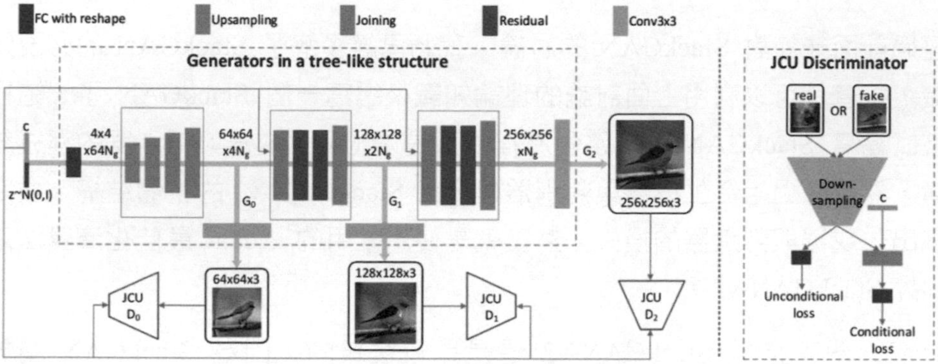

圖 10.9 StackGAN-v2 結構圖

從圖 10.9 中可以看出，第一個小 GAN 的主要結構就是上取樣層 Upsampling。傳統的 GAN 中通常使用轉置卷積實現上取樣層，這裡使用縮放卷積的方式來實現上取樣，從而避免棋盤效應。縮放卷積實現上取樣的程式如下。

```
def resize(self, net, dims):
    return layers.resize(net, dims, self.data_format)
def conv3x3_block(self, net, filters):
    return layers.conv3x3_block(net, filters, self.data_format)
# 縮放卷積操作進行上取樣
def upsample(self,net,output_shape):
    filters = output_shape[-1]
    height  = output_shape[1]
    width   = output_shape[2]
    with tf.name_scope('upsample_%d_%d_%d' % (height, width, filters)):
         #改變圖型尺寸(縮放)
         net = self.resize(net, [height, width])
         # 卷積操作
         net = self.conv3x3_block(net, filters)
         return net
```

縮放卷積的邏輯很簡單，首先透過 layers.resize()方法調整圖型的尺寸，然後再呼叫 layers.conv3×3_block()方法進行卷積操作，該卷積操作使用 3×3 大小的卷積核心。其中 layers.resize()方法使用了 tf.image.resize_nearest_neighbor() 方法，該方法可以透過最近鄰插值法來填充圖型的大小，將圖型變大。而 layers.conv3x3_block()方法實現程式如下。

```
import tensorflow.contrib.slim as slim
def conv3x3_block(net, filters, data_format):
    with tf.name_scope('conv3x3_block'):
         net = slim.conv2d(net, filters*2, kernel_size=3, stride=1,
padding='same')
         net = slim.batch_norm(net)
         net = glu(net, data_format)
         return net
```

在 conv3×3_block()方法中使用了 3 個方法，其中前兩個方法比較熟悉：slim.conv2d()方法用於實現卷積操作，slim.batch_norm()方法用於實現 BN 操作。兩個方法的具體邏輯不再細講，值得一提的是，兩個方法都是 Slim 模組中的方法，Slim 模組是 TensorFlow 在 2016 年推出的模組，主要作用就是減少用 TensorFlow 建構神經網路的程式量，將重複的程式封裝起來，並提供多個已編寫好的知名模型，方便直接使用，在不使用 Keras、TensorLayer 等高層框架的前提下，依舊可以編寫出簡潔的程式。

conv3x3_block()中的最後一個方法就是 glu()方法，GLU（Gated linear unit）是一種基於門機制（Gate Mechanism）的啟動單元，這裡所謂的 Gate Mechanism 就是 RNN 或 LSTM 中的門機制，用於控制資料的運算。當前比較知名的是基於 Gate Mechanism 的啟動單元 GTU（Gated Tanh Unit）與 GLU，其中 GTU 將 Gate Mechanism 思維結合到 Tanh 啟動函數中，而 GLU 則是將 Gate Mechanism 思維結合到 ReLU 啟動函數中，兩者的運算式分別為

$$f_{\mathrm{GTU}}(X) = \mathrm{tahn}(XW + b) \cdot O(XV + c)$$

$$f_{\mathrm{GTU}}(X) = (XW + b) \cdot O(XV + c)$$

對 Tanh、ReLU、GTU 與 GLU 這 4 個不同的啟動單元在 WikiText-103 資料集（左半邊圖）和 Google Billion Word 資料集（右半邊圖）上進行實驗，不同的啟動單元在不同資料集上的學習曲線如圖 10.10 所示。

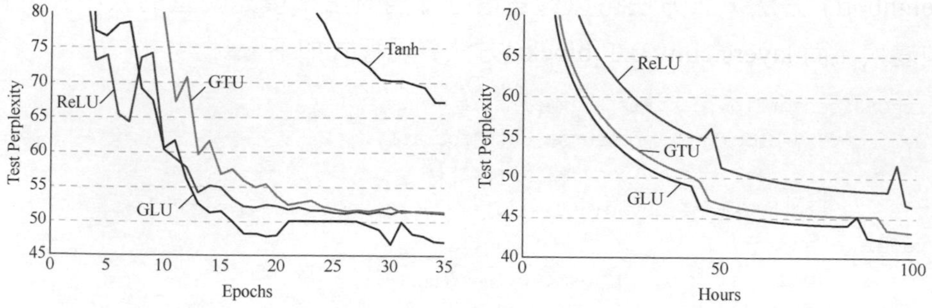

圖 10.10 不同的啟動單元在不同資料集上的學習曲線

兩圖具有相同的縱軸 Test Perplexity（困惑度），Perplexity(PPL)是 NLP 領域中常用於衡量語言模型好壞的指標，它的基本思維是根據每個詞來估計一句話可能出現的機率，並使用句子本身的長度做正規化（normalize）。通常當我們使用訓練集訓練出一個語言模型後，會將該語言模型作用於測試集中，此時測試集中的句子都是正常的句子，則句子的機率越大，此時 Perplexity（困惑度）就越小，表示語言模型越好。Perplexity 公式為

$$PP(W) = P(w_1 w_2 \cdots w_N)^{-\frac{1}{N}}$$

$$= \sqrt[N]{\frac{1}{P(w_1 w_2 \cdots w_N)}}$$

$$= \sqrt[N]{\prod_{i=1}^{N} \frac{1}{P(w_i | w_1 w_2 \cdots w_{i-1})}}$$

從圖中可以看出，帶有 GLU 的模型收斂速度更快、Perplexity 更小。當然從圖中還可以看出 Gate mechanism 對模型的影響，比較帶有 GTU 模型的

學習曲線與帶有 Tanh 模型的學習曲線，就可以看出，使用 GTU 的模型的 Perplexity 明顯小於使用 Tanh 的模型，而 GTU 只是比 Tanh 函數多了 sigmoid Gate，用於實現 Gate mechanism。這其實也讓 GTU 與 Tanh 一樣面臨著梯度消失的問題，而 ReLU 與 GLU 卻不會有這樣的問題，因為 ReLU 與 GLU 擁有線性的通道，計算量小，而且不易讓梯度消失。從右邊的圖可以看出，相同的訓練時間下，使用 GLU 啟動單元的模型，其 Perplexity 小於使用 ReLU 模型的 Perplexity，即使用 GLU 會獲得更好的效果。

透過上面簡單的討論，可以發現在語言模型中使用 GLU 作為啟動函數是具有一定優勢的。在 StackGAN-v2 中，透過限制條件增強技術獲得模型的輸入向量，這些輸入向量是具有語義的，所以使用 GLU 作為啟動函數是不錯的選擇。

定義完上取樣方法後，接下來就很輕鬆了，呼叫上取樣方法組成第一個小生成器，程式如下。

```
# 第一個小生成器
def G0(self, net):
   with tf.variable_scope('G0'):
        net = self.upsample(net, [-1, 8, 8,   32*self.Ng])
        net = self.upsample(net, [-1, 16, 16, 16*self.Ng])
        net = self.upsample(net, [-1, 32, 32, 8*self.Ng])
        net = self.upsample(net, [-1, 64, 64, 4*self.Ng])
        G0  = self.to_image(net)
        return G0, net
```

第一個小生成器由 4 個上取樣層組成，透過 4 次縮放卷積操作上取樣後，就可以生成 64×64 大小的圖型；生成器最後使用 to_image()方法，該方法會生成對應的圖型G_0並輸入給對應尺寸的判別器；而 net 則會傳遞給下一個小生成器，從而實現多個生成器串聯成一個大的樹狀生成器，to_image()方法的程式如下。

```
def to_image(self,net):
    net  = slim.conv2d(net, 3, kernel_size=3, stride=1, padding='same')
    net  = tf.nn.tanh(net)
```

```
    return net
```

接著看到 StackGAN-v2 結構圖中第二個小生成器的結構，該生成器也主要由 4 個部分組成，第一部分主要是將上一個小生成器的輸出與條件約束進行連接組成一個完整的輸入，然後使用兩個殘差網路層處理輸入的資料，最後使用上取樣的方式獲得該生成器的生成資料。

先來實現第二個小生成器的 Joining 連接層，連接上一個小生成器的輸出與條件約束，具體程式如下。

```
def joint_conv(self, net, z, filters):
    with tf.name_scope('joint_conv'):
        net_shape = net.get_shape().as_list()
        print(net, z)
        if self.data_format == 'NCHW':
            channels = net_shape[1]
            height   = net_shape[2]
            width    = net_shape[3]
            z = tf.expand_dims(z, -1)
            z = tf.expand_dims(z, -1)
            z = tf.tile(z, [1, 1, height, width])
            net = tf.concat([net, z], 1)
        else:
            height   = net_shape[1]
            width    = net_shape[2]
            channels = net_shape[3]
            z = tf.expand_dims(z, 1)
            z = tf.expand_dims(z, 1)
            z = tf.tile(z, [1, height, width, 1])
            net = tf.concat([net, z], -1)
        print(net)
        net = self.conv3x3_block(net, filters)
        return net
```

joint_conv()方法接收 net、z、filters 這 3 個參數，分別表示上一個小生成器的輸出、限制條件向量以及卷積核心個數。整個方法的主要邏輯就是連接 net 張量與 z 張量，並使用此前定義的 conv3×3_block()方法進行卷積操作。

具體的細節會因 self.data_format 資料結構的不同而不同（self.data_format 是自訂的參數，啟動程式時傳入不同的值，以不同的邏輯處理資料）。主要步驟都是先使用 tf.expand_dims()方法增加條件約束 z 的維度；然後使用 tf.tile()方法進一步拓展條件約束，tf.tile(input, multiples, name=None)會接收 3 個參數，其中 input 表示傳入的要進行擴充的張量，而 multiples 參數則表示在對應維度上要複製的次數，即 input 張量第 i 維的資料會被複製 multiples[i]次；最後透過 tf.concat()方法將變換後的條件約束矩陣與上一個生成器輸出的矩陣 net 進行連接，並將連接後生成的矩陣傳入 conv3×3_block()方法進行卷積處理。

經過 joint_conv()方法處理後的資料接著會傳遞給殘差網路層。殘差網路的結構在前面已經介紹過多次，簡單而言，就是輸入的資料經過多層卷積操作後，獲得的輸出資料再與未做卷積處理的輸入資料累加在一起，這種結構可以保存資料中大量的資訊，有益於模型的訓練，殘差網路的具體程式如下。

```
def residual_block(self, x, filters):
    with tf.name_scope('residual_block'):
         with slim.arg_scope([slim.conv2d], stride=1, padding='same'):
              Fx  = slim.conv2d(x, filters*2, kernel_size=3)
              Fx  = slim.batch_norm(Fx)
              Fx  = self.glu(Fx)
              Fx  = slim.conv2d(Fx, filters, kernel_size=3)
              Fx  = slim.batch_norm(Fx)
              return Fx + x
```

透過上面編寫好的方法就可以輕易地建構出第二個小生成器。

```
def G1(self, net, z):
    with tf.variable_scope('G1'):
         net = self.joint_conv(net, z, 64)
         net = self.residual_block(net, 64)
         net = self.residual_block(net, 64)
         net = self.upsample(net, [-1, 128, 128, 2*self.Ng])
         G1  = self.to_image(net)
         return G1, net
```

第二個小生成器的結構就實現了，回顧一下，joint_conv()方法實現將上一個小生成器最後一層的輸出與條件約束連接並做卷積操作，獲得的輸出資料再透過兩層殘差網路處理，保留圖型中大量的資訊，透過殘差網路處理後的資料交由 umsample()上取樣方法處理，獲得該生成器的輸出，最後當然同樣透過 to_image()方法生成對應的圖像資料方便同樣大小的判別器處理。

從 StackGAN-v2 的結構圖中可以看出，第三個小生成器與第二個小生成器具有同樣的結構，所以透過同樣的邏輯就可以編寫出第三個小生成器，程式如下。

```
def G2(self, net, z):
    with tf.variable_scope('G2'):
        net = self.joint_conv(net, z, 32)
        net = self.residual_block(net, 32)
        net = self.residual_block(net, 32)
        net = self.upsample(net, [-1, 256, 256, 1*self.Ng])
        G2  = self.to_image(net)
        return G2, net
```

第三個小生成器透過前面兩個小生成器疊加生成 StackGAN-v2 的最終的結果，即 256×256 的高畫質圖型。

核心想法就是漸進式的生成器，先生成簡單的小圖，再透過小圖一步步生成大圖，最後獲得理想的圖型。從整體的角度來看剛剛編寫的 3 個小生成器，三者其實連接在一起，組成一個大的生成器，即所謂的樹狀生成器。

編寫完生成器後，接著就來編寫判別器，因為樹狀生成器在不同的階段會生成不同的大小以及品質的圖型，那麼也就有與之對應的判別器判別不同大小的圖型，下面分別來實現不同尺寸的判別器。

通常判別器都由多個卷積層組成，這裡也不例外，為了方便編寫，通常將判別器中通用的結構編寫成對應的方法，這裡將多個卷積層組成一個通用方法。

```
def encode_x16(self, net):
    with tf.name_scope('encode_x16'):
        with slim.arg_scope([slim.conv2d], kernel_size=4, stride=2,
        padding='same'):
            net = slim.conv2d(net, self.Nd)
            net = tf.nn.leaky_relu(net)
            net = slim.conv2d(net, 2*self.Nd)
            net = slim.batch_norm(net)
            net = tf.nn.leaky_relu(net)
            net = slim.conv2d(net, 4*self.Nd)
            net = slim.batch_norm(net)
            net = tf.nn.leaky_relu(net)
            net = slim.conv2d(net, 8*self.Nd)
            net = slim.batch_norm(net)
            net = tf.nn.leaky_relu(net)
            return net
```

在 encode_x16()方法中，使用 slim.conv2d()方法實現卷積操作，使用 slim.batch_norm()方法實現批次歸一化操作，使用 tf.nn.leaky_relu()方法實現 Leaky Relu 函數作為啟動函數，該方法整體上封裝了 3 層卷積層。

接著就可以使用 encode_x16()方法快速建構判別器，首先來建構對應第一個小生成器的判別器。

```
def D0(self, Im0, scope=None):
    with slim.arg_scope([slim.conv2d, slim.batch_norm],
    data_format=self.data_format):
        with tf.variable_scope(scope or 'discriminator/D0',
        reuse=tf.AUTO_REUSE)
        as D0_scope:
            net = self.add_noise(Im0)
            net = self.encode_x16(net)
            logits = self.logits(net)
            return logits, D0_scope
```

該判別器變數空間重定義為 D0_scope，需要注意一下，計算損失時會透過重用判別器變數空間的方式實現重用該判別器。在 D0 判別器中，Im0 即傳入的圖型。一開始先透過 add_noise()方法為圖型加入一些雜訊，達到讓相似圖型都獲得相似輸出的結果，這可以加強模型的泛化能力；接著就呼叫 encode_x16()方法，建構出 D0 判別器的主體；最後透過 logits()方法返回判別器最終列出的分數。logits()方法具體的程式如下。

```
def logits(self, net):
    with tf.name_scope('logits'):
        net = slim.conv2d(net, 1, kernel_size=4, stride=4, padding='same')
        net = tf.nn.sigmoid(net)
        return tf.reshape(net, [-1])
```

在 logits()方法中，使用 slim.conv2d()方法實現輸出維度為 1 的卷積層，然後使用 sigmoid()方法作為啟動函數，將判別器打出的分數限定在 0～1。

接著就來實現第二個判別器 D1，整個邏輯與判別器 D0 是一樣的，具體程式如下。

```
def D1(self, Im1, scope=None):
    with slim.arg_scope([slim.conv2d, slim.batch_norm],
    data_format=self.data_format):
        with tf.variable_scope(scope or 'discriminator/D1',
        reuse=tf.AUTO_REUSE) as
        D1_scope:
            net = self.add_noise(Im1)
            net = self.encode_x16(net)
            net = self.downsample(net, 16*self.Nd)
            net = self.conv3x3_block(net, 8*self.Nd)
            logits = self.logits(net)
            return logits, D1_scope
```

在判別器 D1 中，同樣使用 add_noise()方法在輸入資料中增加雜訊，使用 encode_x16()方法實現多個卷積層。但畢竟第二個生成器生成的圖型比第一個生成器生成的圖型大了不少，所以需要使用更多卷積層進一步地抽象輸入的資料。這裡將卷積操作的方法封裝成 downsample()方法，該方法程式如下。

```
def downsample(self, net, filters):
    with tf.name_scope('downsample'):
        net = slim.conv2d(net, filters, kernel_size=4, stride=2,
```

```
        padding='same',
                      biases_initializer=None)
        net = slim.batch_norm(net)
        net = tf.nn.leaky_relu(net)
        return net
```

最後一個判別器 D2 的結構與 D1 是相同的，只是具有更多個卷積層，不再多講，程式如下。

```
def D2(self, Im2, scope=None):
    with slim.arg_scope([slim.conv2d, slim.batch_norm],
    data_format=self.data_format):
        with tf.variable_scope(scope or 'discriminator/D2',
        reuse=tf.AUTO_REUSE)
          as D2_scope:
            net = self.add_noise(Im2)
            net = self.encode_x16(net)
            net = self.downsample(net, 16*self.Nd)
            net = self.downsample(net, 32*self.Nd)
            net = self.conv3x3_block(net, 16*self.Nd)
            net = self.conv3x3_block(net, 32*self.Nd)
            logits = self.logits(net)
            return logits, D2_scope
```

至此，StackGAN-v2 的生成器與判別器就建構完成，隨後就可以建構對應的損失函數了。簡單回憶一下前面關於 StackGAN-v2 損失方面的內容，對於生成器而言，它的損失主要由判別器給予判斷的條件損失以及色彩一致性正則項帶來的損失組成；對於判別器而言，它的損失主要就是條件損失與非條件損失。下面一步步來實現這些損失。

首先，我們先實例化編寫好的生成器與判別器，程式如下。

```
G0, G1, G2, G_scope = generator(z)
D_R0, D0_scope = discriminator.D0(R0)
D_R1, D1_scope = discriminator.D1(R1)
D_R2, D2_scope = discriminator.D2(R2)
D_G0, _        = discriminator.D0(G0)
D_G1, _        = discriminator.D1(G1)
D_G2, _        = discriminator.D2(G2)
```

接著先定義生成器的損失函數，生成器的損失由兩部分組成：一部分就是 GAN 常見的損失，生成器希望自己生成的圖型判別器可以給予高分，即希望判別器給予 1 分，具體程式如下。

```
def G_loss(G_logits):
    return tf.reduce_mean(tf.nn.sigmoid_cross_entropy_with_logits
(logits=G_logits, labels=tf.ones_like(G_logits)))
```

除了該損失外，StackGAN-v2 中的生成器還有色彩一致正則項帶來的損失。回憶一下色彩一致正則項的內容，要計算色彩一致正則項的損失，首先需要先計算生成圖型的畫素平均值與生成圖型的畫素協方差，為了方便閱讀，再次展示對應的公式如下。

生成圖型的畫素平均值：

$$\mu = \frac{\sum_k x_k}{N}$$

生成圖型的畫素協方差：

$$\Sigma = \frac{\sum_k (x_k - \mu)(x_k - \mu)^{\mathrm{T}}}{N}$$

透過程式來實現一下，先實現生成圖型畫素平均值的計算，具體程式如下。

```
def image_mean(img):
    with tf.name_scope('image_mean'):
          img_shape = img.get_shape().as_list()
          channels  = img_shape[1]
          pixels    = img_shape[2] * img_shape[3]
          mu = tf.reduce_mean(img, [2, 3], keepdims=True)
          img_mu = tf.reshape(img - mu, [-1, channels, pixels])
          return mu, img_mu, pixels
```

簡單而言，就是利用 tf.reduce_mean()方法直接計算對應維度畫素的平均值。類似的，利用 TensorFlow 實現畫素協方差，程式如下。

```
def image_covariance(img_mu, pixels):
    with tf.name_scope('image_covariance'):
        cov_matrix = tf.matmul(img_mu, img_mu, transpose_b=True)
        cov_matrix = cov_matrix / pixels
        return cov_matrix
```

其中 tf.matmul()方法實現矩陣的相乘，transpose_b 設定為 True，表示在相乘前，矩陣乘法中的第二個矩陣先進行轉置處理。

計算出生成圖型的畫素平均值與協方差後，就可以計算色彩一致損失了，這裡使用 MSE（均方誤差）的形式來定義色彩一致損失，StackGAN-v2 中的色彩一致損失並不是標準的 MSE 形式，但也類似。所以，此處為了方便實現，便直接使用 MSE 來定義色彩一致損失，整體程式如下。

```
def colour_consistency_regularization(G1, G0, data_format):
    with tf.name_scope('cc_regularization'):
        lambda_1 = 1.0
        lambda_2 = 5.0
        alpha    = 50.0
        if data_format == 'NHWC':
            G0 = layers.nhwc_to_nchw(G0)
            G1 = layers.nhwc_to_nchw(G1)
        # 生成圖型的畫素平均值
        mu_si1_j, G0_mu, G0_pixels = image_mean(G0)
        mu_si_j, G1_mu, G1_pixels  = image_mean(G1)
        # 生成圖型的畫素協方差
        cov_si1_j = image_covariance(G0_mu, pixels=G0_pixels)
        cov_si_j  = image_covariance(G1_mu, pixels=G1_pixels)
        # Color-consistency regularization
        L_ci  = lambda_1 * tf.losses.mean_squared_error(mu_si_j, mu_si1_j)
        L_ci += lambda_2 * tf.losses.mean_squared_error(cov_si_j, cov_si1_j)
        return alpha * tf.reduce_mean(L_ci)
```

這樣就編寫好組成生成器損失的兩大部分了，呼叫一下，定義出樹狀生成器的 3 個總損失，然後再將這 3 個損失累加，獲得樹狀生成器的最終損失，程式如下。

```
with tf.variable_scope('G0'):
    # GAN loss
```

```
    L_G0 = losses.G_loss(D_G0)
with tf.variable_scope('G1'):
    # GAN loss
    L_G1  = losses.G_loss(D_G1)
    # 色彩一致正則化
    L_G1 += losses.colour_consistency_regularization(G1, G0,
data_format=data_format)
with tf.variable_scope('G2'):
    # GAN loss
    L_G2  = losses.G_loss(D_G2)
    # 色彩一致正則化
    L_G2 += losses.colour_consistency_regularization(G2, G1,
data_format=data_format)
# 樹狀生成器總損失
with tf.variable_scope('G'):
    L_G  = L_G0 + L_G1 + L_G2
```

生成器損失定義完成後，接著就來編寫判別器的損失。判別器的損失同樣由兩部分組成，分別是條件損失（生成器的 GAN 損失其實也就是條件損失）與非條件損失。先來看一下條件損失，程式如下。

```
def false_labels(labels):
    return tf.random_uniform(tf.shape(labels), .0, .3)
def true_labels(labels):
    return tf.random_uniform(tf.shape(labels), .8, 1.2)
def D_loss(D_logits, G_logits):
    output  =
tf.reduce_mean(tf.nn.sigmoid_cross_entropy_with_logits(logits=D_logits,
labels=true_labels(D_logits)))
    output +=
tf.reduce_mean(tf.nn.sigmoid_cross_entropy_with_logits(logits=G_logits,
labels=false_labels(G_logits)))
    return output
```

對於判別器而言，它希望自己可以給真實圖型高分，這裡將高分定義在 0.8～1.2 的隨機分數，而對於生成圖型，它希望自己打低分，即在 0～0.3 的分數，這樣就定義好條件損失了。對於條件損失，判別器除要判斷輸入資料是否真實，還要判斷輸入資料是否符合條件。

接著定義非條件損失，相對條件損失而言，非條件損失更加簡單，而非條件損失判別器只需判斷圖型是否真實即可。

這裡使用 WGAN-GP 的方式來定義非條件損失，WGAN-GP 在上一章已經詳細地講解過。這裡簡單回憶一下，WGAN-GP 使用 gradient penalty 的方式來讓判別器服從 Lipschitz 約束，因為無法對全樣本空間都做 gradient penalty，所以選擇生成圖型空間與真實圖型空間之間的空間來做 gradient penalty，那麼首先實現從該空間取出對應樣本的程式。

```
# 從約束空間中取出樣本
def interpolates(real_batch, fake_batch):
    with tf.name_scope('interpolates'):
        real_batch = slim.flatten(real_batch)
        fake_batch = slim.flatten(fake_batch)
        alpha = tf.random_uniform([tf.shape(real_batch)[0], 1], minval=0.,
maxval=1.)
        # 真實資料與生成資料之間的差異,也就是真實資料與生成資料之間的空間
        differences  = fake_batch - real_batch
        # 真實資料加上差異，就組成了 WGAN-GP 的樣本
        return real_batch + (alpha*differences)
```

有了約束空間中取出來的樣本後，就可以計算 gradient penalty 了，具體程式如下。

```
def lambda_gradient_penalty(logits, diff):
    with tf.name_scope('lambda_gradient_penalty'):
        #tf.gradients()實現 ys 對 xs 求導
        gradients = tf.gradients(logits, [diff])[0]
        slopes    = tf.sqrt(tf.reduce_sum(tf.square(gradients),
reduction_indices=[1]))
        # gradient penalty
        gradient_penalty = tf.reduce_mean((slopes-1.)**2)
        return 10*gradient_penalty
```

呼叫一下剛剛編寫好的這兩個方法，獲得最終的 gradient penalty。

```
# WGAN-GP 梯度懲罰
def wasserstein_loss(real_batch, fake_batch, discrim_func, discrim_scope):
    with tf.name_scope('wasserstein_loss'):
```

```
        # WGAN-GP 的插值樣本
        diff = interpolates(real_batch, fake_batch)
        # 重塑插值樣本的形狀，讓其與真實樣本一致
        diff_reshaped = tf.reshape(diff, tf.shape(real_batch))
        # 使用判別器判斷插值樣本的損失，判別器的參數使用舊的參數，即 discrim_scope
        interp_logits, _ = discrim_func(diff_reshaped, discrim_scope)
        # gradient penalty
        return lambda_gradient_penalty(interp_logits, diff)
```

需要注意的是，判別器判別約束空間樣本時使用的是舊參數，至此就實現了 gradient penalty，對應的公式如下。

$$\lambda E_{x \sim P_{\text{penalty}}}[\max(0, \| \nabla_x D(x) \| -1)]$$

可以看出，這裡並沒有實現一個完整的 WGAN-GP，而只是實現了其 gradient penalty，為了簡化模型的建構，就不再單獨定義一個損失了，而是將其與條件損失結合成一個損失，具體程式如下。

```
with tf.variable_scope('D0'):
    # 條件損失
    L_D0   = losses.D_loss(D_R0, D_G0)
    # 非條件損失
    L_D0_W = losses.wasserstein_loss(R0, G0, discriminator.D0, D0_scope)
    L_D0  += L_D0_W
with tf.variable_scope('D1'):
    L_D1   = losses.D_loss(D_R1, D_G1)
    L_D1_W = losses.wasserstein_loss(R1, G1, discriminator.D1, D1_scope)
    L_D1  += L_D1_W
with tf.variable_scope('D2'):
    L_D2   = losses.D_loss(D_R2, D_G2)
    L_D2_W = losses.wasserstein_loss(R2, G2, discriminator.D2, D2_scope)
    L_D2  += L_D2_W
```

至此就將 StackGAN-v2 中生成器的損失與判別器的損失都定義，接著就可以編寫最佳化邏輯。依舊使用 Adam 最佳化演算法來最佳化 StackGAN-v2 網路，首先透過老方法獲得所有結構對應節點的參數權值。

```
G_vars  = [var for var in trainable_vars if 'generator' in var.name]
D0_vars = [var for var in trainable_vars if 'discriminator/D0' in var.name]
```

```
D1_vars = [var for var in trainable_vars if 'discriminator/D1' in var.name]
D2_vars = [var for var in trainable_vars if 'discriminator/D2' in var.name]
```

接著定義一個方法來實現對這些結構進行最佳化。

```
def create_train_op(loss, learning_rate, var_list, global_step):
    # 指數衰減法
    exp_learning_rate = tf.train.exponential_decay(learning_rate,
                                                   global_step,
                                                   decay_steps=10000,
                                                   decay_rate=0.96)
    optimizer = tf.train.AdamOptimizer(learning_rate=exp_learning_rate,
                                       beta1=0.5,
                                       beta2=0.999)
    return optimizer.minimize(loss,
                              var_list=var_list,
                              global_step=global_step,
                              colocate_gradients_with_ops=True)
```

為了實現快速訓練，在 create_train_op() 方法中使用了 tf.train.exponential_decay() 方法來定義學習速率。該方法在模型訓練的一開始會使用較大的學習速率以實現快速疊代，目的在於快速地得到一個比較好的解，隨著模型訓練的進行，該方法會逐步減小學習速率，從而實現模型訓練的穩定。這很符合直覺，因為通常在模型訓練的開始，此時離較好的解有比較大的距離，較大的學習速率可以快速地接近較優解；當訓練一段時間後，已經離較優解比較近了，如果此時學習速率較大，容易錯過該解，從而造成訓練的震盪。所以訓練一段時間後，需要逐漸減小學習速率，緩慢地接近較優解。

透過 tf.train.exponential_decay()實現指數衰減的方式定義學習速率後，接近就使用 tf.train.AdamOptimizer()方法實現 Adam 最佳化演算法，並使用該學習速率，最後使用 minimize()方法最小化對應的損失。

create_train_op 最佳化方法實現後，只需呼叫該方法即可，程式如下。

```
D0_train = create_train_op(L_D0,
                           global_step=D0_global_step,
```

```
                            learning_rate=D_lr,
                            var_list=D0_vars)
D1_train = create_train_op(L_D1,
                            global_step=D1_global_step,
                            learning_rate=D_lr,
                            var_list=D1_vars)
D2_train = create_train_op(L_D2,
                            global_step=D2_global_step,
                            learning_rate=D_lr,
                            var_list=D2_vars)
#流程控制
with tf.control_dependencies([D2_train, D1_train, D0_train]):
    G_train = create_train_op(L_G,
                                global_step=G_global_step,
                                learning_rate=G_lr,
                                var_list=G_vars)
```

上述程式比較簡單，其中使用 tf.control_dependencies()方法進行流程控制，該方法的主要作用是在執行某些 operate 或 tensor 前，一些 operate 或 tensor 必須先執行，使用在這裡的作用就是在對生成器進行最佳化前，必須已經執行了最佳化判別器的操作。

到這裡，已經實現了 StackGAN-v2 的生成器與判別器結構，以及這些結構對應的損失和最佳化方法。隨後的邏輯就是常見的訓練運行邏輯了，考慮篇幅原因，就不再展示。

10.2 TensorFlow 資料處理

在本書前面的內容中，編寫了多個不同的模型，這些模型都使用 TensorFlow 提供的機制來讀取資料，但都沒有具體地討論相關的內容，所以本節就簡單地討論一下 TensorFlow 讀取資料的機制。目前 TensorFlow 有 3 種方式獲得資料。

（1）使用 placeholder 讀取資料。

（2）使用 Queue 方式讀取資料。

（3）使用 tf.data 來讀取資料。

10.2.1 placeholder 讀取資料

使用 placeholder 來讀取資料是最常見的方式，對於小資料或記憶體中的變數資料可以使用 placeholder 的方式傳遞給訓練的模型。具體方法為 tf.placeholder(dtype, shape, name)，該方法會在記憶體中創建一塊空間用來存放傳入的資料，簡單舉例如下。

```
import tensorflow as tf
import numpy as np
x = tf.placeholder(tf.float32, shape=(1024, 1024))
y = tf.matmul(x, x)
with tf.Session() as sess:
    rand_array = np.random.rand(1024, 1024)
    print(sess.run(y, feed_dict={x: rand_array}))
```

這種方式是最簡單的獲取資料方式，不再細講。

10.2.2 Queue 方式讀取資料

使用 Queue 佇列來讀取資料的方式，有些文章也稱為 TensorFlow 的輸入管線，其整體結構如圖 10.11 所示。

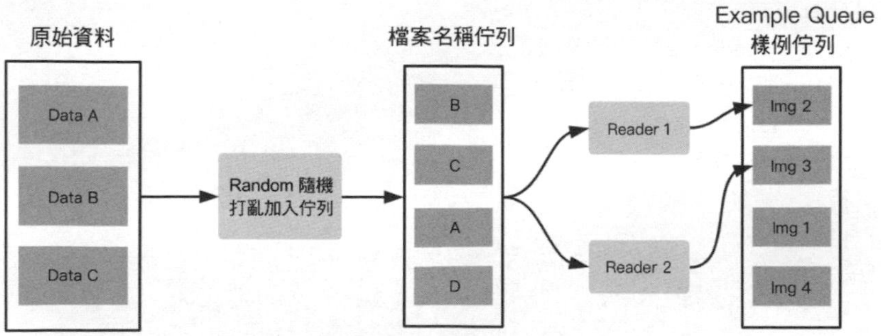

圖 10.11 Queue 佇列

這種方式讀取資料主要分為兩個階段：第一個階段會從儲存媒體中讀取原始資料所對應的檔案名稱，並將讀取的檔案隨機打亂存入檔案名稱串列；第二個階段就是 Reader 從檔案名稱串列中讀取一個具體的檔案，同時讓該檔案從檔案名稱串列中出列。Reader 可以有多個，即多個 Reader 同時從檔案名稱串列中讀取檔案中的資料，Reader 讀取的具體資料會存入範例串列，從範例串列中取出（出隊）一組資料就組成用於訓練模型的資料，TensorFlow 提供了對應 API 來完成這套流程。

在使用這套 API 來建構資料讀取佇列前，先來介紹一下 TFRecord 檔案格式。TFRecord 檔案格式是 TensorFlow 推薦的一種二進位檔案格式，基於 Protobuf（同樣是 Google 推出的一種資料格式），使用 TFRecord 檔案格式可以更進一步地利用系統記憶體，並在 TensorFlow 中更加方便地處理資料。

當我們將原始資料集中的輸入轉為 TFRecord 檔案時可以發現，原始資料集中的樣本資料通常就是 TFRecord 檔案中的 tf.train.Example 元素。實際上 tf.train.Example 就是 TFRecord 檔案的基本元素，每個 Example 元素都包含一個或多個 Features，這些 Features 儲存著原始資料中對應樣本的特徵，Example 元素中每個 Features 都包含一個鍵值對，其中存放著實際資料中的特徵名與對應的實際值，一個 tf.train.Example 實例如下。

```
features {
    feature {
      key: "students"
      value { bytes_list {
        value: "Ting"
        value: "ayu"
      }}
    }
    feature {
      key: "fraction"
      value { float_list {
        value: 9.9
        value: 7.6
```

```
        }}
    }
}
```

上面實例是一個學生資料集特徵，一個樣本有兩個特徵，分別是 students（學生名）與 fraction（分數），每個特徵都是一個鍵值對類型。

這裡先來建構 TFRecord 檔案，然後再透過對應的 API 建構讀取佇列，從 TFRecord 檔案中讀取資料。為了與 StackGAN-v2 中的內容對應，這裡建構一個 StackGAN-v2 要使用的 TFRecord 檔案，即該 TFRecord 檔案中可以提供 3 種不同大小的真實圖像資料，用於訓練 StackGAN-v2 中的判別器與生成器。這裡簡單地準備了 31 張圖型，其原始大小為 96×96，現在要讀取這些圖像資料，改變其形狀，將其變為大小分別為 64×64、128×128 與 256×256 的圖像資料並存入一個 TFRecord 檔案中，方便 StackGAN-v2 訓練時直接使用。下面來編寫一下相關的程式。

TensorFlow 提供了 TFRecordWriter()方法來生成 TFRecord 檔案，具體程式如下。

```
import tensorflow as tf
from glob import glob
import cv2
# 生成整數的屬性
def _int64_feature(value):
    return tf.train.Feature(int64_list=tf.train.Int64List(value=[value]))
# 生成器字串行的屬性
def _byter_feature(value):
    return tf.train.Feature(bytes_list=tf.train.BytesList(value=[value]))
filename = 'record/outputimg.tfrecords'
writer = tf.python_io.TFRecordWriter(filename)
for img_path in glob('img/*.jpg'):
    img = cv2.imread(img_path)
    # 縮放圖片，並轉成位元組
    img64 = cv2.resize(img, (64,64)).tostring()
    img128 = cv2.resize(img, (128,128)).tostring()
    img256 = cv2.resize(img, (256,256)).tostring()
    label = 0
```

```
        example = tf.train.Example(features=tf.train.Features(
            feature = {
                    'image_64':_byter_feature(img64),
                    'image_128': _byter_feature(img128),
                    'image_256': _byter_feature(img256),
                    'label': _int64_feature(label)
            }
        ))
        # 將 Example 寫入 TFRecord
        writer.write(example.SerializeToString())

    writer.close()
    print('data processing success')
```

在程式中，一開始便使用 tf.python_io.TFRecordWriter()方法創建寫入 TFRecord 檔案的實例，然後使用 opencv 來讀取圖像資料，並將讀取的圖像資料 resize 成需要的大小，獲得對應大小的資料後，接著就將這些資料存入 TFRecord 檔案中。這裡使用 tf.train.Example() 方法與 tf.train.Features() 方法來建構 TFRecord 檔案，兩個方法分別對應著 TFRecord 檔案中的 Example 元素與 Example 元素中的 Features。在該程式中，為了方便將 label 設定為 0，在實際的 StackGAN-V2 專案中，label 應該對應著該圖像資料的文字描述。獲得 example 實例後，就可以將該實例寫入檔案了。

整個流程還是比較清晰的，簡單概括一下。

（1）使用 tf.python_io.TFRecordWriter()方法創建 TFRecordWriter 實例。

（2）使用 tf.train.Example()方法與 tf.train.Features()方法創建 Example 與 Feature 物件。

使用上述程式創建好一個 TFRecord 檔案後，接著就可以透過 TensorFlow 建構資料讀取佇列來使用該 TFRecord 檔案了。回憶一下讀取佇列的結構圖，一步步來實現它，首先實現從 TFRecord 檔案這個原始資料中讀取檔案名稱到檔案名稱佇列，使用 tf.train.string_input_producer()方法即可，程式如下。

```
filename = 'record/outputimg.tfrecords'
# 創建檔案名稱佇列
filename_queue = tf.train.string_input_producer([filename])
```

有了檔案名稱佇列後，需要定義 Reader 來從檔案名稱佇列中獲取檔案名稱，並解析出對應的資料。這裡分兩步驟來實現，第一步是定義 Reader 獲取檔案名稱並透過該資訊讀取資料，具體程式如下。

```
# 創建 Reader
reader = tf.TFRecordReader()
# 讀取對應的資料
_, serialized_example = reader.read(filename_queue)
```

讀取到資料後，第二步就是解析讀取的資料，首先需要定義解析的規則，因為 Reader 只簡單地將 TFRecord 檔案中的 Example 元素讀取進來，但 Example 中 Feature 的結構並不知道，需要我們定義，這就是解析規則。有了解析規則後，就可以獲得每個 Example 中對應的資料了，具體程式如下。

```
# 解析規則
features = tf.parse_single_example(
    serialized_example,
    features={
        'image_64': tf.FixedLenFeature([], tf.string),
        'image_128': tf.FixedLenFeature([], tf.string),
        'image_256': tf.FixedLenFeature([], tf.string),
        'label': tf.FixedLenFeature([], tf.int64),
    }
)
# 解析資料
img64 = tf.decode_raw(features['image_64'], tf.uint8)
img64 = tf.reshape(img64, [64, 64, 3])
img128 = tf.decode_raw(features['image_128'], tf.uint8)
img128 = tf.reshape(img128, [128, 128, 3])
img256 = tf.decode_raw(features['image_256'], tf.uint8)
img256 = tf.reshape(img256, [256, 256, 3])
label = tf.cast(features['label'], tf.int32)
```

接著我們想透過多個 Reader 執行緒的方式來讀取資料，此時就需要使用 tf.train.Coordinator()方法創建 Coordinator 協調者，Coordinator 協調者可以管理 Session 階段中的多個執行緒，如可以實現同時停止多個工作處理程序。有了 Coordinator 後，就可以使用 tf.train.start_queue_runners()方法來啟用多個 Reader 實例，這裡會將從 TFRecord 檔案中讀取到的檔案透過 PIL 函數庫的相關方法保存到本地，具體程式如下。

```
savepath = 'imgres/%d_%s.jpg'
with tf.Session() as sess:
    init_op = tf.global_variables_initializer()
    sess.run(init_op)
    coord = tf.train.Coordinator()
    threads = tf.train.start_queue_runners(coord=coord)
    for i in range(20):
        img_64, img_128, img_256, _label = sess.run([img64, img128,
        img256, label])
        img_64 = Image.fromarray(img_64, 'RGB')
        img_64.save(savepath%(i, '64'))
        img_128 = Image.fromarray(img_128, 'RGB')
        img_128.save(savepath % (i, '128'))
        img_256 = Image.fromarray(img_256, 'RGB')
        img_256.save(savepath % (i, '256'))
    coord.request_stop()
    coord.join(threads)
```

運行上述程式，從 TFRecord 檔案中讀取資料並保存到本地，效果如圖 10.12 所示。

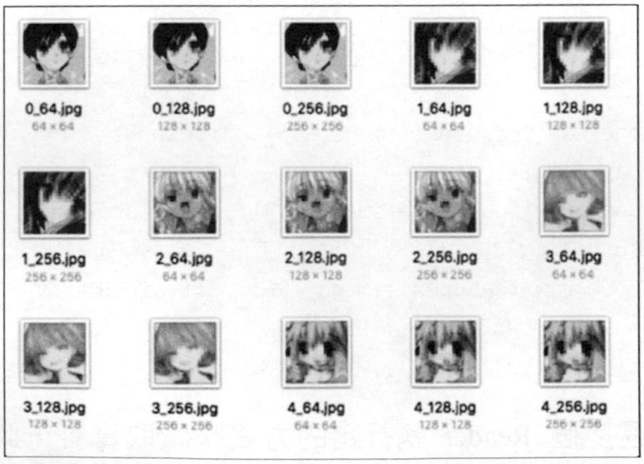

圖 10.12 TFRecord 檔案讀取資料

10.2.3 tf.data 讀取資料

有沒有感覺比較繁雜？為了簡化建構資料讀取佇列流程，TensorFlow 在 1.3 版本後推出了 tf.data 介面，使用該介面下的方法可以透過簡單幾步驟實現資料的讀取。

tf.data 介面在 TensorFlow 1.3 版本上，其完整的匯入路徑為 tf.contrib.data，而在 1.4 之後的版本，匯入路徑變為 tf.data。使用 tf.data 非常簡單，了解 tf.data.Dataset 與 tf.data.Iterator 即可，tf.data.Dataset 用來表示一系列元素，其中每個元素可以對應一個或多個 Tensor，通常使用 tf.data.Dataset 表示一個資料集；而 tf.data.Iterator 的作用就是從 tf.data.Dataset 定義的資料集中獲取資料。簡單而言，使用 tf.data 來讀取資料可以分為 3 步驟。

（1）透過 tf.data.Dataset 創建 Dataset 實例。

（2）創建 Iterator 實例。

（3）使用 Iterator 讀取資料。

簡單實際一些，這裡透過 tf.data 介面讀取 31 張圖型的圖像資料，具體的需求是，讀取並打亂這些圖像資料，組成 10 張為一組的訓練樣本，重複訓練 2 個 epoch。這是個常見的需求，簡單實現一下。

首先透過 tf.data.Dataset.from_tensor_slices()方法來建構 Dataset 資料集，程式如下。

```
imglist = glob('img/*.jpg')
imgs = tf.constant(imglist)
labels = tf.constant([i for i in range(len(imglist))])
dataset = tf.data.Dataset.from_tensor_slices((imgs, labels))
```

tf.data.Dataset 有多個方法創建資料集，from_tensor_slices()是其中一個，該方法的作用是切割傳入的 Tensor 的第一個維度，從而生成對應的資料集，舉個具體的例子。

```
dataset = tf.data.Dataset.from_tensor_slices(np.random.uniform(size=(10, 2)))
```

其中 np.random.uniform(10, 2)會生成一個形狀為（10,2）的矩陣，將該矩陣資料傳入 from_tensor_slices()方法，該方法會切割矩陣的第一個維度，最終生成的資料集包含 10 個元素，每個元素的形狀為（2,）。from_tensor_slices() 方法還可執行 tuple 或 dict 形式。

```
dataset = tf.data.Dataset.from_tensor_slices(
    {
        "datas": np.random.uniform(size=(10, 2)),
        "labels": np.array([i for i in range(10)])
    }
)
```

此時 from_tensor_slices()方法就會獲得 10 個元素，每個元素的形式為 {"datas":[0.78881761, 0.60620843],"labels":1.0}。

定義 dataset 實例後，需要對資料集中的資料做一些變化，例如修改讀取的圖像資料形狀，tf.data.Dataset 支援這類操作，稱為 Transformation（轉型），常用的 Transformation 有 map()方法、batch()方法、shuffle()方法與 repeat()方法。

- map()方法：接收一個函數物件為參數，其作用是將 Dataset 資料集中的每個元素都作為該函數的參數輸入，將該函數返回的結果作為新的元素，用於組成新的 Dataset。
- batch()方法：將多個元素組合成 batch，方便模型訓練。
- shuffle()方法：打亂 dataset 中的元素，其中 buffer_size 參數表示打亂時使用 buffer 的大小。
- repeat()方法：將資料序列重複的同時，透過訓練一個模型需要訓練多個 epoch，使用 repeat()方法將資料序列重複相同的次數，方便模型的訓練。

這裡需要將原始 96×96 的圖型修改為 64×64 的圖型，使用 map()方法並編寫對應的處理方法，程式如下。

```
def _read_img(imgpath, label):
    # 讀取資料
```

```
    img_str = tf.read_file(imgpath)
    # 獲得圖型
    img_decoded = tf.image.decode_jpeg(img_str)
    # resize 圖型大小
    img64 = tf.image.resize_images(img_decoded, (64, 64))
    return img64, label
dataset = dataset.map(_read_img)
```

這裡使用_read_img 方法來修改圖型的大小，具體的邏輯都在註釋裡。需要注意的是，這裡不能直接使用 PIL 或 opencv 等函數庫，因為 imgpath 是 tensorflow.python.framework.ops.Tensor 類型，不能直接使用第三方影像處理來處理。

接著將 dataset 資料集打亂並重複兩次。

```
dataset = dataset.shuffle(buffer_size=1000).batch(10).repeat(2)
```

此時資料集就準備接著就來使用一下該資料集。使用 make_one_shot_iterator() 方法創建 Iterator，然後就可以透過 get_next() 方法來獲取 dataset 資料集中的資料了。

```
iterator = dataset.make_one_shot_iterator()
one_element = iterator.get_next()
```

make_one_shot_iterator() 創建的 Iterator 是最簡單的，該 Iterator 只能將資料集中的資料從頭到尾讀取一次，即不能重複讀取資料集中的資料，當資料集中沒有資料時，還需要呼叫 get_next()方法來獲取資料，否則會顯示 tf.errors.OutOfRangeError 異常，可以透過 try...except 敘述來簡單處理這種情況。

最後可以創建一個 Session 物件，運行起來看一下具體的效果。

```
with tf.Session() as sess:
    try:
        while True:
            img,label = sess.run(one_element)
            print(img.shape)
    except tf.errors.OutOfRangeError:
```

```
        print("end!")
```

運行的結果如下。

```
(10, 64, 64, 3)
(10, 64, 64, 3)
(10, 64, 64, 3)
(1, 64, 64, 3)
(10, 64, 64, 3)
(10, 64, 64, 3)
(10, 64, 64, 3)
(1, 64, 64, 3)
end!
```

10.3 漸近增長生成對抗網路 PGGAN

透過上面的討論，已經比較全面地了解 StackGAN 網路了，但即使是 StackGAN-v2 生成的圖型，也不算特別高畫質，如果想讓 GAN 生成 1024×1024 等級的圖型要如何做呢？這就需要使用 PGGAN(Progressive Growing of GANs)。

10.3.1 PGGAN 介紹

傳統 GAN 要生成高解析度的圖型是很困難的，除難以學習大量的資訊外，隨機元素對高分辨圖型生成的影響也更加突出，從而容易造成 GAN 訓練不穩定，因此生成 1024×1024 等級的高畫質圖型，傳統的 GAN 難以實現。在前面的內容中，提及 StackGAN 可以生成 256×256 等級的高畫質圖型，但離 1024×1024 等級還有一定的距離，但 StackGAN 的漸近增強式學習訓練資料中的資訊的想法是可以借鏡的，即不必一口氣直接生成 256×256 大小的圖型，而是分步來實現，先生成小圖型，然後再以小圖型作為輸入生成大一點的圖型，一步步逼近 256×256 的圖型。PGGAN 的基本想法也是一樣的，即先訓練生成小圖型，然後逐步增加網路結構，從而實現生成高分辨的大圖型，這也是它稱為 Progressive Growing of GAN 的原因。

PGGAN 的直觀結構如圖 10.13 所示。

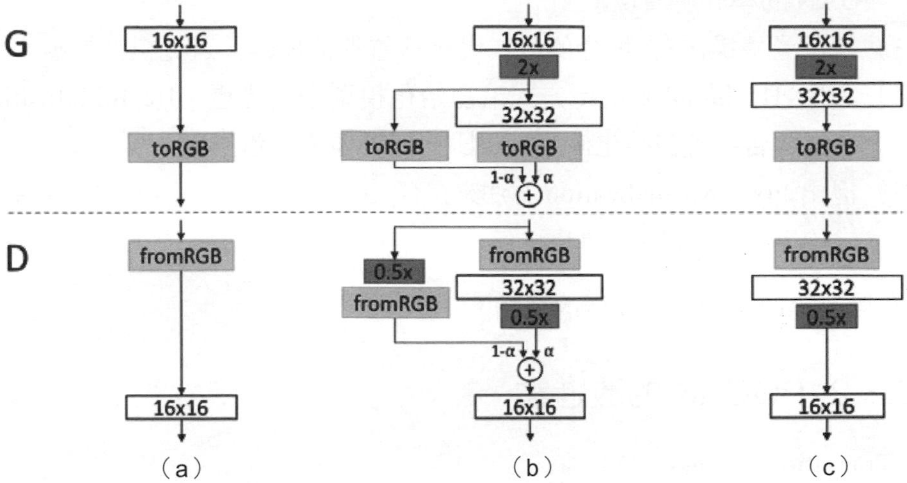

圖 10.13 PGGAN 結構

從圖 10.13 中可以看出，PGGAN 一開始只生成 4×4 大小的圖型，隨著網路結構的增加，逐漸提高生成圖型的解析度。這種增量形式的訓練可以讓 GAN 網路一開始將注意力集中在圖型的大致分佈上，隨著訓練的進行，GAN 的注意力從圖型的大致分佈轉移到圖型的細節上，這樣就避免讓 GAN 同時學習圖型所有尺度的資訊導致的訓練困難。

需要注意的是，在 PGGAN 訓練的過程中，生成器與判別器相當於彼此的映像檔結構，兩者是同時增長的，而且在整個訓練過程中，生成器與判別器現有的所有結構都是可訓練的。當有新加的層加入原本的生成器與判別器中時，除了訓練新加入的層，此前舊的層依舊是可訓練的，而非只訓練新加入的層。

為了讓生成器可以生成高解析度的圖型，PGGAN 除在結構上採用漸近增加的方式外，還提出了 5 個改進點。

（1）使用 Transition Process（平滑過渡）的方式來訓練新加入的層，避免訓練時產生模型的震盪。

（2）使用小量標準差方法（Minibatch Standard Deviation，MSD）來減緩 GAN 的模式崩潰現象。

（3）採用卷積操作+上取樣的方式代替轉置卷積操作，避免棋盤效應。

（4）採用 He Initialization 方式來初始化模型中的權重。He Initialization 非常適合用於初始化使用 ReLU 及其變種的網路結構。

（5）提出 Pixel Normalization 方法來減緩由生成器與判別器不健康競爭造成的損失訊號越界的問題。

下面具體來討論一下這 5 個改進點。

10.3.2 PGGAN 的改進點

❑ Transition Process

首先是 Transition Process（平滑過渡）。PGGAN 為了生成高分辨的圖型，採用增加網路結構的方式來一步步生成最終的目標圖像，但如果單純地將新的網路結構加入舊的網路結構，就容易造成訓練的震盪。原因其實很直觀，在新的結構增加前，我們已經對舊的網路結構進行了一定程度地訓練，此時舊的網路結構的節點上具有不同的權值，如果將一個空白權值的網路結構直接加入舊的網路，就會導致訓練時，舊網路結構上已有的有意義的權值會被新加入的網路結構影響，因為新加入的網路層的節點權值是無意義的，那麼此時網路結構生成的資料與真實的資料偏差就會很大。無論對生成器而言還是對判別器而言，這種大損失帶來的梯度更新會直接影響此前舊結構中已有的權值，讓這些有意義的權值發生較大的變動，需要再次花費大量精力再次將其訓練回有意義的權值。

從上面直觀的描述可以看出，直接將新的網路結構加入當前網路會導致當前網路有意義的權值受到比較大的影響，整體來看，直接增加網路結構的方式會導致模型產生震盪。為了減緩這種現象，PGGAN 使用 Transition Process 方法，該方法的基本原理就是設定一個權重α，新增加的網路結構對整體輸入的影響取決於權重α。在新網路層剛加入時，權重α是趨於 0

的，此時新加入的網路層對模型整體影響很小；隨著訓練的進行，權重α會增加並逐漸逼近 1，從而讓新加入的網路結構對整體模型有一定的影響。透過權重α平滑逼近 1 的方式，實現新加入的網路層對模型整體的影響是平滑遞增的，這就避免了訓練時出現模型震盪的問題，直觀如圖 10.14 所示。

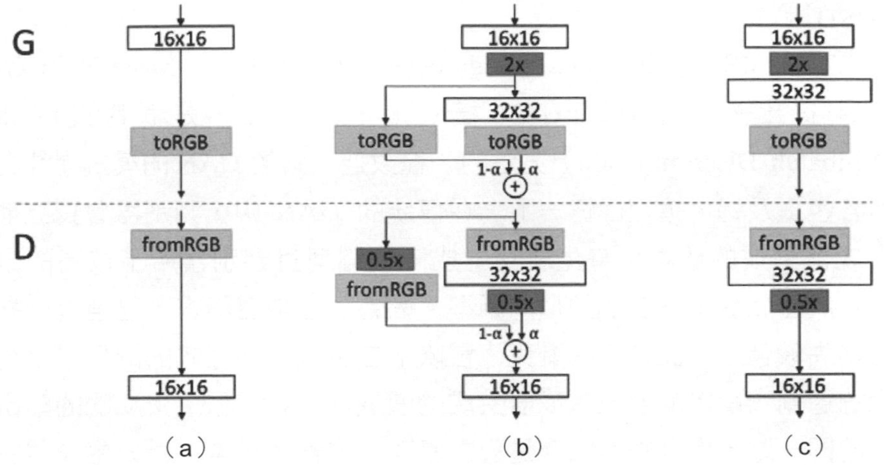

圖 10.14 平滑遞增

圖 10.14 中的 toRGB 表示將特徵向量投影成 RGB 顏色的圖層，從而獲得一張圖型，而 fromRGB 則相反，fromRGB 會將圖型中的 RGB 資訊轉化為對應的特徵向量，兩者都使用 1×1 大小的卷積核心。從圖 10.14（b）中可以看出，新增 32×32 大小的網路層，該層透過 toRGB 生成圖型，一開始的權重α是比較小的，該權重α會隨著訓練的進行而逐漸增大，在權重α增大到 1 之前，模型整體的輸出取決於最後一層的輸出與此前網路結構的輸出。相較於最後一層，對於生成器而言，此前的網路結構生成的圖型大小是不夠的，PGGAN 使用了最近鄰插值法（nearest neighbor filtering）來增大此前結構輸入的圖型，讓其與透過新增加的網路層生成的圖型大小一致，此前的網路結構生成圖型的權重是$1-\alpha$，隨著迴圈的進行會趨於 0，最終隨著訓練的進行，就獲得了圖 10.14（c）中的結構，即最後一層完全影響了模型整體的輸出，這樣就實現了平滑增加新的網路結構。上述的內

容都是從生成器的角度來描述的，對判別器而言，基本想法也是一致的，一開始新增加的層對判別器整體影響較小，隨著訓練的進行，權重α的增加才慢慢地增大其對判別器整體的影響，當圖型傳入判別器時，對於舊的結構，會使用 average pooling 方法將圖型大小減半，從而可以直接輸入給舊的網路結構。

❑ MSD

接著來討論 MSD（Minibatch Standard Deviation）方法，MSD 是 PGGAN 論文中提出的一種減緩 GAN 模式崩潰的方法，是對傳統的 MD（Minibatch Discrimination）方法的一種改進。對於 GAN 的模式崩潰在前面內容也提及過，這裡回憶一下，在傳統的 GAN 中，判別器會獨立地處理生成器生成的樣本，當生成器生成一張圖型且判別器給予較高的分數時，生成器就會嘗試生成類似的圖型。因為對生成器而言，已經有一種圖型的損失較低了，此時沒有避免「冒險」去生成不同樣式的圖型引來判別器大的懲罰，所以漸漸地生成器生成的圖型就十分相似，生成器的輸出都趨向於同一點。而判別器因為是獨立處理生成器的樣本，所以生成器生成相似度很高的樣本對判別器而言是不可知的，它僅知道當前輸入的圖型是比較真實的，給予高分。這樣就導致模式崩潰，生成器漸漸地只生成類似樣本，判別器只判斷了類似樣本，梯度無法進一步下降，GAN 無法極佳地收斂。

為了避免這種情況，一個直觀的想法就是讓判別器不再獨立地處理生成樣本，而是處理一組生成樣本，將樣本間的多樣性資訊作為訓練資料的一部分，強行讓判別器對於多樣性差的樣本打低分，從而指導生成器生成更具多樣性的樣本。具體而言，就是對判別器的後幾層的特徵資訊做處理，將判別器後幾層的特徵資訊記為x，然後對x做一些運算，從而找到樣本多樣性的度量y，最後將特徵資訊x與多樣性度量y連接成一個新的矩陣，作為下一層的輸入，此時下一層訓練資料中就包含多樣性資料了。

MD 方法的基本想法就是這樣，強行將樣本身的資料以及多個樣本間的差異資料共同作為訓練資料，直觀表示如圖 10.15 所示。

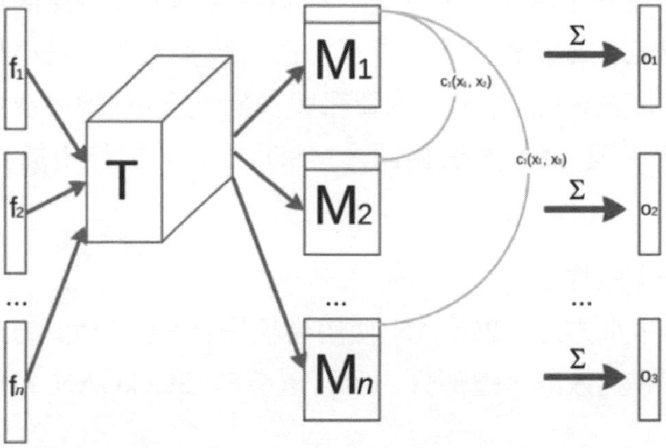

圖 10.15 Minibatch Discrimination

圖 10.15 中的$\boldsymbol{f} \in R^A$，表示對應的輸入x_i在判別器中某一層輸出的特徵矩陣，這些特徵矩陣$\boldsymbol{f}_n$與一個張量$\mathbf{T} \in R^{A*B*C}$相乘，從而獲得矩陣$\boldsymbol{M}_i \in R^{B*C}$，基於不同的特徵矩陣，$\boldsymbol{f}$會獲得不同的矩陣$\boldsymbol{M}$，有了不同的矩陣$\boldsymbol{M}$後，就可以計算不同樣本對應的矩陣的行之間的距離$L$，公式為

$$c_b(x_i, x_j) = \exp\left(-\left\|M_{i,b} - M_{j,b}\right\|_L\right)$$

公式中的 b 表示矩陣$\boldsymbol{M}$中對應的一行，計算出$c_b(x_i, x_j)$後，接著將樣本x_i與其他樣本之間的$c_b(x_i, x_j)$的和作為該樣本的最終輸出$o(x_i)$。

$$o(x_i)_b = \sum_{j=1}^{n} c_b(x_i, x_j) \in R$$

$$o(x_i) = [o(x_i)_1, o(x_i)_1, o(x_i)_1, \cdots, o(x_i)_B] \in R^B$$

將每個樣本得到的$o(x_i)$進行堆疊就獲得了下一層對應的輸入$o(X)$。透過上述運算處理，判別器除利用樣本身的資料外，還會利用同一批其他樣本中相對於該樣本的差異資訊。MD 方法的這種運算操作通常會在判別器的後幾層進行。其實 MSD 方法的基本想法也一樣，只是計算的方式有所不同。

相對於 MD 方法，PGGAN 論文中提出的 MSD 方法計算更為簡單。在 MD 方法中，需要訓練出可以將輸入特徵資訊映射成一組統計資料的張量**T**，而 MSD 方法免去了這一步，只需計算小量樣本上每個空間位置中每個特徵矩陣的標準差，然後對標準差求平均值。該平均值就是小量樣本中不同樣本的多樣性度量y，將樣本身的資訊與多樣性度量y連接成新的矩陣作為下一層的輸入。與 MD 方法相同，MSD 方法同樣作用於判別器的後幾層。

❑ 卷積操作+上取樣

除了上述兩種改進方法，PGGAN 使用卷積操作+上取樣的方式來代替轉置卷積，避免了棋盤效應，這部分內容可以參考 StackGAN 章節關於棋盤效應的介紹。

❑ He Initialization

此外，因為 PGGAN 大量使用 ReLU 作為啟動函數，所以使用 He Initialization 方式來初始化模型的參數，He Initialization 方式非常適合初始化 ReLU 網路結構的參數。

在簡單討論 He Initialization 初始化參數的方式前，先討論一下隨機初始化與 Xavier Initialization 初始化這兩種方式。隨機初始化模型的參數是最常見的一種方式，這種方式可以打破模型參數的對稱性，讓模型變得可訓練。打破模型對稱性是很關鍵的一點，如果將模型參數全都初始化為同一個值，此時模型參數就是對稱的，這就造成訓練時神經網路中每個節點的輸出是相同的，從而導致反向傳播計算梯度時，獲得的梯度也是相同的，進而每個節點更新後的權重依舊是相同的。這樣的結果顯然是不合理的，所以最初的做法就是隨機初始化神經網路中不同節點的參數權值，讓神經網路在訓練時，不同的節點可以有不同的輸出，從而可以獲得不同的梯度，訓練出不同的權重，直到模型收斂。

但隨機初始化參數還是有問題的，如果選擇的隨機分佈不恰當，就會導致訓練時模型最佳化陷入困境。具體而言，就是當神經網路的結構更複雜、網路層數更多時，隨機初始化參數的方式會讓複雜的神經網路結構後幾層的輸出都接近 0，導致難以獲得有效的梯度，讓模型的訓練陷入困境。

為了避免這個問題，提出了 Xavier Initialization 方法，該初始化參數的方法並不複雜，基本想法是保持輸入與輸出方差一致，這可以避免複雜模型後幾層的輸出趨向於 0，具體的做法就是將隨機初始化的參數值乘以縮放因數 $\sqrt{\frac{1}{\text{layers}_{\text{dims}}[l-1]}}$。但這種方法對 ReLU 函數的效果並不好，當模型中使用 ReLU 作為啟動函數後，Xavier Initialization 方法初始化後的模型隨著訓練的進行，模型的後幾層依舊趨近於 0，He Initializer 方法可以解決這個問題。

He Initialization 方法的基本思維是，假設 ReLU 網路中每一層有一半的神經元被啟動，另一半為 0，為了保持輸入與輸出的方差一致，需要在 Xavier Initialization 方法的基礎上除以 2。具體的做法就是將隨機初始化的參數值乘以縮放因數 $\sqrt{\frac{2}{\text{layers}_{\text{dims}}[l-1]}}$。

- Pixel Normalization

最後 PGGAN 使用 Pixel Normalization 來代替常見的 BN 或 IN 操作，Pixel Normalization 借鏡了局部回應歸一化（Local Response Normalization，LRN）的思維，所以先簡單討論一下 LRN。

LRN 受到了神經生物學中側抑制（lateral inhibitio）這一概念的啟發，所謂側抑制是指被啟動的神經元會抑制相鄰的神經元。LRN 以同樣的方式來實現局部抑制，這種方式對於 ReLU 網路結構非常有效，可以增加模型的泛化能力，具體公式如下。

$$b_{x,y}^{i} = \frac{a_{x,y}^{i}}{k + \alpha \sum_{j=\max(0,i-n/2)}^{\min(N-1,i+n/2)} \left(a_{x,y}^{j}\right)^{2}}$$

其中，$a_{x,y}^{i}$表示第 i 個在(x,y)位置的卷積核心；n 表示同一個位置上相鄰的卷積核心數量；N 表示卷積核心的總數；公式中k、n、α是超參數，通常使用驗證集來確定一組比較好的值。

PGGAN 為了避免生成器與判別器之間能力差異較大帶來的不健康競爭造成的損失訊號越界的問題，提出了 Pixel Normalization 方法。該方法使用 LRN 的方式來實現，其具體公式如下。

$$b_{x,y} = \frac{a_{x,y}}{\sqrt{\frac{1}{N}\sum_{j=0}^{N-1}\left(a_{x,y}^{j}\right)^2 + \epsilon}}$$

其中，ϵ是超參數，這裡設定值為 10^{-8}；N 表示特徵矩陣的個數；$a_{x,y}$表示在畫素(x,y)的位置對應的原始特性向量，$b_{x,y}$表示在畫素(x,y)的位置對應的 pixel normalized 特徵向量。

10.3.3 TensorFlow 實現 PGGAN

透過上面對 PGGAN 的討論，相信大家已經有了一定的理論知識，接著就透過 TensorFlow 來實現一個簡單 PGGAN。原始論文中，PGGAN 最終的輸出大小為 1024×1024 的高畫質圖型，但這麼複雜的模型需要大量的 GPU 算力做支持才能訓練出，這裡使用同樣的方式實現一個可以生成大小為 128×128 的高畫質圖型的 PGGAN，如果算力支援，可以自行疊加網路結構，讓 PGGAN 可以生成更高畫質的圖型。

❑ 動態增加網路結構

因為 PGGAN 會以平滑過渡的方式動態地增加網路結構，以實現生成高畫質圖型，所以為了方便了解，這裡先實現這種動態增加網路結構的邏輯，然後再實現具體的生成器與判別器。

簡單思考一下，TensorFlow 本身並沒有提供 API 來一步實現動態增加模型結構的功能，所以這個功能需要我們自行實現。其實整體想法也比較簡單，使用 for 迴圈來創建多個 PGGAN 實例，每個實例相對於前一個實例會多出一層結構，在訓練具體的 PGGAN 實例時會將此前訓練的參數檔案載入，訓練時，當前 PGGAN 模型實例除了新增的結構，其餘的結構都有對應的參數，此時設定一個權重，平滑過渡即可。

首先透過具體的程式來實現這個 for 迴圈。

```
fl = [1,2,2,3,3,4,4,5,5,6,6]
r_fl = [1,1,2,2,3,3,4,4,5,5,6]
for i in range(FLAGS.flag):
      t = False if (i % 2 == 0) else True
      pggan_checkpoint_dir_write = "./output/{}/model_pggan_{}/{}/"
.format(FLAGS.OPER_NAME, FLAGS.OPER_FLAG, fl[i])
      sample_path = "./output/{}/{}/sample_{}_{}".format(FLAGS.OPER_NAME,
FLAGS.OPER_FLAG, fl[i], t)
      #創建目錄樹
      mkdir_p(pggan_checkpoint_dir_write)
      mkdir_p(sample_path)
      pggan_checkpoint_dir_read = "./output/{}/model_pggan_{}/{}/"
.format(FLAGS.OPER_NAME, FLAGS.OPER_FLAG, r_fl[i])
      pggan = PGGAN(batch_size=FLAGS.batch_size,
                    max_iters=FLAGS.max_iters,
                    model_path=pggan_checkpoint_dir_write,
                    read_model_path=pggan_checkpoint_dir_read,
                    data=data_In,
                    sample_size=FLAGS.sample_size,
                    sample_path=sample_path,
                    log_dir=root_log_dir,
                    learn_rate=FLAGS.learn_rate,
                    lam_gp=FLAGS.lam_gp,
                    lam_eps=FLAGS.lam_eps,
                    PG= fl[i],
                    t=t,
                    use_wscale=FLAGS.use_wscale,
                    is_celeba=FLAGS.celeba)
      pggan.build_model_PGGan()
      pggan.train()
```

上述程式中，透過傳入的參數 FLAGS.flag 來判斷要迴圈創建多少個 PGGAN 實例進行訓練，參數 *t* 用於判斷是否需要進行平滑過渡。當 t 為

True 時，需要進行平滑過渡，反之則不需要，通常新增加的層第一次訓練時需要進行平滑過渡處理，但第二次訓練就不必了，因為新增加的層已經作為模型整體的一部分了。

接著創建不同的目錄，用於存放不同的參數檔案。每個 PGGAN 實例訓練完成都會創建對應的參數檔案，將當前 PGGAN 模型訓練獲得的有價值參數存入檔案中，當下次創建新的 PGGAN 實例時，會從上一個 PGGAN 實例保存的參數檔案中讀取參數並設定值給對應的節點。如果當前 PGGAN 有新加入的結構，那麼新加入的結構對應的節點是不會有權值的（因為上一次訓練時 PGGAN 還沒有該結構），此時就相當於在舊的結構基礎上增加了新的結構。

fl 串列與 r_fl 串列中的值是比較重要的。以 fl 為例，fl 中有多個重複的值，例如有兩個 2，它表示第二層，其作用是，當第二層剛剛加入 PGGAN 模型中時，對應的 *t* 變數會為 True，即模型訓練時會進行平滑過渡處理；當該 PGGAN 實例訓練完成時，還有一個 2，此時 t 變數會為 False，即模型訓練時不會進行平滑過渡處理。從整體來看，就是某一層剛加入時，模型訓練需要平滑過渡處理，當訓練完成時，新加入的層會被看作模型的整體，不做平滑過渡處理地再訓練一次。r_fl 串列的作用是類似的。

❑ 生成器

實現了動態增加結構後，接著就來實現生成器與判別器，並在其中逐一實現討論 PGGAN 時提及的改進點。首先來實現生成器，其具體程式如下。

```
def generate(self, z_var, pg=1, t=False, alpha_trans=0.0):
    with tf.variable_scope('generator') as scope:
        de = tf.reshape(Pixl_Norm(z_var), [self.batch_size, 1, 1,
int(self.get_nf(1))])
        de = conv2d(de, output_dim=self.get_nf(1), k_h=4, k_w=4, d_w=1,
d_h=1, use_wscale=self.use_wscale, gain=np.sqrt(2)/4, padding='Other',
name='gen_n_1_conv')
        de = Pixl_Norm(lrelu(de))
        de = tf.reshape(de, [self.batch_size, 4, 4, int(self.get_nf(1))])
```

```
        de = conv2d(de, output_dim=self.get_nf(1), d_w=1, d_h=1,
use_wscale=self.use_wscale, name='gen_n_2_conv')
        de = Pixl_Norm(lrelu(de))
        for i in range(pg - 1):
            # pg - 2 表示倒數第二層
            if i == pg - 2 and t:
                #To RGB
                de_iden = conv2d(de, output_dim=3, k_w=1, k_h=1, d_w=1,
                d_h=1, use_wscale=self.use_wscale,
                      name='gen_y_rgb_conv_{}'.format(de.shape[1]))
                #上取樣，最近鄰插值法
                de_iden = upscale(de_iden, 2)
            de = upscale(de, 2)
            de = Pixl_Norm(lrelu(
                conv2d(de, output_dim=self.get_nf(i + 1), d_w=1, d_h=1,
                use_wscale=self.use_wscale,
                name='gen_n_conv_1_{}'.format(de.shape[1]))))
            de = Pixl_Norm(lrelu(
                conv2d(de, output_dim=self.get_nf(i + 1), d_w=1, d_h=1,
                use_wscale=self.use_wscale,
                name='gen_n_conv_2_{}'.format(de.shape[1]))))
        #To RGB
        de = conv2d(de, output_dim=3, k_w=1, k_h=1, d_w=1, d_h=1,
            use_wscale=self.use_wscale, gain=1,
            name='gen_y_rgb_conv_{}'.format(de.shape[1]))
        if pg == 1:
            return de
        if t:
            # 平滑過渡
            de = (1 - alpha_trans) * de_iden + alpha_trans*de
        else:
            de = de
        return de
```

生成器程式雖然比較長，但大多是常見操作。在生成器一開始，就使用 Pixl_Norm()方法處理傳入的雜訊變數，並將雜訊變數重塑成對應的矩陣，

Pixl_Norm()方法就是 Pixl Normalization 的具體實現，其用法與 BN 類似，作用於每一層的輸出；處理完雜訊變數後，則透過 conv2d()方法進行卷積操作，卷積操作後獲得的矩陣同樣透過 Pixl_Norm()方法處理後，再透過 tf.reshape()方法重塑成指定形狀。

接著看到 for 疊代的程式，這是生成器的關鍵。在 for 疊代邏輯中，其疊代物件是 range(pg-1)，其中 pg 表示生成器中的第幾層，for 疊代只疊代處理 pg-1 層的網路結構，即最後一層不在 for 疊代的邏輯中處理。在 for 疊代中，一開始就是 if 判斷，為 True 的條件是變數 i 等於 pg-2 且 t 為 True。pg-2 表示倒數第二層，回憶一下前面關於平滑過渡的內容，可知平滑過渡時需要對模型的倒數第二層進行 toRGB 操作，將特徵向量轉化為對應的 RGB 畫素，使用 1×1 大小的卷積核心，同時使用最近鄰插值法來實現上取樣操作，將 toRGB 生成的圖型擴大一倍。for 疊代中其他邏輯就是常見的上取樣+卷積操作，透過多次 for 疊代，就組成了生成器的主體。

接著對最後一層，同樣進行 toRGB 操作，最後一層 toRGB 操作後，並不需要使用最近鄰插值法填充生成圖型。接著透過兩個 if 判斷來決定生成器最後的輸出：第一個 if 判斷，其判斷條件為 pg= =1，即如果生成器只有一層時，直接返回該層輸出的結構；第二個 if 判斷，判斷條件為 t，回看此前的程式 t = False if (i % 2 = = 0) else True，t 用來判斷當前的 PGGAN 實例是否需要進行平滑過渡處理，其中 alpha_trans 變數就是平滑過渡時需要使用的權重。

生成器中多次使用了 Pixl_Norm()方法，該方法的主要作用就是實現 Pixl Normalization，其具體程式如下。

```
def Pixl_Norm(x, epsilon=1e-8):
    '''
    Pixl Normalization
    :param x:
    :param epsilon:
    :return:
    '''
```

```
    if len(x.shape) > 2:
        axis_ = 3
    else:
        axis_ = 1
    with tf.variable_scope('PixelNorm'):
        return x * tf.rsqrt(tf.reduce_mean(tf.square(x),
        axis=axis_, keep_dims=True) + epsilon)
```

❑ 判別器

至此生成器就完成了，接著來編寫判別器。判別器與生成器是互為映像檔的，所以判別器會在第一層與第二層進行相反的操作，具體程式如下。

```
def discriminate(self, conv, reuse=False, pg=1, t=False, alpha_trans=0.01):
    with tf.variable_scope("discriminator") as scope:
        if reuse == True:
            scope.reuse_variables()
        if t:
            # average pooling
            conv_iden = downscale2d(conv)
            #from RGB
            conv_iden = lrelu(conv2d(conv_iden, output_dim=
                    self.get_nf(pg - 2), k_w=1, k_h=1, d_h=1, d_w=1,
                    use_wscale=self.use_wscale,
                    name='dis_y_rgb_conv_{}'.format(conv_iden.shape[1])))
        # fromRGB
        conv = lrelu(conv2d(conv, output_dim=self.get_nf(pg - 1), k_w=1,
            k_h=1, d_w=1, d_h=1, use_wscale=self.use_wscale,
            name='dis_y_rgb_conv_{}'.format(conv.shape[1])))
        for i in range(pg - 1):
            conv = lrelu(conv2d(conv, output_dim=self.get_nf(pg - 1 - i),
                d_h=1, d_w=1, use_wscale=self.use_wscale,
                name='dis_n_conv_1_{}'.format(conv.shape[1])))
            conv = lrelu(conv2d(conv, output_dim=self.get_nf(pg - 2 - i),
                d_h=1, d_w=1, use_wscale=self.use_wscale,
                name='dis_n_conv_2_{}'.format(conv.shape[1])))
            conv = downscale2d(conv)
            if i == 0 and t:
                conv = alpha_trans * conv + (1 - alpha_trans) * conv_iden
        # MSD
```

```
        conv = MinibatchstateConcat(conv)
        conv = lrelu(
            conv2d(conv, output_dim=self.get_nf(1), k_w=3, k_h=3, d_h=1,
               d_w=1, use_wscale=self.use_wscale,
               name='dis_n_conv_1_{}'.format(conv.shape[1])))
        conv = lrelu(
              conv2d(conv, output_dim=self.get_nf(1), k_w=4, k_h=4, d_h=1,
              d_w=1, use_wscale=self.use_wscale, padding='VALID',
              name='dis_n_conv_2_{}'.format(conv.shape[1])))
        conv = tf.reshape(conv, [self.batch_size, -1])
        output = fully_connect(conv, output_size=1,
             use_wscale=self.use_wscale, gain=1, name='dis_n_fully')
        return tf.nn.sigmoid(output), output
```

在判別器的程式中，一開始就透過 t 判斷是否需要對輸入的資料進行 average pooling 與 fromRGB 操作，其中 downscale2d()方法用於實現 average pooling。如果需要，說明要進行平滑過渡操作，透過 average pooling 與 formRGB 操作獲得的資料登錄直接作用於第二層。而對於第一層，無論如何都是需要做 formRGB 操作的，將 RGB 資料作為特徵向量。接著與生成器類似，同樣是一個 for 疊代，疊代物件依舊是第一層到倒數第二層。在 for 疊代中，主要邏輯就是透過 conv2d()方法對資料進行卷積操作，使用 lrelu()方法實現 Leaky ReLU 作為啟動函數，然後呼叫 downscale2d()方法進行 average pooling 操作，隨後會進行 if 判斷，如果是第一層以及 t 為 True，則執行 if 判斷中的平滑過渡的處理邏輯。

透過 for 疊代建構了判別器的主體後，接著使用 MinibatchstateConcat()方法進行 MSD 操作，然後對 MSD 操作的結構進行兩次卷積處理，將獲得的矩陣傳入全連接層，使用 sigmoid 啟動函數後獲得最終的輸出。

在判別器中使用 MinibatchstateConcat()方法實現 MSD 操作，其具體邏輯如下。

```
def MinibatchstateConcat(input, averaging='all'):
    '''
    MSD -->減緩 GAN 模式崩潰現象
    :param input:
```

```
    :param averaging:
    :return:
    '''
    s = input.shape
    # 多樣性度量
    adjusted_std = lambda x, **kwargs: tf.sqrt(tf.reduce_mean((x -
        tf.reduce_mean(x, **kwargs)) **2, **kwargs) + 1e-8)
    vals = adjusted_std(input, axis=0, keep_dims=True)
    if averaging == 'all':
        vals = tf.reduce_mean(vals, keep_dims=True)
    else:
        print ("nothing")
    # tf.tile 鋪平指定的張量
    vals = tf.tile(vals, multiples=[s[0], s[1], s[2], 1])
    #連接輸入與多樣性度量
    return tf.concat([input, vals], axis=3)
```

MinibatchstateConcat()方法的程式比較直觀，首先根據 MSD 的定義公式編寫出對應的方法 adjusted_std，該方法用於計算輸入資料的多樣性度量，獲得多樣性度量後，透過 tf.concat()方法將其與輸入資料進行連接，返回具有多樣性資訊以及樣本本身資訊的資料。

❑ 損失函數

定義完生成器與判別器後，就可以建構 PGGAN 的整體結構與對應的損失函數了，首先使用生成器與判斷器並獲得對應的輸出，程式如下。

```
self.fake_images = self.generate(self.z, pg=self.pg, t=self.trans,
alpha_trans=self.alpha_tra)
_, self.D_pro_logits = self.discriminate(self.images, reuse=False,
pg = self.pg, t=self.trans, alpha_trans=self.alpha_tra)
_, self.G_pro_logits = self.discriminate(self.fake_images, reuse=True,
pg= self.pg, t=self.trans, alpha_trans=self.alpha_tra)
```

獲得生成器與判別器對應的輸出後，就可以定義出生成器與判別器的損失。

```
self.D_loss = tf.reduce_mean(self.G_pro_logits) -
tf.reduce_mean(self.D_pro_logits)
self.G_loss = -tf.reduce_mean(self.G_pro_logits)
```

對於判別器而言，要最小化判別器損失 D_loss，需要給生成圖型打低分，給真實圖型打高分。對於生成器而言，要最小化生成器損失 G_loss，需要讓自己生成的圖型在判別器中獲得高分。

為了使 PGGAN 模型訓練更加穩定，使用 WGN-GP 的梯度懲罰作為判別器損失的約束。

```
# Gradient Penalty
self.differences = self.fake_images - self.images
self.alpha = tf.random_uniform(shape=[self.batch_size, 1, 1, 1],
minval=0., maxval=1.)
interpolates = self.images + (self.alpha * self.differences)
_, discri_logits= self.discriminate(interpolates, reuse=True, pg=self.pg,
t=self.trans, alpha_trans=self.alpha_tra)
gradients = tf.gradients(discri_logits, [interpolates])[0]
slopes = tf.sqrt(tf.reduce_sum(tf.square(gradients), reduction_indices=
      [1, 2, 3]))
self.gradient_penalty = tf.reduce_mean((slopes - 1.) ** 2)
tf.summary.scalar("gp_loss", self.gradient_penalty)
self.D_origin_loss = self.D_loss
# 判別器損失
self.D_loss += self.lam_gp * self.gradient_penalty
```

Gradient Penalty 的邏輯與此前的邏輯類似，不再詳細討論。

- ❑ 訓練邏輯

為了方便編寫訓練邏輯，需要將 PGGAN 結構中不同的參數篩選出來，通常在編寫具體的結構時，每個節點會有對應的命名，這裡透過不同的命名規則來獲得對應的節點即可，程式如下。

```
t_vars = tf.trainable_variables()
# 判別器所有節點
self.d_vars = [var for var in t_vars if 'dis' in var.name]
# 生成器所有節點
self.g_vars = [var for var in t_vars if 'gen' in var.name]
# 模型中不變的舊節點
self.d_vars_n = [var for var in self.d_vars if 'dis_n' in var.name]
self.g_vars_n = [var for var in self.g_vars if 'gen_n' in var.name]
```

```
 # 模型中新增的節點
 self.d_vars_n_read = [var for var in self.d_vars_n if
'{}'.format(self.output_size)
            not in var.name]
 self.g_vars_n_read = [var for var in self.g_vars_n if
'{}'.format(self.output_size)
            not in var.name]
 # RGB 對應的節點
 self.d_vars_n_2 = [var for var in self.d_vars if 'dis_y_rgb_conv' in var.name]
 self.g_vars_n_2 = [var for var in self.g_vars if 'gen_y_rgb_conv' in var.name]
 self.d_vars_n_2_rgb = [var for var in self.d_vars_n_2 if
 '{}'.format(self.output_size)
              not in var.name]
 self.g_vars_n_2_rgb = [var for var in self.g_vars_n_2 if
 '{}'.format(self.output_size)
              not in var.name]
 print ("d_vars", len(self.d_vars))
 print ("g_vars", len(self.g_vars))
 print ("self.d_vars_n_read", len(self.d_vars_n_read))
 print ("self.g_vars_n_read", len(self.g_vars_n_read))
 print ("d_vars_n_2_rgb", len(self.d_vars_n_2_rgb))
 print ("g_vars_n_2_rgb", len(self.g_vars_n_2_rgb))
 self.g_d_w = [var for var in self.d_vars + self.g_vars if 'bias' not in
     var.name]
 print ("self.g_d_w", len(self.g_d_w))
```

獲得這些節點後，就可以透過對應的最佳化器來訓練生成器與判別器了，這裡使用 Adam 最佳化器，程式如下。

```
 # Adam 最佳化器
 opti_D = tf.train.AdamOptimizer(learning_rate=self.learning_rate, beta1=0.0,
 beta2=0.99).minimize(self.D_loss, var_list=self.d_vars)
 opti_G = tf.train.AdamOptimizer(learning_rate=self.learning_rate, beta1=0.0,
 beta2=0.99).minimize(self.G_loss, var_list=self.g_vars)
```

隨後定義 Session 物件，編寫具體的訓練邏輯，程式如下。

```
        with tf.Session(config=config) as sess:
            sess.run(init)
            summary_op = tf.summary.merge_all()
```

```
            summary_writer = tf.summary.FileWriter(self.log_dir, sess.graph)
            if self.pg != 1 and self.pg != 7:
                if self.trans:
                    # restore 獲得此前保存的變數
                    self.r_saver.restore(sess, self.read_model_path)
                    self.rgb_saver.restore(sess, self.read_model_path)
                else:
                    self.saver.restore(sess, self.read_model_path)
            step = 0
            batch_num = 0
            while step <= self.max_iters:
                # optimization D
                n_critic = 1
                if self.pg >= 5:
                    n_critic = 1
                for i in range(n_critic):
                    sample_z = np.random.normal(size=
[self.batch_size, self.sample_size])
                    if self.is_celeba:
                        # 要訓練的資料
                        train_list = self.data_In.getNextBatch
(batch_num, self.batch_size)
                        realbatch_array =
self.data_In.getShapeForData(train_list, resize_w=self.output_size)
                    else:
                        realbatch_array =
self.data_In.getNextBatch(self.batch_size, resize_w=self.output_size)
                        realbatch_array =
np.transpose(realbatch_array, axes=[0, 3, 2, 1]).transpose([0, 2, 1, 3])
                    if self.trans and self.pg != 0:
                        alpha = np.float(step) / self.max_iters
                        # 低清圖型
                        low_realbatch_array = zoom(realbatch_array,
zoom=[1, 0.5, 0.5, 1], mode='nearest')
                        low_realbatch_array =
zoom(low_realbatch_array, zoom=[1, 2, 2, 1], mode='nearest')
                        realbatch_array = alpha * realbatch_array +
(1 - alpha) *low_realbatch_array
                    sess.run(opti_D, feed_dict={self.images:
```

```
realbatch_array, self.z: sample_z})
                    batch_num += 1
                # optimization G
                sess.run(opti_G, feed_dict={self.z: sample_z})
                summary_str = sess.run(summary_op,
feed_dict={self.images: realbatch_array, self.z: sample_z})
                summary_writer.add_summary(summary_str, step)
                summary_writer.add_summary(summary_str, step)
                # the alpha of fake_in process
                sess.run(alpha_tra_assign, feed_dict={step_pl: step})
                if step % 400 == 0:
                    D_loss, G_loss, D_origin_loss, alpha_tra =
sess.run([self.D_loss, self.G_loss, self.D_origin_loss,self.alpha_tra],
feed_dict={self.images: realbatch_array, self.z: sample_z})
                    print("PG %d, step %d: D loss=%.7f G loss=%.7f,
D_or loss=%.7f, opt_alpha_tra=%.7f" % (self.pg, step, D_loss, G_loss,
D_origin_loss, alpha_tra))
                    realbatch_array = np.clip(realbatch_array, -1, 1)
                    save_images(realbatch_array[0:self.batch_size],
[2, self.batch_size/2],
                   '{}/{:02d}_real.jpg'.format(self.sample_path, step))
                    if self.trans and self.pg != 0:
                        low_realbatch_array =
np.clip(low_realbatch_array, -1, 1)
                  save_images(low_realbatch_array[0:self.batch_size],
[2, self.batch_size / 2],
            '{}/{:02d}_real_lower.jpg'.format(self.sample_path, step))

                    fake_image = sess.run(self.fake_images,
                                         feed_dict={self.images:
realbatch_array, self.z: sample_z})
                    fake_image = np.clip(fake_image, -1, 1)
                    save_images(fake_image[0:self.batch_size], [2,
self.batch_size/2], '{}/{:02d}_train.jpg'.format(self.sample_path, step))
                if np.mod(step, 4000) == 0 and step != 0:
                    self.saver.save(sess, self.gan_model_path)
                step += 1
            save_path = self.saver.save(sess, self.gan_model_path)
            print ("Model saved in file: %s" % save_path)
```

訓練相關的程式比較長，但整個邏輯比較簡單。首先判斷不同的層，從而從不同的參數檔案中載入參數到對應的節點上；接著讀取訓練資料。在 PGGAN 剛開始訓練時，結構還不太複雜，此時生成器生成的圖型是低畫素的，所以判別器在訓練時，輸入的真實圖像資料也要使用模糊圖型，而且尺寸與生成器生成的模糊圖型尺寸一致。這裡使用 scipy.ndimage.interpolation 下的 zoom() 方法來實現，zoom() 方法可以輕鬆地縮放陣列，處理真實圖像資料，將其轉變成模糊圖像資料。隨著訓練的進行，清晰圖像資料的權重會逐漸逼近於 1，將處理過的真實資料透過 run()方法的 feed_dict 參數傳入，對判別器進行最佳化。當最佳化 n_critic 次判別器後，就對生成器進行最佳化，將雜訊資料透過 run()方法的 feed_dict 參數傳入即可。

其次，每訓練 400 輪，就使用當前的生成器來生成一組圖型，並透過 save_images() 方法將其保存起來。每訓練 4000 輪，就使用 server 物件的 save()方法保存 PGGAN 模型。

至此 PGGAN 的主要邏輯就全部實現了，其餘細節程式因篇幅有限便不再展示。

10.4 小結

在本章中，我們主要討論了 StackGAN 與 PGGAN 這兩種利用漸進增強思維來生成資料的 GAN 星球，同時因為在編寫模型時通常都會涉及透過 TensorFlow 讀取資料的操作，所以也簡單地討論了 TensorFlow 中處理資料的方式。當然 GAN 生成高畫質圖型的思維並不只有這一種，例如 BigGAN 就是採用另外的想法來生成高畫質的圖型。

下一章我們將感受特徵提取與 GAN 結合使用的魅力。

Chapter

11

GAN 進行特徵學習

在上一章中，我們討論了利用漸近增強的思維生成高畫質圖型的 GAN。本章我們將從另一個角度來討論 GAN，即 GAN 如何對資料進行特徵學習，本章同樣會遇到多個不同的星球，如 InfoGAN、VAE-GAN、BiGAN、iGAN 等，這些星球雖然具有不同的風景，但都會從資料中學習相關的特徵並加以使用，下面就開始這趟旅行吧。

11.1 近似推斷

我們要去的第一個星球就是 InfoGAN，為了更容易地了解 InfoGAN 的核心思維，需要做一些提前的準備，所以我們先來討論一下深度學習中近似推斷的一些思維。

在深度學習中，機率模型是很常見的一種模型，但很多機率模型是難以訓練的，本質的原因就是涉及邊緣機率$P(x)$，而邊緣機率通常是難以計算的。以最簡單的機率模型$P(z|x)$為例，從機率生成的角度來看$P(z|x)$，$P(z|x)$表示基於我們當前觀察到的資料集 x，可以生成隱變數 z 的機率，也就是建構一個機率模型，透過對抗訓練，實現由已有的雜訊資料 x 生成可以表示圖型的隱變數 z。$P(z|x)$機率模型雖然容易了解，但難以計算，我們可以用貝氏公式轉換它。

$$P(z|x) = \frac{P(z,x)}{P(x)}$$

要求解$P(z|x)$，需要求解邊緣機率$P(x)$，而$P(x)$是難以求解的。當 z 是連續變數時，邊緣機率需要對所有可能的 z 求積分，即$P(x) = \int P(z,x)\mathrm{d}z$，這是難以計算的。當 z 是離散變數時，計算的複雜度會隨 x 的增加呈指數級增長。當 x 比較大時，也難以計算。

因為$P(x)$難以計算，所以$P(z|x)$也是難以計算的。為了解決這個問題，常見的做法就是透過一個簡單的機率分佈模型$Q(z|x)$來近似地表示$P(z|x)$，從而將一個複雜的模型轉變成我們已知的簡單模型。一個關鍵點是，我們通常會選擇一個簡單的、已知的機率分佈模型來近似當前模型，如高斯分佈等，如果依舊選擇一個複雜的模型，這種做法就沒有意義。

我們有多種具體的做法來實現這一目標，如使用馬可夫鏈蒙地卡羅方法（Markov Chain Monte Carlo, MCMC）對當前複雜的分佈進行取樣，透過取樣獲得的分佈來近似表示當前機率模型，或使用變分推斷的方法，將整體問題轉變成兩個分佈的最佳化問題，來實現使用一個簡單機率模型近似表示複雜機率模型的目的。

11.1.1 變分推斷思維

在前面的內容中，已經了解到機率模型難以訓練，其本質的原因就是邊緣機率難以計算。那麼變分推斷法的思維就是建構一個與$P(z|x)$機率模型近似的機率模型$Q(z;v)$，其中 v 是該模型的顯變數，可以透過不斷改變 v 來調整機率模型$Q(z;v)$，使得$Q(z;v)$與$P(z|x)$這兩個分佈越來越相似。透過變分推斷（Variational Inference，VI）的方式，我們將求解機率模型的問題轉變成最佳化兩個分佈之間距離的問題，而最佳化問題常常可以透過神經網路模型來解決。

將求解機率模型問題轉變為最佳化問題的想法是很關鍵的，既然現在目標已經變成最小化$Q(z;v)$與$P(z|x)$這兩個分佈之間的距離，那麼首先要做的

就是定義衡量兩分佈之間的距離的變數，KL 距離就很適合，定義一下兩分佈之間的 KL 距離，並簡單地推導簡化一下。

$$\begin{aligned}\mathrm{KL}[Q(z;v)||P(z|x)] &= E_{Q(z;v)}[\log Q(z;v)] - E_{Q(z;v)}[\log P(z|x)] \\ &= E_{Q(z;v)}[\log Q(z;v)] - E_{Q(z;v)}[\log P(z,x)] + E_{Q(z;v)}[\log P(x)]\end{aligned}$$

因為$P(x)$與$P(z;v)$是無關的，所以$E_{Q(z;v)}[\log P(x)]$可以簡化為$\log P(x)$，則上式可以簡化為

$$\begin{aligned}\mathrm{KL}[Q(z;v)||P(z|x)] &= E_{Q(z;v)}[\log Q(z;v)] - E_{Q(z;v)}[\log P(z,x)] + \log P(x) \\ &= \log P(x) - \mathrm{ELBO}(Q)\end{aligned}$$

透過推導，獲得了兩分佈的 KL 距離，在推導過程中，引入 ELBO 的概念。ELBO 通常稱為證據下界（Evidence Lower Bound，ELBO），其另一個常用的名字是變分自由能（Variational Free Energy），它的定義公式如下。

$$\mathrm{ELBO}(Q) = E_{Q(z;v)}[\log P(z,x)] - E_{Q(z;v)}[\log Q(z;v)]$$

當然有些文獻或書籍將其寫成積分的形式，兩者是一致的。

至此，我們就獲得了$Q(z;v)$分佈與$P(z|x)$分佈之間的 KL 距離，如果要讓分佈$Q(z;v)$近似代替$P(z|x)$，當然兩分佈之間的距離越小越好，即不斷透過變數 v 去調整$Q(z;v)$分佈，從而達到最小化兩分佈之間 KL 距離的目的，最理想的情況就是兩分佈之間的 KL 距離等於 0，此時兩個分佈就一樣了，當然這種情況比較少，其直觀的過程如圖 11.1 所示。

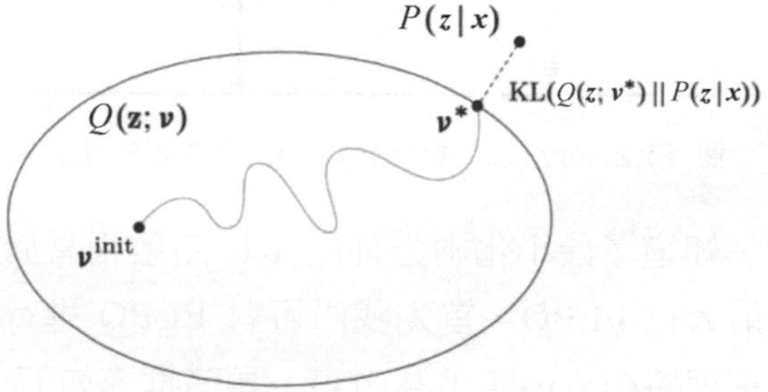

圖 11.1 VI turns inference into optimization

從圖 11.1 中可以看出，我們假設的分佈$Q(z;v)$是圖中橢圓範圍的區域，接著我們不斷調整變數 v 的值，直到找到v^*使得$Q(z;v)$分佈與$P(z|x)$分佈的距離最小，此時就可以使用$Q(z;v^*)$來近似代替真實分佈$P(z|x)$了。還有個細節需要注意，當我們選定$Q(z;v)$時，可以分為兩步驟，第一步是選擇某個簡單的機率分佈Q，第二步是選擇一個起始的變數v^{init}，如果選擇比較合理，在最佳化過程中，難度就會相對小一些。

但我們依舊難以直接計算 KL 距離，從兩分佈對應 KL 距離的公式就可以看出，KL 距離包含了$P(x)$，這相當於回到一開始的問題。但 ELBO(Q)卻不包含難以計算的邊緣機率，觀察 KL 距離的公式$\text{KL}[Q(z;v)||P(z|x)] = \log P(x) - \text{ELBO}(Q)$，可以發現，當指定資料集$x$後，最小化 KL 距離相等於最大化 ELBO。既然 KL 距離難以計算，那就對 ELBO 進行最大化的操作，從而實現最小化兩分佈之間的 KL 距離。

將公式轉換一下，得到$\text{ELBO}(Q) = \log P(x) - \text{KL}[Q(z;v)||P(z|x)]$，因為 KL 距離總是大於或等於 0 的，所以$\log P(x)$的下界為$\text{ELBO}(Q)$，公式為$\log P(x) \geqslant \text{ELBO}(Q)$，即 ELBO 的最大值就是$\log P(x)$，$\log P(x)$、$\text{ELBO}(Q)$、KL這三者的關係如圖 11.2 所示。

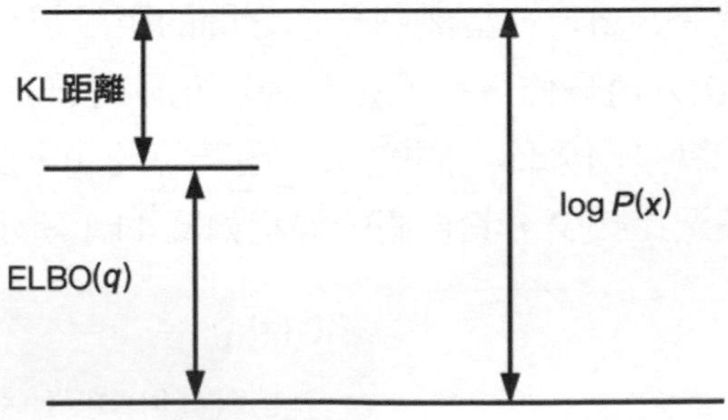

圖 11.2 $\log P(x)$、$\text{ELBO}(q)$、KL這 3 者的關係

透過上面的討論，知道了最小化兩分佈的 KL 距離相當於最大化 ELBO，那麼接著就嘗試最大化 ELBO，首先我們可對 ELBO 進行進一步地推導，為了簡化公式，這裡將$Q(z;v)$簡化為$Q(z)$，具體推導如下。

$$\begin{aligned}\mathrm{ELBO}(Q) &= E_{Q(z;v)}[\log P(z,x)] - E_{Q(z;v)}[\log Q(z;v)] \\ &= E_{Q(z)}[\log P(z,x)] - E_{Q(z)}[\log Q(z)] \\ &= E_{Q(z)}\big[\log\big(P(x|z)P(z)\big)\big] - E_{Q(z)}[\log Q(z)] \\ &= E_{Q(z)}[\log P(x|z)] + E_{Q(z)}[\log P(z)] - E_{Q(z)}[\log Q(z)] \\ &= E_{Q(z)}[\log P(x|z)] - \mathrm{KL}[Q(z)||P(z)]\end{aligned}$$

從推導中可以看出，最大化 ELBO 的本質就是真實分佈P中隱變數 z 對已有的觀察資料 x 的解釋是最佳的，以及隱變數 z 在近似分佈Q中的先驗機率與在真實分佈P中先驗機率的 KL 距離是最小的。

11.1.2 平均場

在變分推斷中，通常將選擇的近似分佈稱為變分分佈，最簡單的變分分佈就是從平均場變分分佈族（Mean-field Variational Family）中選擇，從平均場分佈族中選擇的分佈可以保證每個隱變數 z 都是相互獨立的，而且該隱變數只受自己所在分佈q的參數影響。有了這些性質，就可以將該分佈表示為$Q(z)=\prod_{j}^{m} Q_j(z_j)$。通常複雜的來源分佈中的隱變數是相互連結的，而我們從平均場分佈族中獲取的分佈的隱變數是相互獨立的，這從很大程度上簡化了計算，代價就是損失了依賴資訊，從而導致變分分佈逼近真實分佈的效果較差，如圖 11.3 所示。

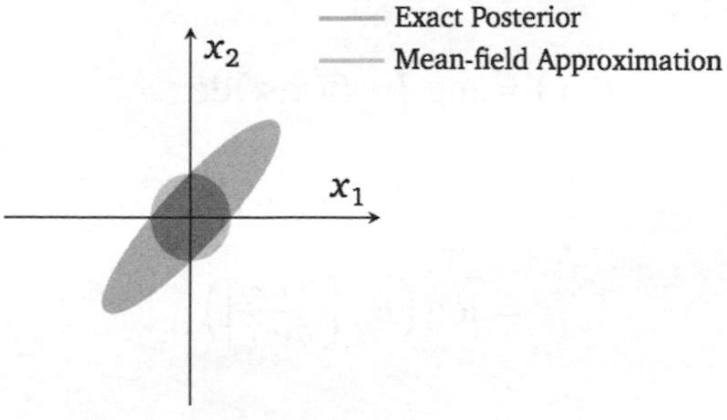

圖 11.3 變分分佈逼近真實分佈效果較差

在圖 11.3 中，真實分佈的後驗機率中的x_1與x_2這兩個隱變數是相連結的，當使用平均場分佈族中的變分分佈去近似時，最佳化後會得到與原始分佈有一定差異的分佈。平均場是變分分佈中一種基礎的構造方法，所以有這些缺點，在變分推斷中還有各種方法來彌補這些依賴資訊。這裡不多討論。

通常對於平均場分佈族的變分分佈，使用 Coordinate Ascent Variational Inference（CAVI）方法來解最佳化問題。CAVI 方法會交替地更新變分分佈中每個隱變數，每一次更新都會固定其他隱變數對應的變分分佈參數，從而計算當前更新的隱變數對應 Coordinate ascent 公式，CAVI 方法的具體演算法如下。

（1）獲得真實機率分佈模型$P(x,z)$和資料集x。

（2）定義出變分分佈$Q(z) = \prod_j^m Q_j(z_j)$。

（3）初始化一個變分分佈中的值$Q_j(z_j)$。

（4）固定其他隱變數，更新當前隱變數，更新法則為
$Q_j(z_j) \propto \exp\{E_{-j}[\log(z_j, z_{-j}, x)]\}$。

（5）將更新後的變分分佈代入 ELBO，最大化 ELBO。

至此完成了平均場變分分佈族假設下的變分推斷。

值得一提的是，除了從 KL 距離這個角度可以獲得 ELBO 證據下界以外，從另一個角度，使用 Jensen's Inequality（Jensen's 不等式）也可以推導出 ELBO，其推導如下。

$$\log P(x) = \log \int_z P(x,z)\mathrm{d}z$$

$$= \log \int_z P(x,z)\frac{Q(z)}{Q(z)}$$

$$= \log\left(E_Q\left[\frac{P(x,z)}{Q(z)}\right]\right)$$

利用 Jensen's Inequality 可得：

$$\log P(x) \geqslant E_Q\left[\log\left(\frac{P(x,z)}{Q(z)}\right)\right]$$

$$= E_Q[\log P(x,z)] - E_Q[\log Q(z)]$$

$$= \text{ELBO}(Q)$$

$\log P(x)$比$\text{ELBO}(Q)$ 多出的部分，就是兩分佈之間的 KL 距離。

到這裡變分推斷就討論完成，複習一下，要實現變分推斷，可以分為以下 3 步驟。

（1）已經擁有兩部分：已有資料集x，以及聯合分佈模型$P(z,x)$。通常聯合分佈模型可以從專家已有的經驗建模獲得。

（2）選擇一個與真實分佈$P(z|x)$相近的分佈$Q(z;v)$，推導獲得 ELBO。

（3）最大化 ELBO。

拓展一些內容，在上面關於 CAVI 方法的內容中，$Q_j(z_j) \propto \exp\{E_{-j}[\log(z_j, z_{-j}, x)]\}$ 更新法則是怎麼來的？可以透過推導獲得。

首先我們可以計算出最佳變分分佈q對應的運算式。

$$Q = E[P(\cdot)]$$

$$= \exp\{\log E[P(\cdot)]\}$$

$$\approx \exp\{\log E[P(\cdot)] - \text{Var}(P(\cdot)) \,/\, (2E[P(\cdot)]^2)\}$$

$$= \exp\{\log E[P(\cdot)]\} \cdot \exp\{h(P(\cdot))\}$$

$$< exp\{\log E[P(\cdot)]\}$$

在二階泰勒展開的條件下，$Q = \exp\{\log E[P(\cdot)]\} \cdot \exp\{h(P(\cdot))\}$，且$Q_j^* = E[P(z_j|z_{-j}, x)]$，可得$Q_j$與對數條件的機率期望的指數比為

$$Q_j^*(z_j) \propto \exp\{E_{-j}[\log P(z_j|z_{-j}, x)]\}$$

因為平均場假設的性質，隱變數之間是相互獨立的，所以上述公式的右側期望項可以改寫為

$$E_{-j}[\log P(z_j|z_{-j},x)] = E_{-j}\left[\log\frac{P(z_j|z_{-j},x)}{P(z_{-j})}\right]$$
$$= E_{-j}\left[\log P\left(z_j, z_{-j}\middle|x\right)\right] - E_{-j}\left[\log P\left(z_{-j}\right)\right]$$
$$= E_{-j}\left[\log P\left(z_j, z_{-j}, x\right)\right] - E_{-j}\left[\log P\left(z_{-j}\right)\right] - E_{-j}[\log P(x)]$$

因為$\log P(x)$只與已有資料集x相關，對應隱變數z_j而言，可以看作一個常數項，而在計算當前隱變數時，其他隱變數都會被固定，此時被固定的隱變數是可以透過聯合機率直接計算的，所以其他隱變數對應的期望也可以看作一個常數，由此上式變為以下形式。

$$E_{-j}\left[\log P\left(z_j\middle|z_{-j}, x\right)\right] = E_{-j}\left[\log P\left(z_j, z_{-j}, x\right)\right] - \text{const}$$

由此就可以逐步最佳化，從而求得最佳變分分佈Q_j^*。

$$Q_j^*\left(z_j\right) \propto \exp\left\{E_{-j}\left[\log P\left(z_j, z_{-j}, x\right)\right] - \text{const}\right\}$$
$$Q_j^*\left(z_j\right) \propto \exp\left\{E_{-j}\left[\log P\left(z_j, z_{-j}, x\right)\right]\right\}$$

在平均場假設下，ELBO 可以被分解為對每個隱變數的函數，在分解後的 ELBO 中，利用平均場假設帶來的性質，可以將 ELBO 中第一項的聯合機率對應的期望迴圈疊代求出，而 ELBO 的第二項分解成了變分分佈的期望。所以，當我們最大化變分分佈Q_j時，也就相當於最大化分解後的 ELBO，最後實現最小化兩分佈之間 KL 距離的目的。

$$\text{ELBO}(Q) = E_{Q(z)}[\log P(z,x)] - E_{Q(z)}[\log Q(z)]$$
$$\text{ELBO}\left(Q_j\right) = E_j\left[E_{-j}\left[\log P\left(z_j, z_{-j}, x\right)\right]\right] - E_j\left[\log Q_j\left(z_j\right)\right] + \text{const}$$

11.2 InfoGAN

經過一段時間的跋涉，終於到了第一個目的地 InfoGAN 星球，接著我們就來感受一下 InfoGAN 星球的魅力。

我們知道，對於一些常見的 GAN，通常會使用一組完全隨機的變數作為生成器的輸入，從而獲得對應的輸出，生成器透過對抗訓練，通常會生成一些有意義的資料，但一個明顯的問題就是我們無法直接控制生成器的生成目標。為了控制生成器生成的資料，一個常見的做法就是在訓練該 GAN 時增加對應的條件約束，也就是所謂的 CGAN，但這種方式是使用人為加入的標籤資料來實現的，我們依舊不清楚生成資料與輸入的隨機變數之間究竟是什麼樣的關係。也就是無法直接透過輸入給生成器的隨機變數來控制生成器的輸出，例如修改輸入的隨機變數中的某個維度，從而實現讓生成器生成的圖型更大。

為了實現透過輸入的隨機變數直接控制生成器輸出的資料，InfoGAN 引入相互資訊的概念。相互資訊可以量化地描述兩個事件的相關性，InfoGAN 中使用相互資訊來量化地描述輸入的隨機變數與輸出的資料之間的關係。首先我們來回憶一下相互資訊的機率，相互資訊的公式如下。

$$I(X;Y) = H(X) - H(X|Y)$$

即 X 事件的資訊熵減去 Y 事件下 X 事件的資訊熵，所謂相互資訊就是 Y 事件帶來的資訊能消除多大的不確定性，X 事件與 Y 事件越相關，那麼 $I(X;Y)$就越大。

在 InfoGAN 中，具體而言，就是從輸入給生成器的隨機變數 z 中隨機地取出隱含編碼 c(latent code)，希望透過相互資訊來約束隱含編碼與生成資料之間的相關性。當生成器生成的資料與隱含編碼 c 之間的相互資訊越大〔即$I(c;G(z,c))$越大〕時，說明隱含編碼 c 與生成資料之間的關係越大。InfoGAN 的目標之一就是最大化生成器生成資料與隱含編碼之間的相互資訊，這樣就可以透過修改隨機變數 z 中隱含編碼的部分來控制生成器生成的資料了。InfoGAN 的另一個目標當然是讓生成器生成真實的資料。

11.2.1 資料特徵與相互資訊

回顧一下前面關於 InfoGAN 的描述，可以發現，InfoGAN 的目的之一就是透過相互資訊找到可以描述生成器生成的資料的特徵資訊，透過這些特徵資訊可以描述出對應的資料。

除 InfoGAN 外，常見的獲取資料特徵資訊的方法就是自編碼器。原始資料登錄編碼器獲得一組編碼，然後再使用解碼器將這組編碼還原回資料，計算原始資料與還原資料之間的損失，最小化該損失便可以獲得原始資料對應的特徵編碼。

那麼對於 InfoGAN 或自編碼器等可以獲取資料特徵的結構而言，什麼樣的資料特徵才能算是好的資料特徵？

一個直觀的結論是，如果這些資料特徵可以極佳地還原原始資料，那就是好的資料特徵，要還原出原始資料也就説明這些資料特徵中包含了原始資料中重要的資訊，越多越好，但這個結論並不一定正確。

相對於原始資料而言，對應獲取的資料特徵的維度往往會少很多，而低維度的編碼是較難還原出原始資料的。對於自編碼器而言，這造成了透過解碼器還原獲得的圖型通常都會比較模糊，低維度編碼難以載入太多資訊。

而且一個常見的現象是，我們大多數人都可以分辨出大師所作的繪畫作品與小學生的繪畫作品在審美上的差異，但我們多數人都難以繪製出大師的畫作，就算提供很多大師畫作給我們學習借鏡，也難以複現大師級的作品。這説明我們腦中關於畫作的特徵資訊雖然足以讓我們分辨出畫作的好壞，但卻並不足以讓我們作畫。換種説法就是，好的資料特徵並不一定能還原出原始的資料。

透過上面的討論可以得出一個結論，即好的資料特徵並不一定能讓我們還原出原始的資料，但卻可以讓我們輕鬆地辨識出原始的資料。換而言之，好的資料特徵應該是原始資料樣本中最獨特的資訊，從而讓我們可以依據這些資訊辨識出原始的資料。

我們可以使用相互資訊來衡量獲得的特徵資訊是不是原始資料中獨特的資訊，量化特徵資訊對原始資料的影響。如果獲得的資料特徵越獨特，那麼對原始資料的影響也就越明顯，兩者的相互資訊應該就越大。

這裡我們使用X作為原始資料集，$x \in X$作為從該資料集中取出的資料樣本，使用Z作為資料特徵編碼向量的集合，而$z \in Z$表示某個特徵編碼，$P(z|x)$表示原始資料x產生對應特徵編碼的機率分佈模型，那麼原始資料集X與對應特徵編碼集合Z的相互資訊就可以表示為

$$I(X,Z) = \int_z \int_x P(z|x)P(x)\log\frac{P(z|x)}{P(z)}\mathrm{d}x\mathrm{d}z$$

其中$P(x)$表示原始的資料分佈，$P(z)$表示指定$P(z|x)$後特徵編碼的分佈，那麼對於一個好的機率分佈模型而言，應該最大化原始資料與特徵編碼的相互資訊。

$$P(z|x) = \max I(X,Z)$$

相互資訊越大，對應的$\log\frac{P(z|x)}{P(z)}$應該越大，即$P(z|x)$應該大於$P(z)$。這說明對於一個x，機率分佈模型可以獲得與之一一對應的z，從而使$P(z|x)$大於$P(z)$，這樣我們就有能力只透過特徵編碼z分辨出原始的資料了。

11.2.2 InfoGAN 數學原理與模型結構

透過前面內容的討論，已經知道 InfoGAN 相對於傳統 GAN 個使用相互資訊來約束隨機變數中的隱含編碼與生成資料之間的關係，那麼相對於傳統的 GAN，InfoGAN 的目標函數就變為以下形式。

$$\min_G \max_D V_1(D,G) = V(D,G) - \lambda I(c;G(z,c))$$

$I(c;G(z,c))$越大，說明隱含編碼 c 與生成資料的關係越大，隱含編碼中保

留了越多生成資料中獨特的資訊，所以在訓練 InfoGAN 的過程中，希望最大化$I(c;G(z,c))$。

但相互資訊是難以直接計算的，原因是相互資訊中存在難以計算的邊緣機率。

$$I(X;Y) = H(X) - H(X|Y)$$
$$= H(X) - \frac{H(X|Y)}{H(X)}$$

這裡使用變分推斷的方法來解決相互資訊難以計算的問題，首先 InfoGAN 中隱含編碼與生成資料之間的相互資訊可以表示為以下形式。

$$I\big(c;G(z,c)\big) = H(c) - H\big(c\big|G(z,c)\big)$$

接著對$-H\big(c\big|G(z,c)\big)$進一步推導，獲得其下界。

$$-H\big(c\big|G(z,c)\big) = \int\int P\big(G(z,c)\big)P\big(c\big|G(z,c)\big)\log P\big(c\big|G(z,c)\big)\,\mathrm{dcd}\big(G(z,c)\big)$$

為了簡化公式表示，令$x = G(z,c)$。

$$-H\big(c\big|G(z,c)\big) = \int\int P(x)P(c|x)\log P(c|x)\,\mathrm{dcd}x$$
$$= \int\int P(x)[-P(c|x)\log Q(c|x) + P(c|x)\log P(c|x)$$
$$+ P(c|x)\log Q(c|x)]\mathrm{dcd}x$$
$$= \int\int P(x)\left[-P(c|x)\log\frac{Q(c|x)}{P(c|x)} + P(c|x)\log Q(c|x)\right]\mathrm{dcd}x$$
$$= \int\int P(x)[\mathrm{KL}(P \parallel Q) + P(c|x)\log Q(c|x)]\mathrm{dcd}x$$

因為$\mathrm{KL}(p \parallel q)$恒大於或等於 0，所以獲得$-H\big(c\big|G(z,c)\big)$的下界。

$$-H\big(c\big|G(z,c)\big) \geqslant \int\int P(x)P(c|x)\log Q(c|x)\,\mathrm{dcd}x$$

將積分的形式改寫成期望的形式。

$$-H\big(c\big|G(z,c)\big)\geqslant E_{x\sim G(z,c)}\big[E_{c'\sim P(c|x)}\log Q(c'|x)\big]$$

將獲得的下界代入相互資訊中，獲得相互資訊的下界，這種方法稱為變分相互資訊最大化。

$$I\big(c;G(z,c)\big)=H(c)-H\big(c\big|G(z,c)\big)\geqslant E_{x\sim G(z,c)}\big[E_{c'\sim P(c|x)}\log Q(c'|x)\big]+H(c)$$

接著我們定義一個函數$L_I(G,Q)=E_{c\sim P(c),x\sim G(z,c)}[\log Q(c|x)]+H(c)$，因為任意的變數 X、Y和函數$f(x,y)$，在一定的條件下有以下規則。

$$E_{x\sim X,y\sim Y|x}[f(x,y)]=E_{x\sim X,y\sim Y|x,x'\sim X|y}[f(x',y)]$$

該規則的具體推導如下：

$$E_{x\sim X,y\sim Y|x}[f(x,y)]=\int_x P(x)\int_y P(y|x)f(x,y)\mathrm{d}y\mathrm{d}x$$

$$=\int_x\int_y P(x,y)f(x,y)\mathrm{d}y\mathrm{d}x$$

$$=\int_x\int_y P(x,y)f(x,y)\int_{x'} P(x'|y)\mathrm{d}x'\mathrm{d}y\mathrm{d}x$$

$$=\int_x P(x)\int_y P(y|x)\int_{x'} P(x'|y)f(x',y)\mathrm{d}x'\mathrm{d}y\mathrm{d}x$$

$$=E_{x\sim X,y\sim Y|x,x'\sim X|y}[f(x',y)]$$

所以函數$L_I(G,Q)$，其實就是$I\big(c;G(z,c)\big)$相互資訊的下界。

$$\begin{aligned}L_I(G,Q)&=E_{c\sim P(c),x\sim G(z,c)}[\log Q(c'|x)]+H(c)\\&=E_{x\sim G(z,c)}\Big[E_{c'\sim P(c|x)}[\log Q(c'|x)]\Big]+H(c)\\&\leqslant I\big(c;G(z,c)\big)\end{aligned}$$

至此我們定義出了$L_I(G,Q)$去逼近相互資訊$I\big(c;G(z,c)\big)$，當兩者差距足夠小時，就可以使用$L_I(G,Q)$函數直接代替隱含編碼 c 與生成器生成資料之間

的相互資訊了。觀察$L_I(G,Q)$的運算式，可以發現它還包含邊緣機率，即它還是難以直接計算的，但我們可以使用蒙地卡羅模擬（Monte Carlo simulation）方法來近似地表示它。當我們將輔助分佈 Q 最大化時，它就會逼近真正的後驗分佈，此時下界就會變得緊密，即$E_x\left[D_{\mathrm{KL}}\left(P(\cdot|x) \parallel Q(\cdot|x)\right)\right] \to 0$，並且實現了最大化相互資訊的目的。

在具體訓練 Q 時，使用了 Sleep-Sleep 演算法，該演算法是 InfoGAN 論文中提出的一種演算法，參考了有名的 Wake-Sleep 演算法，為了了解 Sleep-Sleep 演算法，需要先了解 Wake-Sleep 演算法。

Wake-Sleep 演算法簡稱 W-S 演算法，由 Hinton 等人在 1995 年提出，目前主要用於訓練亥姆霍茲（Helmholtz machine）與深度信任網路（DBN）。該演算法受到人腦工作模式的啟發，透過一些假設條件簡化實際問題後，使用類似人腦的模式來解決這些簡化後的問題，在討論具體的演算法前，先了解一下人腦認知事物的過程。

當人在清醒的時候看見一個物體時，大腦會利用其抽象能力將這個物體的大量細節資訊轉化為可以區別出該物體的獨特特徵資訊。例如看見一隻貓，透過觀察，貓具有很多資訊，但大腦並不會記憶所有的資訊，而是將一個獨特的、可以辨識該物體的資訊透過抽象能力抽離出來存入腦中，例如貓通常是有毛的、有軟軟的身體的。當下次看見類似的物體時，你就知道這是隻貓。我們可以將大腦在清醒時候具有的抽象能力看作一個編碼器（encoder），該編碼器的作用就是將具體的物體帶來的大量資訊轉為低維的、獨特的特徵資訊。

除此之外，當人在睡眠（即非清醒狀態）時，抽象能力會變弱，而想像能力會變強，透過清醒時獲得的各種低維特徵資訊，想像能力會將這些低維的特徵資訊還原成對應的物體。例如你會夢到各種各樣的物體，我們可以將大腦在非清醒狀態下具有的想像能力看作一個解碼器（decoder），該解碼器的作用就是將低維的特徵編碼還原回對應的物體。

而 Wake-Sleep 演算法就是模仿人腦在清醒狀態與非清醒狀態下的特徵，

Hinton 為了簡化具體的問題，提出了兩個條件假設。

（1）在清醒狀態下，人腦會將具體的事物抽象成低維的特徵編碼，而此時又會透過想像能力將特徵編碼復原成具體的物體，從而提升大腦的想像能力。

（2）在非清醒（睡眠）狀態下，人腦會將低維的特徵編碼透過想像能力復原成具體的物體，再透過抽象能力將想像獲得的物體抽象成低維特徵編碼，從而提升大腦的抽象能力。

基於這兩個假設就可以建構出 Wake-Sleep 演算法的兩個狀態。

- Wake 狀態：編碼器接收真實的樣本資料 x 作為輸入，並將其編碼為對應的特徵向量$q(z|x)$，隨後從中取出對應特徵編碼的樣本z'，以該特徵編碼樣本為輸入，復原真實的樣本資料x'。透過不斷最佳化編碼器的權重，使得復原的資料x'與真實的樣本資料x的損失越小，這一過程訓練的是編碼器。
- Sleep 狀態：解碼器接收抽象的編碼樣本z作為輸入，並將其解碼為對應的物體$P(x|z)$，隨後從中取出一個物體樣本x'作為編碼器的輸入，由編碼器抽象得到特徵編碼z'。透過不斷最佳化解碼器的權重，使得獲得的特徵編碼z'與輸入的編碼z損失越小，這一過程訓練的是解碼器。

可以發現這兩個狀態其實是對稱的，透過不同狀態下對編碼器與解碼器的交替訓練，最終會讓模型具有抽象與想像的能力。

而 InfoGAN 的一部分可以被視為 Helmholtz Machine，$P_G(x|c)$是生成分佈，對應著想像能力，$Q(c|x)$是辨識分佈，對應著抽象能力，可以透過 Wake-Sleep 演算法來更新。

在 Wake 狀態，增強編碼器的能力，即最大化$\log P_G(x|c)$。

$$\max_G E_{x\sim\text{Data},c\sim Q(c|x)}[\log P_G(x|c)]$$

其中x是真實資料，隱含編碼c是透過辨識分佈Q從正式資料x中辨識獲得的。

在 Sleep 狀態下，增強解碼器的能力，即最大化$\log Q(c|x)$。

$$\max_Q E_{c\sim P(c),x\sim P_G(x|c)} \log Q(c|x)$$

但 InfoGAN 中與傳統的 Wake-Sleep 演算法不同的是，當我們在更新$L_I(G,Q)$時，分佈 Q 與分佈G的更新都在 Sleep 狀態，可以從$L_I(G,Q)$的運算式中看出，$L_I(G,Q) = E_{c\sim P(c),x\sim G(z,c)}[\log Q(c|x)] + H(c)$，因為 InfoGAN 還在 Sleep 狀態就更新了生成器 G 與辨識分佈 Q，所以稱這種做法為 Sleep-Sleep 演算法。

至此 InfoGAN 的數學原理也就討論完了，複習一下，InfoGAN 為了讓隨機變數可以控制生成的資料，隨機選擇隱含編碼 c，透過相互資訊的方式來約束生成器生成資料與隱含編碼 c 之間的聯繫。但直接最大化相互資訊$I(c;G(z,c))$是比較困難的，因為其存在難以計算的邊緣機率，所以使用變分推斷的方法建構了一個近似的分佈$L_I(G,Q)$來代替難以直接計算的$I(c;G(z,c))$，然後使用蒙地卡羅模擬的方式來計算$L_I(G,Q)$，並透過 Sleep-Sleep 演算法來最佳化$L_I(G,Q)$，從而獲得了 InfoGAN 最終的損失函數。

$$\min_{G,Q}\max_D V_1(D,G,Q) = V(D,G) - \lambda L_I(G,Q)$$

只從資料角度討論 InfoGAN 可能會顯得難以了解，所以從模型結構的角度來直觀地討論一下 InfoGAN。InfoGAN 的模型結構比較簡單，如圖 11.4 所示。

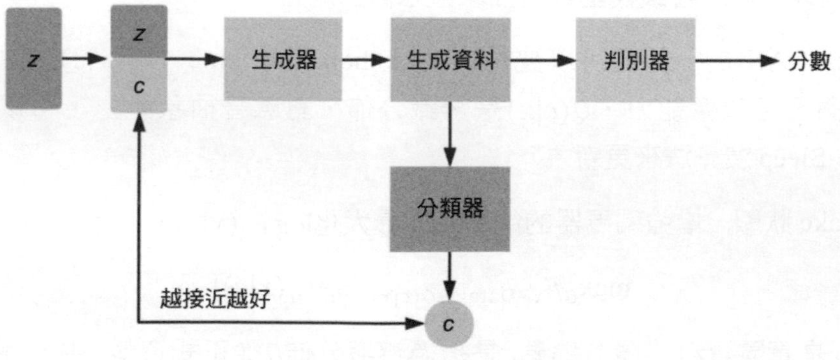

圖 11.4 InfoGAN 結構圖

從圖 11.4 中可以看出，InfoGAN 主要由生成器 G、分類器 Q 與判別器 D 這 3 個網路結構組成。首先輸入的隨機變數 z 會被分成兩部分，一部分依舊是隨機變數，另一部分就是隱含編碼 c，將這兩部分資料傳入生成器。生成器獲得這些資料後會生成對應的資料，此時生成的資料會分別交由分類器與判別器，分類器會對生成的資料進行分類，將該資料分類到對應的隱含變數上，而判別器則對生成的資料評分。

其中，分類器對應著使用蒙地卡羅模擬方法計算$L_I(G,Q)$，蒙地卡羅模擬方法的基本思維就是產生各種機率分佈的隨機變數去近似計算當前的分佈，而分類器一開始因為沒有進行有效的訓練，所以會對輸入的資料隨機進行分類，類似於蒙地卡羅模擬方法中隨機產生變數的過程。

從專案角度了解，對分類器 Q 而言，它的目標就是最小化輸入的隱含編碼 c 與分類器分類出的隱含編碼 c 的損失。

從另一個角度來看，生成器可以看作編碼器，而分類器可以看作解碼器，兩者連接在一起就組成類別自編碼器。與傳統自編碼器不同的是，傳統自編碼器會接收真實資料作為輸入，獲得該資料的特徵編碼，再透過特徵編碼還原資料，而 InfoGAN 這個結構其實是接收了特徵編碼，先生成資料，然後再使用生成的資料還原回特徵編碼。在 InfoGAN 中，判別器也是必不可少的，如果沒有判別器，生成器會傾向於將輸入的隱含編碼 c 的資料直接寫入生成資料中，讓分類器直接從中讀取即可，即在沒有判別器的情況下，生成器與分類器會傾向於形成相互可以讀懂的暗語來降低模型的損失，但生成器此時生成的圖型很有可能是沒有意義的。為了避免這種情況，需要判別器來判斷生成器生成的資料是否真實。

同時，為了加快 InfoGAN 的訓練，訓練分類器時，其實可以與判別器除最後一層外共用參數，分類器的最後一層透過 softmax 函數實現分類，其他層直接使用判別器中的參數，從而讓 InfoGAN 的計算量與傳統 GAN 相差不多，但卻實現了透過隱含編碼控制生成資料的效果。

11.2.3 TensorFlow 實現 InfoGAN

透過前面內容的討論，已經從理論上了解了 InfoGAN，接著就來實現它，對於如何實現一個 GAN 的步驟，相信大家已經很熟悉了。首先來編寫生成器與判別器，因為這裡使用 fashion-mnist 作為訓練集，所以生成器與判別器不需要寫多麼複雜的結構。首先來實現生成器，程式如下。

```
def generator(self, z, y, is_training=True, reuse=False):
        with tf.variable_scope("generator", reuse=reuse):
            # 拼接隨機雜訊與隱含編碼
            z = concat([z, y], 1)
            net = tf.nn.relu(bn(linear(z, 1024, scope='g_fc1'),
                    is_training=is_training,
                    scope='g_bn1'))
            net = tf.nn.relu(bn(linear(net, 128 * 7 * 7, scope='g_fc2'),
                    is_training=is_training, scope='g_bn2'))
            net = tf.reshape(net, [self.batch_size, 7, 7, 128])
            net = tf.nn.relu(
                    bn(deconv2d(net, [self.batch_size, 14, 14, 64], 4, 4,
                    2, 2, name='g_dc3'), is_training=is_training,
                     scope='g_bn3'))
            out = tf.nn.sigmoid(deconv2d(net, [self.batch_size, 28, 28, 1],
                    4, 4, 2, 2, name='g_dc4'))
            return out
```

在生成器中，一開始會透過 concat()方法將隨機雜訊與隱含編碼連結在一起。在討論 InfoGAN 理論中，講解到 InfoGAN 會將隨機雜訊分成兩部分，在實現程式中，為了方便，一開始就將這兩部分分開了，然後在訓練時合併在一起，組成一個完整的輸入。除此之外，生成器中的其他結構都是介紹過多次的常用結構，它由兩個線性全連接層與兩個轉置卷積層組成，因為訓練資料簡單，轉置卷積造成的棋盤效應並不明顯。

生成器編寫完成後，接著就來編寫判別器。

```
def discriminator(self, x, is_training=True, reuse=False):
    with tf.variable_scope("discriminator", reuse=reuse):
        net = lrelu(conv2d(x, 64, 4, 4, 2, 2, name='d_conv1'))
```

```
        net = lrelu(bn(conv2d(net, 128, 4, 4, 2, 2, name='d_conv2'),
              is_training=is_training, scope='d_bn2'))
        net = tf.reshape(net, [self.batch_size, -1])
        net = lrelu(bn(linear(net, 1024, scope='d_fc3'),
              is_training=is_training, scope=
        'd_bn3'))
        out_logit = linear(net, 1, scope='d_fc4')
        out = tf.nn.sigmoid(out_logit)
        return out, out_logit, net
```

判別器由兩個卷積層與兩個全連接層組成。需要注意的是，判別器返回 3 個參數，其中最後一個返回參數為 net，它將判別器倒數第二層的資料返回。

除生成器與判別器外，InfoGAN 還需要使用分類器，分類器的主要作用就是對生成器生成的圖型進行分類，透過這種方式希望獲得有價值的隱含編碼。訓練剛開始，分類器必然是隨機分配的，這個過程其實就是一個蒙地卡羅模擬的過程，隨著訓練的進行，分類器對生成圖型的分類會越來越準確，背後的機制其實就是最大化隱含編碼與生成圖型之間的相互資訊，從而讓分類器可以透過生成器圖型判斷出對應的隱含編碼。

簡單而言，分類器會根據傳入的資料判斷該資料對應的隱含編碼，然後將分類器獲得的隱含編碼與生成器獲得的真實的隱含編碼進行比較，獲得兩者的損失，最小化這個損失，讓分類器隨著訓練可以獲得傳入資料對應的真實的隱含編碼。

在實現分類器前，有必要先展示隱含編碼相關的程式。

```
self.y_dim = 12 # label + two features
bs = self.batch_size # default: 64
self.y = tf.placeholder(tf.float32, [bs, self.y_dim], name='y')
```

從程式中可知，隱含編碼 y 是每一個維度為 12 的矩陣，這 12 維中，前 10 維對應著 Fashion 資料的 10 個分類，後 2 維則是圖型中的某些特徵資訊。

了解了隱含編碼具體的結構後，就可以編寫分類器了，分類器的具體程式如下。

```
# 透過分類器來實現對相互資訊約束的逼近
def classifier(self, x, is_training=True, reuse=False):
    with tf.variable_scope("classifier", reuse=reuse):
        net = lrelu(bn(linear(x, 64, scope='c_fc1'),
             is_training=is_training, scope='c_bn1'))
        out_logit = linear(net, self.y_dim, scope='c_fc2')
        out = tf.nn.softmax(out_logit)
        return out, out_logit
```

分類器的實現程式非常簡單，其實這只是分類器的最後一層，輸出分類器對輸入資料類別的判斷，透過 softmax()方法來實現分類的邏輯，這種做法可以減少訓練 InfoGAN 時的計算量。分類器除了最後一層外，其餘網路層都與判別器共用，即參數分享。這其實很直觀，因為分類器前幾層也是解析傳入的圖像資料，然後再透過解析好的資料判斷傳入圖像資料對應的隱含編碼。

至此，InfoGAN 中 3 個主要的結構都實現了，接著就可以透過這些結構來建構出完整的 InfoGAN 模型了。首先定義一下輸入，這對了解後面的程式有所幫助，程式如下。

```
self.batch_size = 64
self.z_dim = 62
self.y_dim = 12  # label+two features
self.c_dim = 1
# some parameters
image_dims = [self.input_height, self.input_width, self.c_dim]
bs = self.batch_size
# 圖片
self.inputs = tf.placeholder(tf.float32, [bs] + image_dims,
            name='real_images')
# 隱含編碼
self.y = tf.placeholder(tf.float32, [bs, self.y_dim], name='y')
# 隨機雜訊
self.z = tf.placeholder(tf.float32, [bs, self.z_dim], name='z')
```

其中 self.inputs 用於接收圖片資料，self.y 用於接收隱含編碼資料，self.z 用於接收隨機雜訊資料。

接著透過前面實現的生成器、判別器與分類器等方法來實例化這些結構。

```
#判別器判別真實圖型
D_real, D_real_logits, _ = self.discriminator(self.inputs, is_training=True,
reuse=False)
# 生成器生成圖型
G = self.generator(self.z, self.y, is_training=True, reuse=False)
# 判別器判別生成圖型，並獲得判別器倒數第二層的資料
D_fake, D_fake_logits, input4classifier_fake = self.discriminator(G,
is_training=True, reuse=True)
# 傳入判別器倒數第二層的資料，獲得生成圖型的分類
code_fake, code_logit_fake = self.classifier(input4classifier_fake,
is_training=True, reuse=False)
```

透過上面的程式，我們就獲得了生成器生成的圖型、判別器對真實圖型與生成圖型的判斷以及分類器對生成圖型的分類結果，從而可以定義出對應的損失。先編寫判別器與生成器的損失，程式如下。

```
# 判別器的損失
d_loss_real =
    tf.reduce_mean(tf.nn.sigmoid_cross_entropy_with_logits(logits=
    D_real_logits,labels=tf.ones_like(D_real)))
d_loss_fake =
    tf.reduce_mean(tf.nn.sigmoid_cross_entropy_with_logits
     (logits=D_fake_logits, labels=tf.zeros_like(D_fake)))
self.d_loss = d_loss_real + d_loss_fake
# 生成器的損失
self.g_loss = tf.reduce_mean(
tf.nn.sigmoid_cross_entropy_with_logits(logits=D_fake_logits,
labels=tf.ones_like(D_fake)))
```

判別器與生成器的損失都使用 tf.nn.sigmoid_cross_entropy_with_logits()方法獲得。對判別器而言，它希望自己給真實圖型較高的分數，給生成圖型較低的分數；但對生成器而言，它希望自己生成的圖型可以獲得較高的分數。

接著就來定義分類器的損失，因為隱含編碼由圖型對應的類別（前 10 維）與圖型對應的特徵（後 2 維）組成，所以分類器的損失也要有分別對應的兩部分。

```
self.len_discrete_code = 10
# 圖型分類對應的損失
disc_code_est = code_logit_fake[:, :self.len_discrete_code]
disc_code_tg = self.y[:, :self.len_discrete_code]
q_disc_loss = tf.reduce_mean(tf.nn.softmax_cross_entropy_with_logits(logits=
    disc_code_est,labels=disc_code_tg))
# 圖型特徵對應的損失
cont_code_est = code_logit_fake[:, self.len_discrete_code:]
cont_code_tg = self.y[:, self.len_discrete_code:]
q_cont_loss = tf.reduce_mean(tf.reduce_sum(tf.square(cont_code_tg -
    cont_code_est), axis=1))
# 分類器整體損失
self.q_loss = q_disc_loss + q_cont_loss
```

上述程式中，首先從分類器輸出的分類結果 code_logit_fake 中獲取前 10 維，然後從真實的隱含編碼中同樣取出前 10 維，兩者做交叉熵損失的運算，獲得圖型分類對應的損失。同理，圖型特徵對應的損失也是由分類器輸出的後 2 維與真實隱含編碼的後 2 維做交叉熵損失的運算獲得，將兩部分損失相加，就組成了分類器整體的損失。

損失定義完成，就可以透過最佳化演算法對對應的節點進行最佳化了。

```
# 獲取判別器、生成器、分類器對應的節點
t_vars = tf.trainable_variables()
d_vars = [var for var in t_vars if 'd_' in var.name]
g_vars = [var for var in t_vars if 'g_' in var.name]
q_vars = [var for var in t_vars if ('d_' in var.name) or ('c_' in var.name)
        or ('g_' in var.name)]
# 最佳化器
with tf.control_dependencies(tf.get_collection(tf.GraphKeys.UPDATE_OPS)):
  self.d_optim = tf.train.AdamOptimizer(self.learning_rate,
      beta1=self.beta1) \
      .minimize(self.d_loss, var_list=d_vars)
  self.g_optim = tf.train.AdamOptimizer(self.learning_rate * 5,
```

```
        beta1=self.beta1) \
          .minimize(self.g_loss, var_list=g_vars)
    self.q_optim = tf.train.AdamOptimizer(self.learning_rate * 5,
          beta1=self.beta1) \
          .minimize(self.q_loss, var_list=q_vars)
```

這些邏輯實現後，就可以進行訓練了，因為訓練的邏輯程式大多比較相似，所以這裡只展示核心部分。

```
# 圖像資料
batch_images = self.data_X[idx*self.batch_size:(idx+1)*self.batch_size]
# 圖型對應分類的真實標籤
batch_labels = self.data_y[idx * self.batch_size:(idx + 1) * self.batch_size]
# 圖型特徵部分隨機生成
batch_codes = np.concatenate((batch_labels, np.random.uniform(-1, 1,
    size=(self.batch_size, 2))),axis=1)
# 隨機雜訊
batch_z = np.random.uniform(-1, 1, [self.batch_size,
    self.z_dim]).astype(np.float32)
# 更新判別器
_, summary_str, d_loss = self.sess.run([self.d_optim, self.d_sum,
    self.d_loss],feed_dict={self.inputs: batch_images,
    self.y: batch_codes,self.z: batch_z})
# 更新生成器與分類器
_, summary_str_g, g_loss, _, summary_str_q, q_loss = self.sess.run(
    [self.g_optim, self.g_sum, self.g_loss, self.q_optim, self.q_sum,
    self.q_loss],feed_dict={self.inputs: batch_images, self.z: batch_z,
    self.y: batch_codes})
```

首先準備好每一輪要訓練的資料，其中就有一組真實圖型的資料 batch_images，這組圖像資料中每個圖型對應的獨熱向量標籤 batch_labels，即每個圖型對應的分類（前 10 維），為了組成 12 維的隱含編碼，還透過 np.concatenate()方法連結隨機生成的 2 維資料，這樣就組成了真實的隱含編碼資料，最後還有一個隨機生成的雜訊資料。在訓練的一開始，我們並不知道隱含編碼的最後 2 維對應圖型中的什麼，只有經過了一定的訓練，才能知道分類器會讓這些特徵代表什麼。

準備好資料後，將資料透過 run()方法的 feed_dict 參數傳入即可。

11.2.4 使用 InfoGAN 生成圖型

至此，InfoGAN 就編寫完成了，但在開始訓練 InfoGAN 前，還希望每一輪訓練都會生成對應的圖型方便我們觀察，這裡我們定義 visualize_results() 方法來實現這個需求，在 visualize_results() 方法中會保存 3 種不同類型的生成圖型。

第一種類型的圖型程式如下。

```
# choice 方法會隨機生成 batch_size 大小的隨機矩陣，陣列中每個元素的大小在 0 ~
len_discrete_code
y = np.random.choice(self.len_discrete_code, self.batch_size)
# 生成全零矩陣
y_one_hot = np.zeros((self.batch_size, self.y_dim))
# 構造成獨熱向量，y 中對應的數在 y_one_hot 對應的位置設定值為 1
y_one_hot[np.arange(self.batch_size), y] = 1
# 隨機雜訊
z_sample = np.random.uniform(-1, 1, size=(self.batch_size, self.z_dim))
# 保存一張包含所有類型的圖片
samples = self.sess.run(self.fake_images, feed_dict={self.z: z_sample,
        self.y: y_one_hot})
save_images(samples[:image_frame_dim * image_frame_dim, :, :, :],
        [image_frame_dim, image_frame_dim],
        check_folder(self.result_dir + '/' + self.model_dir) + '/' +
        self.model_name + '_epoch%03d' % epoch + '_test_all_classes.png')
```

在上述程式中，首先 np.random.choice()方法會根據 self.len_discrete_code 與 self.batch_size 參數生成隨機矩陣，陣列的長度為 batch_size，陣列中每個元素的大小在 0～len_discrete_code 這個範圍。

接著便透過 y 來組成獨熱向量矩陣，邏輯比較簡單，首先組成全零矩陣 y_one_hot，然後以 y 為垂直座標，將 y_one_hot 中對應的位置設定值為 1，這樣就組成了隨機的獨熱向量矩陣。舉個具體的實例，當 self.batch_size=64，self.y_dim=12 時，np.zeros()會生成(64,12)形狀的全零矩陣，而 np.arange(self.batch_size)則會生成 0～63 的一維陣列。此時以該一維陣列為水平座標，以隨機生成的 y 為垂直座標，給對應座標點設定值為 1，y 的設定值範圍是 0～10（self.len_discrete_code 的值為 10），此時 y_one_hot 矩陣就變為隨機的獨熱矩陣，矩陣的每一行都對應著某個圖型類別。

將該資料傳入生成器，並將生成器生成的圖型保存到本地，第 24 輪訓練後，該邏輯得到的圖型如圖 11.5 所示。

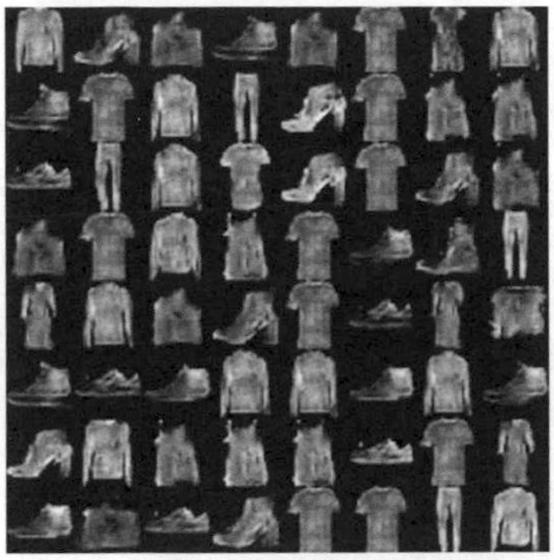

圖 11.5 第 24 輪訓練輸出

第二種類型的圖型程式如下。

```
n_styles = 10  # 必須小於或等於 self.batch_size
np.random.seed()
si = np.random.choice(self.batch_size, n_styles)
for l in range(self.len_discrete_code):
        # 獲得順序獨熱向量
        y = np.zeros(self.batch_size, dtype=np.int64) + l
        y_one_hot = np.zeros((self.batch_size, self.y_dim))
        y_one_hot[np.arange(self.batch_size), y] = 1
        samples = self.sess.run(self.fake_images, feed_dict={self.z: z_sample,
                    self.y: y_one_hot})
        # 隨機選 10 個
        samples = samples[si, :, :, :]
        # 每個維度對應一種圖片，將生成的圖片合成一個大的 all_sample，再透過 save 方法保存
        if l == 0:
            all_samples = samples
        else:
            all_samples = np.concatenate((all_samples, samples), axis=0)
```

```
canvas = np.zeros_like(all_samples)
for s in range(n_styles):
    for c in range(self.len_discrete_code):
        canvas[s * self.len_discrete_code + c, :, :, :] = all_samples[c *
        n_styles + s, :, :, :]
save_images(canvas, [n_styles, self.len_discrete_code],
        check_folder(self.result_dir + '/' + self.model_dir) + '/' +
        self.model_name +'_epoch%03d' % epoch +
        '_test_all_classes_style_by_style.png')
```

上述程式中，首先會隨機獲得長度為 10 的陣列 si，陣列中元素的大小在 0～batch_size 之間，然後以類似的方法獲得獨熱向量矩陣，區別在於 y 不再隨機生成，而是一個重複的順序陣列，從而獲得的讀取向量也是順序的。將這些資料傳入生成器獲得生成圖型，因為生成器會生成一個 batch_size 的圖型，這裡會透過 si 陣列從生成圖型中隨機獲得 10 個小圖型，然後將這些小圖型拼接在一起。最後將拼接在一起的圖型保存到本地。

第 24 輪訓練後，該邏輯得到的圖型如圖 11.6 所示。

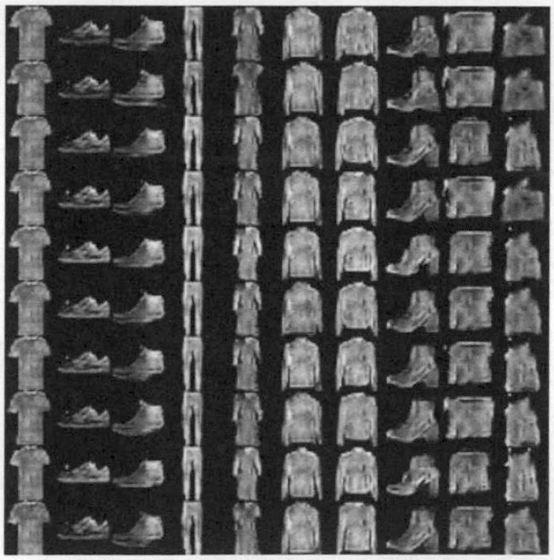

圖 11.6 第 24 輪訓練結果

現在我們已經可以透過控制隱含編碼中的前 10 維來控制生成器生成不同類別的圖型了，但依舊沒有使用到後 2 維，所以接著來使用後 2 維實現第三種類型的圖型。

第三種類型的圖型程式如下。

```
tot_num_samples = min(self.sample_num, self.batch_size)
# np.sqrt 返回非負平方根 np.floor，返回不大於輸入參數的最大整數
image_frame_dim = int(np.floor(np.sqrt(tot_num_samples)))
self.len_continuous_code == 2
# np.linspace 在指定的間隔內返回均勻間隔的數字
c1 = np.linspace(-1, 1, image_frame_dim)
c2 = np.linspace(-1, 1, image_frame_dim)
# np.meshgrid 從座標向量返回座標矩陣
xv, yv = np.meshgrid(c1, c2)
xv = xv[:image_frame_dim,:image_frame_dim]
yv = yv[:image_frame_dim, :image_frame_dim]
# numpy flatten() 返回一個折疊成一維的陣列，其實就是將多維陣列每一維首尾連結成一維陣列
c1 = xv.flatten()
c2 = yv.flatten()
z_fixed = np.zeros([self.batch_size, self.z_dim])
# 各種維度對生成圖片所造成的影響
for l in range(self.len_discrete_code):
      y = np.zeros(self.batch_size, dtype=np.int64) + l
      y_one_hot = np.zeros((self.batch_size, self.y_dim))
      y_one_hot[np.arange(self.batch_size), y] = 1
      y_one_hot[np.arange(image_frame_dim*image_frame_dim),
           self.len_discrete_code] = c1
      y_one_hot[np.arange(image_frame_dim*image_frame_dim),
           self.len_discrete_code+1] = c2
      samples = self.sess.run(self.fake_images,
                        feed_dict={ self.z: z_fixed, self.y: y_one_hot})
      save_images(samples[:image_frame_dim * image_frame_dim, :, :, :],
[image_frame_dim, image_frame_dim],check_folder(self.result_dir + '/' +
self.model_dir) + '/' + self.model_name + '_epoch%03d' % epoch +
'_test_class_c1c2_%d.png' % l)
```

上述程式中，先使用 np.linspace()方法生成-1 到 1 之間均勻間隔的陣列，陣列長度為 image_frame_dim，在當前程式環境中 image_frame_dim=8，接著透過 np.meshgrid()方法將陣列變成矩陣，再透過 numpy 的 flatten()方法折疊回一維陣列，這裡同樣舉一個具體的實例。

首先定義兩個簡單的變數。

```
In [1]: x = np.arange(-3,3)
In [2]: y = np.arange(0,3)
In [3]: x
Out[3]: array([-3, -2, -1,  0,  1,  2])
In [4]: y
Out[4]: array([0, 1, 2])
```

然後透過 np.meshgrid()方法將兩個一維陣列轉成矩陣。

```
In [5]: xv,yv = np.meshgrid(x,y)
In [6]: xv.shape
Out[6]: (3, 6)
In [7]: xv
Out[7]:
array([[-3, -2, -1,  0,  1,  2],
       [-3, -2, -1,  0,  1,  2],
       [-3, -2, -1,  0,  1,  2]])
In [8]: yv
Out[8]:
array([[0, 0, 0, 0, 0, 0],
       [1, 1, 1, 1, 1, 1],
       [2, 2, 2, 2, 2, 2]])
```

可以發現，*xv* 矩陣的行向量就是 *x* 向量，並且重複了 3 次，剛好是 *y* 向量的長度；類似的，*yv* 的列向量就是 *y* 向量，重複了 6 次，剛好是 *x* 向量的長度，這就是 meshgrid()方法的作用。接著使用 flatten()方法將這些矩陣折疊。

```
In [9]: xv.flatten()
Out[9]:
array([-3, -2, -1,  0,  1,  2, -3, -2, -1,  0,  1,  2, -3, -2, -1,  0,  1,
        2])
In [10]: yv.flatten()
Out[10]: array([0, 0, 0, 0, 0, 0, 1, 1, 1, 1, 1, 1, 2, 2, 2, 2, 2, 2])
```

xv 矩陣與 *yv* 矩陣透過 flatten()方法被折疊成一維向量，觀察可以發現，所謂折疊就是矩陣中的每一行都拼接在一起。

回到生成圖型的邏輯，透過 numpy 的 meshgrid()方法與 flatten()方法處理後，獲得長度為 batch_size 大小的一維陣列 c1 與 c2；然後透過類似的邏輯，獲得順序獨熱向量矩陣 y_one_hot，並將 c1 與 c2 設定值到 y_one_hot 中作為第 10 維與第 11 維；然後將該 y_one_hot 作為資料登錄給生成器，讓生成器生成對應的圖型，從而觀察隱含編碼後 2 個維度對生成圖型的影響，圖型如圖 11.7 所示。

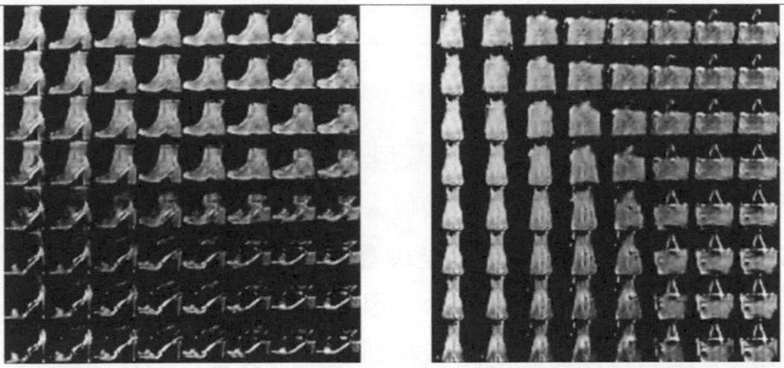

圖 11.7 後 2 個維度對生成圖型的影響

最後，來看一下 InfoGAN 在訓練過程中的損失變化，因為生成器與判別器的結構很常見，其對應的損失變化類似，所以這裡簡單展示一下分類器的損失變化，分類器的損失由兩部分組成。其中圖型分類對應的訓練損失變化如圖 11.8 所示。圖型特徵對應的訓練損失變化如圖 11.9 所示。

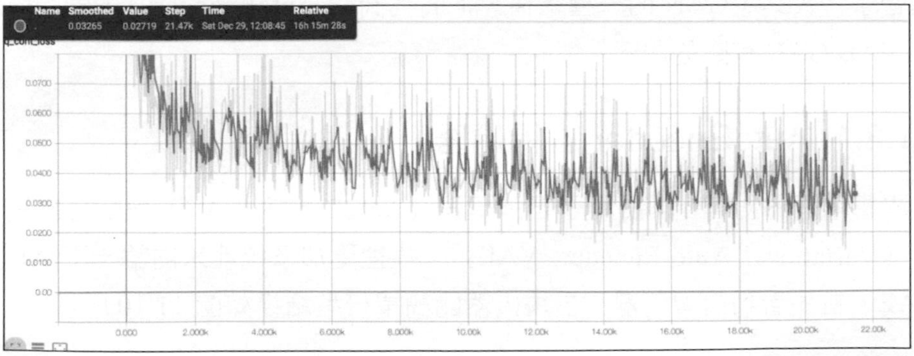

圖 11.8 圖型分類損失變化

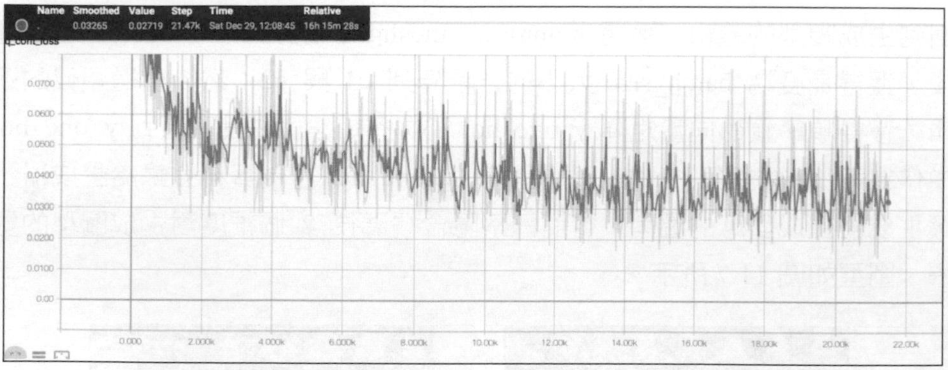

圖 11.9 圖型特徵損失變化

從圖 11.8 和圖 11.9 可以看出，圖型分類的損失隨著訓練的進行平穩降低，而圖型特徵的損失變化則起伏較大。造成這種現象的原因是，圖型分類使用的真實分類資料與真實圖型確實是具有對應關係的，GAN 比較容易學習到其中的關係；而圖型特徵使用的真實資料是隨機生成的，即一開始我們不知道圖型特徵對應的維度在訓練完成後會得到什麼結果，從而造成分類器在訓練時，圖型特徵損失有比較大的抖動。

11.3 VAE-GAN

了解了 InfoGAN 後，我們繼續踏上旅途，前往 VAE-GAN。VAE-GAN 是結合了 VAE 與 GAN 的一種結構，下面我們從 AutoEncoder(AE)開始討論與 VAE-GAN 有關的內容。

11.3.1 AutoEncoder 自編碼器

在本書前面的內容中，提及了自編碼器（AutoEncoder, AE）與變分自編碼器（Variational Auto-Encoder, VAE），這裡更加系統地來討論一下 AE 與 VAE。首先看到自編碼器，自編碼器的簡單模型結構如圖 11.10 所示。

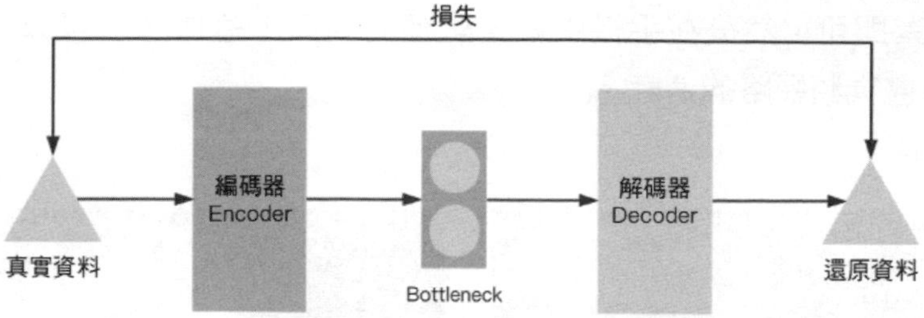

圖 11.10 自編碼器模型結構

從圖 11.10 中可以看出，自編碼器主要由兩部分組成，分別是編碼器（Encoder）與解碼器（Decoder），編碼器的作用是將傳入的資料壓縮成 Bottleneck（瓶頸），而解碼器的作用是將 Bottleneck 中的資料還原成原始的資料，透過逐畫素地比較真實圖型與還原圖型，可以獲得對應的損失，進而透過訓練來最小化該損失。

可以看出，自編碼器相當於創造了一種新的壓縮演算法，將原始高維資料中的特徵壓縮到低維的 Bottleneck 中，或也可以稱為新的特徵提取演算法。透過這種特徵提取演算法，獲得原始資料中關鍵的特徵，透過這些特徵就可以還原回與真實輸入圖型類似的圖型。

需要注意的是，自編碼器中，Bottleneck 維度越低，其儲存特徵資訊的能力也就越差，因此，解碼器還原圖型時，可以使用的資訊也就越少。如果輸入的原始圖型本身具有比較多的細節，而 Bottleneck 維度卻比較低，無法儲存那麼多細節，就會導致解碼器還原圖型模糊。這是難以避免的，因為 Bottleneck 只能儲存一定量的特徵，會捨棄原始圖型中大量的資訊。

自編碼器雖然結構簡單，但卻可以用於不同的方面，例如 Google 嘗試利用自編碼器來減少手機寬頻網路的消耗。其直觀的做法就是，手機透過寬頻存取伺服器中的大型資源（例如高畫質圖型）時，原始圖型資源會在伺服器中透過自編碼器中的編碼器進行壓縮，獲得對應的 Bottleneck 向量資料，將 Bottleneck 向量資料透過網路傳遞到手機端，再透過手機端的解碼器將 Bottleneck 解碼回原始的圖型，如圖 11.11 所示。只需請求原始圖型

1/4 的畫素即可，然後在手機中恢復對應的細節，這種做法可以一定限度地減少手機寬頻網路的消耗。

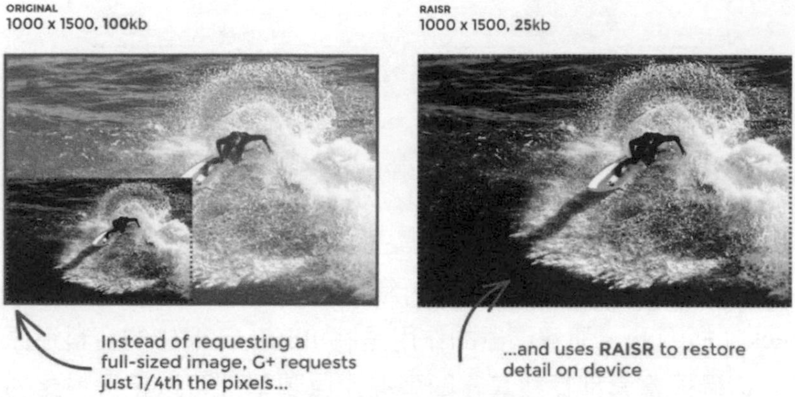

圖 11.11 減少手機寬頻網路的消耗

除此之外，自編碼器還可以用於資料雜訊去除和資料還原。使用自編碼器對圖像資料進行雜訊去除，這種自編碼器稱為去噪自編碼器（Denoise Auto-Encoder, dAE）。dAE 的原理其實與 AE 完全一樣，不同之處在於，我們會對原始圖型加上雜訊獲得有雜訊的圖型，然後將有雜訊的圖型交由編碼器編碼，最後透過解碼器解碼，此時解碼獲得的還原圖型不與輸入圖型做比較計算損失，而是與沒有加雜訊的原始圖型做比較來計算損失。這就強迫自編碼器必須學會去除圖型中的雜訊資料，dAE 的簡單結構如圖 11.12 所示。

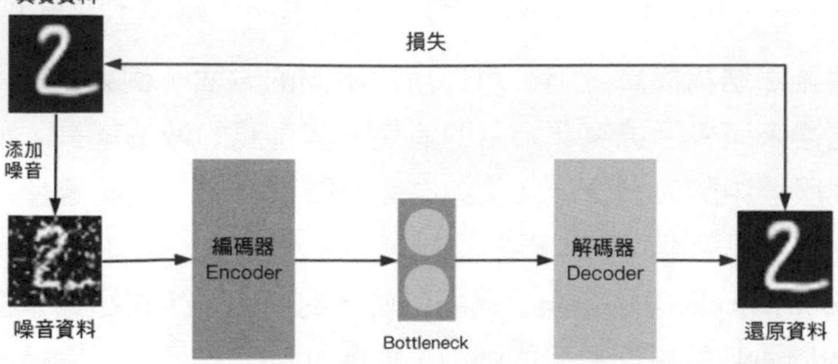

圖 11.12 Denoise Auto-Encoder 結構

同理，類似的想法還有讓自編碼器具有修復圖型的能力，這種做法通常稱為 Neural Inpainting，其原理與 dAE 完全一樣，只是使用的訓練資料是有缺失塊的圖型，然後還原的圖型與原始沒有缺失塊的圖型進行比較獲得損失，Neural Inpainting 效果如圖 11.13 所示（圖中的結果並不全是 AutoEncoder 的結果）。

圖 11.13 Neural Inpainting 效果

11.3.2 變分自編碼器

上一節簡單地介紹了自編碼器，因為不是本章的主要內容，所以很多細節並沒有深入，了解自編碼有助了解變分自編碼器，從其名稱應該就可以猜測到它與變分推斷有一定的關係。為了更易了解，這裡先從模型的角度來了解變分自編碼器，隨後再從數學的角度來了解變分自編碼器，以及它與變分推斷之間的關係。

從模型角度上來看，變分自編碼器相對於自編碼器而言，僅在 Bottleneck 向量處有所不同，通常一個常見的自編碼器的 Bottleneck 是一個向量，而變分自編碼器的 Bottleneck 是兩個向量，一個表示分佈的平均值，另一個表示分佈的標準差，透過這兩個向量就可以定義出一個樣本空間，而解碼器的輸入就是從該樣本空間中取樣獲得。變分自編碼器的簡單模型結構如圖 11.14 所示。

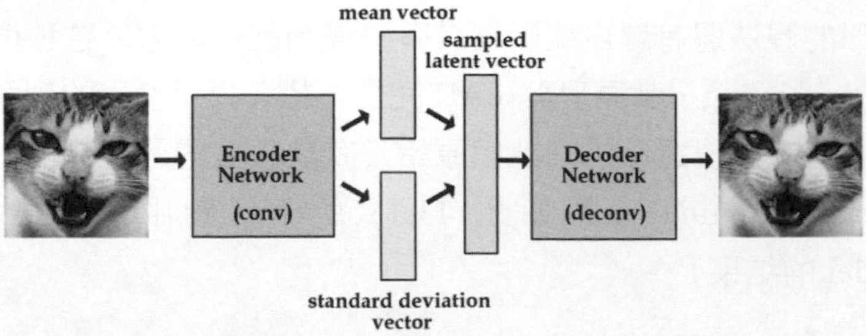

圖 11.14 變分自編碼器

從圖 11.14 中可以看出，原始資料透過編碼器網路處理後，會獲得平均值向量（mean vector）與標準差向量（standard deviation vector），然後從兩向量定義出的樣本空間中取樣出一個樣本作為解碼器的輸入，透過解碼器還原資料的原貌。

回顧一下自編碼器的內容，自編碼器有個明顯的缺陷，就是無法「創造」可用的資料，即無法產生不存在的圖型。自編碼器透過原始資料獲得該資料的特徵後，使用解碼器在這些特徵的基礎上還原資料，即輸入的是什麼，通常輸出的也是類似的東西。如果我們將其中的解碼器單獨拿出來使用，傳入隨機特徵，解碼器會生成一堆令人無法了解的資料，即無法「創造」可用的資料。而變分自編碼器避免了這個問題，通常在我們訓練變分自編碼器時，會約束平均值向量與標準差向量組成的樣本空間服從正態分佈，即要求平均值向量為 0，標準差向量為 1。因為訓練時，解碼器獲得的樣本資料都是從服從正態分佈的樣本空間中獲取的，所以當訓練結束後，我們就可以從正態分佈中取樣資料並將它直接交給解碼器，讓解碼器直接生成有意義的資料，只要我們傳入的樣本所在機率分佈與訓練 VAE 時樣本空間服從的分佈一致，解碼器就可以生成有意義的資料，可以認為變分自編碼器具有「創造」可用資料的能力。

從 VAE 的損失函數中也可以看出這種約束，首先看到其損失函數。

$$\mathcal{L}(\theta,\phi;x)=E_{Q_\phi}[\log P_\theta(x|z)]-D_{\mathrm{KL}}(Q_\phi(z|x)||P_\theta(z))$$

該損失函數由一個期望形式的值與 KL 散度這兩個主要部分組成。簡單而言，公式中期望形式的部分與自編碼器的損失一致，就是變分自編碼器原始圖型與生成圖型的損失；而 KL 散度部分，其目的是約束樣本空間服從正態分佈，即約束平均值向量為 0，標準差向量為 1，從而兩向量可以定義出一個標準的正態分佈。

但這裡其實還有一個重要的問題沒有解決，因為變分自編碼器涉及取樣，即解碼器的輸入是從樣本空間中取樣獲得的樣本，正向來看，似乎沒什麼問題，但在具體訓練變分自編碼器時，使用反向傳播演算法進行梯度更新，問題就顯現出來了，即取樣是一個隨機過程，梯度反向傳播時，隨機過程是無法計算傳播梯度的。為了解決這個問題，需要使用 Reparameterization Trick（參數再現技巧）。

首先我們定義從樣本空間中取樣的樣本為z，如果不做處理，那麼z就是隨機從樣本空間中取出來的，而樣本空間由平均值向量 μ 與標準差向量 σ定義，樣本的隨機性會導致反向傳播演算法部分更新平均值向量 μ 與標準差向量 σ 的梯度，從而無法訓練這兩個值。為了解決這個問題，一個做法就是將這個隨機性轉移到某個我們不關心的向量上，這裡具體的做法就是將 z 定義為標準差向量 σ 乘以一個隨機向量ξ加上平均值向量 μ 的值，該隨機向量服從標準正態分佈，其公式如下。

$$z = \mu + \sigma \odot \xi \text{，其中 } \xi \sim \mathrm{N}(0,1)$$

在具體訓練的某個時刻，μ 與 σ 都是固定的值，而樣本的隨機性都轉移到隨機變數 ξ 上。因為在訓練 VAE 時，平均值向量 μ 與標準差向量 σ 才是對應訓練的值，此時這兩個值是固定的，所以可以正常進行梯度反向傳播；而隨機向量 ξ，它是一個時刻發生變化的隨機值，在訓練的不同時刻，都會從標準正態分佈中取樣一個隨機值作為 ξ，用於組成樣本 z。

簡單而言，為了避免 μ 與 σ 是隨機值造成梯度無法反向傳播的問題，定義出一個服從正態分佈的隨機向量 ξ，在訓練的具體時刻，μ 與 σ 是固定的，而樣本 z 不再從樣本空間中隨機取樣，而是由固定的μ與σ和隨機樣本 ξ 運算獲得的隨機值。透過這種方式，將樣本的隨機性轉移到 ξ，而真正

需要被訓練的 μ 與 σ 是固定值，反向傳播可以正常進行，VAE 可以正常訓練，Reparameterization Trick 如圖 11.15 所示。

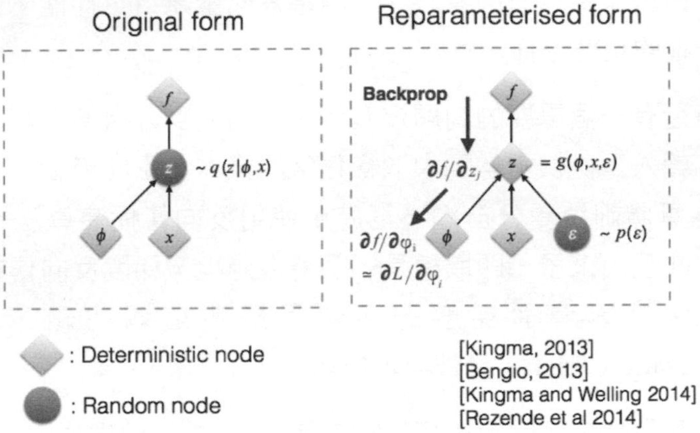

圖 11.15 Reparameterization Trick

透過這種方式，將取樣的過程分成固定部分與隨機部分，而需要訓練的參數在固定部分，使得模型可以透過反向傳播演算法進行梯度更新，並且將μ與σ整合到模型整體中，不需要單獨進行訓練，可以說是一個非常巧妙的做法。

至此，我們就從模型的角度了解了 VAE。

11.3.3 數學角度看 VAE

上面我們從模型角度討論了 VAE，接著我們從數學的角度來討論一下 VAE，進一步加深對 VAE 的了解。

對於常見的生成模型，它可以透過自己的參數θ控制生成的樣本，其機率運算式為$P_\theta(x)$，即θ參數下，樣本x會產生的機率。通常我們可以直接觀察一些現有的樣本x，從而利用最大似然估計的思維來求取模型的參數θ，而 VAE 希望可以透過一組隱變數z來控制生成模型生成的樣本，我們可以透過以下變化將生成模型$P_\theta(x)$與隱變數z聯繫在一起。

$$\log P_\theta(x)=\log P_\theta(x)\cdot 1=\log P_\theta(x)\int_z Q_\phi(z|x)\mathrm{d}z$$

其中$Q_\phi(z|x)$表示在樣本x確定的情況下，z 發生的機率。

這裡為何不選擇$Q(z)$或$P(z|x)$來做積分呢？原因很簡單，不選擇$Q(z)$是因為$Q(z)$的設定值範圍太大，我們不需要整個隱變數的空間，只關心可能生成樣本x的隱變數；不選擇$P(z|x)$，是因為P表示著樣本x的真實分佈，很難獲得，我們希望透過自訂的某種分佈去逼近這個真實分佈，該自訂的分佈是我們熟知的、方便計算的，這裡我們自訂了機率分佈Q，而且假設它服從高斯分佈。

理論上而言，我們自訂的機率分佈Q可以服從任意機率分佈，即任意機率分佈都可以作為隱變數的分佈，這裡之所以假設其服從高斯分佈，是因為高斯分佈具有良好的可計算性。

回到公式中，我們繼續推導變換。

$$\begin{aligned}\log P_\theta(x)&=\log P_\theta(x)\int_z Q_\phi(z|x)\mathrm{d}z\\&=\int_z Q_\phi(z|x)\log\frac{P_\theta(x,z)}{P_\theta(z|x)}\mathrm{d}z\\&=\int_z Q_\phi(z|x)\left[\log\frac{\log P_\theta(x,z)}{Q_\phi(z|x)}-\log\frac{P_\theta(z|x)}{Q_\phi(z|x)}\right]\mathrm{d}z\\&=\int_z Q_\phi(z|x)\log\frac{P_\theta(x,z)}{Q_\phi(z|x)}\mathrm{d}z+\int_z Q_\phi(z|x)\log\frac{Q_\phi(z|x)}{P_\theta(z|x)}\mathrm{d}z\\&=\int_z Q_\phi(z|x)\log\frac{P_\theta(x,z)}{Q_\phi(z|x)}\mathrm{d}z+D_{\mathrm{KL}}(Q_\phi(z|x)||P_\theta(z|x))\end{aligned}$$

可以發現，上述公式其實就是變分推斷的過程，結合前面變分推斷的內容，將上面的公式重新整理一下，就可以得到以下運算式。

$$\log P_\theta(x) - D_{\mathrm{KL}}(Q_\phi(z|x)||P_\theta(z|x)) \\ = \int_z Q_\phi(z|x)\log P_\theta(x|z)\mathrm{d}z - D_{\mathrm{KL}}(Q_\phi(z|x)||P_\theta(z))$$

將其寫成期望的形式，就獲得了 VAE 對應的目標函數。

$$\log P_\theta(x) - D_{\mathrm{KL}}(Q_\phi(z|x)||P_\theta(z|x)) \\ = E_{Q_\phi(z|x)}[\log P_\theta(x|z)] - D_{\mathrm{KL}}(Q_\phi(z|x)||P_\theta(z))$$

其中，

$$\mathcal{L}(\theta,\phi;x) = E_{Q_\phi(z|x)}[\log P_\theta(x|z)] - D_{\mathrm{KL}}(Q_\phi(z|x)||P_\theta(z))$$

因為樣本x通常是可以觀察到的，即$P_\theta(x)$通常是一個確定值，那麼想要讓生成模型生成與樣本x相近的資料，就要最小化等式左邊的$D_{\mathrm{KL}}(Q_\phi(z|x)||P_\theta(z|x))$，即最小化自訂的變分分佈$Q_\phi(z|x)$與真實後驗分佈$(P_\theta(z|x))$的距離。理由也很直觀，當我們觀察樣本$x$時，無法得知隱變數$z$在真實分佈中對應的機率值，但我們可以得知自訂的變分分佈中隱變數z的機率值（變分分佈服從已知的分佈，從而可以計算出具體的值，這裡服從高斯分佈），所以我們需要最小化變分分佈$Q_\phi(z|x)$與真實後驗分佈$(P_\theta(z|x))$之間的距離，從而可以得到隱變數z的值，進而透過隱變數z生成與樣本x近似的資料。

最小化$D_{\mathrm{KL}}(Q_\phi(z|x)||P_\theta(z|x))$，其實就要最大化等式右半部分，具體如下。

（1）最大化期望$E_{Q_\phi(z|x)}[\log P_\theta(x|z)]$。

（2）最小化 KL 散度$D_{\mathrm{KL}}(Q_\phi(z|x)||P_\theta(z))$（KL 恒大於 0）。

對於需要最小化的 KL 散度$(D_{\mathrm{KL}}(Q_\phi(z|x)||P_\theta(z)))$而言，因為我們假設$Q_\phi(z|x)$分佈服從高斯分佈，所以要最小化該 KL 散度，其實就表示$(P_\theta(z))$也要服從高斯分佈，此時兩分佈相同，KL 散度為 0。

這裡以一維高斯分佈為例，簡單推導一下，高斯分佈的運算式為

$$N(\mu,\sigma) = \frac{1}{\sqrt{2\pi\sigma^2}}\mathrm{e}^{\frac{(x-\mu)^2}{2\sigma^2}}$$

將其代入(KL(P_1,P_2))中，則有

$$\mathrm{KL}(P_1,P_2)=\int P_1(x)\log\frac{P_1(x)}{P_2(x)}\mathrm{d}x=\int P_1(x)\big(\log P_1(x)\mathrm{d}x-\log P_2(x)\big)\mathrm{d}x$$

$$=\int P_1(x)\left(\log\left(\frac{1}{\sqrt{2\pi\sigma^2}}\mathrm{e}^{\frac{(x-\mu)^2}{2\sigma^2}}\right)-\log\left(\frac{1}{\sqrt{2\pi\sigma^2}}\mathrm{e}^{\frac{(x-\mu)^2}{2\sigma^2}}\right)\right)$$

$$=\int P_1(x)\left(-\frac{1}{2}\log 2\pi-\log\sigma_1-\frac{(x-\mu_1)^2}{2\sigma_1^2}+\frac{1}{2}\log 2\pi+\log\sigma_2\right.$$

$$\left.+\frac{(x-\mu_2)^2}{w\sigma_2^2}\right)\mathrm{d}x$$

$$=\int P_1(x)\left\{\log\frac{\sigma_2}{\sigma_1}+\left[\frac{(x-\mu_2)^2}{w\sigma_2^2}-\frac{(x-\mu_1)^2}{2\sigma_1^2}\right]\right\}\mathrm{d}x$$

$$=\int\left(\log\frac{\sigma_2}{\sigma_1}\right)P_1(x)\mathrm{d}x+\int\left(\frac{(x-\mu_2)^2}{2\sigma_2^2}\right)P_1(x)\mathrm{d}x$$

$$-\int\left(\frac{(x-\mu_1)^2}{2\sigma_1^2}\right)P_1(x)\mathrm{d}x$$

$$=\log\frac{\sigma_2}{\sigma_1}+\frac{1}{2\sigma_2^2}\int((x-\mu_2)^2)P_1(x)\mathrm{d}x-\frac{1}{2\sigma_1^2}\int((x$$

$$-\mu_1)^2)P_1(x)\mathrm{d}x=\log\frac{\sigma_2}{\sigma_1}+\frac{1}{2\sigma_2^2}\int((x-\mu_2)^2)P_1(x)\mathrm{d}x-\frac{1}{2}$$

$$=\log\frac{\sigma_2}{\sigma_1}+\frac{1}{2\sigma_2^2}\int((x-\mu_1+\mu_1-\mu_2)^2)P_1(x)\mathrm{d}x-\frac{1}{2}$$

$$=\log\frac{\sigma_2}{\sigma_1}+\frac{1}{2\sigma_2^2}[\int(x-\mu_1)^2P_1(x)\mathrm{d}x+\int(\mu_1-\mu_2)^2P_1(x)\mathrm{d}x$$

$$+2\int(x-\mu_1)(\mu_1-\mu_2)]P_1(x)\mathrm{d}x-\frac{1}{2}$$

$$=\log\frac{\sigma_2}{\sigma_1}+\frac{1}{2\sigma_2^2}[\int(x-\mu_1)^2P_1(x)\mathrm{d}x+(\mu_1-\mu_2)^2]-\frac{1}{2}$$

$$=\log\frac{\sigma_2}{\sigma_1}+\frac{\sigma_1^2+(\mu_1-\mu_2)^2}{2\sigma_2^2}-\frac{1}{2}$$

因為一維高斯分佈過於簡單，適用性並不強，所以通常會假設分佈服從多維高斯分佈，可以與一維高斯分佈類似的方式，將多維高斯分佈代入 KL 散度的表示中。

多維高斯分佈運算式為

$$P(x_1,x_2,\cdots,x_n)=\frac{1}{\sqrt{2\pi\cdot\det(\Sigma)}}$$

將其代入 KL 散度中，可以獲得以下運算式。

$$D_{\mathrm{KL}}(P_1||P_2)=\frac{1}{2}\left[\log\frac{\det(\Sigma_2\ )}{\det(\Sigma_1\ )}-d+\mathrm{tr}\left(\sum\nolimits_2^{-1}\ \sum\nolimits_1\ \right)+(\mu_2-\mu_1)^{\mathrm{T}}\sum\nolimits_2^{-1}(\mu_2-\mu_1)\right]$$

這裡展示了較多的公式推導，為了避免混亂，先簡單理清一下，透過前面關於 VAE 內容的討論，知道了我們的目標是最小化 KL 散度 $D_{\mathrm{KL}}(Q_\phi(z|x)||P_\theta(z))$，當變分分佈$Q_\phi(z|x)$與真實分佈$P_\theta(z)$完全相同時，KL 散度就是最小的。因為我們假設了變分分佈Q服從高斯分佈，那麼 KL 最小化真實分佈$P_\theta(z)$也應該服從高斯分佈，因為一維高斯分佈過於簡單，所以我們假設變分分佈服從的是多維高斯分佈，當變分分佈$Q_\phi(z|x)$與真實分佈$P_\theta(z)$都服從多維高斯分佈時，KL 散度最小。將多維高斯分佈的運算式代入 KL 散度的運算式中，就可以獲得 KL 散度的最小值，從而實現最小化 KL 散度$D_{\mathrm{KL}}(Q_\phi(z|x)||P_\theta(z))$的目標。

有了 KL 散度的運算式後，接著就可以透過神經網路強大的擬合能力根據樣本x去學習出高斯分佈的平均值和方差了。這其實就對應著 VAE 中的編碼器（Encoder），透過編碼器的學習能力獲得該高斯分佈的平均值和方差。

接著看到最大化$E_{Q_\phi(z|x)}[\log P_\theta(x|z)]$這個目標，在上一步最小化 KL 散度的過程中，已經可以透過編碼器學習到分佈的平均值和方差，此時就可以從該平均值與方差定義出的分佈中取樣出樣本z作為$P_\theta(x|z)$的值，從而求取該期望的最大值，但是取樣帶來的隨機性讓模型在具體訓練時會遇到梯度無法反向傳播的問題。為了解決這個問題，樣本z不再直接從分佈中取樣，而是 Reparameterization Trick（參數再現技巧）將取樣樣本z的隨機性轉移到與模型訓練無關的參數上，具體的做法就是引入一個無關的輔助雜

訊變數ξ，並且定義出對應的可微函數$g_\phi(\xi, x)$，樣本z從$z \sim Q_\phi(z|x)$變為$z = G_\phi(\xi, x)$，其中$\xi \sim P(\xi)$。

隨後就可以使用蒙地卡羅法（Monte Carlo）進行取樣來估計某個函數$f(x)$關於分佈$Q_\phi(z|x)$的期望。

$$E_{Q_\phi(z|x^{(i)})}[f(z)] = E_{P(\xi)}\left[f\left(g_\phi\left(\xi, x^{(i)}\right)\right)\right]$$
$$\approx \frac{1}{L}\sum_{l=1}^{L} f\left(g_\phi\left(\xi^{(l)}, x^{(i)}\right)\right)\text{，其中}\xi^{(l)} \sim P(\xi)$$

論文中將之稱為 SGVB（Stochastic Gradient Variational Bayes）評估器。

具體到當前這個期望，利用蒙地卡羅方法估計後的運算式為

$$E_{Q_\phi(z|x)}[\log P_\theta(x|z)] = \frac{1}{L}\sum_{l=1}^{L}[\log P_\theta(x^{(i)}, z^{(i,l)})]$$

利用 SGVB 評估器後，$\mathcal{L}(\theta, \phi; x))$變為以下形式。

$$\mathcal{L}(\theta, \phi; x) = \frac{1}{L}\sum_{l=1}^{L}\log P_\theta(x^{(i)}|z^{(i,l)}) - D_{\mathrm{KL}}(Q_\phi(z|x^{(i)})||P_\theta(z))$$

其中$z^{(i,l)} = g_\phi\left(\xi^{(i,l)}, x^{(i)}\right), \xi^{(i,l)} \sim P(\xi)$。

$(\mathcal{L}(\theta, \phi; x))$還有另外一種不常用的形式。

$$\mathcal{L}(\theta, \phi; x) = \frac{1}{L}\sum_{l=1}^{L}[\log P_\theta(x^{(i)}, z^{(i.l)}) - \log Q_\phi(z^{(i,l)}|x^{(i)})]$$

同樣的，其中$z^{(i,l)} = g_\phi(\xi^{(i,l)}, x^{(i)}), \xi^{(i,l)} \sim P(\xi)$。

在對模型進行具體訓練時，如果樣本數 N 比較大，通常我們會採用 Mini-batch 的方法來進行訓練，即一組訓練資料餵給模型，此時$(\mathcal{L}(\theta, \phi; x))$(ELBO) 就可以透過 Mini-batch 進行估計，即指定資料集$X = (x^{(i)})_{i=1}^{N}$的情況，基於 Mini-batch 可以建構出邊際似然變分下界的估計。

$$\mathcal{L}(\theta,\phi;X) \approx \tilde{\mathcal{L}}^{M}(\theta,\phi;x^{M}) = \frac{N}{M}\sum_{j=1}^{M}\tilde{\mathcal{L}}(\theta,\phi;x^{(j)})$$

其中 Mini-batch $X^{M} = \{x^{(j)}\}_{j=1}^{M}$是從資料集$X$中隨機取出的$M$個資料點，只要 Mini-batch 的規模$M$足夠大，在每個資料點$x^{j}$處的取樣次數 L 可置為 1，這種方法在論文中被稱為 Mini-batch 版的 AEVB 演算法（Auto-Encoding VB algorithm），在實際計算時，作者定義$M = 100$、$L = 1$。

Mini-batch 版的 AEVB 演算法具體步驟如下。

（1）初始化θ與ϕ參數。

（2）重複下面流程。

a. 從資料集X中隨機取樣M個資料點，記為X^{M}。

b. 從雜訊分佈$P(\xi)$中隨機取樣，取樣獲得的值記為ξ。

c. 計算使用了 SGVB 後小量估計器的梯度，$g = \nabla_{\theta,\phi}\tilde{\mathcal{L}}^{M}(\theta,\phi;X^{M},\xi)$ + d。使用梯度g更新參數θ與ϕ，例如使用 SGB 或 Adagrad 演算法。

（3）直到θ與ϕ這兩個參數收斂，返回θ與ϕ。

但上面這些其實都是整體的框架，要實現具體的變分自編碼器，還需要做出對應的假設，VAE 論文中，作者做出以下假設。

$$P(\xi) = N(\xi;0,I)$$

$$Q_{\phi}(z|x) = N(z;\mu,\sigma^{2}I)$$

$$P_{\theta}(z) = N(z;0,I)$$

$$g_{\phi}(\xi,x) = \mu + \sigma\odot\xi$$

因為我們將隱變數的先驗機率$P_{\theta}(z)$的平均值假設為 0，方差假設為單位矩陣的多維高斯分佈，所以對應的 KL 散度就可以簡化一下。

原始的多維高斯分佈對應的最小化的 KL 散度運算式為

$$D_{\mathrm{KL}}(P_1||P_2)=\frac{1}{2}\left[\log\frac{\det(\Sigma_2\ \ )}{\det(\Sigma_1\ \ )}-d+\mathrm{tr}(\sum\nolimits_2^{-1}\sum\nolimits_1)+(\mu_2-\mu_1)^{\mathrm{T}}\sum\nolimits_2^{-1}(\mu_2-\mu_1)\right]$$

簡化後為

$$D_{\mathrm{KL}}(P_1||N(0,I))=\frac{1}{2}\left[-\log[\det\left(\sum\nolimits_1\right)]-d+\mathrm{tr}\left(\sum\nolimits_1\right)+\mu_1^{\mathrm{T}}\mu_1\right]$$

因為還假設了$q_\phi(z|x)=N(z;\mu,\sigma^2 I)$，即透過$\sigma$來表示協方差的主對角線，那麼 KL 散度可以進一步簡化為

$$D_{\mathrm{KL}}(P_1(\mu_1,\sigma_1)||N(0,I))=\frac{1}{2}\left[-\sum_i\log[(\sigma_1^{(i)})]-d+\sum_i\sigma_1^{(i)}+\mu_1^{\mathrm{T}}\mu_1\right]$$

在具體實現 VAE 時，因為 TensorFlow 等深度學習框架通常採用向量的計算方式，所以還需要對上述 KL 散度進行對應的變化。

$$D_{\mathrm{KL}}(P_1(\mu_1,\sigma_1)||N(0,I))=\frac{1}{2}\left[-\sum_i\log[(\sigma_1^{(i)})]-d+\sum_i\sigma_1^{(i)}+\mu_1^{\mathrm{T}}\mu_1\right]$$

$$=\sum_{i=0}^{d}\left(-\frac{1}{2}\right)\log[\left(\sigma_1^{(i)}\right)^2]+\sum_{i=0}^{d}\left(-\frac{1}{2}\right)+\sum_{i=0}^{d}\frac{1}{2}\left[(\sigma_1^{(i)})^2\right]+\sum_{i=0}^{d}\frac{1}{2}[(\mu_1^{(i)})^2]$$

$$=\frac{1}{2}\sum_{i=0}^{d}[(-\log[(\sigma_1^{(i)})^2])+(\sigma_1^{(i)})^2+(\mu_1^{(i)})^2-1]$$

整理後得到 VAE 最終的目標函數。

$$\mathcal{L}(\theta,\phi;x^{(i)})\approx\frac{1}{2}\sum_{j=1}^{J}(1+\log[(\sigma_j^{(i)})^2]-(\mu_j^{(i)})^2-(\sigma_j^{(i)})^2)$$
$$+\frac{1}{L}\sum_{l=1}^{L}\log P_\theta(x^{(i)}|z^{(i,l)})$$

其中 $z^{(i,l)}=\mu^{(i)}+\sigma^{(i)}\odot\xi^{(l)},\xi^{(l)}\sim N(0,I)$

至此 VAE 的數學推導就結束了，其整體結構如圖 11.16 所示。

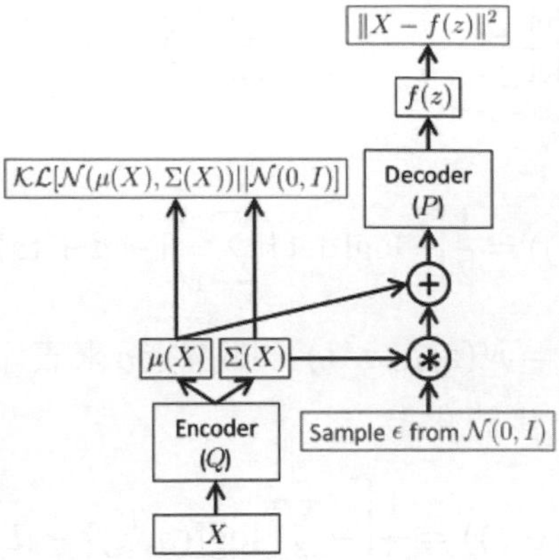

圖 11.16 VAE 數學推導整體結構

11.3.4 TensorFlow 實現 VAE

有了上面的理論知識後，我們可以透過 TensorFlow 來實現一個簡單的 VAE。在正式編寫前，先回憶一下 VAE 的模型結構與對應的數學推導，VAE 主要由兩部分組成，分別是編碼器與解碼器，編碼器會接收具體的資料，然後獲得對應 Bottleneck（即隱變數z）；從 VAE 的數學推導中已經知道，編碼器本質上要做的事情是最小化$D_{\mathrm{KL}}(Q_\phi(z|x)||P_\theta(z))$，從而學習到分佈的平均值$\mu$與標準差$\sigma$，而解碼器會獲得編碼器輸出的隱變數$z$，然後將其還原回原始的資料。從隱變數分佈中取樣隱變數帶來的隨機性，會導致訓練模型時梯度無法反傳，為了解決這個問題，使用 reparameterization 方法將取樣隱變數的隨機性轉移到一個無關變數ξ上。

為了簡便，依舊使用 fashion 資料集作為 VAE 的訓練資料，這樣我們可以直接透過 TensorFlow 中 MNIST 下的 input_data 方法讀取資料，並且不用設計太過複雜的結構，就可以獲得一定的效果。

在一開始，與編寫 GAN 的流程類似，我們先來編寫 VAE 的編碼器與解碼器。首先編寫 VAE 的編碼器，具體程式如下。

```
# 編碼器
def encoder(self, x, is_training=True, reuse=False):
    with tf.variable_scope("encoder", reuse=reuse):
```

```
        net = lrelu(conv2d(x, 64, 4, 4, 2, 2, name='en_conv1'))
        net = lrelu(bn(conv2d(net, 128, 4, 4, 2, 2, name='en_conv2'),
is_training=is_training, scope='en_bn2'))
        net = tf.reshape(net, [self.batch_size, -1])
        net = lrelu(bn(linear(net, 1024, scope='en_fc3'),
is_training=is_training, scope='en_bn3'))
        # 獲得高斯參數，隨後從中分離出平均值與標準差即可
        gaussian_params = linear(net, 2 * self.z_dim, scope='en_fc4')
        # 平均值
        mean = gaussian_params[:, :self.z_dim]
        # 標準差，標準差必須為正數
        stddev = 1e-6 + tf.nn.softplus(gaussian_params[:, self.z_dim:])
    return mean, stddev
```

VAE 的編碼器結構比較簡單，一開始使用兩層卷積網路來處理傳入的圖像資料並使用 Leaky Relu 作為啟動函數；接著使用兩個全連接層來壓縮資料中的資訊，從而獲得 Bottleneck 向量，從中取出對應的部分作為平均值與標準差即可；有了該平均值與標準差，就可以定義出對應的分佈，當 VAE 訓練完成，我們就可以從該分佈中隨機取樣一個隱變數作為解碼器的輸入，實現資料的生成。

編碼器編寫完成，接著來編寫解碼器，解碼器的作用是接收隱變數生成對應的資料，因為訓練資料使用的是 fashion 的灰階圖型，所以解碼器只需要生成灰階圖型即可，解碼器的具體程式如下。

```
# 解碼器
def decoder(self, z, is_training=True, reuse=False):
    with tf.variable_scope("decoder", reuse=reuse):
        net = tf.nn.relu(bn(linear(z, 1024, scope='de_fc1'),
is_training=is_training, scope='de_bn1'))
        net = tf.nn.relu(bn(linear(net, 128 * 7 * 7, scope='de_fc2'),
is_training=is_training, scope='de_bn2'))
        net = tf.reshape(net, [self.batch_size, 7, 7, 128])
        net = tf.nn.relu(
            bn(deconv2d(net, [self.batch_size, 14, 14, 64], 4, 4, 2, 2,
name='de_dc3'), is_training=is_training,
               scope='de_bn3'))
```

```
        #因為生成圖型是灰階圖，所以圖型的數值在 0~1 之間
        out = tf.nn.sigmoid(deconv2d(net, [self.batch_size, 28, 28, 1], 4,
4, 2, 2, name='de_dc4'))
        return out
```

解碼器的結構和樣比較簡單，先透過兩個全連接層來處理輸入的隱變數，將資料擴大，隨後使用兩層轉置卷積網路來實現圖像資料的生成器，因為編碼器只需生成灰階圖型，所以最後一層使用 sigmoid 作為啟動函數。

至此就將 VAE 中的編碼器與解碼器編寫完成，接著就來建構整個 VAE 網路，其困難在於建構出 VAE 的目標函數。首先透過 placeholder()方法實例化對應的預留位置，用於接收圖型輸入與解碼器取樣的隱變數，程式如下。

```
#圖型輸入
self.inputs = tf.placeholder(tf.float32, [bs] + image_dims,
              name='real_images')
# 隱變數
self.z = tf.placeholder(tf.float32, [bs, self.z_dim], name='z')
```

接著透過編碼器獲得 Bottleneck 處分佈的平均值μ與標準差σ。

```
# encoding
self.mu, sigma = self.encoder(self.inputs, is_training=True, reuse=False)
```

因為直接從隱變數分佈中取樣會導致梯度無法反向傳播，模型無法進行訓練，所以使用 Reparameterization Trick 方法將取樣的隨機性轉移到無關變數中，即$z^{(i,l)} = \mu^{(i)} + \sigma^{(i)} \odot \xi^{(l)}$。

```
z = self.mu + sigma * tf.random_normal(tf.shape(self.mu), 0, 1,
dtype=tf.float32)
```

透過 Reparameterization Trick 方法獲得隱變數z後就可以傳入解碼器，讓解碼器還原回原始資料。

```
# 解碼器還原資料
out = self.decoder(z, is_training=True, reuse=False)
self.out = tf.clip_by_value(out, 1e-8, 1 - 1e-8)
```

其中，tf.clip_by_value(A, min, max)方法會將傳入張量 **A** 中的每個元素的值都壓縮到 min 和 max 之間，其中值小於 min 的元素讓其等於 min，值大於 max 的元素讓其等於 max，也就是將解碼器生成的資料中元素的值都壓縮到 0～1（1e-8=0.00000001，這是一個非常小的值）。

至此 VAE 模型架設完成，接著就來定義 VAE 的損失，VAE 的損失整體分為兩部分，其運算式如下。

$$\mathcal{L}(\theta,\phi;x^{(i)}) \approx \frac{1}{2}\sum_{j=1}^{J}(1+\log((\sigma_j^{(i)})^2-(\mu_j^{(i)})^2-(\sigma_j^{(i)})^2)) + \frac{1}{L}\sum_{l=1}^{L}\log P_\theta(x^{(i)}|z^{(i,l)})$$

首先來實現 KL 散度的部分。

```
# KL 散度部分表示的損失
KL_divergence = 0.5 * tf.reduce_sum(tf.square(self.mu) + tf.square(sigma) -
tf.log(1e-8 + tf.square(sigma)) - 1, [1])
self.KL_divergence = tf.reduce_mean(KL_divergence)
```

程式比較簡單，就是公式中的含義，只是透過 TensorFlow 的方法實現出來而已。

接著來實現邊緣機率部分（即期望部分）。

```
# 期望部分表示的損失
marginal_likelihood = tf.reduce_sum(self.inputs * tf.log(self.out) + (1 -
self.inputs) * tf.log(1 - self.out),[1, 2])
self.neg_loglikelihood = -tf.reduce_mean(marginal_likelihood)
```

需要注意的是，這裡使用負號，將最大化期望的目標轉為最小化該期望。

將兩部分相加就獲得 ELBO，而模型的梯度就是 ELBO 對應的反方向。

```
ELBO = -self.neg_loglikelihood - self.KL_divergence
self.loss = -ELBO
```

程式編寫到這裡，你可能會有點亂，那麼多負號有什麼用？其實可以直接約掉，並不會影響具體的訓練，但會影響了解。這裡簡單地理一下，首先我們知道 VAE 的目標是最小化模型的損失 self.loss，即最小化-ELBO，即最大化 ELBO；而 ELBO 由兩部分組成，因為 KL 散度恒大於或等於 0，所以要最大化 ELBO，就需要最小化 self.neg_loglikelihood 與最小化 self.KL_divergence，而 self.neg_loglikelihood = -tf.reduce_mean(marginal_likelihood)，所以最小化 self.neg_loglikelihood 相當於最大化邊緣機率 marginal_likelihood，這其實就是最大化期望部分。

損失定義完成，就可以透過對應的最佳化演算法來進行模型的最佳化了，程式如下。

```
t_vars = tf.trainable_variables()
        with tf.control_dependencies(tf.get_collection(tf.GraphKeys.
        UPDATE_OPS)):
            self.optim = tf.train.AdamOptimizer(self.learning_rate*5,
            beta1=self.beta1).minimize(self.loss, var_list=t_vars)
```

VAE 的模型結構與對應的損失函數都建構完成，可以進行訓練了。與訓練 GAN 時要分別訓練生成器與判別器相比，VAE 只需要對整體進行訓練，而且訓練時的樣本資料需要從高斯分佈中取樣獲得，就算使用了 Reparameterization Trick，其無關變數也是從高斯分佈中取樣獲得的。所以，在具體訓練前，需要使用一個從高斯分佈中取樣的方法，具體程式如下。

```
def gaussian(batch_size, n_dim, mean=0, var=1, n_labels=10,
use_label_info=False):
    # 取樣多個樣本
    if use_label_info:
        if n_dim != 2:
            raise Exception("n_dim must be 2.")
        def sample(n_labels):
            x, y = np.random.normal(mean, var, (2,))
            angle = np.angle((x-mean) + 1j*(y-mean), deg=True)
            label = ((int)(n_labels*angle))//360
            if label<0:
                label+=n_labels
```

```
            return np.array([x, y]).reshape((2,)), label
        z = np.empty((batch_size, n_dim), dtype=np.float32)
        z_id = np.empty((batch_size, 1), dtype=np.int32)
        for batch in range(batch_size):
            for zi in range((int)(n_dim/2)):
                        a_sample, a_label = sample(n_labels)
                        z[batch, zi*2:zi*2+2] = a_sample
                        z_id[batch] = a_label
        return z, z_id
    else:
        # 單樣本取樣
        z = np.random.normal(mean, var, (batch_size, n_dim)).astype
(np.float32)
        return z
```

接著就來編寫具體的訓練方法，程式如下。

```
def train(self):
        # 初始化全域參數
        tf.global_variables_initializer().run()
        # 從高斯分佈中取樣，用於生成資料
        self.sample_z = prior.gaussian(self.batch_size, self.z_dim)
        # 模型保存者
        self.saver = tf.train.Saver()
        # summary writer
        self.writer = tf.summary.FileWriter(self.log_dir + '/' +
            self.model_name,
            self.sess.graph)
        # 判斷是否有已存在的模型，有則載入
        could_load, checkpoint_counter = self.load(self.checkpoint_dir)
        if could_load:
            start_epoch = (int)(checkpoint_counter / self.num_batches)
            start_batch_id = checkpoint_counter - start_epoch *
                          self.num_batches
            counter = checkpoint_counter
            print(" [*] Load SUCCESS")
        else:
            start_epoch = 0
            start_batch_id = 0
            counter = 1
```

```
        print(" [!] Load failed...")
    # loop for epoch
    start_time = time.time()
    for epoch in range(start_epoch, self.epoch):
        # 獲得 batch 大小的資料
        for idx in range(start_batch_id, self.num_batches):
            batch_images = self.data_X[idx*self.batch_size:(idx+1)
                           *self.batch_size]
            batch_z = prior.gaussian(self.batch_size, self.z_dim)
            # 訓練 VAE
            _, summary_str, loss, nll_loss, kl_loss =
                self.sess.run([self.optim, self.merged_summary_op,
                self.loss, self.neg_loglikelihood, self.KL_divergence],
            feed_dict={self.inputs: batch_images, self.z: batch_z})
            self.writer.add_summary(summary_str, counter)
            # 列印訓練狀態
            counter += 1
            print("Epoch: [%2d] [%4d/%4d] time: %4.4f, loss: %.8f,
                  nll: %.8f, kl: %.8f" \
                  % (epoch, idx, self.num_batches, time.time() -
                  start_time, loss, nll_loss, kl_loss))
            # 每300步保存一次訓練結果
            if np.mod(counter, 300) == 0:
                samples = self.sess.run(self.fake_images,
                          feed_dict={self.z: self.sample_z})

                tot_num_samples = min(self.sample_num,
                                  self.batch_size)
                manifold_h = int(np.floor(np.sqrt(tot_num_samples)))
                manifold_w = int(np.floor(np.sqrt(tot_num_samples)))
                save_images(samples[:manifold_h * manifold_w, :, :, :],
                [manifold_h, manifold_w],
                          './' + check_folder(self.result_dir + '/'
                          + self.model_dir) + '/' + self.model_name
                          + '_train_{:02d}_{:04d}.png'.format(
                                epoch, idx))
        # 單epoch結束後，start_batch_id 設定回 0
        start_batch_id = 0
        # 保存模型
```

```
                self.save(self.checkpoint_dir, counter)
                # 視覺化訓練結構
                self.visualize_results(epoch)
            self.save(self.checkpoint_dir, counter)
```

訓練程式比較長，但邏輯很簡單。首先嘗試匯入模型，如果已經存在模型，那就載入該模型，繼續訓練；然後是雙層 for 疊代，具體的訓練就是將 batch 組的原始資料與取樣到的樣本資料透過 run 方法的 feed_dict 參數傳入，每疊代 300 次，就透過當前的解碼器獲得生成圖型。

最後來看一下 VAE 的訓練狀態與訓練結果，首先看訓練 VAE 過程中損失的變化，如圖 11.17 所示。可以看出，VAE 波動比較大，但相對於 GAN 而言，VAE 不需要那麼多的運算資源，訓練速度比較快。

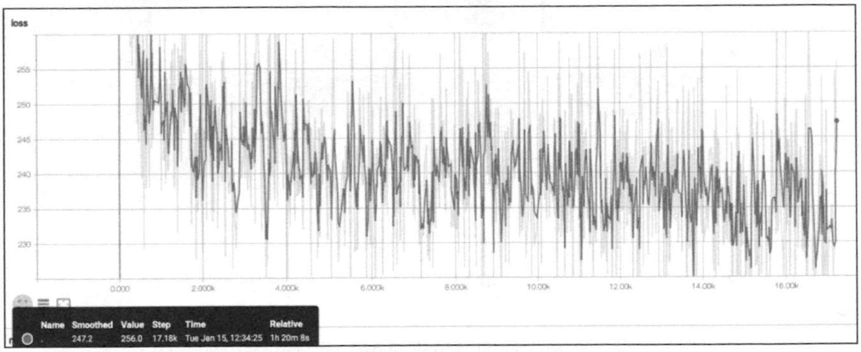

圖 11.17 VAE 損失變化

接著看 VAE 訓練的結果，如圖 11.18 所示。可以看出，與 GAN 相比，VAE 生成的圖型有些模糊，這其實是 VAE 中比較嚴重的問題。

圖 11.18 VAE 訓練結果

11.3.5 VAE 與 GAN 的結合體 VAE-GAN

透過本書前面的內容，知道了 VAE 與 GAN 都有各自的缺點。對 VAE 而言，單純地使用它生成圖型時，產生的圖型比較「規矩」但卻比較模糊；而對 GAN 而言，它的訓練過程並不穩定，容易發生模式崩潰或梯度消失等問題。為了解決 VAE 與 GAN 各自的問題，是否可以將 VAE 與 GAN 結合使用，發揮兩個模型各自的優點以相互彌補各自的缺陷？當然可以，這就是 VAE-GAN，其簡單的模型結構如圖 11.19 所示。

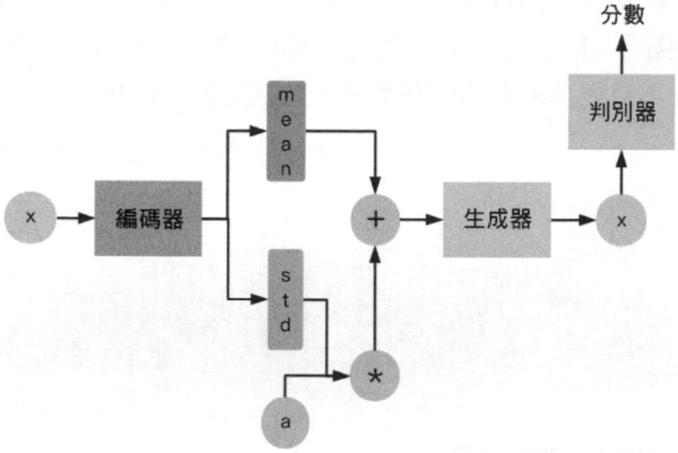

圖 11.19 VAE-GAN 模型

從 VAE 角度來看，VAE 產生的圖型比較模糊，很大一部分原因是，它並不知道如何才能比較好地定義生成圖型與真實圖型之間的損失，傳統的 VAE 會透過比較生成圖型與真實圖型畫素之間的差，取平均值定義出損失，這種方式就導致生成的圖型比較模糊。為了解決這個問題，我們可以給 VAE 加上一個判別器，此時 VAE 的解碼器生成圖型時，不僅要讓生成的圖型與原始圖型之間的損失較小，還需要讓生成的圖型騙過判別器。加上判別器結構後，判別器就會強迫 VAE 的解碼器生成清晰的圖型。

從 GAN 角度來看，傳統 GAN 的生成器在生成圖型時，它會接受判別器的指導，從而隨著訓練的進行逐步生成逼真的圖型。但在單純的 GAN 結構中，因為生成器與判別器的能力難以均衡，容易造成訓練的不穩定，一個原因就是對 GAN 而言，生成器從未見過真實的圖型，不清楚真實圖型的樣子，直接嘗試從一堆隨機資料中生成圖型，此時生成器的能力難以與判別器抗衡，實現對抗，這種情況下，我們通常需要多次調整生成器的參數或經過較長時間的訓練，模型才有可能收斂。而給 GAN 加上 VAE 的編碼器的作用就是為生成器增加一個損失，即生成圖型與真實圖型之間的損失，這相當於告訴生成器真實圖型的模樣，生成器多了一個損失作為指導，在訓練時會更加穩定。

有了 VAE 與 GAN 的知識，了解 VAE-GAN 會輕鬆很多，這裡結合圖 11.19 所示的 VAE-GAN 結構，簡單地從模型的角度討論一下其損失。對於 VAE-GAN 而言，它有 3 個主要部分，分別是編碼器、生成器（解碼器）以及判別器。對每個部分而言，其對應的損失都是不相同的，直觀如圖 11.20 所示。

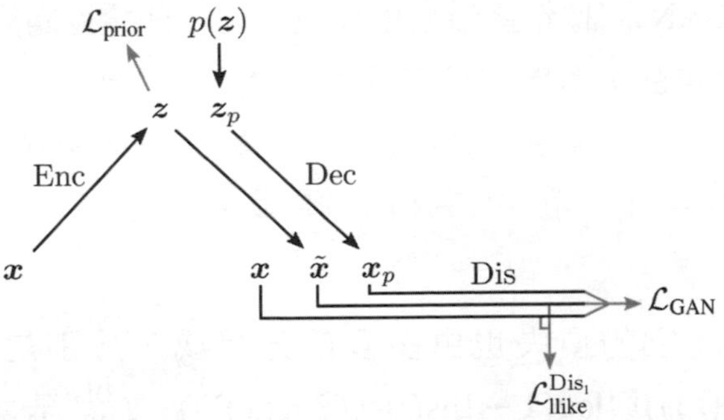

圖 11.20 不同結構對應的損失

圖 11.20 中，Enc 表示編碼器，Dec 表示生成器（解碼器），Dis 表示判別器。

對編碼器而言，它的損失由兩部分組成，分別是$\mathcal{L}_{\text{prior}}$與$\mathcal{L}_{\text{llike}}^{\text{Dis}_l}$，簡單討論一下這兩個變數的函數，透過前面 VAE 的討論，已經知道 VAE 的目標函數為

$$\mathcal{L}(\theta,\phi;x)=E_{Q_\phi(z|x)}[\log P_\theta(x|z)]-D_{\mathrm{KL}}(Q_\phi(z|x)||P_\theta(z))$$

在 VAE-GAN 論文中，KL 散度的部分透過$\mathcal{L}_{\text{prior}}$表示，即$\mathcal{L}_{\text{prior}}=D_{\mathrm{KL}}(Q(z|x)||P(z))$，而期望部分使用$\mathcal{L}_{\text{llike}}^{\text{pixel}}$表示。

觀察 VAE 目標函數的期望部分，即$E_{Q_\phi(z|x)}[\log P_\theta(x|z)]$，在訓練 VAE 時，我們希望最大化該期望，也就是希望透過隱變數 z 生成真實資料 x 的機率越大，即生成資料與真實資料x越像越好，但 VAE 難以衡量真實資料x與生成資料之間的差異，從而造成生成資料比較模糊的現象。在 VAE-GAN 中使用判別器來彌補 VAE 這一缺陷，一個重要的改動就是替換 VAE 目標函數的期望部分，使用判別器來傳遞更具指導意義的損失，其運算式如下。

$$\mathcal{L}_{\text{llike}}^{\text{Dis}_l}=E_{Q(z|x)}[\log P(\text{Dis}_l(x)|z)]$$

其中$\text{Dis}_l(x|z)\sim N(\text{Dis}_l(x)|\text{Dis}_l(\tilde{x}),I)$。

很直觀，VAE-GAN 同樣希望最大化$\mathcal{L}_{\text{llike}}^{\text{Dis}_l}$期望，即透過隱變數 z 生成的資料在判別器中獲得的分數與真實資料獲得的分數越接近越好。在具體的專案實現上，可以透過計算生成資料$\tilde{x}$與真實資料x之間距離的方式來定義這種損失，即$||\tilde{x}-x||$，論文中稱這種損失為學習相似性（Learned Similarity）。

對生成器而言，它的損失也由多個部分組成，分別是$\text{mathcalL}_{\text{llike}}^{\text{Dis}_l}$、$\log(1-\text{Dis}(\text{Dec}(z)))$與$\log(1-\text{Dis}(\text{Dec}(\text{Enc}(x))))$，$\mathcal{L}_{\text{llike}}^{\text{Dis}_l}$表示生成器同樣希望最小化透過隱變數生成的資料與真實資料之間的損失，其次生成器還需要接收判別器傳遞的對抗損失，它希望自己透過隨機雜訊生成的圖型與透過隱變數生成的圖型可以獲得更高的分數。

對判別器而言，它的損失為$\mathcal{L}_{\text{GAN}}$，運算式如下。

$$\mathcal{L}_{\text{GAN}}=\log(\text{Dis}(x))+\log(1-Dis(\text{Dec}(z)))+\log(1-\text{Dis}(\text{Dec}(\text{Enc}(x))))$$

判別器希望給真實圖型打高分，給生成器生成的兩種圖型打低分。

至此 VAE-GAN 中 3 個主要部分對應的損失就討論完成，那麼訓練 VAE-GAN 的演算法如下。

（1）初始化編碼器 Enc、解碼器（生成器）Dec、判別器 Dis 的參數。

（2）重複執行下面的邏輯。

a. 從真實的訓練資料集中隨機取樣真實的樣本資料$x_1, x_2, \cdots, x_i$。

b. 透過編碼器 Enc 對從真實資料中取樣獲得的樣本進行編碼，獲得隱變數$\tilde{z}_i = \text{Enc}(x_i)$。

c. 解碼器 Dec 利用編碼器生成的隱變數生成對應的資料$\tilde{x}_i = \text{Dec}(\tilde{z}_i)$。

d. 編碼器直接利用隨機取樣的雜訊資料z_i生成對應的資料$\hat{x}_i = \text{Dec}(z_i)$。

e. 更新編碼器 Enc，以最小化透過隱變數生成的樣本與真實樣本的損失$||\tilde{x} - x||$，以及最小化 KL 散度$D_{\text{KL}}(Q(z|x)||P(z))$。

f. 更新解碼器 Dec，以最小化透過隱變數生成的樣本與真實樣本的損失$||\tilde{x} - x||$，以及最大化生成資料在判別器中獲取的分數，即最大化$\text{Dis}(\tilde{x}_i)$和$\text{Dis}(\hat{x}_i)$。

g. 更新判別器 Dis，以最大化真實圖型在判別器中獲取的分數$\text{Dis}(x_i)$，以及最小化生成資料在判別器中獲取的分數，即最小化$\text{Dis}(\tilde{x}_i)$和$\text{Dis}(\hat{x}_i)$。

（3） 直到 VAE-GAN 網路收斂。

11.3.6 TensorFlow 實現 VAE-GAN

因為有了 VAE 與 GAN 的相關知識，所以 VAE-GAN 了解起來也顯得比較簡單。在上一小節中對 VAE-GAN 進行了討論，接著就透過 TensorFlow 來實現 VAE-GAN。這裡以 CelebA 人臉資料集作為訓練資料，資料前置處理部分的程式不展示，直接看到 VAE-GAN 模型核心部分的程式。

首先要編寫的是編碼器、生成器與判別器，這些結構此前都編寫過，先來編寫 VAE-GAN 的編碼器，具體程式如下。

```
def Encode(self, x):
    with tf.variable_scope('encode') as scope:
        conv1 = tf.nn.relu(batch_normal(conv2d(x, output_dim=64,
                name='e_c1'), scope='e_bn1'))
        conv2 = tf.nn.relu(batch_normal(conv2d(conv1, output_dim=128,
                name='e_c2'), scope='e_bn2'))
        conv3 = tf.nn.relu(batch_normal(conv2d(conv2, output_dim=256,
                name='e_c3'), scope='e_bn3'))
        conv3 = tf.reshape(conv3, [self.batch_size, 256 * 8 * 8])
        fc1 = tf.nn.relu(batch_normal(fully_connect(conv3,
              output_size=1024, scope='e_f1'), scope='e_bn4'))
        z_mean = fully_connect(fc1 , output_size=128, scope='e_f2')
        z_sigma = fully_connect(fc1, output_size=128, scope='e_f3')
        return z_mean, z_sigma
```

編碼器的結構比較簡單，一開始由 3 個卷積層組成，並透過 BN 層進行批次標準化處理，然後使用 ReLU 作為啟動函數，接著透過 tf.reshape()方法將卷積層處理後的矩陣重塑成對應的形狀並交由全連接層，最後再分別透過兩個全連接層接收上一個全連接層的輸出作為輸入，從而獲得隱變數所在分佈的平均值與標準差。

接著將從該平均值與標準差定義出的空間中隨機取樣的隱變數 z 作為生成器的輸入，當然在具體獲得隱變數時，需要使用 Reparameterization Trick 方法，這裡先實現生成器的結構，其具體程式如下。

```
def generate(self, z_var, reuse=False):
    with tf.variable_scope('generator') as scope:
        if reuse == True:
            scope.reuse_variables()
        d1 = tf.nn.relu(batch_normal(fully_connect(z_var ,
            output_size=8*8*256, scope='gen_fully1'), scope='gen_bn1',
            reuse=reuse))
        d2 = tf.reshape(d1, [self.batch_size, 8, 8, 256])
        d2 = tf.nn.relu(batch_normal(de_conv(d2 ,
            output_shape=[self.batch_size, 16, 16, 256],
            name='gen_deconv2'),
```

```
            scope='gen_bn2', reuse=reuse))
        d3 = tf.nn.relu(batch_normal(de_conv(d2,
            output_shape=[self.batch_size, 32, 32, 128],
            name='gen_deconv3'), scope='gen_bn3', reuse=reuse))
        d4 = tf.nn.relu(batch_normal(de_conv(d3,
            output_shape=[self.batch_size, 64, 64, 32],
            name='gen_deconv4'), scope='gen_bn4', reuse=reuse))
        d5 = de_conv(d4, output_shape=[self.batch_size, 64, 64, 3],
            name='gen_deconv5',d_h=1, d_w=1)
        return tf.nn.tanh(d5)
```

可以發現，生成器的結構也很簡單，首先透過全連接層處理輸入的資料，然後是多個轉置卷積層。當然，為了避免棋盤效應，可以將其修改成縮放卷積的方法，這裡為了簡便，直接使用轉置卷積來實現上取樣。

接著來實現一下判別器，其具體程式如下。

```
def discriminate(self, x_var, reuse=False):
    with tf.variable_scope("discriminator") as scope:
        if reuse:
            scope.reuse_variables()
        conv1 = tf.nn.relu(conv2d(x_var, output_dim=32, name='dis_conv1'))
        conv2= tf.nn.relu(batch_normal(conv2d(conv1, output_dim=128,
            name='dis_conv2'), scope='dis_bn1', reuse=reuse))
        conv3= tf.nn.relu(batch_normal(conv2d(conv2, output_dim=256,
            name='dis_conv3'), scope='dis_bn2', reuse=reuse))
        conv4 = conv2d(conv3, output_dim=256, name='dis_conv4')
        middle_conv = conv4
        conv4= tf.nn.relu(batch_normal(conv4, scope='dis_bn3',
            reuse=reuse))
        conv4= tf.reshape(conv4, [self.batch_size, -1])
        fl = tf.nn.relu(batch_normal(fully_connect(conv4, output_size=256,
            scope='dis_fully1'), scope='dis_bn4', reuse=reuse))
        output = fully_connect(fl , output_size=1, scope='dis_fully2')
        return middle_conv, output
```

判別器使用了多個卷積層對圖像資料進行處理，接著使用全連接層將輸入壓縮，得到最終的分數。

至此 VAE-GAN 的 3 個主要結構就編寫完成，接著便呼叫編寫好的這 3 個結構來建構 VAE-GAN 的整體架構。第一步先透過這 3 個結構生成需要的張量。

```
self.channel = 3
self.output_size = data_ob.image_size
self.images = tf.placeholder(tf.float32, [self.batch_size,
            self.output_size, self.output_size, self.channel])
# 從高斯分佈中隨機取樣
self.ep = tf.random_normal(shape=[self.batch_size, self.latent_dim])
self.zp = tf.random_normal(shape=[self.batch_size, self.latent_dim])
# 平均值與標準差
self.z_mean, self.z_sigm = self.Encode(self.images)
# Reparameterization Trick
self.z_x = tf.add(self.z_mean, tf.sqrt(tf.exp(self.z_sigm))*self.ep)
# 生成器，傳入透過 Reparameterization Trick 的隱變數 z_x
self.x_tilde = self.generate(self.z_x, reuse=False)
# 判別器判別生成圖型
self.l_x_tilde, self.De_pro_tilde = self.discriminate(self.x_tilde)
# 生成器，傳入高斯分佈中隨機獲得的雜訊變數
self.x_p = self.generate(self.zp, reuse=True)
# 判別器(真實圖型)
self.l_x,  self.D_pro_logits = self.discriminate(self.images, True)
# 判別器判別生成圖型(直接從正態分佈中獲得的雜訊)
_, self.G_pro_logits = self.discriminate(self.x_p, True)
```

上述程式中，一開始透過編碼器獲得真實圖型對應的隱變數所在分佈的平均值與標準差；然後透過 Reparameterization Trick 獲得一個具體的隱變數，將該隱變數傳入生成器；透過生成器獲得生成圖型，此時將該生成圖型直接傳遞給判別器，獲得對應的分數；接著將隨機的雜訊變數也傳遞給生成器，讓其生成對應的圖像資料並交由判別器判別，獲得對應的分數，最後還需要將真實圖型傳遞給判別器讓其列出分數，其直觀的結構如圖 11.21 所示。

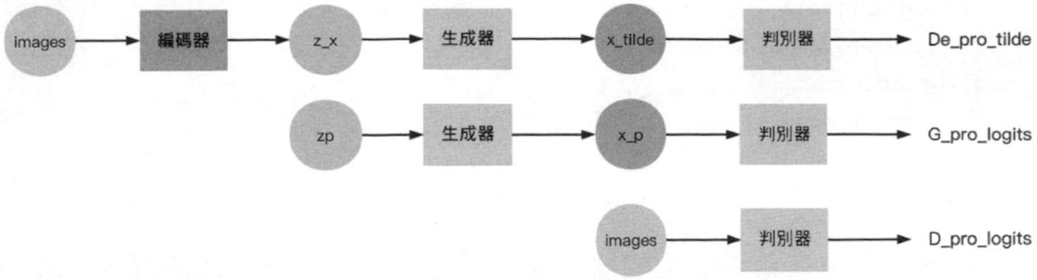

圖 11.21 編碼器、生成器與判別器之間的關係

接著就來建構對應的損失，首先建構編碼器的 KL 散度，它的計算方式與單純 VAE 中 KL 散度的計算方式相同，其公式如下。

$$D_{\mathrm{KL}}(Q(z|x)||P(z)) = \frac{1}{2}\sum_{i=0}^{d}[(-\log[(\sigma_1^{(i)})^2]) + (\sigma_1^{(i)})^2 + (\mu_1^{(i)})^2 - 1]$$

定義一個方法來實現它，並呼叫該方法獲得 KL 散度對應的損失。

```
def KL_loss(self, mu, log_var):
    return -0.5 * tf.reduce_sum(1 + log_var - tf.pow(mu, 2) - tf.exp(log_var))
self.kl_loss = self.KL_loss(self.z_mean, self.z_sigm)
```

隨後就來定義 VAE-GAN 中的對抗損失，這裡使用交叉熵損失來定義對抗損失，具體程式如下。

```
# D loss
self.D_fake_loss =
    tf.reduce_mean(tf.nn.sigmoid_cross_entropy_with_logits(labels=
    tf.zeros_like(self.G_pro_logits), logits=self.G_pro_logits))
self.D_real_loss =
    tf.reduce_mean(tf.nn.sigmoid_cross_entropy_with_logits(labels=
    tf.ones_like(self.D_pro_logits) - d_scale_factor,
    logits=self.D_pro_logits))
self.D_tilde_loss =
    tf.reduce_mean(tf.nn.sigmoid_cross_entropy_with_logits(labels=
    tf.zeros_like(self.De_pro_tilde), logits=self.De_pro_tilde))
# G loss
self.G_fake_loss =
    tf.reduce_mean(tf.nn.sigmoid_cross_entropy_with_logits(labels=
```

```
    tf.ones_like(self.G_pro_logits) - g_scale_factor,
    logits=self.G_pro_logits))
self.G_tilde_loss =
    tf.reduce_mean(tf.nn.sigmoid_cross_entropy_with_logits(labels=
    tf.ones_like(self.De_pro_tilde) - g_scale_factor,
    logits=self.De_pro_tilde))
```

對判別器而言，它希望給生成器生成的兩種圖型打低分，而給真實的圖型打高分。對生成器而言，它希望自己生成的圖型在判別器中可以獲得高分，兩者就組成了對抗關係。這時就可以定義出判別器的整體損失了，程式如下。

```
self.D_loss = self.D_fake_loss + self.D_real_loss + self.D_tilde_loss
```

但對編碼器與生成器而言，還缺失$\mathcal{L}_{\mathrm{llike}}^{\mathrm{Dis}_l}$，即學習相似性損失。透過上一小節的討論，我們可以透過計算生成資料$\tilde{x}$與真實資料x之間距離的方式來定義這種損失，為了減緩 VAE-GAN 訓練時不穩定的現象，在具體實現時，還對該損失進行了平滑處理，具體程式如下。

```
def NLLNormal(self, pred, target):
    '''
平滑處理
    '''
    c = -0.5 * tf.log(2 * np.pi)
    multiplier = 1.0 / (2.0 * 1)
    # 生成資料與真實資料之間的距離
    tmp = tf.square(pred - target)
    tmp *= -multiplier
    tmp += c
    return tmp
self.LL_loss = tf.reduce_mean(tf.reduce_sum(self.NLLNormal(self.l_x_tilde,
self.l_x), [1,2,3]))
```

定義好學習相似性損失後，就可以定義出編碼器與生成器的整體損失了。

```
#編碼器，self.latent_dim 是隱變數 z 的維度
# 4 * 4 *256 是圖片對應的不同維度
self.encode_loss = self.kl_loss/(self.latent_dim*self.batch_size) -
self.LL_loss /
```

```
(4 * 4 * 256)
# 權重
self.gamma = 1e-6
#生成器
self.G_loss = self.G_fake_loss + self.G_tilde_loss - self.gamma*self.LL_loss
```

在生成器中使用 self.gamma 作為權重參數，其目的是平衡對抗損失與學習相似性損失，學習相似性損失會讓生成器生成與原始圖型相近的規則圖型，減緩了生成器生成崩塌的圖型問題，而對抗損失會讓生成器生成的圖型保持多樣性。

VAE-GAN 的損失定義完成，就可以透過對應的最佳化演算法來最佳化結構中的節點參數，以實現最小化損失的目的。首先要獲取不同結構中的節點，程式如下。

```
t_vars = tf.trainable_variables()
self.d_vars = [var for var in t_vars if 'dis' in var.name]
self.g_vars = [var for var in t_vars if 'gen' in var.name]
self.e_vars = [var for var in t_vars if 'e_' in var.name]
```

接著定義最佳化器來更新節點中的值，以實現最小化對應的損失。

```
#for D
trainer_D = tf.train.RMSPropOptimizer(learning_rate=new_learning_rate)
gradients_D = trainer_D.compute_gradients(self.D_loss, var_list=self.d_vars)
opti_D = trainer_D.apply_gradients(gradients_D)
#for G
trainer_G = tf.train.RMSPropOptimizer(learning_rate=new_learning_rate)
gradients_G = trainer_G.compute_gradients(self.G_loss, var_list=self.g_vars)
opti_G = trainer_G.apply_gradients(gradients_G)
#for E
trainer_E = tf.train.RMSPropOptimizer(learning_rate=new_learning_rate)
gradients_E = trainer_E.compute_gradients(self.encode_loss,
    var_list=self.e_vars)
opti_E = trainer_E.apply_gradients(gradients_E)
```

上述程式中使用了 RMSprop（Root Mean Square Prop）演算法來對 VAE-GAN 的不同結構進行最佳化。

接著就可以透過 Session 物件來啟動具體的演算法，訓練的具體邏輯如下。

```
with tf.Session(config=config) as sess:
    sess.run(init)
    sess.run(self.training_init_op)
    summary_op = tf.summary.merge_all()
    summary_writer = tf.summary.FileWriter(self.log_dir, sess.graph)
    step = 0
    while step <= self.max_iters:
        # 下一組真實圖像資料
        next_x_images = sess.run(self.next_x)
        # 輸入資料
        fd ={self.images: next_x_images}
        # 訓練編碼器
        sess.run(opti_E, feed_dict=fd)
        # 訓練生成器
        sess.run(opti_G, feed_dict=fd)
        # 訓練判別器
        sess.run(opti_D, feed_dict=fd)
        summary_str = sess.run(summary_op, feed_dict=fd)
        summary_writer.add_summary(summary_str, step)
        new_learn_rate = sess.run(new_learning_rate)
        if new_learn_rate > 0.00005:
            sess.run(add_global)
        if step%200 == 0:
            D_loss, fake_loss, encode_loss, LL_loss, kl_loss, new_learn_rate \
                = sess.run([self.D_loss, self.G_loss, self.encode_loss,
                self.LL_loss, self.kl_loss/(self.latent_dim*self.batch_size),
                new_learning_rate], feed_dict=fd)
            print("Step %d: D: loss = %.7f G: loss=%.7f E: loss=%.7f LL
                loss=%.7f KL=%.7f, LR=%.7f" % (step, D_loss, fake_loss,
                encode_loss, LL_loss, kl_loss, new_learn_rate))
        if np.mod(step , 200) == 1:
            save_images(next_x_images[0:self.batch_size], [self.batch_size/8, 8],
                    '{}/train_{:02d}_real.png'.format(self.sample_path, step))
            sample_images = sess.run(self.x_tilde, feed_dict=fd)
            save_images(sample_images[0:self.batch_size] ,
            [self.batch_size/8, 8],
```

```
            '{}/train_{:02d}_recon.png'.format(self.sample_path, step))

        if np.mod(step , 2000) == 1 and step != 0:
            self.saver.save(sess , self.saved_model_path)
        step += 1
    save_path = self.saver.save(sess , self.saved_model_path)
    print("Model saved in file: %s" % save_path)
```

上述程式的邏輯比較直觀，首先獲取下一組要訓練的真實資料，然後分別交由編碼器、生成器與判別器進行訓練，將訓練的結果記錄下來。同時每訓練 200 輪就將當前編碼器編碼獲得的隱變數交由當前的生成器生成圖型並保存到本地，每訓練 2000 輪就保存一下當前訓練的模型結構。

當 VAE-GAN 訓練完成後，就可以利用訓練時保存的模型進行圖型生成。

```
def test(self):
    print('test function is running')
    init = tf.global_variables_initializer()
    config = tf.ConfigProto()
    config.gpu_options.allow_growth = True
    with tf.Session(config=config) as sess:
        # Initialzie the iterator
        sess.run(self.training_init_op)
        sess.run(init)
        self.saver.restore(sess, self.saved_model_path)
        next_x_images = sess.run(self.next_x)
         # 真實圖型、透過隱變數生成的圖型、透過隨機變數生成的圖型
        real_images, sample_images, fake_images = sess.run([self.images,
        self.x_tilde, self.x_p], feed_dict={self.images: next_x_images})
        # 保存圖型
        save_images(sample_images[0:self.batch_size], [self.batch_size/8, 8],
'{}/train_{:02d}_{:04d}_con.png'.format(self.sample_path, 0, 0))
        save_images(real_images[0:self.batch_size], [self.batch_size/8, 8],
'{}/train_{:02d}_{:04d}_real.png'.format(self.sample_path, 0, 0))
        save_images(fake_images[0:self.batch_size], [self.batch_size / 8, 8],
        '{}/train_{:02d}_{:04d}_fake.png'.format(self.sample_path, 0, 0))
```

上述程式中，先載入訓練時保存的模型，然後獲取一組真實資料後傳入生成器，該生成器會透過編碼器編碼生成的隱變數來生成對應的圖型。

簡單看一下 VAE-GAN 生成的結果，如圖 11.22 所示。圖中，從左到右分別是真實圖型、透過隱變數生成的圖型以及透過隨機變數生成的圖型。

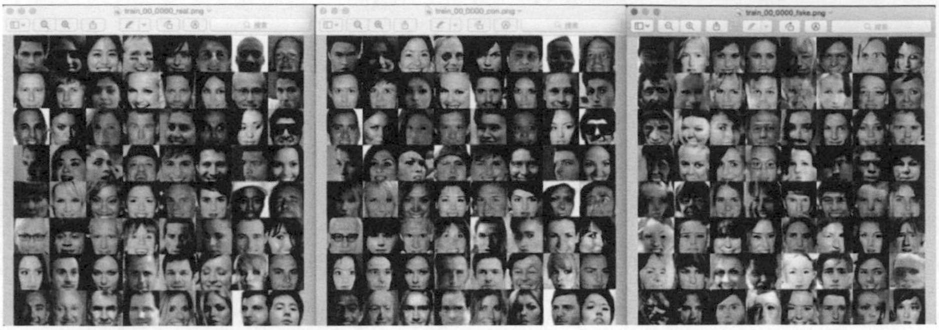

圖 11.22 VAE-GAN 生成結果

11.4 小結

在本章中，我們討論了特徵提取與 GAN 的關係，主要討論了 InfoGAN 與 VAE-GAN 這兩種結構，同時為了比較全面地了解 VAE-GAN，還討論了自編碼器（AE）以及變分自編碼器（VAE）的內容，特徵提取在 GAN 中還可以有很多其他運用，這裡只拋磚引玉地討論了其中一些內容。

Chapter

12

GAN 在 NLP 中的運用

前面章節討論的內容大多集中於如何使用 GAN 處理圖型，雖然 GAN 常用於處理圖像資料，但這並不表明 GAN 不能處理其他資料或運用到其他領域。本章嘗試討論 GAN 在 NLP 中的運用，主要討論 NLP 中文字生成的任務，我們的飛船會經過 SeqGAN、MaskGAN 等相關的星球。為了比較深刻地了解這些星球的結構與原理，本章還會簡單地討論強化學習的內容，作為去這些星球前了解的背景知識。

12.1 GAN 在文字生成中遇到的困境

一開始，先簡單思考一下，怎麼訓練一個簡單的可以生成有意義敘述的模型？由於神經網路具有擬合任意函數的能力，它可以將生成有意義敘述的模型看作一個函數，具有一定的資料後，就可以訓練出一個神經網路逼近這個函數，從而獲得一個可以生成敘述的模型。

假設現在想實現一個 ChatBot（聊天機器人），我們首先定義一個神經網路結構，然後獲取大量的對話資料交由該網路去訓練，因為句子資料是具有時序性的，所以通常使用 RNN、LSTM 或 GRU 作為該神經網路的基本結構。為了實現 ChatBot，常用序列到序列（Sequence to Sequence，Seq2Seq）模型，而 Seq2Seq 模型其實就是編碼器（Encoder）與解碼器（Decoder）建構的結構，只是因為 Encoder 與 Decoder 採用了多個 LSTM

或 GRU 等善於處理具有時序性資料的結構，所以將這種 Encoder-Decoder 組成的結構稱為 Seq2Seq，如圖 12.1 所示。

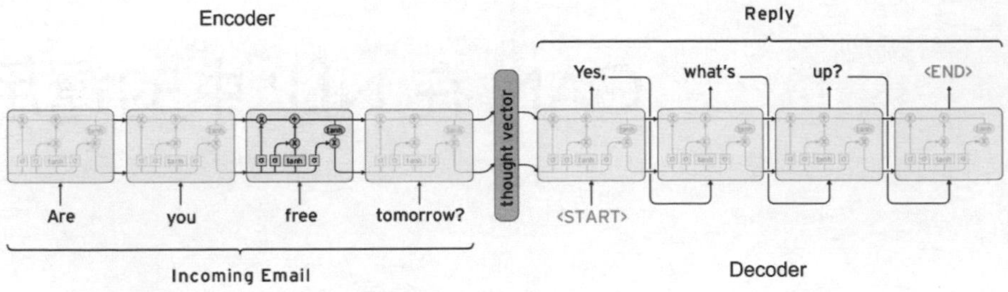

圖 12.1 Seq2Seq 結構

從圖 12.1 中可以看出，模型整體分為兩部分：一部分是 Encoder，它由多個 LSTM 組成，其主要作用是接收輸入敘述並將其編碼為輸入句子對應的 thought vector；另一部分是 Decoder，它同樣由多個 LSTM 組成，其主要作用是接收 Encoder 輸出的 thought vector，然後將其解碼為要返回的敘述，這行敘述通常就是輸入敘述的回答。舉例來說，輸入敘述為 Are you free tomorrow?，透過 Encoder 編碼為對應的 thought vector，然後 Decoder 獲得該 thought vector 並將其解碼，獲得 Yes, what's up?，這就是典型的 Seq2Seq 網路結構。

可以發現，Seq2Seq 就是特殊的 Encoder-Decoder 結構（Encoder 與 Decoder 都使用了 LSTM 等結構），這裡不過多討論 Seq2Seq 的細節。當我們將對話資料餵給 Seq2Seq 結構並訓練模型至收斂後，就獲得了一個 ChatBot。但因為語言本身的複雜性，如一詞多義、問題敘述等，透過這種相對簡單的方式實現的 ChatBot 無法達到非常好的效果。語言資料不像圖像資料，圖像資料局部出現問題時，對人類而言無傷大雅，感覺沒有什麼特別大的不妥；而生成的語言資料如果局部出現了一些問題，那麼生成的資料就沒有什麼意義了。

比如，使用最大似然估計來進行 Seq2Seq 結構的訓練，當 Seq2Seq 獲得一句話生成的對應輸出時，可以比較輸出敘述與正確敘述的最大似然估計，透過最小化兩者的損失來讓 Seq2Seq 達到收斂的狀態。但因為語言資料本身的複雜性，這種粗暴的方法會帶來很多問題。比如 Seq2Seq 獲得 How are you?這句輸入，訓練資料中對應的答案為 I am good，那麼此時 ChatBot 透過訓練後，可以回答 I am John，而不會回答 Not bad。對人類而言，Not bad 顯然是比 I am John 更好的回答，但透過最大似然估計方式訓練的 ChatBot 不這樣認為，因為正確答案 I am good 與輸出答案 I am John 有兩個單字相同，相對與 Not bad，顯然前兩者之間的損失更小，但事實卻相反。

為了提升 ChatBot 的能力，最簡單的方法就是讓 ChatBot 與真人進行聊天，然後真人對 ChatBot 的回答進行評分，ChatBot 回答得好，就給予高分，回答得不好就給予低分，如圖 12.2 所示。

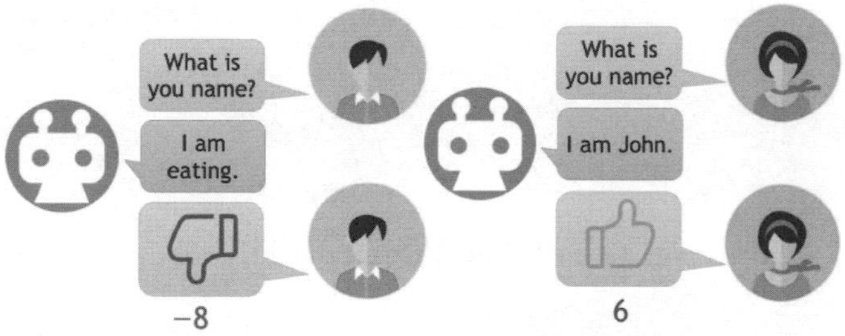

圖 12.2 人工評分 ChatBot 回答

其實也可以把人看作一個函數，而且是一個已經訓練好的函數（正常人在正常的語言環境中生活了很多年）。此時透過人這個函數就可以對 ChatBot 進行評分，將上面流程抽象成模型結構，直觀如圖 12.3 所示。

ChatBot 的目標就是讓分數最大化。

通常要透過這種方式訓練出一個可用的 ChatBot 需要大量的互動，需要大量的人員花費大量的時間來與 ChatBot 互動，這顯然是不可行的，所以需要找到一種方法來代替人這個函數。仔細觀察圖 12.3 的抽象模型結構，其實可以發現，ChatBot 與 Human 函數其實就是相互博弈的過程，所以可以很自然地想到引入 GAN 的思維，即 ChatBot 中使用生成器來生成敘述，然後透過判別器給生成的敘述評分，ChatBot 整體的目標就是要最大化獲得的分數，而判別器的目標就是儘量給有意義的敘述打高分，給無意義的敘述打低分。相對於 Human 函數，判別器需要提前使用真實資料進行訓練，從而對「好敘述」有個概念。引入 GAN 結構後的模型結構如圖 12.4 所示。

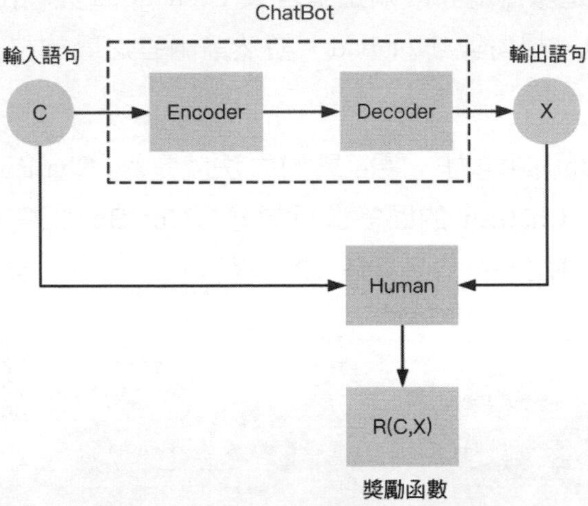

圖 12.3 人工評分 ChatBot 回答模型

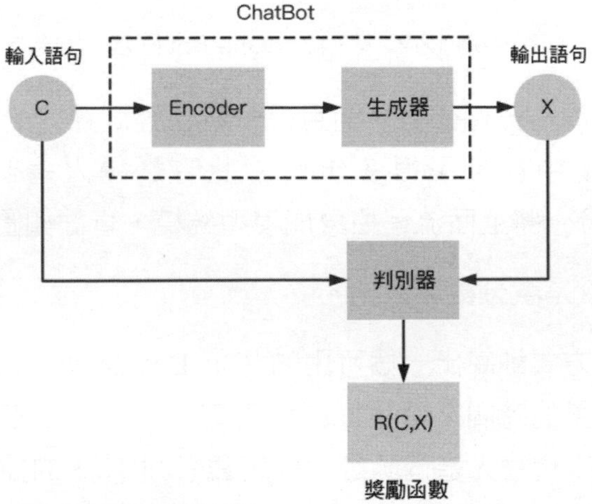

圖 12.4 引入 GAN 結構

引入了 GAN 結構後，整個模型似乎就變得可以訓練了，即避免了使用最大似然估計的問題也避免了需要大量人力的問題，透過 GAN 的思維，讓兩者對抗學習，相互收斂，但很遺憾，這個網路結構依舊無法訓練。圖 12.5 將 ChatBot 中生成敘述並交給判別器的細節展示了出來。

從圖 12.5 中可以發現，因為 ChatBot 在生成敘述時，文字資料是離散形式的，所以需要進行取樣操作。這就導致整個網路結構不可微，即反向傳播時，梯度無法反傳，無法更新網路節點中的參數，具體如圖 12.6 所示。

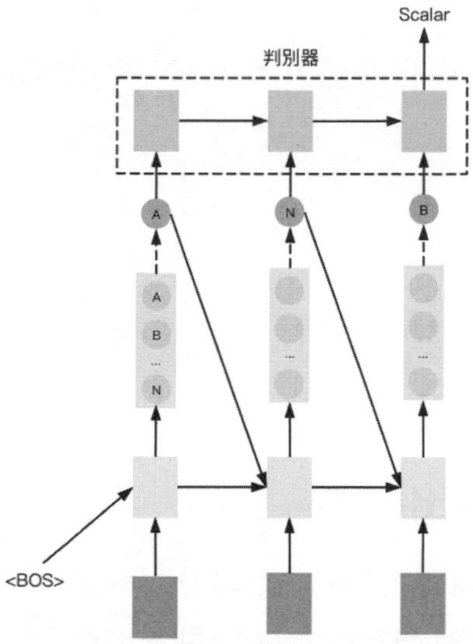

圖 12.5 ChatBot 生成敘述模型細節

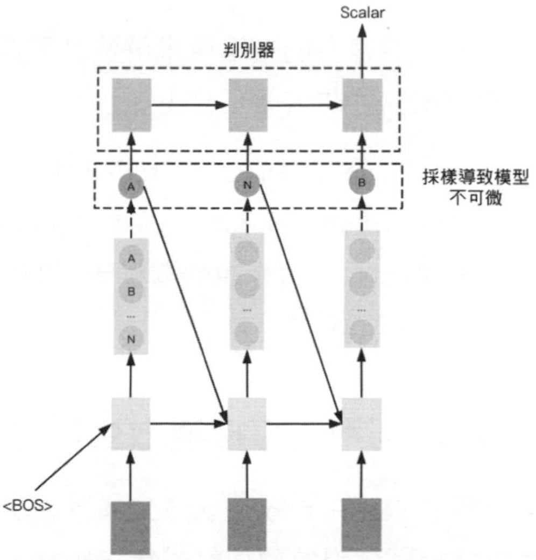

圖 12.6 取樣導致模型不可微

文字資料離散化的形式導致了整個網路結構無法訓練，這種情況其實在本書前面的內容中也出現過，如 InfoGAN 為了避免取樣造成的梯度無法反傳的問題，使用了 Reparameterization Trick 參數重現的方法將取樣的隨機性轉移到無關變數中。

解釋一下取樣與微分之間的關係，所謂微分簡單了解就是對參數進行微小的變動，然後觀察進行這些微小的改動後，模型整體的變化。但如果模型結構涉及了取樣的操作，因為取樣的結果是隨機的，所以微小地改動模型的某些參數帶來的整體的變化也是隨機的，也就是說取樣給模型帶來的不確定性造成模型整體不可微。

需要注意的是，文字資料離散化是導致 GAN 在 NLP 任務上難以訓練的原因，但並不是 NLP 任務的核心問題，NLP 任務的核心問題依舊是語言本身的複雜性帶來的困難。

12.2 GAN 生成離散資料的方法

目前有 3 種常見的方法用來解決文字資料離散化問題，讓 GAN 可以運用在 NLP 的文字生成等任務上。

（1）判別器直接獲取生成器的輸出。

（2）使用 Gumbel-softmax 代替 softmax。

（3）透過強化學習來繞過取樣帶來的問題。

下面分別來討論這些方法。

12.2.1 判別器直接獲取生成器的輸出

第一種方法最為直觀，既然生成器在生成敘述的過程中會涉及取樣過程，而取樣過程會導致模型整體無法訓練，那麼最簡單的做法就是不取樣了，將生成器生成的資料直接作為判別器的輸入，整體結構如圖 12.7 所示。

這種方法雖然簡單，但依舊存在問題。前面我們討論過，生成器在生成敘述時，需要進行取樣，所謂的取樣通常就是將一系列充滿小數的分佈（通常由 softmax 生成）轉為獨熱向量（one-hot Vector）的形式，即從機率不同的備選結果中，選出可能性最大的結果，取樣過程如圖 12.8 所示。

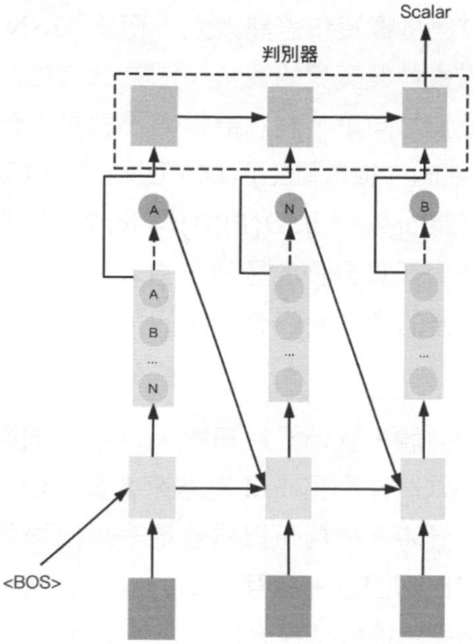

圖 12.7 生成器生成輸出作為判別器輸入

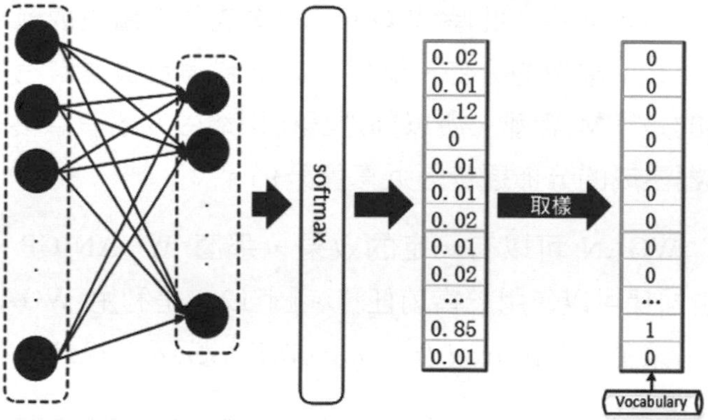

圖 12.8 取樣

生成網路生成的資料是離散分佈的，而非具體的某個詞，透過取樣的方式來獲得某個具體的詞，多次進行這樣的操作後，就生成了一個句子，接著將這個句子對應的向量輸入判別器。此時如果直接將生成器生成的資料登錄判別器，繞過取樣操作，這樣雖然可以避免取樣帶來的梯度無法反傳的

問題，但生成的資料與真實資料差異太大。傳統 GAN 中的判別器可以很輕易地分辨出生成的資料與真實的資料，因為此時生成的資料是離散的向量，而真實的資料是獨熱向量，判別器很容易就可以分辨兩者的差異，此時 GAN 也是難以訓練的。從數學上解釋，因為 JS 散度在面對兩個完全沒有重疊的分佈時，恒為log2，即$JSD(P||Q) = \log 2$，生成器無論怎麼改變，判別器輸出生成分佈與真實分佈的距離一直為log2，此時判別器是無法給生成器指導的，生成器的訓練是沒有意義的，從而 GAN 整體是難以收斂的。

透過在本書第 9 章的討論，我們已經知道，JS 散度面臨的這些問題可以透過 WGAN 來避免。WGAN 利用 EM 距離來衡量兩個分佈的差異，當兩個分佈之間沒有任何重疊時，依舊可以極佳地表現出兩個分佈的差異，並且可以更加明顯地描述出兩個分佈相互之間的變化過程，簡單而言，可以直觀地描述出生成分佈逐漸接近真實分佈的這個過程。

為了避免 JS 散度帶來的問題，我們可以建構 WGAN，利用 EM 距離來衡量生成分佈與真實分佈，此時 WGAN 的生成器依舊生成離散的分佈，判別器依舊直接接受離散的分佈。雖然生成資料與真實資料有較大的差異，但因為使用的是 EM 距離，所以判別器可以給生成器有意義的指導資訊，從而讓生成器生成的分佈逐步逼近真實分佈。

同理，既然 WGAN 可以有一定的效果，那麼 WGAN-GP、SN-GAN 等 GAN 結構也同樣可以作用於當前任務。圖 12.9 是利用 WGAN-GP 來生成敘述的結果（來源：*Improved Training of Wasserstein GANs*）。

Busino game camperate spent odea	Solice Norkedin pring in since
In the bankaway of smarling the	ThiS record (31.) UBS) and Ch
SingersMay , who kill that imvic	It was not the annuas were plogr
Keray Pents of the same Reagun D	This will be us , the ect of DAN
Manging include a tudancs shat "	These leaded as most-worsd p2 a0
His Zuith Dudget , the Denmbern	The time I paid0a South Cubry i
In during the Uitational questio	Dour Fraps higs it was these del
Divos from The ' noth ronkies of	This year out howneed allowed lo
She like Monday , of macunsuer S	Kaulna Seto consficutes to repor

圖 12.9 WGAN-GP 生成效果

從圖 12.9 可以看出，雖然生成了一些敘述，但這些敘述並不十分通順，其意義也不明確。

雖然透過這種簡單的改變可以生成一些看起來比較正常的敘述，但這些生成的敘述依舊有比較大的缺點。

12.2.2 Gumbel-softmax

第二種方法是使用 Gumbel-softmax。與將生成器的輸出直接作為判別器的輸入從而繞過取樣的方式不同，Gumbel-softmax 方法嘗試定義出一種新的 softmax 函數，新的 softmax 函數既可以實現傳統 softmax 的功能又可以實現取樣的功能，首先看取樣的具體實例，如圖 12.10 所示。

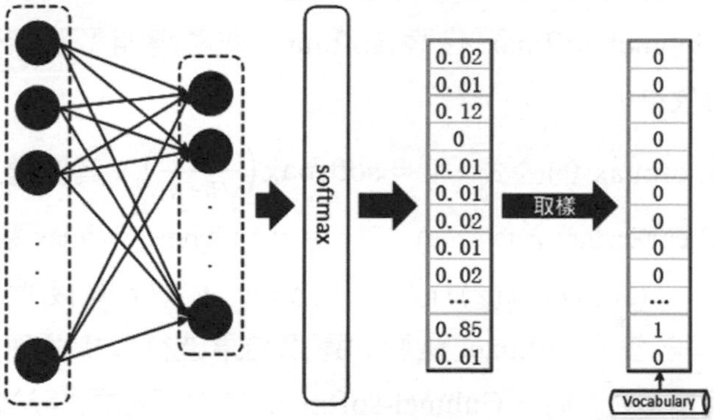

圖 12.10 取樣

仔細觀察，取樣操作就是使用 argmax()函數獲取 softmax 函數輸出離散分佈中的最大值，然後再將結果轉為獨熱向量的形式，公式如下。

$$y = one\_hot(\text{argmax}(\text{softmax}(G(z))))$$

在使用傳統 GAN 生成文字時，取樣導致整個模型結構不可微，造成梯度無法反向傳播；而不取樣的話，生成器生成資料所在的分佈與真實分佈之間又沒有重疊部分，導致 JS 散度恒為log2。既然如此，不如構造一個函數來模擬取樣的效果，從而同時避免取樣以及 JS 散度恒為log2的問題。

Gumbel-softmax 就是一個具有取樣效果的特殊 softmax 函數，其形式如下。

$$y = \text{softmax}\left(\frac{1}{\tau(h+g)}\right)$$

在講解 Gumbel-softmax 前，先了解一下 Gumbel 分佈。Gumbel 分佈是一種極值型分佈，即取該分佈中最大的值作為該分佈的代表。舉一個簡單的例子，假設你每天都需要對自己做 10 次心率測試，每次測量都會得到一個隨機的心率值，如果選擇 10 次中最大的心率值作為當天心率的測量值，每天這樣重複操作獲得對應的心率值，此時它的機率分佈就是 Gumbel 分佈。

Gubmel-softmax 就是在 softmax 的基礎上利用 Gumbel 實現對分佈取樣的效果，利用 Gubmel-softmax 代替 softmax+取樣繞開了取樣帶來的問題又滿足了取樣的效果。

觀察 Gumbel-softmax 的公式：$y = \text{softmax}\left(\frac{1}{\tau(h+g)}\right)$，其關鍵之處在於逆溫參數$\tau$(inverse temperature parameter)。當$\tau \to 0$，Gubmel-softmax 返回的分佈等於$one_hot(argmax\ (softmax(x)))$返回的分佈，即$\tau$越接近 0，Gubmel-softmax 結果與對普通 softmax 函數的運算結果進行取樣並轉為獨熱向量的結果相似；而當$\tau \to \infty$時，Gubmel-softmax 的返回結果等於均勻分佈，如圖 12.11 所示。

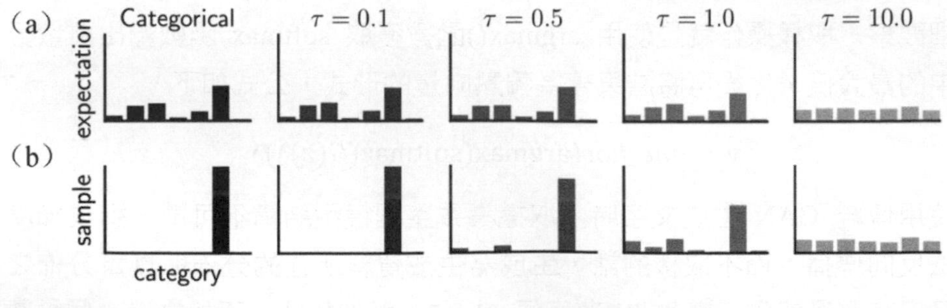

圖 12.11 Gubmel-sofrmax 返回結果

在 GAN 生成文字的模型中使用 Gubmel-softmax 時，通常會將逆溫參數τ作為模型的超參數，在模型訓練的開始，指定一個較大的值，隨著訓練的繼續，逐漸將其減小，讓逆溫參數τ接近於 0，達到取樣的效果。這樣生成模型生成的資料與真實資料就類似了，不會讓判別器一眼就分辨出真實資料與生成資料。

在對應的論文中，列出了使用 Gubmel-softmax 的 GAN 進行文字生成的實驗結果，在實驗中，該 GAN 會生成長度固定為 12 的無上下文連續的序列，如圖 12.12 所示。

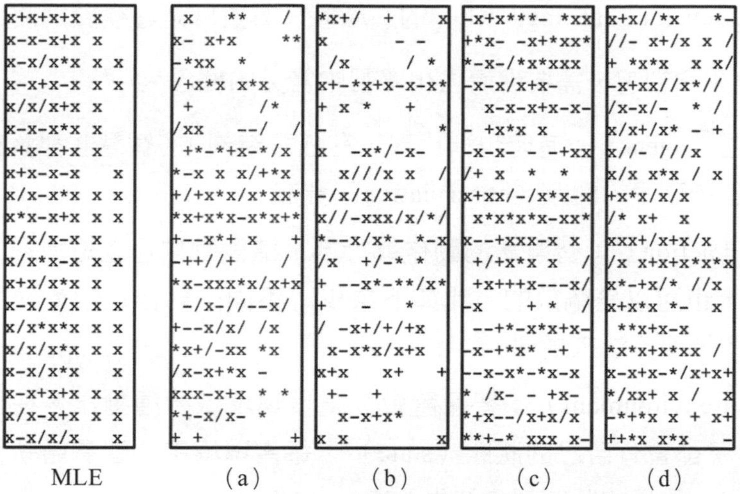

圖 12.12 使用 Gubmel-softmax 的 GAN 的文字生成結果

從圖 12.12 可以看出，使用了 Gubmel-softmax 的 GAN 在這種簡單的文字生成任務中還是可以獲得一些效果的，相較於利用最大似然估計的結果會好一些。

但無論是讓判別器直接獲取生成器的輸出，還是利用 Gumbel-softmax，都難以勝任比較複雜的文字生成任務，下面接著就來討論 GAN 如何利用強化學習的方式實現比較複雜的文字生成。為了便於了解，我們先來簡單地討論強化學習的一些概念。

12.3 強化學習簡述

仔細觀察人類學習的過程，雖然目前我們依舊無法得知人在學習時，大腦究竟做了什麼，但可以發現我們在與外界進行不同的互動時學習到不同的行為。在某個外界環境下，當我們做出適當的行為時，會獲得對應的「獎勵」，而做出不好的行為時，會受到「懲罰」。比如在上課時，我們認真聽課的行為會受到老師的鼓勵，而交頭接耳、無精打采的行為會受到老師的責罰。通常我們希望得到更多獎勵且儘量避免懲罰，從而讓自己可以更進一步地適應當前的環境。當我們建構某種模型進行強化學習（Reinforcement Learning，RL）的訓練時，其實就是在模擬這個過程。

在討論強化學習前，需要理清強化學習中常見的概念。

- 智慧體（agent）：有時也稱代理，在任意時刻 t，智慧體都會獲取此時它對當前環境的觀察（observiation）資訊。
- 動作（action）：智慧體的動作或行為，這個動作可以是連續的，比如跑步，也可以是離散的，比如下象棋，不同的動作通常會使用不同的強化學習演算法來處理。
- 環境（environment）：智慧體會在這個環境做各種動作。在任意時刻 t，環境都會有自己的狀態（state），每當環境中的智慧體執行了某個動作後，環境的狀態都會發生改變。
- 觀察（observation）：智慧體所看到的環境資訊。如家居機器人，它所觀察的環境資訊只能是它自身擁有的感測器所獲得的資訊，而並不是整體的環境資訊。它通常不等於環境本身，但在某些特定的任務情景下，智慧體觀察到的環境資訊可以等於環境本身，即所謂的「上帝角度」。
- 狀態（state）：狀態有兩種，分別是智慧體的狀態和環境的狀態，當智慧體執行了不同的動作後自身會轉為不同的狀態，而智慧體執行的動作也會讓環境產生獎勵，從而改變環境的狀態。

- 獎勵（reward）：在任何時刻，智慧體執行了某個動作後，智慧體所在的環境會給予其一個回饋，這種回饋是當下這一時刻的，是暫態的。回饋可以是正回饋，也可以是負反饋，但我們通常都將其稱為獎勵，如果是負反饋則用獎勵為負來表示。

通常將同一時刻下的狀態（state）與動作（action）稱為一個 step，將智慧體整個活動過程（一系列完整的動作）稱為 episode。

在強化學習中，通常會控制智慧體執行對應的動作，從而獲得環境的獎勵，其目標就是找到一組動作使得從環境中獲取的獎勵最大。可以看出，在強化學習中，智慧體做出的動作獲得的對應獎勵是有導向性。強化學習中環境回饋的獎勵與監督學習中使用的正確標籤具有相似的作用，都在啟動模型。

從圖 12.13 可以直觀地看出強化學習中這幾種概念的關係。

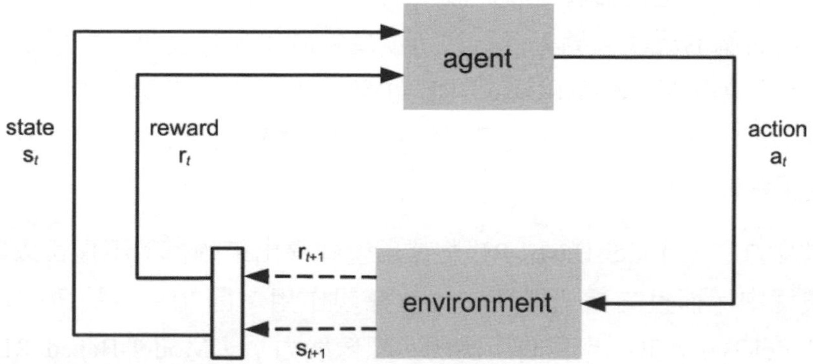

圖 12.13 強化學習的概念之間的關係

智慧體會根據自身觀察到的資訊產生動作，動作作用於環境，環境的狀態就會改變，並且返回對應的獎勵。智慧體多次嘗試與環境互動，找到可以獲得最多獎勵的動作策略。

12.3.1 強化學習演算法

目前強化學習有多種主流演算法，本小節簡單討論一下，讓讀者有個簡單的框架。這裡將強化學習中多種演算法按不同的分類簡單討論，不涉及其中細節，為了簡明，下面使用強化學習的縮寫 RL 來表示強化學習。

首先，我們可以將這些 RL 演算法分為了解環境與不了解環境兩大類。先討論了解環境的 RL 演算法，所謂了解環境，即智慧體會嘗試了解自身所處的環境，將複雜的環境抽象成自身可利用的簡易 Model，智慧體了解了所在環境即表明它可以使用自己獲得的 Model 去代替當前所處的環境，通常這類方法也稱為 Model-Based RL。相對的，不了解環境的 RL 演算法，即智慧體不會嘗試了解自身所處的環境，智慧體觀察到什麼就是什麼，並不會嘗試對當前環境進行建模，這類方法也稱為 Model-Free RL。兩類方法的優缺點其實比較明顯，Model-Based RL 更接近人類，我們人類有自己的一套價值觀，這其實就是我們腦中訓練出的模型。我們接受教育、閱讀書籍、與周圍的環境互動等行為塑造了這個模型，此後便以該模型為基準去與環境互動。但 Model-Based RL 計算量較大，整體模型難收斂。相對的，Model-Free RL 因為省去了對周圍環境建模的步驟，其計算量以及訓練難度相對較小。

值得提及的是，Model-Based RL 根據環境建構出來的模型不僅可以使用於現實環境中，而且在虛擬環境中也一樣起作用。因為具有抽象的環境模型，Model-Based RL 也具有所謂的「想像能力」，Model-Based RL 中的智慧體可以透過模型帶來的想像力去預判後面會發生的情況，然後再選擇這些預判的情況中最好的那種情況。而 Model-Free RL 中的智慧體就只能一步步與環境互動獲得回饋，然後根據回饋獲取下一步行動。

除了上面這種分類方式外，另一種分類方式就是將 RL 演算法分為基於機率的強化學習演算法（Policy-Based RL）與基於價值的強化學習演算法（Value-Based RL）。Policy-Based RL 是 RL 演算法中最直接的一種，它會計算輸出智慧體下一步要執行的不同動作對應的機率，然後選擇其中一種動作來執行。需要注意，這裡並不會只選擇機率最高的動作來執行，智慧體所有可能的動作都有可能被執行，無論這個動作對應的機率是多少，即如果某個動作的機率最高，智慧體下一步選擇執行的動作也不一定是它。與 Policy-Based RL 輸出不同動作的機率不同，Value-Based RL 輸出的是不同動作的價值，然後堅定地執行價值最高的動作。

後面要詳細介紹的 Policy Gradients 方法屬於 Policy-Based RL 這個分類，相對於其他強化學習演算法，這是一個比較簡單基礎的演算法，而知名的 Q-Learning、Sarsa 等演算法屬於 Value-Based RL 這個分類。兩種類別中不同的 RL 演算法分別具有自己的優勢與劣勢，所以就出現了 Actor-Critic 等方法，這類方法結合了兩種方法的優勢。以 Actor-Critic 方法為例，在該方法中 Actor 會基於機率做出動作，而 Critic 會輸出 Actor 做出該動作的價值，透過這種方法，Actor-Critic 方法就在原有的 Policy Gradients 方法上加快了學習過程。

12.3.2 Policy Gradient

有了前面對強化學習的了解，接著就可以比較詳細地討論 Policy Gradient（策略梯度）了。在討論前，回憶一下 RL 的基本目標：幫智慧體尋找一種行為策略，讓智慧體在當前所處的環境中可以獲得最大的獎勵。所謂行為策略即一組動作與對應的觀察資訊，為了方便了解對應的數學運算式，這裡先定義一些符號。

- ❑ a_t：智慧體在當前時刻 t 下要執行的動作。
- ❑ s_t：當前的環境在當前時刻 t 下的狀態。
- ❑ o_t：智慧體在當前時刻 t 下觀察獲得的資訊。
- ❑ $r(s_t, a_t)$：智慧體在當前時刻 t 下獲得的獎勵。
- ❑ $\xi(a_t|o_t)$：智慧體在當前時刻 t 下的動作策略。
- ❑ $p(s_{t+1}|s_t, a_t)$：當前環境因智慧體的動作而改變狀態的狀態轉移機率。

最後再定義一種動作策略，即某一組動作及其對應的觀察資訊，定義為 $\tau = o_1, a_1, \cdots, o_N, a_N$。

為了方便後續的推導，這裡假設智慧體在當前環境觀察到的資訊o_t與當前狀態下環境的所有資訊s_t相等，即$o_t = s_t$，$\xi(a_t|o_t) = \xi(a_t|s_t)$。

有了上面的定義，可以很直觀地將 RL 的基本目標透過數學公式來表示。

$$\theta^* = \text{argmax}_\theta E_{\tau \sim P_\theta(\tau)}\left[\sum_t r(s_t, a_t)\right]$$

上式很直觀，即找到一組參數θ，使得所有時刻下智慧體獲得的總獎勵最大。需要注意，智慧體採取的動作策略來自模型$P_\theta(\tau)$，即$\tau \sim P_\theta(\tau)$。簡而言之，需要找到一組參數θ，使得智慧體動作策略$P_\theta(\tau)$最佳，從而實現獲得總獎勵最大的目標。

複雜函數最佳問題的直觀想法就是使用梯度下降的方式逐步獲得函數的次優解或最佳解。

$$gradient = \nabla_\theta E_{\tau \sim P_\theta(\tau)}\left[\sum_t r(s_t, a_t)\right]$$

但上式是無法直接求導獲得梯度的，一個原因就是求導的物件θ涉及取樣。而 Policy Gradient 就是解決這個問題的一種想法，Policy Gradient 演算法的核心是透過無偏取樣的形式獲得函數的期望，同時不可導的函數轉為可導的函數，從而可以使用梯度下降的想法去最佳化函數。

下面就來簡單地推導一下 Policy Gradient 演算法。首先定義$R(\theta)$為期望獎勵（Excepted Reward），公式如下。

$$R(\theta) = E_{\tau \sim P_\theta(\tau)}\left[\sum_t r(s_t, a_t)\right] = \int P_\theta(\tau) r(\tau) \mathrm{d}(\tau)$$

Policy Gradient 的目標就是最大化$R(\theta)$，上式中，$P_\theta(\tau)$表示某種動作策略出現的機率，$r(\tau)$表示獎勵的總和，即$r(\tau) = \sum_t r(s_t, a_t)$，那麼

$\int P_\theta(\tau)r(\tau)\mathrm{d}(\tau)$就表示智慧體執行某種動作策略後得到的總獎勵。

要最大化$R(\theta)$，常見的做法是求函數的導數，公式如下。

$$\nabla_\theta R(\theta) = \nabla_\theta \int P_\theta(\tau)r(\tau)\mathrm{d}(\tau) = \int r(\tau)\nabla_\theta P_\theta(\tau)\mathrm{d}(\tau)$$

觀察上式可知，參數θ只與$P_\theta(\tau)$有關，而與獎勵函數$r(\tau)$是無關的，所以只需要推導$P_\theta(\tau)$的導數。

$$\nabla_\theta P_\theta(\tau) = P_\theta(\tau)\frac{\nabla_\theta P_\theta(\tau)}{P_\theta(\tau)} = P_\theta(\tau)\nabla_\theta \log(P_\theta(\tau))$$

上式透過$\frac{\mathrm{dlog}(f(x))}{\mathrm{d}x} = \frac{1}{f(x)}\frac{\mathrm{d}f(x)}{\mathrm{d}x}$規則，將 log 引入了$\nabla_\theta P_\theta(\tau)$，因為$P_\theta(\tau) = P_\theta(s_1, a_1, \cdots, s_t, a_t) = P(s_1)\prod_t \xi_\theta(a_t|s_t)P(s_{t+1}|s_t, a_t)$，將其轉化為 log 的形式是為了方便後面計算，將連乘轉為連加。

從$P_\theta(\tau) = P(s_1)\prod_t \xi_\theta(a_t|s_t)P(s_{t+1}|s_t, a_t)$可以看出，一組動作出現的機率跟環境初始的狀態$s_1$、不同狀態間的轉換機率$P(s_{t+1}|s_t, a_t)$以及當前時刻下智慧體根據當前環境要執行的動作$\xi_\theta(a_t|s_t)$有關。這裡其實還有個隱藏條件，即智慧體導致環境狀態轉換的過程服從馬可夫過程（Markov Process），類似於自然語言處理中的詞袋模型（Bag of keypoints, BoW）。這裡假設下一時刻環境的狀態s_{t+1}僅與上一個時刻環境的狀態s_t相關，與之前環境的狀態無關，這樣$P(s_{t+1}|s_t, a_t)$才成立，不然當前時刻的環境狀態與之前所有時刻的環境狀態都有關，就需要寫成$P(s_{t+1}|s_1, a_1, \ldots, s_t, a_t)$，這種表達方式幾乎是不可運算的。

回到$P_\theta(\tau)\nabla_\theta \log(P_\theta(\tau))$公式，為了方便進一步推導，這裡先將$\log(P_\theta(\tau))$展開一下。

$$\log(P_\theta(\tau)) = \log P(s_1) + \sum_t \log\xi_\theta(a_t|s_t) + \sum_t \log P(s_{t+1}|s_t, a_t)$$

將展開後的$\log(P_\theta(\tau))$代入求導運算式中，因為是對θ求導，而$\log P(s_1)$與$\sum_t \log P(s_{t+1}|s_t, a_t)$與求導物件$\theta$無關，所以其求導後值為 0，代入後，公式如下。

$$\begin{aligned}\nabla_\theta P_\theta(\tau) &= P_\theta(\tau)\nabla_\theta \log\big(P_\theta(\tau)\big)\\ &= P_\theta(\tau)\left(\nabla_\theta \sum_t \log\xi_\theta(a_t|s_t)\right)\\ &= P_\theta(\tau)\left(\sum_t \nabla_\theta\log\xi_\theta(a_t|s_t)\right)\end{aligned}$$

將上面的運算式直接代入$\nabla_\theta R(\theta)$，其形式如下。

$$\begin{aligned}\nabla_\theta R(\theta) &= \int \nabla_\theta P_\theta(\tau) r(\tau)\mathrm{d}(\tau)\\ &= \int P_\theta(\tau)\left(\sum_t \nabla_\theta\log\xi_\theta(a_t|s_t)\right)\left(\sum_t r(s_t,a_t)\right)\mathrm{d}(\tau)\end{aligned}$$

將積分的形式寫成數學期望的形式，讓整個運算式更簡潔。

$$\nabla_\theta R(\theta) = E_{\tau\sim P_\theta(\tau)}\left[\left(\sum_t \nabla_\theta\log\xi_\theta(a_t|s_t)\right)\left(\sum_t r(s_t,a_t)\right)\right]$$

至此，就推導出了 Policy Gradient 最原始的運算式了，但它並不能直接使用。在實際使用 Policy Gradient 時，常用的方式是透過多次取樣獲得的平均值來代替運算式中的數學期望。

$$\nabla_\theta R(\theta) \approx \frac{1}{N}\sum_{i=1}^{N}\left[\left(\sum_t \nabla_\theta\log\xi_\theta(a_{i,t}|s_{i,t})\right)\left(\sum_t r(s_{i,t},a_{i,t})\right)\right]$$

為了方便了解，替換一下表達方式，將上式進一步簡化，使用x_i表示所有時刻t下智慧體執行的動作，即$x_i = \sum_t a_{i,t}$，使用c_i表示所有時刻t下環境的狀態，即$c_i = \sum_t s_{i,t}$，簡化後的運算式為

$$\nabla_\theta R(\theta) \approx \frac{1}{N}\sum_{i=1}^{N} r(c_i,x_i)\nabla_\theta\log\xi_\theta(x_i|c_i)$$

然後就可以透過 REINFORCE 演算法來計算梯度，更新模型參數，獲得最佳的動作策略。

- 第一步，智慧體根據當前的動作策略執行動作，獲得 N 個樣本。
- 第二步，有了樣本後，透過上面的運算式可以計算出$\nabla_\theta R(\theta)$。
- 第三步，更新模型參數$\theta_{t+1} \leftarrow \theta_t + \alpha\nabla_\theta R(\theta)$。
- 第四步，重複第一步，直到模型收斂。

Policy Gradient 中還需要強調的是，每一次參數最佳化都需要智慧體根據當前的動作策略完整地與周圍環境互動一次，即從θ_t轉為θ_{t+1}需要智慧體經過一輪完整的互動。

依舊以 Chatbot 為例，如圖 12.14，透過 Policy Gradient 來訓練 Chatbot。

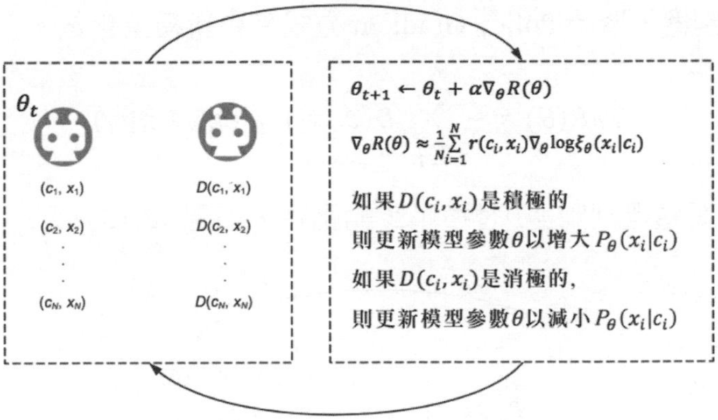

圖 12.14 透過 Policy Gradient 訓練 Chatbot

從圖中可以看出，每次更新參數θ，都需要 Chatbot 與人進行一次完整的互動。其中 Chatbot 本身相當於智慧體，而人相當於 Chatbot 所處的環境，一次完整的互動後，透過對應的公式，取樣計算出對應的值，對模型的參數進行更新。

12.3.3 GAN+RL 作用於文字生成

回到一開始的問題，當我們透過 GAN 來處理 NLP 任務時，會遇到文字資料離散化導致梯度無法反向傳播的問題。除了上面討論的兩種方法，還可以使用強化學習來解決這個問題。

回到一開始的 Chatbot 情景，我們將 GAN 中的判別器作為強化學習中的環境，其會給予智慧體回饋對應的獎勵$R(a,s)$，此時生成器的目的就是增加判別器可以回饋的獎勵，讓自身獲得的獎勵最大化。可以，看出生成器就相當於強化學習中的智慧體，此時透過強化學習的方式，我們就可以透過 Policy Gradient 的方式來運算整個網路的梯度，避免文字資料離散化帶來的問題。此時 GAN 與傳統的 RL 網路接近，但與傳統 RL 網路不同的地方是，它還會更新判別器的參數，即相當於更新獎勵函數。

GAN 利用 RL 的方式來實現 Chatbot 這個 NLP 任務，其生成器的訓練流程就是傳統 RL 的訓練流程，只是將獎勵函數替換成了判別器函數，這裡以D來表示判別器，透過 Policy Gradient 方式來更新模型參數。

$$\nabla_\theta R(\theta) \approx \frac{1}{N}\sum_{i=1}^{N} D(c_i,x_i)\nabla_\theta \log\xi_\theta(x_i|c_i)$$

很簡單，就是透過判別器D替換了獎勵函數，如圖 12.15 所示：

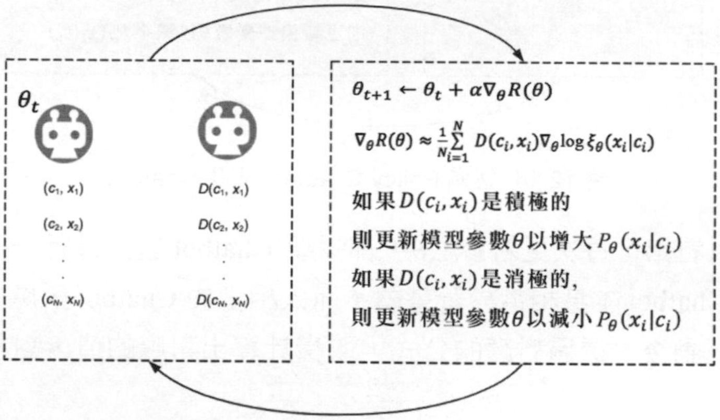

圖 12.15 判別器 D 替換獎勵函數

但上面流程只是訓練了生成器，判別器還需要單獨訓練。判別器的訓練方式也很常見，將生成器生成的敘述與真實世界中的敘述都餵給判別器，讓其可以分辨出生成資料與真實資料，對好有一個評判標準。

至此，透過 RL 中 Policy Gradient 的方式來計算模型整體的梯度，繞開了文字資料離散化帶來的問題，讓 GAN 可以正常地作用於序列資料生成的 NLP 任務。

在結束本節前，討論一下最大似然與 Policy Gradient 之間的關係，回憶一下最大似然的目標函數。

$$\frac{1}{N}\sum_{i=1}^{N} \log P_\theta(x_i|c_i)$$

仔細觀察 Policy Gradient 運算式$\frac{1}{N}\sum_{i=1}^{N}\left[\left(\sum_t \nabla_\theta \log\xi_\theta(a_{i,t}|s_{i,t})\right)\left(\sum_t r(s_{i,t},a_{i,t})\right)\right]$，如果將其中獎勵函數部分遮蓋，該運算式就變成了最大似然估計的目標函數。這說明，Policy Gradient 的思維就是利用獎勵函數來實現取樣得到智慧體最佳的行為或動作，接著將這些取樣得到的最佳行為或動作作為標籤，然後進行常見的有監督學習。

12.4 SeqGAN

有了上面的討論作為背景知識，我們就可以乘坐飛船前往具體的星球了，首先要去的是 Sequence Generative Adversarial Nets（SeqGAN）。我們從其結構開始討論，然後了解其中的一些細節，最後透過 TensorFlow 將其實現。

12.4.1 SeqGAN 結構與演算法

透過前面的討論，我們已經了解 GAN 無法直接生成文字資料，因為文字資料是離散的，我們介紹了多種方法，而 SeqGAN 就是利用 GAN+RL 的方法來實現序列資料的生成。所謂序列資料就是一組資料中的資料元素其前後順序是有意義的，文字資料只是序列資料的一種。SeqGAN 模型的簡單結構如圖 12.16 所示。

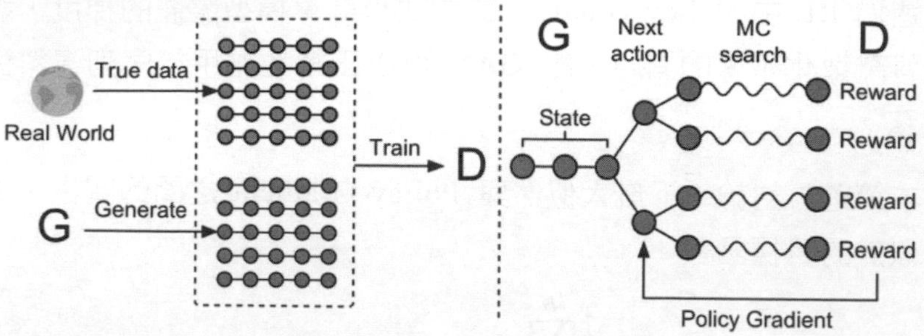

圖 12.16 SeqGAN 模型

從圖中可以看出，當我們訓練判別器時，會使用真實世界中獲得的真實序列資料以及生成器生成的序列資料，此時判別器會分辨獲得的序列資料是來自真實世界的資料還是生成器生成的資料。對於生成器而言，生成器會嘗試生成離散的序列資料，以文字資料為例，在每一次訓練時，生成器都會嘗試生成一個詞對應的機率分佈向量，這個詞的機率分佈向量會與前面已經生成的詞的機率分佈向量連接成一個句子。將目光重新放到 SeqGAN 圖中的生成器的部分，在圖中，生成器 G 已經生成的詞組成了已有狀態（State），而此時生成器 G 要生成下一個詞，即獲取當前的狀態，然後將生成的資料交給判別器，讓判別器判別生成的資料是否足夠真實。但對判別器而言，它希望獲得的是一個完整的句子序列，而不只是句子的部分，避免結構上存在明顯的差異，讓判別器可以輕易分辨出生成的序列資料與真實資料。

為了避免這種情況，SeqGAN 中採用蒙地卡羅搜索的方式，來從已有的狀態（State）推導取樣出未來的狀態，從而讓生成器可以向判別器輸出一個完整的句子序列，這種取樣策略被稱為 rollout policy。而判別器獲得一個完整的序列資料後，會計算出獎勵（Reward），因為生成器生成的是離散類型的資料，所以 SeqGAN 利用 Policy Gradient 演算法將判別器的獎勵傳遞給生成器，實現對生成器的指導。至此 SeqGAN 實現了對判別器 D 與生成器 G 的對抗訓練，在訓練生成器 G 時利用了 RL 中的 Policy Gradient 演算法。

透過上面對 SeqGAN 模型的描述，已經可以直觀地了解 SeqGAN 模型的原理了。接著我們從強化學習角度來描述一下 SeqGAN 模型的結構。

SeqGAN 要實現生成逼真序列資料的目的，首先需要從真實世界中獲取一組序列資料，並將其轉為機率分佈的形式。以文字資料為例，我們從真實世界中獲得了真實的文字資料，但原始的文字資料是難以使用於訓練 SeqGAN 的，我們需要轉換，將其轉為機率分佈的形式，這種形式其實也是生成器生成資料的形式。通常可以使用 RNN、LSTM、GRU 等神經網路來將序列資料轉為機率分佈的形式，具體而言就是一個機率矩陣，其中每一行代表這個句子中的詞，整個矩陣表示整個句子。接著就是訓練一個參數θ的生成器G_θ來生成序列資料$y_{1:T} = (y_1, y_2, \cdots, y_t, y_T)$。

從強化學習的角度來看，在 t 時刻，狀態（State）可以定義為生成器已經生成的序列$(y_1, y_2, \cdots, y_{t-1})$，當前的狀態是由歷史狀態「疊加」組成的。t 時刻下生成器會生成該時刻的詞對應的機率分佈向量，生成該機率分佈向量可以看作此時刻智慧體（agent，即生成器 G）要執行的動作；智慧體執行了某個動作從而產生了新的狀態，此時不同時刻下的狀態就會組成一個完整的序列資料，這個序列資料可以看作一種動作策略。此時判別器會根據這個動作策略計算出獎勵，而生成器的目標就是從判別器中獲得最大的獎勵。為了避免生成的序列資料與真實的序列資料在結構上有較大的差異，生成器需要利用蒙地卡羅搜索的方式從已有的狀態推導取樣出未來的狀態，從而組成一個完整的序列，再交由判別器。利用生成對抗的思維，讓生成器與判別器對抗，直到模型收斂，此時生成器就可以生成逼真的序列資料了。

生成器生成序列資料時，從判別器中獲取的獎勵值R_θ可以透過以下公式表示。

$$R_\theta = \frac{1}{N}\sum_{i=1}^{N} D(s_{1:t-1} + y^i), y^i \in MC_\theta(s_{1:t-1}; N)$$

假設生成器要生成的序列資料總長度為 T，公式中$s_{1:t-1}$表示生成器已經生成的部分序列資料，在 RL 表示為當前狀態，因為當前狀態是由過去所有的狀態組成的，下一個動作發生在此狀態的基礎之上。生成器生成新的序列資料，是基於此前訓練獲得的模型參數的，所以生成新的機率分佈資料也可以稱為基於此前生成的機率分佈資料。生成了當前時刻 t 的機率分佈資料後，透過蒙地卡羅搜索方法推導取樣出 N 種後續的序列，雖然生成器是一個一個生成序列資料的，但判別器以完整的序列資料為評分物件。

在 SeqGAN 具體的訓練過程中，在訓練新一代的判別器前，當代的生成器 G 都會根據當代判別器 D 返回的獎勵不斷最佳化自身的參數，其傳遞梯度的方式就是利用 Policy Gradient 演算法，利用數學公式表示如下。

$$\theta_{next} \leftarrow \theta_{now} + \eta \nabla R_{\theta_{now}}$$

獎勵對應的公式為

$$\nabla R_\theta = \frac{1}{T}\sum_{t=1}^{T}\left(\frac{1}{N}\sum_{i=1}^{N} D(s_{1:t-1}+y_i)\nabla \log P_\theta(y_i|s_{1:t-1})\right)$$

這裡定義變數x_i，當y_i是x_i的子集且$y_i + s_{1:t-1}$等於x_i時，上式可以簡化為以下形式。

$$\nabla R_\theta = \frac{1}{N}\sum_{i=1}^{N} D(x_i)\nabla \log P_\theta(x_i), y_i \subset x_i \text{且} y_i + s_{1:t-1} = x_i$$

透過這種方式訓練生成器，直到當代的判別器無法分辨出生成序列資料與真實序列資料的差異時，才訓練新一代的判別器。

在具體的實現過程中，為了提高 SeqGAN 中對抗訓練的效率，一開始會先對生成器與判別器進行預訓練。具體而言，就是將真實資料作為輸入訓練生成器，讓生成器生成的資料與真實資料做比較，計算其交叉熵損失，相當於在訓練一開始就給生成器指明了大致的方向，讓其知道生成什麼樣的資料才是比較逼真的；而判別器的預訓練過程就是將此時生成器生成的資料登錄給判別器，從而讓判別器在一開始就明白什麼樣的資料是生成資料。

SeqGAN 中使用了卷積神經網路（CNN）作為判別器 D 的主體結構。在前面的內容中介紹過，CNN 結構通常用於處理圖型這類二維資料，為何 CNN 也可以處理序列資料分類任務呢？回憶一下本書關於 CNN 的內容，CNN 的應用一般要求其處理的物件有局部相關性，比如在處理圖型時，圖型中相鄰的畫素都是具有相關性的，而一些序列資料也是具有局部相關性的特徵的，如文字資料。對於文字分類任務，CNN 中的卷積核心則表示一個關鍵字或關鍵子句，卷積核心掃描文字資料的過程，其實就是匹配這些關鍵字或關鍵子句的過程，CNN 相當於在低維向量空間中實現了 N-Gram（N 元詞袋模型）。

最後來看一下訓練 SeqGAN 的具體演算法，我們定義生成器為G_θ，rollout policy 為G_β，判別器為D_ϕ，真實世界的序列資料集$S = X_{1:T}$，SeqGAN 訓練演算法如下。

（1）隨機初始化G_θ、D_ϕ中的權重參數θ、ϕ。

（2）在序列資料集S上使用最大似然估計法來訓練G_θ。

（3）將預訓練G_θ得到的權重參數θ複製給權重參數ϕ。

（4）透過G_θ生成負面樣本資料（生成的序列資料）來預訓練判別器。

（5）預訓練判別器時，最小化其交叉熵損失。

（6）重複下面的步驟

❑ 對生成器而言

a. 迴圈訓練生成器，讓生成器生成序列資料$Y_{1:T} = (y_1, \cdots, y_T) \sim G_\theta$。

b. 將生成的資料交給判別器，獲得對應的獎勵。

c. 使用 Policy Gradient 演算法更新生成器的權重參數。

❑ 對判別器而言

a. 利用生成器生成的負面樣本資料與真實世界的序列資料集S來訓練判別器。

b. 訓練生成器與判別器完成後，依舊將權重參數θ複製給權重參數ϕ，直到模型收斂。

12.4.2 Highway Network

在 SeqGAN 中，判別器使用了 CNN 結構並在此基礎增加了 Highway Network 結構，所以這裡來簡單地討論一下 Highway Network 結構。

當深度學習運用於一些複雜的任務時，需要比較深的網路結構，此時深層神經網路可能出現梯度消失的問題。在本書前面的內容中，介紹了可以使用殘差網路來讓淺層神經網路中的部分資料直接傳輸到深層神經網路結構中。而 Highway Network 結構的作用與殘差網路相同，只是在實現上，Highway Network 受 LSTM 的啟發，增加了閥門參數，透過閥門參數來控制多少資料需要經過當前層非線性變化，以及多少資料可以進入「高速公路」直接傳遞給深層網路結構。

一個普通的神經網路，其隱藏層可以透過下面公式進行表示（為了簡便忽略了偏置）。

$$y = H(x, \boldsymbol{W}_H)$$

其中，$\boldsymbol{W}_H$表示隱藏層的權重，對於 Highway Network 結構而言，其在普通神經網路中增加了兩個非線性層，一個是變換門（transform gate, T），一個是直通門（carry gate, C）。簡單而言，變換門 T 用於表示輸入資訊中需要進行非線性變換的資訊量，而直通門 C 表示原始輸入資訊中要保留的資訊量。因此普通神經網路的公式可以修改為以下公式，來表示 Highway Network 結構。

$$y = H(x, \boldsymbol{W}_H) \cdot T(x, \boldsymbol{W}_T) + x \cdot C(x, \boldsymbol{W}_C)$$

其中，$T = \text{sigmoid}(\boldsymbol{W}x + \boldsymbol{b})$，通常為了方便運行，會定義$C = 1 - T$，則上式簡化為

$$y = H(x, \boldsymbol{W}_H) \cdot T(x, \boldsymbol{W}_T) + x \cdot (1 - T(x, \boldsymbol{W}_T))$$

明白了 Highway Network 的數學原理，就可以透過 TensorFlow 將其簡單地實現。

```
def highway(input_,size,num_layers=1,bias = -2.0,f =
tf.nn.relu,scope='Highway'):
    """
    Highway Network
    t = sigmoid(Wy + b)
    z = t * g(Wy + b) + (1 - t) * y
    其中 g 是非線性，t 是變換門，(1 - t)是直通門
    """
    with tf.variable_scope(scope):
        for idx in range(num_layers):
            g = f(linear(input_,size,scope = 'highway_lin_%d' % idx))

            t = tf.sigmoid(linear(input_,size,scope='highway_gate_%d' %
                idx) + bias)

            output = t * g + (1. - t) * input_
            input_ = output

    return output
```

對於淺層神經網路，Highway Network 結構對模型整體的收斂是沒有什麼益處的，但當神經網路結構變深後，使用 Highway Network 結構的神經網路就更容易收斂，如圖 12.17 所示。

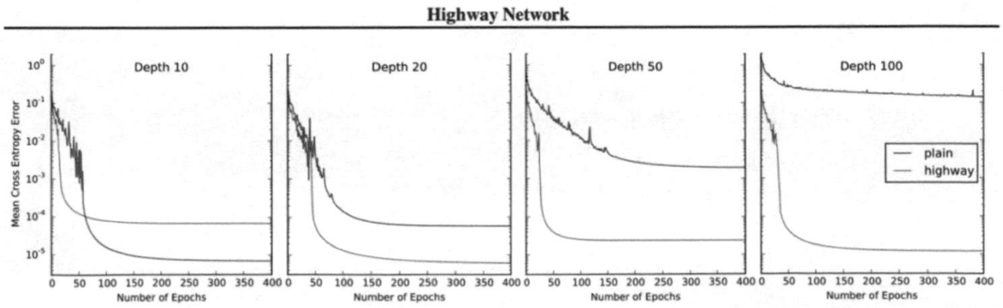

圖 12.17 使用 Highway Network 結構的神經網路更容易收斂

簡而言之，殘差網路與 Highway Network 這兩種結構都能讓一部分資料跳過某些層的處理，直接傳遞到更深的層中，只是 Highway Network 結構可以透過門機制來控制直接通向更深層網路中的資料量。

12.4.3 SeqGAM 生成器與 rollout 結構的實現

在上面的討論中，我們已經在理論上比較了解 SeqGAN，接著就來嘗試透過 TensorFlow 實現一個簡易的 SeqGAN 結構，我們從 SeqGAN 的生成器開始實現。

回顧一下前面對 SeqGAN 演算法中生成器訓練的討論，首先 SeqGAN 中的生成器會使用真實資料進行預訓練，然後再與判別器進行對抗訓練，因為其生成的是離散型的序列資料，所以利用 Policy Gradient 演算法進行梯度的反向傳播。這裡我們就來實現一下這些邏輯，首先定義一個 Generator 類別，其中分別定義 3 個方法用於建構 Generator 的網路，Generator 類別的骨架程式如下。

```
class Generator(object):

    def __init__(self,config):
        ...

    '''
    建構生成器的輸入
    '''
    def build_input(self,name):
        ...

   '''
    生成器預訓練結構，使用交換損失進行訓練
    '''
    def build_pretrain_netword(self):
        ...

   '''
    生成器對抗訓練結構，使用 Policy Gradient 反向傳播獎勵
    '''
    def build_adversarial_network(self):
        ...

   '''
```

```
    利用生成器生成範例序列資料
    '''
    def build_sample_network(self):
        ...

  '''
    建構完整的生成器
    '''
    def build(self):
        self.build_pretrain_netword()
        self.build_adversarial_network()
        self.build_sample_network()

  def generate(self,sess):
        # 生成範例序列資料
        return sess.run(self.sample_word_list_reshpae)
```

其中，build_pretrain_netword()方法用於定義生成器預訓練時的網路結構，build_adversarial_ network()方法用於定義生成器對抗訓練時的網路結構，而 build_sample_network()方法則嘗試使用當代生成器生成一些範例資料。接著一個一個來實現這些方法的程式，首先實現 build_pretrain_netword()方法。

```
    '''
    生成器預訓練結構，使用交換損失進行訓練
    '''
    def build_pretrain_netword(self):
        """
        建立預訓練網路，使用 MLE 交叉熵損失
        """
        self.build_input(name='pretrain')
        self.pretrained_loss = 0.0
        with tf.variable_scope('teller'):
            with tf.variable_scope("lstm"):
                """
                建構 LSTM 結構
                num_units：int，LSTM 單元中的單元數
                num_units 這個參數的大小就是 LSTM 輸出結果的維度
```

```
        例如 num_units=128，那麼 LSTM 網路最後輸出就是一個 128 維的向量
        state_is_tuple：如果為 True，接受並返回的狀態是二元組 c_state
        和 m_state
        如果為 False，則它們沿列軸連接。後一種行為很快就會被棄用
        """
        lstm1 = tf.nn.rnn_cell.LSTMCell(self.hidden_dim,
        state_is_tuple=True)
    with tf.variable_scope("embedding"):
        # 輸入的詞向量，其實是一個句子的編碼
        word_emb_W = tf.get_variable("word_emb_W",
        [self.num_emb,self.emb_dim],"float32",self.initializer)
    with tf.variable_scope("output"):
        # output 的權重矩陣
        output_W = tf.get_variable("output_W",[self.emb_dim,
        self.num_emb],"float32",self.initializer)

        '''
        透過 tf.nn.embedding_lookup 找到原始輸入 word_emb_W(句子句子)
        中某個詞的編碼
        然後透過 LSTM 獲得對應的離散分佈輸出
        這種方式使得句子中詞彙的離散分佈與前面詞彙有連結（因為隱藏資訊接收
        了主線的處理等）
        '''
    with tf.variable_scope("lstm"):
        # 迴圈生成 sequence_length 長度的句子對應的機率分佈，並計算交叉
        熵損失
        '''
        利用 LSTM 來生成詞彙，每一個訓練都再利用 LSTM 生成詞彙
        LSTM 會輸出兩種資訊，一種是主線資訊 cell_state，另一種是隱含資訊
        h_state
        這裡的 output 標識隱含資訊，每一個 LSTM 單元都會輸出一次，即 h_t
        而 state 表示主線資訊，一開始的時候，主線當然為空
        此時空的主線資訊與輸入 lstm1_in 一同作用，會產生當前這個 cell 的
        output(隱含資訊)

        在生成下一個隱藏資訊時，當前的隱藏資訊也是會被輸入的
        其實，在__cell__方法中並沒有要求傳入上一個隱藏資訊的變數
        這是因為，隱藏資訊的資料就在 LSTM 的結構中，當 LSTM 重複被呼叫時
        此時已經在使用上一個時間節點產生的隱藏資訊了
```

```
        '''
        for j in range(self.sequence_length):
            # embedding_lookup 搜索，搜索句子中的開頭
            # 從輸入的 word_emb_W 句子編碼中找到對應詞的編碼
            if j==0:
                lstm1_in = tf.nn.embedding_lookup(word_emb_W,
                  self.start_token)
                  # self.start_token 句子起始標識
            else:
                lstm1_in = tf.nn.embedding_lookup(word_emb_W,
                        self.input_seqs_pre[:,j-1])


            if j == 0:
                # j 為 0，說明句子是空的，所以呼叫 zero_state
                # 透過 zero_state 得到一個全 0 的初始狀態
                # 形狀為(batch_size, state_size)
                state = lstm1.zero_state(self.batch_size,
                       tf.float32)
            # 當前 LSTM 元素輸入的內容與狀態，輸出經過該 LSTM 元素處理後
              的內容與狀態
            # 利用 LSTM 根據當前的輸入生成詞彙的機率分佈
            '''
            __call__被呼叫了
              __call__(
                  inputs,
                  state,
                  scope=None, 每個 cell 可選擇的範圍
                  *args,
                  **kwargs
              )
            '''
            # 當前變數作用域可以用 tf.get_variable_scope()進行檢索
            output,state = lstm1(lstm1_in,state,scope=
                      tf.get_variable_scope())
            # 矩陣 a 乘以矩陣 b
            logits = tf.matmul(output,output_W)
            # 計算 LSTM 輸出的機率分佈與真實資料機率分佈的交叉熵損失
            # 同時做 softmax 處理
            pretrained_loss_t =
```

```
tf.nn.sparse_softmax_cross_entropy_with_logits(logits= logits,
labels=self.input_seqs_pre[:,j])
                            # multiply 矩陣間元素相乘
                            pretrained_loss_t = tf.reduce_sum(tf.multiply
(pretrained_loss_t, self.input_seqs_mask[:,j]))
                            self.pretrained_loss += pretrained_loss_t
                            word_predict = tf.to_int32(tf.argmax(logits,1))

              self.pretrained_loss /= tf.reduce_sum(self.input_seqs_mask)
              self.pretrained_loss_sum = tf.summary.scalar
("pretrained_loss",self.pretrained_loss)
```

在上面的程式中，首先透過不同的變數空間名稱定義了不同的結構，如 LSTM 變數空間中利用了 LSTMCell()方法創建 LSTM 元素，通常一個完整的 LSTM 結構由多個 LSTM 元素組成；embedding 變數空間中透過 get_variable()方法獲取名為 word_emb_W 的變數，用於表示句子對應的詞巢狀表格示（機率分佈表示）。get_variable()方法通常用於獲取共用變數，如果獲取的變數不存在，則呼叫 self.initializer 對應的方法進行初始化，該變數對應的方法如下。

```
self.initializer = tf.random_normal_initializer(mean=0,stddev=0.1)
```

因為我們要生成的是序列資料，通常序列資料由其中多個元素組成。接著就在 LSTM 變數空間中編寫一個 for 迴圈來生成句子中對應元素的機率分佈，在迴圈一開始，即 j 為 0 的情況下，呼叫了 tf.nn.embedding_lookup()方法，該方法的主要作用是選取傳入張量裡索引對應的元素，這裡的呼叫形式如下。

```
tf.nn.embedding_lookup(word_emb_W,self.start_token)
```

上述程式表示從 word_emb_W 中選取 self.start_token 索引對應的值，因為 word_emb_W 是句子對應的機率分佈表示，而 self.start_token 是句子起始標識，所以透過 tf.nn.embedding_lookup()方法找到了句子中第一個元素對應的機率分佈表示。如果 j 不等於 0，則依舊從 word_emb_W 中獲取對應元素的機率分佈表示。

獲得了機率分佈表示後，還需要獲得主線狀態（cell state），當 j 為 0 時，即 LSTM 結構的開始，主線狀態無法從更前面的 LSTM 元素獲得，索引主線狀態也初始為 0，隨後就一直從前一個 LSTM 元素獲取，如圖 12.18 所示。

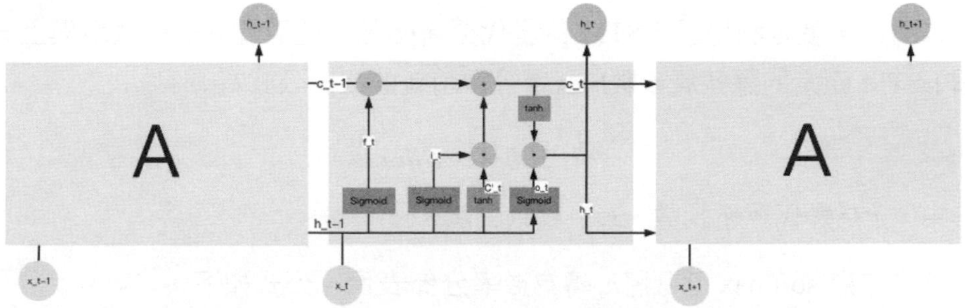

圖 12.18 LSTM 結構

我們在第 7 章討論過 LSTM，這裡為了了解程式，簡單結合其結構來看看，從輸入部分看，LSTM 元素獲取了 3 種不同的輸入，分別是 c_{t-1}、h_{t-1}、x_t，輸出 h_t 與 c_t，其結構與程式中的邏輯是對應，具體的程式如下。

```
output,state = lstm1(lstm1_in,state,scope=tf.get_variable_scope())
```

從輸入角度來看，lstm1_in、state、scope 分別對應了 x_t、c_{t-1}、h_{t-1}，其中 state 在 LSTM 結構中一開始為 0。scope 參數表示當前元素使用的參數，這裡利用 tf.get_variable_scope()方法獲得當前 LSTM 變數空間的參數，這樣就相當於重複使用 LSTM 變數空間中的參數了。

從輸出角度看，output、state 分別對應了 h_t 與 c_t，state 變數在下一次 for 迴圈中會作為新的輸入，如此往返訓練。

每一次 for 迴圈得到 output 後，就會與輸出層權重矩陣 output_W 做矩陣乘法運算獲得 logits，隨後呼叫 tf.nn.sparse_softmax_cross_entropy_with_logits() 方法，來計算輸出的機率分佈與真實資料的機率分佈的交叉熵損失，並同時對結果做 softmax 運算。在該方法中，logits 的形狀為[batch_size, num_classes]，而 labels 的形狀為[batch_size, 1]，通常每個

label 的設定值是[0, num_classes)中的離散值，即 logits 是哪一類就標對應的 label，這裡透過參數 j 來選取出與當前 logits 對應的 label。

計算出交叉熵損失後，呼叫 tf.multiply()方法獲得此輪迴圈的損失，累加所有輪的損失並取平均，獲得了最終的預訓練損失。

簡單而言，就是利用了 LSTM 的疊代更新函數，透過輸入詞的表示與上一個 LSTM 元素的隱藏層參數h_{t-1}獲得當前新的h_t，公式為

$$h_t = g(h_{t-1}, x_t)$$

其中，g 為疊代更新函數，x_t為輸入的詞。

此外還透過 softmax 函數將h_t轉為機率分佈表示，公式如下。

$$P(y_t|x_1, \cdots, x_t) = z(h_t) = \text{softmax}(c + \boldsymbol{V}h_t)$$

其中，c 為偏置值，$\boldsymbol{V}$為權重矩陣。

獲得了 LSTM 輸出對應的機率分佈表示後，就與真實的機率分佈做交叉熵運算，透過多次迴圈，累加 LSTM 結構中元素對應的交叉熵，最後取其平均值作為最終的損失。

至此預訓練部分就結束了，其中很多程式細節在註釋中也有詳細的解釋。

接著來編寫 build_adversarial_network()方法，該方法用於建構對抗訓練時生成器的結構。其實預訓練生成器的目標就是為了讓生成器可以在對抗訓練時有個不錯的開始，既然要讓預訓練發揮作用，生成器生成對抗的結構必然要共用預訓練時生成器的參數，該方法的具體程式如下。

```
'''
生成器對抗訓練結構，使用 Policy Gradient 反向傳播獎勵
'''
def build_adversarial_network(self):
    """
       建立生成對抗網路
       定義了生成器對抗過程的網路結構，和預訓練過程共用參數，因此你可以發現程式基本上
       是一樣的只不過在對抗過程中的損失函數是 Policy Gradient 的損失函數，即
```

```
    -log(p(xi) * v(xi))
    """
    self.build_input(name='adversarial')
    self.softmax_list_reshape = []
    self.softmax_list = []

    with tf.variable_scope('teller'):
        tf.get_variable_scope().reuse_variables()
        with tf.variable_scope("lstm"):
            lstm1 = tf.nn.rnn_cell.LSTMCell(self.hidden_dim,
            state_is_tuple=True)
        with tf.variable_scope("embedding"):
            word_emb_W = tf.get_variable("word_emb_W", [self.num_emb,
            self.emb_dim], "float32", self.initializer)
        with tf.variable_scope("output"):
            output_W = tf.get_variable("output_W", [self.emb_dim,
            self.num_emb],"float32", self.initializer)

        with tf.variable_scope("lstm"):
            for j in range(self.sequence_length):
                tf.get_variable_scope().reuse_variables()
                if j==0:
                    lstm1_in = tf.nn.embedding_lookup(word_emb_W,
                    self.start_token)
                else:
                    lstm1_in = tf.nn.embedding_lookup(word_emb_W,
                    self.input_seqs_adv[:,j-1])
                if j == 0:
                    state = lstm1.zero_state(self.batch_size,
                    tf.float32)

                output, state = lstm1(lstm1_in, state,
                    scope=tf.get_variable_scope())

                logits = tf.matmul(output,output_W)
                # softmax 壓縮成 0~1 之間的離散分佈
                softmax = tf.nn.softmax(logits)
                self.softmax_list.append(softmax)
                # seqs * batch * emb_size
```

```
        self.softmax_list_reshape = tf.transpose(self.softmax_list,
            perm=[1,0,2]) # batch * seqs * emb_size
        self.pgen_loss_adv = - tf.reduce_sum(
            tf.reduce_sum(
            tf.one_hot(tf.to_int32(tf.reshape(self.input_seqs_adv,
            [-1])),self.num_emb,on_value=1.0,off_value=0.0)
                 * tf.log(tf.clip_by_value(tf.reshape
                (self.softmax_list_reshape,[-1,self.num_emb]),
                1e-20,1.0)),1
          ) * tf.reshape(self.rewards,[-1]))
```

從該方法的程式中可以看出，其主體結構與預訓練時定義的主體結構是類似的，主要的差別在於獲得損失的方式，在 build_adversarial_network()方法中使用了 Policy Gradient 方法來獲得損失，這裡簡單討論一下。

首先回顧一下 Policy Gradient 的數學運算式。

$$\nabla_\theta R(\theta) \approx \frac{1}{N}\sum_{i=1}^{N}\left[\left(\sum_{t} \nabla_\theta \log\xi_\theta(a_{i,t}|s_{i,t})\right)\left(\sum_{t} r(s_{i,t}, a_{i,t})\right)\right]$$

結合 Policy Gradient 的數學運算式觀察程式，可以發現，在對 LSTM 進行 for 迴圈處理時，我們將獲得的 logits 透過 softmax 處理後加入到 softmax_list 中，當迴圈結束後，這其實就獲得了所有時刻下的 $\xi_\theta(a_{i,t}|s_{i,t})$，即 $\sum_t \xi_\theta(a_{i,t}|s_{i,t}))$。從強化學習角度來看，某個時刻的 $\xi_\theta(a_{i,t}|s_{i,t})$ 表示當前時刻的環境 s_t 下，智慧體執行某個動作 a_t 其對應策略 $\xi(*)$ 帶來的結果。結合 LSTM 角度來看，就是 LSTM 元素在此前訓練的基礎上，輸出的元素 h_t，只經過了 softmax 處理。

當 for 迴圈處理完後，透過 tf.transpose()方法對 softmax_list 進行轉置處理。因為 softmax_list 是三維矩陣，所以需要 tf.transpose 的第二個參數 perm=[0,1,2]，其中 0 代表三維陣列的高（即為二維陣列的個數），1 代表二維陣列的行，2 代表二維陣列的列。tf.transpose(x, perm=[1,0,2])代表將三維矩陣的高和行進行轉置。

經過這些處理後，就可以透過 Policy Gradient 來定義損失了，為了方便直觀地了解，將 Policy Gradient 定義損失的程式整理成以下形式。

```
self.pgen_loss_adv = \
                - tf.reduce_sum(
                        tf.reduce_sum(
                          # 將輸入的資料轉為 one_hot 與 softmax_list_reshape 相乘
                          # 相當於一個映射過程，獲取對應維度的 softmax_list_reshape
                          # 這樣的操作對應著獲取不同時刻 t 下的ξθ(ai,t|si,t))
                           tf.one_hot(
                                  tf.to_int32(
                                       tf.reshape(self.input_seqs_adv,[-1])
                                  ),
                                  self.num_emb,on_value=1.0,off_value=0.0
                            )
                            *
                            tf.log(
                                   tf.clip_by_value(
                                        tf.reshape(
                                            self.softmax_list_reshape,
                                            [-1,self.num_emb]
                                        ),
                                        1e-20,
                                        1.0
                                   )
                            ),
                            1 # reduce_sum 矩陣的某一維度
                        )
                        *
                        tf.reshape(self.rewards,[-1])
                        # self.rewards 獎勵，來自判別器 D 的回饋
                )
```

這樣比較著 Policy Gradient 數學公式就比較直觀了，首先看 tf.one_hot()方法與 tf.log()方法處，因為 softmax_list_reshape 變數是所有時刻下的 $\xi_\theta(a_{i,t}|s_{i,t})$，即$\sum_t \xi_\theta(a_{i,t}|s_{i,t}))$。但我們需要先對$\xi_\theta(a_{i,t}|s_{i,t})$進行 log 運算後，再進行累加操作，所有這裡需要先透過 tf.one_hot()方法獲取輸入資料的 one_hot 表示，再與 softmax_list_reshape 相乘，這相當於做了映射操

作。tf.log()方法處理後的 softmax_list_reshape 中對應 one_hot 向量中 1 的部分被取出，然後呼叫 tf.reduce_sum()方法進行累加，這樣便實現了 $\sum_t \nabla_\theta \log\xi_\theta(a_{i,t}|s_{i,t})$，接著獲取判別器返回的獎勵，這樣就實現了 $\sum_t r(s_{i,t}, a_{i,t}))$，將兩者相乘並累加，最終實現了 Policy Gradient。

至此生成器的 build_adversarial_network()方法也簡單介紹完了，因為程式邏輯比較複雜，建議多看一下原始程式碼，加深了解。隨後來實現 build_sample_network()方法，有了前面兩個方法的討論，該方法就清晰得多，其程式如下。

```
'''
利用生成器生成範例序列資料
'''
def build_sample_network(self):

    self.build_input(name='sample')
    self.sample_word_list = []
    with tf.variable_scope('teller'):
        tf.get_variable_scope().reuse_variables()
        with tf.variable_scope("lstm"):

            lstm1 = tf.nn.rnn_cell.LSTMCell(self.hidden_dim,
                         state_is_tuple=True)
        with tf.variable_scope("embedding"):

            word_emb_W = tf.get_variable("word_emb_W", [self.num_emb,
                             self.emb_dim], "float32", self.initializer)
        with tf.variable_scope("output"):

            output_W = tf.get_variable("output_W", [self.emb_dim,
                            self.num_emb], "float32", self.initializer)

      with tf.variable_scope("lstm"):

            for j in range(self.sequence_length):

                if j==0:
```

```
                lstm1_in = tf.nn.embedding_lookup(word_emb_W,
                           self.start_token)
            else:
                lstm1_in = tf.nn.embedding_lookup(word_emb_W,
                           sample_word)


        if j==0:

                state = lstm1.zero_state(self.batch_size,
                        tf.float32)

            output,state = lstm1(lstm1_in,state,scope =
                           tf.get_variable_scope())

            logits = tf.matmul(output,output_W)
            # softmax 採用結果
            logprob = tf.log(tf.nn.softmax(logits))
            # 獲得取樣
            sample_word = tf.reshape(tf.to_int32(tf.multinomial
                          (logprob,1)),shape=[self.batch_size])
            # 生成一個詞對應的機率，並將其加入到 sample 這個 list 中，
              最終組成句子
            self.sample_word_list.append(sample_word)
        # 獲得對應的機率
        self.sample_word_list_reshpae = tf.transpose(tf.squeeze
(tf.stack(self.sample_word_list)),perm=[1,0])
```

build_sample_network()方法主要利用生成器的結構來生成範例序列資料，其核心部分與前兩個方法類似，不再詳細討論。這裡看方法中後面幾行程式碼。

```
logprob = tf.log(tf.nn.softmax(logits))
sample_word = tf.reshape(tf.to_int32(tf.multinomial(logprob,1)),
            shape=[self.batch_size])
self.sample_word_list.append(sample_word)
```

在 TensorFlow 中，想要對序列模型（如 RNN、LSTM 等）進行取樣，可以將輸出的結果進行 softmax，獲得 softmax 層的結果後，透過簡單的 log 運算，再利用 tf.multinomial()方法來實現，最終獲得一個樣本；然後將其

加入到 self.sample_word_list 串列中，當整個 for 完成後，self.sample_word_list 串列就形成了由樣本組成的一句話，即生成的範例句子。

至此生成器中主要的方法就討論結束了。

接著將注意力轉到 rollout policy 演算法上。在前面介紹 SeqGAN 時已經提及，SeqGAN 中生成器可以根據此前已有的狀態生成下一個狀態，但 SeqGAN 的判別器卻要接收完整的句子序列，這是為了避免真實句子序列與生成器句子序列在結構上就存在較大的差異，導致其可以輕易判別句子的真假的情況，所以當生成器生成下個狀態後，通常會透過蒙地卡羅搜索的方式來取樣獲得完整的句子序列，這種方式在 SeqGAN 中被稱為 rollout policy。通常我們需要建構一個神經網路來實現 rollout—policy，這裡可以直接使用生成器來作為這個神經網路，即利用生成器網路來實現取樣。具體就是將生成器網路的參數共用出來，這裡我們創建一個名為 rollout.py 的檔案來實現這個邏輯，該檔案的程式如下。

```
import tensorflow as tf
class rollout():
    """rollout policy"""

    def __init__(self,config):
         self.sequence_length = config.sequence_length
         self.hidden_dim = config.hidden_dim
         self.num_emb = config.num_emb
         self.emb_dim = config.emb_dim
         self.batch_size = config.gen_batch_size
         self.start_token = config.start_token
         self.pred_seq = tf.placeholder(tf.int32,[None,
                         self.sequence_length],name='pred_seq_rollout')
         self.sample_rollout_step = []

       with tf.variable_scope('teller'):
              tf.get_variable_scope().reuse_variables()
              with tf.variable_scope("lstm"):
                  lstm1 = tf.contrib.rnn.BasicLSTMCell(self.hidden_dim)
              with tf.variable_scope("embedding"):
```

```
            word_emb_W = tf.get_variable("word_emb_W", [self.num_emb,
                         self.emb_dim], tf.float32)
        with tf.variable_scope("output"):
            output_W = tf.get_variable("output_W", [self.emb_dim,
                       self.num_emb], tf.float32)

      zero_state = lstm1.zero_state([self.batch_size],tf.float32)

        start_token = tf.constant(self.start_token,dtype=tf.int32,
                    shape=[self.batch_size])

        for step in range(1,self.sequence_length):
            if step % 5 == 0:
                print("Rollout step: {}".format(step))

            sample_rollout_left = tf.reshape(self.pred_seq[:,
                  0:step],shape=[self.batch_size,step])
            sample_rollout_right = []

            # 根據傳入的step操作，當i<step時，更新網路隱藏節點，這些是已有
              的狀態
            # 當 i>step 時，進行取樣，從而建構完整的句子序列
            for j in range(step):
                if j==0:
                    lstm1_in = tf.nn.embedding_lookup(word_emb_W,
                    start_token)
                else:
                    tf.get_variable_scope().reuse_variables()
                    lstm1_in = tf.nn.embedding_lookup(word_emb_W,
                    self.pred_
                    seq[:,j-1])

                with tf.variable_scope("lstm"):
                    if j==0:
                        output,state = lstm1(lstm1_in,
                        zero_state,scope=tf.get_variable_scope())
                    else:
                        output,state = lstm1(lstm1_in,state,
                        scope=tf.get_variable_scope())
```

```
            for j in range(step,self.sequence_length):
                if j==step:
                    lstm1_in = tf.nn.embedding_lookup
                    (word_emb_W,self.pred_seq[:,j-1])
                else:
                    # stop_gradient 停止計算節點的梯度
                    lstm1_in = tf.nn.embedding_lookup
                    (word_emb_W,tf.stop_gradient(sample_word))

                with tf.variable_scope("lstm"):
                    output ,state = lstm1(lstm1_in,state,
                    scope=tf.get_variable_scope())
                    logits = tf.matmul(output,output_W)
                    log_probs = tf.log(tf.nn.softmax(logits))
                    sample_word = tf.to_int32(tf.squeeze
                    (tf.multinomial(log_probs,1)))
                    sample_rollout_right.append(sample_word)

          sample_rollout_right = tf.transpose(tf.stack
               (sample_rollout_right))
          sample_rollout = tf.concat([sample_rollout_left,
               sample_rollout_right],axis=1)
          self.sample_rollout_step.append(sample_rollout)
```

從程式中可以看出，其透過參數命名空間的方式使用了生成器網路結構的參數，本質而言，就是利用生成器來實現 rollout policy，這裡部分程式與生成器結構的程式類似，不再詳細討論。主要關注其中的雙層 for 迴圈結構，之所以使用雙層 for 迴圈，是因為每個序列中的每個時間點都可能需要進行資料取樣。

```
for step in range(1,self.sequence_length):
    if step % 5 == 0:
        print("Rollout step: {}".format(step))

    sample_rollout_left = tf.reshape(self.pred_seq[:,0:step],
        shape=[self.batch_size,step])
    sample_rollout_right = []
```

```
# 已知的狀態 State，不需進行取樣操作，直接獲取對應的值
for j in range(step): ...
# 未知的狀態 State，需要進行取樣操作
for j in range(step,self.sequence_length):...
```

假設要生成的序列資料長度為 20，當前的狀態 State 為 5，這就說明 0～4 的狀態是已知的狀態，不再需要進行取樣，只需要將 0～4 對應位置的序列資料傳入網路中，獲得對應的 State 即可。

```
# 已知的狀態 State，不需進行取樣操作，直接獲取對應的值
for j in range(step):
    if j==0:
        lstm1_in = tf.nn.embedding_lookup(word_emb_W,
        start_token)
    else:
        tf.get_variable_scope().reuse_variables()
        lstm1_in = tf.nn.embedding_lookup(word_emb_W,
        self.pred_seq[:,j-1])

    with tf.variable_scope("lstm"):
        if j==0:
            output,state= lstm1(lstm1_in,zero_state,
            scope=tf.get_variable_scope())
        else:
            output,state = lstm1(lstm1_in,state,
            scope=tf.get_variable_scope())
```

從程式中可以看出，多次使用 embedding_lookup()方法獲取對應未知的序列資料，然後傳入 lstm 網路獲得該位置對應的狀態 State。

得到已知的狀態 State 後，接著需要經過一層 for 迴圈來獲得 5～19 位置的狀態，因為 5～19 還未生成，所有需要進行蒙地卡羅取樣，其簡單實現如下。

```
with tf.variable_scope("lstm"):
    output ,state = lstm1(lstm1_in,state,scope=
    tf.get_variable_scope())
    logits = tf.matmul(output,output_W)
```

```
            log_probs = tf.log(tf.nn.softmax(logits))
            # 進行取樣
            sample_word = tf.to_int32(tf.squeeze(tf.multinomial
            (log_probs,1)))
            sample_rollout_right.append(sample_word)
```

取樣的過程其實依舊是將輸出結果進行 softmax，獲得了 softmax 層的結果後，透過簡單的 log 運算，再利用 tf.multinomial()方法來獲得一個樣本，然後將獲取的樣本存入 sample_ rollout_right 串列中。

透過上面兩個 for 迴圈，我們就獲得了 0～4 位元置的狀態和 5～19 位置的狀態，接著只需要將兩者拼接起來組成一個完整的句子序列即可，程式如下。

```
sample_rollout_right = tf.transpose(tf.stack(sample_rollout_right))
                # 拼接已知 State 和取樣獲得的 State
                sample_rollout = tf.concat([sample_rollout_left,
sample_rollout_right],axis=1)
                self.sample_rollout_step.append(sample_rollout)
```

12.4.4 SeqGAN 中目標 LSTM 與判別器的實現

了解了 SeqGAN 中生成器與 rollout 的具體細節後，接著來看一下 SeqGAN 中目標 LSTM 與判別器。

什麼是目標 LSTM？在 SeqGAN 結構中，我們知道判別器除了要接收生成器生成的句子序列還需要接收真實世界的句子序列，但在真實世界中，句子通常處於原始的未編碼狀態，為了將其編碼為對應的序列資料，就需要一個已經訓練好的神經網路。該神經網路的作用是讀取真實的資料，然後將其編碼為序列資料並交由判別器去判別，因為生成器中主要使用 LSTM 結構，所以該網路通常也需要使用 LSTM 結構，組成與生成器類似的神經網路。需要注意的是，在 SeqGAN 訓練過程中，目標 LSTM 是一個已經訓練好的網路，不必再次訓練，使用時只需要將它對應的網路參數載入回神經網路中即可，其目的是編碼真實世界中的資料，交由判別器判別。下面就來編寫目標 LSTM 的網路結構，將相關程式寫到 target_lstm.py 檔案中，定義 TARGET_LSTM 類別為目標 LSTM。

雖然在 TensorFlow 中創建了 LSTM cell（LSTM 單元）的封裝方法，可以方便我們快速建構 LSTM，但其封裝層次較高，我們無法控制 LSTM 中每一次疊代的過程，而這裡需要對 LSTM 進行相關的控制，所有需要我們自己編寫一個 LSTM cell 來實現迴圈將真實資料編碼為序列資料的需求。因為 TARGET_LSTM 程式比較長，這裡將其拆分解釋，先看其__init__方法，具體程式如下。

```
class TARGET_LSTM(object):
    '''
    目標 LSTM
    '''
    def __init__(self, config, params):
        self.num_emb = config.num_emb
        self.batch_size = config.gen_batch_size
        self.emb_dim = config.emb_dim
        self.hidden_dim = config.hidden_dim
        self.sequence_length = config.sequence_length
        self.start_token = tf.constant([config.start_token] *
                            self.batch_size, dtype=tf.int32)
        self.g_params = []
        self.temperature = 1.0
        self.params = params

        tf.set_random_seed(66)

        with tf.variable_scope('generator'):
            self.g_embeddings = tf.Variable(self.params[0])
            # 生成器中的詞巢狀結構使用
            tf.Variable 變數
            self.g_params.append(self.g_embeddings)
            # 將 h_tm1 映射到 h_t，用於生成器
            self.g_recurrent_unit = self.create_recurrent_unit(self.g_params)
            # 將 h_t 映射到 o_t（輸出 token 權杖的映射機率，即文字的離散機率[softmax
              處理後的離散分佈]）
```

```
        self.g_output_unit = self.create_output_unit(self.g_params)

    # placeholder definition 預留位置
    self.x = tf.placeholder(tf.int32, shape=[self.batch_size,
            self.sequence_length])
            # sequence of tokens generated by generator

    # processed for batch 對 batch 進行處理
    self.processed_x = tf.transpose(tf.nn.embedding_lookup
                (self.g_embeddings, self.x), perm=[1, 0, 2])
                # seq_length x batch_size x emb_dim

    # initial states 初始狀態
    self.h0 = tf.zeros([self.batch_size, self.hidden_dim])
    self.h0 = tf.stack([self.h0, self.h0])

    '''
    透過 TensorArray 來儲存資料，方便後面的讀寫操作
    tensor 陣列的大小是支援動態擴增的
    '''
    gen_o = tensor_array_ops.TensorArray(dtype=tf.float32,
            size=self.sequence_length, dynamic_size=False,
            infer_shape=True)
    gen_x = tensor_array_ops.TensorArray(dtype=tf.int32,
            size=self.sequence_length, dynamic_size=False,
            infer_shape=True)
    # g recurrence 迴圈
    def _g_recurrence(i, x_t, h_tm1, gen_o, gen_x):
        h_t = self.g_recurrent_unit(x_t, h_tm1)  # 隱藏記憶元組
        o_t = self.g_output_unit(h_t)  # batch x vocab , logits not prob
        log_prob = tf.log(tf.nn.softmax(o_t))
        next_token = tf.cast(tf.reshape(tf.multinomial(log_prob, 1),
                [self.batch_size]), tf.int32)
        # 選出單字
        x_tp1 = tf.nn.embedding_lookup(self.g_embeddings, next_token)
        # batch x emb_dim
        # 將新的資料寫入 gen_o 這個 TensorArray
        # 呼叫 TensorArray 類別下的 write 方法，完成寫入，主要有設定值操作
        gen_o = gen_o.write(i, tf.reduce_sum(tf.multiply(tf.one_hot
```

```
                (next_token, self.num_emb, 1.0, 0.0),
                    tf.nn.softmax(o_t)), 1))  # [batch_size] , prob
    gen_x = gen_x.write(i, next_token)  # indices, batch_size
    return i + 1, x_tp1, h_t, gen_o, gen_x

'''
control_flow_ops.while_loop()方法用於創建一個迴圈
'''
_, _, _, self.gen_o, self.gen_x = control_flow_ops.while_loop(
    # 因為只需要使用 i 這個參數，其他參數都隨意命名
    cond=lambda i, _1, _2, _3, _4: i < self.sequence_length,
    body=_g_recurrence,
    loop_vars=(tf.constant(0, dtype=tf.int32), # 迴圈次數 i
               tf.nn.embedding_lookup(self.g_embeddings,
               self.start_token),
               self.h0,
               gen_o,
               gen_x)
    )

self.gen_x = self.gen_x.stack()  # seq_length x batch_size
self.gen_x = tf.transpose(self.gen_x, perm=[1, 0])
# batch_size x seq_length

# supervised pretraining for generator
g_predictions = tensor_array_ops.TensorArray(
    dtype=tf.float32, size=self.sequence_length,
    dynamic_size=False, infer_shape=True)

ta_emb_x = tensor_array_ops.TensorArray(
    dtype=tf.float32, size=self.sequence_length)
ta_emb_x = ta_emb_x.unstack(self.processed_x)

def _pretrain_recurrence(i, x_t, h_tm1, g_predictions):
    h_t = self.g_recurrent_unit(x_t, h_tm1)
    o_t = self.g_output_unit(h_t)
    g_predictions = g_predictions.write(i, tf.nn.softmax(o_t))
    # batch x vocab_size
    x_tp1 = ta_emb_x.read(i)
```

```
        return i + 1, x_tp1, h_t, g_predictions

    _, _, _, self.g_predictions = control_flow_ops.while_loop(
        cond=lambda i, _1, _2, _3: i < self.sequence_length,
        body=_pretrain_recurrence,
        loop_vars=(tf.constant(0, dtype=tf.int32),
                   tf.nn.embedding_lookup(self.g_embeddings,
                   self.start_token), self.h0, g_predictions))

    self.g_predictions = tf.transpose(
        self.g_predictions.stack(), perm=[1, 0, 2])
        # batch_size x seq_length x vocab_size

    # pretraining loss   to_int32 將張量轉為 int32 類型
    self.pretrain_loss = -tf.reduce_sum(
        tf.one_hot(tf.to_int32(tf.reshape(self.x, [-1])), self.num_emb,
            1.0, 0.0) * tf.log(
            tf.reshape(self.g_predictions, [-1, self.num_emb]))) /
            (self.sequence_length * self.batch_size)

    self.out_loss = tf.reduce_sum(
        tf.reshape(
             -tf.reduce_sum(
                   tf.one_hot(tf.to_int32(tf.reshape(self.x, [-1])),
                        self.num_emb, 1.0, 0.0) * tf.log(
                        tf.reshape(self.g_predictions, [-1,
                        self.num_emb])), 1
             ), [-1, self.sequence_length]
        ), 1
    )  # batch_size
```

從程式的簡要註釋中可以看出，其主要邏輯就是使用 TensorFlow 的 control_flow_ops.while_ loop()方法創建了一個迴圈，根據對應的條件迴圈呼叫_ g _recurrence()方法生成長度為 sequence_length 的序列資料。這裡簡單介紹一下 control_flow_ops.while_loop()方法，其通常會使用 cond、body 與 loop_vars 這 3 個參數，其中 cond 用來定義迴圈的條件，body 用來定義迴圈時指定的主體，cond 與 body 傳入的都是函數的記憶體位址（可以視為函數的「指標」），而 loop_vars 用來定義函數要使用的參數變數，cond、body 定義的函數都會接收 loop_vars 定義的變數。通常而言，cond 定義的函數只會使用 loop_vars 中的個別參數變數，作為迴圈的結束條件，loop_vars 的大部分參數則用於 body 定義的函數。

TensorFlow 中，迴圈的執行流程通常如下。

（1）初始化參數串列。

（2）參數串列傳給 cond 函數，返回 True -> 執行循環本體（步驟 3），返回 False -> 退出迴圈。

（3）執行循環本體，返回新的參數串列。

再回看上述程式，其迴圈部分如下：

```
_, _, _, self.gen_o, self.gen_x = control_flow_ops.while_loop(
            # 因為只需要使用 i 這個參數，其他參數都隨意命名
            cond=lambda i, _1, _2, _3, _4: i < self.sequence_length,
            body=_g_recurrence,
            loop_vars=(tf.constant(0, dtype=tf.int32), # 迴圈次數 i
            # tf.nn.embedding_lookup() 用法主要是選取一個張量中索引對應的元素
                        tf.nn.embedding_lookup(self.g_embeddings,
                        self.start_token),
                        self.h0,
                        gen_o,
                        gen_x)
            )
```

其中，cond 參數定義了一個匿名函數，並且只使用了 loop_vars 中第一個參數；而 body 則定義為_g_recurrence 函數，該函數的作用是創建 LSTM cell，其中主要呼叫了 create_recurrent_unit()方法來創建 LSTM cell，以及呼叫 create_output_unit() 方法來創建 LSTM cell 的輸出。先看 create_recurrent_unit()方法，具體程式如下。

```
    def create_recurrent_unit(self, params):
        '''
        創建 LSTM 中重複的單元，即一個時間軸上位於中間的這些單元
        :param params:
```

```
        :return:
        '''
        # 輸入、隱藏 tensor 的權重與偏差
        self.Wi = tf.Variable(self.params[1])
        self.Ui = tf.Variable(self.params[2])
        self.bi = tf.Variable(self.params[3])

        self.Wf = tf.Variable(self.params[4])
        self.Uf = tf.Variable(self.params[5])
        self.bf = tf.Variable(self.params[6])

        self.Wog = tf.Variable(self.params[7])
        self.Uog = tf.Variable(self.params[8])
        self.bog = tf.Variable(self.params[9])

        self.Wc = tf.Variable(self.params[10])
        self.Uc = tf.Variable(self.params[11])
        self.bc = tf.Variable(self.params[12])

        params.extend([
            self.Wi, self.Ui, self.bi,
            self.Wf, self.Uf, self.bf,
            self.Wog, self.Uog, self.bog,
            self.Wc, self.Uc, self.bc])

        def unit(x, hidden_memory_tm1):
            '''
            LSTM 中的單元，由多個門組成
            :param x: 上一個時間節點下對應單元的輸出
            :param hidden_memory_tm1: 當前時間節點下對應單元隱藏矩陣參數
            :return:
            '''
            # tf.unstack 方法將傳入的矩陣拆分
            previous_hidden_state, c_prev = tf.unstack(hidden_memory_tm1)

            # 輸入門
            i = tf.sigmoid(
                tf.matmul(x, self.Wi) +
                tf.matmul(previous_hidden_state, self.Ui) + self.bi
```

```
        )

        # 遺忘門
        f = tf.sigmoid(
             tf.matmul(x, self.Wf) +
             tf.matmul(previous_hidden_state, self.Uf) + self.bf
        )

        # 輸出門
        o = tf.sigmoid(
             tf.matmul(x, self.Wog) +
             tf.matmul(previous_hidden_state, self.Uog) + self.bog
        )

        # 新的記憶單元
        c_ = tf.nn.tanh(
             tf.matmul(x, self.Wc) +
             tf.matmul(previous_hidden_state, self.Uc) + self.bc
        )

        #最終的記憶單元
        c = f * c_prev + i * c_

        # 當前隱藏狀態
        current_hidden_state = o * tf.nn.tanh(c)
        # tf.stack 方法將傳入的矩陣拼接
        return tf.stack([current_hidden_state, c])
    return unit
```

該方法的主要邏輯就是定義輸入門、遺忘門與輸出門等門結構來建構 LSTM cell，程式中有具體的註釋，不再細談。接著看 create_output_unit() 方法的程式。

```
# 創建 LSTM 單元的輸出
def create_output_unit(self, params):
    self.Wo = tf.Variable(self.params[13])
    self.bo = tf.Variable(self.params[14])
    params.extend([self.Wo, self.bo])
```

```
        def unit(hidden_memory_tuple):
            hidden_state, c_prev = tf.unstack(hidden_memory_tuple)
            # hidden_state : batch x hidden_dim
            logits = tf.matmul(hidden_state, self.Wo) + self.bo
            # output = tf.nn.softmax(logits)
            return logits

        return unit
```

該方法的邏輯就是獲得 LSTM cell 的輸出。

至此目標 LSTM 就建構完成，回看一下，其實就是透過 TensorFlow 的迴圈來建構 LSTM 結構，從而實現對 LSTM 中每個 LSTM cell 的控制，進而實現了將真實世界的資料編碼為序列資料的目的。

接著我們來實現一下 SeqGAN 中的判別器，其採用了 CNN 的結構來建構判別器的神經網路，CNN 結構我們已經比較熟悉了，有差異的地方在於，判別器的 CNN 結構採用了 highway 結構，從而保證深層網路結構中有足夠的資料細節用於訓練，其具體程式如下。

```
class Discriminator(object):
    """
    使用 CNN 來實現文字分類
    具體使用了嵌入層、卷積層、最大池化層與 softmax 層
    """

    def __init__(self,config):
        self.sequence_length = config.sequence_length
        self.num_classes = config.num_classes
        self.vocab_size = config.vocab_size
        self.filter_sizes = config.dis_filter_sizes
        self.num_filters = config.dis_num_filters
        self.vocab_size = config.vocab_size
        self.dis_learning_rate = config.dis_learning_rate
        self.embedding_size = config.dis_embedding_dim
        self.l2_reg_lambda = config.dis_l2_reg_lambda
        self.input_x = tf.placeholder(tf.int32,[None,self.sequence_length],
name='input_x')
```

```
        self.input_y = tf.placeholder(tf.int32,[None,self.num_classes],
                        name='input_y')
        self.dropout_keep_prob = tf.placeholder(tf.float32,
                        name='dropout_keep_prob')
        # Keeping track of l2 regularization loss (optional)
        self.l2_loss = tf.constant(0.0)

    def build_discriminator(self):
        with tf.variable_scope('discriminator'):
            with tf.name_scope('embedding'):
                self.W = tf.Variable(tf.random_normal([self.vocab_size,
                        self.embedding_size],-1.0,1.0),name='W')
                self.embedded_chars = tf.nn.embedding_lookup(self.W,
                        self.input_x)
                # batch * seq * emb_size
                self.embedded_chars_expanded =
                        tf.expand_dims(self.embedded_chars,-1)
                # batch * seq * emb_size * 1

            pooled_outputs = []
            for filter_size,num_filter in zip(self.filter_sizes,
            self.num_filters):
                with tf.name_scope('conv_maxpool-%s' % filter_size):
                    filter_shape = [filter_size,self.embedding_size,
                    1,num_filter]
                    W = tf.Variable(tf.truncated_normal(filter_shape,
                        stddev=0.1),
                    name="W")
                    b = tf.Variable(tf.constant(0.1,shape=[num_filter]),
                        name='b')
                    conv = tf.nn.conv2d(
                        self.embedded_chars_expanded,
                        W,
                        strides = [1,1,1,1],
                         padding = 'VALID',
                         name='conv'
                    )
                    h = tf.nn.relu(tf.nn.bias_add(conv,b),name='relu')
# batch * seq - filter_size + 1 * 1 * num_filter
```

```
                pooled = tf.nn.max_pool(
                    h,
                    ksize = [1,self.sequence_length - filter_size +
                            1,1,1], strides = [1,1,1,1],
                    padding = 'VALID',
                    name = 'pool'
                )  # batch * 1 * 1 * num_filter

                pooled_outputs.append(pooled)

    num_filters_total = sum(self.num_filters)
      self.h_pool = tf.concat(pooled_outputs,3)
      self.h_pool_flat = tf.reshape(self.h_pool,[-1,num_filters_total])
      # batch * sum_num_fiters

      with tf.name_scope('highway'):
    # 高速公路類似殘差網路，其目的是保存大部分資訊，讓網路深層的結構有更多的資訊
          self.h_highway = highway(self.h_pool_flat,
          self.h_pool_flat.get_shape()[1],1,0)

      with tf.name_scope("dropout"):
          # dropout
          self.h_drop = tf.nn.dropout(self.h_highway,
          self.dropout_keep_prob)

      with tf.name_scope("output"):
          W = tf.Variable(tf.truncated_normal
              ([num_filters_total,self.num_classes],
              stddev = 0.1),name="W")
          b = tf.Variable(tf.constant(0.1,
              shape=[self.num_classes]),name='b')
          self.l2_loss += tf.nn.l2_loss(W)
          self.l2_loss += tf.nn.l2_loss(b)
          self.scores = tf.nn.xw_plus_b(self.h_drop,W,b,
              name='scores') # batch
          * num_classes
          self.ypred_for_auc = tf.nn.softmax(self.scores)
          self.predictions = tf.argmax(self.scores,1,
              name='predictions')
```

```
        with tf.name_scope("loss"):
            losses = tf.nn.softmax_cross_entropy_with_logits(logits=
                    self.scores,labels=self.input_y)
            # 損失函數中加入了正則項
            self.loss = tf.reduce_mean(losses) + self.l2_reg_lambda +
                    self.l2_loss

        self.params = [param for param in tf.trainable_variables() if
                'discriminator'
        in param.name]
        d_optimizer = tf.train.AdamOptimizer(self.dis_learning_rate)
        grads_and_vars = d_optimizer.compute_gradients(self.loss,self.params,
                aggregation_method=2)
        self.train_op = d_optimizer.apply_gradients(grads_and_vars)
```

從程式中可以看出，使用了 tf.nn.conv2d()方法來建構卷積層、使用了 tf.nn.max_pool()方法來建構最大池化層；然後就是一些常見的操作，並使用了 highway 與 dropout，不再細講；最後在定義損失時加入了 L2 正則項，對損失進行了約束。至此判別器的建構也就完成了。

12.4.5 SeqGAN 中生成器與判別器預訓練

建構了 SeqGAN 中主要的幾個結構後，就可以來編寫訓練邏輯了。首先要做的是對生成器與判別器進行預訓練，讓生成器與判別器有一定的基礎後，再進行對抗訓練。在編寫預訓練邏輯前，先實例化 SeqGAN 的主要結構，具體程式如下。

```
config_train = training_config()        # 訓練的參數
config_gen = generator_config()         # 生成器的參數
config_dis = discriminator_config()     # 判別器的參數

# 建構生成器
generator = Generator(config=config_gen)
generator.build()
# rollout policy
rollout_gen = rollout(config=config_gen)
```

```
# 建構目標 LSTM
target_params = pickle.load(open('save/target_params.pkl','rb'),
                encoding='iso-8859-1')
target_lstm = TARGET_LSTM(config=config_gen, params=target_params)

# 建構判別器
discriminator = Discriminator(config=config_dis)
discriminator.build_discriminator()
```

接著需要實例化資料載入器，程式如下。

```
gen_data_loader = Gen_Data_loader(config_gen.gen_batch_size)
likelihood_data_loader = Gen_Data_loader(config_gen.gen_batch_size)
dis_data_loader = Dis_dataloader(config_dis.dis_batch_size)
```

所謂資料載入器，顧名思義，用來載入資料用於生成器或判別器的訓練，先編寫判別器的資料載入器 Dis_dataloader，該類別具有 3 個方法，程式如下。

```
class Dis_dataloader():
    '''
    Discriminator 資料生成器，用於
    Discriminator 的訓練
    '''
    def __init__(self,batch_size):
        self.batch_size = batch_size
        self.sentences = np.array([])
        self.labels = np.array([])

    def load_train_data(self,positive_file,negative_file):...

    def next_batch(self):...

    def reset_pointer(self):...
```

其中 load_train_data()方法用於載入資料，next_batch()方法用於獲取下一組資料，reset_pointer()方法將讀取資料的指標調整回初始位置。先看載入資料的方法。

```
def load_train_data(self,positive_file,negative_file):
    positive_examples = []
    negative_examples = []
    with open(positive_file) as fin:
        for line in fin:
            line = line.strip().split()
            parse_line = [int(x) for x in line]
            positive_examples.append(parse_line)

    with open(negative_file) as fin:
        for line in fin:
            line = line.strip().split()
            parse_line = [int(x) for x in line]
            if len(parse_line) == 20:
                negative_examples.append(parse_line)

    self.sentences = np.array(positive_examples + negative_examples)

    positive_labels = [[0,1] for _ in positive_examples]
    negative_labels = [[1,0] for _ in negative_examples]

    self.labels = np.concatenate([positive_labels,negative_labels],0)

    # 隨機打亂資料：如果給 np.random.permutation 方法傳入一個矩陣，它會返回一個
      洗牌後的矩陣備份
    shuffle_indices = np.random.permutation(np.arange(len(self.labels)))
    self.sentences = self.sentences[shuffle_indices]
    self.labels = self.labels[shuffle_indices]

    # 切分資料
    self.num_batch = int(len(self.labels)/self.batch_size)
    self.sentences = self.sentences[:self.batch_size * self.num_batch]
    self.labels = self.labels[:self.batch_size * self.num_batch]

    self.sentences_batches = np.split(self.sentences,self.num_batch,0)
    self.labels_batches = np.split(self.labels,self.num_batch,0)
    # 讀取指標
    self.pointer = 0
```

從程式中可以看出，首先會透過 open()方法將對應的資料讀取，分別為正面資料本身、正面資料標籤、負面資料本身、負面資料標籤；然後將其轉為 narray 物件並利用 numpy 中對應的方法資料打亂操作，接著將資料切分，並將讀取指標 self.pointer 置零。

相對於 load_train_data()方法本身，next_batch()方法與 reset_pointer()方法的邏輯就簡單很多，程式如下。

```
def next_batch(self):
    ret = self.sentences_batches[self.pointer],
          self.labels_batches[self.pointer]
    self.pointer = (self.pointer + 1) % self.num_batch
    return ret

def reset_pointer(self):
    self.pointer = 0
```

next_batch()方法就是獲取讀取指標處的資料，並將讀取指標 self.pointer 移動對應的位置；而 reset_pointer()方法就是重置這個指標的位置。

判別器資料載入器相關的方法編寫完成，接著就來看生成器的資料載入器，同樣也是 3 個主要的方法，具體程式如下。

```
def create_batches(self,data_file):
    self.token_stream = []
    with open(data_file,'r') as f:
        for line in f:
            line = line.strip().split()
            parse_line = [int(x) for x in line]
            if len(parse_line) == 20:
                self.token_stream.append(parse_line)

  self.num_batch = int(len(self.token_stream) / self.batch_size)
    # 截取剛剛好的 batch
    self.token_stream = self.token_stream[:self.num_batch *
                        self.batch_size]
    # 使用 np 的 split 函數切分 batch
    self.sequence_batch = np.split(np.array(self.token_stream),
```

```
                        self.num_batch,0)
        self.pointer= 0

    def next_batch(self):
        ret = self.sequence_batch[self.pointer]
        self.pointer = (self.pointer + 1) % self.num_batch
        return ret

     def reset_pointer(self):
        self.pointer = 0
```

其中 next_batch() 方法與 reset_pointer() 方法和判別器的類似，而 create_batches()方法主要是獲取一組資料用於生成器訓練。

明白生成器與判別器的資料載入器，便於了解生成器與判別器的預訓練過程。先討論生成器的預訓練過程，其程式如下。

```
sess = tf.Session()
sess.run(tf.global_variables_initializer())
# 生成資料存入 positive_file 正面(積極)檔案中，呼叫的是 target_lstm 來生成目標序列
generate_samples(sess,target_lstm,config_train.batch_size,
config_train.generated_num,config_train.positive_file)
gen_data_loader.create_batches(config_train.positive_file)# 載入正面檔案中的資料

log = open('save/experiment-log.txt','w')
print('Start pre-training generator....')

log.write('pre-training...\n')

for epoch in range(config_train.pretrained_epoch_num):
    # 重置指標，讓其指回開頭，此時後面的訓練就會使用到前面 target_lstm 儲存的資料
    gen_data_loader.reset_pointer()

    # 預訓練，給予真實的資料，讓生成器有個好的開始
    for it in range(gen_data_loader.num_batch):
        batch = gen_data_loader.next_batch()
        # 獲得下一batch 的資料，用於預訓練生成器


        # 預訓練 G
```

```
            _,g_loss = sess.run([gen_pre_update,generator.pretrained_loss],
                feed_dict={
                generator.input_seqs_pre:batch, # 輸入的真實資料
                generator.input_seqs_mask:np.ones_like(batch)
                # 真實資料的 ont-hot 矩陣
            })

      # 儲存當前生成器生成的資料，並計算與目標 target_lstm 生成的原始資料的差異
      if epoch % config_train.test_per_epoch == 0:
      # 進行測試，透過 Generator 產生一批序列，將生成的序列存如 eval_file 評測檔案中
generate_samples(sess,generator,config_train.batch_size,
config_train.generated_num,config_train.eval_file)
            # 創建這批序列的 data-loader
            likelihood_data_loader.create_batches(config_train.eval_file)
            # 使用 oracle 計算交叉熵損失 nll
            test_loss = target_loss(sess,target_lstm,likelihood_data_loader)
            # 列印並寫入記錄檔
            print('pre-train ',epoch, ' test_loss ',test_loss)
            buffer = 'epoch:\t' + str(epoch) + '\tnll:\t' + str(test_loss) +
                    '\n'
            log.write(buffer)
```

程式中關鍵步驟都有相關的註釋，簡單討論一下，在生成器預訓練前，先透過 generate_samples() 方法與 gen_data_loader.create_batches() 方法將正面資料載入。注意 generate_samples() 方法中使用了 target_lstm，即透過目標 LSTM 將真實世界中的資料編碼為對應的序列資料，用於生成器的預訓練。

接著定義雙層 for 迴圈，外面一層表示訓練了多少輪，裡面一層表示每一輪要訓練多少組資料，在每一輪開始都呼叫 reset_pointer()重置資料讀取器的指標，然後在裡面一層的迴圈中，每一層迴圈都呼叫 gen_data_loader.next_batch() 方法獲取真實的序列資料用於生成器的訓練。生成器透過真實世界的正面資料訓練後，就有了一個好的基礎，在後面對抗訓練時，才不會像無頭蒼蠅一樣，隨機地去生成，而是有了一個大致的方向。具體的訓練程式如下。

```
# 預訓練 G
_,g_loss = sess.run([gen_pre_update,generator.pretrained_loss],feed_dict={
      generator.input_seqs_pre:batch, # 輸入的真實資料
      generator.input_seqs_mask:np.ones_like(batch) # 真實資料的 ont-hot 矩陣
  })
```

從 sess.run()方法傳入的參數可以看出，訓練的目的就是獲得生成器的梯度及其預訓練損失。生成器的預訓練損失在生成器類別的預訓練方法中已經定義了，所以這裡展示一下其梯度的定義，具體程式如下。

```
    # 建構最佳化器進行預訓練
    pretrained_optimizer =
        tf.train.AdamOptimizer(config_train.gen_learning_rate)
    # 要進行梯度更新的物件，即這些物件的值會減去梯度這個參數
    var_pretrained = [v for v in tf.trainable_variables() if 'teller' in
        v.name] # 獲取 teller 標籤對應的變數
    gradients, variables = zip(
        # minimize() = compute_gradients() + apply_gradients() 拆分成計算梯度和
          應用梯度兩個步驟
        # 在後面呼叫 apply_gradients()應用梯度前，使用 clip_by_global_norm()對梯度
          進行裁剪
        *pretrained_optimizer.compute_gradients(generator.pretrained_loss,
        var_list=var_pretrained))
    # 梯度裁剪，讓權重更新限制在一個合理的範圍
    gradients, _ = tf.clip_by_global_norm(gradients, config_train.grad_clip)
    # 應用梯度
    gen_pre_update = pretrained_optimizer.apply_gradients(zip(gradients,
variables))
```

程式的邏輯比較簡單，首先透過命名空間獲取 teller 所在空間的變數，然後就可以計算梯度了，這裡將梯度的計算拆分為計算梯度和應用梯度兩個步驟來進行，目的就是對超出範圍的梯度做裁剪，獲得一個在合理範圍內的梯度，具體細節在第 7 章有對應的講解，所以這裡就不再細講。

至此預訓練生成器的主要邏輯就討論結束，當然為了直觀地看到訓練的過程，每訓練一定次數會將對應的記錄檔寫入本地，方便查看。

與生成器預訓練邏輯類似，判別器的預訓練程式如下。

```
# 預訓練，讓判別器知道什麼樣的資料是差的
print('Start pre-training discriminator...')
for t in range(config_train.dis_update_time_pre):
    print("Times: " + str(t))
    # 生成資料存入 negative_file 負面(消極)資料檔案中，呼叫的是 generator 生成器
    generate_samples(sess,generator,config_train.batch_size,
    config_train.generated_num,config_train.negative_file)
    # 判別器的資料載入器從 negative_file 負面資料檔案中獲取訓練資料
    dis_data_loader.load_train_data(config_train.positive_file,
    config_train.negative_file)
    for _ in range(config_train.dis_update_time_pre):
        # 判別器資料載入器重置指標，讓其可以獲取前面的負面檔案資料
        dis_data_loader.reset_pointer()
        for it in range(dis_data_loader.num_batch):
            # 判別器是 CNN
            x_batch,y_batch = dis_data_loader.next_batch()
            feed_dict = {
                discriminator.input_x : x_batch,
                discriminator.input_y : y_batch,
                # dropout
                discriminator.dropout_keep_prob :
                config_dis.dis_dropout_keep_prob
            }
            _ = sess.run(discriminator.train_op,feed_dict)
```

從程式中可以看出，訓練判別器時使用生成器生成的資料，generate_samples()方法傳入的是 generator 並且使用的是負面資料。與生成器不同，生成器預訓練的目的是讓生成器有個好的開始，而判別器預訓練的目的是讓判別器知道什麼樣的資料是生成的。判別器的預訓練邏輯其實就是訓練 CNN 文字分類器，具體細節不多討論。

至此 SeqGAN 預訓練的部分就完成了。

12.4.6 SeqGAN 對抗訓練

SeqGAN 預訓練完成後，就可以來實現 SeqGAN 的對抗訓練了，先從比較複雜的生成器開始。在訓練生成器時，生成器會生成樣本資料，並且透過 rollout policy 取樣獲得未知的樣本資料，從而拼接成一個完整的序列資料交由判別器，獲得判別器返回的獎勵作為梯度，然後使用 Policy Gradient 演算法對生成器參數進行更新，其具體程式如下。

```
# 創建對抗訓練的損失
train_adv_opt = tf.train.AdamOptimizer(config_train.gen_learning_rate)
gradients, variables = zip(*train_adv_opt.compute_gradients
(generator.gen_loss_adv, var_list=var_pretrained))
# 對對抗損失進行剪貼
gradients, _ = tf.clip_by_global_norm(gradients, config_train.grad_clip)
train_adv_update = train_adv_opt.apply_gradients(zip(gradients, variables))

# Initialize global variables of optimizer for adversarial training 初始
化最佳化器全域變數，以便進行對抗訓練
uninitialized_var = [e for e in tf.global_variables() if e not in
    tf.trainable_variables()]
init_vars_uninit_op = tf.variables_initializer(uninitialized_var)
sess.run(init_vars_uninit_op)

# 開始對抗訓練
for total_batch in range(config_train.total_batch):
    for iter_gen in range(config_train.gen_update_time):
        # 生成器生成一個範例
        samples = sess.run(generator.sample_word_list_reshpae)
        # 將範例組成序列資料的第一個開頭（索引為 0），將其作為訓練資料，交由生成器去
          生成序列資料的樣本
        feed = {'pred_seq_rollout:0':samples}
        reward_rollout = []
        # 迴圈邏輯，讓生成器迴圈生成序列資料，迴圈的次數就是序列資料的長度
        for iter_roll in range(config_train.rollout_num):
            rollout_list = sess.run(rollout_gen.sample_rollout_step,
                feed_dict=feed)
```

```
# np.vstack，垂直（按照行順序）地把陣列給堆疊起來
rollout_list_stack = np.vstack(rollout_list)
# 將rollout policy 演算法生成的資料傳入判別器，獲得獎勵
reward_rollout_seq = sess.run(discriminator.ypred_for_auc,
feed_dict={
        discriminator.input_x:rollout_list_stack,
        discriminator.dropout_keep_prob:1.0
})
# 傳入生成器生成的範例資料，獲得獎勵
reward_last_tok = sess.run(discriminator.ypred_for_auc,
feed_dict={
        discriminator.input_x:samples,
        discriminator.dropout_keep_prob:1.0
})
# 拼接兩者，構造總獎勵(生成器生成範例的獎勵，以及 rollout policy 取樣
  獲得範例的獎勵)
reward_allseq = np.concatenate((reward_rollout_seq,
                reward_last_tok),axis=0)[:,1]
reward_tmp = []
for r in range(config_gen.gen_batch_size):
    reward_tmp.append(reward_allseq[range(r,
    config_gen.gen_batch_size *
    config_gen.sequence_length,config_gen.gen_batch_size)])

reward_rollout.append(np.array(reward_tmp))
# 計算獎勵，水平累加 reward_rollout，然後再除以其個數
rewards = np.sum(reward_rollout,axis = 0) /
        config_train.rollout_num
# 生成器獲得 sample 作為輸入資料、獲得獎勵作為梯度
_,gen_loss = sess.run([train_adv_update,
            generator.gen_loss_adv],
            feed_dict={generator.input_seqs_adv:samples,
            generator.rewards:rewards})
```

仔細看到程式中的訓練部分，首先透過生成器的 sample_word_list_reshpae()方法獲得生成的樣本資料；然後在第二層 for 迴圈中，利用 rollout policy 演算法取樣獲得剩餘樣本資料；將生成器生成的樣本資料與 rollout policy 演算法取樣獲得的樣本分別傳遞給判別器，從而分別獲得對

應的獎勵；將兩個獎勵透過 concatenate()方法拼接，從而獲得一個總獎勵。程式的邏輯似乎與此前提及的邏輯有些出入？不應該是先將生成器生成的資料與取樣獲得的資料拼接成完整的序列資料，再交由判別器判斷嗎？雖然程式中將兩者分開了使用，但因為我們編寫時，生成器的神經網路與 rollout 對應的神經網路共用相同的參數，並且都在程式中實現了將生成資料與取樣獲得的資料分開處理的邏輯，所以此時的使用方式就相當於將生成器生成樣本與 rollout policy 演算法取樣獲得的樣本先拼接，再交由判別器獲得獎勵。

透過判別器獲得了序列資料的總獎勵後，就可以計算出生成器的對抗損失了，具體的計算方式就是 Policy Gradient。至此生成器對抗訓練的邏輯就完成了。

接著是判別器對抗訓練的邏輯，其程式如下。

```
# 開始對抗訓練
for total_batch in range(config_train.total_batch):
    # 一些省略的程式
        ...

    for _ in range(config_train.dis_update_time_adv):
        # 生成器生成資料，存入 negative_file 中
        generate_samples(sess,generator,config_train.batch_size,
            config_train.generated_num,config_train.negative_file)
        # 判別器資料載入器分別載入正面資料 positive_file 與負面資料 negative_file
        dis_data_loader.load_train_data(config_train.positive_file,
            config_train.negative_file)

        for _ in range(config_train.dis_update_time_adv):
            # 重置指向
            dis_data_loader.reset_pointer()
            # 訓練判別器
            for it in range(dis_data_loader.num_batch):
                x_batch,y_batch = dis_data_loader.next_batch()
                feed = {
                    discriminator.input_x:x_batch,
```

```
                discriminator.input_y:y_batch,
                discriminator.dropout_keep_prob:
                config_dis.dis_dropout_keep_prob
            }
            _ = sess.run(discriminator.train_op,feed)
```

判別器的訓練邏輯比較簡單，首先透過生成器生成範例資料，將這些資料存入檔案中，作為判別器的負面資料來使用，接著呼叫 load_train_data()方法載入正面資料與負面資料用於判別器的訓練。

這樣 SeqGAN 的主要結構與主要邏輯就編寫完成了，接著準備一些資料簡單運行一下，這裡將一組由數字組成的序列作為真實世界的資料，形式如下。

```
 4703 2040 3035 641 3735 552 1612 2945 3460 3187 3729 3277 778 3023 396 728
3709 719 2361 4177
 3099 3075 1766 2223 1016 491 2904 4678 4913 1529 2500 4723 4000 2297
776 1359 2368 2563 1130 2512
 925 3918 3069 551 2191 1355 4152 1040 1522 3344 3154 3543 2361 1504 2842
4458 1529 1069 461 4388
```

透過這種方式就可以簡單檢驗一下我們編寫的 SeqGAN。

12.5 MaskGAN

在前面的內容中，我們介紹了 SeqGAN 是利用 RL+GAN 的思維實現生成序列資料的目標。但 SeqGAN 在生成真實的文字時，效果並不理想，因為 SeqGAN 模型容易遇到模式崩潰（Mode Collapse）與難訓練的問題。具體而言，首先 SeqGAN 的判別器會對整個序列資料進行判別從而獲得獎勵，而每個序列資料重複出現的機率比較低，GAN 難以從這些資料中學到足夠的資訊，從而導致 GAN 生成樣本多樣性不足，即出現模式崩潰；其次 GAN 訓練時，生成器與判別器能力難以平衡導致訓練不穩定，這也降低了 SeqGAN 生成文字資料的效果。為了嘗試解決這些問題，MaskGAN 出現了。

12.5.1 MaskGAN 結構與演算法

為了解決 SeqGAN 面臨的問題，MaskGAN 嘗試增加 GAN 訓練時可以獲得的資訊量，具體的做法就是不讓生成器直接生成完整的序列資料，而是生成真實序列資料中缺失的部分，其他已有的部分不再生成。以句子資料為例，對於真實世界中的句子，將其中的部分詞彙去除，然後交由生成器訓練，生成器的目標就是將句子中缺失的詞彙補充完整，將補充完整的句子資料再交由判別器去判別。

這種做法很直觀，生成器不再需要生成完整的句子，而是從已有的缺失句子中生成詞彙，這種方式增加了生成器可以獲取的資訊量，同時降低了其生成任務的難度。這種方式其實也決定了生成器要使用 Seq2Seq 的網路結構，生成器先接收缺失的序列資料，然後生成補充完整後的序列資料，其模型具體結構如圖 12.19 所示。

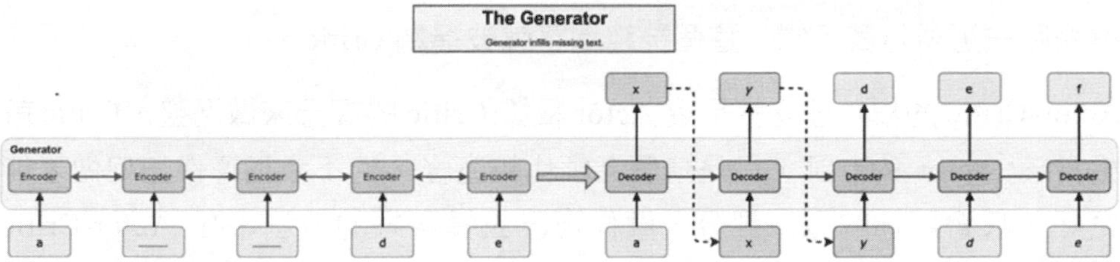

圖 12.19 MaskGAN 生成器結構

從上圖中可以看出，生成器接收缺失的序列資料，然後對該資料進行補全。需要注意，解碼器（Decoder）生成的資料並不是每一個都作為當前元素的下一個元素，這取決於下一個元素是否是缺失的。這一點很重要，因為對於序列資料而言，一個錯誤的元素可能會導致整個序列資料的錯誤，所以缺失序列資料中已有的部分不會使用解碼器生成的資料代替，而是直接使用原有的資料。

類似的，MaskGAN 的判別器也採用 Seq2Seq 結構，當多個序列資料登錄判別器時，判別器會輸出每個序列資料為真的機率。

其次，相對於 SeqGAN 採用 Policy Gradient 而言，MaskGAN 使用 Actor-Critic，這在前面討論強化學習演算法的小節中有所提及。Policy Gradients 屬於基於策略的強化學習演算法（Plicy-Based RL），相對的還有基於價值的強化學習演算法（Value-Based RL），兩種方法各有優劣，從而出現了 Actor-Critic 這種綜合兩種方法優勢的演算法。在 Actor-Critic 演算法中，Actor（演員）會基於機率做出某個動作，而 Critic（評論家）會基於 Actor 做出的動作列出價值評分。

通常我們會使用一個神經網路來擬合 Actor 所表示的函數，該神經網路會接收當前環境的狀態作為輸入，輸出具體的動作，而我們的目的就是訓練這個神經網路，讓其可以獲得更高的獎勵。

類似的，我們也會使用一個神經網路來擬合 Critic，它會對 Actor 做出的動作評分。這裡會涉及 Q-Value 的概念，Q-Value 通常用於表示某種狀態下智慧體採取某種動作的優劣，Q-Value 本身也是一個未知的函數，透過神經網路去近似地表示它，這個神經網路就被稱為 Critic。

Actor-Critic 的核心理念就是讓 Actor 根據 Critic 的評分來做調整，Critic 就相當於 Actor 的老師，只是這個老師比較奇怪，他不會指導你如何做才能更好，只會給你的做法評分，讓你自己去摸索好的做法。在 Actor-Critic 訓練的一開始，Actor 會隨機地做出不同的動作，Critic 同樣也是隨機地給予評分，而由於獎勵的存在，Critic 的評分會越來準確，從而導致 Actor 執行的動作越來越好。與 Policy Gradient 相比，一個主要區別在於引入了基於價值的機制，讓 Actor-Critic 可以單步更新，不需要等智慧體與環境完成一輪互動後再更新網路結構，而是智慧體每做一個動作獲得回饋後，就可以單步更新網路結構。

這裡簡單地討論一下 Actor-Critic 的訓練步驟。

（1）Actor 根據當前環境的狀態做出一個動作。

（2）Critic 根據當前環境的狀態和 Actor 做出的動作對 Actor 評分。

（3）Actor 根據 Critic 的評分調整自己的策略，目的是最大化 Critic 的評分。

（4）Critic 根據當前環境所在的系統列出的獎勵和其他評論家的評分來調整自己的評分策略。

了解了 MaskGAN 採用「填詞」的方式增加額外的資訊以及使用 Actor-Critic 演算法後，簡單地推導一下其數學公式，公式推導的細節需要一定的強化學習知識，這並不是本書的重點，所以這裡主要從大致上討論 MaskGAN 的數學公式。

首先定義$x = (x_1, \cdots, x_T)$為完整的序列資料，定義$m = (m_1, \cdots, m_T)$為缺失資料，也稱為 Masked Token，其中m_i為 0 或 1，0 表示該位置的詞被「挖掉」了，即序列資料中的缺失部分，1 表示有詞的部分，由此我們可以獲得生成器與判別器的運算式。

首先，生成器會將序列上的分佈分解成有序的條件序列。

$$P(\hat{x}_1, \cdots, \hat{x}_T | m(x)) = \prod_{t=1}^{T} P(\hat{x}_t | \hat{x}_1, \cdots, \hat{x}_{t-1}, m(x))$$

其中$\hat{x}_{1:t-1}$表示此前已經生成填上的詞，透過$\hat{x}_t$部分與$\hat{x}_{1:t-1}$就可以計算出生成當前詞$\hat{x}_t$的機率。在具體的實現上，如果當前時間節點下已經存在詞彙，則直接使用真實的詞，從而得到生成器的運算式。

$$G(x_t) = P(\hat{x}_t | \hat{x}_1, \cdots, \hat{x}_{t-1}, m(x))$$

判別器與生成器具有相同的架構，只是 Seq2Seq 輸出部分輸出的內容不同，判別器會接收生成器生成的填充序列。需要注意的是，判別器也需要傳入缺失序列 m(x)，不然會由於缺失上下文資訊而部分判斷生成器生成的填充序列與真實序列直接的差別，判別器公式如下。

$$D_\phi(\tilde{x}_t | \tilde{x}_{0:T}, m(x)) = P(\tilde{x}_t = x_t^{real} | \tilde{x}_{0:T}, m(x))$$

從上面的討論中，已經知道 Actor-Critic 是單步更新的，定義r_t為

MaskGAN 單步更新的獎勵，則r_t等於判別器輸出的對數值，公式如下。

$$r_t = \log D_\phi(\tilde{x}_t | \tilde{x}_{0:T}, m(x))$$

則整體獎勵則為當前時刻到序列資料結束 T時單步獎勵的和。

$$R_t = \sum_{s=t}^{T} \gamma^s r_s$$

其中γ表示序列資料中每個位置的折扣因數。

與 SeqGAN 類似，MaskGAN 中生成器的目標同樣是最大化總獎勵，我們透過更新生成器的參數θ，利用梯度上升演算法來讓$E_{G(\theta)}[R]$增大，利用 REINFORCE 演算法（這是一類演算法）可以獲得無偏估計$\nabla_\theta E_G[R_t] = R_t \nabla_\theta \log G_\theta(\hat{x}_t)$，接著可以使用 Critic 產生的 baseline b_t來降低梯度的方差，則更新梯度的公式變為

$$\nabla_\theta E_G[R_t] = (R_t - b_t) \nabla_\theta \log G_\theta(\hat{x}_t)$$

其中G_θ表示生成$\hat{x}_t$的機率函數，R_t表示判別器在當前的狀態下採取$\hat{x}_t$這個動作會得到的獎勵，而b_t是為了避免 MaskGAN 在強化學習訓練過程中產生的梯度方差太大，從而將獎勵減去 baseline。

在程式實現上，Critic 產生的b_t由神經網路來擬合，我們在 MaskGAN 程式實現中使用了判別器網路中的前半部分來擬合估計b_t。

獲得了R_t的梯度運算式後，由此可以獲得總獎勵 ($R = \sum_{t=1}^{T} R_t$) 的梯度運算式，即生成器完整的梯度運算式。

$$E_{G(\theta)}[R] = E_{\hat{x}_t \sim G}\left[\sum_{t=1}^{T} ((R_t - b_t)\nabla_\theta \log G_\theta(x_t))\right]$$

$$= E_{\hat{x}_t \sim G}\left[\sum_{t=1}^{T}\left(\left(\sum_{s=t}^{T} \gamma^s r_s - b_t\right)\nabla_\theta \log G_\theta(\hat{x}_t)\right)\right]$$

由公式可以看出，生成器生成x_t將取決於判別器在未來列出的獎勵，而γ折扣因數的作用則是降低生成器在某個單獨的時間節點上獲得過多的獎勵。簡單而言，生成器利用判別器產生的獎勵來更新自己的網路結構。

最後，與傳統的 GAN 一樣，判別器將根據梯度進行更新，其目的是透過訓練可以正確地區分生成資料與真實資料，公式如下。

$$\nabla_\phi \frac{1}{m}\sum_{i=1}^{m}[\log D(x^i)] + \log[1 - D(G(z^i))]$$

至此 MaskGAN 的結構與演算法就討論結束了。

12.5.2 TensorFlow 實現 MaskGAN 的生成器與判別器

有了 MaskGAN 的理論基礎後，就可以使用 TensorFlow 實現 MaskGAN 結構了，在 MaskGAN 中，生成器與判別器都採用 Seq2Seq 結構，這裡對於 Seq2Seq 的編碼器與解碼器都採用 LSTM 來作為其基礎結構。

在 MaskGAN 中，生成器與判別器的網路結構是類似的，這裡先實現生成器 Seq2Seq 中的編碼器，程式如下。

```
def gen_encoder(hparams, inputs, targets_present, is_training, reuse=None):
  #使用與編碼器相同的的變數
  if FLAGS.seq2seq_share_embedding:
     with tf.variable_scope('decoder/rnn'):
       embedding = tf.get_variable('embedding',
                                  [FLAGS.vocab_size, hparams.gen_rnn_size])

  with tf.variable_scope('encoder', reuse=reuse):
     # 使用 LSTM 結構
     def lstm_cell():
       return tf.contrib.rnn.BasicLSTMCell(
            hparams.gen_rnn_size,
            forget_bias=0.0,
            state_is_tuple=True,
            reuse=reuse)
```

```
attn_cell = lstm_cell
if is_training and hparams.gen_vd_keep_prob < 1:

  def attn_cell():
    # 在 LSTM Cell 外加一層 dropout 增加隨機性，即正則化
    return variational_dropout.VariationalDropoutWrapper(
        lstm_cell(), FLAGS.batch_size, hparams.gen_rnn_size,
        hparams.gen_vd_keep_prob, hparams.gen_vd_keep_prob)
# tf.contrib.rnn.MultiRNNCell 獲得多層 Cell 的疊加
cell = tf.contrib.rnn.MultiRNNCell(
    [attn_cell() for _ in range(hparams.gen_num_layers)],
    state_is_tuple=True)

# 起始狀態
initial_state = cell.zero_state(FLAGS.batch_size, tf.float32)

# 真實的完整輸入
real_inputs = inputs
# 對完整輸入挖空，讓 GAN 進行"完形填空" m(x)
masked_inputs = transform_input_with_is_missing_token(
    inputs, targets_present)

with tf.variable_scope('rnn') as scope:
  hidden_states = []

  # Split the embedding into two parts so that we can load the PTB
  # weights into one part of the Variable.
  # 將 embedding 變數分為兩部分，一部分透過 embedding 獲取，另一部分透過
    missing_embedding 獲取
  if not FLAGS.seq2seq_share_embedding:
    embedding = tf.get_variable('embedding',
                [FLAGS.vocab_size, hparams.gen_rnn_size])
  missing_embedding = tf.get_variable('missing_embedding',
                      [1, hparams.gen_rnn_size])
  embedding = tf.concat([embedding, missing_embedding], axis=0)


  real_rnn_inputs = tf.nn.embedding_lookup(embedding, real_inputs)
  masked_rnn_inputs = tf.nn.embedding_lookup(embedding, masked_inputs)
```

```
        state = initial_state

        def make_mask(keep_prob, units):
          random_tensor = keep_prob

          # tf.stack()是一個矩陣拼接的函數
          random_tensor += tf.random_uniform(
              tf.stack([FLAGS.batch_size, 1, units]))
          # tf.floor(x, name=None)是向下取整數，舉例來說，3.6=>3.0；
          return tf.floor(random_tensor) / keep_prob

        if is_training:
           output_mask = make_mask(hparams.gen_vd_keep_prob,
                         hparams.gen_rnn_size)

        hidden_states, state = tf.nn.dynamic_rnn(
            cell, masked_rnn_inputs, initial_state=state, scope=scope)
        if is_training:
           hidden_states *= output_mask

        final_masked_state = state

      real_state = initial_state
        _, real_state = tf.nn.dynamic_rnn(
            cell, real_rnn_inputs, initial_state=real_state, scope=scope)
        final_state = real_state

  return (hidden_states, final_masked_state), initial_state, final_state
```

從程式中可以看出，編碼器使用與解碼器相同的變數命名空間，即共用解碼器的參數權重。使用 tf.contrib.rnn.BasicLSTMCell()方法建構基本的 LSTM Cell，然後在 LSTM Cell 外加了一層 DropOut 操作，其目的是增加 LSTM Cell 的隨機性，讓整個網路結構具有更好的泛化能力；接著呼叫 tf.contrib.rnn.MultiRNNCell()將剛剛獲得的 LSTM Cell 傳入，組成一個多層的 LSTM 網路，增加解碼器網路的複雜度，讓其有能力處理複雜的序列資料。

在解碼器的一開始，使用 zero_state()方法將 LSTM 中的狀態初始化為全 0 陣列，然後將真實完整的序列資料與經過挖空處理的缺失序列資料登錄給 LSTM，從而獲得對應的狀態序列（state token）。

其中使用 transform_input_with_is_missing_token()方法實現完整資料的挖空處理。

```
def transform_input_with_is_missing_token(inputs, targets_present):
  # tf.constant 生成指定值的常數
  input_missing = tf.constant(
      FLAGS.vocab_size,
      dtype=tf.int32,
      shape=[FLAGS.batch_size, FLAGS.sequence_length])

 # 第 0 個輸入將始終存在 MaskGAN 中
  zeroth_input_present = tf.constant(True, tf.bool, shape=[FLAGS.batch_size,
  1])

  # 輸入當前隱藏
  inputs_present = tf.concat(
      [zeroth_input_present, targets_present[:, :-1]], axis=1)

  '''
  tf.where(condition, x=None, y=None, name=None)
  condition,x,y 相同維度，condition 是 bool 型值，即 True 或 False
  返回值是對應元素，condition 中元素為 True 的元素替換為 x 中的元素，為 False 的元素替換
  為 y 中對應元素
  '''
  transformed_input = tf.where(inputs_present, inputs, input_missing)
  # 挖空後的句子
  return transformed_input
```

該方法主要使用 tf.where()方法實現挖空序列資料的操作，該方法會根據 condition 參數的 bool 類型矩陣，其中 True 的位置使用 x 矩陣中對應位置的值，False 的位置使用 y 矩陣中對應位置的值，而 y 我們傳入的就是 input_missing，即挖空的標識矩陣。該方法的具體效果如下，當我們傳入真實的序列資料 inputs = [a, b, c, d]時，如果 inputs_present = [1, 1, 0, 1]，

則輸出的內容為 transformed_input = [a, b, <missing>, d]。

接著來編寫解碼器的結構，其程式如下。

```
def gen_decoder(hparams,
                inputs,
                targets,
                targets_present,
                encoding_state,
                is_training,
                is_validating,
                reuse=None):
  gen_decoder_rnn_size = hparams.gen_rnn_size

  targets = tf.Print(targets, [targets], message='targets', summarize=50)
  if FLAGS.seq2seq_share_embedding:
     with tf.variable_scope('decoder/rnn', reuse=True):
       embedding = tf.get_variable('embedding',
                                   [FLAGS.vocab_size, hparams.gen_rnn_size])

  with tf.variable_scope('decoder', reuse=reuse):
    # 建構 LSTM
    def lstm_cell():
      return tf.contrib.rnn.BasicLSTMCell(
          gen_decoder_rnn_size,
          forget_bias=0.0,
          state_is_tuple=True,
          reuse=reuse)

    attn_cell = lstm_cell
    if is_training and hparams.gen_vd_keep_prob < 1:

       def attn_cell():
         # LSTM Cell 外嵌 Dropout，增加隨機性
         return variational_dropout.VariationalDropoutWrapper(
             lstm_cell(), FLAGS.batch_size, hparams.gen_rnn_size,
             hparams.gen_vd_keep_prob, hparams.gen_vd_keep_prob)
    # 建構多層 Cell 結構
    cell_gen = tf.contrib.rnn.MultiRNNCell(
        [attn_cell() for _ in range(hparams.gen_num_layers)],
```

```
    state_is_tuple=True)

# 隱藏的編碼器狀態
hidden_vector_encodings = encoding_state[0]

# 從編碼器中獲得的最終狀態元組
state_gen = encoding_state[1]

if FLAGS.attention_option is not None:
  (attention_keys, attention_values, _,
   attention_construct_fn) = attention_utils.prepare_attention(
       hidden_vector_encodings,
       FLAGS.attention_option,
       num_units=gen_decoder_rnn_size,
       reuse=reuse)

def make_mask(keep_prob, units):
  random_tensor = keep_prob

  random_tensor += tf.random_uniform(tf.stack([FLAGS.batch_size, units]))
  return tf.floor(random_tensor) / keep_prob

if is_training:
  output_mask = make_mask(hparams.gen_vd_keep_prob, hparams.gen_rnn_size)

# 生成序列資料（將缺失的資料補全）
with tf.variable_scope('rnn'):
  sequence, logits, log_probs = [], [], []

  if not FLAGS.seq2seq_share_embedding:
    embedding = tf.get_variable('embedding',
                                [FLAGS.vocab_size, hparams.gen_rnn_size])
  # 透過 word embedding matrix 作為 Softmax_W 的 matrix
  softmax_w = tf.matrix_transpose(embedding)
  softmax_b = tf.get_variable('softmax_b', [FLAGS.vocab_size])

  rnn_inputs = tf.nn.embedding_lookup(embedding, inputs)

  # 每個時間點
```

```
rnn_outs = []

fake = None
for t in xrange(FLAGS.sequence_length):
  if t > 0:
    tf.get_variable_scope().reuse_variables()

  # 將序列資料傳入解碼器
  if t == 0:
    # 在一開始的時候，輸入的總是真實資料
    rnn_inp = rnn_inputs[:, t]

# 如果真實的輸入資料存在，則讀取真實的輸入資料，如果不存在，則讀取前面生成的資料
  else:
    real_rnn_inp = rnn_inputs[:, t]

    if is_validating or FLAGS.gen_training_strategy == 'cross_entropy':
      rnn_inp = real_rnn_inp
    else:
      fake_rnn_inp = tf.nn.embedding_lookup(embedding, fake)
      # 序列資料中缺失的部分使用 fake data，其餘部分使用 real data
      rnn_inp = tf.where(targets_present[:, t - 1], real_rnn_inp,
                         fake_rnn_inp)

  # RNN
  rnn_out, state_gen = cell_gen(rnn_inp, state_gen)

  if FLAGS.attention_option is not None:
    rnn_out = attention_construct_fn(rnn_out, attention_keys,
                                     attention_values)
  if is_training:
    rnn_out *= output_mask

  rnn_outs.append(rnn_out)
  if FLAGS.gen_training_strategy != 'cross_entropy':
    logit = tf.nn.bias_add(tf.matmul(rnn_out, softmax_w), softmax_b)

    # Output for Decoder
    # If input is present:   Return real at t+1
```

```
        # If input is not present:  Return fake for t+1
        # 如果本來就有真實的編碼，則使用 Real Token，如果是空缺的，
          才使用 Fake Token
        real = targets[:, t]

        categorical = tf.contrib.distributions.Categorical(logits=logit)
        if FLAGS.use_gen_mode:
          fake = categorical.mode()
        else:
          fake = categorical.sample()
        log_prob = categorical.log_prob(fake)
        output = tf.where(targets_present[:, t], real, fake)

      else:
        real = targets[:, t]
        logit = tf.zeros(tf.stack([FLAGS.batch_size, FLAGS.vocab_size]))
        log_prob = tf.zeros(tf.stack([FLAGS.batch_size]))
        output = real

      # Add to lists
      sequence.append(output)
      log_probs.append(log_prob)
      logits.append(logit)

    if FLAGS.gen_training_strategy == 'cross_entropy':
      logits = tf.nn.bias_add(
          tf.matmul(
                tf.reshape(tf.stack(rnn_outs, 1), [-1,
                gen_decoder_rnn_size]),
                softmax_w), softmax_b)
      logits = tf.reshape(logits,
                          [-1, FLAGS.sequence_length, FLAGS.vocab_size])
    else:
      logits = tf.stack(logits, axis=1)

  return (tf.stack(sequence, axis=1), logits, tf.stack(log_probs, axis=1))
```

在解碼器的程式中，一開始以同樣的方式建構多層的 LSTM Cell 網路結構。不同的是，對於編碼器而言，多層 LSTM 的網路結構初始狀態的值為

0，而解碼器的初始狀態是編碼器的最終狀態。接著就是將編碼器的狀態輸出為最終的序列資料。

需要注意的是，解碼器在不同時間點下，如果該時間點下存在真實的輸入資料，則使用真實的資料，如果該時間點下是挖空的，即不存在真實資料，則將上一個時間點生成的資料登錄，這點與 MaskGAN 生成器的邏輯是一致的。

實現了由編碼器與解碼器組成的 Seq2Seq 結構後，就可以定義出生成器了，其程式如下。

```
def generator(hparams,
              inputs,
              targets,
              targets_present,
              is_training,
              is_validating,
              reuse=None):
  """Define the Generator graph."""
  with tf.variable_scope('gen', reuse=reuse):
    encoder_states, initial_state, final_state = gen_encoder(
        hparams, inputs, targets_present, is_training=is_training,
        reuse=reuse)
    stacked_sequence, stacked_logits, stacked_log_probs = gen_decoder(
        hparams,
        inputs,
        targets,
        targets_present,
        encoder_states,
        is_training=is_training,
        is_validating=is_validating,
        reuse=reuse)
    return (stacked_sequence, stacked_logits, stacked_log_probs,
            initial_state, final_state, encoder_states)
```

其實就是呼叫了編碼器與解碼器對應的方法，生成器生成的序列資料就是解碼器的最終輸出。

判別器的整體結構與生成器類似，都是 Seq2Seq 的網路結構，只是判別器輸出的是分數，用於判斷輸入資料的真假，其程式如下。

```
def discriminator(hparams,
                  inputs,
                  targets_present,
                  sequence,
                  is_training,
                  reuse=None):
  if FLAGS.dis_share_embedding:
    # 判別器與生成器要共用模型的編碼參數，就需要要求其具有的維度
    assert hparams.dis_rnn_size == hparams.gen_rnn_size, (
        '如果共用生成器與判別器的 embedding, 它們必須具有相同的維度')
    with tf.variable_scope('gen/decoder/rnn', reuse=True):
      embedding = tf.get_variable('embedding',
                              [FLAGS.vocab_size, hparams.gen_rnn_size])
  else:
    with tf.variable_scope('dis/decoder/rnn', reuse=reuse):
      embedding = tf.get_variable('embedding',
                              [FLAGS.vocab_size, hparams.dis_rnn_size])

  # 缺失資料的輸入 m(x)
  masked_inputs = transform_input_with_is_missing_token(inputs,
                  targets_present)

# 判別器的 Seq2Seq 結構
  with tf.variable_scope('dis', reuse=reuse):
    encoder_states = dis_encoder(
        hparams,
        masked_inputs,
        is_training=is_training,
        reuse=reuse,
        embedding=embedding)
    # 判別器的解碼器輸出預測分數
    predictions = dis_decoder(
        hparams,
        sequence,
        encoder_states,
        is_training=is_training,
```

```
        reuse=reuse,
        embedding=embedding)

  return predictions
```

12.5.3 TensorFlow 實現 MaskGAN 的 Actor-Critic 與目標函數

透過 Seq2Seq 結構實現 MaskGAN 的生成器與判別器後，就可以實現 Actor-Critic 了，Actor 的動作就是生成器在序列資料缺失部分生成的元素，所以我們只需要建構 Critic 網路結構。Critic 可以直接使用判別器的前半部分實現，即判別器的編碼器，程式如下。

```
def critic_seq2seq_vd_derivative(hparams, sequence, is_training,
reuse=None):
  assert FLAGS.discriminator_model == 'seq2seq_vd'
  sequence = tf.cast(sequence, tf.int32)

  if FLAGS.dis_share_embedding:
    assert hparams.dis_rnn_size == hparams.gen_rnn_size, (
        'If you wish to share Discriminator/Generator embeddings,
        they must be'
        ' same dimension.')
    with tf.variable_scope('gen/decoder/rnn', reuse=True):
      embedding = tf.get_variable('embedding',
                                  [FLAGS.vocab_size, hparams.gen_rnn_size])
  else:
    with tf.variable_scope('dis/decoder/rnn', reuse=True):
      embedding = tf.get_variable('embedding',
                                  [FLAGS.vocab_size, hparams.dis_rnn_size])

  with tf.variable_scope(
      'dis/decoder/rnn/multi_rnn_cell', reuse=True) as dis_scope:
    # LSTM Cell
    def lstm_cell():
      return tf.contrib.rnn.BasicLSTMCell(
          hparams.dis_rnn_size,
          forget_bias=0.0,
```

```
            state_is_tuple=True,
            reuse=True)

    attn_cell = lstm_cell
    if is_training and hparams.dis_vd_keep_prob < 1:

      def attn_cell():
        # 在LSTM Cell外加一層dropout，增加隨機性
        return variational_dropout.VariationalDropoutWrapper(
            lstm_cell(), FLAGS.batch_size, hparams.dis_rnn_size,
            hparams.dis_vd_keep_prob, hparams.dis_vd_keep_prob)

    cell_critic = tf.contrib.rnn.MultiRNNCell(
        [attn_cell() for _ in range(hparams.dis_num_layers)],
        state_is_tuple=True)

  # 初始化Critic的結構，zero_state()初始為全0的狀態
  with tf.variable_scope('critic', reuse=reuse):
    state_dis = cell_critic.zero_state(FLAGS.batch_size, tf.float32)

    def make_mask(keep_prob, units):
      random_tensor = keep_prob

      random_tensor += tf.random_uniform(tf.stack([FLAGS.batch_size, units]))
      return tf.floor(random_tensor) / keep_prob

    if is_training:
      output_mask = make_mask(hparams.dis_vd_keep_prob, hparams.dis_rnn_size)

    with tf.variable_scope('rnn') as vs:
      values = []

      rnn_inputs = tf.nn.embedding_lookup(embedding, sequence)

      for t in xrange(FLAGS.sequence_length):
        if t > 0:
          tf.get_variable_scope().reuse_variables()

        if t == 0:
```

```
            rnn_in = tf.zeros_like(rnn_inputs[:, 0])
        else:
            rnn_in = rnn_inputs[:, t - 1]
        rnn_out, state_dis = cell_critic(rnn_in, state_dis, scope=dis_scope)

        if is_training:
            rnn_out *= output_mask

        value = tf.contrib.layers.fully_connected(rnn_out, 1, scope=vs)

        values.append(value)
    values = tf.stack(values, axis=1)
    return tf.squeeze(values, axis=2)
```

從程式中可以看出，Critic 的結構與判別器中編碼器部分類似，只是最後一層使用了全連接結構，獲取每個時間節點下的評分 value，並最終使用 tf.stack()方法與 tf.squeeze()方法獲得要輸出的分數，為了方便使用，將該方法再封裝一下，程式如下。

```
def create_critic(hparams, sequence, is_training, reuse=None):
""" 創建由 FLAGS 和 hparams(超參數)指定的 Critic 模型"""
  if FLAGS.baseline_method == 'critic':
     if FLAGS.discriminator_model == 'seq2seq_vd':
        values = critic_vd.critic_seq2seq_vd_derivative(
            hparams, sequence, is_training, reuse=reuse)
     else:
        raise NotImplementedError
  else:
    raise NotImplementedError
  return values
```

至此，MaskGAN 的主要結構就定義完成，接著來實現一下 MaskGAN 的目標函數，這裡主要透過 TensorFlow 實現以下公式。

$$E_{G(\theta)}[R] = E_{\hat{x}_t \sim G}\left[\sum_{t=1}^{T}\left(\left(\sum_{s=t}^{T}\gamma^s r_s - b_t\right)\nabla_\theta \log G_\theta(\hat{x}_t)\right)\right]$$

先來回顧一下，生成器的目的是最大化總獎勵R_t，總獎勵R_t由單步獎勵r_t

組成，而r_t來自判別器，公式如下。

$$r_t = \log D_{\phi}(\tilde{x}_t | \tilde{x}_{0:T}, m(x))$$

接著就透過 TensorFlow 來實現一下。

```
def calculate_reinforce_objective(hparams,
                                  log_probs,
                                  dis_predictions,
                                  present,
                                  estimated_values=None):
  # 生成器最終的目標函數
  final_gen_objective = 0.
  # 折扣因數 r
  gamma = hparams.rl_discount_rate
  eps = 1e-7

  # 生成器獎勵的 log 物件
  eps = tf.constant(1e-7, tf.float32)
  dis_predictions = tf.nn.sigmoid(dis_predictions)
  rewards = tf.log(dis_predictions + eps)

  # 只作用在缺失的元素上，具體的做法依舊是使用 tf.where() 方法來進行 mask 操作
  zeros = tf.zeros_like(present, dtype=tf.float32)
  log_probs = tf.where(present, zeros, log_probs)
  # 獎勵
  rewards = tf.where(present, zeros, rewards)

rewards_list = tf.unstack(rewards, axis=1)
  log_probs_list = tf.unstack(log_probs, axis=1)
  missing = 1. - tf.cast(present, tf.float32)
  missing_list = tf.unstack(missing, axis=1)

  # 將所有時間節點的獎勵累積
  cumulative_rewards = []
  for t in xrange(FLAGS.sequence_length):
    cum_value = tf.zeros(shape=[FLAGS.batch_size])
    for s in xrange(t, FLAGS.sequence_length):
      cum_value += missing_list[s] * np.power(gamma, (s - t)) *
      rewards_list[s]
```

```
  cumulative_rewards.append(cum_value)
cumulative_rewards = tf.stack(cumulative_rewards, axis=1)

if FLAGS.baseline_method == 'critic':

  # critic loss，只在missing tokens上計算
  critic_loss = create_critic_loss(cumulative_rewards, estimated_values,
                                   present)

  # 透過 estimated_values(Critic 產生的結果)來得到baselines
  baselines = tf.unstack(estimated_values, axis=1)

  # 計算
  advantages = []
  for t in xrange(FLAGS.sequence_length):
    log_probability = log_probs_list[t]
    cum_advantage = tf.zeros(shape=[FLAGS.batch_size])

    for s in xrange(t, FLAGS.sequence_length):
      cum_advantage += missing_list[s] * np.power(gamma,(s - t)) *
      rewards_list[s]
    # (R_t - b_t)
    cum_advantage -= baselines[t]
    # 裁剪advantages.
    cum_advantage = tf.clip_by_value(cum_advantage,
        - FLAGS.advantage_clipping, FLAGS.advantage_clipping)
    advantages.append(missing_list[t] * cum_advantage)
    final_gen_objective += tf.multiply(
        log_probability, missing_list[t] * tf.stop_gradient(cum_advantage))

  maintain_averages_op = None
  baselines = tf.stack(baselines, axis=1)
  advantages = tf.stack(advantages, axis=1)

else:
  raise NotImplementedError

return [
    final_gen_objective, log_probs, rewards, advantages, baselines,
```

```
    maintain_averages_op, critic_loss, cumulative_rewards
]
```

在該方法中，一開始定義了生成器目標函數、折扣因數、獎勵等物件，接著透過迴圈獲得所有時間點的獎勵並累積起來，然後透過create_critic_loss()方法獲得 Critic 的損失，該損失只是序列資料中缺失部分的損失，然後透過 Critic 產生的結果 estimated_values 計算獲得 baselines，即b_t，隨後就可以計算$R_t - b_t$，從而獲得生成器的目標函數，具體程式如下。

```
cum_advantage -= baselines[t]
cum_advantage = tf.clip_by_value(cum_advantage,
    -FLAGS.advantage_clipping,FLAGS.advantage_clipping)
advantages.append(missing_list[t] * cum_advantage)
final_gen_objective += tf.multiply(log_probability, missing_list[t] *
    tf.stop_gradient(cum_advantage))
```

12.5.4 TensorFlow 實現 MaskGAN 的結構與訓練邏輯

定義好 MaskGAN 主要結構後，就可以透過這些結構來建構完整的 MaskGAN 了。因為 MaskGAN 本身具有比較複雜的結構，所以訓練時依舊先進行預訓練，再進行對抗訓練。

一開始，先將前面實現的結構實例化，程式如下。

```
# 生成器生成資料
(fake_sequence, fake_logits, fake_log_probs, fake_gen_initial_state,
 fake_gen_final_state, _) = model_construction.create_generator(
     hparams,
     inputs,
     targets,
     present,
     is_training=is_training,
     is_validating=False)
# 生成器生成用於評測的資料
(_, eval_logits, _, eval_initial_state, eval_final_state,
 _) = model_construction.create_generator(
     hparams,
```

```
        inputs,
        targets,
        present,
        is_training=False,
        is_validating=True,
        reuse=True)

  # 判別器判別生成資料的分值
    fake_predictions = model_construction.create_discriminator(
        hparams,
        fake_sequence,
        is_training=is_training,
        inputs=inputs,
        present=present)
    # 判別器判別真實資料的分值
    real_predictions = model_construction.create_discriminator(
        hparams,
        real_sequence,
        is_training=is_training,
        reuse=True,
        inputs=inputs,
        present=present)

    # 創建 Critic 實例
    if FLAGS.baseline_method == 'critic':
      est_state_values = model_construction.create_critic(
          hparams, fake_sequence, is_training=is_training)
    else:
      est_state_values = None
```

上面程式中，實例化了生成器、判別器以及 Critic 網路，接著就可以定義對應的損失。因為生成器與判別器都需要先進行預訓練再進行對抗訓練，所以就需要分別定義出預訓練的損失以及對抗訓練時的損失，這裡直接使用交叉熵損失來作為兩個結構預訓練的損失，程式如下。

```
# 判別器預訓練損失 - 交叉熵損失
[dis_loss, dis_loss_fake, dis_loss_real] = model_losses.create_dis_loss(
      fake_predictions, real_predictions, present)
```

```
# 生成器預訓練損失 - 只計算缺失 Tokens 的交叉熵損失
fake_cross_entropy_losses = model_losses.create_masked_cross_entropy_loss(
    targets, present, fake_logits)
```

在程式中，我們分別定義了判別器與生成器的預訓練損失以及對抗損失。對判別器而言，其預訓練的目的是讓判別器在一開始就知道真實資料與生成資料的差別，create_dis_loss 方法的具體程式如下。

```
def create_dis_loss(fake_predictions, real_predictions, targets_present):
  """計算判別器預訓練損失"""

  missing = tf.cast(targets_present, tf.int32)
  missing = 1 - missing
  missing = tf.cast(missing, tf.bool)

  real_labels = tf.ones([FLAGS.batch_size, FLAGS.sequence_length])
  # 使用交叉熵損失
  dis_loss_real = tf.losses.sigmoid_cross_entropy(
      real_labels, real_predictions, weights=missing)
  dis_loss_fake = tf.losses.sigmoid_cross_entropy(
      targets_present, fake_predictions, weights=missing)

  dis_loss = (dis_loss_fake + dis_loss_real) / 2.
  return dis_loss, dis_loss_fake, dis_loss_real
```

相對於判別器的預訓練而言，生成器在預訓練過程中並不會對整個結構進行計算，它只會計算缺失部分的損失，create_masked_cross_entropy_loss 方法的具體程式如下。

```
def cross_entropy_loss_matrix(gen_labels, gen_logits):
  """計算生成器的交叉熵損失"""
  cross_entropy_loss = tf.nn.sparse_softmax_cross_entropy_with_logits(
      labels=gen_labels, logits=gen_logits)
  return cross_entropy_loss

def create_masked_cross_entropy_loss(targets, present, logits):
  """生成器，只計算缺失序列資料的損失"""
  cross_entropy_losses = losses.cross_entropy_loss_matrix(targets, logits)
```

```
  # 全 0 矩陣
  zeros_losses = tf.zeros(
      shape=[FLAGS.batch_size, FLAGS.sequence_length], dtype=tf.float32)

  missing_ce_loss = tf.where(present, zeros_losses, cross_entropy_losses)

  return missing_ce_loss
```

從程式中可以看出，計算缺失序列資料損失的方式很直觀，先計算生成器整體的交叉熵損失，然後構造一個全 0 矩陣，利用 tf.where 方法將缺失序列資料的部分給「切割」出來。

至此，預訓練的損失就定義完成，接著來定義生成器與判別器在對抗訓練時的損失，程式如下。

```
# 判別器獎勵損失
avg_log_perplexity = model_losses.calculate_log_perplexity(
      eval_logits, targets, present)

# 生成器強化學習的損失
[fake_RL_loss, fake_log_probs, fake_rewards, fake_advantages,
fake_baselines, fake_averages_op, critic_loss, cumulative_rewards
] = model_losses.calculate_reinforce_objective(
hparams, fake_log_probs, fake_predictions, present, est_state_values)
```

對於判別器而言，在對抗訓練時判別器可以獲得每一步對應的獎勵，其對應公式如下。

$$r_t = \log D_\phi(\tilde{x}_t|\tilde{x}_{0:T}, m(x))$$

而生成器則利用 Actor-Critic 方法來獲得，calculate_reinforce_objective()方法在上一節有所討論，這些不再贅述。

損失定義完成，接著就可以定義具體的更新操作，程式如下。

```
##  生成器訓練操作
# 1.交叉熵損失
if FLAGS.gen_training_strategy == 'cross_entropy':
    gen_loss = tf.reduce_mean(fake_cross_entropy_losses)
```

```
    [gen_train_op, gen_grads,
    gen_vars] = model_optimization.create_gen_train_op(
        hparams, learning_rate, gen_loss, global_step, mode='MINIMIZE')

# 2.使用強化學習
elif FLAGS.gen_training_strategy == 'reinforce':
    gen_loss = fake_RL_loss
    [gen_train_op, gen_grads,
    gen_vars] = model_optimization.create_reinforce_gen_train_op(
        hparams, learning_rate, gen_loss, fake_averages_op, global_step)

## 判別器訓練操作
dis_train_op, dis_grads, dis_vars = model_optimization.create_dis_train_op(
 hparams, dis_loss, global_step)

## Critic 網路訓練操作
if critic_loss is not None:
    [critic_train_op, _, _] = model_optimization.create_critic_train_op
(hparams, critic_loss, global_step)
    dis_train_op = tf.group(dis_train_op, critic_train_op)
```

程式的邏輯都比較清晰，呼叫了對應的方法完成更新梯度的操作，這裡具體看一下 create_gen_train_op()方法，該方法的程式如下。

```
def create_gen_train_op(hparams, learning_rate, gen_loss, global_step, mode):
  """生成器訓練操作"""
  del hparams
  with tf.name_scope('train_generator'):
    if FLAGS.generator_optimizer == 'sgd':
      gen_optimizer = tf.train.GradientDescentOptimizer(learning_rate)
    elif FLAGS.generator_optimizer == 'adam':
      gen_optimizer = tf.train.AdamOptimizer(learning_rate)
    else:
      raise NotImplementedError
    gen_vars = [
        v for v in tf.trainable_variables() if v.op.name.startswith('gen')
    ]
    print('Optimizing Generator vars.')
    for v in gen_vars:
      print(v)
```

```
    if mode == 'MINIMIZE':# 最小化梯度
      gen_grads = tf.gradients(gen_loss, gen_vars)
    elif mode == 'MAXIMIZE': # 最大化梯度
      gen_grads = tf.gradients(-gen_loss, gen_vars)
    else:
      raise ValueError("Must be one of 'MINIMIZE' or 'MAXIMIZE'")
    gen_grads_clipped, _ = tf.clip_by_global_norm(gen_grads,
                                                  FLAGS.grad_clipping)
    gen_train_op = gen_optimizer.apply_gradients(
        zip(gen_grads_clipped, gen_vars), global_step=global_step)
    return gen_train_op, gen_grads_clipped, gen_vars
```

從程式中可以看出，透過傳參，可以選擇使用 SGD 演算法還是 Adam 演算法進行梯度更新，同樣透過傳參可以控制是最小化梯度還是最大化梯度。類似的，這裡呼叫 clip_by_global_norm()方法對梯度進行裁剪，裁剪後的梯度再透過 apply_gradients()方法運用到具體的模型結構上。

最後只需要透過 sess.run()方法呼叫上面定義好的方法，並傳入具體的資料就可以進行訓練了，這裡不再展示其細節，至此 MaskGAN 就可以進行訓練了。

12.6 小結

在本章中，我們討論了利用 GAN 來實現自然語言處理（NLP）中文字生成相關的內容。因為文字資料並不是像圖像資料那樣是連續的，所以直接使用 GAN 來生成文字資料的話，會存在梯度無法反傳的問題，進而導致生成器模型無法得到有效的訓練。

接著我們討論了強化學習的一些基本內容，並發現使用強化學習可以讓 GAN 繞開離散資料梯度無法反傳的問題，這裡我們主要討論了 SeqGAN 以及 MaskGAN 這兩個利用 GAN+RL 實現文字生成的網路結構。強化學習是一個單獨的領域，本書對於很多相關的細節並沒有詳盡地討論，更多地只是介紹了本章需要使用的一些知識。

MEMO

M E M O